Unity 3D\2D 手机游戏开发 从学习到产品（第4版）

金玺曾 著

清華大學出版社
北京

内 容 简 介

本书以实例教学为主线，循序渐进地介绍了 Unity 2018 在手机游戏开发方面的不同功能。第 1 章，由零开始，引导读者熟悉 Unity 编辑器的各个功能模块和特性。第 2~4 章是 3 个不同特色的 3D 游戏实例，使读者对 Unity 游戏开发有一个较全面的认识。第 5 章是一个 2D 游戏实例，全方位地介绍了 Unity 在 2D 游戏方面的应用。第 6 章和第 7 章重点介绍了 Unity 在网络方面的应用。第 8~10 章介绍了如何将 Unity 游戏移植到网页、iOS 和 Android 平台。第 11 章详细介绍了 Unity 的新 GUI 系统。第 12 章是关于创建 Unity 游戏美术资源的工作流程。第 13 章和第 14 章分别介绍了行为树和 Play Maker 两款插件，第 15 章介绍了使用 HTC Vive 创建 VR 应用，第 16 章介绍了 Unity 结合 Vuforia 在 AR 方面的应用，第 17 和第 18 章介绍了 Shader 图形编程和 Lua 脚本在 Unity 中的应用。本书最后还附有 C#语言的快速教程，帮助缺乏程序开发基础的读者快速入门，同时也包括 Unity 编辑器菜单栏的中英文对照表供读者查阅。

本书提供了所有实例的源代码与素材文件，供读者上机练习使用，读者可从网上下载本书资源文件。

本书适合广大游戏开发人员、游戏开发爱好者、软件培训机构以及计算机专业的学生等使用。

图书在版编目（CIP）数据

Unity 3D\2D 手机游戏开发：从学习到产品/金玺曾著. —4 版. —北京：清华大学出版社，2019（2024.1重印）
ISBN 978-7-302-52581-3

Ⅰ. ①U… Ⅱ. ①金… Ⅲ. ①手机软件－游戏程序－程序设计 Ⅳ. ①TP317.67

中国版本图书馆 CIP 数据核字（2019）第 043804 号

责任编辑： 王金柱
封面设计： 王　翔
责任校对： 闫秀华
责任印制： 曹婉颖

出版发行： 清华大学出版社
网　　址： https://www.tup.com.cn，https://www.wqxuetang.com
地　　址： 北京清华大学学研大厦 A 座　　**邮　　编：** 100084
社 总 机： 010-83470000　　**邮　　购：** 010-62786544
投稿与读者服务： 010-62776969，c-service@tup.tsinghua.edu.cn
质 量 反 馈： 010-62772015，zhiliang@tup.tsinghua.edu.cn

印 装 者： 三河市科茂嘉荣印务有限公司
经　　销： 全国新华书店
开　　本： 190mm×260mm　　**印　　张：** 31　　**字　　数：** 794 千字
版　　次： 2013 年 8 月第 1 版　　2019 年 4 月第 4 版　　**印　　次：** 2024 年 1 月第 11次印刷
定　　价： 99.00 元

产品编号：078061-01

前　言

编写本书的目的

Unity，也称 Unity 3D，是近几年非常流行的一款 3D 游戏开发引擎，它的特点是跨平台能力强，支持 PC、Mac、Linux、网页、iOS、Android 等平台，移植便捷，3D 图形性能出众，同时也支持 2D 功能，为众多游戏开发者所喜爱。在手机平台，Unity 几乎成为 3D、2D 游戏开发的标准工具。

游戏开发是一项复杂的工作，本书在编写过程中十分注重与实际开发相结合，全书以实例为基础，使读者在较短的时间内能快速掌握 Unity 2018 的各种工具和开发技巧，并应用于实践中。

本书主要内容

本书为第 4 版，总体上更新了大部分代码和截图，改进了细节，确保与 Unity 的新版本保持一致，下面是各章的内容概要。

第 1 章介绍 Unity 编辑器的各个功能模块，突出介绍了 Unity 的一些特点。

第 2 章是一个太空射击游戏教程，这是一个入门级的教程，从如何创建一个脚本，到一个完整的游戏有较为细致的介绍，最后介绍了使用对象池插件 Pool Manager 缓存游戏对象。

第 3 章是一个第一人称射击游戏教程，涉及人工智能寻路、动画、摄像机控制等内容。

第 4 章是一个塔防游戏教程，介绍了创建更为复杂的关卡，详细地介绍了如何自定义 Unity 编辑器，灵活运用协程实现相对复杂的逻辑，配置和生成敌人。

第 5 章介绍 Unity 在 2D 游戏方面的应用，包括创建 Sprite、动画的播放和一个较为完整的 2D 捕鱼游戏实例。

第 6 章介绍 Unity 在 HTTP 网络通信方面的应用，还涉及 PHP 和 MySQL 的基础应用，使 Unity 游戏可以与 Web 服务器进行通信，上传下载得分记录等。

第 7 章是一个完整的、基于 TCP/IP 协议的聊天实例，介绍使用 Unity 创建聊天客户端，并使用.NET 开发环境创建聊天服务器端。与前一版相比，本章的内容编排改动较大，示例更加简练。

第 8 章介绍如何将 Unity 游戏运行在 HTML5 网页上。

第 9 章介绍如何将 Unity 游戏移植到 iOS 平台，从如何申请开发资格到测试、发布 iOS 游戏都有详细的介绍，与前一版相比，本章增加了使用 iOS 命令行编译工程的示范。

第 10 章介绍如何将 Unity 游戏移植到 Android 平台，并详细介绍了几种为 Unity 开发 Android 插件的方法，结合百度地图 SDK 完成完整的应用实例。本章最后还更新了 AssetBundle 的内容。与前一版相比，本章对使用 Android Studio 进行开发的一些细节做了补充。

第 11 章全面介绍 Unity 新 GUI 的大部分功能和细节，并附有大量示例，最后还介绍了 DOTween Pro 和 EnhancedScroller 两款常用插件的使用。

第 12 章主要是对创建 Unity 游戏美术资源的介绍，包括光照系统、Lightmap、PBR Shader 和两足动画系统等，同时还结合了一些 3D 动画软件的介绍，如 3ds Max 和 Maya。和前一版相比，本章增加了 Unity 动画工具 Timeline 的教程示例。

第 13 章介绍行为树 AI 插件 Behavior Designer（行为设计师），它主要应用在 AI 方面，无论是程序员还是游戏开发爱好者都能找到使用它的乐趣。

第 14 章介绍 Unity 社区中最有名的插件 Play Maker，它和 Behavior Designer 都属于可视化编程产品，Behavior Designer 的设计模式是基于行为树， Player Maker 是基于状态机，后者有更广泛的用户群。和前一版相比，本章的截图更新到 PlayMaker 版本 1.9，并修正了一些描述上的问题。

第 15 章介绍了使用 HTC Vive 创建 VR 应用的基本流程，实现包括拾取、投掷等很多基本功能。

第 16 章介绍了 Unity 结合 Vuforia 在 AR 方面的应用。

第 17 章介绍了 Shader 图形编程的基本概念，Shader Lab 和 CG 语言的运用及大量示例，最后还讲述了如何创建全屏特效 Shader 实现后期效果。

第 18 章介绍了编写 Lua 脚本的基本概念，如何在 Unity 中与 Lua 脚本进行交互及实现 Lua 脚本的热更新等。

读者对象

本书的读者主要是游戏开发程序员和 Unity 爱好者，部分内容也适合游戏策划和游戏艺术家作为参考。

对于本书的完成，要特别感谢王金柱编辑给予的帮助和指导，感谢我的妻子在深夜帮助我校对书稿，还要感谢我的儿子给我莫大的精神支持。

代码下载

本书案例代码均在 Unity 2018.2 下调试通过，案例源代码及素材文件请扫描下列二维码获取。若下载有问题，请发送电子邮件到 booksaga@126.com，邮件主题为“Unity 3D\2D 手机游戏开发从学习到产品”。

金玺曾

2019 年 1 月

目 录

第 1 章
Unity基础

本章主要介绍什么是 Unity，Unity 的安装及其基本使用，编写最简单的脚本，Unity 的功能特点等内容。

1.1 初识游戏引擎和 Unity

随着计算机软硬件技术的发展，对游戏画面和音效的要求越来越高，开发难度也变得越来越大，一些实力雄厚的公司将自己的技术商业化，作为游戏引擎供其他开发者使用，使开发者可以很大程度地忽略底层技术的复杂性，集中精力在游戏的逻辑和设计上，从而提高生产效率。

一些比较知名的商业化游戏引擎包括 Unreal、CryEngine、Quake、Source、Renderware、Game Byro、Torque Game Engine、Ogre 3D（仅是一个图形引擎）等，这些引擎都曾经非常活跃，有些也很昂贵。随着市场的变化，一些缺乏竞争力的引擎已经逐渐退出了历史舞台，有兴趣的读者可以通过网络了解一下这些引擎的历史，几乎也是一部 3D 游戏发展史。

Unity（也称 Unity 3D）是一套包括图形、声音、物理等功能的游戏引擎，提供了一个强大的图形界面编辑器，支持大部分主流 3D 软件格式，对 2D 游戏也有全面的支持，主要使用 C#语言进行开发，使开发者无须了解底层复杂的技术，即可快速开发出高性能、高品质的游戏产品。实际上，在游戏引擎的家族中，Unity 是“后起之秀”，但其发展迅速，目前已经成为世界上最活跃的游戏引擎。

在 Unity 的早期版本，使用 Unity 开发的知名游戏仅限于一些手机平台上的休闲游戏，如《Battle heart》等，随着 Unity 的不断升级和普及，现如今很多国内外的游戏大作都是由 Unity 开发的，比如暴雪公司的《炉石传说》和国内的《王者荣耀》等。

Unity 是跨平台的游戏引擎，支持包括 Windows、Mac、Linux、Web、iOS、Android、Windows Phone、Xbox、Play Station 等大部分主流游戏发布平台，还包括各种 VR（虚拟现实）平台，如图 1-1 所示。

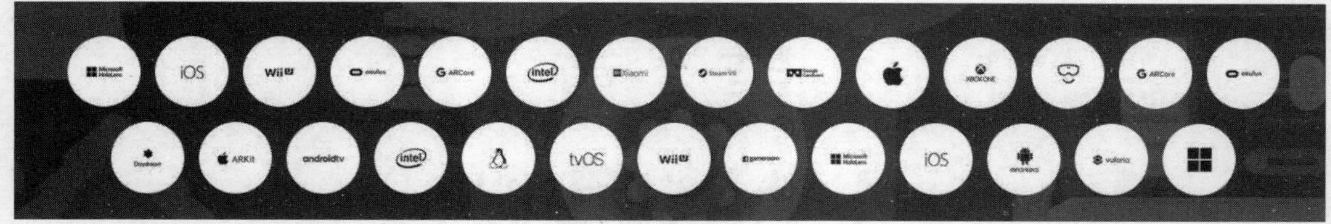

图 1-1　Unity 支持的主流平台

在 Unity 早期的版本，可以将游戏导出为 Flash 或 Unity 自己的网页格式放到网页上，但随着 HTML5 的发展，Unity 在网页游戏领域已经主要转移到 Web GL 平台上。笔者曾经开发的一些游戏，除了在移动平台上发布，也发布到了网页游戏平台 KONGREGATE 上，有兴趣的读者，可访问 http://www.kongregate.com/，然后搜索游戏的英文名 Wild Defense，就可以玩到笔者过去完成的一个塔防游戏，如图 1-2 所示。

Unity 的主要开发环境是在 Windows 或 Mac 上面，因为在 Windows 上开发有很多优势，可以在 Windows 平台开发和测试，然后将游戏移植到其他平台。本书中的大部分示例是在 Windows 上完成的。

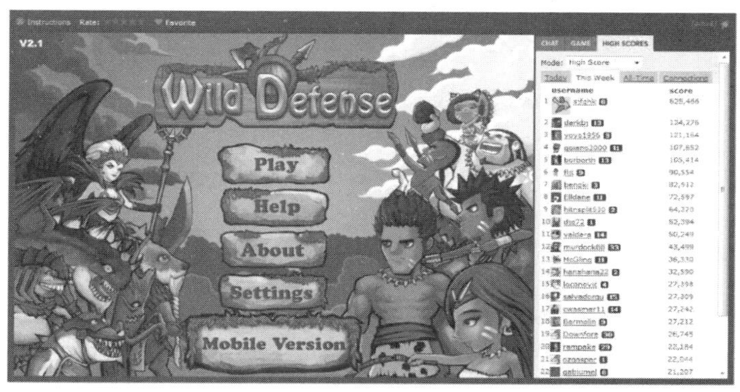

图 1-2　网页版野人大作战

在开始使用 Unity 之前不得不提一下 Asset Store（https://www.assetstore.unity3d.com/），它是 Unity 官方的在线商店，如图 1-3 所示。Asset Store 里面主要出售 Unity 的插件或美术资源，它已经成为 Unity 的一个重要组成部分，很多插件在 Unity 开发中已经是必不可少的，在本书的示例中，也将使用到很多插件和美术资源，有一部分是免费的。

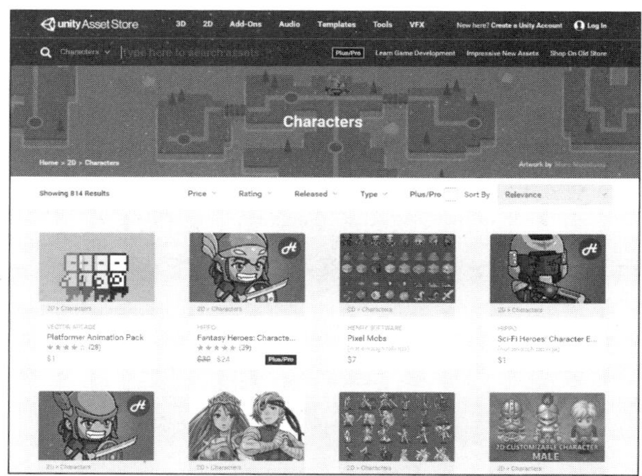

图 1-3　Asset Store 的页面截屏

1.2　运行 Unity

本节主要介绍如何安装和运行 Unity 示例工程以及安装 Visual Studio，创建一个 Unity 工程。

1.2.1　Unity 的版本

Unity 提供了专业版和个人版，个人版是免费的。在功能上，不同版本并没有太大区别，专业版会提供一些额外的云端服务，不过如果公司的收入超过一定额度，则必须购买专业版。对于大部分学生或个人开发者来说，选择个人版即可，使用个人版同样可以发布商业化的游戏，这一点并不受版本的限制。

1.2.2 下载并安装 Unity

在 Unity 的官方网站 https://store.unity.com/ 中可以免费下载 PC 版和 Mac 版的 Unity，这是完整的安装包，包括针对所有平台的全部功能。下载 Unity 后，运行安装程序，可以仅选择需要的内容安装，其中 Unity 的编辑器是必须安装的组件，Microsoft Visual Studio 是推荐使用的 C#编辑器。

有一点需要注意，通过 Unity 下载主页面链接下载的版本为 Unity 的“主要版本”，页面上还有一个链接可以下载“补丁版本”（Patch releases），补丁版本通常是在主要版本的基础上修复了各种 Bug，在下载之前，建议阅读版本发布说明，选择适合自己的版本。

1.2.3 在线激活 Unity

第一次运行 Unity 会提示选择版本，如果没有购买过专业版，选择个人版（Personal）即可，但无论选择哪个版本，都需要注册一个 Unity 账号进行登录，这个账号非常有用，除了用来登录 Unity，也可以用来在 Asset Store 中购买或下载资源，同时还可以使用这个账号在 Asset Store 中销售自己开发的插件或美术素材供别人使用。

1.2.4 运行示例工程

启动 Unity，打开 Unity 的工程对话框，选择【New】新建一个工程，输入工程名称和保存路径，如图 1-4 所示。标准的 Unity 工程主要包括几个部分：Assets 文件夹内包括所有的工程文件，这里是主要工作的地方；Library 文件夹内是工程的数据库文件（可以删除，重新打开工程后会自动重建）；ProjectSettings 文件夹内保存工程的配置文件。

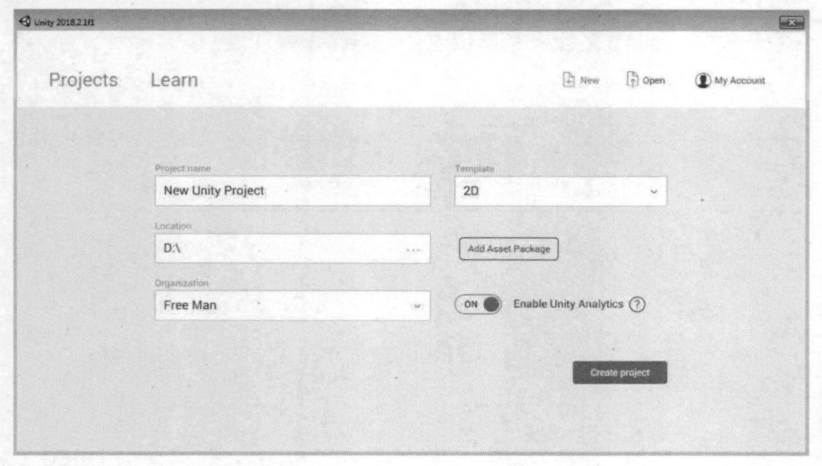

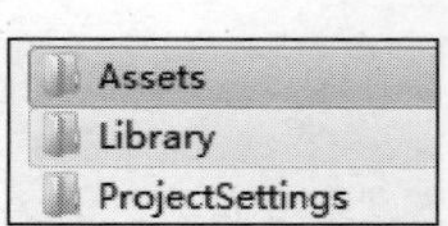

图 1-4 创建新工程

启动 Unity 编辑器后，我们先来尝试下 Unity 的 Asset Store，在菜单栏中选择【Window】→【General】→【Asset Store】打开 Asset Store 窗口（也可以通过网址 https://assetstore.unity.com 直接访问），选择 Unity Essentials，如图 1-5 所示，这里的资源都是 Unity 官方免费提供的，有游戏示例、教程、美术或音效等各种资源，方便我们学习和开发。在本书的教程中，也将经常使用到这里的资源。

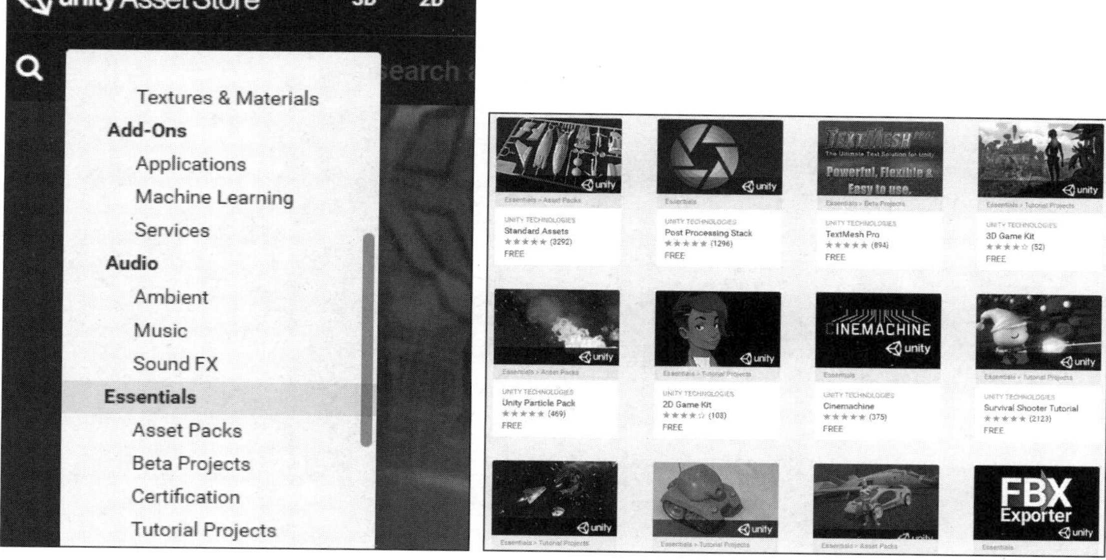

图 1-5　Unity 官方提供的免费资源

我们在这里选择下载 Survival Shooter，如图 1-6 所示，这是一个射击类游戏的示例工程。

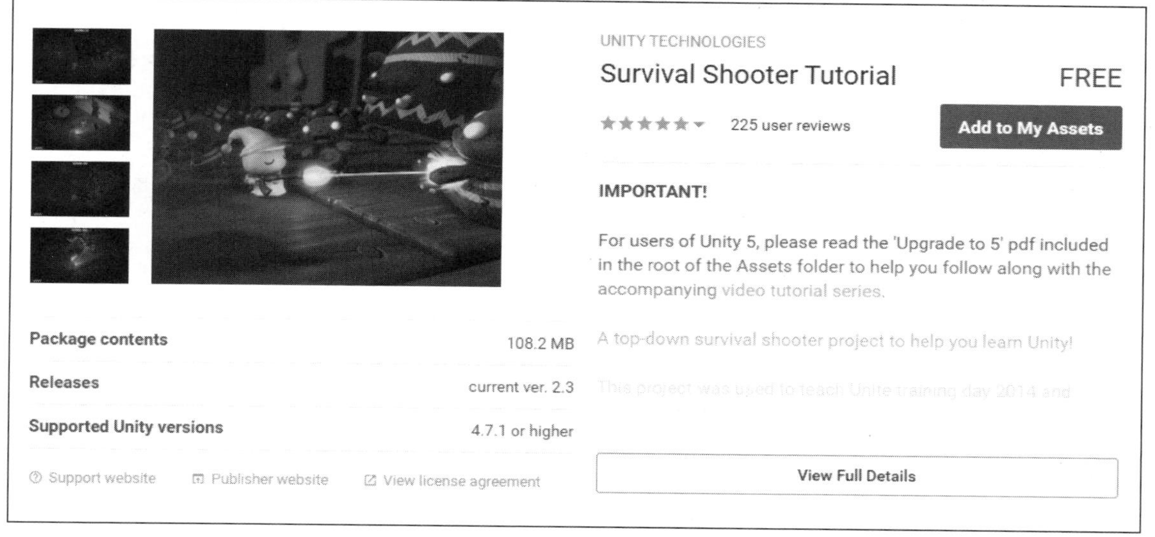

图 1-6　免费的射击游戏示例

下载完成后，选择 Import 将游戏示例导入到当前 Unity 工程中。在编辑器的 Project 窗口中浏览到 Assets/_CompletedAssets/Scenes 目录，双击后缀名为.unity 的场景文件打开场景，然后单击编辑器上方的播放按钮，即可运行游戏，如果再次单击播放按钮则会退出游戏，如图 1-7 所示。

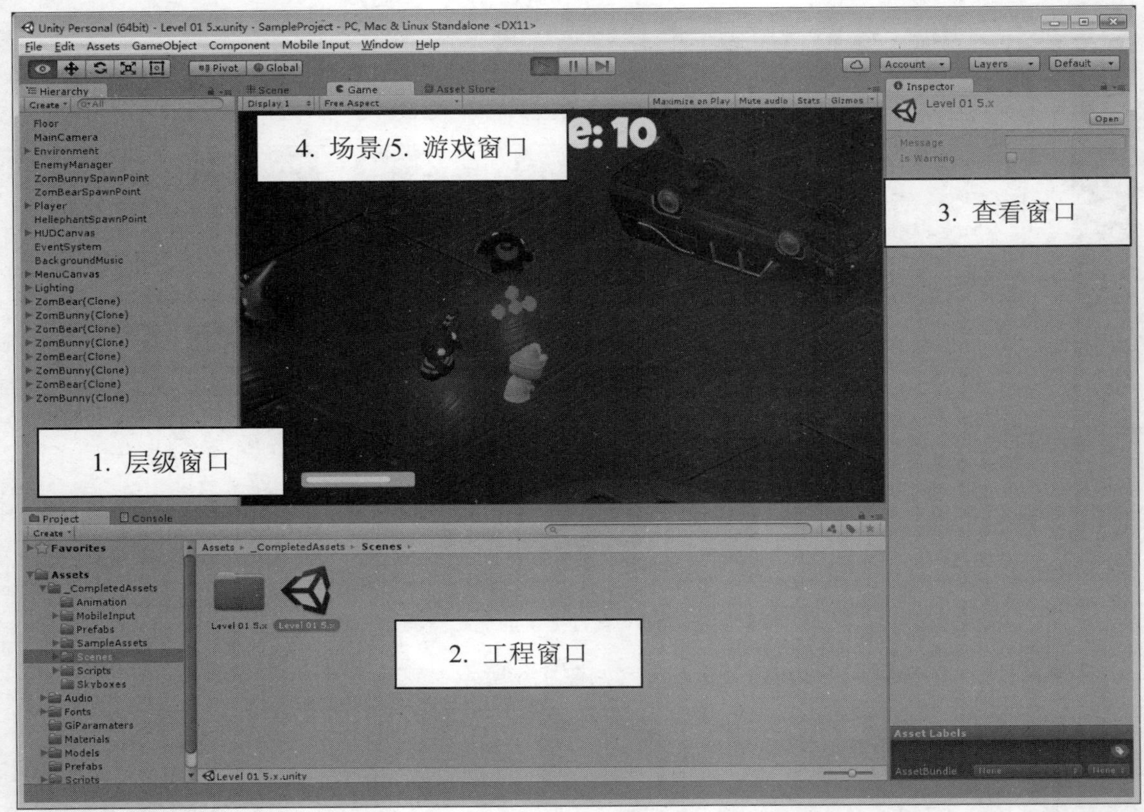

图 1-7　运行示例游戏

这里简单介绍一下 Unity 的编辑器界面，在编辑器中，开发者可以像操作 3D 图形软件一样设置游戏场景及编辑游戏对象，所有的游戏资源（包括模型、贴图、脚本等）都需要导入到编辑器中才能使用。Unity 编辑器由很多窗口组成，每个窗口负责不同的功能，其中主要包括 Hierarchy（层级）、Project（工程）、Inspector（查看）、Scene（场景）、Game（游戏）等窗口。Unity 允许用户自定义默认的 UI 布局，在菜单栏选择【Window】→【Layouts】，这里提供了各类预先设置好的布局，如图 1-8 所示。

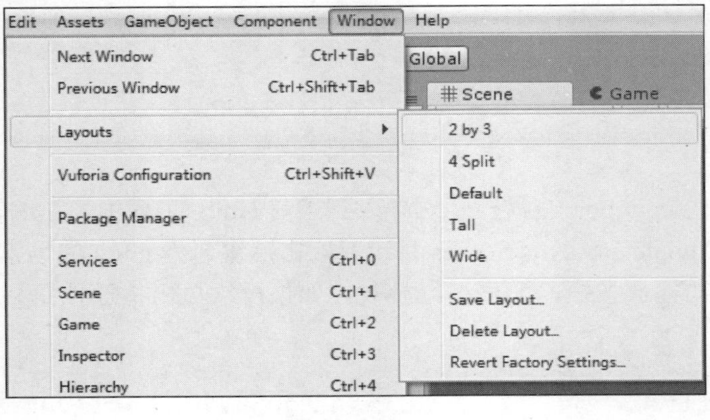

图 1-8　自定义编辑器 UI 布局

（1）Hierarchy 窗口会将当前场景中所有游戏体（Game Object）的名称罗列出来，可以通过名称选择场景中的游戏体，也可以修改游戏体的名称，Unity 允许场景中的游戏体重名。

（2）Project 窗口是一个浏览器窗口，它按照文件夹的目录结构存放资源，选择其中任何一个资源，右击并选择【Show In Explorer】则会打开对应的 Windows 目录位置， Project 窗口的目录结构与 Windows 硬盘上存放的目录结构是完全一致的，同一目录下的不同文件不能重名。

（3）Inspector 窗口用来显示当前选中资源或功能的详细信息。

（4）Scene 窗口类似于 3D 软件的 3D 视图，用来显示和编辑场景中的 3D 或 2D 游戏体，在这里最常见的操作是调整游戏体的位置、方向、缩放大小等，我们可以在工具栏上找到相应的功能，如图 1-9 所示。为了快速在 Scene 窗口中浏览场景，有一些改变场景视图的快捷键需要大家了解：

- 按住鼠标中键平移视图。
- 按住鼠标左键+Alt 键旋转视图。
- 按住鼠标右键+Alt 键或滑动鼠标滑轮推拉视图。
- 按 F 键可以快速锁定选中的目标。

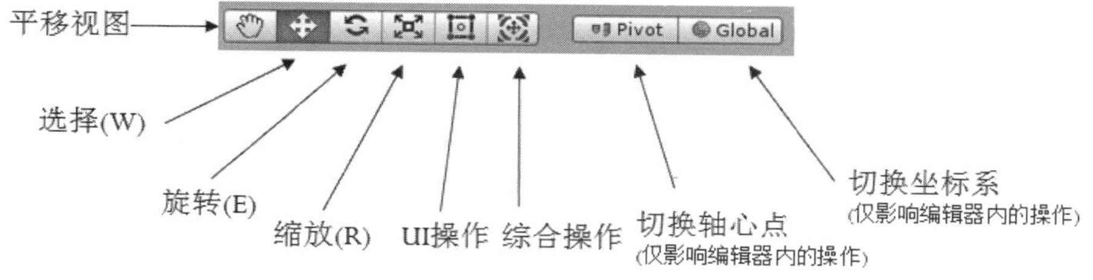

图 1-9　工具栏

（5）Game 窗口显示的是实际游戏运行的画面效果，在编辑器中运行游戏后，会自动切换到这个窗口。

1.3　创建一个 Hello World 程序

我们假设读者已经具备了一定的编程基础，如果读者从未编写过一个 C#程序，请参考本书附录的 C#快速入门教程，从零开始至少两周左右的学习效果比较好。

Unity 的底层是使用 C++开发，但对于 Unity 的使用者，只允许使用脚本进行具体游戏开发，从而回避了底层实现的复杂性，降低了开发难度。Unity 支持的脚本主要是 C#，过去还支持 JavaScript 和 Boo 等脚本，都逐渐被淘汰了，本书的范例都是使用 C#。

Unity 的 C#和微软.Net 家族中的 C#是同一个语言，对于语言本身，二者是差不多的，但 Unity 的 C#是运行在 Mono 平台上，微软的 C#则是运行在.Net 平台上，有一些针对 Windows 平台的专用 C#类库，可能无法在 Unity 中使用。

1.3.1 安装 Visual Studio

安装完成 Visual Studio 后，在 Unity 编辑器的菜单栏中选择【Edit】→【Preferences】打开设置窗口，选择【External Tools】，在 External Script Editor 中将外部脚本编辑器设为 Visual Studio（早期的 Unity 自带了一个名为 MonoDeveloper 的 C#编程工具，已经被淘汰），如图 1-10 所示。

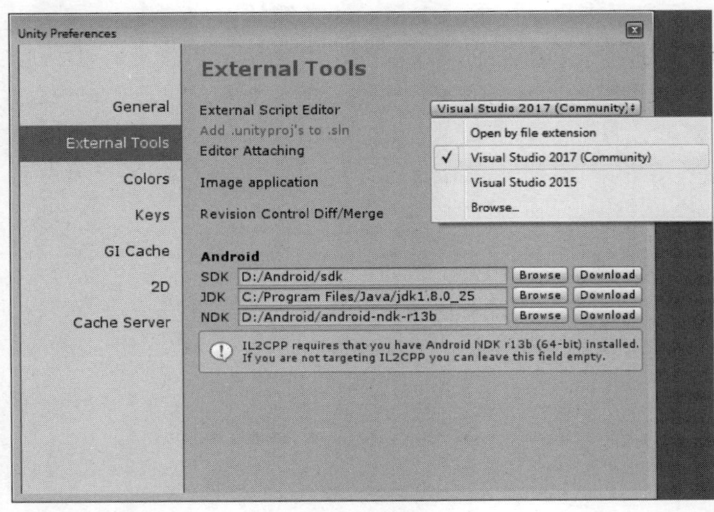

图 1-10 设置 Visual Studio

1.3.2 编写脚本

接下来，我们将使用 Unity 完成一个 Hello World 程序，创建一个标准的 Windows 可执行程序，步骤如下：

步骤 01 启动 Unity，创建一个新的工程，在 Project 窗口中选择【Assets】，右击并选择【Create】→【C# Script】创建一个新的 C#脚本，将脚本命名为 HelloWorld.cs，如图 1-11 所示。

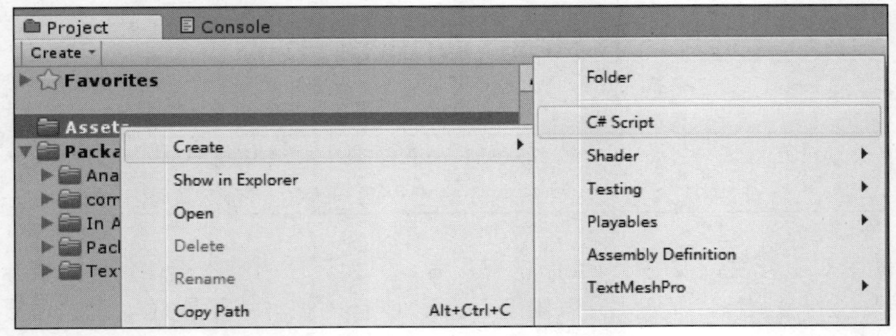

图 1-11 创建新脚本

步骤 02 双击 HelloWorld.cs 脚本文件将其打开，会发现里面已经被自动填充了一些基本代码。我们这里的任务是希望在屏幕上显示“Hello World”，添加代码如下：

```
using UnityEngine;
using System.Collections;
// 注意脚本的类名与文件名一定要一致
public class HelloWorld : MonoBehaviour {
    // 在这里初始化
    void Start () {
    }
    // 在这里更新逻辑（每帧）
    void Update () {
    }
   // 在函数 OnGUI 中定义 UI 的布局和功能
   void OnGUI()
   {
       // 改变字符的大小
       GUI.skin.label.fontSize = 100;
       // 输出文字，如果文字是中文，脚本文字编码必须保存为 UTF-8
       GUI.Label( new Rect( 10, 10, Screen.width, Screen.height ), "Hello World" );
   }
}
```

HelloWorld.cs 是一个 Unity 的脚本文件，HelloWorld 是类的名称，它继承自 Unity 的基类 MonoBehaviour。注意，Unity 没有提供 Main 函数程序入口，Unity 脚本必须作为组件依附于 Game Object（游戏体）运行，因此不能使用关键字 new 创建 Unity 脚本实例，构造函数的功能也因此受到限制。

Start 函数即是开始的意思，可以简单地把它理解为一个初始化函数；Update 函数也是一个事件触发函数，它在每一帧都会被执行；OnGUI 函数专门用来绘制 UI 界面，但在 Unity4.6 之后，已经不推荐使用 OnGUI 绘制 UI 界面，这里仅是为了快速显示 UI 文字。

步骤 03 回到 Unity 编辑器，在 Hierarchy 窗口中选择 Main Camera，选中摄像机，在菜单栏中选择【Component】→【Scripts】→【Hello World】，将脚本指定给摄像机（或者直接将脚本拖动到摄像机的 Inspector 窗口空白处。

运行游戏，即可看到 Hello World 显示在屏幕上，如图 1-12 所示。

图 1-12　运行游戏

在 Unity 中，万物皆 Game Object，摄像机只是一个加载了摄像机脚本的 Game Object，实际上，Hello World 脚本可以指定给任何 Game Object 运行。

1.3.3 编译输出

下面我们需要把程序编译输出为一个标准的 Windows 程序。

图 1-13 脚本和关卡文件

步骤 01 在菜单栏中选择【File】→【Save Scene As】，将当前关卡保存在 Asset 目录内，这是一个后缀名为.unity 的场景文件。可以看到，我们一共创建了两个文件：一个是脚本文件；另一个是关卡文件，如图 1-13 所示。

步骤 02 确定前面保存的关卡处于打开状态，在菜单栏中选择【File】→【Build Settings】，打开 Build Settings 窗口，如图 1-14 所示。选择【Add Current】将当前关卡添加到【Scenes In Build】列表框中（也可以直接将关卡文件拖入框中），只有将关卡添加到这里，它才能被集成到最后创建的游戏中。

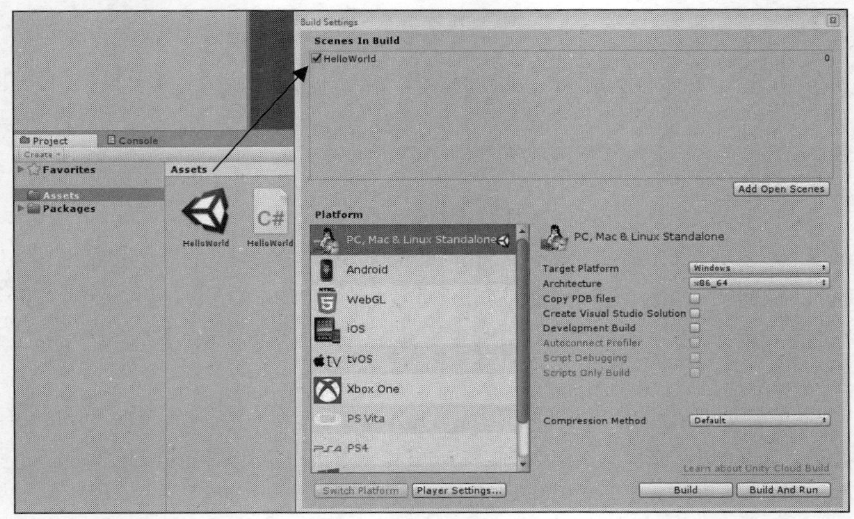

图 1-14 添加关卡

步骤 03 最后还需要进行很多输出设置，这里我们只设置游戏的名称。在 Build Settings 窗口中选择【PlayerSettings…】，在 Inspector 窗口中将 Product Name（产品名称）设为 Hello World，如图 1-15 所示。

图 1-15 设置游戏名称

步骤 04 在 Build Settings 窗口中选择【Build】，然后选择保存路径即可将程序编译成独立运行的标准 Windows 程序。

本节的示例文件保存在资源文件目录\c01_Hello World 中。

1.4　调试程序

游戏开发中出现错误是正常的，调试程序发现错误非常重要，本节将介绍调试程序的几种常用方式。

1.4.1　显示 Log

在 Unity 编辑器下方有一个 Console 窗口，用来显示控制台信息，如果程序出现错误，这里会用红色的字体显示出错误的位置和原因，我们也可以在程序中添加输出到控制台的代码来显示一些调试结果：

```
Debug.Log("Hello, world");
```

运行程序，当执行到 Debug.Log 代码时，在控制台会对应显示出 Hello, world 信息，如图 1-16 所示。如果将 Debug.Log 替换为 Debug.LogError，控制台的文字将呈红色显示。

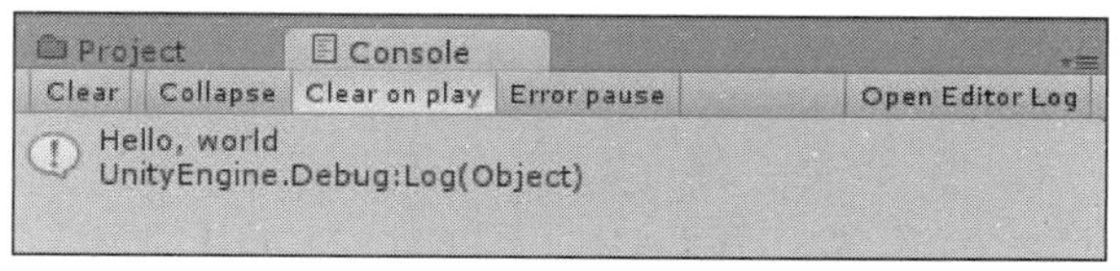

图 1-16　显示调试信息

这些 Log 内容不仅会在 Unity 编辑器中出现，在游戏发布后仍然存在，如果是运行到手机上，可以通过工具实时查看，因此对于最后发布的版本要注意控制输出 Log 的数量。

在 Console 窗口的右侧选择【Open Editor Log】，如图 1-17 所示，会打开编辑器的 Log 文档，当创建出游戏后，在这个 Log 文档中会显示出游戏的资源分配情况，如图 1-18 所示。

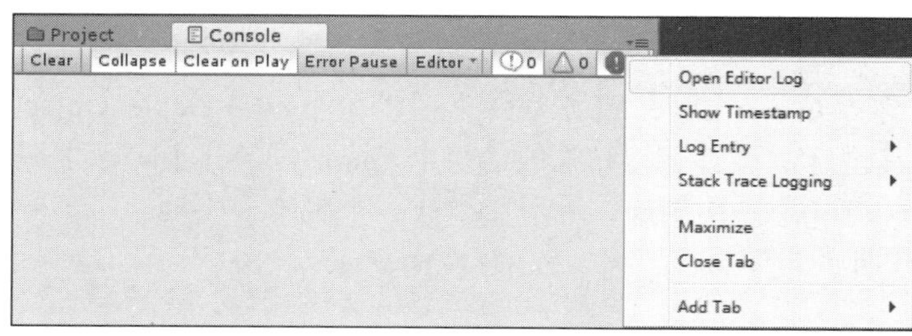

图 1-17　显示调试信息

Textures	587.1 kb	11.2%
Meshes	42.0 kb	0.8%
Animations	1.8 kb	0.0%
Sounds	2.1 mb	40.8%
Shaders	0.0 kb	0.0%
Other Assets	5.0 kb	0.1%
Levels	11.1 kb	0.2%
Scripts	11.6 kb	0.2%
Included DLLs	2.4 mb	46.3%
File headers	16.4 kb	0.3%
Complete size	5.1 mb	100.0%

图 1-18　Log 中保存的信息

1.4.2　在 Visual Studio 中设置断点

最新版本的 Visual Studio 已经内置了针对 Unity 的插件 Microsoft Visual Studio Tools for Unity（也可以到 https://marketplace.visualstudio.com 单独下载），使用 Visual Studio 调试 Unity 程序的方法很简单，首先选择代码，按 F9 键设置断点，然后到 Visual Studio 的工具栏中选择【Attach to Unity and Play】，如图 1-19 所示，Unity 编辑器即会在调试状态下运行游戏。

图 1-19　在 Visual Studio 中调试 Unity 程序

当程序运行至断点设置位置时即会暂停，这时就可以通过 Visual Studio 提供的工具查看程序运行状况，如图 1-20 所示。按 F5 键可以继续断点后面的程序，或者按 F11、F10 键执行单步调试，最后按 Shift + F5 组合键停止调试。

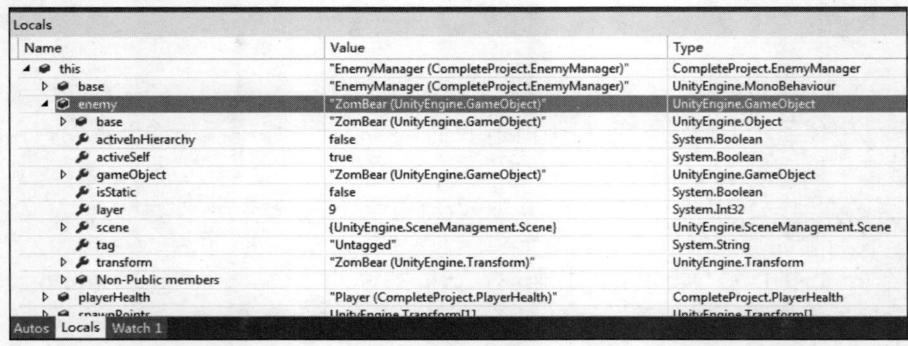

图 1-20　查看程序运行状况

1.5　Unity 脚本基础

编写 Unity 的脚本，除了要注意语言自身的语法规则，还需要注意 Unity 开发环境的特性。这里再次强调，如果读者没有编程基础或从未接触过 C#语言，建议先参考本书附录 C#部分进行学习，不过阅读本章可以对 Unity 有一个大体了解。

1.5.1　Script（脚本）组件

在 Unity 中，最基础的游戏单位称为 Game Object（游戏体），一个基本的 Game Object 仅包括一个 Transform 组件，用于对其进行位移、旋转和缩放。每个 Game Object 上可以加载不同的 Component（组件），这个组件可能是一张图片，一个模型或一个脚本，当加载了不同的组件后，Game Object 将根据相应组件产生不同的功能，如图 1-21 所示。

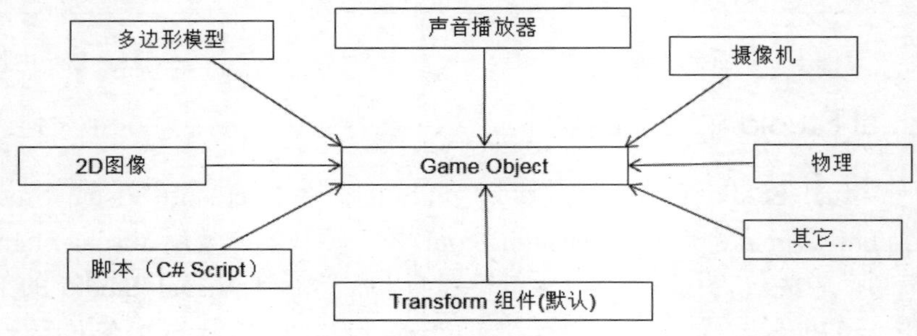

图 1-21　Unity 的组件系统

为了能运行脚本，最基本的要求是将脚本指定给一个 Game Object 作为它的 Script（脚本）组件，最简单的方式是直接将脚本拖动到 Game Object 的 Inspector 窗口的空白位置，或者在菜单栏中选择【Component】，然后选择需要的脚本。

Unity 脚本有几个最重要的类，它们是 MonoBehaviour、Transform 和 Rigidbody/Rigidbody2D。

MonoBehavior 是所有 Unity 脚本的基类，MonoBehaviour 提供了大部分的 Unity 功能。如果脚本不是继承自 MonoBehavior，则无法将这个脚本作为组件运行。

Transform 类是每个 Game Object 都包括的默认组件，它提供了位置变换、旋转、缩放、子父物体连接等功能。

Rigidbody 类（或 2D 版本 Rigidbody2D）提供所有的物理功能。

1.5.2　脚本的执行顺序

在 Unity 中编写脚本，没有一个默认的 Main 函数作为程序入口，所有继承自 MonoBehavior 的脚本都可以独立运行。另外，继承自 MonoBehavior 的脚本通常也不需要构造函数，MonoBehavior 提供了回调函数来响应不同的事件，比如脚本开始运行、更新等。一些常用的函数如下：

```
// 实例化后最先执行的函数，只会执行一次
void Awake()
{
    Debug.Log("Awake");
}
// 当前脚本可用后会执行一次，因为可以关闭脚本，因此可以反复执行，在 Awake 之后执行
void OnEnable()
{
    Debug.Log("OnEnable");
}
// 在进入 Update 函数之前执行的函数，只会执行一次，在 OnEnable 之后执行
void Start () {
    Debug.Log("Start");
}
// 程序主循环，每帧执行
void Update () {
}
// 在 Update 之后执行
void LateUpdate() {
}
// 固定次数更新，它的循环频率可以和主循环 Update 不一致，通常用于物理脚本更新
// 在 Unity 菜单栏【Project】→【Time】可以自定义 Fixed Timestep 每隔多久更新一次。
void FixedUpdate() { }
```

Unity 的其他事件函数还有很多，详细可以查阅文档。

1.5.3 脚本的序列化

大部分游戏都会有一套“配置”系统，比如使用配置文件定义游戏中的角色生命值、移动速度数值。使用 Unity，一些简单的配置数值可以直接在脚本中暴露出来，然后在编辑器中进行设置。在下面的代码中，我们创建了一个名为 Player 的类，它的成员都是 public 类型的：

```
public class Player : MonoBehaviour {
    public int id = 0;
    public string m_name = "default";
    public float m_speed = 0;
    public Camera m_camera;
    public List<string> items;
    // ...
```

将这个脚本指定给场景中的任意一个游戏体，然后就可以在 Inspector 窗口中配置 Player 实例的 public 成员变量初始值了，为了显示方便，Unity 会在编辑器中自动去掉前缀 m_，如图 1-22 所示。

图 1-22　序列化脚本

默认只有继承自 MonoBehaviour 的脚本才能序列化。如果是一个普通的 C#类，需要使用添加 System.Serializable 属性才能序列化，如下所示。

```
[System.Serializable]
public class PlayerData
{
    public int id = 0;
    public string m_name = "default";
    public float m_speed = 0;
    public Camera m_camera;
    public List<string> items;
}
public class Player : MonoBehaviour {
    public PlayerData m_data;
}
```

现在，所有的序列化变量都放到了 m_data 中，如图 1-23 所示

Unity 只能序列化 public 类型的变量，且不能序列化属性。Unity 中的很多功能都可以通过序列化在编辑器中直接编辑，优点是节省代码，便于修改，缺点是依赖场景中的设置，比较难以整体控制。

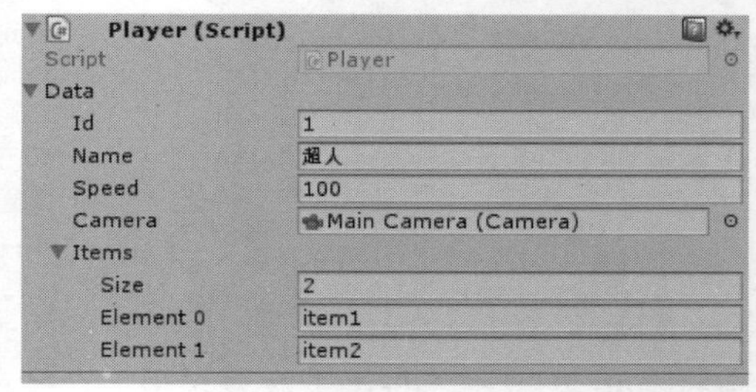

图 1-23　序列化脚本

1.5.4　组件式编程

在 Unity 中编写程序，主要是采取面向对象编程方式进行编程，传统的面向对象编程有三要素，即封装、继承和多态。在 Unity 中，因为脚本是基于组件形式加载到游戏对象上，当我们需要为一个类扩展功能时，继承可能并不是唯一的解决方案。

我们可以将不同的功能看作是不同的组件，通过组合的方式实现功能的扩展和变化。举个例子，比如我们有一个脚本执行 A 任务，另一个脚本执行 B 任务，同时将两个脚本加载到同一个游戏对象上，该游戏对象即可以同时执行 A 和 B 任务。如果我们将来还需要同时执行 C 任务，只需要再添加一个执行 C 任务的脚本即可。

1. 组件的获取

在 Unity 中编写代码的过程中，通常会有需求在一个脚本中调用另一个组件的功能，下面的代码示例演示了如何在脚本中获取、添加组件。

```
Rigidbody rigid = this.gameObject.GetComponent<Rigidbody>();  // 获取 rigid body 组件
if (rigid == null)  // 如果组件不存在
{
    rigid = this.gameObject.AddComponent<Rigidbody>();  // 添加 rigid body 组件
}
```

2. 使用 Unity 消息机制在组件间通信

在本例中，创建了两个类 TestScript 和 DoSomethingScript，将这两个类都作为脚本组件添加到同一个 Game Object 上。TestScript 类在 Start 中调用 SendMessage 函数，通过字符串名称调用另一个类的 DoSomething 函数。使用这种方式的好处是 TestScript 可以不知道 DoSomethingScript，很明显，任何一个带有 DoSomething 函数的类都可以与 TestScript 类组合使用。

```
// TestScript.cs
public class TestScript : MonoBehaviour {
    void Start () {
        this.gameObject.SendMessage("DoSomething");
    }
}
// DoSomethingScript.cs
public class DoSomethingScript : MonoBehaviour
{
    public void DoSomething()
    {
        Debug.Log("DoSomething");
    }
}
```

需要注意的是，SendMessage 函数的效率较低，使用字符串调用函数也不利于追踪错误。

3. 继承和组合

在下面的另一个示例中，我们混合了继承和组件的特性，首先创建了一个名为 DoSomethingBase 的抽象类，DoSomethingScript 继承 DoSomethingBase， TestScript 可以通过 GetComponent 函数取得 DoSomethingScript 组件，然后再执行它的 DoSomething 函数。

```
// TestScript.cs
public class TestScript : MonoBehaviour {
    void Start () {
        // GetComponent 获取其他组件
        this.gameObject.GetComponent<DoSomethingBase>().DoSomething();
    }
}
// DoSomethingBase.cs
public abstract class DoSomethingBase : MonoBehaviour{
    public abstract void DoSomething();
}
// DoSomethingScript.cs
public class DoSomethingScript : DoSomethingBase{
    public override void DoSomething(){
        Debug.Log("DoSomething");
    }
}
```

1.5.5 协程编程

在游戏的逻辑中，经常会遇到先完成某个任务，等待一定时间后，再去做另一个任务的情况， Unity 提供了一种称为协程的编程方式，它允许在不堵塞主线程运行的情况下，异步等待执行某些特定代码，听起来有些类似多线程，但协程不是多线程。

协程函数需要使用关键字 IEnumerator 定义，并一定要使用关键字 yield 返回。协程函数不能直接调用，需要使用函数 StartCoroutine 将协程函数作为参数传入，下面是一段示例代码，包括了大部分协程的应用方法：

```
using System.Collections; // 使用协程需要这个名称域
using UnityEngine;
public class CoroTest : MonoBehaviour // 协程必须运行在 MonoBehaviour 对象中
{
    void Start () {
        Coroutine coro = StartCoroutine(DoSomethingDelay(1.5f)); // 必须使用 StartCoroutine 执行协程
        // Destroy(this.gameObject);    // 如果删除了当前游戏体，协程也会随着消失
        // StopAllCoroutines();  // 停止所有运行于当前 MonoBehaviour 的协程
        // StopCoroutine(coro);  // 停止指定的协程

        StartCoroutine(RunLoop()); // 执行另一个协程
```

```
    }
    IEnumerator DoSomethingDelay(float sec)  // 协程示例 1
    {
        yield return new WaitForSeconds(sec);  // 等待
        Debug.Log("运行协程 1");
        //if ()
        //      yield break; // 如果满足某种条件可以中断执行协程
        yield return new WaitForSeconds(sec);         // 可以多次等待
        StartCoroutine(DoSomethingDelay(1.5f));  // 可以像递归一样调用，在 1.5 秒后继续重复执行
    }
    IEnumerator RunLoop()  // 协程示例 2
    {
        while (true)  // 一直循环，也可以指定中止条件
        {
            Debug.Log("协程 2 循环中");
            yield return 0;  // 结束当前帧协程的运行，但并不会跳出循环
        }
    }
}
```

在 Unity 中，协程是一种重要的编程技巧，但对于初学者来说，协程代码可能难以理解，在后面的章节，我们会通过一些具体实例演示如何使用协程。实际上，协程是通过 C#迭代器特性实现的一种编程技巧，读者可以参考本书附录 C#的迭代器部分了解更多关于协程实现的原理。

1.6　预置文件 Prefab 和资源管理

1.6.1　创建 Prefab

Unity 中的 Game Object 作为游戏中的基本元素是没有功能的，通常需要给 Game Object 添加各种组件，如脚本、物理碰撞或动画控制器等，当添加了这些组件后，可能还需要对组件的参数进行设置，但是如何重用这些设置呢？这时就要用到 Prefab（预制体），我们可以将在场景中编辑的 Game Object 制作成一个 Prefab 保存在工程中，这样就可以随时拿来重用了。

创建 Prefab 非常简单，当在场景中完成对 Game Object 的配置后，只要将其拖动到 Project 窗口中即创建了 Prefab，如图 1-24 所示。这时 Project 窗口中的 Prefab 与场景中的实例是相关联的。

当创建好 Prefab 后，有几条规则如下：

（1）删除场景中的实例不会影响到 Project 窗口中的 Prefab。

（2）如果修改了场景中的实例，选择 Inspector 窗口右上角的【Prefab】→【Apply】，Project 窗口中保存的 Prefab 则会自动同步到该修改结果。

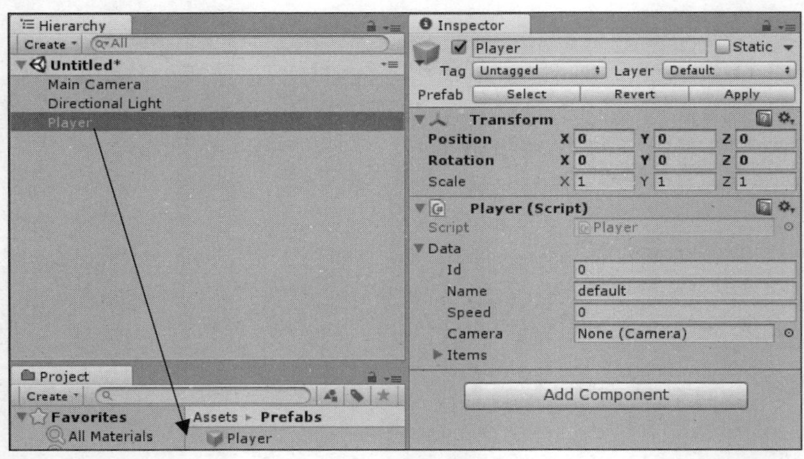

图 1-24　创建 Prefab

（3）如果修改了场景中的实例，选择 Inspector 窗口右上角的【Prefab】→【Revert】，则会返回到 Prefab 的设置。

（4）如果修改了 Prefab 的某项设置，场景中的实例又没有修改过该项设置，场景中的实例则会自动同步到与 Prefab 相同的设置。

1.6.2　Unity 资源包

将外部资源导入 Unity 的最直接方式是将资源复制到当前工程 Assets 目录内，资源可以是任何类型，比如一个.FBX 格式的模型文件、一张图片等。在 Unity 编辑器的 Project 窗口右击，在弹出的菜单中选择【Show in Explorer】可以快速打开资源管理器浏览工程内的资源。

当我们在 Unity 编辑器内制作完成一个 Prefab，如果需要在另一个 Unity 工程中重用该 Prefab，不能只是将 Prefab 复制到另一个工程中，而是要将 Prefab 导出为 Unity 专用的资源包，方法是在 Unity 编辑器的 Project 窗口选中 Prefab 或其他任何资源，右击，在弹出的菜单中选择【Export Package…】将资源导出为 Unity 专用的资源包，选择【Import Package】→【Custom Package…】可以将 Unity 资源包导入到当前工程，如图 1-25 所示。

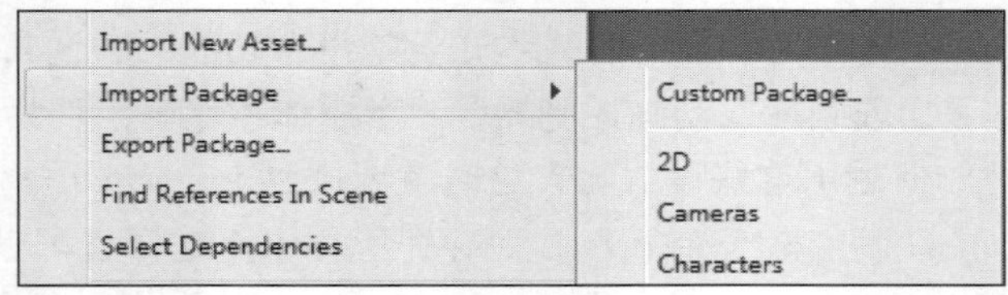

图 1-25　导入导出 Unity 资源包

1.6.3　管理 Unity 插件

当创建一个 Unity 工程后，会发现在工程的 Project 窗口中会自动添加一个 Packages 选项，通过它我们可以查看在当前的工程中使用了哪些功能模块或插件。

Unity 目前支持的功能模块很多，但并不是每个游戏都需要所有的功能，为了使开发更加灵活，Unity 内置的很多功能都可以作为模块导入或移除，在菜单栏选择【Window】→【Package

Manager】打开资源包管理窗口，选中右上角的【Remove】或【Disable】即可移除或取消某个功能模块，也可以在这里安装或卸载由 Asset Store 下载的插件，如图 1-26 所示。

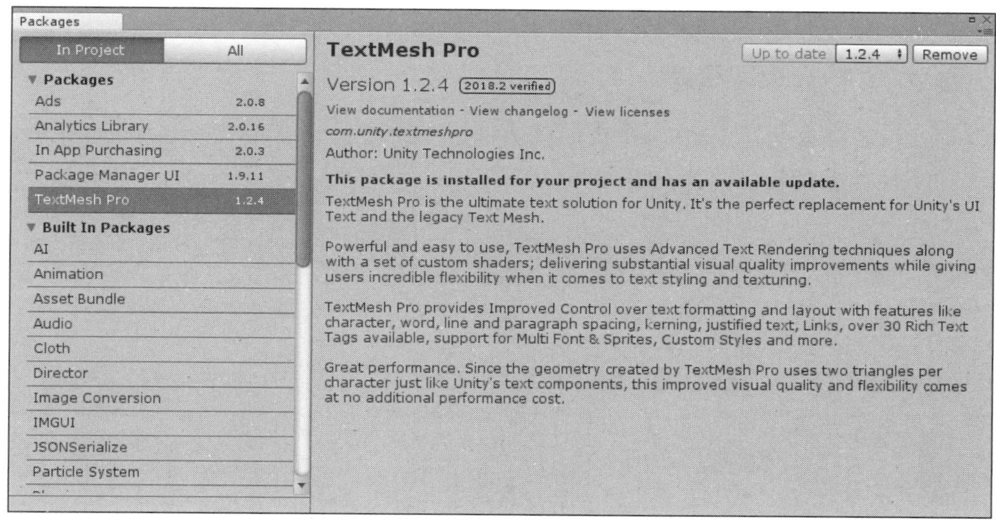

图 1-26　管理功能模块和插件

1.7　读取资源和实例化

1.7.1　在脚本中创建一个 Game Object

Unity 中最基本的游戏元素是 Game Object，在脚本中创建一个 Game Object 非常简单，只需要使用关键字 new 即可。

```
GameObject go = new GameObject("Game Object Name");
```

使用 new 的方式非常直接，但在 Unity 中只允许对一个空的 Game Object 使用关键字 new 进行创建，对于 Prefab 或模型等资源，读取和创建资源的方式更复杂一些。

1.7.2　通过序列化方式引用资源

一种读取资源的方式是，将引用资源的变量设为 public，这样在编辑器中可以直接将该变量与资源进行关联，在实例化的时候不能使用 new，而是使用 Instantiate 函数进行实例化，也就是对资源的复制，使用 Destroy 函数对资源进行删除。

```
public GameObject prefab;      // 引用工程中的 prefab 或模型
private GameObject instance;   // 实例
void Start () {
    instance = Instantiate(prefab);     // 创建实例
    Destroy(instance, 0.1f);            // 0.1 秒后删除实例
}
```

这种引用资源方式的好处是资源管理由 Unity 来完成，坏处是比较依赖编辑器的设置。注意，在使用 Destroy 删除实例的时候会引起垃圾回收，对性能有一定影响，解决的方案是使用对象池减少资源的销毁和实例的重新创建，在本书后面的例子中会涉及到。

1.7.3 通过 IO 方式读取资源

在 Unity 中不能直接使用 C#标准库中的 IO 函数读取 Unity 所需要的资源，而是必须将资源放入名为 Resources 的文件夹中，Unity 允许有多个 Resources 文件夹且可以存放在工程中的不同位置，如图 1-27 所示。

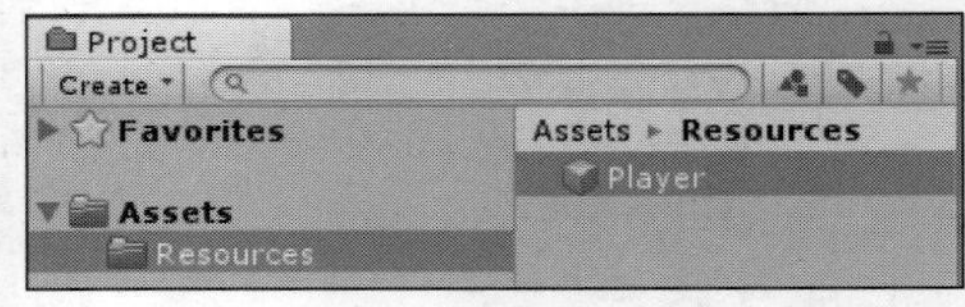

图 1-27 资源文件夹

下面的示例，先使用 Resources.Load 由 Resources 目录读取资源，再使用 Instantiate 实例化资源。

```
void Start()
{
    GameObject prefab = Resources.Load<GameObject>("Player"); // 读取 Resources 路径下的资源
    instance = Instantiate(prefab); // 实例化
}
```

注意读取不同类型的资源，调用 Load 函数时要声明正确的类型，下面是一些示例：

```
GameObject go = Resources.Load<GameObject>("prefab 名称");
Texture texture = Resources.Load<Texture>("贴图名称");
Sprite sprite = Resources.Load<Sprite>("sprite 名称");
AudioClip clip = Resources.Load<AudioClip>("音效文件名称");
```

Resources.Load 属于 IO 操作，对性能有较大的影响，最好将这类操作放到初始化或对性能要求不高的地方执行，不要在主逻辑循环中调用该函数。

Resources 文件夹中的资源最后会被打包成一个专门的资源文件，Unity 游戏启动时需要对该文件进行解析和管理，因此包含的资源越多，编译和启动 Unity 游戏的时间越长，通常不建议将体积较大的资源放入 Resources 目录中。基于这些特点，我们会发现由 Resources 读取资源的方式并不是特别可靠，但该种方式使用简单，适合快速实现和调试。

Unity 还有另一种动态加载资源的方式，需要将资源制作成一种叫 Asset Bundle 的数据包，然后可以从网络或本地读取，这种方式的实现过程相对复杂，但很多时候不得不使用该种方式，在本书介绍关于 Android 开发的章节会有详细介绍。

1.8 保存工程

在 Unity 编辑器菜单栏中选择【File】→【Save Scene】即可保存当前场景，所有场景中更新的信息都会被保存到 Unity 场景文件中。如果是在 Project 窗口中进行修改，比如修改 Prefab 或其他设置，则需要在菜单栏中选择【File】→【Save Project】才能将其保存。

在 Unity 工程中有一个 ProjectSettings 文件夹，编辑器中的设置都保存在这里。

1.9　时间和动画

游戏程序的基本形式是一个“循环”，我们经常说游戏跑多少帧，通常是指在一秒内游戏逻辑和画面更新了多少次。比如游戏主循环一秒循环了 60 次，我们即可说这个游戏跑了 60 帧。

我们知道动画片是由一张张连续的图片快速播放产生的一种视觉效果，游戏中的动画原理与动画片也是类似的，我们在程序的主循环中每隔一段时间更新一副画面，连续起来就是动画效果了。

动画片的帧数通常是固定的，比如每秒 24 帧或 30 帧等。和动画片不同的是，游戏的帧数往往取决于计算机硬件的性能，因此帧数很可能是不稳定的。Unity 提供了一个 Application.targetFrameRate 变量用来设置目标帧数，在手机平台上，通常限制在每秒 30 帧即可，在 PC 上，每秒 60 帧可以取得非常流畅的动画效果，但 30 帧通常也可以接受。

因为不同系统对帧数可能有不同的限制，设置 Application.targetFrameRate 也并不是总能取得期望的帧数，最重要的是，当游戏性能不达标时，游戏可能无法达到预期的帧数，也可能会时快时慢（这是需要避免的）。

当游戏在一台性能卓越的计算机上运行，很可能会获得较高的帧数，但在一台较差的机器上运行，帧数也因此会降低，这样，游戏的逻辑和画面在不同硬件上的更新频率会变得不一致，这显然是不能接受的，好在解决这个问题的方法很简单，只要为所有的动画速度参数乘上每帧的间隔时间（帧数越快，该值越小，反之越大），即可使不同帧数下的动画看起来速度相对一致。

Time 是 Unity 提供的一个静态类，用来管理 Unity 程序中的时间，它提供了一个重要变量 Time.deltaTime，即每帧经过的时间。记住，任何和动画效果相关的参数，比如移动速度、旋转速度等，在使用前都需要与该值相乘，才能保证在不同帧数下取得相对一致的动画效果。在本书后面的例子中，我们会经常看到这种使用方法。

1.10　小　　结

本章介绍了 Unity 的安装及其基本使用等，使读者能在较短的时间内熟悉 Unity 的基本操作，同时对 Unity 的特点进行了总体介绍，为后面的学习打下了基础。

下面是关于本章内容的一些思考题：

问题 1　创建一个 Unity 脚本，在 Start 函数中使用 print 函数输出“开始游戏”，在该脚本中创建 10 个 GameObject，使每个 GameObject 的名称不同。运行程序，观察游戏场景中的资源变化。

答：

```
void Start () {
    print("开始游戏");
    for (int i = 0; i < 10; i++)
    {
        GameObject go = new GameObject("go" + i);
    }
}
```

问题 2 Unity 脚本的执行顺序是什么？

答：参考本章 1.5.2。

问题 3 Unity 有哪些动态读取资源的方式？

答：参考本章 1.7。

问题 4 简单计算 Unity 程序的帧数。

答：

```
int fps = 0;   // 帧数
float time = 0;
void Update () {
    fps++;
    time += Time.deltaTime;
    if (time >= 1)
    {
        Debug.Log("帧数:" + fps);
        fps = 0;
        time = 0;
    }
}
```

第 2 章
太空射击游戏

本章将通过一个太空射击游戏实例来介绍 Unity 的基本使用方法，包括创建游戏体、键盘、鼠标操作，基本的物理碰撞、UI 显示和逻辑处理等，最后介绍了对象池的应用。本章的内容贯穿了 Unity 开发的大部分基础内容，篇幅较长，初学者需要一定的耐心，可以分阶段将其完成。

2.1 游戏介绍

通过太空射击游戏这个实例，我们将了解到 Unity 游戏开发的基础知识。游戏开发是一个复杂的过程，通常由很多人协作完成，其中包括游戏策划、程序员、美术制作、项目管理人员等，也有个人独立完成的游戏，比如大名鼎鼎的《我的世界》。在开始制作之前，我们先来简单了解一下游戏的玩法。

2.1.1 游戏操作

在游戏中，主角和敌人是不同的太空飞船。游戏开始后，主角会迎着敌方的火力前进。消灭敌人会取得分数，游戏没有尽头，除非主角飞船被击落，则游戏结束。

本游戏将在 PC 平台上开发，按键盘上的上、下、左、右键控制主角上下左右飞行，按空格键或鼠标左键射击。针对手机平台，我们则通过点击屏幕移动主角。

2.1.2 主角和敌人

主角拥有 3 级装甲，被敌人击中或撞击 1 次，损失 1 级装甲，当装甲为 0 时，游戏结束。游戏中有两种敌人，包括初级敌人和高级敌人。

- 初级敌人：装甲较弱，以撞击主角为主，沿弧线飞行。
- 高级敌人：装甲较强，可以发射子弹，直线飞行。

2.1.3 游戏 UI

屏幕上会显示主角的装甲及得分。如果游戏结束，屏幕上将会显示“游戏结束”，同时还会显示出“再试一次”按钮。

2.2 导入美术资源

在本书提供的下载资源文件中包括用于这个太空射击游戏的 3D 模型和贴图，Unity 支持多种格式的 3D 模型和贴图，比较常用的是 FBX 格式的模型（通常是由 3D 动画软件导出来的）和 PNG 格式的贴图。下面，我们看一下如何将它们导入到 Unity 工程中。

步骤 01 在资源文件目录\rawdata 复制 airplane 文件夹，这个文件夹内包括所有游戏需要的模型和贴图文件，如图 2-1 所示。

我们可以直接通过复制粘贴的方式将模型、贴图资源导入到 Unity 中，或者在 Project 窗口中单击鼠标右键，选择【Import New Asset】也可以将资源导入。

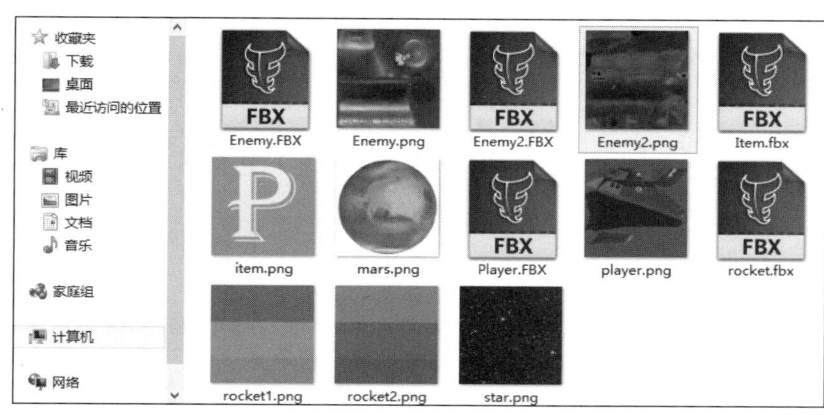

图 2-1　模型和贴图资源

步骤 02 创建一个新的 Unity 工程，在 Project 窗口中选择 Assets，然后单击鼠标右键，选择【Show in Explorer】，将前面复制的 airplane 文件夹粘贴到 Assets 文件夹内，返回 Unity，会发现模型和贴图已经被导入到当前的 Unity 工程中，如图 2-2 所示。

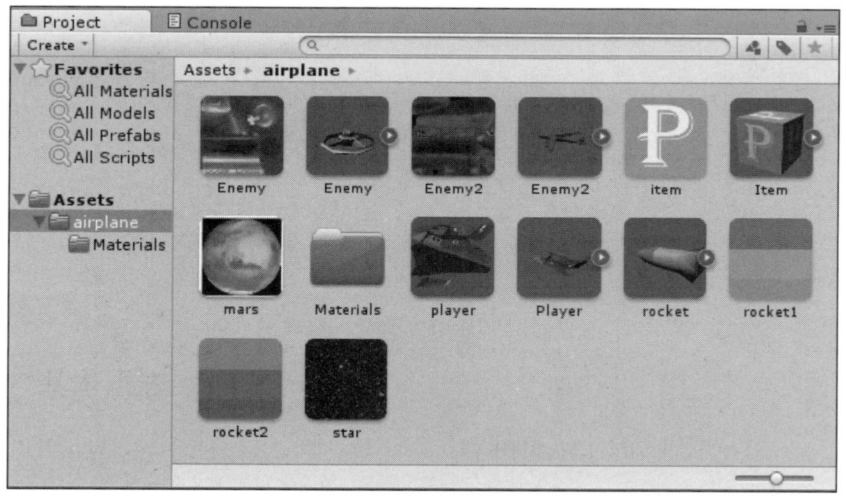

图 2-2　导入模型和贴图

Project 窗口是一个浏览器窗口，主要负责资源管理，它与系统硬盘上当前游戏工程的 Assets 文件夹是相对应的。我们可以试一下，在 Project 窗口中单击鼠标右键，选择【Create】→【Folder】创建一个空的文件夹，然后使用 Windows 资源管理器查看当前 Unity 工程的目录，也多了一个同样的文件夹。

2.3　创建场景

游戏是发生在太空中，背景是一颗巨大的火星和浩瀚的星空。在这部分，我们将介绍如何创建材质球，并为星空完成一个 UV 动画。

2.3.1 创建火星背景和星空动画

步骤 01 在菜单栏中选择【File】→【New Scene】创建一个新的场景。

步骤 02 在菜单栏中选择【File】→【Save Scene As】，将当前场景存放到 Assets 路径下，这里命名为 level1.unity，如图 2-3 所示。接下来这个游戏的大部分工作都将在这个场景中完成。

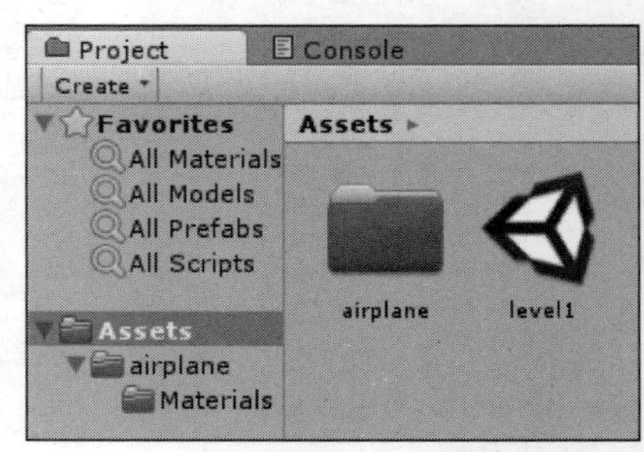

图 2-3 新建场景

步骤 03 在菜单栏中选择【GameObject】→【3D Object】→【Plane】，创建一个平面体作为火星背景模型。

游戏中使用的 3D 模型主要是在 3D 动画软件中制作的，Unity 提供了一些基本形状的模型，通常只是用来快速测试一些简单效果。

步骤 04 在 Project 窗口中单击鼠标右键，选择【Create】→【Material】创建一个材质球，将其命名为 Background，选择贴图框旁的按钮指定 mars.png 作为贴图，如图 2-4 所示。

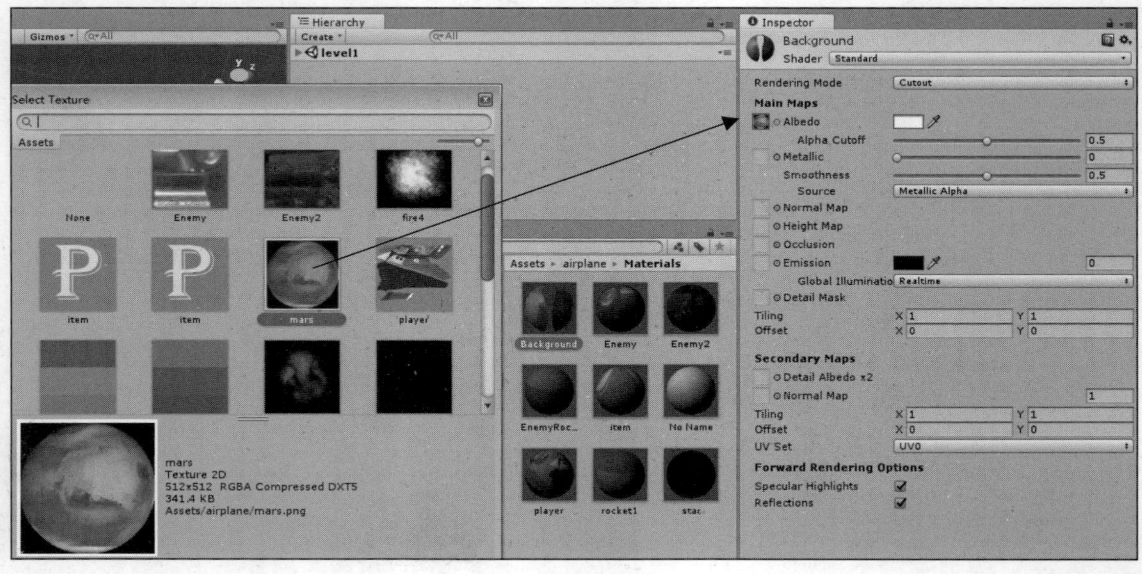

图 2-4 指定贴图

当贴图较多时，选择查找比较困难，可以在 Project 窗口中浏览到目标贴图，直接将其拖至材质球的贴图框内，Unity 中的很多操作都可以使用这种拖拉的方式。

步骤 05 在 Scene 窗口中选择前面创建的火星背景模型，在 Inspector 窗口中找到 Materials 下面的 Element 0，单击右边的小按钮（或拖拽），指定 Background 材质球，如图 2-5 所示。

步骤 06 我们会发现火星贴图四周呈现出边框，这是因为默认材质设置不能显示 Alpha 通道的原因。选择 Background 材质球，将 Rendering Mode 设为 Cutout，即可以显示出透明效果，如图 2-6 所示。

模型、材质和贴图的基本关系是，模型的表面质感需要由材质球呈现，贴图可以为材质提供不同的纹理表现。

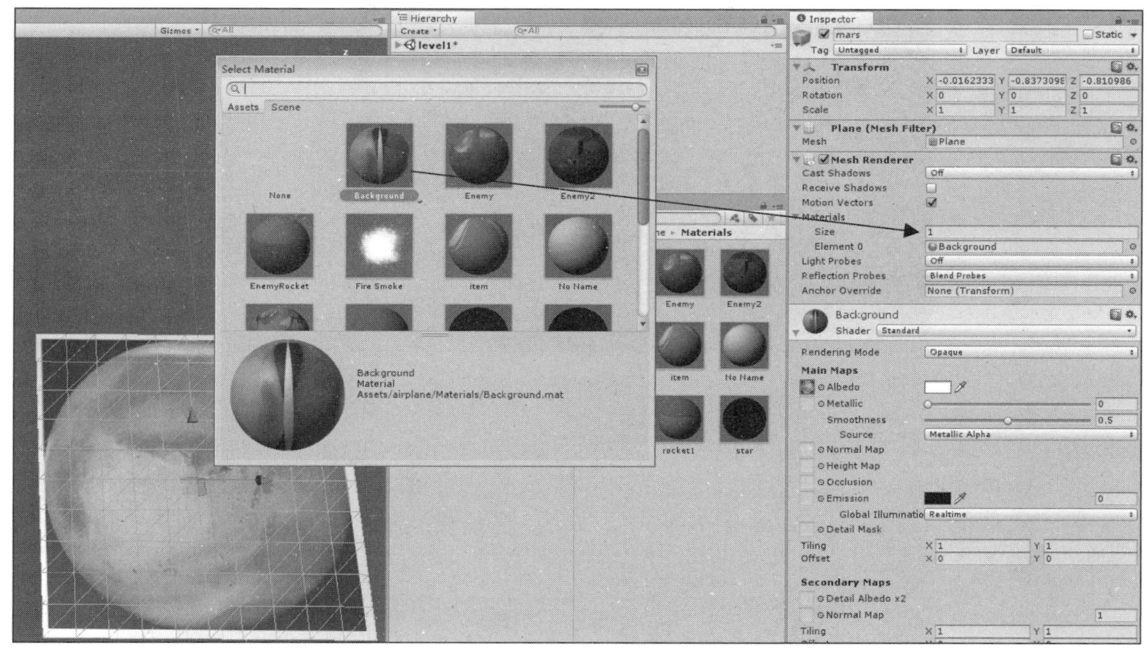

图 2-5　指定材质

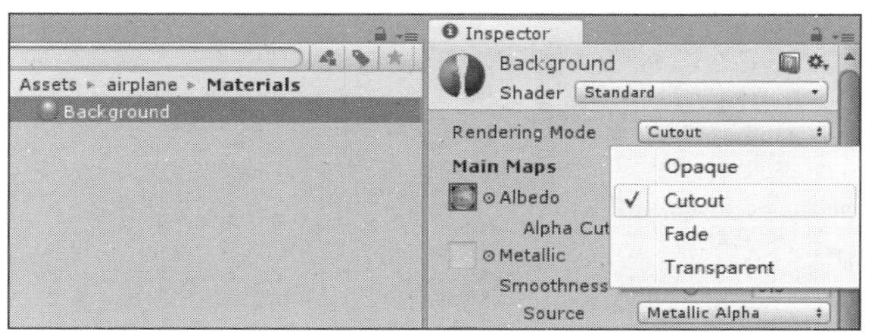

图 2-6　更改渲染模式

接下来，我们将在火星后面创建一个星空背景，创建星空与创建火星背景的方式相似，在此基础上为星空制作一个 UV 动画，使画面看起来在缓缓向前移动。

步骤 01 创建另一个平面体，将其放大一些，置于火星下面作为星空的背景，然后为其创建一个材质球，星空背景比较简单，也不需要接收光线，我们为其换一个简单的 Shader，在 Shader 中选择【Unlit】→【Texture】，将材质 Shader 设为 Unlit/Texture，并指定 star.png 作为其贴图，如图 2-7 所示。

本书后面的章节对 Shader 会有专门的讲解。通俗点理解 Shader，Shader 就像是一个材质的模版，选择不同的 Shader 即可获得不同的质感表现，Unity 内置了很多 Shader，创建新的 Shader 需要使用专门的语言，在 Unity 中主要是使用 CG 语言，最新版本的 Unity 还提供了一个可视化 Shader 编辑器，使用户无需要编写代码即可创建 Shader。

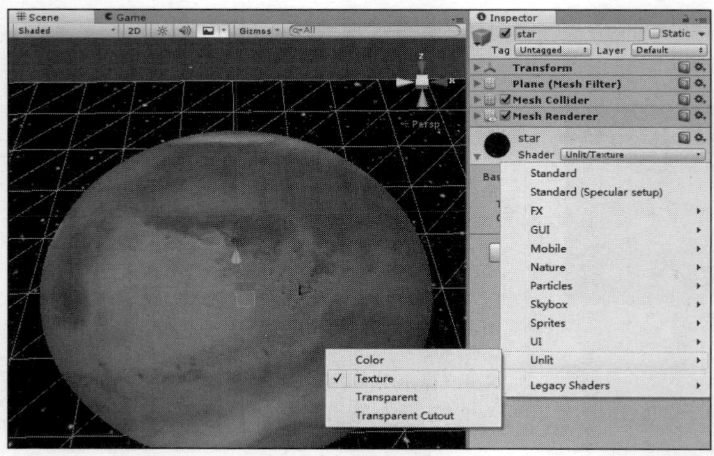

图 2-7　为星空材质更改 Shader

步骤 02　选择星空背景模型，在 Project 窗口中单击鼠标右键，选择【Create】→【Animator Controller】，创建一个动画控制器，确定星空背景模型在场景中处于选择状态，拖动动画控制器到 Inspector 窗口下方空白处，将动画控制器组件指定给星空背景模型，如图 2-8 所示。

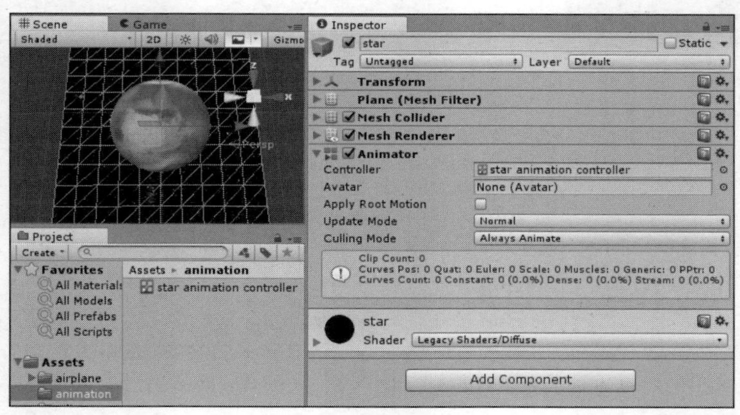

图 2-8　指定动画控制器组件

这步操作会给星空模型添加一个 Animator 动画组件，并自动与当前的动画控制器关联，注意 Animator 组件中 Controller 中的设置。

步骤 03　确定选中星空模型，在菜单栏中选择【Window】→【Animation】→【Animation】，打开动画窗口，选择【Create】创建一个动画文件并保存在工程中的 Assets 目录内。如果还需要创建更多动画，选择【Create New Clip】即可，如图 2-9 所示。

游戏中的动画有很多种制作和表现方式，除了使用专业的动画软件，在 Unity 内可以直接添加一些基本的动画效果，比如位置，旋转或缩放、特别适合用来制作游戏内的 UI 动画效果。

步骤 04　选择【Add Property】，然后选择 Material._Main_Tex_ST 添加动画 UV 属性，现在我们可以动画这个属性了，如图 2-10 所示。

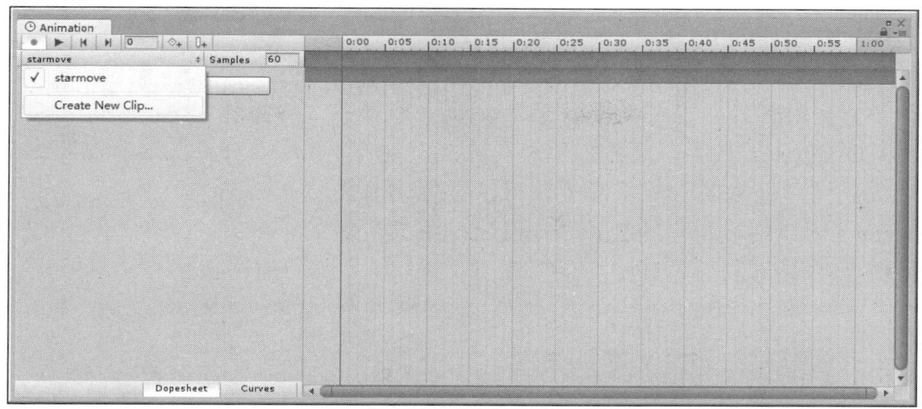

图 2-9　创建新动画

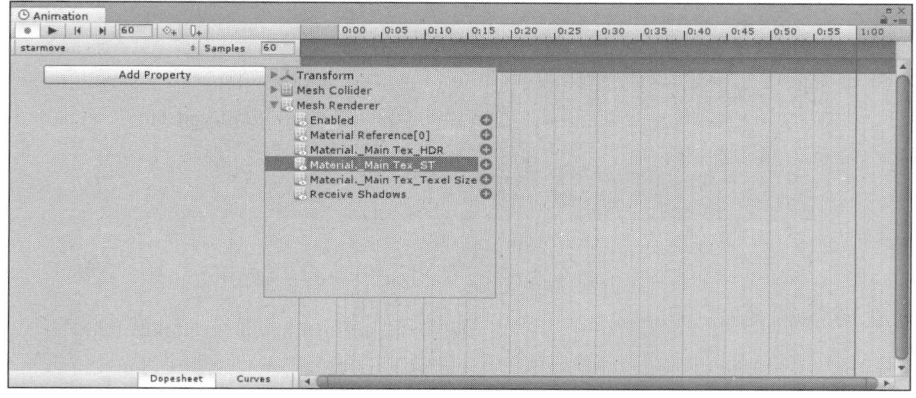

图 2-10　添加动画属性

另一种添加动画属性的方式是，单击 Animation 窗口左上角的“动画记录”按钮进入动画录制状态，然后改变场景中 Game Object 相关属性的值，比如位置、旋转等，该属性即可被自动添加到动画属性中并记录动画。

步骤 05 单击左上角的“动画记录”按钮进入动画录制状态，将时间轴前进至 30 帧左右，将 Material._Main_Tex_S 属性中的 w 值设为-1，播放动画，星空贴图将会缓缓移动，如图 2-11 所示。

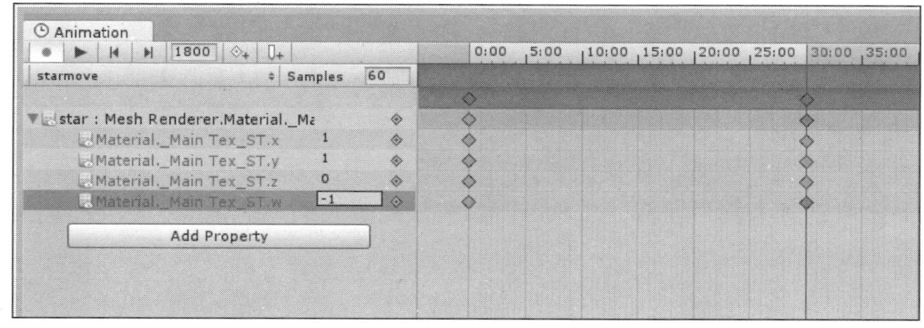

图 2-11　添加 UV 动画效果

实际上，Material._Main_Tex_S 属性对应的就是当前材质中 Offset 的值，如图 2-12 所示，除了可以在 Animation 窗口中手动设置关键帧外，也可以直接在 Inspector 窗口中改变数值，Animation 工具会自动为数值变化添加关键帧。

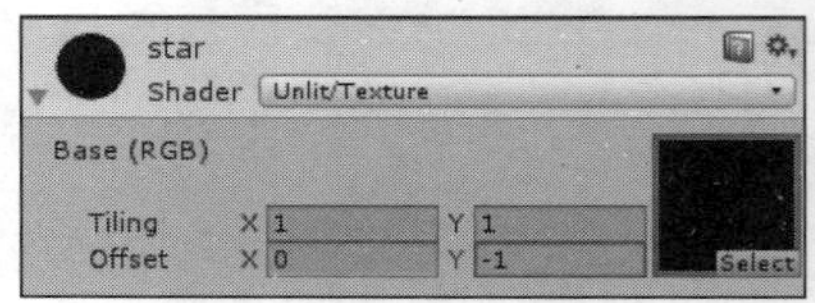

图 2-12　动画 Shader 中的值

默认动画是循环播放的，如果需要修改，选择动画文件，在 Inspector 窗口中设置它的 Loop Time，即可改变循环模式，如图 2-13 所示。

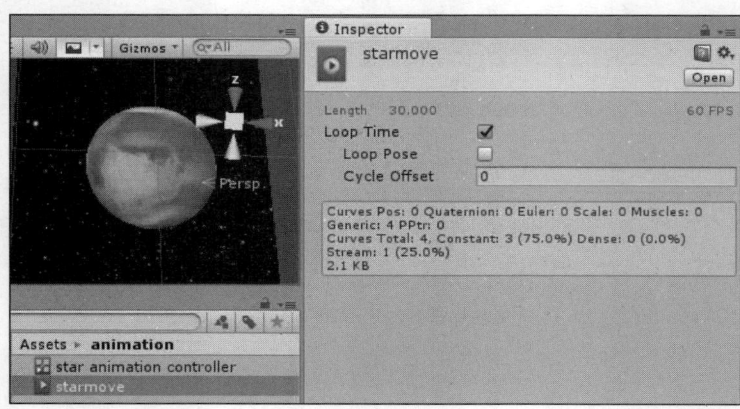

图 2-13　设置动画循环方式

2.3.2　设置摄像机和灯光

摄像机是用来展示游戏世界的窗口，游戏引擎在运算过程中，根据摄像机视角范围内进行裁切，将 3D 模型顶点位置投射到摄像机的矩形平面内，再进行坐标转换将顶点位置最终投射到屏幕的像素坐标上（无论是 3D 或 2D 游戏，我们的显示器仍然是二维平面的）。在 Unity 的游戏场景中，允许同时有多个摄像机，实际上摄像机就是一个普通的游戏体，上面有一个 Camera 组件，与其他游戏体一样，可以移动、旋转，用脚本控制等。

在这个太空射击游戏中，摄像机的工作很简单，就是从上向下展望火星，所以这个游戏看起来更像是一个 2D 游戏，只是太空飞船使用的是 3D 模型。

步骤 01　在 Scene 窗口中调整视图角度。

步骤 02　在 Hierarchy 窗口中选择 Main Camera，这是场景中默认的摄像机。在菜单栏中选择【GameObject】→【Align With View】，使摄像机视角与当前视图一致，如图 2-14 所示。

Hierarchy 窗口是一个名称列表，可以按子父层级关系排列显示，它们与 Scene 窗口中出现的游戏体是一一对应的。

现在，如果我们运行游戏，如果发现在 Game 窗口中的画面亮度与 Scene 窗口不一致，在 Scene 窗口上方单击“太阳”图标，Scene 窗口将使用真实的灯光信息，因为这时场景中还没有灯光，所以画面是比较暗的。

步骤 03　在菜单栏中选择【Window】→【Rendering】→【Lighting Settings】，选择 Ambient Source，将 Skybox 改为 Color，这样会使用颜色作为环境光代替默认的天空盒，然后调整

Ambient Color 的颜色，可以整体影响场景光线的亮度。本示例不需要使用 Lightmap，取消 Lighting 界面最下方的 Auto（自动）选项，防止 Unity 自动为场景构建 Lightmap。

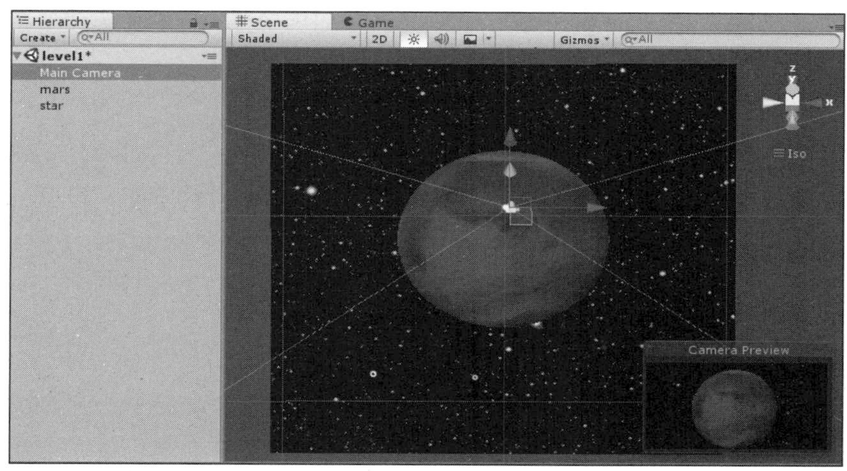

图 2-14　调整视图角度

步骤 04　在菜单栏中选择【GameObject】→【Light】→【Point Light】，创建一个点光源，将其置于火星模型上方，然后调节其 Range 的值改变灯光范围，调节 Intensity 的值改变灯光强度，如图 2-15 所示。

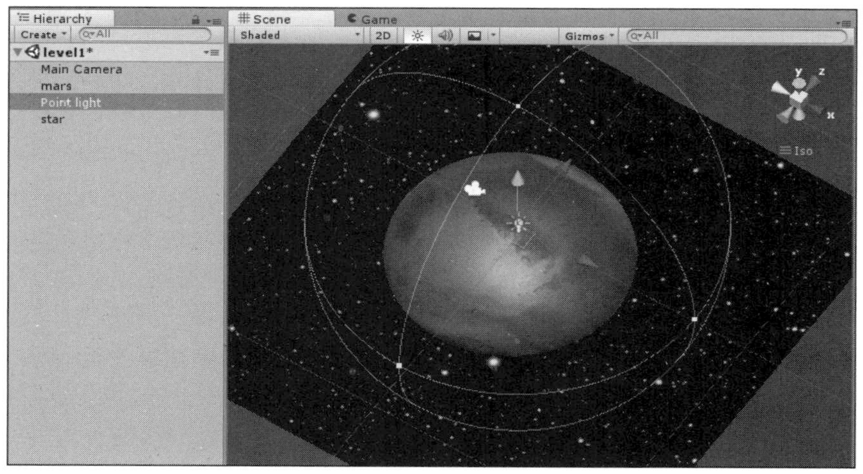

图 2-15　调节灯光

2.4　创建主角

这个游戏的主角是一艘太空飞船，我们将使用一个飞船模型作为主角的游戏体，并赋予它一个脚本，控制它的运动。脚本是实现游戏逻辑的核心，它本身并不能独立运行，必须作为某个游戏体的组件才能运行。

2.4.1 创建脚本

步骤 01 在 Project 窗口中找到 Player.fbx，将其拖动到 Hierarchy 窗口中创建飞船模型的游戏体，如图 2-16 所示。

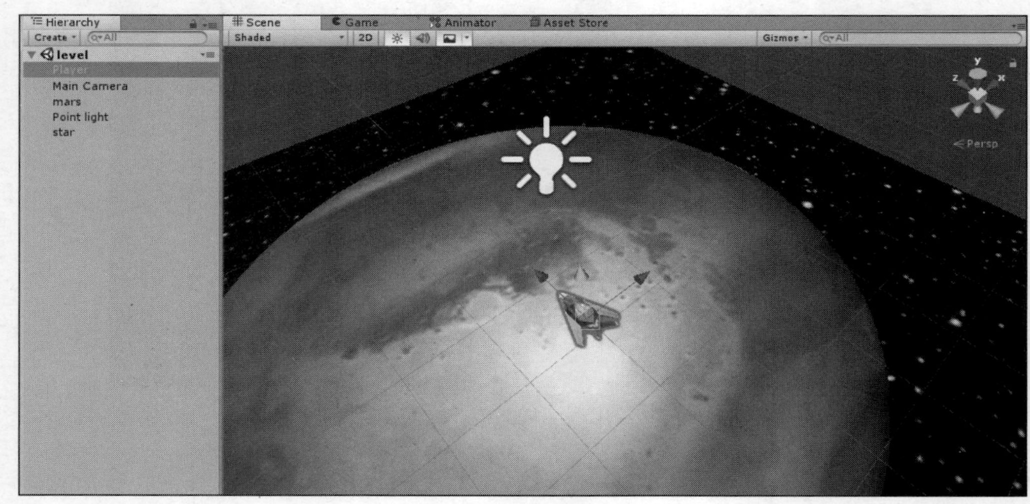

图 2-16　创建飞船游戏体

步骤 02 在 Project 窗口中选择 Assets 并单击鼠标右键，选择【Create】→【Folder】创建一个文件夹，将其命名为 Scripts，我们可以将所有创建的脚本都放入到这个文件夹中。

步骤 03 选择 Scripts 文件夹并单击鼠标右键，选择【Create】→【C# Script】创建一个 C#脚本，将其命名为 Player，注意脚本的后缀是.cs。

步骤 04 双击 Player.cs 脚本将其打开，会发现 Unity 已经自动创建了一些基本代码：

```
using UnityEngine;
using System.Collections;
public class Player : MonoBehaviour
{
    // Use this for initialization（初始化）
    void Start(){
    }
    // Update is called once per frame （每帧执行）
    void Update(){
    }
}
```

Player 是类的名字，这个名字必须与脚本的文件名一致，它默认继承自 MonoBehaviour，只有继承自 MonoBehaviour 的类才能作为 Unity 脚本组件使用。

步骤 05 选择主角的飞船模型游戏体，然后在菜单栏中选择【Component】→【Scripts】→【Player】，将脚本指定给主角游戏体作为组件。

步骤06 默认新创建的脚本都会出现在菜单栏【Component】→【Scripts】下面，为了便于管理脚本，也可以自定义脚本在菜单栏中的位置。在 Player 类前面添加 AddComponentMenu 属性：

```
[AddComponentMenu("MyGame/Player")]
public class Player : MonoBehaviour
```

步骤07 在菜单栏中选择【Component】，会发现 Player 脚本出现在自定义的 MyGame 子菜单中，如图 2-17 所示。

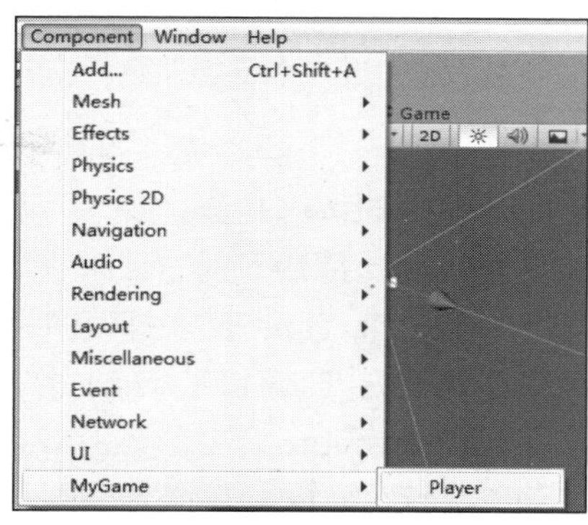

图 2-17　自定义脚本在菜单中的位置

2.4.2　控制飞船移动

我们将使用键盘上的上、下、左、右键来控制飞船的行动。

步骤01 在 Player 类中添加一个控制飞行速度的属性：

```
public float m_speed = 1;
```

步骤02 在 Player 类中，默认有一个 Update 函数，这个函数在程序运行时，每帧都会被调用，我们将在这个函数中添加键盘操作的代码：

```
void Update () {
        // 纵向移动距离
        float movev=0;
        // 水平移动距离
        float moveh=0;

        // 按上键 Z 方向递增
        if ( Input.GetKey( KeyCode.UpArrow ) ){
            movev + = m_speed * Time.deltaTime;
        }
        // 按下键 Z 方向递减
        if ( Input.GetKey( KeyCode.DownArrow ) ){
            movev - = m_speed * Time.deltaTime;
        }
        // 按左键 X 方向递减
        if ( Input.GetKey( KeyCode.LeftArrow ) ){
            moveh -= m_speed * Time.deltaTime;
        }
        // 按右键 X 方向递增
        if ( Input.GetKey( KeyCode.RightArrow ) ){
            moveh += m_speed * Time.deltaTime;
        }
        // 移动
```

```
        this.transform.Translate( new Vector3( moveh, 0, movev ) );
    }
```

Input 是一个静态类，封装了所有输入功能，包括键盘、鼠标或触控操作等，我们在这里响应了不同的按键功能，为了更好地支持跨平台，比如使同样的代码支持游戏手柄，Unity 还有另外一种支持输入的方式，在下一章的例子中我们会用到。

Time.deltaTime 表示每帧的经过时间，所有动画效果都需要乘上 Time.deltaTime。在本示例中，速度与 Time.deltaTime 相乘，表示每帧移动 N 个单位距离。

this.transform 调用的是游戏体的 Transform 组件，Transform 组件提供的主要功能都是和移动、旋转、缩放游戏体有关的。我们调用了 Translate 函数移动游戏体，并输入 Vector3 类型的参数，用来表示 x、y、z 三个方向上的移动距离。注意移动的方向和美术素材的方向也有关系，通常导出美术素材时要使它的方向与 Unity 环境的方向一致（模型的正方向朝向 z 轴）。

Vector3 是一个值类型的结构，表示向量，向量的概念在游戏中非常重要，通常可以用来表示位置或方向。对于坐标位置比较容易理解，当用于方向时，Vector3 的值表示在某个方向上偏移一定距离。实际上，Translate 函数实现的功能就是普通的向量加法：坐标位置+移动方向×距离，所以这里的 transform.Translate(new Vector3(moveh, 0, movev))等同于下面的代码：

```
this.transform.position += new Vector3(moveh, 0, movev);
```

步骤 03 this.transform 返回了当前游戏体的 Transform 组件，早期版本的 Unity 文档中提到，它实际执行的代码是 this.GetComponent<Transform>()，在 Update 中每帧这样调用会造成不必要的性能浪费，类似这样的情况我们可以在对象初始化时，比如在 Start 函数中调用一次并将其保存起来，如下所示：

```
m_transform = this.transform;

void Start () {
    m_transform = this.transform;   // 为了避免啰嗦，本书中的示例未必都采用了这种写法
}
```

> **提示** MonoBehaviour 的派生类不建议使用构造函数初始化。

步骤 04 在 Update 函数中修改控制移动的代码，将 this.transform 替换为 this.m_transform，这样程序就不用每帧都去查找 Transform 组件，注意 this 是可以省略的，如下所示：

```
this.m_transform.Translate( new Vector3( moveh, 0, movev ) );
```

步骤 05 运行游戏，应当可以控制飞船移动了，但我们可能会觉得飞船的移动速度不够快。退出游戏运行模式，选择主角飞船游戏体，在 Inspector 窗口中找到 Player 脚本组件，将 Speed 的值加大至 6，如图 2-18 所示。

图 2-18　脚本组件

Speed 的值与 Player 脚本内的 m_speed 的值是对应的，这样只需要在场景中修改 Speed 的值就可以改变飞船的移动速度，而不用每次都去修改原始代码。

> 提示　只有 public 类型的属性才能在编辑器窗口序列化。

再次运行游戏，飞船的移动速度明显提高了。

2.4.3 创建子弹

这是一个射击游戏，飞船还需要发射子弹，我们先创建子弹的游戏体和脚本。

步骤 01 在 Project 窗口中找到 rocket.fbx 模型文件，将其拖动到 Hierarchy 窗口中创建子弹的游戏体，如图 2-19 所示。

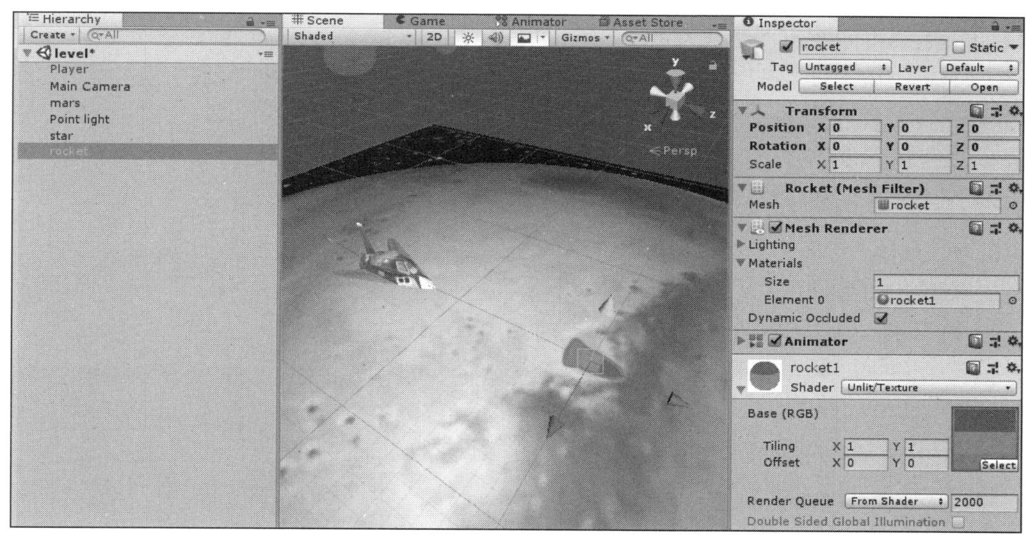

图 2-19　创建子弹游戏体

步骤 02 创建 Rocket.cs 脚本，将其指定给子弹游戏体。

步骤 03 在 Rocket 类中添加三个属性，分别控制子弹的飞行速度、生存时间和威力，如下所示：

```
[AddComponentMenu("MyGame/Rocket")]
public class Rocket : MonoBehaviour {

    public float m_speed = 10;      // 子弹飞行速度
    public float m_power = 1.0f;    // 威力

    void OnBecameInvisible() {
        if (this.enabled)   // 通过判断是否处于激活状态防止重复删除
            Destroy(this.gameObject);   // 当离开屏幕后销毁
    }
```

OnBecameInvisible 函数是 Unity 的事件函数，当可渲染的物体离开可视范围，这个函数会被自动触发，在这里，当子弹离开屏幕范围后销毁自身。

步骤 04 在 Rocket 的 Update 函数中添加如下代码：

```
void Update () {
        // 向前（z 方向）移动
        transform.Translate( new Vector3( 0, 0, m_speed * Time.deltaTime ) );
    }
}
```

运行游戏，子弹将飞速地前进，一定时间后会自动消失。

2.4.4 创建子弹 Prefab

前面我们已经创建了子弹的游戏体，游戏中的子弹是玩家操作发射的，并可以发射很多子弹。对于需要重复使用的游戏体，需要将其制作成 Prefab。

在本书第 1 章介绍过，Prefab 在 Unity 中可以理解为可重用的游戏体。当我们创建了一个游戏体，为其设置了脚本、参数等，可以将其保存为 Prefab，然后在任何时间、场景，甚至在其他 Unity 游戏中重复使用。下面我们把子弹游戏体制作成一个 Prefab。

步骤 01 在 Project 窗口中的 Assets 目录内创建一个名为 Prefabs 的文件夹用于保存 Prefab，然后单击鼠标右键，选择【Create】→【Prefabs】创建一个空的 Prefab，将其命名为 Rocket，如图 2-20 所示。

步骤 02 在 Hierarchy 窗口中选择前面创建的子弹游戏体，将其拖动到刚刚创建的 Prefab 上面，Prefab 的制作就完成了，如图 2-21 所示。

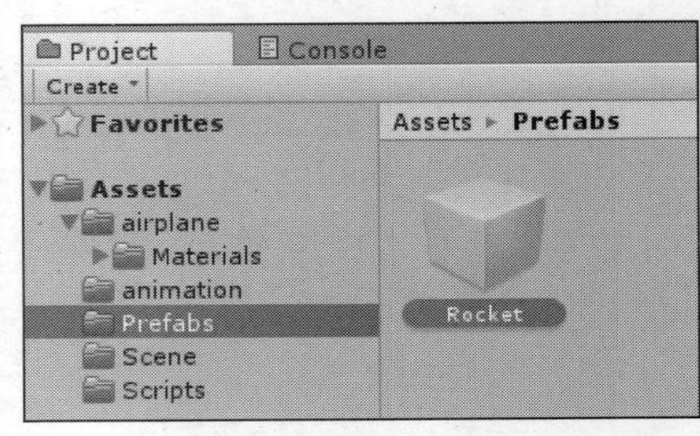

图 2-20　创建空的 Prefab

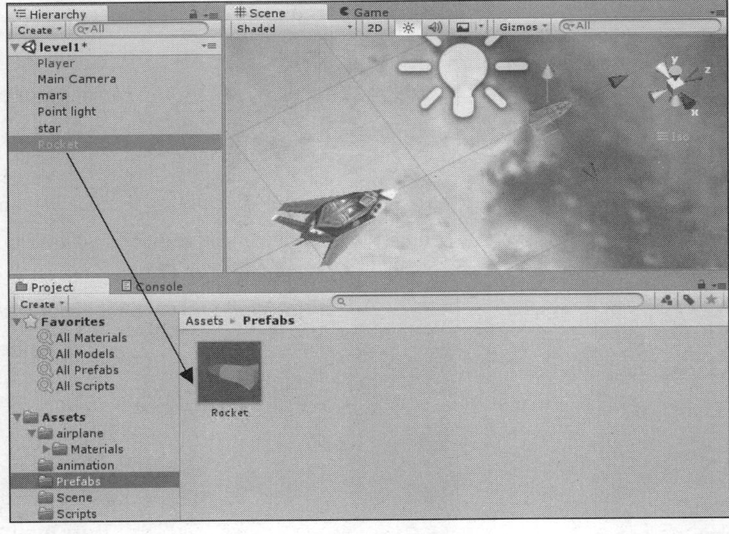

图 2-21　制作子弹的 Prefab

步骤 03 场景中的原始子弹游戏体已经不再需要了，可以按 Delete 键将其删除。

现在，我们已经完成了子弹 Prefab 的创建。注意，步骤 1 并不是必须的，如果没有提前创建一个空的 Prefab，在步骤 2 中，把子弹游戏体直接拖动到 Project 窗口空白处，同样可以创建 Prefab。

2.4.5 发射子弹

接下来，我们将使用 Instantiate 函数动态地创建子弹游戏体。

步骤 01 首先，我们要将飞船和子弹的 Prefab 关联起来。打开 Player.cs 脚本，添加一个 Transform 属性，它将指向子弹的 Prefab，如下所示：

```
public Transform m_rocket;
```

步骤 02 回到 Unity 编辑器，选择 Player 游戏体，在 Inspector 窗口中找到 Player 脚本组件，会发现新增加了一个 Rocket 选项，选择子弹的 Prefab，将其拖动到 Rocket 选项上，如图 2-22 所示。

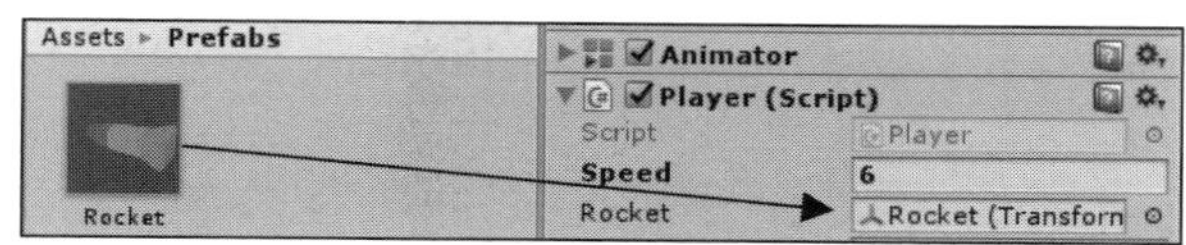

图 2-22 关联 Prefab

步骤 03 打开 Player.cs 脚本，在 Update 函数的最下面添加如下代码发射子弹：

```
void Update () {
    // ...
    // 按空格键或鼠标左键发射子弹
    if ( Input.GetKey( KeyCode.Space ) || Input.GetMouseButton(0) ){
        Instantiate( m_rocket, m_transform.position, m_transform.rotation );
    }
```

Unity 的游戏体只能使用 Instantiate 函数实例化，不能使用 new。

步骤 04 运行游戏，按空格键或鼠标左键可以发射子弹，但现在的发射速度太快，我们再略修改一下代码，先添加一个控制发射频率的属性：

```
float m_rocketTimer = 0;
```

步骤 05 在 Update 函数中修改代码，每隔 0.1 秒发射一次子弹，如下所示：

```
void Update () {
    // ...
    m_rocketTimer -= Time.deltaTime;
    if (m_rocketTimer <= 0 ){
        m_rocketTimer = 0.1f;
        // 按空格键或鼠标左键发射子弹
```

```
            if ( Input.GetKey( KeyCode.Space ) || Input.GetMouseButton(0) ){
                Instantiate( m_rocket, m_transform.position, m_transform.rotation );
            }
        }
```

2.5 创建敌人

创建敌人的方式与创建主角类似，不过敌人的行为需要由计算机来控制，它将从上方迎着主角缓慢飞出，并左右来回移动。

步骤 01 创建 Enemy.cs 脚本，添加代码如下：

```
[AddComponentMenu("MyGame/Enemy")]
public class Enemy : MonoBehaviour {

    public float m_speed = 1;     // 速度
    public int m_life = 10;       // 生命
    protected float m_rotSpeed = 30;      // 旋转速度

    void Start () {
    }

    void Update () {
        UpdateMove();
    }
    // 注意，为了将来扩展功能，UpdateMove 是一个虚函数，
    protected virtual void UpdateMove()
    {
        // 左右移动
        float rx = Mathf.Sin(Time.time) * Time.deltaTime;
        // 前进（向-z 方向）
        transform.Translate(new Vector3(rx, 0, -m_speed * Time.deltaTime));
    }
}
```

UpdateMove 函数用来执行敌人的移动，使用了 Sin 函数使数值在-1~1 之间循环变化（Time.time 的值是游戏的进行时间），敌人在向前飞行的同时，还将左右迂回移动。

步骤 02 在 Project 窗口中找到 Enemy.fbx 文件，为其创建 Prefab，并指定 Enemy 脚本作为其组件。

步骤 03 将敌人的 Prefab 从 Project 窗口中拖动到场景，然后按 Ctrl+D 组合键复制多个敌人并摆放在不同的位置。运行游戏，敌人将向前沿弧线来回缓缓移动，如图 2-23 所示。

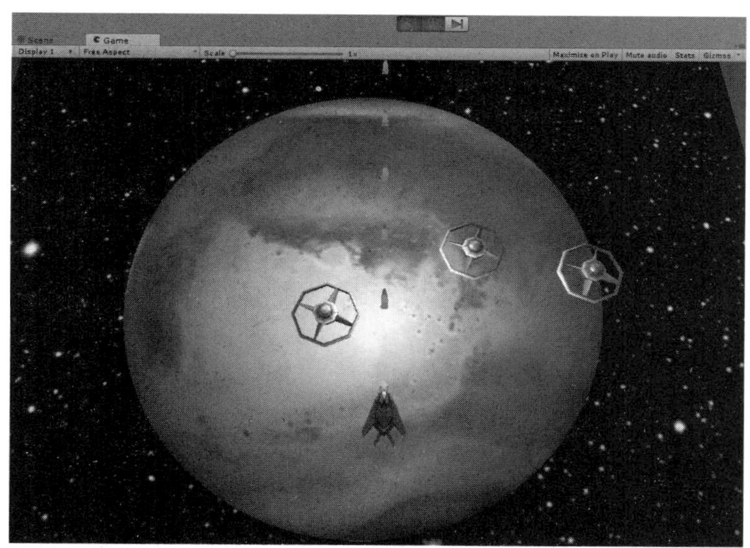

图 2-23　敌人

2.6　物理碰撞

现在的游戏虽然有主角、敌人，也可以发射子弹，但主角和敌人却没有任何交互。接下来，我们将分别给主角、子弹和敌人添加碰撞体，并添加触发碰撞的代码，使其在碰撞的时候产生交互。

2.6.1　添加碰撞体

步骤 01　我们先给敌人添加碰撞体。在场景中选择任意一个敌人，在菜单栏中选择【Component】→【Physics】→【Box Collider】，为敌人添加一个立方体碰撞体组件，然后在 Inspector 窗口中找到【Box Collider】组件，选中【Is Trigger】复选框，使其具有触发作用，如图 2-24 所示。

步骤 02　在菜单栏中选择【Component】→【Physics】→【Rigidbody】，为敌人添加一个刚体组件，所有需要参与物理计算的游戏体都需要有一个刚体组件才能正常工作。在 Inspector 窗口中找到【Rigidbody】组件，取消选择【Use Gravity】复选框去掉重力影响，选中【Is Kinematic】复选框，使游戏体的运动不受物理模拟影响，如图 2-25 所示。

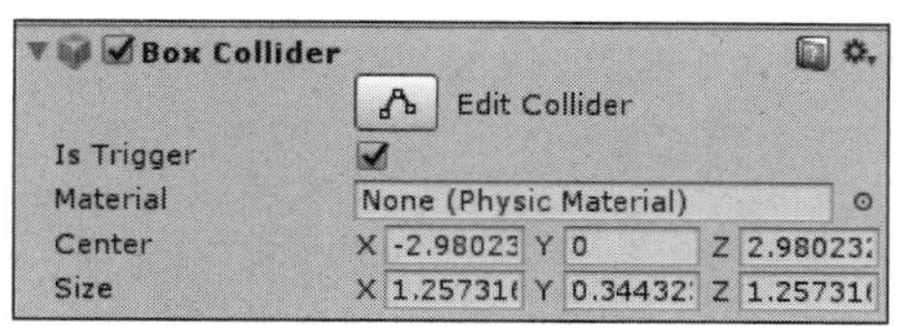

图 2-24　立方体碰撞体选项

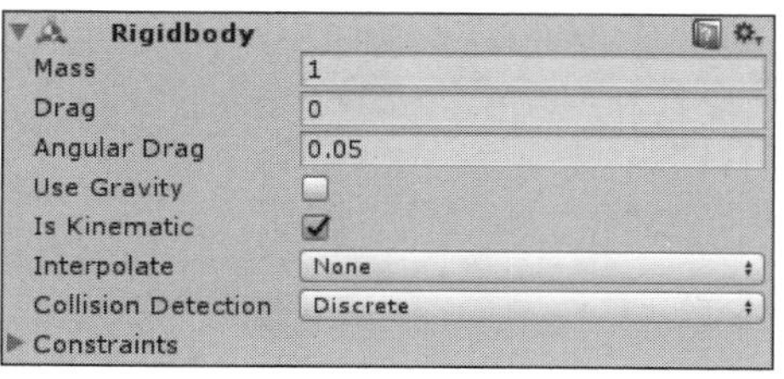

图 2-25　刚体选项

步骤 03 现在，我们已经为场景中的一个敌人添加并设置了相关的物理组件，确定其处于选择状态，在 Inspector 窗口的右下角单击【Apply】按钮，如图 2-26 所示，原始敌人的 Prefab 及场景中的其他敌人会自动更新到当前敌人的设置。

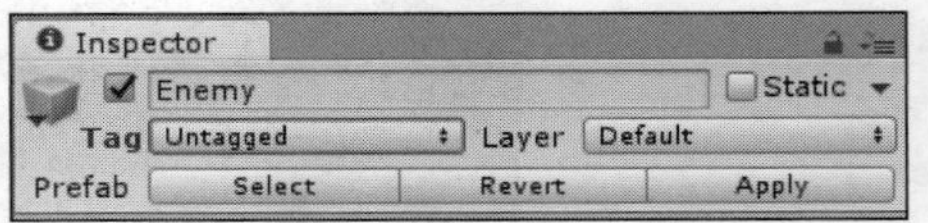

图 2-26 Prefab 选项

提示 如果是在 Project 窗口修改原始敌人 Prefab 的设置，场景中的敌人游戏体会自动更新，以便与 Prefab 一致。

步骤 04 参考前面的步骤为主角和子弹添加物理组件，如图 2-27 所示。

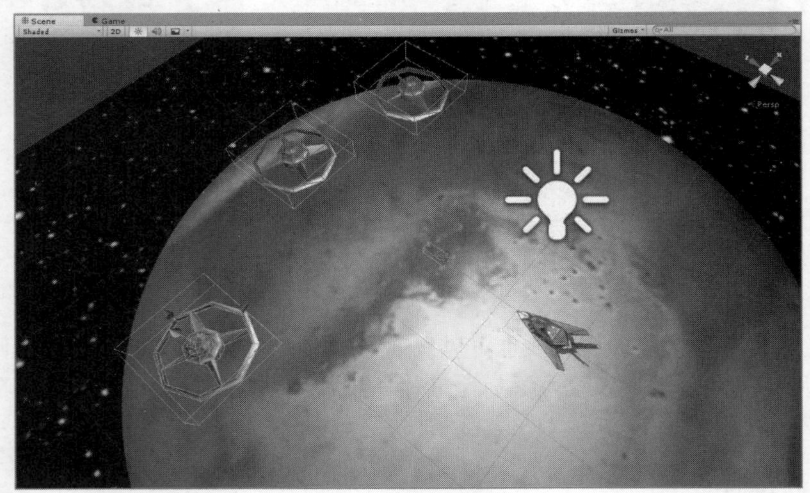

图 2-27 立方体碰撞框

2.6.2 触发碰撞

我们已经为主角、子弹和敌人添加了碰撞体，但还是看不到任何互动效果，我们将为它们分别指定一个 Tag 标识，然后添加触发碰撞事件的代码。

步骤 01 在菜单栏中选择【Edit】→【Project Settings】→【Tags and Layers】，单击“+”号创建新的 Tag，命名为 PlayerRocket 和 Enemy，如图 2-28 所示。

步骤 02 在 Project 窗口中选择敌人的 Prefab，在 Inspector 窗口中设置 Tag 为 Enemy，如图 2-29 所示。

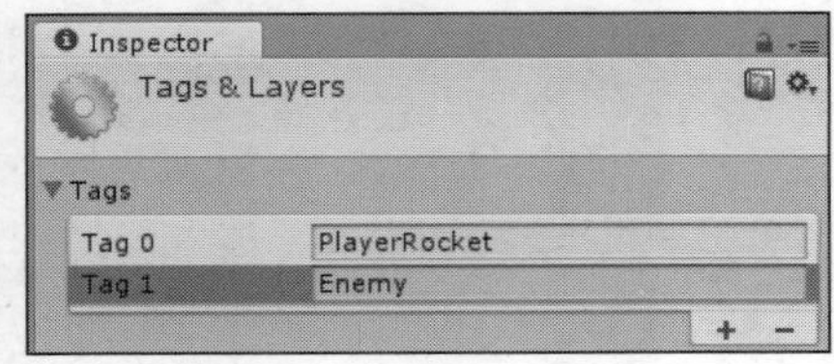

图 2-28 添加 Tag

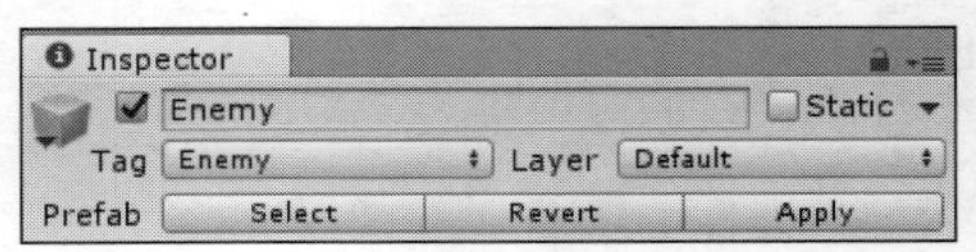

图 2-29 设置敌人的 Tag

步骤03 选择子弹的 Prefab，设置它的 Tag 为 PlayerRocket。

步骤04 选择主角，设置它的 Tag 为 Player，这个 Tag 是 Unity 预设在工程内的。

步骤05 打开 Enemy.cs 脚本，添加一个生命属性：

```
public float m_life = 10;
```

步骤06 在 Enemy 脚本中添加一个 OnTriggerEnter 函数，这是一个重载自 MonoBehaviour 的回调函数，在碰撞体互相接触时会被触发，如下所示：

```
void OnTriggerEnter(Collider other){
        if (other.tag == "PlayerRocket"){              // 如果撞到主角子弹
            Rocket rocket = other.GetComponent<Rocket>();     // 获得子弹上的 Rocket 脚本组件
            if (rocket != null)
            {
                m_life -= rocket.m_power;              // 减少生命
                if (m_life <= 0)
                {
                    Destroy(this.gameObject);          // 自我销毁
                }
            }
        }
        else if (other.tag == "Player"){               // 如果撞到主角
            m_life = 0;
            Destroy(this.gameObject);                  // 自我销毁
        }
}
```

① other.tag=="PlayerRocket"语句通过比较字符串判断遇到的碰撞体是否是主角的子弹。

② Rocket rocket = other.GetComponent<Rocket>()语句获得了对方碰撞体的 Rocket 脚本组件。

③ m_life -= rocket.m_power 语句减去一些自身生命，当生命值为 0 时，使用 Destroy 函数销毁自身。

④ other.tag=="Player"语句判断是否与主角相撞，如果是，则直接销毁自身。

运行游戏，敌人已经可以被主角发射的子弹消灭，如果它与主角相撞，则直接销毁。

步骤07 打开 Rocket.cs 脚本，也添加一个 OnTriggerEnter 函数，它的作用很简单，如果子弹撞击到敌人，销毁自身。

```
void OnTriggerEnter(Collider other){
        if (other.tag!="Enemy")
            return;
        Destroy(this.gameObject);
}
```

步骤08 打开 Player.cs 脚本，添加一个生命属性，同时也添加一个 OnTriggerEnter 函数，主角飞船与己方子弹以外的任何碰撞体相撞都会损失一点生命，当生命值为 0 时销毁自身，如下所示：

```
public float m_life = 3;
void OnTriggerEnter(Collider other)
{
        if (other.tag!= "PlayerRocket")                // 如果与主角子弹以外的碰撞体相撞
        {
            m_life -= 1;                               // 减少生命
            if (m_life <= 0)
            {
                Destroy(this.gameObject);              // 自我销毁
            }
        }
 }
```

运行游戏，我们可以发射子弹消灭敌人，主角也可以被敌人撞击损坏，游戏已经有点模样了，但如果敌人不能被消灭则会一直存活下去。接下来，我们将根据事件回调函数 OnBecameVisible 判断敌人是否进入屏幕，当敌人移动到屏幕外，则销毁敌人。

步骤 09 打开脚本 Enemy.cs，添加两个属性 m_renderer 和 m_isActiv，代码如下所示：

```
internal Renderer m_renderer;     // 模型渲染组件
internal bool m_isActiv = false;   // 是否激活

 // Use this for initialization
 void Start () {
     m_renderer = this.GetComponent<Renderer>();          // 获得模型渲染组件
}

void OnBecameVisible()   // Unity 事件函数，当模型进入可视范围
{
     m_isActiv = true;
}

void Update ()
{
     UpdateMove();
     if (m_isActiv && !this.m_renderer.isVisible )          // 如果移动到屏幕外
     {
         Destroy(this.gameObject);                           // 自我销毁
     }
}
```

现在，敌人在飞出屏幕外后会自行销毁。

2.7　高级敌人

2.7.1　创建敌人

只有一种敌人太单调了，我们将再添加一种新的敌人，它将继承原有敌人的大部分功能，同时增加一些新的功能。

步骤 01　在 Project 窗口中找到 Enemy2.fbx 模型文件，为其创建 Prefab。

可以在 Project 窗口中直接将 FBX 模型拖动到空的 Prefab 文件上创建敌人的 Prefab。

步骤 02　创建 SuperEnemy.cs 脚本，使它的类继承 Enemy，并重写 UpdateMove 方法，新敌人的移动只是简单地缓缓向前，如下所示：

```
[AddComponentMenu("MyGame/SuperEnemy")]
public class SuperEnemy : Enemy {

    protected override void UpdateMove()
    {
        // 前进（负 z 方向）
        transform.Translate(new Vector3(0, 0, -m_speed * Time.deltaTime));
    }
}
```

在 SuperEnemy 这个类中，只有 UpdateMove()一个方法，这个方法前面使用了 override 标识符，表示这是一个重写的方法。虽然 SuperEnemy 这个类没有其他东西，但它继承了 Enemy 类的其他全部功能。

步骤 03　选择新敌人的 prefab，将 SuperEnemy 脚本指定给它作为组件，然后在 Inspector 窗口中设置新敌人的 SuperEnemy 组件，增加生命至 50。

步骤 04　为新敌人的 prefab 添加 Rigidbody 和 Box Collider 组件，并参考原有敌人的参数进行设置。因为这个新敌人的模型比较大，所以用立方体碰撞体会显得很不精确，我们可以将碰撞体缩小一些，如图 2-30 所示。如果希望使用精度较高的碰撞体，最好在 3D 软件中将其建模出来，然后将其设为 Mesh 碰撞体。

步骤 05　将新敌人的 Tag 设为 Enemy。

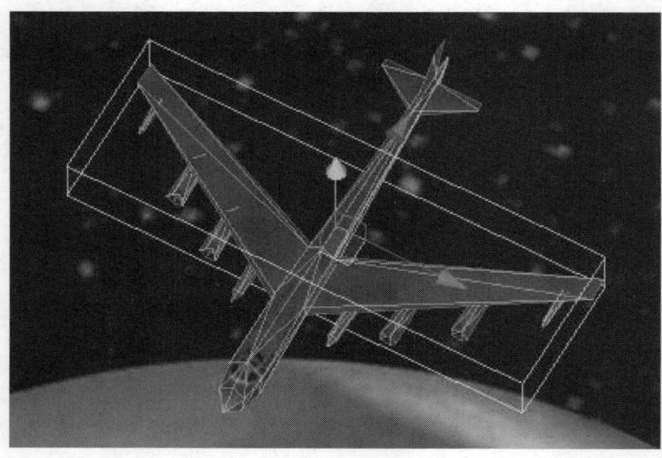

图 2-30　设置 box 碰撞体

2.7.2　发射子弹

将新敌人放到场景中，运行游戏，会发现新敌人缓缓向前，但不会做其他事情。接下来，我们为其添加一点新功能，使其可以向主角发射子弹，更有危险性。

步骤 01　使用 rocket.fbx 创建一个新的子弹 Prefab，命名为 EnemyRocket，再为其创建一个新的材质，使用 rocket2.png 作为贴图，使敌人的子弹看上去与主角的不同。

步骤 02　为敌人子弹添加 Rigidbody 和 Box Collider 组件并正确设置。

步骤 03　为敌人子弹新建一个名为 EnemyRocket 的 Tag。

步骤 04　创建 EnemyRocket.cs 脚本，它将继承 Rocket 类的大部分功能，我们只需要略修改一下 OnTriggerEnter 方法，使其只能与主角飞船发生碰撞，如下所示：

```
[AddComponentMenu("MyGame/EnemyRocket")]
public class EnemyRocket : Rocket
{
    void OnTriggerEnter(Collider other)
    {
        if (other.tag!="Player")
            return;
        Destroy(this.gameObject);
    }
}
```

步骤 05　将 EnemyRocket 脚本指定给敌人子弹的 Prefab。

步骤 06　在 Inspector 窗口中设置 EnemyRocket 组件，降低敌人子弹的移动速度，如图 2-31 所示。

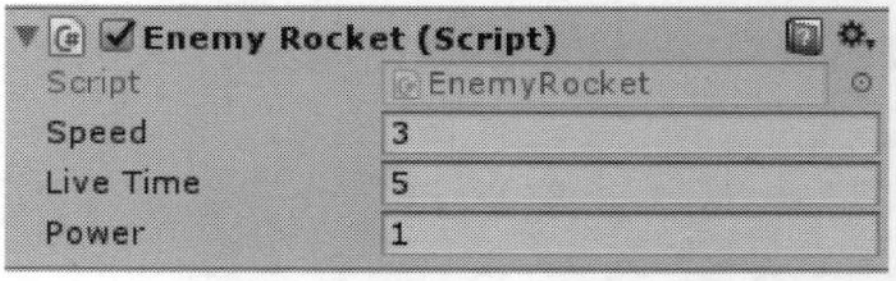

图 2-31　设置敌人子弹

步骤 07　接下来，关联新敌人和子弹，打开 SuperEnemy.cs 脚本，修改代码如下：

```
public class SuperEnemy : Enemy {
    public Transform m_rocket;              // 子弹 Prefab
    protected float m_fireTimer = 2;        // 射击计时器
    protected Transform m_player;           // 主角

    protected override void UpdateMove(){
        m_fireTimer -= Time.deltaTime;
        if (m_fireTimer <= 0){
            m_fireTimer = 2;        // 每 2 秒射击一次
            if ( m_player!=null ){
                // 使用向量减法获取朝向主角位置的方向（目标位置-自身位置）
                Vector3 relativePos = m_player.position-transform.position;
                Instantiate( m_rocket, transform.position, Quaternion.LookRotation(relativePos) );
            }
                    else{
                GameObject obj = GameObject.FindGameObjectWithTag("Player"); // 查找主角
                if (obj != null){
                    m_player = obj.transform;
                }
            }
        }
        // 前进（负 z 方向）
        transform.Translate(new Vector3(0, 0, -m_speed * Time.deltaTime));
    }
}
```

① m_fireTimer 属性用来控制发射子弹的时间间隔。

② m_player 属性用来指向主角的飞船。

③ 使用 FindGameObjectWithTag 函数获得主角的游戏体实例。

④ Quaternion（四元数）是 Unity 提供的一个静态类，提供了很多和旋转有关的功能，Quaternion.LookRotation 将根据一个方向返回旋转角度，这里我们使子弹在初始化时转向主角的方向。

步骤 08 选择新敌人 Prefab，在 Inspector 窗口中选择 Rocket 属性，与敌人子弹的 Prefab 关联，如图 2-32 所示。

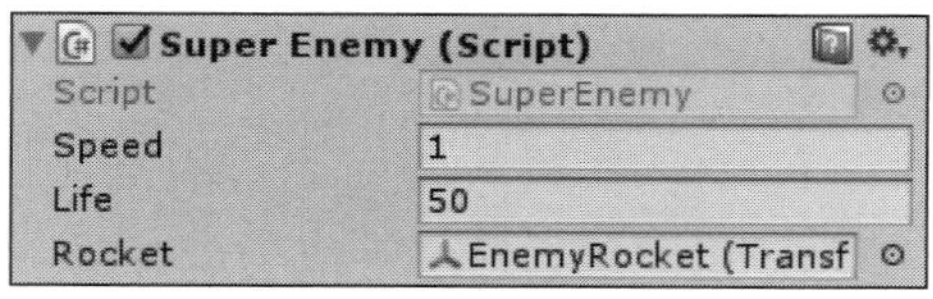

图 2-32　为敌人添加子弹

将新敌人放入场景中，运行游戏，新敌人会向主角发射子弹，如图 2-33 所示。

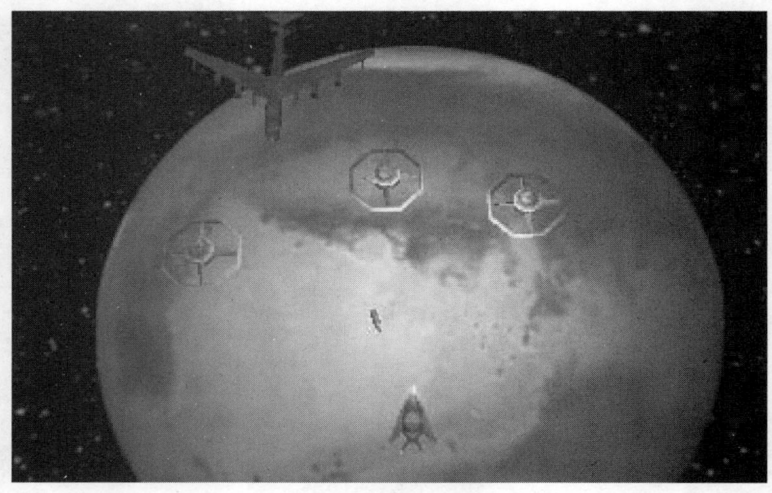

图 2-33　新敌人的子弹

2.8　声音与特效

现在的游戏是无声的，我们将添加几个简单的音效，并增加一个爆炸效果。

步骤 01　在 Project 窗口中单击鼠标右键，选择【Import Package】→【Custom Package】，然后到资源文件目录 rawdata\packages 浏览 Unity 包文件，选择 ShootingFX.unitypackage，将其打开，选择【Import】导入到当前工程中，如图 2-34 所示。在这个包中包含了几个音效文件和一个爆炸特效 Prefab，它们都会被导入到 Assets 目录的 FX 文件夹中。

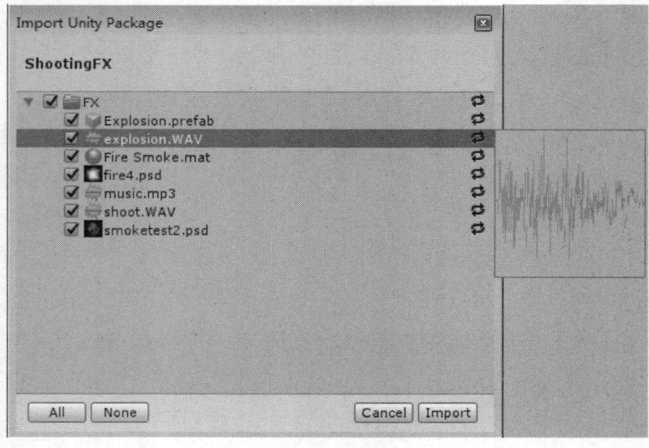

图 2-34　导入音效素材

.unitypackage 文件是 Unity 专用的资源包，在 Project 窗口中选择资源，如脚本、模型、声音等，然后单击鼠标右键并选择【Export Package】，可以将所选资源导出为.unitypackage 格式的包，然后重用到其他 Unity 工程中。

步骤02 选择主角飞船游戏体，在菜单栏中选择【Component】→【Audio】→【Audio Source】，为主角添加一个 Audio Source 组件，凡是需要发声的游戏体，必须有这个组件。

步骤03 打开 Player.cs 脚本，添加并修改代码如下：

```
public AudioClip m_shootClip;              // 声音文件
protected AudioSource m_audio;             // 声音源
public Transform m_explosionFX;            // 爆炸特效

void Start () {
    m_transform = this.transform;
    m_audio = this.GetComponent<AudioSource>();  // 添加代码获取声音源组件
}
```

① m_shootClip 属性在后面将与音效文件关联。

② m_audio 属性是声音源组件，用于播放声音。

步骤04 在 Player.cs 脚本的 Update 函数中添加播放声音的代码：

```
if ( Input.GetKey( KeyCode.Space ) || Input.GetMouseButton(0) )
{
    Instantiate( m_rocket, m_transform.position, m_transform.rotation );

    // 添加代码，播放一次射击声音
    m_audio.PlayOneShot(m_shootClip);
}
```

步骤05 在 Player.cs 脚本的 OnTriggerEnter 函数中添加创建爆炸特效的代码：

```
if (m_life <= 0)
{
    //添加代码，当生命值为 0 后，播放爆炸特效
    Instantiate(m_explosionFX, m_transform.position, Quaternion.identity);
    Destroy(this.gameObject);              // 自我销毁
}
```

步骤06 选择主角游戏体，在 Project 窗口的 FX 文件夹下分别找到 shoot.wav 音效文件和 Explosion.prefab 爆炸特效文件，在 Player 组件中将其分别与 m_shootClip 和 m_explosionFX 属性关联，如图 2-35 所示。

步骤07 选择爆炸特效的 Prefab，为其添加一个 Audio Source 组件，然后在导入的 FX 文件夹下找到 explosion.wav 文件，将其指定到 Audio Source 的 Audio Clip 中。因为默认【Play On Awake】复选框是处于选中状态，所以当爆炸特效被实例化后，会自动播放爆炸的声音。【Spatial Blend】的值默认为 0，表示音效为 2D 音效，不会受空间环境影响，如果将其设为 1，音效则变为 3D 音效，如图 2-36 所示。

运行游戏，可以听到射击的声音，当主角死亡，会看到爆炸效果，如图 2-37 所示，并能听到爆炸声音。我们也需要为敌人添加同样的爆炸效果和声音，重复前面的步骤即可，这里就不再赘述。

Player (Script)	
Script	Player
Speed	6
Life	3
Rocket	Rocket (Transform)
Shoot Clip	shoot
Explosion FX	Explosion (Transform)

图 2-35　关联爆炸

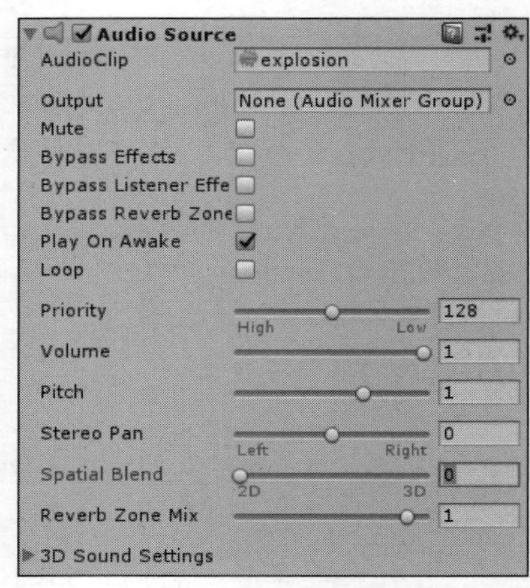

图 2-36　添加爆炸声音

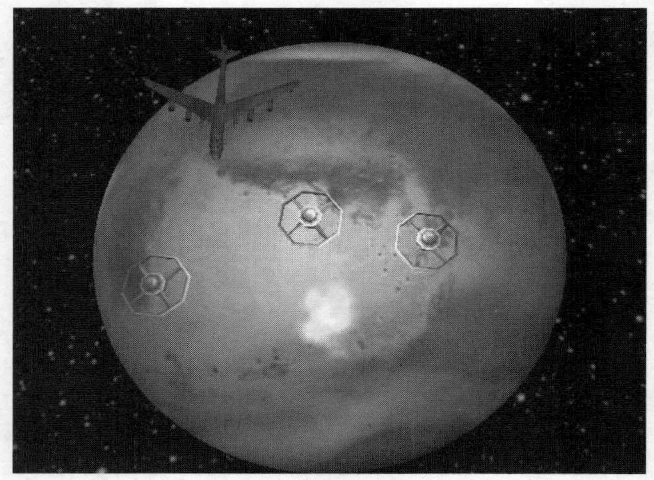

图 2-37　爆炸效果

2.9　敌人生成器

在现在的游戏中，只是随意放了几个敌人，将其消灭后就没有其他敌人了。接下来，我们将创建一个敌人生成器，使其不停地制造新的敌人，这样游戏才能一直玩下去。

步骤 01　创建 EnemySpawn.cs 脚本：

```
[AddComponentMenu("MyGame/EnemySpawn")]
public class EnemySpawn : MonoBehaviour
{
    public Transform m_enemyPrefab;   // 敌人的 Prefab

    // Use this for initialization
    void Start () {
```

```
            StartCoroutine(SpawnEnemy());   // 执行协程函数
        }

        IEnumerator SpawnEnemy()   // 使用协程创建敌人
        {
            while (true)   // 循环创建敌人
            {
                yield return new WaitForSeconds(Random.Range(5, 15));   // 随机等待 5-15 秒
                Instantiate(m_enemyPrefab, transform.position, Quaternion.identity);   // 生成敌人实例
            }
        }
    }
```

m_ enemyPrefab 属性指向敌人的 Prefab，我们当前只有两种敌人。

IEnumerator 是 C#的迭代器类型，在 Unity 中可以用来声明协程函数，这里使用 WaitForSeconds，可以在不堵塞主线程的情况下，让函数进行等待，每隔几秒创建一个敌人，然后循环这个过程。执行协程函数一定要使用 StartCoroutine 函数。

Random. Range 会在一定范围内生成一个随机数，在这个例子中，将会在 5~15 秒（不包括最大值）之间生成一个新的敌人。

步骤 02 在菜单栏中选择【GameObject】→【Create Empty】，创建一个空的游戏体作为敌人生成器，注意这个空游戏体是看不到的，但它确实存在，可以在 Hierarchy 窗口中通过名称选择它。

步骤 03 将 EnemySpawn 脚本指定给敌人生成器游戏体作为组件。

步骤 04 将敌人成生器制作为两个 Prefab：一个敌人成生器的 m_enemy 属性与普通敌人的 Prefab 相关联；另一个与高级敌人相关联。

我们虽然不需要敌人生成器在游戏时显示出来，但如果在场景中也不能显示则不利于摆放它，所幸我们可以让它在场景中以图标的形式显示，在游戏时则看不到它。

步骤 05 在 Project 窗口的根目录创建一个名为 Gizmos 的文件夹，注意这个文件夹的名称必须为 Gizmos。

步骤 06 在 Project 窗口中找到图片素材 item.png，将其复制到 Gizmos 的文件夹中，这个图片将作为敌人生成器的图标使用，也可以使用任何其他图片。

步骤 07 打开 EnemySpawn.cs 脚本，添加用来显示图标的函数：

```
void OnDrawGizmos()
{
    Gizmos.DrawIcon (transform.position, "item.png", true);
}
```

步骤 08 将敌人生成器摆放到场景上方，会看到敌人生成器的图标，但在游戏时它们是不显示的。运行游戏，屏幕上方会涌现大量敌人，如图 2-38 所示。

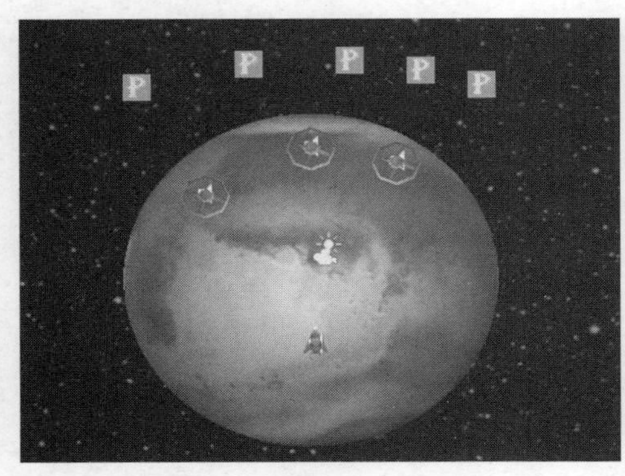
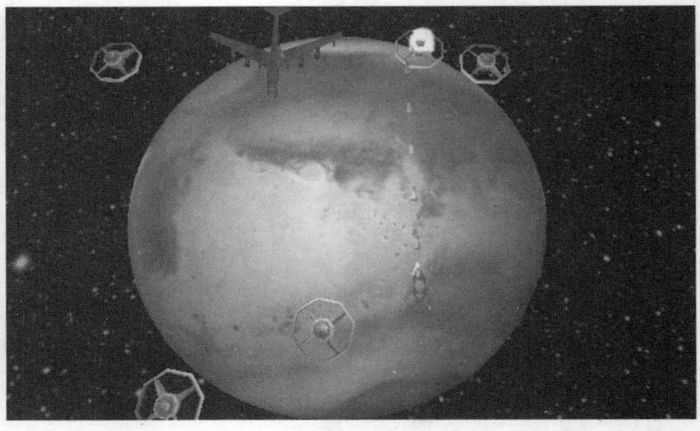

图 2-38　敌人生成器不断生成敌人

2.10　游戏 UI 和战斗管理

2.10.1　创建显示得分的 UI 界面

游戏的 UI 界面会显示当前得分、最高分和生命值，首先我们来创建一个 UI 界面，所有的操作都在编辑器内完成，不需要编写代码。

步骤 01 在 Hierarchy 窗口中单击鼠标右键，选择【UI】→【Canvas】创建一个 UI 根节点，这个操作同时还会自动创建一个 EventSystem，用于处理 UI 事件。

步骤 02 确定 Canvas 处于选择状态，单击鼠标右键并选择【UI】→【Text】，创建一个文本控件，并将其命名为 Text_score，用来显示得分。按照同样的方式再创建一个 Text 控件，命名为 Text_best，用来显示最高得分；创建 Text_life 显示主角生命值，如图 2-39 所示。

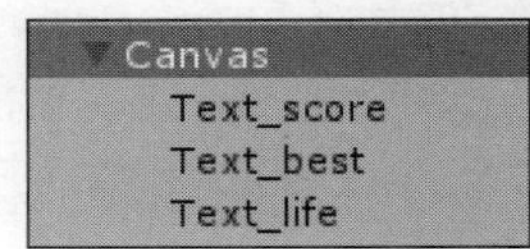

图 2-39　UI 界面

步骤 03 在 Scene 窗口中调整文本位置，在 Inspector 窗口中选择对齐方式，这里生命值文本在屏幕左边，选择左上对齐，分数选择顶端对齐。在 Text 组件中可以改变文本的大小、颜色等，如图 2-40 所示。

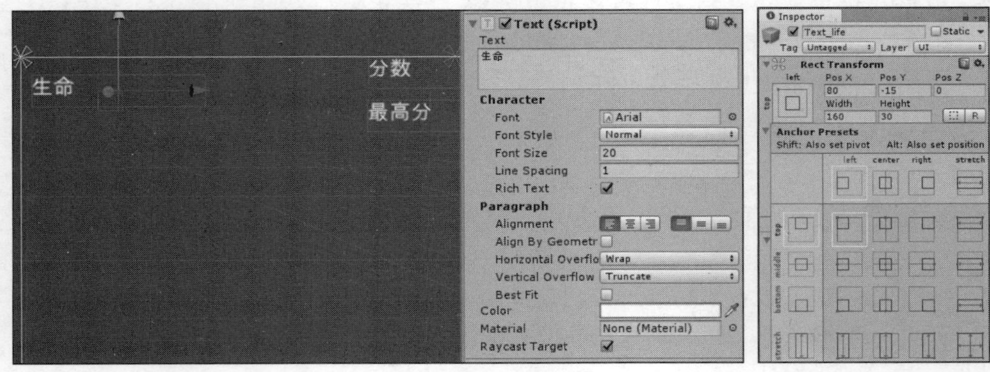

图 2-40　设置文本

运行游戏，会在屏幕上看到设置的 UI 文本，但它们还都只是静态文本，没有具体功能，如图 2-41 所示。

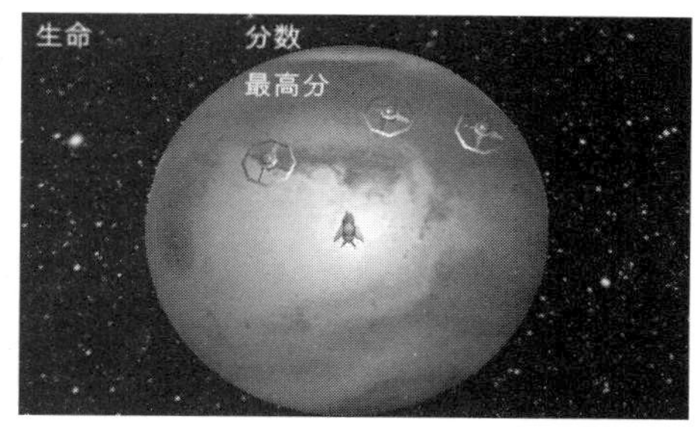

图 2-41　UI 界面

2.10.2　创建显示游戏失败的 UI 界面

在游戏失败时，会出现一个游戏失败界面，并有一个按钮可以重新游戏，下面我们将创建这个 UI 界面。

步骤 01 新建一个 UI Canvas，为了和之前创建的 UI 加以区分，这里命名为 Canvas_gameover，

步骤 02 确定 Canvas_gameover 处于选择状态，创建一个文本 Text_gameover，显示“游戏失败”几个字。本示例中“游戏失败”几个字的字号较大，需要调整 Rect Transform 中的 Width 和 Height，否则可能会看不到文字。选择【UI】→【Button】创建一个按钮，命名为 Button_restart，按钮控件下面默认还包括一个文本控件，最后效果如图 2-42 所示。

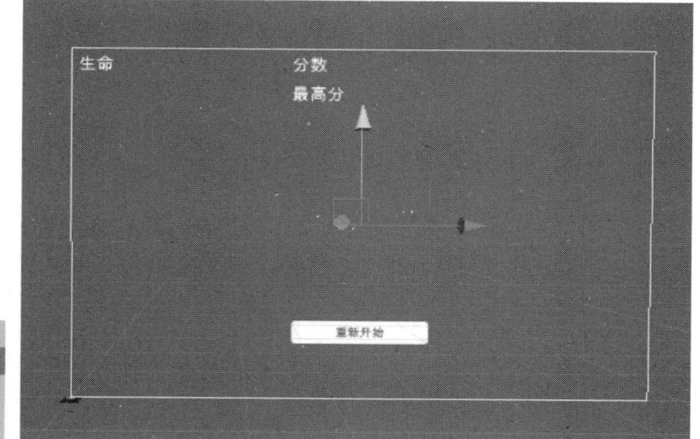

图 2-42　游戏失败的 UI 界面

步骤 03 运行游戏，效果如图 2-43 所示。

图 2-43　游戏失败 UI 界面

2.10.3 编写脚本

现在的 UI 界面没有任何功能，下面我们将使用脚本控制 UI 界面的显示。

步骤 01 创建 GameManager.cs 脚本：

```
using UnityEngine;
using UnityEngine.UI;
using UnityEngine.SceneManagement;

[AddComponentMenu("MyGame/GameManager")]
public class GameManager : MonoBehaviour {
    public static GameManager Instance;  // 静态实例

    public Transform m_canvas_main;  // 显示分数的 UI 界面
    public Transform m_canvas_gameover;  // 游戏失败 UI 界面
    public Text m_text_score;  // 得分 UI 文字
    public Text m_text_best;  // 最高分 UI 文字
    public Text m_text_life;  // 生命 UI 文字

    protected int m_score = 0;  //得分数值
    public static int m_hiscore = 0;  //最高分数值
    protected Player m_player;  //主角实例

    public AudioClip m_musicClip;  // 背景音乐
    protected AudioSource m_Audio;  // 声音源

    void Start () {
        Instance = this;
        m_Audio = this.gameObject.AddComponent<AudioSource>();  // 使用代码添加声音源组件
        m_Audio.clip = m_musicClip;  // 指定背景音乐
        m_Audio.loop = true;   // 设置声音循环播放
        m_Audio.Play();        // 开始播放音乐
        // 通过 Tag 查找主角
        m_player = GameObject.FindGameObjectWithTag("Player").GetComponent<Player>();
        // 获得 UI 控件
        m_text_score = m_canvas_main.transform.Find("Text_score").GetComponent<Text>();
        m_text_best = m_canvas_main.transform.Find("Text_best").GetComponent<Text>();
        m_text_life = m_canvas_main.transform.Find("Text_life").GetComponent<Text>();
        m_text_score.text = string.Format("分数  {0}", m_score);  // 初始化 UI 分数
        m_text_best.text = string.Format("最高分  {0}", m_hiscore);  // 初始化 UI 最高分
        m_text_life.text = string.Format("生命  {0}", m_player.m_life);  // 初始化 UI 生命值
     // 获取重新开始游戏按钮
     var restart_button = m_canvas_gameover.transform.Find("Button_restart").GetComponent<Button>();
```

```
            restart_button.onClick.AddListener(delegate (){  // 设置重新开始游戏按钮事件回调
                SceneManager.LoadScene(SceneManager.GetActiveScene().name);  // 重新开始当前关卡
            });
            m_canvas_gameover.gameObject.SetActive(false);  // 默认隐藏游戏失败 UI
        }

        // 增加分数函数
        public void AddScore( int point ){
            m_score += point;
            // 更新高分纪录
            if (m_hiscore < m_score)
                m_hiscore = m_score;
            m_text_score.text = string.Format("分数  {0}", m_score);
            m_text_best.text = string.Format("最高分  {0}", m_hiscore);
        }

        // 改变生命值 UI 显示
        public void ChangeLife(int life){
            m_text_life.text = string.Format("生命  {0}", life);  // 更新 UI
            if ( life<=0)
            {
                m_canvas_gameover.gameObject.SetActive(true); // 如果生命为 0，显示游戏失败 UI
            }
        }
    }
```

① Instance 是一个静态实例，在 Start（或 Awake）函数中指向自身，这样可以方便在其他类的对象中引用 GameManager 实例，这种做法通常用于只有一个实例的类，也叫单例模式。

② m_Audio.loop = true，设置循环播放背景音乐。

③ SceneManager.LoadScene 用来读取关卡，在读取下一个关卡的时候，当前关卡的游戏体都会被销毁，如果希望可以保存一些游戏变量的值，需要将这类变量设置为static。

步骤 02 创建空游戏体作为游戏管理器，指定 GameManager.cs 作为其脚本组件，将场景中的两个 Canvas UI 和 GameManager 的 m_canvas_main、m_canvas_gameover 相关联。

步骤 03 在资源文件中找到 music.mp3，把它与游戏管理器的 m_musicClip 属性相关联。

步骤 04 打开 Enemy.cs，为其添加一个分数属性，每消灭一个敌人获得一定分数。

```
public int m_point = 10;
```

步骤 05 在 Enemy.cs 的 OnTriggerEnter 函数中添加 GameManager.Instance.AddScore(m_point)语句，当敌人被消灭时，我们会获得一定分数：

```
        if (m_life <= 0)
        {
```

```
            GameManager.Instance.AddScore(m_point);   // 添加代码,更新 UI 上的分数
            Instantiate(m_explosionFX, transform.position, Quaternion.identity);
            Destroy(this.gameObject);   // 自我销毁
        }
```

步骤 06 在 Player.cs 的 OnTriggerEnter 函数中添加如下语句，当主角受到伤害时，更新 UI 界面上的生命值显示。

```
if (other.tag!="PlayerRocket")   // 如果与主角子弹以外的碰撞体相撞
{
    m_life -= 1;   // 减少生命
    GameManager.Instance.ChangeLife(m_life);   // 添加代码，更新 UI
```

运行游戏，最后的效果如图 2-44 所示。

如果 UI 上的中文显示为乱码，保存 GameManager.cs 脚本时选择【Save with Encoding…】（VS2017 之前的版本选择【Save】→【Advanced Save Options】），然后将其保存为 UTF-8 格式即可，如图 2-45 所示。

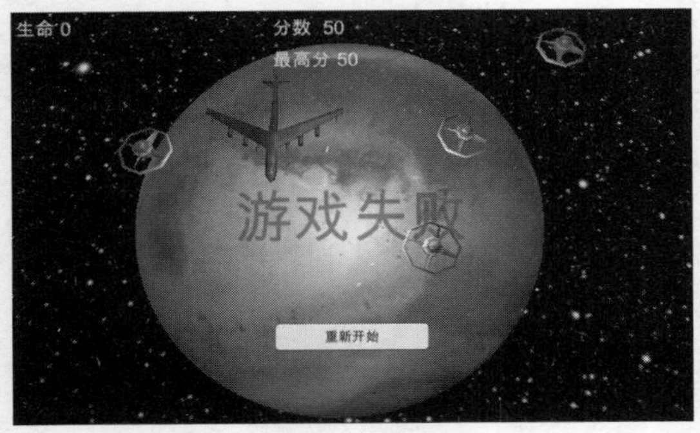

图 2-44　游戏 UI

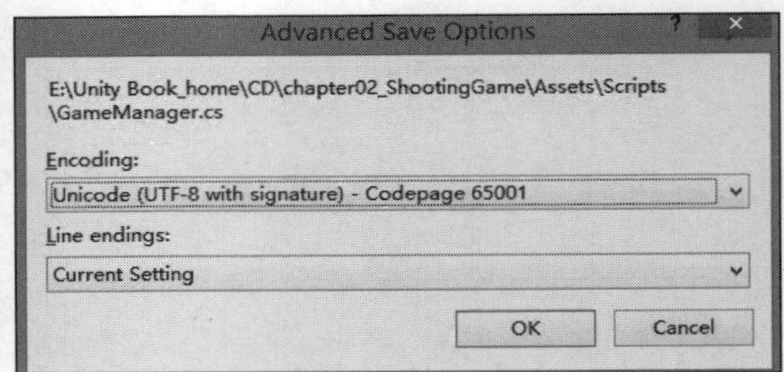

图 2-45　将脚本存储为 UTF-8 格式

2.11　关卡跳转

游戏中是不是还缺少一个标题画面？现在的游戏中只有一个关卡，我们将为它添加另一个关卡，显示一个简单的标题画面，并从该关卡跳转到之前创建的游戏关卡。

步骤 01 在菜单栏中选择【File】→【New Scene】创建一个新关卡，命名为 start 并保存。

步骤 02 创建 TitleSceen.cs 脚本，代码如下：

```
using UnityEngine;
using UnityEngine.SceneManagement;

[AddComponentMenu("MyGame/TitleScreen")]
public class TitleScreen : MonoBehaviour{
    // 响应游戏开始按钮事件
```

```
    public void OnButtonGameStart(){
        SceneManager.LoadScene("level1");   // 读取关卡 level1
    }
}
```

只有很少的代码，唯一的一个函数 OnButtonGameStart 用于响应游戏开始按钮。我们将通过 Unity 编辑器提供的功能将这个函数与按钮的事件关联起来。

步骤 03　将 TitleSceen.cs 脚本指定给场景中的摄像机作为组件。

步骤 04　首先创建 UI Canvas，然后选择【UI】→【Image】创建图像 UI，这里命名为 Image_background。在 Source Image 中指定一张贴图作为背景图，这里使用资源文件中的 mars.png（注意，默认 mars.png 是 Texture 类型，不能使用到 UI 上面），按 Ctrl+D 组合键将其复制，将副本转为 Sprite 类型，指定到 UI 上使用，如图 2-46 所示。

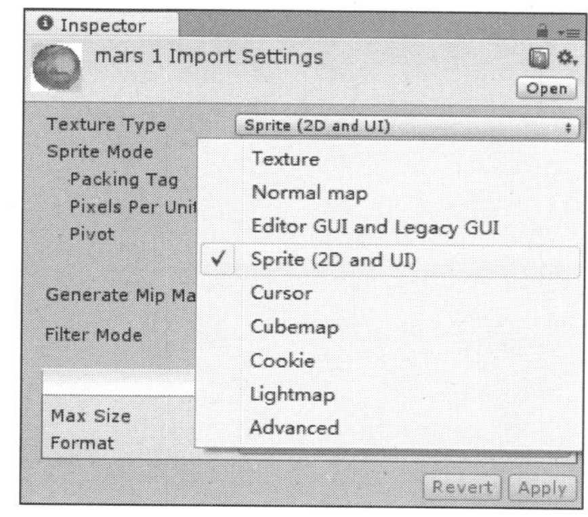

图 2-46　指定贴图

步骤 05　添加一个标题文字，最后创建一个按钮 Button_gamestart 作为“开始游戏”按钮，如图 2-47 所示。

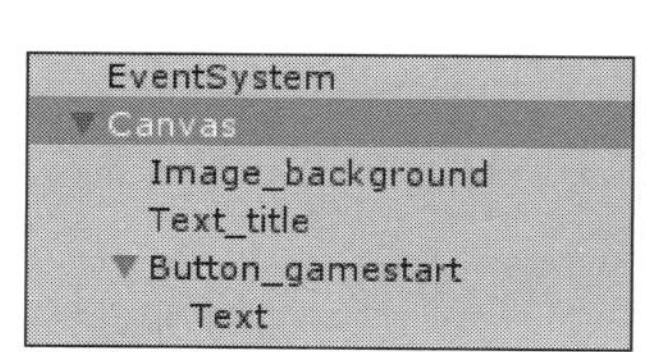

图 2-47　标题画面

步骤 06　选择按钮 Button_gamestart，然后单击 On Click()下面的“+”号按钮，指定摄像机作为消息接收对象，选择 TitleScreen 的 OnButtonGameStart 函数作为响应按钮单击事件的回调函数，如图 2-48 所示。

步骤 07　在 Unity 编辑器菜单栏中选择【File】→【Build Settings】，添加关卡，如图 2-49 所示。

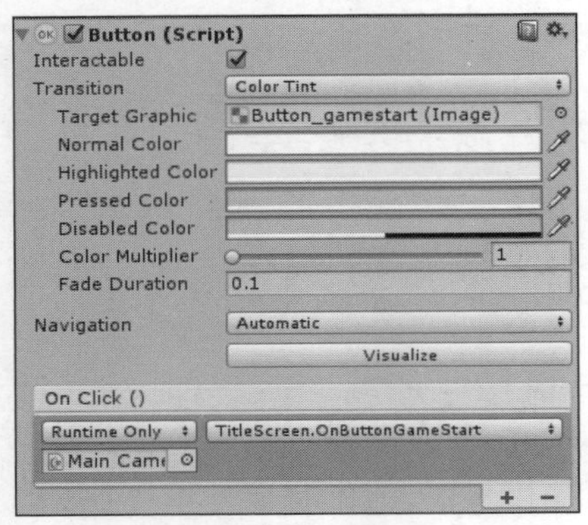

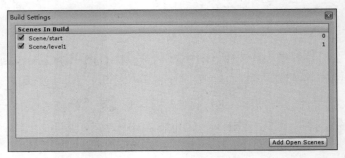

图 2-48　设置按钮单击事件

图 2-49　添加关卡

运行游戏，现在可以由标题界面单击“开始游戏”按钮跳转到游戏关卡中。

2.12　用鼠标控制主角

目前我们的游戏在 PC 上运行一切正常，因为手机不方便使用键盘操作，如果移植到手机上便会遇到问题。接下来，我们将为主角增加鼠标操作的功能，当将游戏移植到手机上后，鼠标操作会自动转换为触屏操作。

步骤 01　因为是 3D 游戏，鼠标的位置只是屏幕坐标，当需要获取到相应的 3D 坐标时，通常需要一个参照物。这里将创建一个平面并将它放置在与主角飞船 Y 轴坐标接近的位置作为参照物。在菜单栏中选择【GameObject】→【3D Object】→【Quad】，创建一个平面物体，设置它的位置和大小，使其能铺满整个屏幕，如图 2-50 所示。

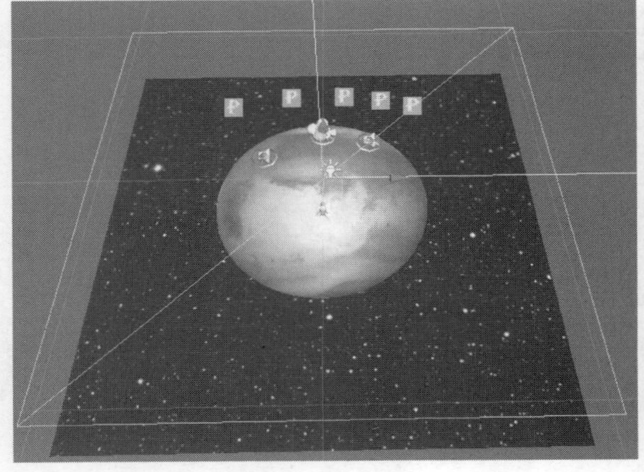

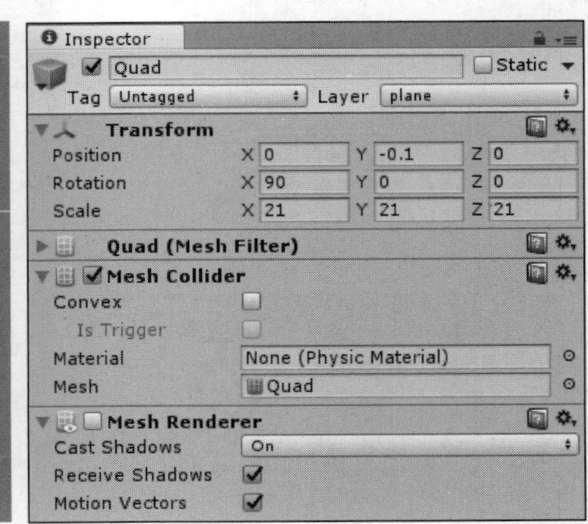

图 2-50　设置平面物体

步骤 02　默认的平面物体有一个物理组件【Mesh Collider】，它会使用模型的三角面进行碰撞计算。取消选中【Mesh Renderer】复选框隐藏平面物体的显示。

步骤 03　因为场景中有很多物体都有碰撞体，为了区分，这里新建一个层，将平面物体放到这个层中，后面的鼠标操作将产生射线，只与这个层中的平面物体碰撞。先选择 Layer，然后选择 Add Layer，添加一个名为 plane 的层，将平面物体的层由 Default 改为 plane，如图 2-51 所示。

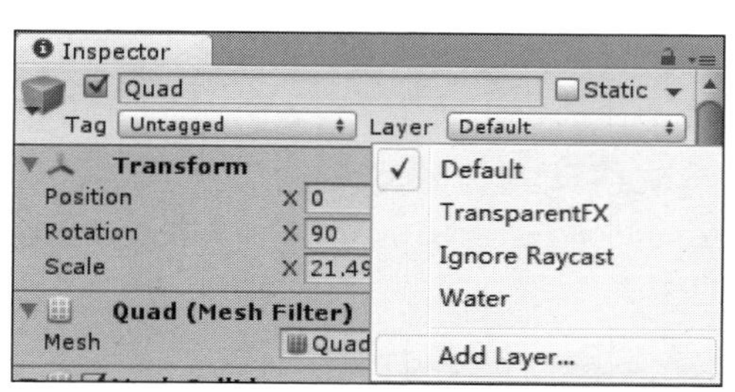

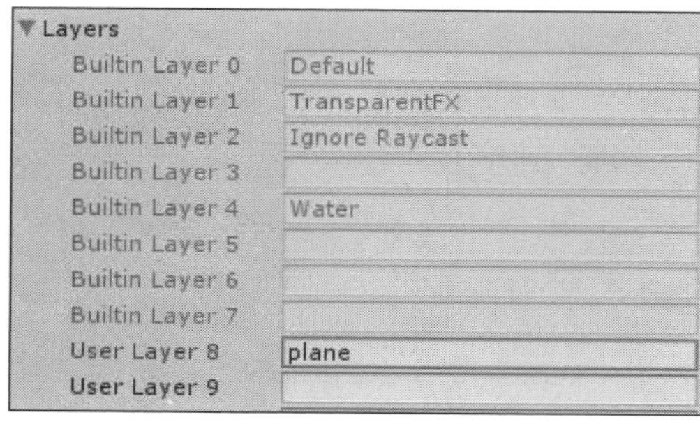

图 2-51　设置层

步骤04 打开脚本 Player.cs，添加两个新的属性：一个用于定位主角的目标位置，即鼠标单击的位置；另一个用于设置鼠标射线的碰撞层。

```
protected Vector3 m_targetPos; // 目标位置
public LayerMask m_inputMask; // 鼠标射线碰撞层
```

步骤05 在场景中选择主角，将【Input Mask】设置为 plane，这样在下面的操作中，鼠标单击产生的射线只与这个 plane 层内的物体发生碰撞，如图 2-52 所示。

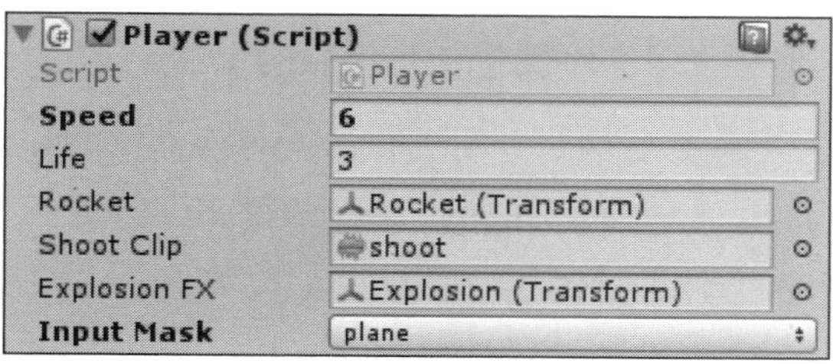

图 2-52　设置层 Mask

步骤06 打开脚本 Player.cs，在 Start 函数中将 m_targetPos 的值初始化为当前主角的位置，然后添加一个 MoveTo 函数，代码如下所示：

```
void Start () {
    m_transform = this.transform;
    m_audio = this.GetComponent<AudioSource>();
    m_targetPos = this.m_transform.position;   // 添加代码，初始化目标点位置
}
void MoveTo(){
    if (Input.GetMouseButton(0)){
        Vector3 ms = Input.mousePosition;                    // 获得鼠标屏幕位置
        Ray ray = Camera.main.ScreenPointToRay(ms);  // 将屏幕位置转为射线
        RaycastHit hitinfo;   // 用来记录射线碰撞信息
        bool iscast = Physics.Raycast(ray, out hitinfo, 1000, m_inputMask);
```

```
            if (iscast)
            {
                // 如果射中目标，记录射线碰撞点
                m_targetPos = hitinfo.point;
            }
        }

    // 使用 Vector3 提供的 MoveTowards 函数，获得朝目标移动的位置
    Vector3 pos = Vector3.MoveTowards(m_transform.position, m_targetPos, m_speed * Time.deltaTime);
        // 更新当前位置
        this.m_transform.position = pos;
}
```

使用 Input.mousePosition 可以获得当前鼠标的屏幕位置，然后使用 ScreenPointToRay 函数将其转化为一条射线，使用 Physics.Raycast 函数射出射线，将碰撞结果返回到 RaycastHit 对象中。Vector3 提供了很多移动、旋转物体的方法，这里使用了它提供的 MoveTowards 函数，计算出从当前位置朝目标位置移动，返回一个新的位置。

Camera.main 可以快速获取场景中的主摄像机（Tag 设置为 Main Camera），注意.main 实际执行的是 FindGameObjectsWithTag 函数，效率不高，一般最好将查找缓存起来。

在 Physics.Raycast 这个函数中，我们引用了 m_inputMask 参数，射线只会与 m_inputMask 指定的层中的物体发生碰撞。实际上，我们也可以通过层的名字来指定碰撞层，下面的代码作用与之前是完全一样的，但省去了在编辑器中指定层的步骤：

```
bool iscast = Physics.Raycast(ray, out hitinfo, 1000,   LayerMask.GetMask("plane"));
```

最后不要忘记将 MoveTo 函数放到 Update 函数中执行。

现在运行游戏，主角将会按鼠标的位置移动，如果将这个游戏移植到手机上，即是按照手指的位置移动。

2.13　精确的碰撞检测

在前面的制作过程中，飞机与子弹之间的碰撞都是使用比较简单的 Box 碰撞检测，但实际飞机和子弹的形状都比较复杂，这种检测结果会显得很不精确，看上去就像是子弹还没碰到飞机，但已经打中了。

为了能得到更加准确的碰撞检测，可以直接使用模型本身进行碰撞检测，但因为模型的多边形数量较高，对游戏性能会产生很大影响。比较好的做法是使用一个与模型形状近似但三角面较少的碰撞模型，专门用来检测碰撞，这里以 Enemy2 为例，添加碰撞模型，步骤如下：

步骤 01　使用 3D 软件，比如 3ds Max 或 Maya，为游戏中使用的模型创建一个碰撞模型，如图 2-53 所示。注意，这个工作通常是由 3D 艺术家来完成。

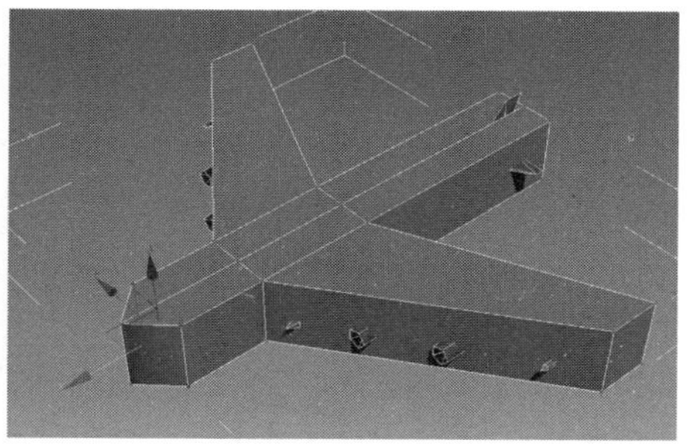

图 2-53　为 Enemy2 创建碰撞模型

步骤 02　为碰撞模型命名，这里命名为 col，同时选中游戏模型和碰撞模型，将它们一起导出为 FBX 文件，这里命名为 Enemy2b，然后导入到 Unity 中。

步骤 03　将导入 Unity 的 Enemy2b 制作为 Prefab。注意，它有两个子物体：一个名为 col，即是碰撞模型；另一个才是游戏中显示的模型。选择碰撞模型，在菜单栏中选择【Component】→【Physics】→【Mesh Collider】添加 Mesh 碰撞体。因为我们在游戏中并不想看到碰撞模型，所以取消选中【Mesh Renderer】，如图 2-54 所示。

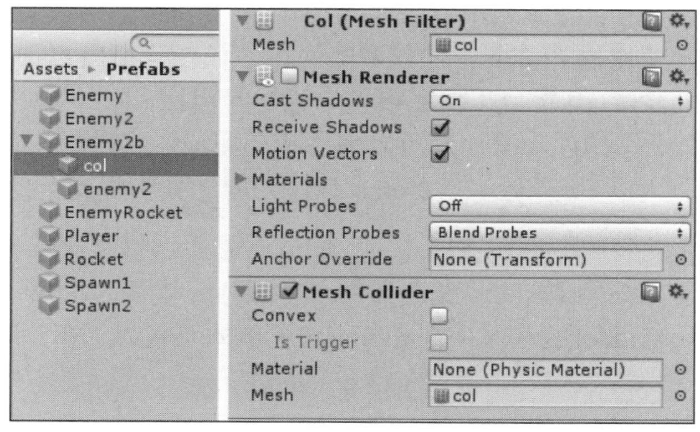

图 2-54　设置 Prefab

在 Enemy.cs 的 Start 函数中，原来是通过 GetComponent<Renderer>()语句获得模型的 Renderer（渲染器），但 Enemy2b 的 Renderer 在游戏体的子一级，所以 GetComponent 会返回空值。有很多种方式可以获得子一级物体的组件，比如将 m_renderer 变量设为 public 手动指定 Renderer，或者使用 transform.find 函数按名称查找子物体，或者使用 GetComponentInChildren 查找所有子物体。不过这里我们将由子物体查找父物体，首先为飞机模型（实际需要显示的模型）创建一个脚本。

步骤 04　创建脚本 EnemyRenderer.cs：

```
public class EnemyRenderer : MonoBehaviour {
    public Enemy m_enemy;
    void Start () {
        m_enemy = this.GetComponentInParent<Enemy>();   // 由父物体获得 Enemy 脚本
    }
```

```
    void OnBecameVisible()  // 当模型进入屏幕
    {
        m_enemy.m_isActiv = true;  // 更新 Enemy 脚本状态
        m_enemy.m_renderer = this.GetComponent<Renderer>();  // 使 Enemy 获得 Renderer
    }
}
```

步骤 05 将 EnemyRenderer.cs 指定给 Enemy2b 层级下的 enemy2，如图 2-55 所示。

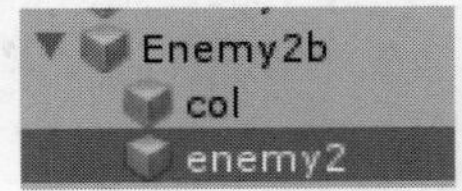

图 2-55　指定脚本

将 Enemy2b 的 Prefab 放入游戏中，会发现碰撞更加精准了。

2.14　自动创建 Prefab

经过前面的步骤，我们会发现 Unity 提供了可视化工具，在编辑器中甚至不用编写代码便可以自由装配 Prefab，快速实现游戏中需要的某些功能。但这种方式也有缺点，当一个 Prefab 比较复杂时，重新装配或修改 Prefab 需要较多的工作，比如我们要再创建 10 个不同的敌人，就需要手动重复前面的步骤 10 次，工作量很大，也容易出错。

所有在 Unity 编辑器中的手动操作都可以使用代码完成。这样，只需要编写一次代码，很多重复的工作就省掉了。以 Enemy2b 的 Prefab 制作为例，我们将完全使用代码来创建它。

步骤 01 首先，我们要编写一个编辑器脚本，它的作用是在当模型被导入到 Unity 工程中时自动将这个模型创建为 Prefab。在工程目录中创建一个名为 Editor 的文件夹，在里面创建脚本 ProcessModel.cs，保存在 Editor 中的脚本不能在游戏运行时使用。

步骤 02 编辑脚本 ProcessModel.cs，添加 using UnityEditor，这样就能使用 Unity 的编辑器相关 API。这里定义的 ProcessModel 类继承自 AssetPostprocessor，它专门用来处理资源导入。OnPostprocessModel 方法在导入模型时会被自动调用，其中 GameObject 类型的参数即是导入的模型。我们在 ProcessModel 方法中将 Enemy2b.fbx 直接制作为一个 Prefab，并命名为 Enemy2c.Prefab，代码如下：

```
using UnityEngine;
using UnityEditor;
class ProcessModel : AssetPostprocessor{
    void OnPostprocessModel( GameObject input ){
        // 只处理名为"Enemy2b"的模型
        if (input.name != "Enemy2b")
            return;
        // 取得导入模型的相关信息
        ModelImporter importer = assetImporter as ModelImporter;
        // 将该模型从工程中读出来
        GameObject tar = AssetDatabase.LoadAssetAtPath<GameObject>(importer.assetPath);
```

```
        // 将这个模型创建为 Prefab
        GameObject prefab = PrefabUtility.CreatePrefab("Assets/Prefabs/Enemy2c.prefab", tar);
        // 设置 Prefab 的 tag
        prefab.tag = "Enemy";

        // 查找碰撞模型
        foreach (Transform obj in prefab.GetComponentsInChildren<Transform>()) {
            if (obj.name=="col") {
                // 取消碰撞模型的显示
                MeshRenderer r = obj.GetComponent<MeshRenderer>();
                r.enabled = false;

                // 添加 Mesh 碰撞体
                if(obj.gameObject.GetComponent<MeshCollider>()==null)
                    obj.gameObject.AddComponent<MeshCollider>();

                // 设置碰撞体的 tag
                obj.tag = "Enemy";
            }
        }

        // 设置刚体
        Rigidbody rigid = prefab.AddComponent<Rigidbody>();
        rigid.useGravity = false;
        rigid.isKinematic = true;

        // 为 prefab 添加声音组件
        prefab.AddComponent<AudioSource>();

         // 获得子弹的 Prefab
GameObject rocket = AssetDatabase.LoadAssetAtPath<GameObject>("Assets/Prefabs/EnemyRocket.prefab");

        // 获得爆炸效果的 Prefab
        GameObject fx = AssetDatabase.LoadAssetAtPath<GameObject>("Assets/FX/Explosion.prefab");

        //  添加敌人脚本
        SuperEnemy enemy=prefab.AddComponent<SuperEnemy>();
        enemy.m_life = 50;
        enemy.m_point = 50;
        enemy.m_rocket= rocket.transform;
        enemy.m_explosionFX = fx.transform;
    }
}
```

在工程窗口选择 Enemy2b，右键选择【Reimport】重新导入 Enemy2b.fbx，ProcessModel.cs 会被调用，并自动创建 Enemy2c.Prefab，它的所有功能和设置均与前面手动设置的 Prefab 相同。

2.15 发布游戏

最后，我们将游戏打包成标准的.exe 文件，这个游戏就完成了。

步骤 01 在菜单栏中选择【Edit】→【Project Settings】→【Player】，然后设置游戏的名称、公司名和图标，如图 2-56 所示。无论游戏发布在哪一个平台上，这几个选项都是一样的。

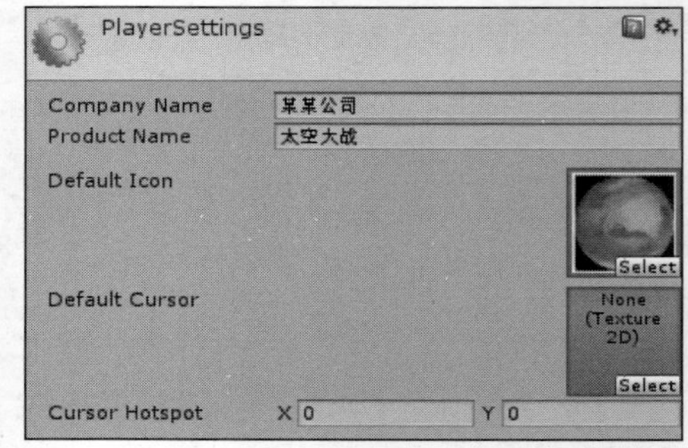

图 2-56 设置游戏名称和默认图标

步骤 02 注意根据平台不同，创建版本的选项也并不相同。当前默认是 PC 平台，在【Resolution】选项组中设置游戏窗口的大小。选中【Run In Background】复选框，可以使游戏窗口失去焦点后在后台继续运行。设置【Display Resolution Dialog】为【Enabled】，游戏在每次启动时会显示出一个用于设置显示分辨率的窗口，如图 2-57 所示。

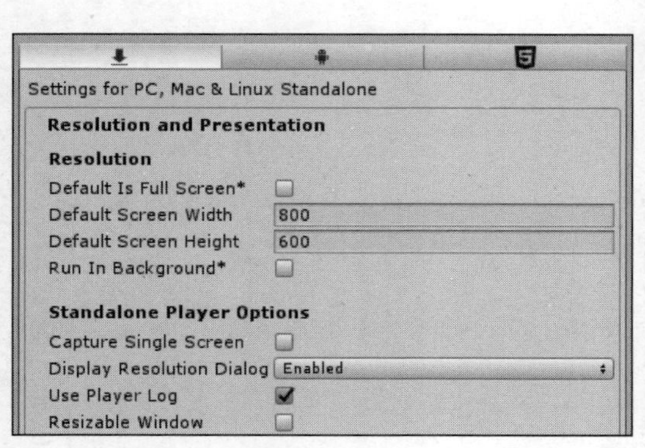

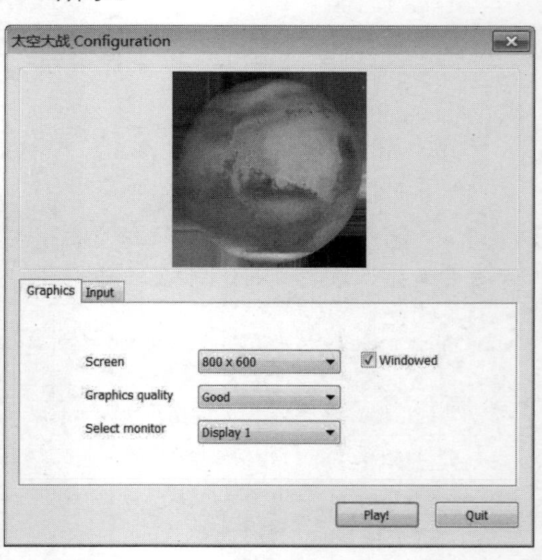

图 2-57 设置游戏窗口大小

步骤 03 在 Icon 选项组中可以设置不同大小的图标，如果不指定，将自动调用 Default Icon 中设置的图标并自动缩放，但自动缩放的图标可能会有锯齿，如图 2-58 所示。

步骤 04 默认启动 Unity 游戏会看到 Unity 的商标，如果想去掉，取消选中【Show Splash Screen】复选框即可，如图 2-59 所示。这个功能只有在 Unity 专业版中才能使用。

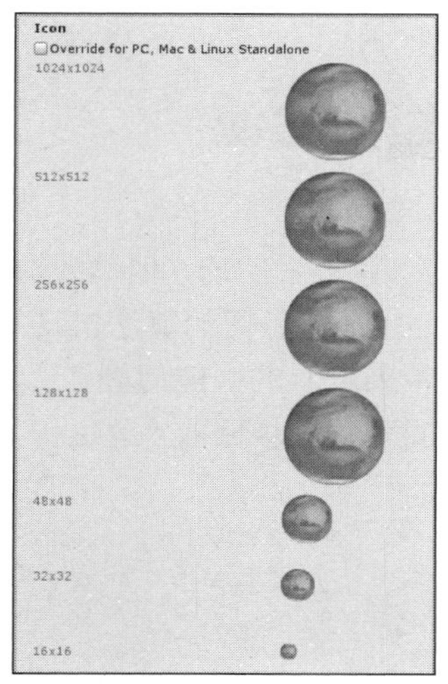

图 2-58　设置图标

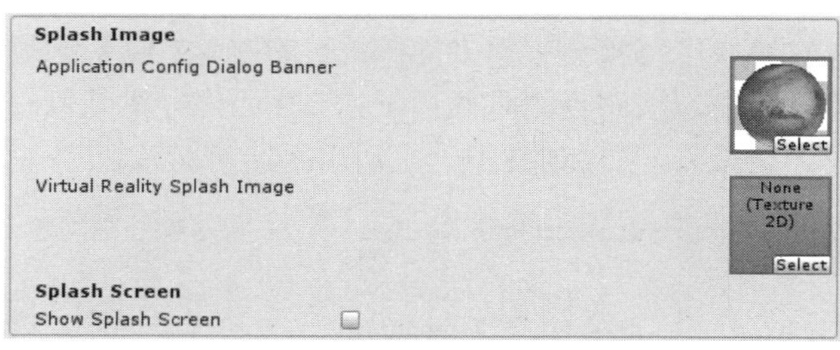

图 2-59　设置游戏启动画面图片

步骤 05　在 Other Settings 中提供了很多与图形相关的设置，是否输出 Log 日志等，根据当前平台不同，这里的选项有较大区别。最后打开 Build Settings 窗口，确定关卡已经被添加到 Build Settings 窗口中，如图 2-60 所示，单击【Build】按钮，将游戏编译为.exe 格式的标准 Windows 执行程序。

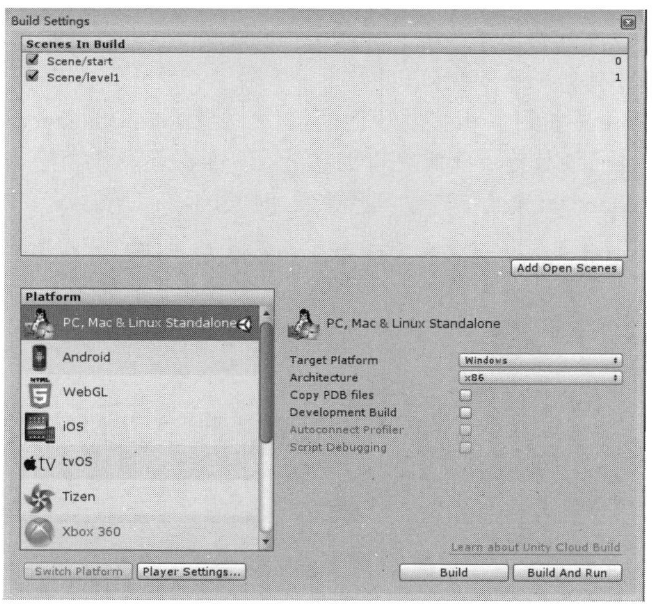

图 2-60　添加关卡

编译游戏后双击.exe 文件运行游戏，运行编译后的游戏会比在 Unity 编辑器中运行帧数高很多。游戏在运行过程中会生成 Log 日志，用来查看游戏的运行情况，注意在不同平台日志被保存在不同的位置，在 Unity 的官方手册搜索 Log Files 即可查阅不同平台保存日志的路径。

本游戏的最终示例工程文件保存在资源文件目录\c02_ShootingGame 中。

2.16　使用 PoolManager 创建对象池

Unity 在使用 Instantiate 创建实例时要重新分配内存，分配内存是手动的，但销毁对象时，垃圾回收（内存的回收）是自动的，而且回收的时机也是不确定的（基于专门的算法自动发生），有时游戏中每帧会有很多零碎的内存申请，频繁的垃圾回收会带来严重的性能问题，最明显的感觉是在垃圾回收的时候掉帧。一种优化方案是每间隔一定时间手动垃圾回收，避免积累过多的“垃圾”，不过这并不一定适用于所有游戏。

```
if (Time.frameCount % 30 == 0) // 每 30 帧强制清理一次
{
    System.GC.Collect();
}
```

对于比较大的内存占用，通常可以在切换关卡或暂停游戏时手动执行一次 System.GC.Collect();进行垃圾回收。

在 Unity 中创建对象是使用 Instantiate 函数，销毁对象则是使用 Destroy，因此，应当在游戏更新过程中（在 Update 中）尽可能避免频繁使用这两个函数。在这个太空射击游戏实例中，我们使用这个函数来创建子弹，因为子弹的创建频率很高而且经常用到，一个比较好的优化办法是在游戏开始之前一次创建多个子弹，先将它们隐藏起来，当需要时再放到需要的位置显示出来，这种方法也称作创建一个对象池。

Unity 的 Asset Store 中提供了很多对象池的插件，比如 PoolManager 或 Pool Boss，这些插件都非常容易使用，且已经具备了非常完善的功能。下面将通过一个简单的例子，将太空射击游戏的子弹使用 PoolManager 缓存起来，避免运行时间的内存开销。

步骤 01　导入插件 PoolManager 到当前工程中，如图 2-61 所示。

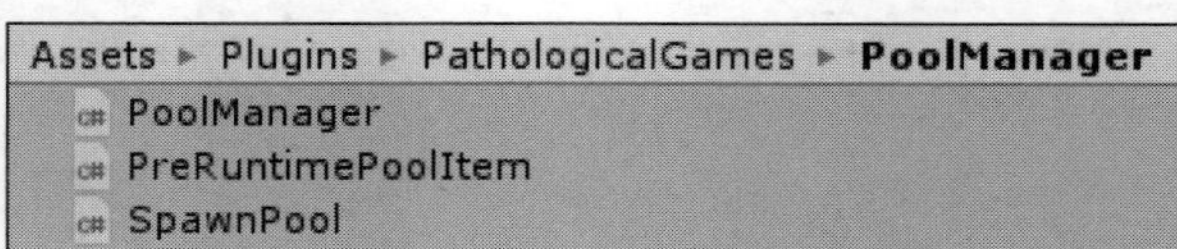

图 2-61　PoolManager

步骤 02　在游戏关卡 level1 中新建一个空游戏体，这里将其命名为“mypool”，指定脚本 SpawPool，设置 Pool Name 为〝mypool〞，点击+号按钮，拖动主角子弹 Rocket.prefab 到 prefab 框内，设置 preload Amount 缓存数量，选中 limit Instantiate 设置最大缓存实例数量，如图 2-62 所示。游戏关卡加载后，SpawnPool 脚本会在 Awake 中先预加载 30 个子弹实例，如果在游戏过程中 30 个子弹实例不能满足需要，则生成更多子弹实例，直到 60 个。所有的实例都是只创建，不销毁。

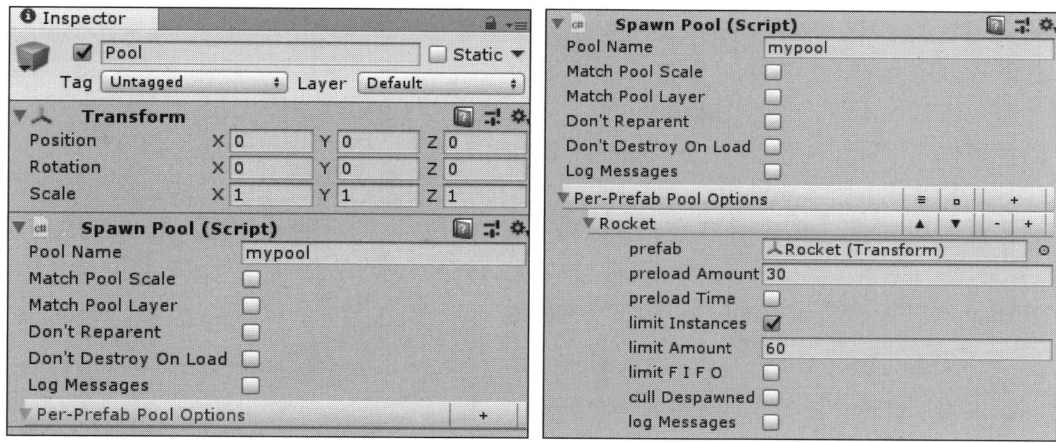

图 2-62　SpawnPool 脚本

步骤 03　修改脚本 Player.cs，使用 Pool Boss 提供的 Spawn 函数替换掉 Instantiate 函数，这样我们将从对象池中创建对象，避免了运行时的内存开销。。

```
//Instantiate( m_rocket, m_transform.position, m_transform.rotation );  // 此处代码删除
var p = PathologicalGames.PoolManager.Pools["mypool"];                   // 获得对象池
p.Spawn("Rocket", m_transform.position, m_transform.rotation, null); // 由对象池生成对象
```

步骤 04　修改脚本 Rocket.cs，去掉所有的 Destroy 函数，对于缓存实例，不能使用 Destroy 删除，而是要使用 Despawn 函数将实例交还给对象池。

```
void OnTriggerEnter(Collider other){
    if (other.tag!="Enemy")
        return;
    Despawn();
}

void OnBecameInvisible(){
    Despawn();
}

void Despawn(){
    if (!gameObject.activeSelf)
        return;
    var p = PathologicalGames.PoolManager.Pools["mypool"];

    if (p.IsSpawned(transform))   // 判断当前对象是否在对象池中
        p.Despawn(transform);   // 如果在则还回对象池
    else
        Destroy(gameObject); // 如果不在则销毁
}
```

除了主角的子弹，敌人的子弹、飞船都可以重复这些步骤进行修改，这里不再赘述。最后运行游戏，所有的子弹将从对象池中调用，避免了创建和删除操作产生的运行时内存开销。在运行游戏的时候，可以通过 Hierarchy 窗口实时查看对象池的状态。

除了可以在 Unity 编辑器中手动将资源添加到对象池，也可以完全通过脚本实现这个过程。对于使用配置文件读取资源的游戏来说，使用脚本创建对象池会更加方便。在下面的代码示例中，首先从 Resources 路径读取 Prefab 资源（这一步是 IO 操作，不适合放在 Update 中，建议在关卡初始化时执行），然后通过 AddComponent 添加对象池脚本，最后执行 CreatePrefabPool 函数将读取的资源添加到对象池。

```
GameObject pool = new GameObject("pool2");                          // 注意对象池名称
pool.AddComponent<PathologicalGames.SpawnPool>();                   // 添加对象池脚本
var prefab = Resources.Load<GameObject>("prefabName");              // 从 Resources 目录读入资源
var pooloption = new PathologicalGames.PrefabPool(prefab.transform);       // 设置对象
pooloption.preloadAmount = 30;
pooloption.limitAmount = 60;
var p = PathologicalGames.PoolManager.Pools["pool2"];
p.CreatePrefabPool(pooloption);                                     // 添加对象到对象池
```

本节最后的示例文件保存在资源目录 c02_ShootingGame_Pool 中，其中不包括 PoolManager 插件，读者需要自行安装才能运行。

2.17 小　结

本章通过一个太空射击游戏实例，一步步介绍了制作 Unity 游戏的很多基础内容，包括 Unity 编辑器的基本使用、如何管理资源、编写脚本、添加组件、使用物理功能等，最后介绍了包括创建精准的碰撞模型、使用脚本创建 Prefab，如何运用对象池技术等。

在完成本章的教程后，建议初学者打开 Unity 3D 的帮助文档，对应查找教程中用到的 API 说明，相信会有很大的收获。下面是关于本章内容的一些思考题：

问题 1　transform 组件提供的哪个函数负责移动位置？

答：transform.Translate 函数用于移动位置，它有两个参数（第二个可选），第一个参数是 Vector3 类型的方向，其方向的长度可以理解为移动速度，第二个参数是坐标系，Self 为自身坐标系，x、y、z 的方向受自身旋转角度影响，World 为世界坐标系，x、y、z 轴向将始终与世界坐标相同，默认为 Self 坐标系。举例来说，当采用 Self 坐标系时，z 轴的方向即游戏体的 z 方向，而不是世界坐标的 z 轴方向。

问题 2　使用 Vector3 表示坐标位置和方向的区别？

答：坐标位置是一个标量，表示一个具体的数。方向表示在坐标系中的一个方向，取值范围在-1 到 1 之间，以二维坐标为例，坐标(1,1)和(2,2)表示的方向是完全一样的，但后者表示更长的距离，将超过-1 或 1 的值变换为-1 到 1 之间称为向量的归一化，归一化后的向量只用来表示方向，而不表示长度。

下面是一个例子，将向量归一化：

```
Vector2 v = new Vector2(2, -3);
v.Normalize();  // 归一化
```

Normalize 函数包含了几步计算，其实现的数学方法如下：

```
var mag = v. magnitude; // 计算向量长度（两点间距离），即 Mathf.Sqrt(v.x * v.x + v.y * v.y)
v.x /= mag;
v.y /= mag;  // 归一化，与执行 Normalize()得出的结果一致
```

Vector3 定义了很多常用的方向，如 Vector3.forwad、Vector3.up、Vector3.right 等，它们对应的 x、y、z 坐标就是(0,0,1)、(0,1,0)和(1,0,0)。

前面提到的 Translate 函数实际上就是将两个向量相加（位置+方向×距离），两个向量相加，就是将向量所有的分量分别相加，比如向量 pos 表示当前位置，在当前位置向右移动 10 个单位：

```
pos += Vector3.right * 10;  // 向量与标量相乘即向量的每个分量分别与标量相乘
```

问题 3　如何获得目标方向？

答：当需要计算出当前位置朝向目标位置的方向时，只需要应用向量减法：目标位置-当前位置，即将每个分量相减。进一步，Unity 中有多种方式将方向转为角度，Unity 底层采用四元数实现旋转计算，但该方法在使用时不直观，因此 Unity 也提供了欧拉角的方式，使用 x、y、z 表示不同方向的旋转角度。下面是一个简单例子，设向量 target 为目标位置，pos 为当前位置：

```
Vector3 v = target - pos;               // 获得方向
Quaternion.LookRotation(v);             // 返回四元数
Vector3.Angle(Vector3.forward, v);      // 返回欧拉角
```

问题 4　RigidBody（刚体）和 Collider（碰撞体）的关系和作用是什么？

答：RigidBody 组件提供所有的物理模拟功能，包括重力、推进力等，Collider 组件提供用于碰撞检测的多边形数据，包括立方体、球形、多边形等。在物理模拟或碰撞检测过程中，RigidBody 是必需的组件，但参与物理模拟的对象只有添加了 Collider 组件，才能计算碰撞。

针对 2D 游戏，Unity 还提供了 RigidBody2D 和 Collider2D，它们和默认的 RigidBody（3D）不能相互通用。

问题 5　对象池是什么？

答：系统回收内存的过程称为垃圾回收。频繁的创建、删除对象，会造成频繁的垃圾回收，是影响性能的主要原因之一。为了避免垃圾回收，对游戏运行中的对象需要有一个预估并提前创建出来，也称作创建对象池。当需要创建新的实例时，就从对象池中取出一个已经创建好的对象来使用，当需要销毁实例时，将实例还回对象池即可（并没有真的销毁）。

第 3 章
第一人称射击游戏

本章将使用 Unity 制作一款第一人称射击游戏，这是当下最流行的游戏类型之一。在本章的内容中，将涉及摄像机控制、物理、动画和智能寻路等。

3.1 策　划

在开始制作游戏之前，按惯例还是先准备一份游戏策划。我们将要制作的游戏并不复杂，场景中只有一个主角和一种敌人，尽管如此，也已经具备了第一人称射击游戏的基本要素。

3.1.1 游戏介绍

在游戏场景中，会有若干个敌人的出生点，它会定时生成一些敌人，它们会寻找并攻击主角。游戏的目的就是生存下去，消灭更多敌人，获取更多分数。

3.1.2 UI 界面

游戏中的 UI 比较简单，包括主角的生命值、弹药数量、得分和瞄准星。

游戏失败后提供一个按钮重新开始游戏。

3.1.3 主角

我们看不到主脚本人，在屏幕上看到的是一支端在胸前的 M16 机关枪。按键盘上的 W、S、A、D 键控制主角前后左右行动，移动鼠标旋转视角，单击鼠标左键进行射击。

3.1.4 敌人

敌人只有一种，是一个护士模样的僵尸，它将具有智能寻路功能，躲避障碍物并攻击主角。

3.2 游戏场景

首先我们要准备一个游戏的场景，场景中的美术部分本书资源文件已经提供，但还需要进行一些设置，使其具有碰撞功能。

步骤 01 打开本书资源文件目录 c03_FPS_Start 内的 Unity 工程，在这个工程中，已经预先提供了本游戏所需要的模型、动画、音效等资源。

步骤 02 打开本工程准备好的 demo 场景，这个场景使用了 Lightmap 和 Light Probe 表现静态和动态模型的光影效果，如图 3-1 所示。

图 3-1　游戏场景

步骤 03 选择三个场景模型，如图 3-2 所示，然后在菜单栏中选择【Component】→【Physics】→【Mesh Collider】，为其添加多边形碰撞体组件。现在，场景模型既可以用于显示，也可以用于物理碰撞。在实际项目中，模型通常比较复杂，这时就需要做两组模型：一组用于显示，模型有较高的质量；另一组专门用于物理碰撞。为了提高性能，碰撞模型相对做得比较简单。

图 3-2　游戏场景

3.3 主　　角

因为是第一人称射击游戏，所以主角是不可见的，但在屏幕上可以看到主角手中拿的枪，尽管如此，我们还是需要为主角创建碰撞体并控制其移动。

3.3.1 角色控制器

步骤 01 在菜单栏中选择【GameObject】→【Create Empty】，创建一个空的游戏体，将它的 Tag 设为 Player，它便是我们的主角。

步骤 02 在菜单栏中选择【Component】→【Physics】→【Character Controller】，为主角添加一个角色控制器组件，使用这个组件提供的功能，可以实现在控制主角移动的同时与场景的碰撞产生交互，比如在行走时不会穿到墙里面去。

步骤 03 为主角再添加一个 Rigidbody 组件，取消选中【Use Gravity】复选框去掉重力模拟，并选中【Is Kinematic】复选框使其不受物理演算影响，这样才能使用脚本控制其移动。在【Character Controller】组件中需要调整碰撞体的位置和大小，如图 3-3 所示。

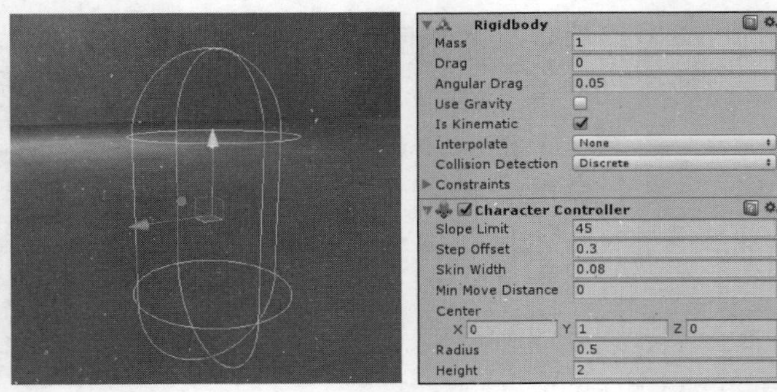

图 3-3　设置组件

步骤 04 创建脚本 Player.cs：

```
using UnityEngine;
using System.Collections;
public class Player : MonoBehaviour
{
```

```
        public Transform m_transform;
        // 角色控制器组件
        CharacterController m_ch;
        // 角色移动速度
        float m_movSpeed = 3.0f;
        // 重力
        float m_gravity = 2.0f;
        // 生命值
        public int m_life = 5;
        void Start()
        {
            m_transform = this.transform;
            // 获取角色控制器组件
            m_ch = this.GetComponent<CharacterController>();
        }

        void Update()
        {
            // 如果生命值为 0，什么也不做
            if (m_life <= 0)
                return;
            Control();
        }
        void Control()          // 控制主角移动代码
        {
            Vector3 motion = Vector3.zero;   // 移动的方向
            motion.x = Input.GetAxis("Horizontal") * m_movSpeed * Time.deltaTime;
            motion.z = Input.GetAxis("Vertical") * m_movSpeed * Time.deltaTime;
            motion.y -= m_gravity * Time.deltaTime;   // 重力

            // 使用角色控制器提供的 Move 函数进行移动 它会自动检测碰撞
            m_ch.Move(m_transform.TransformDirection(motion));
        }
        // 在编辑器中为主角显示一个图标
        void OnDrawGizmos()
        {
            Gizmos.DrawIcon(this.transform.position, "Spawn.tif");
        }
    }
```

这里的代码主要是控制主角前后左右移动。

① 在 Start 函数中，我们先获取了 CharacterController 组件，然后在 Control 函数中，Input.GetAxis 会通过名称获取【Edit】→【Project Settings】→【Input】设置中的按键响应，上下左右刚好构成世界坐标二维向量方向，由 m_transform.TransformDirection 将这个方向转为

本地坐标的方向，最后使用 CharacterController 组件提供的 Move 函数按本地方向移动，在移动的同时会自动计算移动体与场景之间的碰撞。

② 在 OnDrawGizmos 函数中，用一个图标来显示主角，主要是为了观察方便。

③ 将 Player.cs 脚本指定给主角的游戏体。运行游戏，按 W、S、A、D 键可以控制主角前后左右移动，但可能不易观察到，这是因为摄像机还没有与主角的游戏体关联起来。

3.3.2 摄像机

接下来，我们将在 Player.cs 脚本中添加一些代码，使摄像机伴随着主角移动。

步骤 01 打开 Player.cs，添加用于控制摄像机的属性：

```
// 摄像机 Transform
Transform m_camTransform;

// 摄像机旋转角度
Vector3 m_camRot;

// 摄像机高度（即表示主角的身高）
float m_camHeight = 1.4f;
```

步骤 02 修改 Start 函数，初始化摄像机的位置和旋转角度，并锁定鼠标：

```
void Start () {
        m_transform = this.transform;
        // 获取角色控制器组件
        m_ch = this.GetComponent<CharacterController>();

        // 获取摄像机
        m_camTransform = Camera.main.transform;

        // 设置摄像机初始位置（使用 TransformPoint 获取 Player 在 Y 轴偏移一定高度的位置）
        m_camTransform.position = m_transform.TransformPoint(0, m_camHeight, 0);

        // 设置摄像机的旋转方向与主角一致
        m_camTransform.rotation = m_transform.rotation;
        m_camRot = m_camTransform.eulerAngles;
        //锁定鼠标
        Screen.lockCursor = true;
    }
```

步骤 03 在 Control 函数中旋转摄像机，在移动主角后使摄像机位置与主角位置保持一致：

```
//获取鼠标移动距离
float rh = Input.GetAxis("Mouse X");
float rv = Input.GetAxis("Mouse Y");

// 旋转摄像机
m_camRot.x -= rv;
m_camRot.y += rh;
```

```
m_camTransform.eulerAngles = m_camRot;

// 使主角的面向方向与摄像机一致
Vector3 camrot = m_camTransform.eulerAngles;
camrot.x = 0; camrot.z = 0;
m_transform.eulerAngles = camrot;

// 控制主角移动代码...（此处略）

// 更新摄像机位置（始终与 Player 一致）
m_camTransform.position = m_transform.TransformPoint(0, m_camHeight, 0);
```

我们通过控制鼠标旋转摄像机方向，使主角跟随摄像机的 Y 轴旋转方向，在移动主角时，又使摄像机跟随主角运动。运行游戏，已经可以自由地在场景中行走。

3.3.3 武器

下面我们将武器绑定到摄像机上，使其随着主角移动。

步骤 01 将摄像机的位置和旋转角度都设为 0。

步骤 02 将摄像机的 Clipping Planes/ Near 设为 0.1，使其可以看到更近处的物体。

步骤 03 在 Project 窗口的 Prefabs 文件夹中找到 M16.Prefab，这是预设好的武器 Prefab，它只是个简单的枪支模型，将其拖入场景。

步骤 04 在 Hierarchy 窗口中选择武器的 Prefab（名字是 M16），设置位置和旋转均为 0，并置于摄像机层级下方，使其成为摄像机的子物体。然后选择武器 Prefab 下一级层级中的枪模型 weapon，并调整它的位置和角度，在 Camera Preview 中预览效果，直到对效果满意为止，如图 3-4 所示。

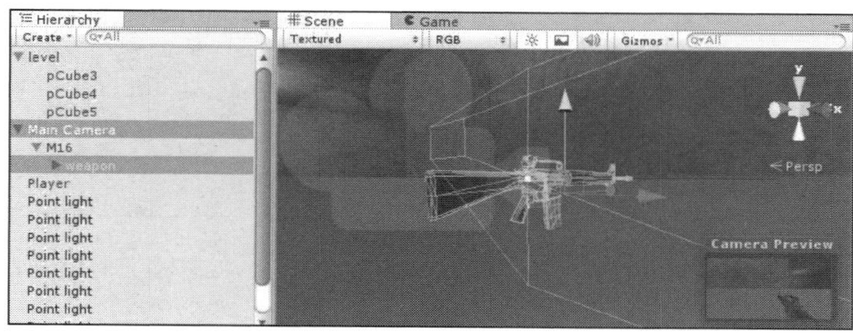

图 3-4　设置武器位置

步骤 05 运行游戏，效果如图 3-5 所示。

图 3-5　第一人称视角

3.4 敌　人

3.4.1 寻路

在很多游戏中，敌人经常要在复杂的地形中追着主角跑，因为场景中存在很多障碍物，所以敌人的 AI 要足够聪明，才能找出到达目标点的最近道路，且绕开障碍物。写一个完善的寻路算法是比较有挑战性的，特别是在复杂的 3D 场景中，好在 Unity 提供了一个非常实用的寻路功能，只需要较少的代码即可实现复杂的寻路功能。

Unity 的寻路系统分为两部分：一部分是对场景进行设置，使其满足寻路算法的需求；另一部分是设置寻路者。

步骤 01 选择场景模型（名为 level），然后单击 Inspector 窗口 Static 旁边的小三角形按钮显示出下拉列表，确认【Navigation Static】被选中，Unity 将指导这样的模型用于寻路计算，如图 3-6 所示。

步骤 02 在菜单栏中选择【Window】→【Navigation】，打开 Navigation 窗口，如图 3-7 所示。

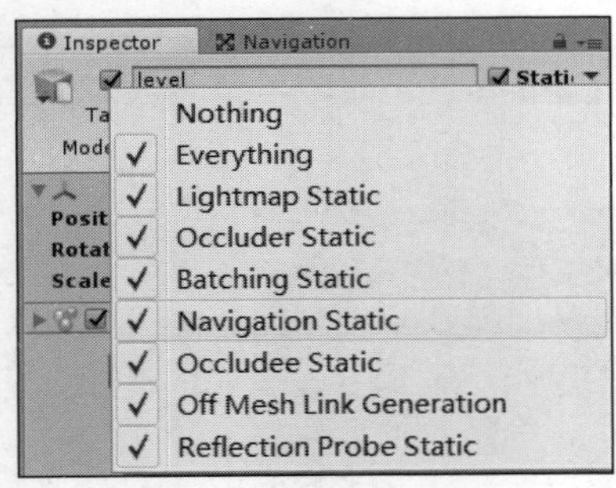

图 3-6　第一人称视角

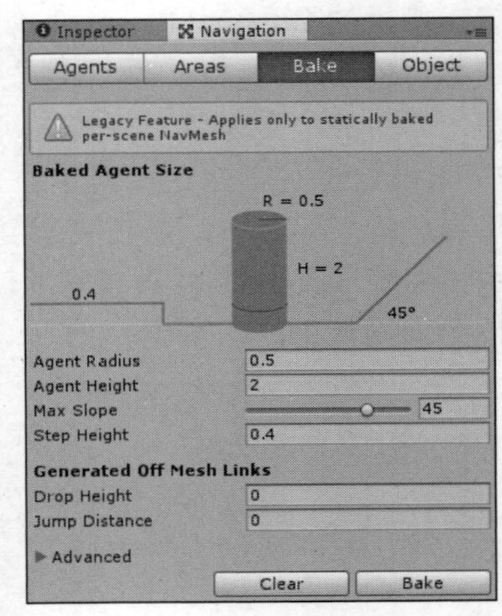

图 3-7　寻路窗口

Bake 窗口主要是定义地形对寻路的影响。

- Agent Radius 和 Height 可以理解为寻路者的半径和高度。
- Max Slope 是最大坡度，超过这个坡度寻路者则无法通过。
- Step Height 是楼梯的最大高度，超过这个高度寻路者则无法通过。
- Drop Height 表示寻路者可以跳落的高度极限。
- Jump Distance 表示寻路者的跳跃距离极限。

步骤 03 在 Navigation 窗口中设置好选项后，单击【Bake】按钮对地形进行计算，单击【Clear】按钮会清除计算结果。

Bake 出来的寻路数据，会被保存为一个文件，名为 NavMesh.asset，当前关卡相关联，这一点与 Lightmap 很像。

接下来设置寻路者，也就是游戏中的敌人。

步骤 04 在当前工程 Assets/Prefabs 内找到 Zombie.prefab，将其拖入场景，它是一个僵尸模型，将作为游戏中的敌人。

步骤 05 在菜单栏中选择【Component】→【Nav Mesh Agent】，将寻路组件指定给敌人。然后在 Inspector 窗口中进行进一步的设置，Speed 是最大运动速度，Angular Speed 是最大旋转速度，如图 3-8 所示。在 Agent Type 中选择【Open Agent Settings】，可以打 Navigation 的 Agents 窗口，设置 Radius 和 Height，表示寻路者的半径和高度。

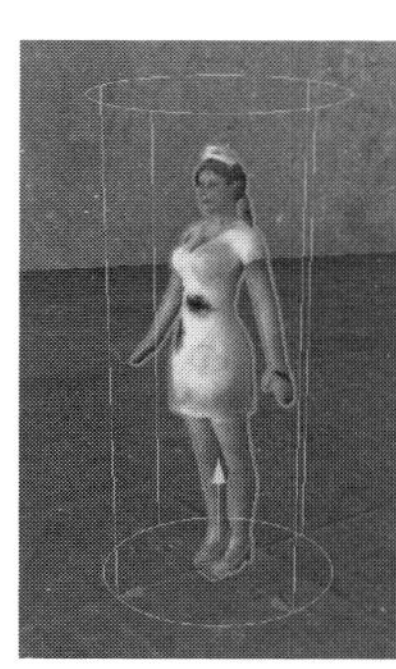

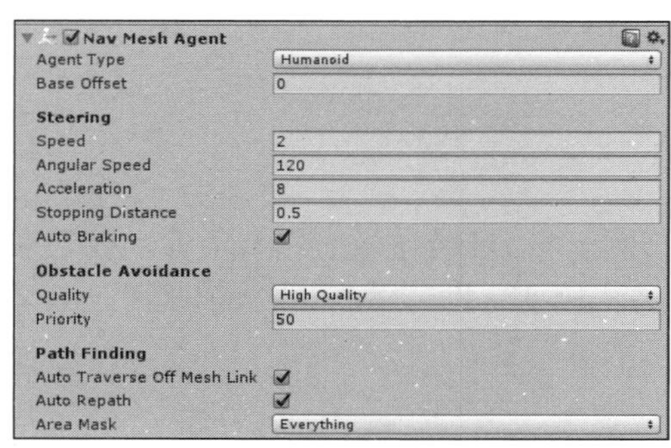

图 3-8　设置敌人的寻路

步骤 06 创建脚本 Enemy.cs，添加代码如下：

```
using UnityEngine;
using UnityEngine.AI;
using System.Collections;
public class Enemy : MonoBehaviour
{
    Transform m_transform;
    // 主角
    Player m_player;
    // 寻路组件
    NavMeshAgent m_agent;
    // 移动速度
    float m_movSpeed = 2.5f;
    void Start()
    {
        m_transform = this.transform;
        // 获得主角
        m_player = GameObject.FindGameObjectWithTag("Player").GetComponent<Player>();
        // 获得寻路组件
        m_agent = GetComponent<NavMeshAgent>();
        m_agent.speed = m_movSpeed;          // 设置寻路器的行走速度
```

```
                // 设置寻路目标
        m_agent.SetDestination(m_player.m_transform.position);
    }
}
```

这是敌人的脚本。在 Start 函数中获得 NavMeshAgent 组件，然后调用 SetDestination 函数设置一个目标点，即可自动追击主角。如果希望自行控制移动，可以使用 CalculatePath 函数计算出路径，然后按路径节点移动。

步骤 07 将脚本 Enemy.cs 指定给敌人。运行游戏，敌人会找出最短路径向主角位置前进，并躲开障碍物。

3.4.2 设置动画

我们在前面创建了可以自动寻路的敌人角色，接下来将为其增加动画效果。敌人共有 4 种动画，对应其状态，包括待机、行走、攻击和死亡。在本示例中，敌人的动画已经预先导入 Unity 工程并进行了基本设置。

步骤 01 在场景中选择敌人（或选择它的 Prefab），默认它有一个 Animator 组件，并在 Controller 中已经预设了一个 Animator Controller。取消选中【Apply Root Motion】复选框，强迫使用脚本控制游戏体的位置而不是通过动画，如图 3-9 所示。

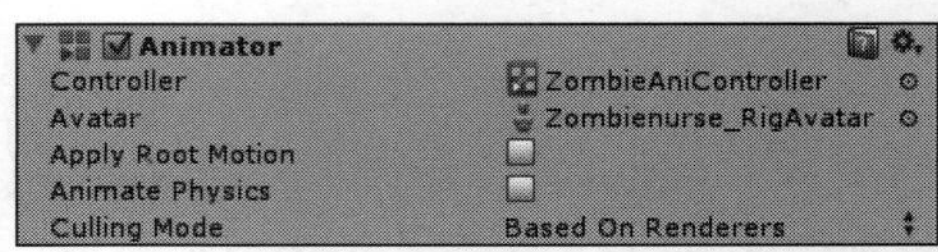

图 3-9 Animator 组件

步骤 02 在菜单栏中选择【Window】→【Animator】，打开 Animator 窗口，Animator Controller 的信息都显示在这里。在这个窗口中能看到敌人全部的动画，双击动画图标即可在 Project 窗口中找到原始动画资源。单击 Parameters 旁边的“+”号按钮，然后在展开的子菜单中选择【Bool】，创建 4 个 Bool 类型数值，名称分别为 idle、run、attack、death，我们将会使其与动画过渡关联，并在脚本中控制它们，如图 3-10 所示。

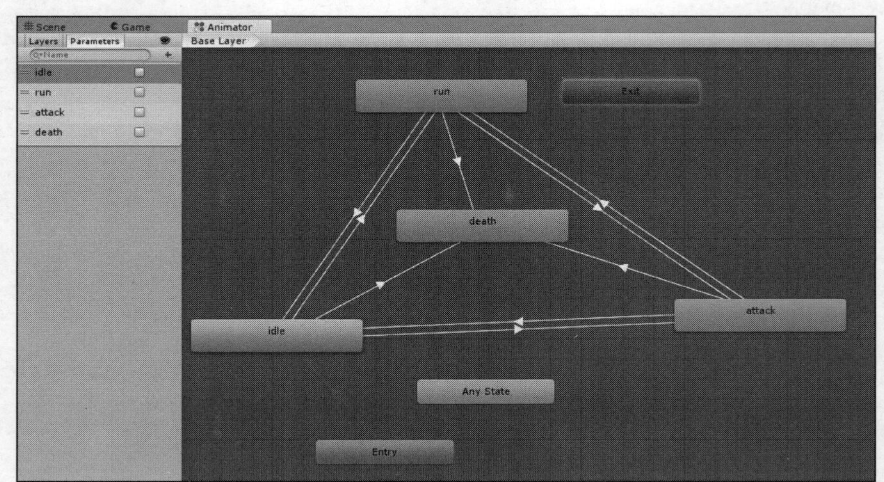

图 3-10 Animator 窗口

步骤03 在当前工程中，动画之间已预设好动画过渡，不同动画之间过渡是用连接线表示的，默认情况下动画之间通过播放时间自动过渡，我们需要使其受脚本控制。选择连线，比如从待机动画到跑步动画，在 Conditions 中将动画过渡条件设为 run，当 Bool 值 run 为 true 时即从待机动画过渡到跑步动画，如图 3-11 所示。

步骤04 重复步骤（3）的操作为每个动画过渡设置条件。

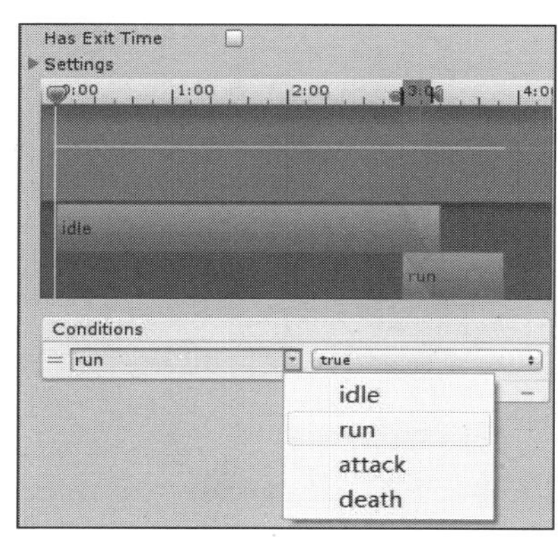

图 3-11　设置动画过渡

3.4.3　行为

敌人的行为与动画的状态紧密关联，我们将修改敌人的脚本，在不同的动画状态使敌人的行为也发生改变。

步骤01 打开 Enemy.cs 脚本，添加动画组件等属性，更新代码如下：

```
public class Enemy : MonoBehaviour {
    Transform m_transform;
    // 动画组件
    Animator m_ani;

    // 寻路组件
    NavMeshAgent m_agent;

    // 主角实例
    Player m_player;

    // 移动速度
    float m_movSpeed = 2.5f;

    // 旋转速度
    float m_rotSpeed = 5.0f;

    // 计时器
    float m_timer=2;

    // 生命值
    int m_life = 15;

    // 出生点
    protected EnemySpawn m_spawn;

    void Start () {
        m_transform = this.transform;
        // 获得动画播放器
        m_ani = this.GetComponent<Animator>();

        // 获得主角
        m_player = GameObject.FindGameObjectWithTag("Player").GetComponent<Player>();
```

```
        m_agent = GetComponent<UnityEngine.AI.NavMeshAgent>();
        m_agent.speed = m_movSpeed;
        // 获得寻路组件
        m_agent.SetDestination(m_player.m_transform.position);
    }
```

m_rotSpeed 用于控制旋转速度，当敌人进攻主角时，它将始终旋转到面向主角的角度。m_timer 用来计算时间间隔，比如待机一定时间，每隔一定时间更新寻路。m_life 是敌人的生命值。

步骤 02 添加 RotateTo 函数，它的作用是使敌人始终旋转到面向主角的角度：

```
    // 转向目标点
    void RotateTo()
    {
        // 获取目标（Player）方向
        Vector3 targetdir = m_player.m_transform.position - m_transform.position;
        // 计算出新方向
        Vector3 newDir = Vector3.RotateTowards(transform.forward, targetdir,
                        m_rotSpeed * Time.deltaTime, 0.0f);
        // 旋转至新方向
        m_transform.rotation = Quaternion.LookRotation(newDir);
    }
```

Vector3.RotateTowards 是一个实用的函数，通过目标点和自身的位置，计算出转向目标点的角度。

步骤 03 修改 Update 函数：

```
    void Update()
    {
        // 如果主角生命值为 0，什么也不做
        if (m_player.m_life <= 0)
            return;
        // 更新计时器
        m_timer -= Time.deltaTime;

        // 获取当前动画状态
        AnimatorStateInfo stateInfo = m_ani.GetCurrentAnimatorStateInfo(0);

        // 如果处于待机且不是过渡状态
        if (stateInfo.fullPathHash == Animator.StringToHash("Base Layer.idle")
                                    && !m_ani.IsInTransition(0))
        {
            m_ani.SetBool("idle", false);

            // 待机一定时间
            if (m_timer > 0)
```

```
            return;
        // 如果距离主角小于 1.5m，进入攻击动画状态
      if (Vector3.Distance(m_transform.position, m_player.m_transform.position) < 1.5f)
        {
            // 停止寻路
            m_agent.ResetPath();
            m_ani.SetBool("attack", true);
        }
        else
        {
            // 重置定时器
            m_timer = 1;
            // 设置寻路目标点
            m_agent.SetDestination(m_player.m_transform.position);
            // 进入跑步动画状态
            m_ani.SetBool("run", true);
        }
    }
    // 如果处于跑步且不是过渡状态
    if (stateInfo.fullPathHash == Animator.StringToHash("Base Layer.run")
                                        && !m_ani.IsInTransition(0))
    {
        m_ani.SetBool("run", false);
        // 每隔 1 秒重新定位主角的位置
        if (m_timer < 0)
        {
            m_agent.SetDestination(m_player.m_transform.position);
            m_timer = 1;
        }
     // 如果距离主角小于 1.5m，向主角攻击
     if (Vector3.Distance(m_transform.position, m_player.m_transform.position) <= 1.5f)
        {
            // 停止寻路
            m_agent.ResetPath();
            // 进入攻击状态
            m_ani.SetBool("attack", true);
        }
    }
    // 如果处于攻击且不是过渡状态
    if (stateInfo.fullPathHash == Animator.StringToHash("Base Layer.attack")
```

```
                                        && !m_ani.IsInTransition(0))
        {
            // 面向主角
            RotateTo();
            m_ani.SetBool("attack", false);

            // 如果动画播完，重新进入待机状态
            if (stateInfo.normalizedTime >= 1.0f)
            {
                m_ani.SetBool("idle", true);
                // 重置计时器 待机 2 秒
                m_timer = 2;
            }
        }
    }
```

在 Update 函数中，首先获得了一个 AnimatorStateInfo 对象，它保存着动画的状态，敌人包括待机、跑步、攻击、死亡 4 种状态，我们根据不同的状态处理不同的逻辑。无论哪种状态，都使用了 IsInTransition 判断是否是过渡状态，如果是，则什么也不做。

SetBool 函数有两个参数：第一个是动画的名称，我们前面在 Animator 窗口中定义了它；第二个是布尔值，如果是 true，则播放相应的动画，如果是 false，则停止该动画。如果我们的程序是一个状态机结构，可以在进入某个状态时将相应动画的值设为 true，离开该状态时设为 false。

默认敌人处于待机状态，并播放待机动画，我们使用了一个计时器，当待机时间超过 2 秒并距离主角 1.5m 以内，则播放攻击动画，进入攻击状态，否则进入跑步状态。

在跑步状态中，使用计时器每间隔 1 秒更新一次主角的位置进行寻路，并始终追击主角，当距离主角 1.5m 以内，停止寻路，播放攻击动画进入攻击状态。

在攻击状态中，如果攻击动画播完则回到待机状态。

运行游戏，敌人在不同的状态下会播放相应的动作，当距离主角较近时，则会攻击主角。

3.5　UI 界面

在继续改进主角和敌人的脚本之前，我们需要创建一个游戏管理器来管理游戏中的事件和 UI 界面显示。

首先使用 Unity 的新 GUI 系统创建一个简单的界面。

步骤 01　在 Project 窗口中找到预设的 UI 贴图文件，如图 3-12 所示

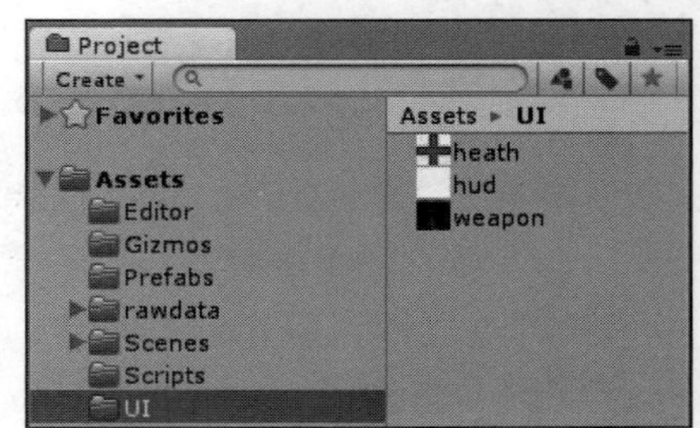

图 3-12　找到预设的贴图文件

步骤 02　在 Hierarchy 窗口中单击鼠标右键，选择【UI】→【Image】→【GUI Texture】创建 2D 图像控件，在 Source Image 中引用 heath.png 作为贴图，使用左上对齐方式，如图 3-13 所示。

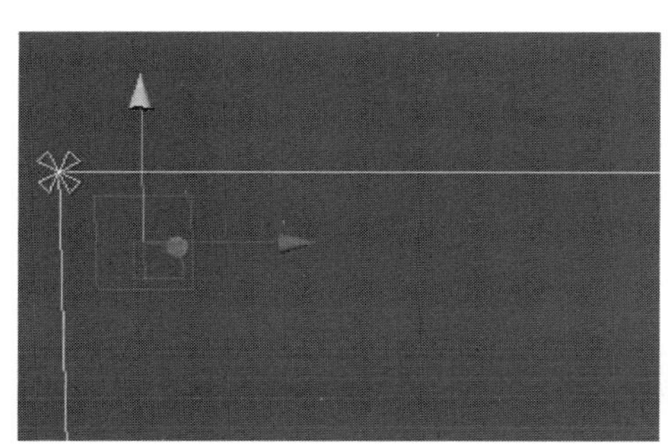

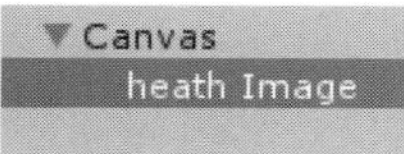

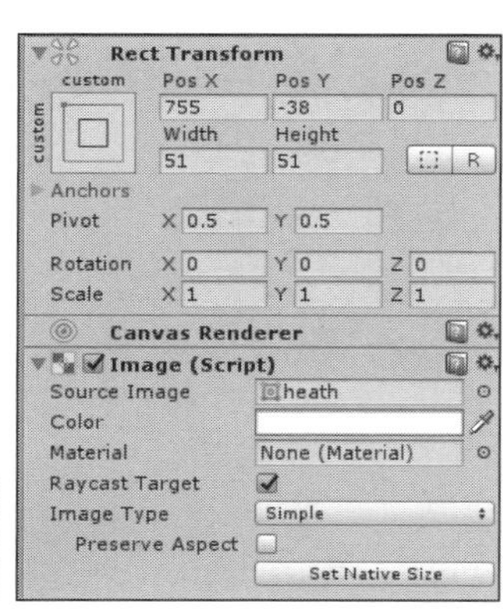

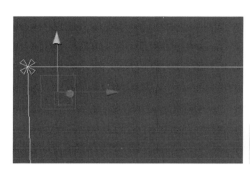

图 3-13　UI 贴图效果

步骤 03　创建文字。在 Hierarchy 窗口中单击鼠标右键，选择【UI】→【Text】创建游戏文字，并调整位置、大小等，如图 3-14 所示。因为我们需要在游戏中动态改变文字的内容，所以必须知道文字的名字，这里设置 txt_ammo 为弹药数量的名字，txt_hiscore 为纪录，txt_life 为生命，txt_score 为得分。右击并选择【UI】→【Button】，创建一个按钮，命名为 Restart Button，用于重新开始游戏。

最后的 UI 界面效果如图 3-15 所示。

Canvas
heath Image
txt_life
txt_hiscore
txt_score
hud Image
weapon
txt_ammo
Restart Button

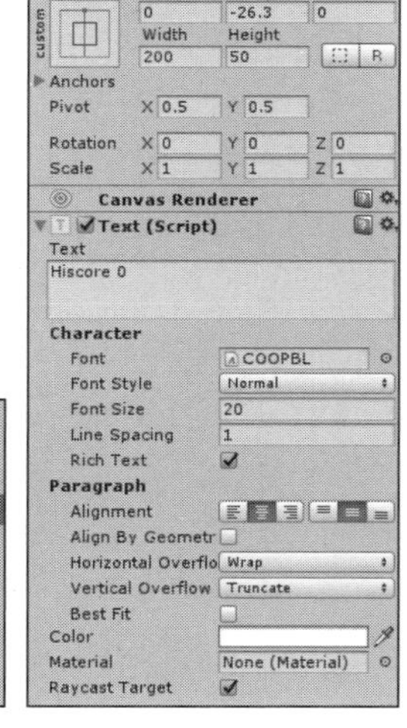

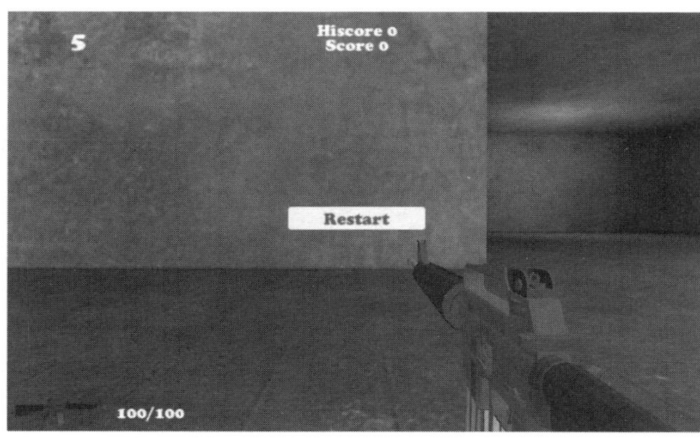

图 3-14　设置文字　　　　图 3-15　UI 界面效果

步骤 04　创建一个空的游戏体并命名为 GameManager，将其坐标设为 0。创建脚本 GameManager.cs，将其指定给游戏体 GameManager。

```
using UnityEngine;
using UnityEngine.UI;  // UI 名称域
using UnityEngine.SceneManagement;  // 关卡名称域
[AddComponentMenu("Game/GameManager")]
public class GameManager : MonoBehaviour {
```

```
public static GameManager Instance = null;

// 游戏得分
public int m_score = 0;

// 游戏最高得分
public static int m_hiscore = 0;

// 弹药数量
public int m_ammo = 100;

// 游戏主角
Player m_player;

// UI 文字
Text txt_ammo;
Text txt_hiscore;
Text txt_life;
Text txt_score;
Button button_restart;

 void Start () {

    Instance = this;

    // 获得主角
    m_player = GameObject.FindGameObjectWithTag("Player").GetComponent<Player>();

    // 获得 UI 文字
    GameObject uicanvas = GameObject.Find("Canvas");
    foreach (Transform t in uicanvas.transform.GetComponentsInChildren<Transform>())
    {
        if (t.name.CompareTo("txt_ammo") == 0)
        {
            txt_ammo = t.GetComponent<Text>();
        }
        else if (t.name.CompareTo("txt_hiscore") == 0)
        {
            txt_hiscore = t.GetComponent<Text>();
            txt_hiscore.text = "High Score " + m_hiscore;
        }
        else if (t.name.CompareTo("txt_life") == 0)
        {
            txt_life = t.GetComponent<Text>();
        }
        else if (t.name.CompareTo("txt_score") == 0)
        {
            txt_score = t.GetComponent<Text>();
```

```
            }
            else if (t.name.CompareTo("Restart Button") == 0)
            {
                button_restart = t.GetComponent<Button>();
                button_restart.onClick.AddListener(delegate (){   //设置重新开始游戏按钮事件
                    // 读取当前关卡
                    SceneManager.LoadScene(SceneManager.GetActiveScene().name);
                });
                button_restart.gameObject.SetActive(false);   // 游戏初期隐藏重新开始游戏按钮
            }
        }
    }
```

这里的代码主要是通过 GetComponentsInChildren 获得所有 UI 子物体，并通过子物体的名字获取到 UI 文字组件。

步骤 05 继续为 GameManager.cs 添加函数，用于更新 UI 界面信息。

```
    // 更新分数
    public void SetScore(int score)
    {
        m_score+= score;

        if (m_score > m_hiscore)
            m_hiscore = m_score;

        txt_score.text = "Score <color=yellow>" + m_score   + "</color>";;
        txt_hiscore.text = "High Score " + m_hiscore;


    }
    // 更新弹药
    public void SetAmmo(int ammo)
    {
        m_ammo -= ammo;

        // 如果弹药为负数，重新填弹
        if (m_ammo <= 0)
            m_ammo = 100 - m_ammo;
        txt_ammo.text = m_ammo.ToString()+"/100";
    }
    // 更新生命
    public void SetLife(int life)
    {
        txt_life.text = life.ToString();
        if ( life<=0)   // 当主角生命值为 0 时，显示重新“开始游戏”按钮
```

```
        button_restart.gameObject.SetActive(true);
}
```

3.6 交　互

当前的敌人虽然会攻击主角，但并没有造成实际伤害，主角暂时也不能攻击敌人。下面我们将分别为主角和敌人添加处理逻辑的代码，使其具备攻击对方的能力。

3.6.1 主角的射击

步骤 01 打开脚本 Player.cs，添加 OnDamage 函数，该函数的作用是减少主角的生命，并更新 UI 界面的显示，当生命值小于 0 时，取消鼠标锁定。

```
public void OnDamage(int damage)
{
    m_life -= damage;

    // 更新 UI
    GameManager.Instance.SetLife(m_life);

    // 取消锁定鼠标光标
    if (m_life <= 0)
        Screen.lockCursor = false;
}
```

步骤 02 在 Player.cs 中添加几个新的属性：

```
// 枪口 transform
Transform m_muzzlepoint;

// 射击时，射线能射到的碰撞层
public LayerMask m_layer;

// 射中目标后的粒子效果
public Transform m_fx;

// 射击音效
public AudioClip m_audio;

// 射击间隔时间计时器
float m_shootTimer = 0;
```

步骤 03 在 Player.cs 的 Start 函数中添加下面的代码，获取枪口的位置。武器模型的枪口有一个名为 muzzlepoint 的空游戏体，它是在 3D 建模软件中加进去的，用来标识枪口的位置。注意，查找它的时候，因为其处于较深的层级，所以层级之间的名字要使用“/”来分隔。此外，也可以使用 GameObject.GetComponentInChildren 一次获得所有的子物体，然后通过名字查找。

```
m_muzzlepoint = m_camTransform.FindChild("M16/weapon/muzzlepoint").transform;
```

步骤04 在 Player.cs 的 Update 函数中添加下面的代码实现射击功能。这里主要是使用 Physics.Raycast 射出一条射线，如果射线与敌人相碰撞，则使敌人减少一定的生命值。

```
// 更新射击间隔时间
m_shootTimer -= Time.deltaTime;

// 鼠标左键射击
if (Input.GetMouseButton(0) && m_shootTimer<=0)
{
    m_shootTimer = 0.1f;
    this.GetComponent<AudioSource>().PlayOneShot(m_audio);
    // 减少弹药，更新弹药 UI
    GameManager.Instance.SetAmmo(1);
    // RaycastHit 用来保存射线的探测结果
    RaycastHit info;

    // 从 muzzlepoint 的位置，向摄像机面向的正方向射出一根射线
    // 射线只能与 m_layer 所指定的层碰撞
    bool hit = Physics.Raycast(m_muzzlepoint.position,
      m_camTransform.TransformDirection(Vector3.forward), out info, 100, m_layer);
    if (hit)
    {
        // 如果射中了 Tag 为 enemy 的游戏体
        if (info.transform.tag.CompareTo("enemy") == 0)
        {
            Enemy enemy = info.transform.GetComponent<Enemy>();
            // 敌人减少生命
            enemy.OnDamage(1);
        }
        // 在射中的地方释放一个粒子效果
        Instantiate(m_fx, info.point, info.transform.rotation);
    }
}
```

步骤05 添加两个碰撞层：enemy 和 level。将 enemy 层指定给敌人，level 层指定给场景模型，然后创建一个 Tag，命名为 enemy，指定给敌人，如图 3-16 所示。

步骤06 在场景中选择主角的游戏体，为其添加 Audio Source 组件。然后在 Player 脚本组件中将 Layer 设为 enemy 和 level，这样主角在射击时，其射线可以击中敌人和场景。在 Project 窗口中找到 FX.Prefab，将其作为射击时击中目标的特效，在 rawdata\Sound Pack 中找到 shot.wav 作为射击的音效，如图 3-17 所示。

图 3-16　添加碰撞层

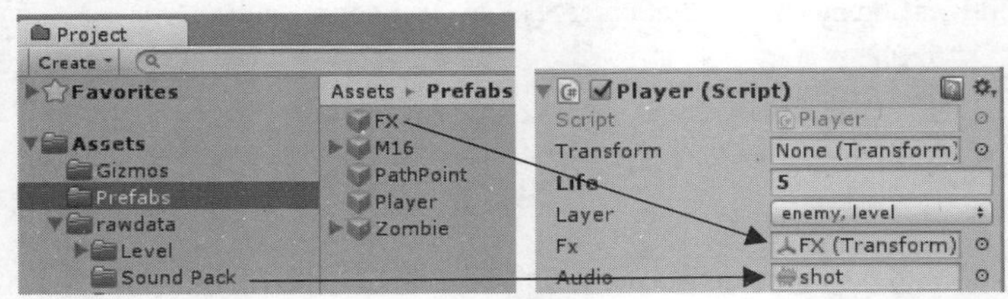

图 3-17　设置 Player

步骤 07　创建一个新的脚本 AutoDestroy.cs，将其指定给射击特效 FX.Prefab，这个脚本的作用是在一定时间内自动销毁游戏体。

```
public class AutoDestroy : MonoBehaviour {
    public float m_timer = 1.0f;
    void Start () {
        // 通常可采用缓存的方式避免在游戏运行中使用 Instantiate 和 Destroy，
        Destroy(this.gameObject, m_timer);
    }
}
```

3.6.2　敌人的进攻与死亡

接下来，我们继续修改敌人的脚本，主要是添加攻击逻辑和死亡状态。

步骤 01　选择敌人，在菜单栏中选择【Component】→【Physics】→【Capsule Collider】为其添加碰撞体，如图 3-18 所示。

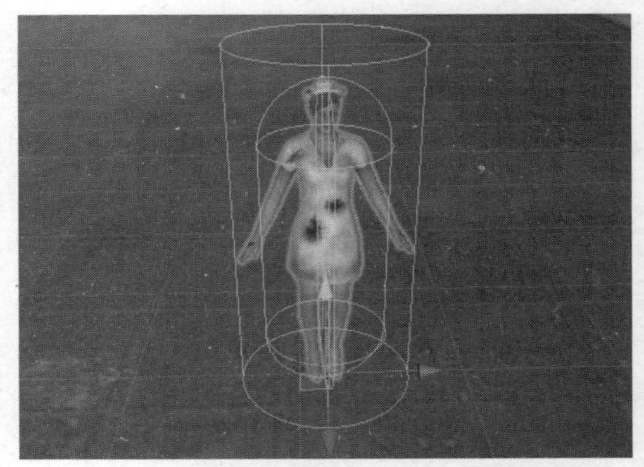

图 3-18　添加碰撞体

如果需要精确地测试碰撞，比如判断射击到敌人的头或脚等部位，在建模时需要专门创建一个底面的模型用于测试碰撞，将其作为骨骼的子物体导出，在 Unity 中将其显示功能关闭，设为 Mesh 类型的碰撞体即可，其过程在第 2 章中介绍过。

步骤 02 打开 enemy.cs 脚本，添加 OnDamage 函数更新敌人的伤害，当生命值为 0 时，敌人进入死亡状态。

```
public void OnDamage(int damage)
{
    m_life -= damage;

    // 如果生命值为 0，播放死亡动画
    if (m_life <= 0)
    {
        m_ani.SetBool("death", true);
        // 停止寻路
        m_agent.ResetPath();
    }
}
```

步骤 03 在 Update 函数中添加死亡状态，当敌人的死亡动画播完，更新 UI 界面并销毁自身。

```
 // 如果处于死亡且不是过渡状态
if (stateInfo.fullPathHash == Animator.StringToHash("Base Layer.death")
                            &&!m_ani.IsInTransition(0))
{
    m_ani.SetBool("death", false);
    // 当播放完成死亡动画
    if (stateInfo.normalizedTime >= 1.0f)
    {
        // 加分
        GameManager.Instance.SetScore(100);

        // 销毁自身
        Destroy(this.gameObject);
    }
}
```

步骤 04 在 Update 函数中修改攻击状态，执行主角的 OnDamage 函数更新主角的生命值。

```
if (stateInfo.fullPathHash == Animator.StringToHash("Base Layer.attack")
                            && !m_ani.IsInTransition(0))
{
    // 面向主角
    RotateTo();
    m_ani.SetBool("attack", false);

    // 如果动画播完，重新进入待机状态
    if (stateInfo.normalizedTime >= 1.0f)
    {
        m_ani.SetBool("idle", true);
```

```
            // 重置计时器 待机 2 秒
            m_timer = 2;
            m_player.OnDamage(1); // 添加对主角的伤害功能
        }
    }
```

运行游戏，如果主角距离敌人过近，则有被消灭的可能。单击鼠标左键，可以向敌人开火消灭敌人，在子弹击中的地方还会有粒子效果出现，如图 3-19 所示。

图 3-19　射击效果

3.7　出　生　点

现在，我们需要为敌人制作出生点，使其在场景中的不同位置每隔一定时间生成一定数量的敌人。这个出生点的制作与在前一章完成的出生点类似，但需要略加一些其他功能。为了能够控制敌人的数量，每个出生点需要清楚自己生成了多少个敌人，当达到最大值时，则暂停生成敌人。当敌人被消灭时，则需要通知出生点更新生成数量。

步骤 01　创建脚本 EnemySpawn.cs：

```
using UnityEngine;

[AddComponentMenu("Game/EnemySpawn")]
public class EnemySpawn : MonoBehaviour
{
    // 敌人的 Prefab
    public Transform m_enemy;

    // 生成的敌人数量
    public int m_enemyCount = 0;
```

```
    // 敌人的最大生成数量
    public int m_maxEnemy = 3;

    // 生成敌人的时间间隔
    public float m_timer = 0;

    protected Transform m_transform;

    void Start () {
        m_transform = this.transform;
    }

    void Update () {

        // 如果生成敌人的数量达到最大值，停止生成敌人
        if (m_enemyCount >= m_maxEnemy)
            return;

        // 每间隔一定时间
        m_timer -= Time.deltaTime;
        if (m_timer <= 0)
        {
            m_timer = Random.value * 15.0f;
            if (m_timer < 5)
                m_timer = 5;

            // 生成敌人
            Transform obj=(Transform)Instantiate(m_enemy,
                                    m_transform.position, Quaternion.identity);
            // 获取敌人的脚本
            Enemy enemy = obj.GetComponent<Enemy>();
            // 初始化敌人
            enemy.Init(this);
        }
    }

    void    OnDrawGizmos ()
    {
        Gizmos.DrawIcon (transform.position, "item.png", true);
    }
}
```

在 Update 脚本中，当生成敌人后，我们取得了敌人的脚本组件，然后执行了一个 Init 函数完成敌人的初始化。

步骤 02 打开敌人的脚本 Enemy.cs，添加一个 EnemySpawn 属性，然后添加 Init 函数，取得 EnemySpawn 的实例，并更新其生成敌人的数量。

```
// 出生点
protected EnemySpawn m_spawn;

// 初始化
public void Init(EnemySpawn spawn)
{
    m_spawn = spawn;
    m_spawn.m_enemyCount++;
}
```

步骤 03 在 Enemy.cs 的 Update 函数中更新死亡状态的代码，通知其出生点更新生成敌人的数量。

```
    // 更新出生点的计数
    m_spawn.m_enemyCount--;
```

步骤 04 创建一个空游戏体，指定 EnemySpawn.cs 脚本，并关联敌人的 Prefab，最后的场景设置如图 3-20 所示。

图 3-20　设置多个敌人出生点

3.8 小 地 图

现在的游戏已经有模有样，但因为四面八方都是敌人，我们在游戏的时候可能搞不清敌人都在哪里，最后我们将为游戏添加一个小地图，用来查看敌人的位置。

步骤 01 在菜单栏中选择【GameObject】→【Create Other】→【Camera】，创建一个新的摄像机，它将作为小地图的专用摄像机。调整它的位置，使其在场景上方垂直向下，然后将其设置为 Orthographic，取消透视并调整 Size 的值改变视图大小，设置 Viewport Rect 改变摄像机显示区域的位置和大小，如图 3-21 所示。

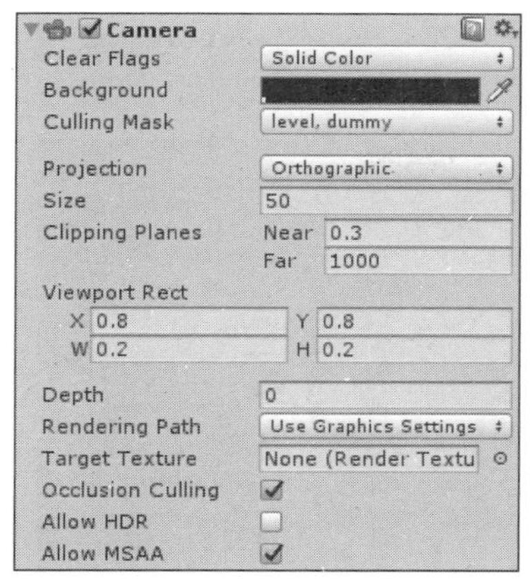

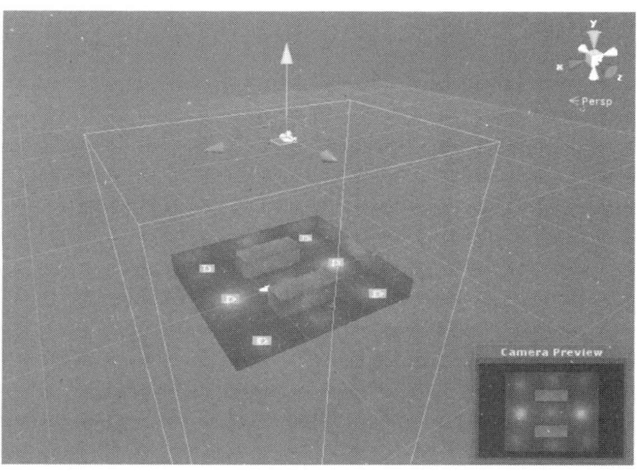

图 3-21　设置小地图摄像机

步骤 02 运行游戏，屏幕的右上方即会出现一个小地图，但根本看不清里面的东西，可能位置也不正确，如图 3-22 所示。

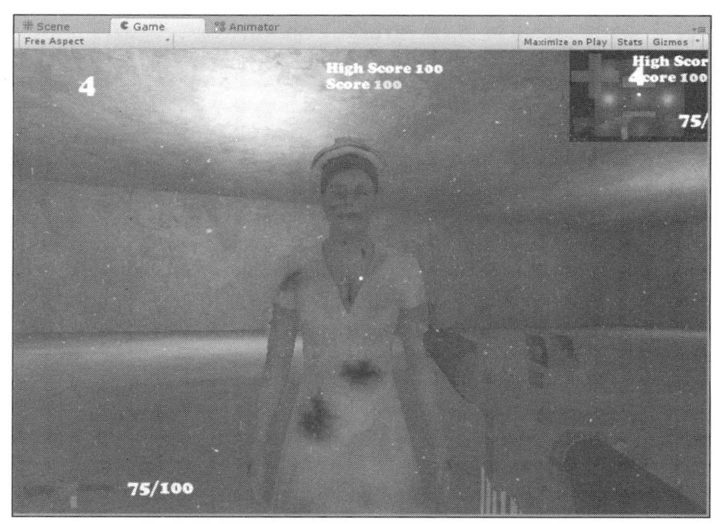

图 3-22　小地图

现在的小地图摄像机与正常摄像机的显示是一样的，只不过它是从上向下看。接下来，我们要做的是使小地图摄像机与主摄像机只专注显示自己需要的东西，并通过脚本使小地图摄像机的视图无论在何种分辨率下永远是一个正方形。

步骤 03 创建一个球体并命名为 dummy，将其材质设为红色 Self-Illumin/Diffuse，它将作为敌人的“代替体”，只能显示在小地图中，并不能在主摄像机视图显示出来。将球体的 Sphere Collider 取消，如图 3-23 所示，我们只需要它的显示功能。

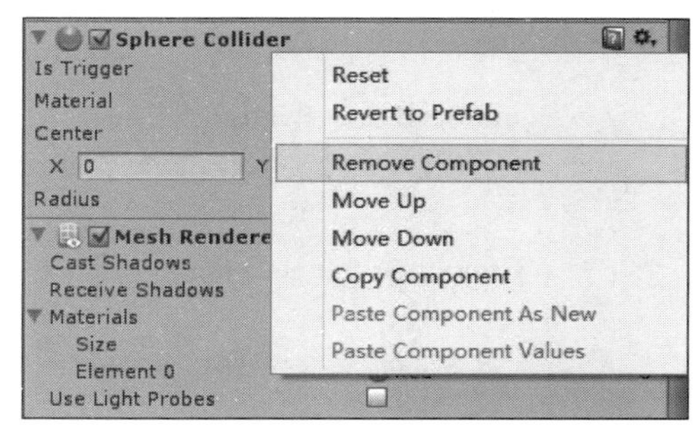

图 3-23　取消球体的碰撞组件

步骤 04 创建一个新的 Layer，命名为 dummy，并设置球体的 Layer 为 dummy。

步骤 05 将球体置于敌人 Prefab 的层级之下，这样它会随着敌人的移动而移动，如图 3-24 所示。

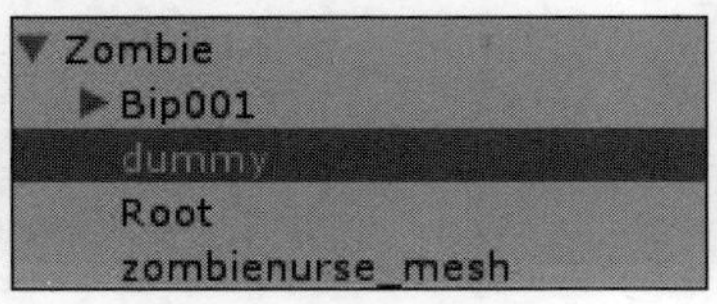

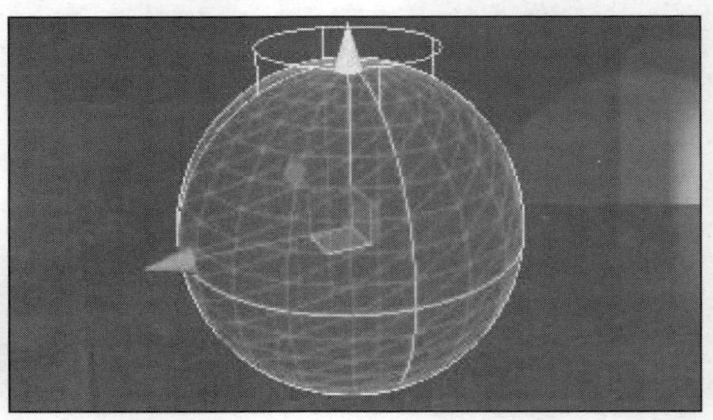

图 3-24　关联球体和敌人

步骤 06 选择主摄像机，取消显示 dummy 层，球体在主摄像机视图中将不会被显示出来，如图 3-25 所示。

步骤 07 选择小地图摄像机，使其只显示 level 和 dummy 层，这样在小地图中只能看到场景和球体，如图 3-26 所示。

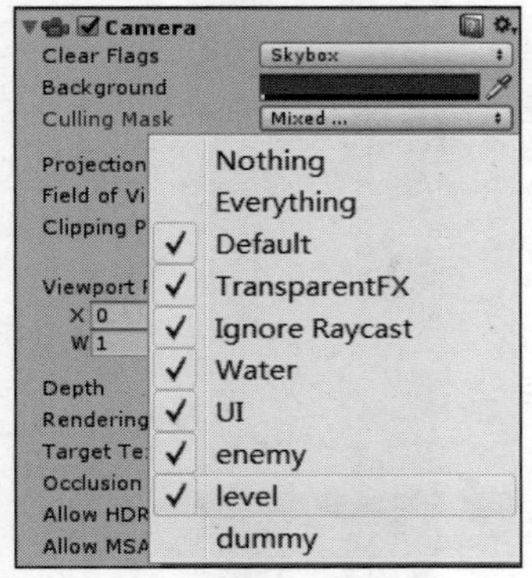

图 3-25　在主摄像机视图中隐藏球体

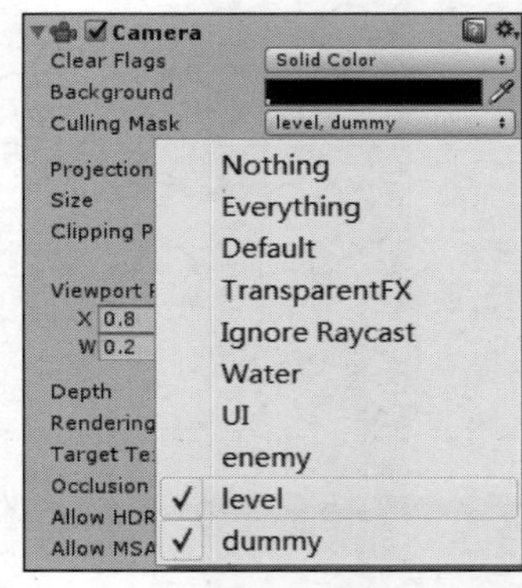

图 3-26　在小地图摄像机视图中只显示球体和场景

步骤 08 使用相同的方法为主角也创建一个“代替体”，可以为其指定与敌人不同的颜色。

步骤 09 创建脚本 MiniCamera.cs，将其指定给小地图摄像机，添加代码如下：

```
using UnityEngine;

[AddComponentMenu("Game/MiniCamera")]
public class MiniCamera : MonoBehaviour {

    // Use this for initialization
    void Start () {
        // 获得屏幕分辨率比例
        float ratio = (float)Screen.width / (float)Screen.height;
        // 使摄像机视图永远是一个正方向, rect 的前两个参数表示 XY 位置，后两个参数是 XY 大小
```

```
        this.GetComponent<Camera>().rect = new Rect((1 - 0.2f), (1 - 0.2f * ratio), 0.2f, 0.2f * ratio);
    }
}
```

这里的代码很简短，主要是使小地图摄像机的视图永远是一个正方形。

步骤 10　因为主摄像机上已经有一个 Audio Listener，同一个场景中只允许存在一个该组件，所以要取消选中（或删除）小地图摄像机的【Audio Listener】复选框，如图 3-27 所示。

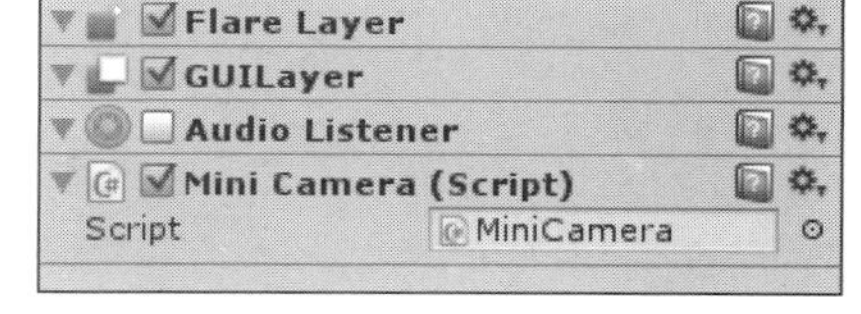

图 3-27　取消选中【Audio Listener】复选框

运行游戏，最后的效果如图 3-28 所示。如果希望继续改进小地图的显示，还可以为场景专门制作一个用于小地图显示的模型。

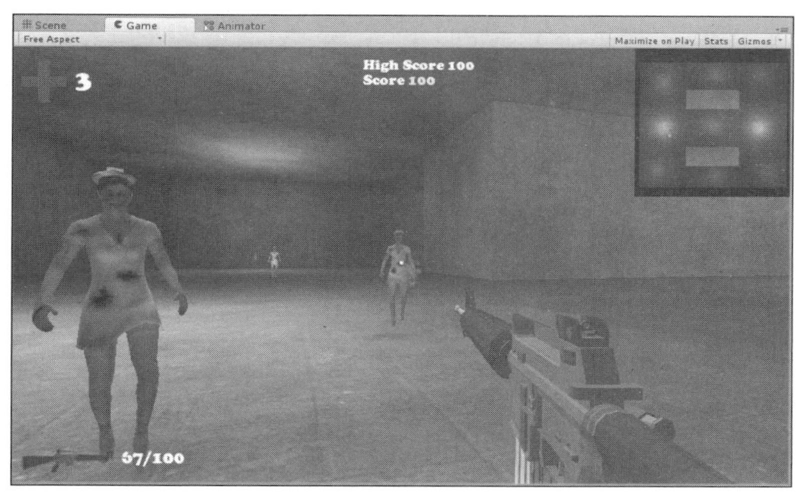

图 3-28　最后的小地图效果

本章的示例工程文件保存在资源文件目录 c03_FPS 中。在资源文件目录 build\fps 下保存有已经编译好的版本，可以直接运行游戏。

3.9 小　　结

本章完成了一个完整的第一人称射击游戏实例，在这个过程中，我们了解了如何控制带有物理功能的角色移动，并使摄像机伴随移动。游戏中的射击判定使用了基于射线的物理碰撞，还涉及 Mecanim 动画系统和寻路功能等。本章最后为游戏创建了一个小地图，使用了分层显示的功能。

第 4 章 塔防游戏

本章将使用 Unity 完成一款塔防游戏。我们将使用自定义的编辑器创建场景，创建路点引导敌人行动，对战斗进行配置、动画播放，还涉及摄像机控制和 UI 界面等。

4.1 策　　划

移动平台上的塔防游戏已经多得数不胜数，笔者也曾经开发过一款叫做《野人大作战》的塔防游戏（英文名为 Wild Defense）。塔防游戏的基本玩法比较类似，在场景中我方有一个基地，敌人从场景的另一侧出发，沿着相对固定的路线攻打基地。我方可以在地图上布置防守单位，攻击前来进攻的敌人，防止他们闯入基地。

本章也将制作一款塔防游戏，其具备塔防游戏的最基本要素。

4.1.1 场景

塔防游戏的场景有些固定的模式，它由一个二维的单元格组成，每个格子的用途可能都不同：

- 专用于摆放防守单位的格子。
- 专用于敌人通过的格子。
- 既无法摆放防守单位，也不允许敌人通过的格子。

4.1.2 摄像机

摄像机始终由上至下俯视游戏场景，按住鼠标左键并移动可以移动摄像机的位置。

4.1.3 胜负判定

我方基地有 10 点生命值，敌人攻入基地一次减少一点生命值，当生命值为 0，游戏失败。

敌人以波数的形式向我方基地进攻，每波由若干个敌人组成。在这个实例中，一关有 10 波，当成功击退敌人 10 波的进攻则游戏胜利。

4.1.4 敌人

敌人有两种：一种在陆地上行走；另一种可以飞行。每打倒一个敌人会奖励一些铜钱，用来购买新的防守单位。

4.1.5 防守单位

塔防游戏会有多种类型的防守单位，为了使本篇教程尽可能简单，我们只完成两种类型的防守单位：一种是近战类型；另一种是远程。每造一个防守单位需要消耗相应数量的铜钱。

4.1.6 UI 界面

游戏中的 UI 包括防守单位的按钮、敌人的进攻波数、基地的生命值和铜钱数量。

当防守单位攻击敌人时，在敌人的头上需要显示一个生命条表示剩余的生命值。

当游戏失败或胜利后显示一个按钮重新游戏。

4.2 地图编辑器

在开始正式制作游戏之前，我们有必要先完成一个塔防游戏的地图编辑器。Unity 编辑器的自定义功能非常强大，几乎可以把 Unity 编辑器扩展成任何界面。在示例中，我们将完成一个“格子”编辑系统，帮助我们输入塔防游戏的地图信息。

4.2.1 “格子”数据

新建工程，在 Hierarchy 窗口中单击鼠标右键，选择【Create Empty】创建一个空物体，然后创建脚本 TileObject.cs 指定给空物体，这里将空物体命名为 Grid Object，这个类主要用于保存场景中的“格子”数据，代码如下所示。

```
using UnityEngine;
public class TileObject : MonoBehaviour {

    public static TileObject Instance = null;

    // tile 碰撞层
    public LayerMask tileLayer;
    // tile 大小
    public float tileSize = 1;
    // x 轴方向 tile 数量
    public int xTileCount = 2;
    // z 轴方向 tile 数量
    public int zTileCount = 2;
    // 格子的数值，0 表示锁定，无法摆放任何物体。1 表示敌人通道，2 表示可摆放防守单位
    public int[] data;
    // 当前数据 id
    [HideInInspector]
    public int dataID = 0;
    [HideInInspector]
    // 是否显示数据信息
    public bool debug = false;
    void Awake()
    {
        Instance = this;
    }
    // 初始化地图数据
    public void Reset()
    {
        data = new int[xTileCount * zTileCount];
    }
```

```
        // 获得相应 tile 的数值
        public int getDataFromPosition(float pox, float poz)
        {
            int index = (int)((pox - transform.position.x)/ tileSize) * zTileCount + (int)((poz -
transform.position.z)/tileSize);
            if (index < 0 || index >= data.Length) return 0;
            return data[index];
        }

        // 设置相应 tile 的数值
        public void setDataFromPosition( float pox, float poz, int number )
        {
            int index = (int)((pox - transform.position.x) / tileSize) * zTileCount + (int)((poz -
transform.position.z) / tileSize);
            if (index < 0 || index >= data.Length) return;
            data[index] = number;
        }

        // 在编辑模式显示帮助信息
        void OnDrawGizmos()
        {
            if (!debug)
                return;
            if (data==null)
            {
                Debug.Log("Please reset data first");
                return;
            }

            Vector3 pos = transform.position;

            for (int i = 0; i < xTileCount; i++)   // 画 z 方向轴辅助线
            {
                Gizmos.color = new Color(0, 0, 1, 1);
                Gizmos.DrawLine(pos + new Vector3(tileSize * i, pos.y, 0),
                    transform.TransformPoint(tileSize * i, pos.y, tileSize * zTileCount));

                for (int k = 0; k < zTileCount; k++)   // 高亮显示当前数值的格子
                {
                    if ( (i * zTileCount + k) < data.Length && data[i * zTileCount + k] == dataID)
                    {
                        Gizmos.color = new Color(1, 0, 0, 0.3f);
                        Gizmos.DrawCube(new Vector3(pos.x + i * tileSize + tileSize * 0.5f,
                                pos.y, pos.z + k * tileSize + tileSize * 0.5f), new Vector3(tileSize, 0.2f,
tileSize));
                    }
```

```
            }
        }
        for (int k = 0; k < zTileCount; k++)   // 画 x 方向轴辅助线
        {
            Gizmos.color = new Color(0, 0, 1, 1);
            Gizmos.DrawLine(pos + new Vector3(0, pos.y, tileSize * k),
                this.transform.TransformPoint(tileSize * xTileCount, pos.y, tileSize * k));
        }
    }
}
```

因为 Unity 目前不支持二维数组的序列化，所以本示例使用了一维数组 data 保存地图 x、y 的信息。GetDataFromPosition 函数通过输入的坐标位置获取 data 数组的下标，其中一步计算是由输入的坐标减去当前物体 transform 的坐标值，这里要注意浮点数精度问题，比如有时 1.54～0.54 会得到 0.9999999 的结果（实际应当是 1），0.9999999 在转为整数后就会变为零，为了避免这个问题，最好将 Grid Object 的 transform 坐标值设为整数。

4.2.2 在 Inspector 窗口添加自定义 UI 控件

在 Unity 的编辑器中，当选中一个游戏体后，我们即可在【Inspector】窗口中设置它的详细属性。默认【Inspector】窗口中的选项都是预定的，Unity 提供了 API 可以扩展【Inspector】窗口中的 UI 控件。

步骤 01 以本示例的地图编辑器为例，为了扩展 TileObject 这个类的【Inspector】窗口，我们创建了脚本 TileEditor.cs，继承自 Editor。因为它是一个编辑器脚本，所以必须放到 Editor 文件夹中，代码如下：

```
using UnityEngine;
using UnityEditor;

 [CustomEditor(typeof(TileObject))]
public class TileEditor : Editor {

    // 是否处于编辑模式
    protected bool editMode = false;
    // 受编辑器影响的 tile 脚本
    protected TileObject tileObject;
    void OnEnable()
    {
        // 获得 tile 脚本
        tileObject = (TileObject)target;
    }

    // 更改场景中的操作
    public void OnSceneGUI()
    {
```

```
        if (editMode)   // 如果在编辑模式
        {
            // 取消编辑器的选择功能
            HandleUtility.AddDefaultControl(GUIUtility.GetControlID(FocusType.Passive));
            // 在编辑器中显示数据（画出辅助线）
            tileObject.debug = true;
            // 获取 Input 事件
            Event e = Event.current;

            // 如果是鼠标左键
            if ( e.button == 0 && (e.type == EventType.MouseDown || e.type == EventType.MouseDrag)
&& !e.alt)
            {
                // 获取由鼠标位置产生的射线
                Ray ray = HandleUtility.GUIPointToWorldRay(e.mousePosition);

                // 计算碰撞
                RaycastHit hitinfo;
                if (Physics.Raycast(ray, out hitinfo, 2000, tileObject.tileLayer))
                {
                    tileObject.setDataFromPosition(hitinfo.point.x, hitinfo.point.z, tileObject.dataID);
                }
            }
        }
        HandleUtility.Repaint();
    }

    // 自定义 Inspector 窗口的 UI
    public override void OnInspectorGUI()
    {
        GUILayout.Label("Tile Editor"); // 显示编辑器名称
        editMode = EditorGUILayout.Toggle("Edit", editMode);   // 是否启用编辑模式
        tileObject.debug = EditorGUILayout.Toggle("Debug", tileObject.debug);   // 是否显示帮助信息

        string[] editDataStr = { "Dead", "Road", "Guard" };
        tileObject.dataID = GUILayout.Toolbar(tileObject.dataID, editDataStr);

        EditorGUILayout.Separator();   // 分隔符
        if (GUILayout.Button("Reset" ))     // 重置按钮
        {
            tileObject.Reset();// 初始化
        }
        DrawDefaultInspector();
    }
}
```

步骤 02　添加一个碰撞 Layer，这里设为 tile，然后将 Tile Layer 设为 tile，调整 Tile Count 的值即可改变地图大小；单击 Reset 按钮初始化数据，默认所有格子的值为 0，如图 4-1 所示。

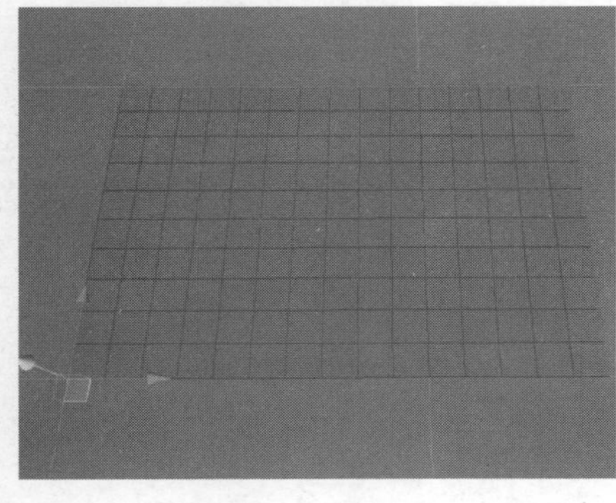

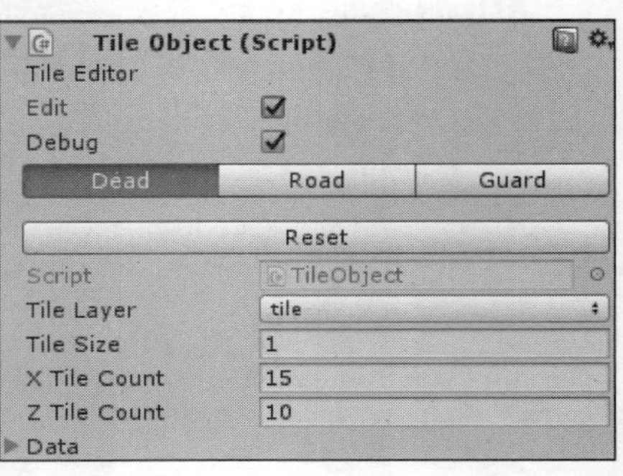

图 4-1　地图格子

步骤 03　在 Hierarchy 窗口中单击鼠标右键，选择【3D Object】→【Plane】，创建一个平面并置于 Grid Object 层级下，将它的 Layer 设为 tile，并取消选中【Mesh Renderer】复选框，我们主要使用它作为地面的碰撞层，如图 4-2 所示。

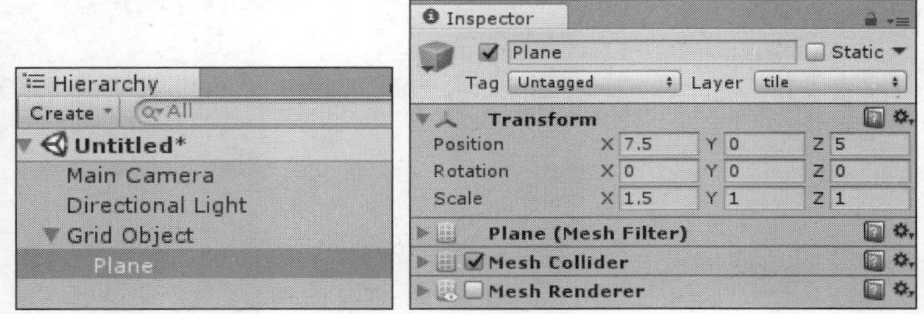

图 4-2　创建碰撞物体

步骤 04　最后，选中【Edit】复选框，单击 Dead（值 0）、Road（值 1）或 Guard（值 2）按钮就可以随意绘制地图数据了，如图 4-3 所示。

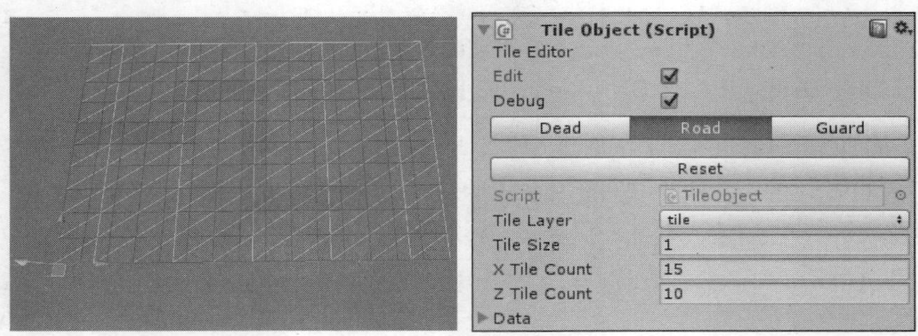

图 4-3　选中【Edit】复选框

4.2.3　创建一个自定义窗口

除了自定义 Inspector 窗口，我们还可以创建一个独立的窗口编辑游戏中的设置，在 Editor 文件夹中创建自定义窗口脚本，示例代码如下：

```
using UnityEngine;
using UnityEditor;

public class TileWnd : UnityEditor.EditorWindow   // 必须继承 EditorWindow
{
    // tile 脚本
    protected static TileObject tileObject;

    // 添加菜单栏选项
    [MenuItem("Tools/Tile Window")]
    static void Create()
    {
        EditorWindow.GetWindow(typeof(TileWnd));

        // 在场景中选中 TileObject 脚本实例
        if (Selection.activeTransform!=null)
            tileObject = Selection.activeTransform.GetComponent<TileObject>();
    }
    // 当更新选中新物体
    void OnSelectionChange()
    {
        if (Selection.activeTransform != null)
            tileObject = Selection.activeTransform.GetComponent<TileObject>();
    }

    // 显示窗口 UI，大部分 UI 函数都在 GUILayout 和 EditorGUILayout 内
    void OnGUI()
    {
        if (tileObject == null)
            return;
        // 显示编辑器名称
        GUILayout.Label("Tile Editor");
        // 在工程目录读取一张贴图
        var tex = AssetDatabase.LoadAssetAtPath<Texture2D>("Assets/GUI/butPlayer1.png");
        // 将贴图显示在窗口内
        GUILayout.Label(tex);
        // 是否显示 Tile Object 帮助信息
        tileObject.debug = EditorGUILayout.Toggle("Debug", tileObject.debug);
        // 切换 Tile Object 的数据
        string[] editDataStr = { "Dead", "Road", "Guard" };
        tileObject.dataID = GUILayout.Toolbar(tileObject.dataID, editDataStr);
        EditorGUILayout.Separator();         // 分隔符
        if (GUILayout.Button("Reset"))      // 重置按钮
        {
```

```
                tileObject.Reset();   // 初始化
            }
        }
    }
```

在场景中选择 Grid Object 物体（TileObject 实例），然后在菜单栏中选择【Tools】→【Tile Window】，即可打开自定义的窗口，如图 4-4 所示，这里只是演示了如何显示一些基本的 UI。

图 4-4　自定义窗口界面

4.3　游戏场景

如图 4-5 所示，本示例的场景地面由 Sprite 拼凑而成，注意 Sprite 的 x 轴被旋转了 90°，Sprite 刚好与 3D 视图中的 z 轴平行。使用 Sprite 制作的地面不能接收光照和投影，读者可以按自己的兴趣随意搭建游戏场景。

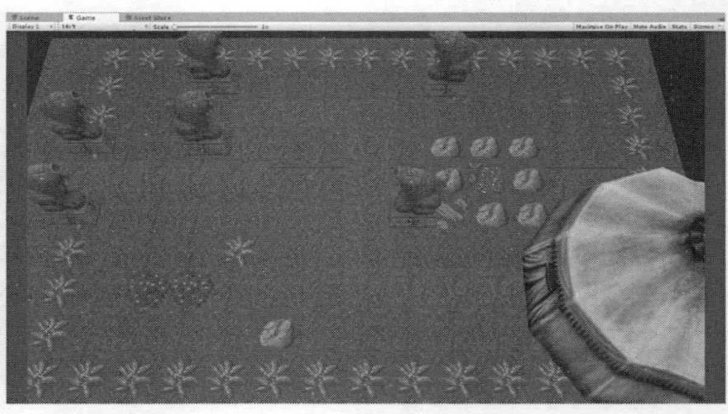

图 4-5　由 Sprite 和 3D 模型组成的示例游戏场景

本示例场景使用的部分美术资源来自 Asset Store 的免费资源 Backyard – Free，如图 4-6 所示，注意将 Pixels Per Unit 的大小设置与图片原始像素大小一致，即可使每个 Sprite 的大小与 Unity 单元格的大小一致。

本章后面还会使用到其他美术资源，它们都被保存在本书的资源文件目录 rawdata/td 内。

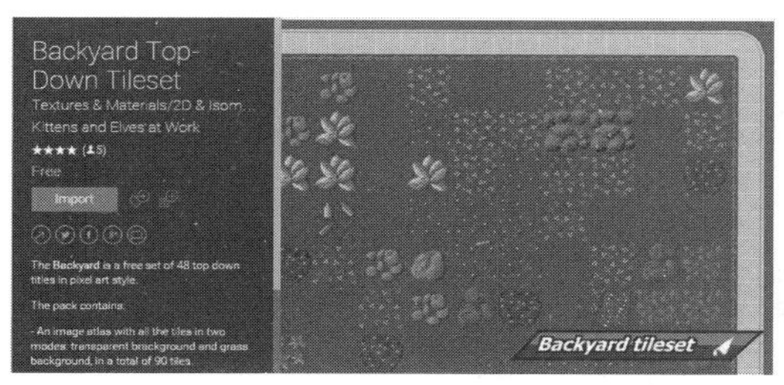

图 4-6 美术资源

4.4　制作 UI

首先创建塔防游戏的 UI 界面。

步骤 01　在本书资源文件目录 rawdata/td/GUI/中存放了所有的 UI 图片，导入图片后，注意将 Texture Type 设为 Sprite 类型，如图 4-7 所示。Unity 的 UI 系统只能使用 Sprite 类型的图片。

图 4-7　创建 Sprite

步骤 02　创建几个 UI 文字控件。在 Hierarchy 窗口中单击鼠标右键，选择【UI】→【Text】创建文字，在创建文字物体的同时，还会自动创建 Canvas 和 EventSystem 物体。Canvas 会自动作为文字控件的父物体，所有的 UI 控件都需要放到 Canvas 层级下。EventSystem 物体上有很多 UI 事件脚本，用来管理和响应 UI 事件，如图 4-8 所示。

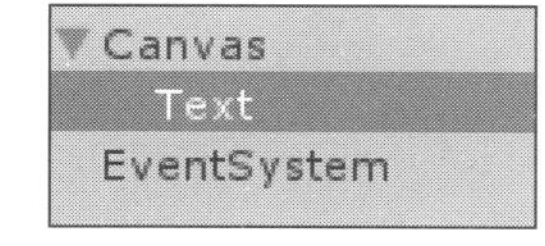

图 4-8　创建基础的 UI 控件

步骤 03　设置文字的位置。在编辑器的上方单击 UI 编辑按钮，然后选择文字控件即可改变文字的位置和尺寸，如图 4-9 所示。

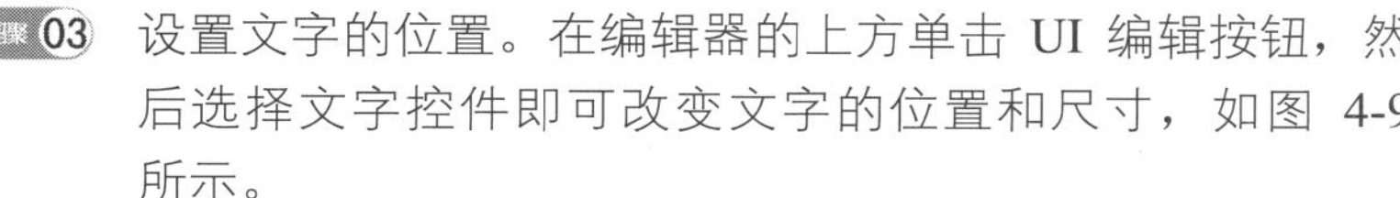

步骤 04　在不同的分辨率下对齐 UI 的位置一直是件很麻烦的事情，不过使用 Unity 的新 UI 系统，一切将变得非常简单。选择前面创建的文本 UI 控件，在【Inspector】窗口的 Rect Transform 中可以快速设置控件的对齐方式，如左对齐、右对齐等，如图 4-10 所示。

步骤 05　除了对齐，我们还需要根据不同的屏幕分辨率对 UI 控件进行缩放。将 Canvas 物体的 Canvas Scaler 设为 Scale With Screen Size 模式，UI 控件将以设置的分辨率为基础，在不同的分辨率下进行缩放适配，如图 4-11 所示。

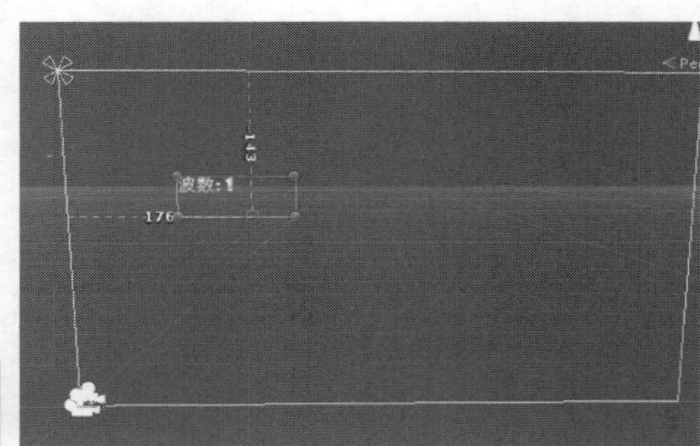

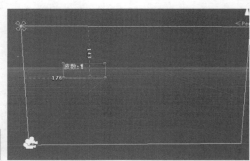

图 4-9　移动控件

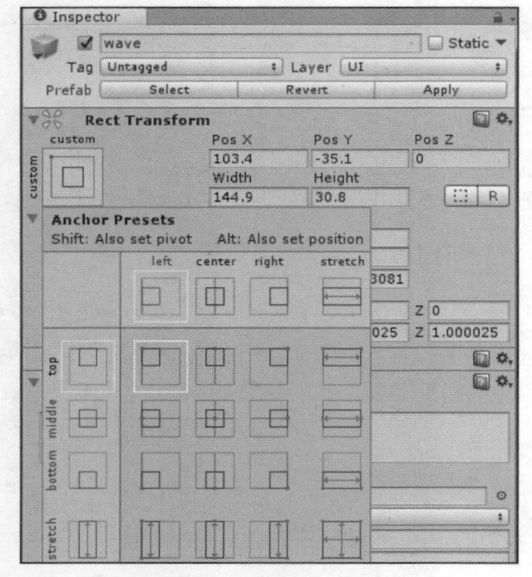

图 4-10　对齐控件

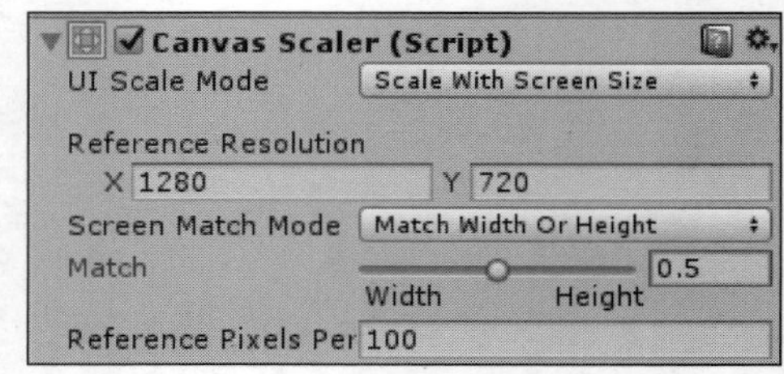

图 4-11　适配分辨率

步骤 06　这里一共需要创建三个不同的文字控件，分别用来显示敌人进攻的波数、铜钱和生命值。我们在【Inspector】窗口可以设置文字的内容、字体、大小、颜色等，使用 Unity 的 Rich Text 功能，在文本中添加 color 标记，可以使同一个文字有不同的色彩，如图 4-12 所示。

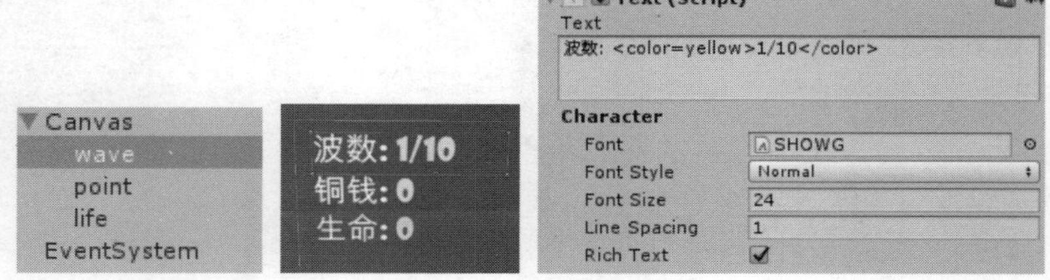

图 4-12　设置文本

步骤 07　现在很多游戏都给文字配上了描边，我们也加一个吧。选择文字，在菜单栏中选择【Component】→【UI】→【Effects】→【Outline】，如图 4-13 所示。

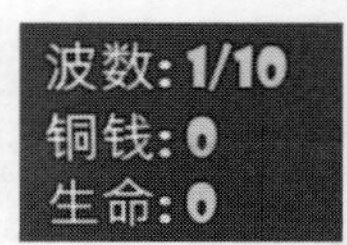

图 4-13　描边字

步骤08 创建按钮，包括创建防守单位的按钮和重新游戏的按钮。在 Hierearchy 窗口中单击鼠标右键，选择【UI】→【Button】即可创建一个新的按钮控件，默认按钮下面还有一个文字控件用来显示按钮的名称。在【Inspector】窗口中找到 Image 组件下的 Source Image 设置按钮的图片，选择下面的 Set Native Size 可以使按钮的大小与图片的尺寸快速适配，如图 4-14 所示。

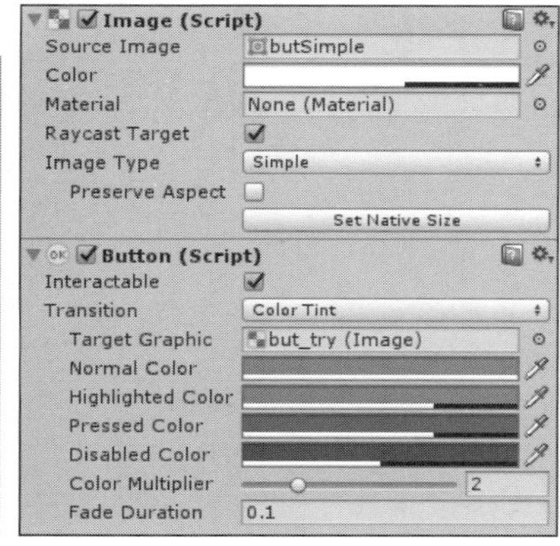

图 4-14　创建按钮

最后的 UI 效果如图 4-15 所示。注意 UI 控件的名字，我们在后面需要通过名字来查找 UI 控件。UI 控件的层级关系也比较重要，因为控件均位于 Canvas 或其他层级之下，所以它们的位置只是相对于父物体的相对位置。如果通过脚本去修改控件的位置，通常是修改 transform.localPosition，而不是 transform.position。

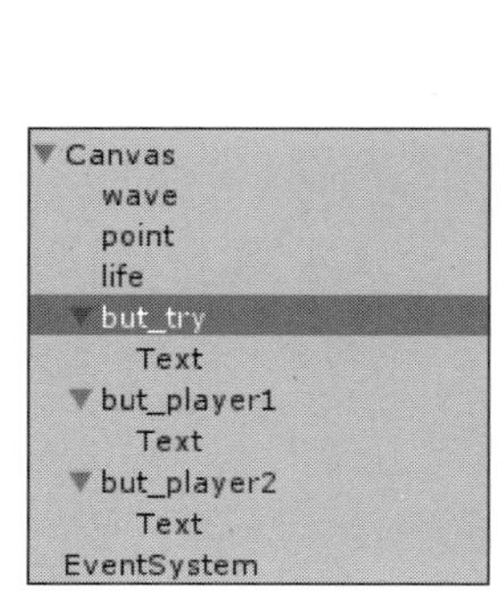

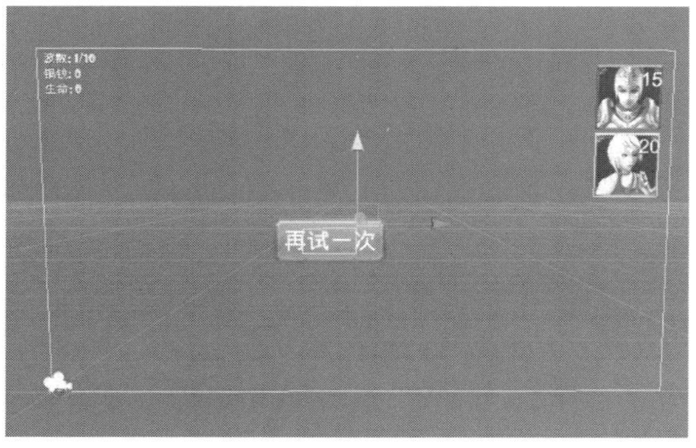

图 4-15　创建的 UI

完成 UI 设置后，可以将 UI 保存成 Prefab。

4.5　创建游戏管理器

在前一节，我们创建了 UI，但是没有功能，接下来我们将创建一个游戏管理器，它主要用来管理 UI，处理鼠标输入和逻辑事件等。

创建脚本 GameManager.cs，这里将其添加到 Canvas 物体上，代码如下所示：

```
using UnityEngine;
using UnityEngine.SceneManagement;
using System.Collections;
using System.Collections.Generic;
using UnityEngine.UI;                    // UI 控件命名空间的引用
using UnityEngine.Events;                // UI 事件命名空间的引用
using UnityEngine.EventSystems;          // UI 事件命名空间的引用

public class GameManager : MonoBehaviour {

public static GameManager Instance;              // 实例
    public LayerMask m_groundlayer;              // 地面的碰撞 Layer
    public int m_wave = 1;                       // 波数
    public int m_waveMax = 10;                   // 最大波数
    public int m_life = 10;                      // 生命
    public int m_point = 30;                     // 铜钱数量

    // UI 文字控件
    Text m_txt_wave;
    Text m_txt_life;
    Text m_txt_point;
    // UI 重新游戏按钮控件
    Button m_but_try;

    // 当前是否选中的创建防守单位的按钮
    bool m_isSelectedButton =false;

    void Awake(){
        Instance = this;
    }
void Start () {
        // 创建 UnityAction，在 OnButCreateDefenderDown 函数中响应按钮按下事件
        UnityAction<BaseEventData> downAction =
                new UnityAction<BaseEventData>(OnButCreateDefenderDown);
        // 创建 UnityAction，在 OnButCreateDefenderDown 函数中响应按钮抬起事件
        UnityAction<BaseEventData> upAction =
                new UnityAction<BaseEventData>(OnButCreateDefenderUp);
        // 按钮按下事件
        EventTrigger.Entry down = new EventTrigger.Entry();
        down.eventID = EventTriggerType.PointerDown;
        down.callback.AddListener(downAction);

        // 按钮抬起事件
        EventTrigger.Entry up = new EventTrigger.Entry();
        up.eventID = EventTriggerType.PointerUp;
```

```
        up.callback.AddListener(upAction);

        // 查找所有子物体，根据名称获取 UI 控件
        foreach (Transform t in this.GetComponentsInChildren<Transform>()){
            if (t.name.CompareTo("wave") == 0)  // 找到文字控件“波数”
            {
                m_txt_wave = t.GetComponent<Text>();
                SetWave(1);  // 设为第 1 波
            }
            else if (t.name.CompareTo("life") == 0)  // 找到文字控件“生命”
            {
                m_txt_life = t.GetComponent<Text>();
                m_txt_life.text = string.Format("生命：<color=yellow>{0}</color>", m_life);
            }
            else if (t.name.CompareTo("point") == 0)  // 找到文字控件“铜钱”
            {
                m_txt_point = t.GetComponent<Text>();
                m_txt_point.text = string.Format("铜钱：<color=yellow>{0}</color>", m_point);
            }
            else if (t.name.CompareTo("but_try") == 0)  // 找到按钮控件“重新游戏”
            {
                m_but_try = t.GetComponent<Button>();
                // 重新游戏按钮
                m_but_try.onClick.AddListener( delegate(){
                    SceneManager.LoadScene(SceneManager.GetActiveScene().name);
                });
                // 默认隐藏重新游戏按钮
                m_but_try.gameObject.SetActive(false);

            }
            else if (t.name.Contains("but_player"))     // 找到按钮控件“创建防守单位”
            {
                // 给防守单位按钮添加按钮事件
                EventTrigger trigger = t.gameObject.AddComponent<EventTrigger>();
                trigger.triggers = new List<EventTrigger.Entry>();
                trigger.triggers.Add(down);
                trigger.triggers.Add(up);
            }
        }
    }
    // 更新文字控件“波数”
    public void SetWave(int wave)
    {
        m_wave= wave;
```

```
        m_txt_wave.text = string.Format("波数:<color=yellow>{0}/{1}</color>", m_wave, m_waveMax);
    }
    // 更新文字控件“生命”
    public void SetDamage(int damage)
    {
        m_life -= damage;
        if (m_life <= 0) {
            m_life = 0;
            m_but_try.gameObject.SetActive(true);    // 显示重新游戏按钮
        }
        m_txt_life.text = string.Format("生命:<color=yellow>{0}</color>", m_life);
    }

    // 更新文字控件“铜钱”
    public bool SetPoint(int point)
    {
        if (m_point + point < 0)        // 如果铜钱数量不够
            return false;
        m_point += point;
        m_txt_point.text = string.Format("铜钱:<color=yellow>{0}</color>", m_point);
        return true;
    }

    // 按下“创建防守单位按钮”
    void OnButCreateDefenderDown(BaseEventData data)
    {
        m_isSelectedButton = true;
    }

    // 抬起“创建防守单位按钮”
    void OnButCreateDefenderUp( BaseEventData data )
    {
        GameObject go = data.selectedObject;
    // 此处代码将在后面步骤补充
    }
}
```

在 Start 函数中，我们先定义了按钮的事件，然后通过查找所有子物体的名称找到相应的 UI 控件进行初始化处理，对 Text 文字控件，赋予初始的波数、生命和铜钱数值。

因为在游戏开始时我们不希望看到重新游戏按钮，所以调用 gameObject.SetActive(false) 方法将该按钮隐藏，当游戏结束时再显示该按钮重新游戏。

对于创建防守单位的按钮，我们分别定义了按下和抬起两个事件，当按下按钮的时候，获得要创建的对象，抬起按钮时在选定位置创建防守单位，不过当前这些按钮事件的回调函数是空的，还没做什么事情。

4.6 摄 像 机

因为游戏的场景可能会比较大，所以需要移动摄像机才能观察到场景的各个部分。接下来我们将为摄像机添加脚本，在移动鼠标的时候可以移动摄像机。

步骤 01 在为摄像机创建脚本前，首先创建一个空游戏体作为摄像机观察的目标点，并为其创建脚本 CameraPoint.cs，它只有很少的代码。注意，CameraPoint.tif 是一张图片，必须保存在工程中的 Gizmos 文件夹内。

```
using UnityEngine;
public class CameraPoint : MonoBehaviour
{
    public static CameraPoint Instance = null;
    void Awake(){
        Instance = this;
    }
    // 在编辑器中显示一个图标
    void OnDrawGizmos(){
        Gizmos.DrawIcon(transform.position, "CameraPoint.tif");
    }
}
```

步骤 02 创建脚本 GameCamera.cs，并将其指定给场景中的摄像机。

```
using UnityEngine;
public class GameCamera : MonoBehaviour {
    public static GameCamera Inst = null;
    // 摄像机距离地面的距离
    protected float m_distance = 15;
    // 摄像机的角度
    protected Vector3 m_rot = new Vector3(-55, 180, 0);
    // 摄像机的移动速度
    protected float m_moveSpeed = 60;
    // 摄像机的移动值
    protected float m_vx = 0;
    protected float m_vy = 0;
    // Transform 组件
    protected Transform m_transform;
    // 摄像机的焦点
    protected Transform m_cameraPoint;
    void Awake()
    {
```

```
            Inst = this;
            m_transform = this.transform;
        }
        void Start()
        {
            // 获得摄像机的焦点
            m_cameraPoint = CameraPoint.Instance.transform;
            Follow();
        }
        // 在 Update 之后执行
        void LateUpdate()
        {
            Follow();
        }
        // 摄像机对齐到焦点的位置和角度
        void Follow()
        {
            // 设置旋转角度
            m_cameraPoint.eulerAngles = m_rot;
            // 将摄像机移动到指定位置
            m_transform.position = m_cameraPoint.TransformPoint(new Vector3(0, 0, m_distance));
            // 将摄像机镜头对准目标点
            transform.LookAt(m_cameraPoint);
        }
        // 控制摄像机移动
        public void Control(bool mouse, float mx, float my)
        {
            if (!mouse)
                return;
            m_cameraPoint.eulerAngles = Vector3.zero;
            // 平移摄像机目标点
            m_cameraPoint.Translate(-mx, 0, -my);
        }
    }
```

在这个脚本的 Start 函数中，我们首先获得了前面创建的 CameraPoint，它将作为摄像机目标点的参考。

在 Follow 函数中，摄像机会按预设的旋转和距离始终跟随 CameraPoint 目标点。

LateUpdate 函数和 Update 函数的作用一样，不同的是它始终会在执行完 Update 后执行，我们在这个函数中调用 Follow 函数，确保在所有的操作完成后再移动摄像机。

Control 函数的作用是移动 CameraPoint 目标点，因为摄像机的角度和位置始终跟随这个目标点，所以也会随着目标点的移动而移动。

步骤 03 打开 GameManager.cs 脚本，在 Update 函数中添加代码如下：

```
void Update () {
        // 如果选中创建士兵的按钮，则取消摄像机操作
        if (m_isSelectedButton)
            return;
        // 鼠标或触屏操作，注意不同平台的 Input 代码不同
#if (UNITY_IOS || UNITY_ANDROID) && !UNITY_EDITOR
        bool press = Input.touches.Length > 0 ? true : false;   // 手指是否触屏
        float mx = 0;
        float my = 0;
        if (press)
        {
            if ( Input.GetTouch(0).phase == TouchPhase.Moved)   // 获得手指移动距离
            {
                mx = Input.GetTouch(0).deltaPosition.x * 0.01f;
                my = Input.GetTouch(0).deltaPosition.y * 0.01f;
            }
        }
#else
        bool press = Input.GetMouseButton(0);
        // 获得鼠标移动距离
        float mx = Input.GetAxis("Mouse X");
        float my = Input.GetAxis("Mouse Y");
#endif
        // 移动摄像机
        GameCamera.Inst.Control(press, mx, my);
    }
```

这段代码的作用是获取鼠标操作的各种信息并传递给摄像机，现在运行游戏，已经可以移动摄像机了。

4.7 路　　点

在前一章中，我们使用 Unity 提供的寻路功能实现敌人的行动，但在塔防游戏中，敌人通常不需要智能寻路，而是按照一条预设的路线行动。下面我们将为敌人创建一条前进路线，这条路线是预设的，敌人将从游戏场景的左侧沿着通道一直走到右侧。

步骤 01 敌人的前进路线是由若干个路点组成，首先添加路点的 Tag，这里名为 pathnode，为路点创建脚本 PathNode.cs：

```
using UnityEngine;
public class PathNode : MonoBehaviour {
    public PathNode m_parent; // 前一个节点
```

```
        public PathNode m_next; // 下一个节点
        // 设置下一个节点
        public void SetNext(PathNode node)
        {
            if (m_next != null)
                m_next.m_parent = null;
            m_next = node;
            node.m_parent = this;
        }
        // 在编辑器中显示的图标
        void OnDrawGizmos()
        {
            Gizmos.DrawIcon(this.transform.position, "Node.tif");
        }
    }
```

在游戏中，敌人将从一个路点到达另一个路点，即到达当前路点的子路点。在 PathNode 脚本中，主要是通过 SetNext 函数设置它的子路点。

接下来，我们将创建路点并为每个路点设置子路点，为了设置方便，添加一个菜单功能，加速设置路点的操作。

步骤 02 在 Project 窗口中的 Assets 目录下创建一个名为 Editor 的文件夹，名称是特定的，不能改变，所有需要在编辑状态下执行的脚本都应当被存放到这里。在 Editor 文件夹内创建脚本 PathTool.cs，它将提供一个自定义的菜单，帮助我们设置路点，代码如下：

```
    using UnityEngine;
    using UnityEditor;
    public class PathTool : ScriptableObject
    {
        static PathNode m_parent=null;
        [MenuItem("PathTool/Create PathNode")]
        static void CreatePathNode()
        {
            // 创建一个新的路点
            GameObject go = new GameObject();
            go.AddComponent<PathNode>();
            go.name = "pathnode";
            // 设置 tag
            go.tag = "pathnode";
            // 使新创建的路点处于选择状态
            Selection.activeTransform = go.transform;
        }

        [MenuItem("PathTool/Set Parent %q")]
        static void SetParent()
```

```
    {
        if (!Selection.activeGameObject || Selection.GetTransforms(SelectionMode.Unfiltered).Length>1)
            return;
        if (Selection.activeGameObject.tag.CompareTo("pathnode") == 0){
            m_parent = Selection.activeGameObject.GetComponent<PathNode>();
        }
    }

    [MenuItem("PathTool/Set Next %w")]
    static void SetNextChild()
    {
        if (!Selection.activeGameObject ||
  m_parent==null || Selection.GetTransforms(SelectionMode.Unfiltered).Length>1)
            return;

        if (Selection.activeGameObject.tag.CompareTo("pathnode") == 0){
            m_parent.SetNext(Selection.activeGameObject.GetComponent<PathNode>());
            m_parent = null;
        }
    }
}
```

这里的代码只有在编辑状态才能被执行，注意所有在这里使用的属性和函数均为 static 类型。

Selection 是在编辑模式下的一个静态类，通过它可以获取到当前选择的物体。

[MenuItem("PathTool/Set Parent %q")]属性在菜单中添加名为 PathTool 的自定义菜单，并包括子菜单 Set Parent，快捷键为 Ctrl+Q。菜单 Set Parent 执行的功能即是 SetParent 函数的功能，将当前选中的节点作为父路点。

SetNextChild 函数将当前选中的路点作为父路点的子路点。

步骤03　在菜单栏中选择【PathTool】→【Creat PathNode】创建路点。

步骤04　复制若干个路点沿着道路摆放。按快捷键 Ctrl+Q 将其设为父路点，然后选择下一个路点，按 Ctrl+W 设为子路点，再按 Ctrl+Q 将它设为父路点，再选择子路点，反复这个操作，直到将所有路点设置完毕，效果如图 4-16 所示。注意，最后一个路点没有子路点。

图 4-16　设置路点

虽然设置好了路点，但还是无法在场景中清楚地观察路点之间的联系，还需要在 GameManager.cs 中添加代码，使路点之间产生一条连线。

步骤 05 打开脚本 GameManager.cs，添加两个属性：m_debug 是一个开关，控制是否显示路点之间的连线；m_PathNodes 是一个 ArrayList，它用来保存所有的路点。

```
public bool m_debug = true; // 显示路点的 debug 开关
public List<PathNode> m_PathNodes; // 路点
```

步骤 06 继续在 GameManager.cs 中添加函数 BuildPath，并在 Start 函数中调用它，它的作用是将所有场景中的路点装入 m_PathNodes。

```
[ContextMenu("BuildPath")]
void BuildPath()
{
    m_PathNodes = new List<PathNode>();
    // 通过路点的 Tag 查找所有的路点
    GameObject[] objs = GameObject.FindGameObjectsWithTag("pathnode");
    for (int i = 0; i < objs.Length; i++)
    {
        m_PathNodes.Add( objs[i].GetComponent<PathNode>() );
    }
}
```

步骤 07 继续在 GameManager.cs 中添加函数 OnDrawGizmos，它的作用是当 m_debug 属性为真时，显示路点之间的连线。

```
void OnDrawGizmos(){
    if (!m_debug || m_PathNodes == null)
        return;
    Gizmos.color = Color.blue;   // 将路点连线的颜色设为蓝色
    foreach (PathNode node in m_PathNodes) // 遍历路点
    {
        if (node.m_next != null)
        {    // 在路点之间画出连接线
            Gizmos.DrawLine(node.transform.position, node.m_next.transform.position);
        }
    }
}
```

步骤 08 选择 UI Root 上的 Game Manager 脚本组件，设置 m_debug 属性为真，单击右上方的齿轮按钮，在弹出子菜单中选择【BuildPath】，这是我们自定义的菜单，如图 4-17 所示。

步骤 09 选择【BuildPath】后，将在场景中看到路点之间的连线，如图 4-18 所示。

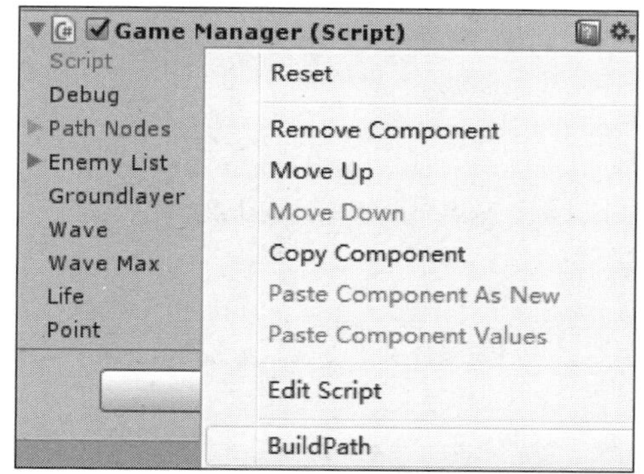

图 4-17　自定义的 BuildPath 选项

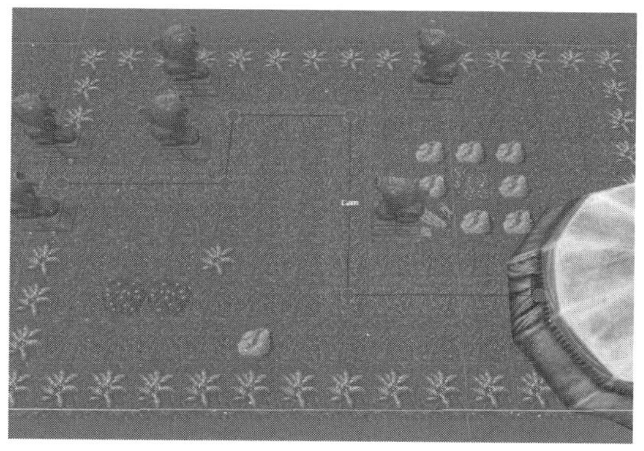

图 4-18　路点之间的连线

4.8　敌　　人

敌人一共有两种：一种在陆地上前进；另一种则会飞行。我们先创建前一种，然后继承它的大部分属性和函数，略加修改完成另一种。

步骤 01　创建敌人的脚本 Enemy.cs：

```
using UnityEngine;
public class Enemy : MonoBehaviour {
    public PathNode m_currentNode;                    // 敌人的当前路点
    public int m_life = 15;                           // 敌人的生命
    public int m_maxlife = 15;                        // 敌人的最大生命
    public float m_speed = 2;                         // 敌人的移动速度
    public System.Action<Enemy> onDeath;              // 敌人的死亡事件
void Update () {
        RotateTo();
        MoveTo();
    }
// 转向目标
    public void RotateTo()
    {
        var position = m_currentNode.transform.position - transform.position;
        position.y = 0;                                                  // 保证仅旋转 y 轴
        var targetRotation = Quaternion.LookRotation(position);          // 获得目标旋转角度
        float next = Mathf.MoveTowardsAngle(transform.eulerAngles.y, targetRotation.eulerAngles.y,
            120 * Time.deltaTime);                                       // 获得中间旋转角度
        this.transform.eulerAngles = new Vector3(0, next, 0);            //旋转
    }
    // 向目标移动
```

```
    public void MoveTo()
    {
        Vector3 pos1 = this.transform.position;
        Vector3 pos2 = m_currentNode.transform.position;
        float dist = Vector2.Distance(new Vector2(pos1.x,pos1.z),new Vector2(pos2.x,pos2.z));
        if (dist < 1.0f)              // 如果到达路点的位置
        {
            if (m_currentNode.m_next == null)                  // 没有路点，说明已经到达我方基地
            {
                GameManager.Instance.SetDamage(1);             // 扣除一点伤害值
                DestroyMe();                                   // 销毁自身
            }
            else
                m_currentNode = m_currentNode.m_next;          // 更新到下一个路点
        }
        this.transform.Translate(new Vector3(0, 0, m_speed * Time.deltaTime));
    }

    public void DestroyMe()
    {
        Destroy(this.gameObject);      // 注意在实际项目中一般不要直接调用 Destroy
    }
```

在这个脚本中，定义了敌人的一些基本属性，如生命值、移动速度、类型等，它有一个路点属性作为出发点。

RotateTo 函数使敌人始终转向目标路点，MoveTo 函数则使其沿着当前方向前进，当距离目标路点较近时，将该路点作为当前路点，再向下一个路点前进。注意，这里计算敌人与子路点的距离时没有计算 y 轴。当敌人走到最后的路点，即是到达我方基地，销毁自身，并使基地减少一点生命值。

步骤 02 导入本书资源目录 rawdata/td/Rawdata 下的资源，找到 boar@skin.FBX 模型文件，拖入场景中。这是个野猪模型，它将作为陆地上的敌人。将 Enemy.cs 脚本指定给它，并设置起始路点，如图 4-19 所示。

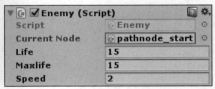

Enemy (Script)

Script	Enemy
Current Node	pathnode_start
Life	15
Maxlife	15
Speed	2

图 4-19　敌人组件

运行游戏，敌人会从起始点出发，沿着路点，一路前进到达我方基地，然后消失，我方基地将损失一点生命值。

这时我们会发现，野猪模型没有任何动画，看上去很生硬，需要为其添加动画效果。

步骤 03　带有动画的模型，被导入到 Unity 时会被自动设为 Generic。在 Project 窗口中单击鼠标右键选择【Create】→【Animator Controller】，为野猪模型创建一个动画控制器，如图 4-20 所示。前面放入场景中的野猪模型默认会带有一个 Animator 组件，将动画控制器指定给该组件。

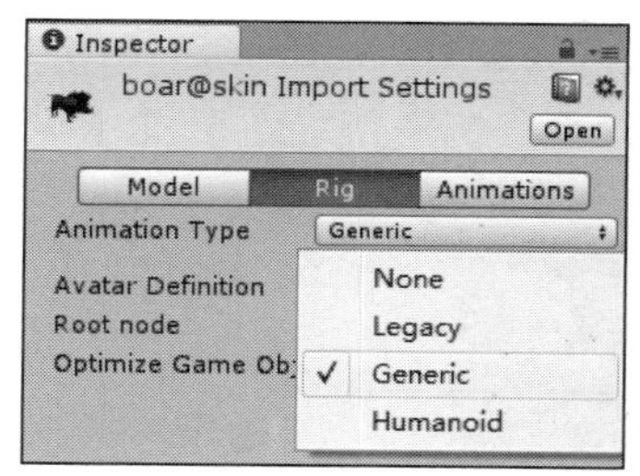

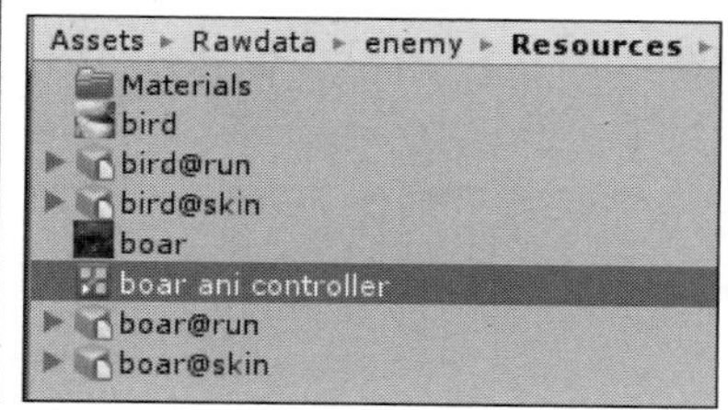

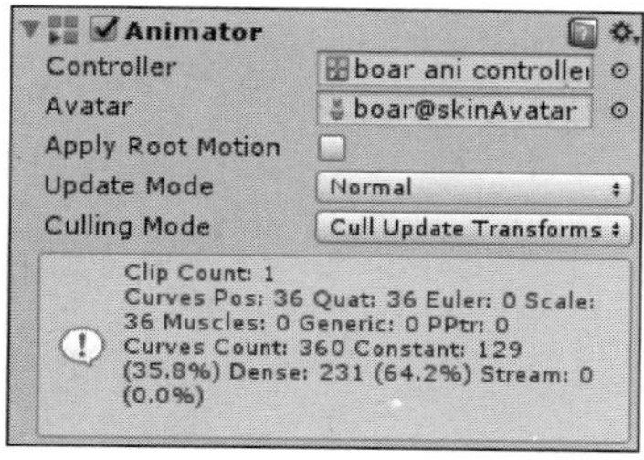

图 4-20　创建动画控制器

步骤 04　双击动画控制器打开 Animator 窗口，在 Project 窗口中选择 boar@run，在 Inspector 窗口中设置它的 Loop Time 使其循环播放，然后将动画拖入 Animator 窗口中，如图 4-21 所示。因为当前只有一个动画，所以它将作为默认动画自动播放。

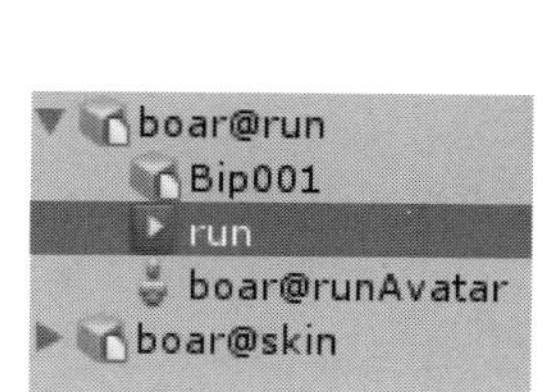

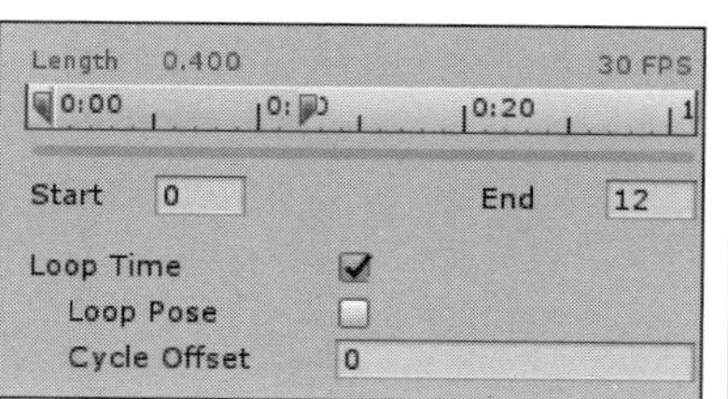

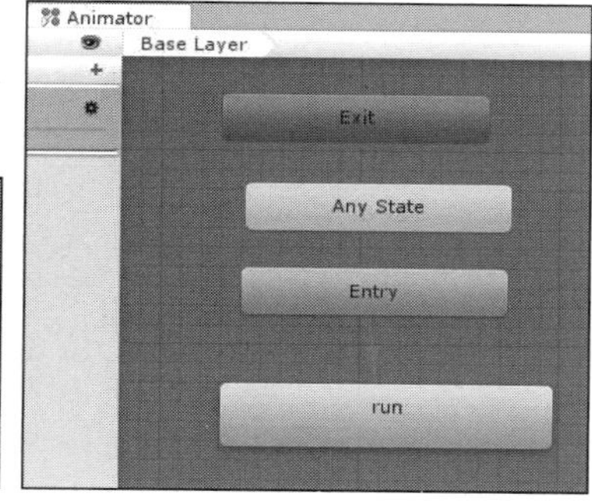

图 4-21　指定动画

再次运行游戏，即可看到模型在前进中播放了跑动的动画，将野猪模型保存为 Prefab。

步骤 05　接下来创建另一个飞行敌人的脚本 AirEnemy.cs，它继承了 Enemy 脚本的大部分功能，只添加一个 Fly 函数，作用是当高度小于 2 时向上飞行。

```
using UnityEngine;
public class AirEnemy : Enemy {
    void Update () {
        RotateTo();
        MoveTo();
        Fly();
    }
```

```
        public void Fly()
        {
            float flyspeed = 0;
            if (this.transform.position.y < 2.0f){
                flyspeed = 1.0f;
            }
            this.transform.Translate(new Vector3(0, flyspeed * Time.deltaTime,0));
        }
    }
```

步骤 06 在资源文件中找到 bird@skin.FBX 模型，拖入场景中进行设置，步骤与野猪模型的设置一样，最后保存为 Prefab。运行游戏，效果如图 4-22 所示。

图 4-22　沿着路点前进的敌人

4.9　敌人生成器

塔防游戏的敌人通常是成批出现，一波接着一波，因为敌人的数量众多，所以需要一个生成器按预先设置的顺序生成不同的敌人。

4.9.1　创建敌人生成器

步骤 01 创建 WaveData.cs，它定义了战斗时每波敌人的配置。

```
using UnityEngine;
using System.Collections.Generic;
[System.Serializable] // 一定要添加该属性这个类才能序列化
public class WaveData {
    public int wave = 0;
    public List<GameObject> enemyPrefab;   // 每波敌人的 Prefab
    public int level = 1;   // 敌人的等级
```

```
    public float interval = 3; // 每 3 秒创建一个敌人
}
```

步骤02 创建 EnemySpawner.cs，代码如下所示。因为是每隔一定时间根据配置生成敌人，这里使用协程完成了这个功能。

```
using UnityEngine;
using System.Collections;
using System.Collections.Generic;
public class EnemySpawner : MonoBehaviour {
    public PathNode m_startNode;            // 起始节点
    private int m_liveEnemy = 0;            // 存活的敌人数量
    public List<WaveData> waves;            // 战斗波数配置数组
    int enemyIndex = 0;                     // 生成敌人数组的下标
    int waveIndex = 0;                      // 战斗波数数组的下标

    void Start () {
        StartCoroutine(SpawnEnemies());                     // 开始生成敌人
    }

    IEnumerator SpawnEnemies()
    {
        yield return new WaitForEndOfFrame();               // 保证在 Start 函数后执行
        GameManager.Instance.SetWave((waveIndex + 1));      // 设置 UI 上的波数显示

        WaveData wave = waves[waveIndex];                   // 获得当前波的配置
        yield return new WaitForSeconds(wave.interval);     // 生成敌人时间间隔
        while (enemyIndex < wave.enemyPrefab.Count)         // 如果没有生成全部敌人
        {
            Vector3 dir = m_startNode.transform.position - this.transform.position;        // 初始方向
            GameObject enmeyObj = (GameObject)Instantiate(wave.enemyPrefab[enemyIndex],
                                    transform.position, Quaternion.LookRotation(dir));  // 创建敌人
            Enemy enemy = enmeyObj.GetComponent<Enemy>();                // 获得敌人的脚本
            enemy.m_currentNode = m_startNode;                           // 设置敌人的第一个路点

            // 设置敌人数值，这里只是简单示范
            // 数值配置适合放到一个专用的数据库（SQLite 数据库或 JSON、XML 格式的配置）中
读取
            enemy.m_life = wave.level * 3;
            enemy.m_maxlife = enemy.m_life;


            m_liveEnemy++;            // 增加敌人数量
            enemy.onDeath= new System.Action<Enemy>((Enemy e) =>{ m_liveEnemy--; });
                                                          // 当敌人死掉时减少敌人数量
            enemyIndex++;                                 // 更新敌人数组下标
```

```
                yield return new WaitForSeconds(wave.interval);          // 生成敌人时间间隔
            }
            // 创建完全部敌人，等待敌人全部被消灭
            while(m_liveEnemy>0)
            {
                yield return 0;
            }

            enemyIndex = 0;                                  // 重置敌人数组下标
            waveIndex++;                                     // 更新战斗波数
            if (waveIndex< waves.Count)                      // 如果不是最后一波
            {
                StartCoroutine(SpawnEnemies());              // 继续生成后面的敌人
            }
            else
            {
                // 通知胜利
            }
        }
        // 在编辑器中显示一个图标
        void OnDrawGizmos()
        {
            Gizmos.DrawIcon(transform.position, "spawner.tif");
        }
    }
```

步骤 03 创建一个空游戏体作为敌人生成器放置到场景中，为其指定 EnemySpawner.cs 脚本。在 m_startNode 中设置起始路点，在 Waves 中配置敌人的生成，这里配置了 10 波，如图 4-23 所示。

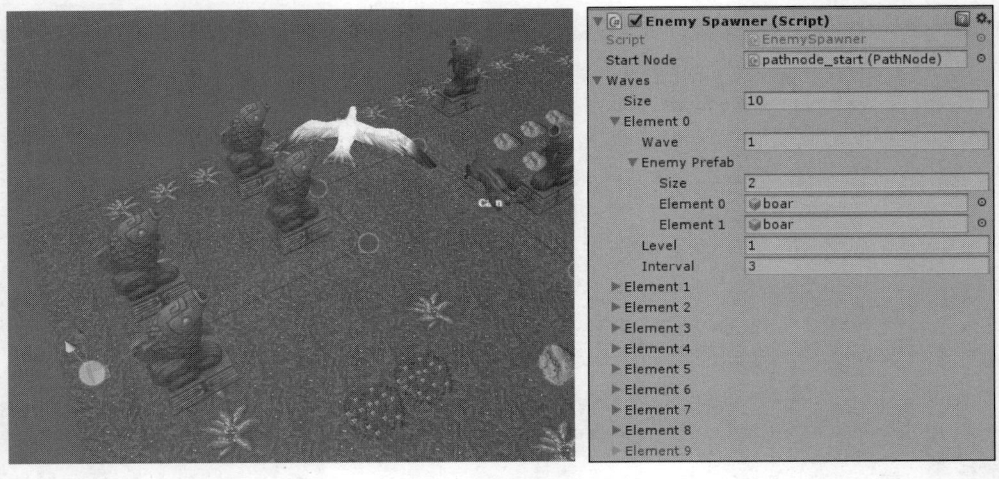

图 4-23　设置敌人 prefab 和起始路点

运行游戏，敌人会按照配置逐个生成。

4.9.2　遍历敌人

现在，游戏中有很多敌人，为了能方便地遍历游戏中的所有敌人，查看它们的情况，我们可以准备一个容器，将所有生成的敌人都装进去。

步骤 01　打开 GameManager.cs 脚本，添加一个 List 用来存放所有的敌人。

```
public List<Enemy> m_EnemyList = new List<Enemy>();
```

步骤 02　打开 Enemy.cs 脚本，在 Start 和 DestroyMe 函数中分别更新 List 中的敌人。添加一个 SetDamage 函数更新敌人生命值，当生命值为 0 时销毁自身并增加些铜钱。

```
 void Start () {
     GameManager.Instance.m_EnemyList.Add(this);
     // …
 }
public void DestroyMe()
{
    GameManager.Instance.m_EnemyList.Remove(this);
    onDeath(this);                  // 发布死亡消息
    Destroy(this.gameObject);       // 注意在实际项目中一般不要直接调用 Destroy
}
public void SetDamage(int damage)
{
    m_life -= damage;
    if (m_life <= 0)
    {
        m_life = 0;
        // 每消灭一个敌人增加一些铜钱
        GameManager.Instance.SetPoint(5);
        DestroyMe();
    }
}
```

现在所有的敌人都被保存到 List 中，当我们创建出防守单位后，他们可以通过遍历 List 中的敌人查找并攻击敌人，通过 SetDamage 函数更新敌人的生命值。

4.10　防守单位

本游戏中有两种防守单位：一种是近战类型；另一种是远程类型。我们先创建近战类型的防守单位，然后通过它派生出远程类型的防守单位。

步骤 01 使用资源文件目录 rawdata/td/Rawdata/players 中提供的模型和动画资源创建防守单位的 Prefab，将 Prefab 放到 Resources 文件夹内。这里主要是设置动画控制器并添加动画，如图 4-24 所示，包括 idle 和 attack 动画。

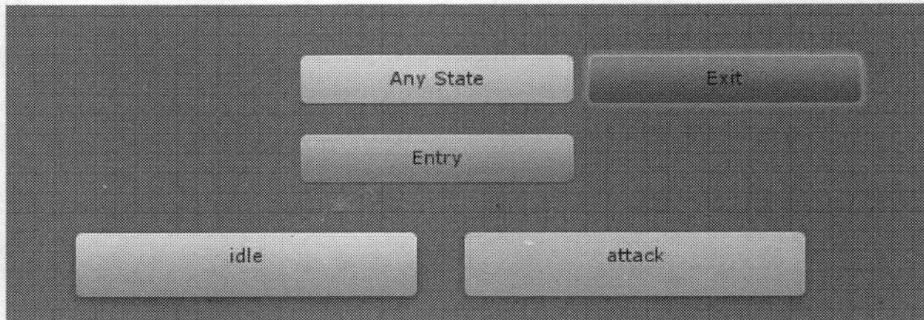

图 4-24　创建防守单位 Prefab

步骤 02 创建脚本 Defender.cs：

```
using UnityEngine;
using System.Collections;

public class Defender : MonoBehaviour {
    // 格子的状态
    public enum TileStatus
    {
        DEAD = 0,       // 不能在上面做任何事
        ROAD =1,        // 专用于敌人行走
        GUARD =2,       // 专用于创建防守单位的格子
    }

    // 攻击范围
    public float m_attackArea = 2.0f;
    // 攻击力
    public int m_power = 1;
    // 攻击时间间隔
    public float m_attackInterval = 2.0f;
    // 目标敌人
    protected Enemy m_targetEnemy;
    // 是否已经面向敌人
    protected bool m_isFaceEnemy;
    // 模型 Prefab
    protected GameObject m_model;
    // 动画播放器
    protected Animator m_ani;

    // 静态函数 创建防守单位实例
```

```
public static T Create<T>( Vector3 pos, Vector3 angle ) where T : Defender
{
    GameObject go = new GameObject("defender");
    go.transform.position = pos;
    go.transform.eulerAngles = angle;
    T d = go.AddComponent<T>();
    d.Init();

    // 将自己所占格子的信息设为占用
    TileObject.Instance.setDataFromPosition(d.transform.position.x, d.transform.position.z,
                                            (int)TileStatus.DEAD);
    return d;
}

// 初始化数值
protected virtual void Init()
{
    // 这里只是简单示范，在实际项目中，数值通常会从数据库或配置文件中读取
    m_attackArea = 2.0f;
    m_power = 2;
    m_attackInterval = 2.0f;
    // 创建模型，这里的资源名称是写死的，实际的项目通常会从配置中读取
    CreateModel("swordman");
    StartCoroutine(Attack()); // 执行攻击逻辑

}

// 创建模型
protected virtual void CreateModel(string myname)
{
    GameObject model = Resources.Load<GameObject>(myname);
    m_model = (GameObject)Instantiate(model, this.transform.position,
                                      this.transform.rotation, this.transform);
    m_ani = m_model.GetComponent<Animator>();
}

 void Update () {
    FindEnemy();
    RotateTo();
    Attack();
 }

public void RotateTo()
```

```
{
    if (m_targetEnemy == null)
        return;

    var targetdir = m_targetEnemy.transform.position - transform.position;
    targetdir.y = 0;            // 保证仅旋转 y 轴
    // 获取旋转方向
    Vector3 rot_delta = Vector3.RotateTowards(this.transform.forward, targetdir,
                    20.0f * Time.deltaTime, 0.0F);
    Quaternion targetrotation = Quaternion.LookRotation(rot_delta);

    // 计算当前方向与目标之间的角度
    float angle = Vector3.Angle(targetdir, transform.forward);
    // 如果已经面向敌人
    if (angle < 1.0f)
    {
        m_isFaceEnemy = true;
    }
    else
        m_isFaceEnemy = false;

    transform.rotation = targetrotation;
}

// 查找目标敌人
void FindEnemy()
{
    if (m_targetEnemy != null)
        return;
    m_targetEnemy = null;
    int minlife = 0;            // 最低的生命值
    foreach (Enemy enemy in GameManager.Instance.m_EnemyList)  // 遍历敌人
    {
        if (enemy.m_life == 0)
            continue;
        Vector3 pos1 = this.transform.position; pos1.y = 0;
        Vector3 pos2 = enemy.transform.position; pos2.y = 0;
        // 计算与敌人的距离
        float dist = Vector3.Distance(pos1, pos2);
        // 如果距离超过攻击范围
        if (dist > m_attackArea)
            continue;
        // 查找生命值最低的敌人
```

```
                if (minlife == 0 || minlife > enemy.m_life)
                {
                    m_targetEnemy = enemy;
                    minlife = enemy.m_life;
                }
            }
        }
        // 攻击逻辑
        protected virtual IEnumerator Attack()
        {
            while (m_targetEnemy == null || !m_isFaceEnemy)          // 如果没有目标一直等待
                yield return 0;
            m_ani.CrossFade("attack", 0.1f);                          // 播放攻击动画

            while (!m_ani.GetCurrentAnimatorStateInfo(0).IsName("attack"))       // 等待进入攻击动画
                yield return 0;
            float ani_lenght = m_ani.GetCurrentAnimatorStateInfo(0).length;      // 获得攻击动画长度
            yield return new WaitForSeconds(ani_lenght * 0.5f);                  // 等待完成攻击动作
            if (m_targetEnemy != null)
                m_targetEnemy.SetDamage(m_power);                             // 攻击
            yield return new WaitForSeconds(ani_lenght * 0.5f);               // 等待播放剩余的攻击动画
            m_ani.CrossFade("idle", 0.1f); // 播放待机动画

            yield return new WaitForSeconds(m_attackInterval);                // 间隔一定时间

            StartCoroutine(Attack()); // 下一轮攻击
        }
    }
```

① Create 函数是一个静态函数，我们可以使用它直接在代码中创建防守单位的游戏体。

② TileStatus 是一个枚举，用来表示场景中格子的状态，在 Create 函数中创建防守单位时，我们会更新格子的状态，使原本空闲的格子变为占有状态，这样便不能在这个格子中创建新的防守单位。

③ Init 函数是一个初始化函数，初始化了一些数值。注意，这是一个虚函数，当我们派生出其他类后，可以重载 Init 函数，赋予不一样的数值。在实际的项目中，我们也可以将所有的防守单位数值记录到配置文件中，创建不同的角色，读入不同的数值即可。

④ CreateModel 函数创建了所有的模型和动画。我们使用 Resources.Load 函数读入了模型和动画资源。注意，在实际项目中不建议在 Update 中直接调用 Resources.Load。

⑤ FindEnemy 函数会遍历所有的敌人，找出处于攻击范围内的敌人，并选择生命值最低的。

⑥ Attack 函数是一个协程函数，实现了攻击的逻辑。

步骤 03 创建远程防守单位。我们需要它的 Prefab 添加一个空物体作为“攻击点”，也就是发射弓箭的位置，如图 4-25 所示，这里“攻击点”的命名为 atkpoint。

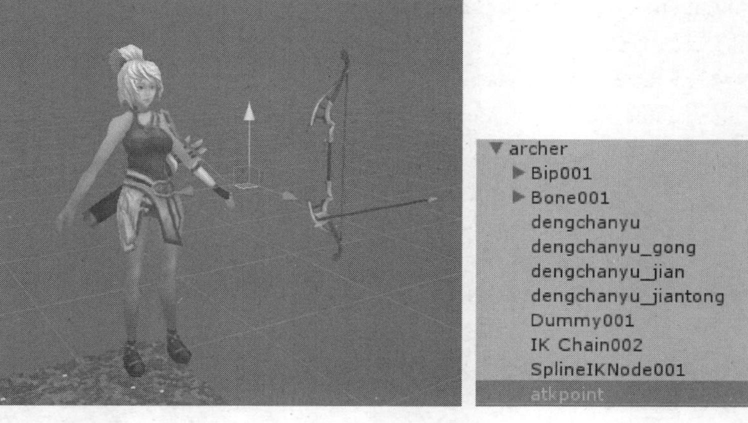

图 4-25　设置攻击点

步骤 04 使用资源文件目录 rawdata/td/Rawdata/players，创建一个新的脚本 Archer.cs，主要是在攻击时创建了弓箭模型。

```
using UnityEngine;
using System.Collections;

// 远程防守单位
public class Archer : Defender {

    // 初始化数值
    protected override void Init()
    {
        // 这里只是简单示范，在实际项目中，数值通常会从数据库或配置文件中读取
        m_attackArea = 5.0f;
        m_power = 1;
        m_attackInterval = 1.0f;
        // 创建模型，这里的资源名称是写死的，实际的项目通常会从配置中读取
        CreateModel("archer");
        // 获得模型的边框
        StartCoroutine(Attack());  // 执行攻击逻辑
    }

    // 攻击逻辑
    protected override IEnumerator Attack()
    {
        while (m_targetEnemy == null || !m_isFaceEnemy)  // 如果没有目标一直等待
            yield return 0;
        m_ani.CrossFade("attack", 0.1f);                  // 播放攻击动画

        while (!m_ani.GetCurrentAnimatorStateInfo(0).IsName("attack"))      // 等待进入攻击动画
```

```
            yield return 0;
        float ani_lenght = m_ani.GetCurrentAnimatorStateInfo(0).length;        // 获得攻击动画长度
        yield return new WaitForSeconds(ani_lenght * 0.5f);                    // 等待完成攻击动作
        if (m_targetEnemy != null)                                             // 向敌人发射弓箭
        {
            // 查找攻击点位置
            Vector3 pos = this.m_model.transform.FindChild("atkpoint").position;

            // 创建弓箭
            Projectile.Create(m_targetEnemy.transform, pos, (Enemy enemy) =>
            {
                enemy.SetDamage(m_power);
                m_targetEnemy = null;
            });
        }
        yield return new WaitForSeconds(ani_lenght * 0.5f);          // 等待播放剩余的攻击动画
        m_ani.CrossFade("idle", 0.1f);                               // 播放待机动画

        yield return new WaitForSeconds(m_attackInterval);           // 间隔一定时间

        StartCoroutine(Attack());                                    // 下一轮攻击
    }
}
```

Archer 类继承自 Defender 类，重载了 Init、Attack 函数，赋予不同的数值并做出不同的攻击行为。因为是该类表现为远程攻击，所以在攻击的时候创建了一个弓箭实例，弓箭的脚本我们将在下一步创建。

步骤 05 导入本书资源文件目录 rawdata/td/Fx_effect.unitypackage，它包括弓箭的 Prefab，创建一个新的脚本 Projectile.cs：

```
using UnityEngine;
public class Projectile : MonoBehaviour
{
    // 当打击到目标时执行的动作
    System.Action<Enemy> onAttack;
    // 目标对象
    Transform m_target;
    // 目标对象模型的边框
    Bounds m_targetCenter;
    // 使用静态函数创建弓箭
    public static void Create(Transform target, Vector3 spawnPos, System.Action<Enemy> onAttack)
    {
        // 读取弓箭模型
```

```
            GameObject prefab = Resources.Load<GameObject>("arrow");
            GameObject go = (GameObject)Instantiate(prefab, spawnPos,
                            Quaternion.LookRotation(target.position - spawnPos));
            // 添加弓箭脚本组件
            Projectile arrowmodel = go.AddComponent<Projectile>();
            // 设置弓箭的目标
            arrowmodel.m_target = target;
            // 获得目标模型的边框
            arrowmodel.m_targetCenter = target.GetComponentInChildren<SkinnedMeshRenderer>().bounds;
            // 取得 Action
            arrowmodel.onAttack = onAttack;
            // 3 秒之后自动销毁
            Destroy(go, 3.0f);
        }
        void Update()
        {
            // 瞄准目标中心位置
            if (m_target != null)
                this.transform.LookAt(m_targetCenter.center);

            // 向目标前进
            this.transform.Translate(new Vector3(0, 0, 10 * Time.deltaTime));
            if (m_target != null)
            {
                // 简单通过距离检测是否打击到目标
                if (Vector3.Distance(this.transform.position, m_targetCenter.center) < 0.5f)
                {
                    // 通知弓箭发射者
                    onAttack(m_target.GetComponent<Enemy>());
                    // 销毁
                    Destroy(this.gameObject);
                }
            }
        }
    }
```

弓箭类的功能很简单，创建一个弓箭模型，然后朝目标点前进，当距离目标小于 0.5 个单位时，触发 Action 通知弓箭发射者已经打击到目标，然后销毁自己。再次提醒，在实际项目中不要在 Update 中直接调用 Resources.Load、Instantiate 和 Destroy。

最后，我们需要修改 GameManager.cs 脚本，在按钮事件中添加创建防守单位的代码。

步骤 06 打开 GameManager.cs 脚本，修改 OnButCreateDefenderUp 函数，在抬起鼠标时用射线测试是否与格子地面碰撞，如果符合条件，则创建防守单位，代码如下：

```
// 抬起 "创建防守单位按钮" 创建防守单位
    void OnButCreateDefenderUp( BaseEventData data )
    {
        // 创建射线
        Ray ray = Camera.main.ScreenPointToRay(Input.mousePosition);
        RaycastHit hitinfo;
        // 检测是否与地面相碰撞
        if (Physics.Raycast(ray, out hitinfo, 1000, m_groundlayer))
        {
            // 如果选中的是一个可用的格子
            if (TileObject.Instance.getDataFromPosition(hitinfo.point.x, hitinfo.point.z) ==
                                                    (int)Defender.TileStatus.GUARD)
            {
                // 获得碰撞点位置
                Vector3 hitpos = new Vector3(hitinfo.point.x, 0, hitinfo.point.z);
                // 获得 Grid Object 坐位位置
                Vector3 gridPos = TileObject.Instance.transform.position;
                // 获得格子大小
                float tilesize = TileObject.Instance.tileSize;
                // 计算出所点击格子的中心位置
               hitpos.x = gridPos.x + (int)((hitpos.x - gridPos.x) / tilesize) * tilesize + tilesize * 0.5f;
               hitpos.z = gridPos.z + (int)((hitpos.z - gridPos.z) / tilesize) * tilesize + tilesize * 0.5f;

                // 获得选择的按钮 GameObject，将简单通过按钮名字判断选择了哪个按钮
                GameObject go = data.selectedObject;
                if (go.name.Contains("1"))   //如果按钮名字包括“1”
                {
                    if (SetPoint(-15)) // 减 15 个铜钱，然后创建近战防守单位
                        Defender.Create<Defender>(hitpos, new Vector3(0, 180, 0));
                }
                else if (go.name.Contains("2"))// 如果按钮名字包括“2”
                {
                    if (SetPoint(-20)) // 减 20 个铜钱，然后创建远程防守单位
                        Defender.Create<Archer>(hitpos, new Vector3(0, 180, 0));
                }
            }
        }
        m_isSelectedButton = false;
    }
```

运行游戏，单击右侧的按钮，然后拖动鼠标到场景中并释放，即可创建一个相应的防守单位，如图 4-26 所示。

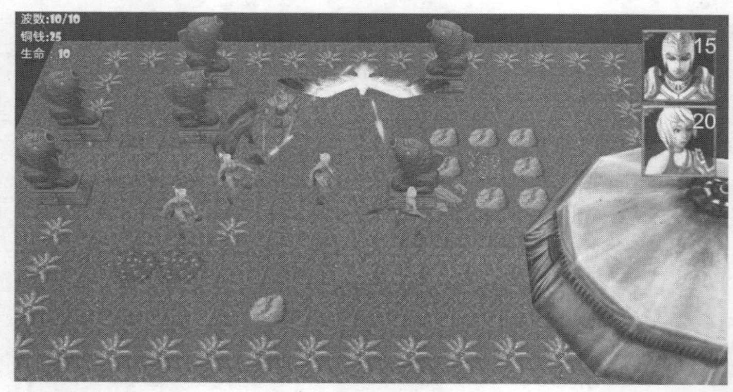

图 4-26　防守单位

4.11　生　命　条

敌人在受到攻击的时候，我们并不知道它受到了多少伤害，为了能够显示它的剩余生命值，我们需要为它制作一个生命条，显示在敌人身体的上方。因为这是一款 3D 游戏，所以我们将使用 3D UI 功能创建这个生命条。

步骤 01 在 Hierarchy 窗口中单击鼠标右键，选择【UI】→【Canvas】，在场景中创建一个新的 Canvas，并命名为 Canvas3D，将【Render Mode】设为【World Space】，使这个 UI 成为一个 3D UI，如图 4-27 所示。

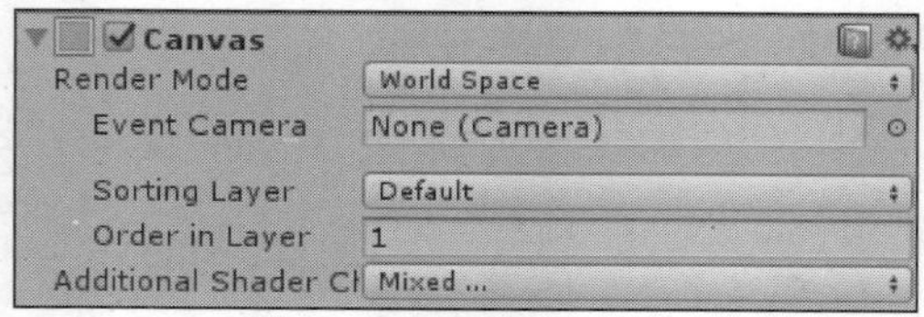

图 4-27　设置为 3D UI

步骤 02 在 Hierarchy 窗口中单击鼠标右键，选择【UI】→【Slider】创建一个滑动条控件，在 Source Image 中指定生命条的背景，因为生命条并不需要滑块，所以将 Handle Slider Area 隐藏或删除，如图 4-28 所示。

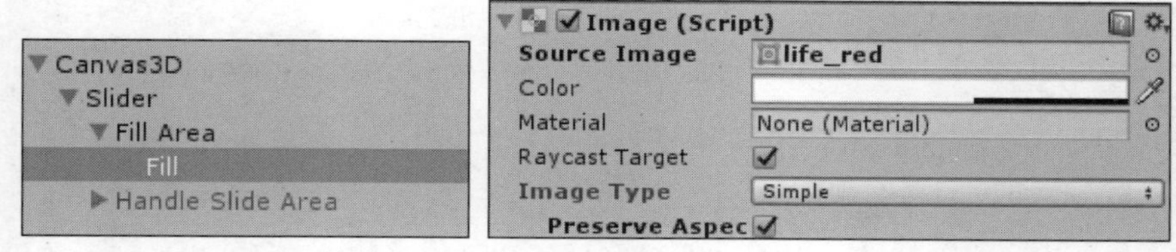

图 4-28　生命条背景图

步骤 03 默认 Silder 层级下的 Fill 即是生命条的前景，在 Source Image 中设置前景图片，【Image Type】选择【Filled】，【Fill Method】选择【Horizontal】，如图 4-29 所示。

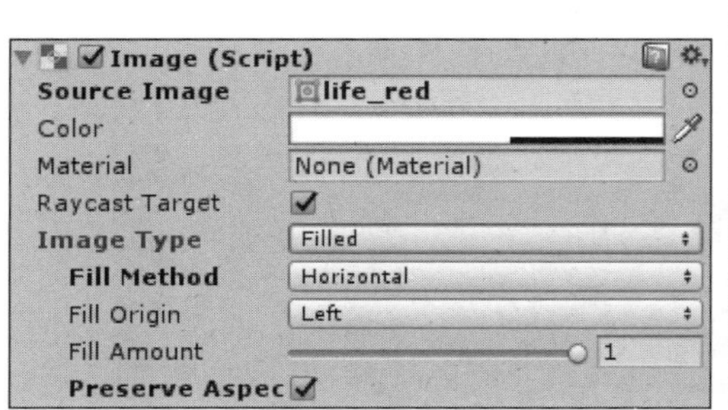

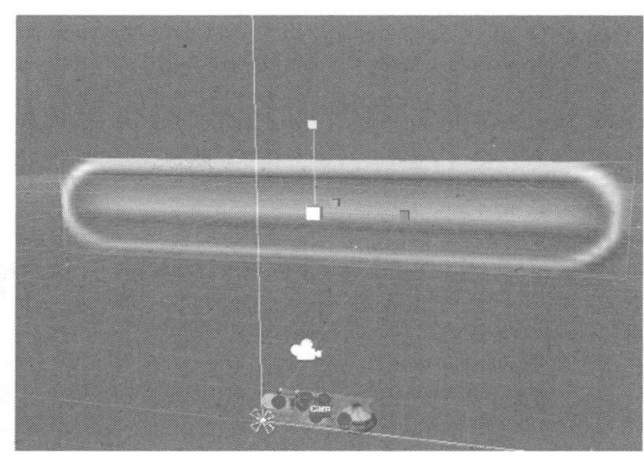

图 4-29　生命条设置

将 UI 保存为 Prefab 并放置在 Resource 目录下，命名为 Canvas3D，然后删除场景中的 3D UI。

步骤 04 打开 Enemy.cs 脚本，添加创建、更新生命条的代码如下：

```
    Transform m_lifebarObj;    // 敌人的 UI 生命条 GameObject
    UnityEngine.UI.Slider m_lifebar;    // 控制生命条显示的 Slider

void Start () {

        GameManager.Instance.m_EnemyList.Add(this);

        // 读取生命条 prefab
        GameObject prefab = (GameObject)Resources.Load("Canvas3D");
        // 创建生命条，将当前 Transform 设为父物体
        m_lifebarObj = ((GameObject)Instantiate(prefab, Vector3.zero,
                        Camera.main.transform.rotation, this.transform )).transform;
        m_lifebarObj.localPosition = new Vector3(0, 2.0f, 0);    // 将生命条放到角色头上
        m_lifebarObj.localScale = new Vector3(0.02f, 0.02f, 0.02f);
        m_lifebar = m_lifebarObj.GetComponentInChildren<UnityEngine.UI.Slider>();
        // 更新生命条位置和角度
        StartCoroutine(UpdateLifebar());
    }

    IEnumerator UpdateLifebar()
    {
        // 更新生命条的值
        m_lifebar.value = (float)m_life / (float)m_maxlife;
        // 更新角度，如终面向摄像机
        m_lifebarObj.transform.eulerAngles = Camera.main.transform.eulerAngles;
        yield return 0;  // 没有任何等待
        StartCoroutine(UpdateLifebar());    // 循环执行
    }
```

运行游戏，在敌人的上方会出现一个生命条，当敌人受到攻击且生命值下降时，生命条状态会改变，如图 4-30 所示。如果需要精确地放置生命条在角色头上的位置，可以在创建 3D 模型时专门创建一个节点用来参考生命条的位置。

图 4-30　生命条

这个塔防游戏到这里就结束了，它还比较简单，但已具备了塔防游戏的基本要素，如果添加更多的细节和更好的画面，相信它可以变成一款不错的游戏。

本章的最终示例工程保存在资源文件目录 c04_TD 中。

4.12　小　　结

本章完成了一个塔防游戏的实例，我们使用数组定义场景中的单元格数据并制作了一个地图编辑器，创建敌人行动的路点，还涉及动画的播放、出生点的创建等。

第 5 章
2D游戏

本章将介绍如何使用 Unity 开发 2D 游戏，包括 Sprite 的创建、动画的制作、2D 物理的使用，以及一个 2D 捕鱼游戏的示例。

5.1 Unity 2D 系统简介

在 Unity 4.x 版本之前，使用 Unity 制作 2D 游戏通常要依赖插件。Unity 4.x 后，终于发布了内置的 2D 游戏制作功能，核心模块包括 Sprite（精灵）的创建、动画的制作和 2D 游戏专用的物理模块。现在，Unity 不但是一个 3D 的游戏引擎，也是一个专业的 2D 游戏引擎了，暴雪推出的 2D 卡牌游戏大作《Heart Stone》（炉石传说）就是用的 Unity。

5.2 创建 Sprite

2D 游戏的图像部分主要是图片的处理，通常称图片为 Sprite（精灵）。为了提高效率，2D 游戏会将动画帧或不同的小图片拼成一张大图，在游戏运行的时候，再将这张大图的某一部分读出来作为 Sprite 显示在屏幕上。

使用 Unity 制作 Sprite 有两种选择：一种是可以将不同的图片在图像软件中拼接为一张大图，然后导入到 Unity 中，使用 Sprite Editor 工具将这张大图分割成若干个 Sprite 使用；另一种是直接将原始图片导入到 Unity 中，使用 Unity 的 Sprite Packer 工具将这些零散的图片打包，再从中读取 Sprite 使用。接下来，将分别介绍这两种创建 Sprite 的方式及动画的制作。

5.2.1 使用 SpriteEditor 创建 Sprite

步骤 01 启动 Unity 编辑器，在菜单栏中选择【Edit】→【Project Settings】→【Editor】，打开编辑器设置窗口，将【Default Behavior Mode】设为【2D】，Unity 编辑器将会进入 2D 编辑模式，在这种模式下，导入到工程中的图片默认会被自动设为 Sprite 格式。将【Sprite Packer】设为【Always Enabled】，在任何情况下都能启动 Sprite Packer，如图 5-1 所示。

步骤 02 在资源文件目录"rawdata/2d"提供了示例图片 envtile.png，将它导入到 Unity 工程中。这是一张由若干个小图组成的图片，如图 5-2 所示。

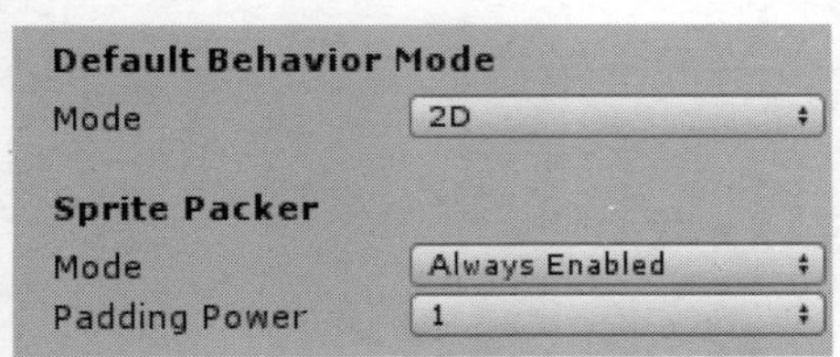

图 5-1 将编辑器设置为 2D 模式

图 5-2 导入的 2D 图片

步骤03 在 Project 窗口中选择导入的图片，在 Inspector 窗口中将 Sprite Mode 设为 Multiple，这种模式可以将一张大图分割为若干个 Sprite，如图 5-3 所示。注意，Pixels Per Unit（单位像素）的值越大，Sprite 图像显示的默认尺寸越小。

步骤04 在 Inspector 窗口中选择 Sprite Editor 打开编辑窗口，选择左上角的【Slice】，默认的切割方式为 Automatic（自动的），将它改为 Grid，然后在 Pixel Size 中输入每个 Sprite 的尺寸大小，本例为 32×32，默认 Sprite 的轴点心为 Center（中心），单击【Slice】按钮开始分割图片，如图 5-4 所示。

图 5-3　设置 Sprite

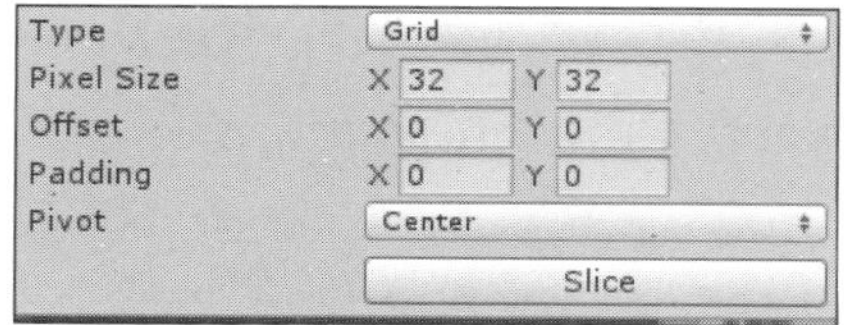

图 5-4　设置 Sprite 尺寸

步骤05 分割好图片后，会发现有些 Sprite 的尺寸大于 32×32，可以用鼠标直接选择分割出来的 Sprite，并将无用的删除，重新设置需要放大尺寸的 Sprite，选择 Trim 可以清除无用的 Alpha，最后单击【Apply】按钮完成修改，如图 5-5 所示。

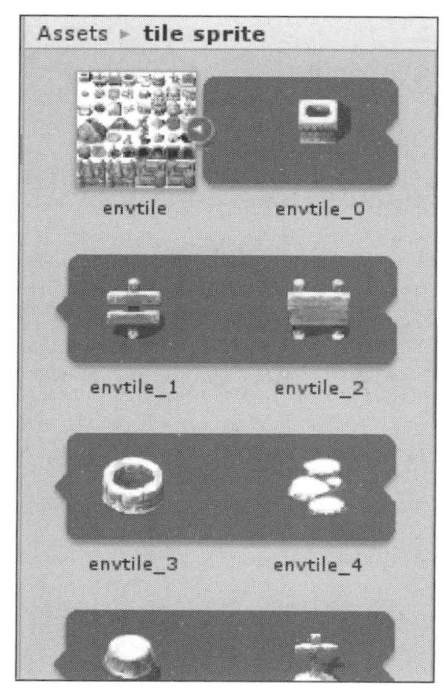

图 5-5　设置单个 Sprite 尺寸

步骤06 在 Hierarchy 窗口中单击鼠标右键，选择【2D Object】→【Sprite】，在场景中创建一个空的 Sprite 实例，在 Sprite 选项中引用 Sprite 图像即可显示 2D 图像，如图 5-6 所示。

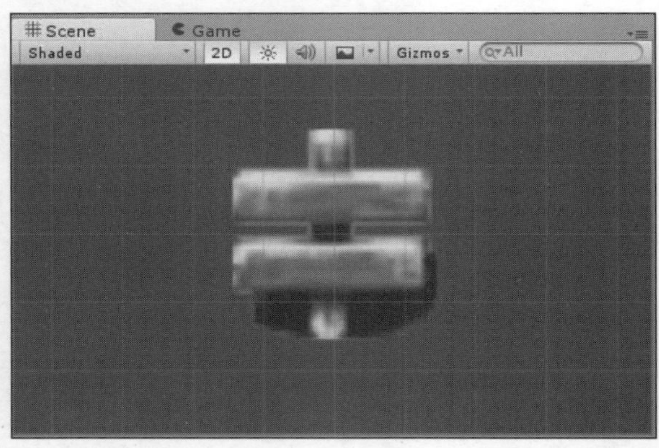

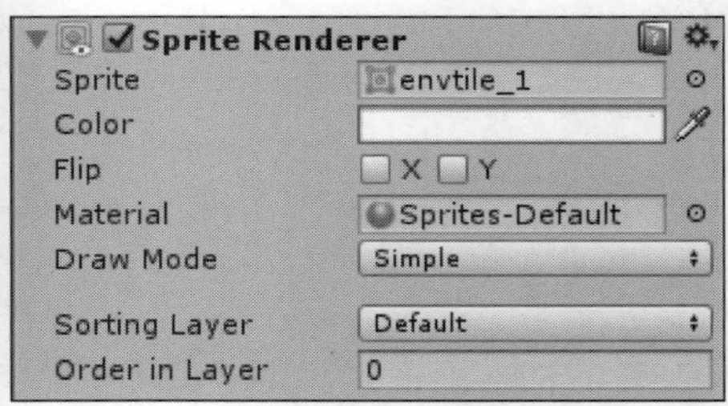

图 5-6　创建 Sprite 实例

步骤 07　在场景中复制多个 Sprite，并指定不同的贴图，示例效果如图 5-7 所示。

尽管我们在场景中创建了很多 Sprite 图像，但是如果在 Game 窗口中选择 Stats 查看运行信息，会发现 Batches（Draw Calls）很少，这是因为这些 Sprite 图像的原始图片是同一张图片，如图 5-8 所示。如果使用的 Sprite 图像都来自不同的图片素材，Batches 的数量会明显提升。

图 5-7　2D Sprite 示例

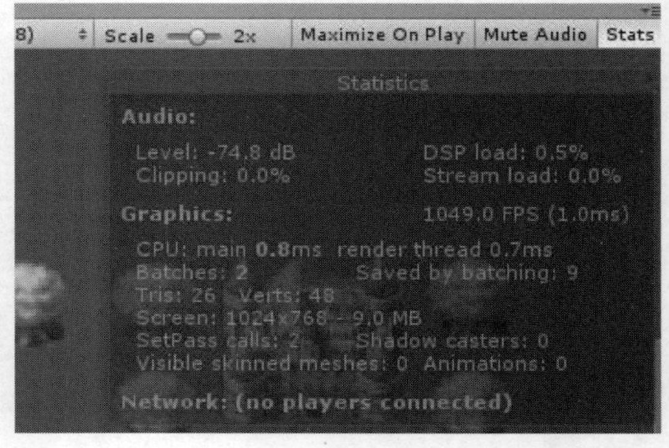

图 5-8　查看 Draw Calls

本节的示例工程文件保存在资源文件目录 c05_2dgame 的 tiled sprite 场景中。

5.2.2　使用 SpritePacker 创建 Sprite

手动将琐碎的图片拼凑到一张大图上需要做额外的工作，后期修改也不是很方便。Unity 提供的另一个 Sprite 工具 SpritePacker 可以动态地将零散的图片自动合成，省去了手动设置的麻烦。下面用一个简单的例子介绍这个工具的使用。

步骤 01　首先要确认在 Editor 设置中将 Sprite Packer 设为 Always Enabled。在资源文件目录 rawdata\2d 复制 player_n.png 等共 8 张图片到 Unity 工程目录内。

步骤 02　在 Project 窗口中右键选择【Create】→【Sprite Atlas】创建一个图集文件，如图 5-9 所示，将需要打包到图集中的图片拖拽到 Objects for Packing 中。

步骤 03　最后选择 Pack Preview 就可以预览打包后的效果了，如图 5-10 所示。

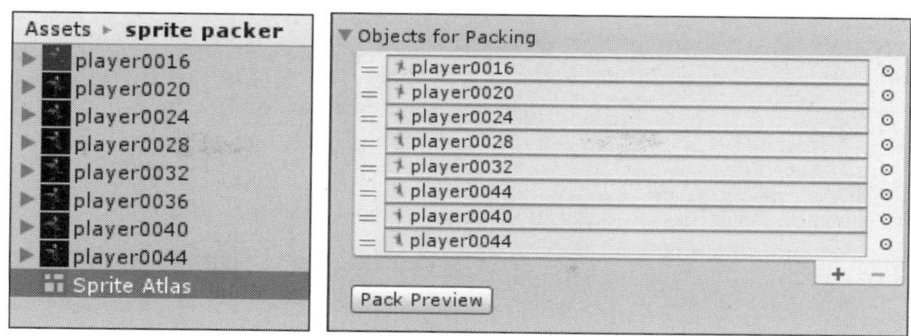

图 5-9　创建 Atlas

图 5-10　打包图片

前面我们在 Editor 中设置过 Sprite Packer 的模式，Always Enabled 允许在任何情况下使用 Sprite Packer，Enabled For Builds 只有在导出游戏时才会使用 Sprite Packer，Disabled 则取消使用 Sprite Packer 的功能，如图 5-11 所示。

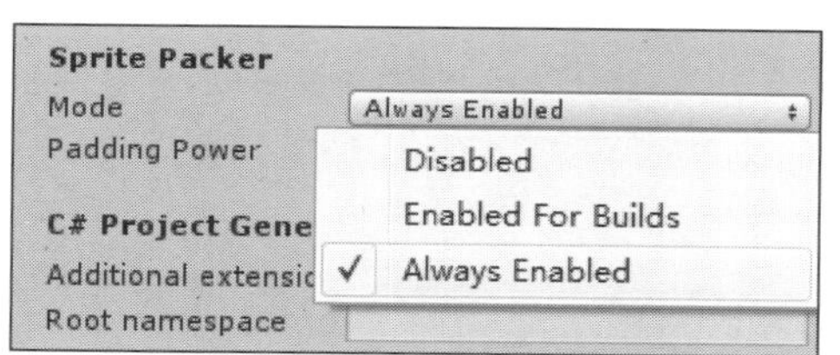

图 5-11　Sprite packer 模式

5.2.3　图层排序

2D 游戏中的图片之间没有深度关系，都处在一个平面上，但在实际游戏中仍需要为它们排序，按视觉上的空间先后顺序显示。在 Sprite 的 Sorting Layer 中可以为不同的 Sprite 创建不同的层，每个层有一个名称，层的顺序即是 Sprite 的显示顺序，值越大越显示在前面。在同一个层中的 Sprite 可以通过 Order in Layer 来排列显示顺序，如图 5-12 所示。

图 5-12　图层排序

Sorting Layer 和 Order in Layer 的值在脚本中都可以获取，通过脚本可以动态地改变图层的顺序。下面的代码改变了 Sprite 的层和排序顺序：

```
SpriteRenderer r = this.GetComponent<SpriteRenderer>();
r.sortingLayerName = "Layer Name";
r.sortingOrder = 100;
```

5.2.4 Sprite 边框和重复显示

默认的 Sprite 显示方式，一种是 Sprite 只能显示一张图像，如果需要显示大片重复的图像，就需要复制很多 Sprite。

Sprite 的另一种显示方式是 Tiled（单元格重复）模式，允许重复显示图像，如图 5-13 所示。使用这种方式，要将 Sprite 的 Mesh Type 设为 Full Rect。

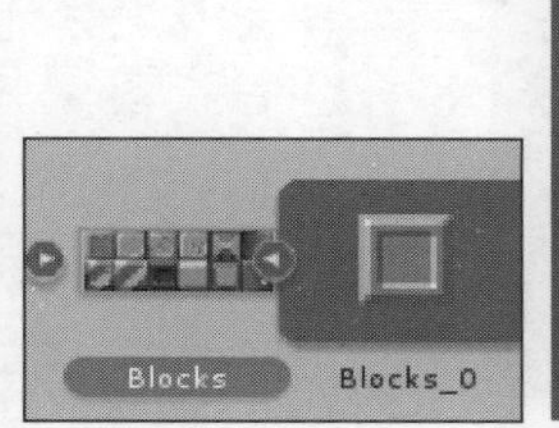

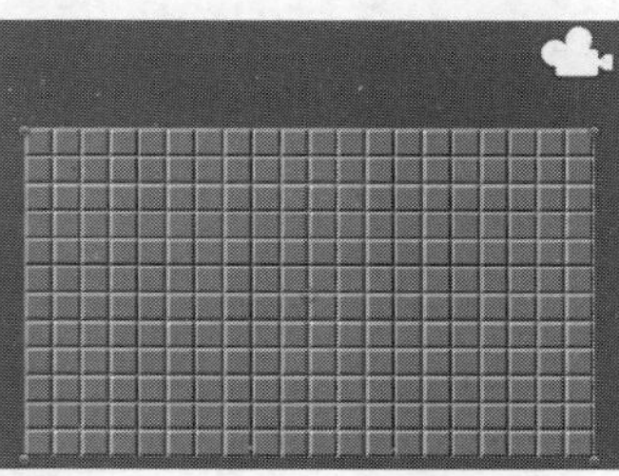
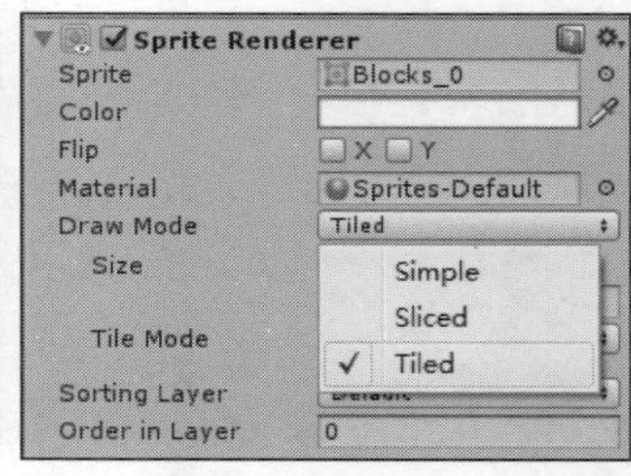

图 5-13　重复显示

在 Sprite Editor 编辑 Sprite 时，可以编辑边框区域（绿色的框），将带有边框的 Sprite 设为 Sliced（切片）或 Tiled 模式，改变 Sprite 图像大小时不会拉伸边框像素，如图 5-14 所示。

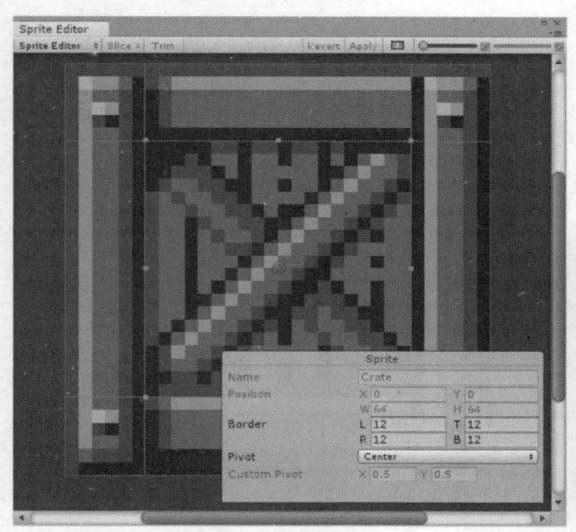

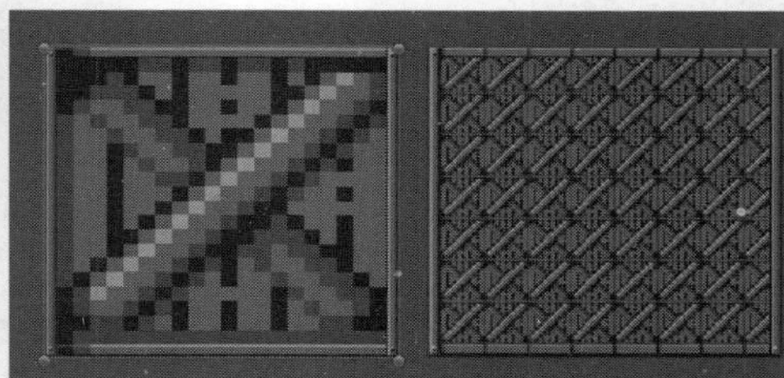

图 5-14　Sliced 和 Tiled 显示模式

5.3　动画制作

5.3.1 序列帧动画

传统的 2D 动画主要是由若干张表现有连续动作的图片组成，在 Unity 中制作这种类型的 2D 动画非常简单，可以将动画序列帧直接保存为动画文件，使用起来和普通的 3D 动画一样。

步骤01 在 Project 窗口中按住 Shift 键选中需要的序列帧图片，将它们拖向 Hierarchy 窗口，这时 Unity 会自动弹出一个窗口保存动画文件，为这个动画文件命名，单击【保存】按钮，将动画文件保存在工程内，如图 5-15 所示。

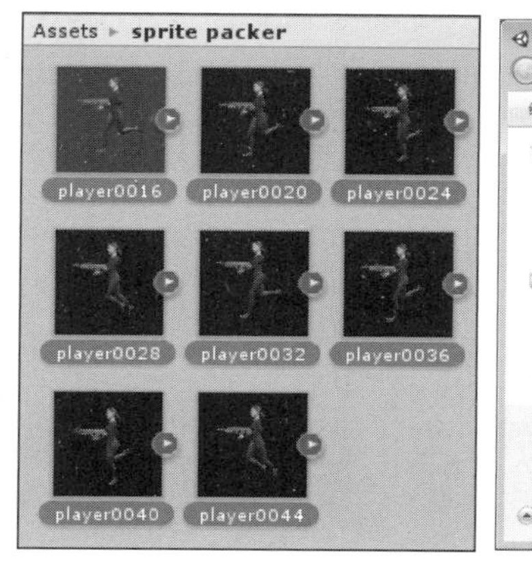

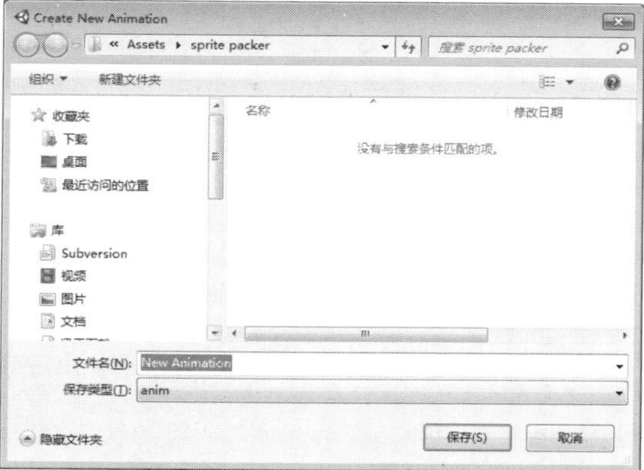

图 5-15 保存序列帧动画文件

步骤02 上一步在创建动画的同时，也在场景中创建了一个 Sprite 文件。运行游戏，即可看到 2D 的序列帧动画效果，如图 5-16 所示。

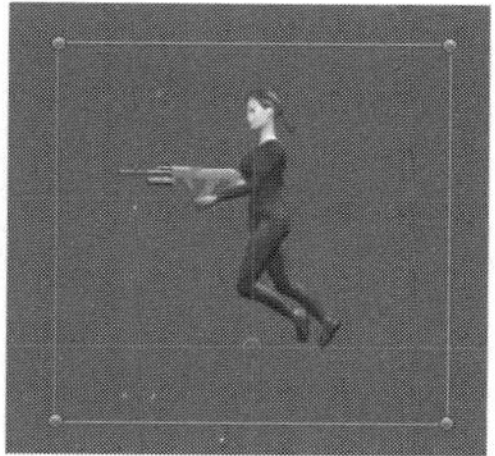

图 5-16 序列帧动画

步骤03 保存动画后，在 Project 窗口中多出了两个文件：一个是动画控制器（Animator Controller）；另一个是动画文件。生成动画的时候，在场景中创建的 Sprite 会被自动添加一个 Animator 组件。双击动画控制器打开 Animator 窗口，可以像设置 3D 动画一样设置 2D 动画，如图 5-17 所示。

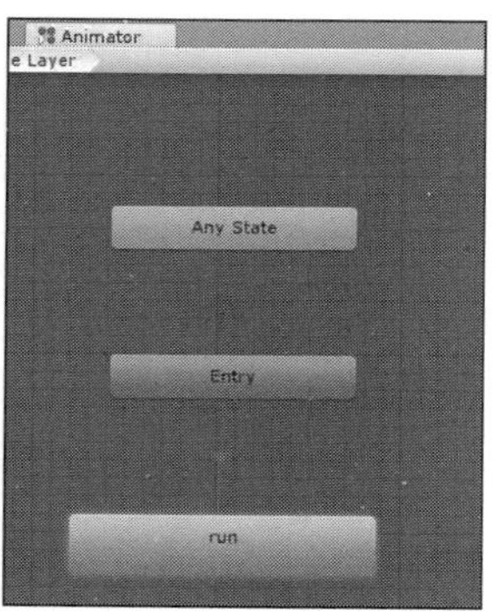

图 5-17 序列帧动画

5.3.2 使用脚本实现序列帧动画

因为 2D 的序列帧动画只是将图片一张张地按顺序显示出来，我们也可以使用脚本实现序列帧动画，下面是一个简单的示例。

步骤 01 在场景中创建一个 Sprite，为它创建一个脚本，这里命名为 SpriteAnimator.cs，添加代码如下

```
using UnityEngine;
public class AnimationTest : MonoBehaviour
{
    /// Sprite 渲染器
    protected SpriteRenderer m_sprite;
    /// Sprite 动画帧
    public Sprite[] m_clips;
    /// 动画计时器（默认每隔 0.1 秒更新一帧）
    protected float timer = 0.1f;
    /// 当前的帧数
    protected int m_frame = 0;

    void Start()
    {
        // 为当前 GameObject 添加一个 Sprite 渲染器
        m_sprite = this.gameObject.GetComponent<SpriteRenderer>();
        // 设置第 1 帧的 Sprite
        m_sprite.sprite = m_clips[m_frame];
    }

    void Update()
    {
        // 更新时间
        timer -= Time.deltaTime;
        if (timer <= 0)
        {
            timer = 0.1f;
            // 更新帧
            m_frame++;
            if (m_frame >= m_clips.Length)
                m_frame = 0;
            // 更新 Sprite 动画帧
            m_sprite.sprite = m_clips[m_frame];
        }
    }
}
```

步骤 02 在编辑器中设置用于动画的 Sprite，如图 5-18 所示。

图 5-18 设置动画帧

运行程序，可以看到与 5.3.1 节类似的动画效果。

5.3.3 骨骼动画

如果需要表现细腻的序列帧动画效果，就需要很多图片，相当消耗资源，因此游戏中的序列帧动画往往是按一定程度跳帧的，但跳帧后动画流畅度会大幅下降。现在也有很多 2D 游戏，将 2D 的角色拆分为若干个 Sprite，用骨骼绑定起来，利用制作 3D 动画的方式制作 2D 动画，在更加节约资源的同时又加强了动画的流畅性，下面是一个简单的示例。

步骤 01 新建一个工程，复制资源文件目录 rawdata/2d/下的 warrior.png 到当前工程目录内，这是一个角色图片，角色的不同位置是分开的，如图 5-19 所示。

图 5-19 原始图片资源

步骤 02 将角色图片的 Sprite Mode 设为 Multiple，打开 Sprite Editor，选择左上角的【Slice】，选择【Automatic】模式，然后选择【Slice】自动切分图片，选择每个切分部分，移动上面的圆点设置轴心位置，如图 5-20 所示。

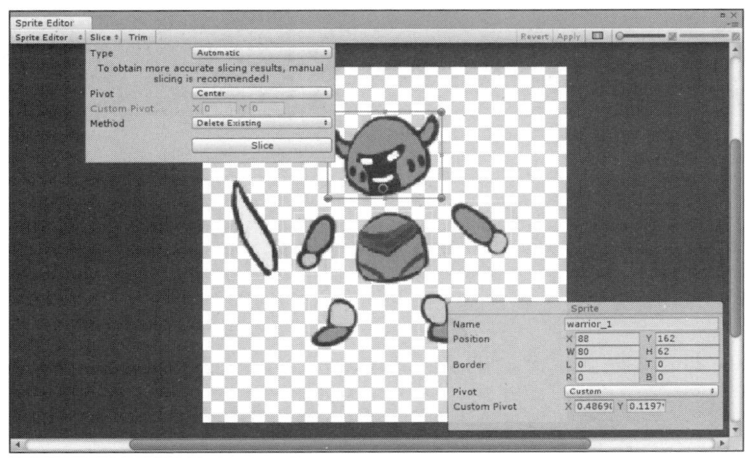

图 5-20 自动切分图片

步骤 03　在场景中新建一个空的 GameObject，将角色不同位置的图片放到它的层级下面作为子物体，拼接成完整的角色形象，注意不同位置的层级关系，如图 5-21 所示。

步骤 04　确定当前选择是角色的最顶级物体，在菜单栏中选择【Window】→【Animation】打开动画编辑窗口，单击左上方的“录制”按钮开始为角色录制动画，滑动时间轴到不同的时间，然后在场景中位移或旋转角色的不同部分，即可完成动画的制作，如图 5-22 所示。

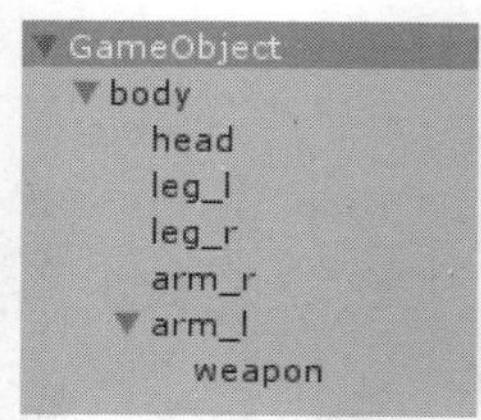

图 5-21　拼接角色

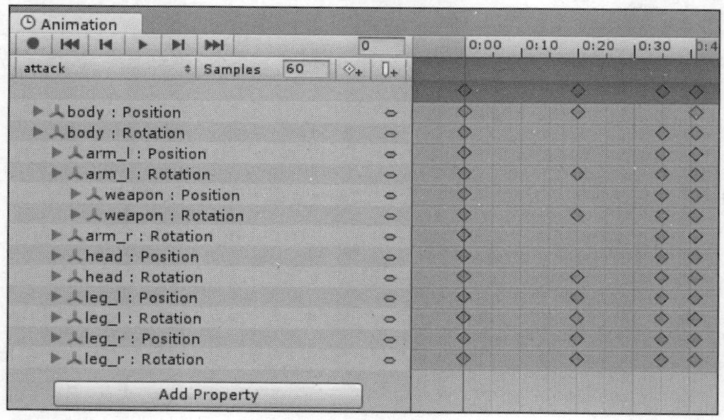

图 5-22　动画帧

Ctrl+C 组合键和 Ctrl+V 组合键可以复制、粘贴关键帧。

最后的动画效果如图 5-23 所示。本节的示例工程文件保存在资源文件目录 c05_2dgame 的 bone animation 场景中。

图 5-23　动画

5.4　2D 物理

针对 2D 系统，Unity 提供了专门的 2D 物理功能。下面是一个示例，移动鼠标滑动一个球体，使它向相反的方向弹出去，在场景中有一些方块，如果球体弹到方块，则会将方块撞飞。

步骤 01　新建一个 Unity 的 2D 工程，复制资源文件目录 rawdata/2d/中的 box.png 图片到当前工程中。

步骤 02 将 box.png 的 Sprite Mode 设为 Multiple，然后自动分割，最后单击【Apply】按钮确定，如图 5-24 所示。

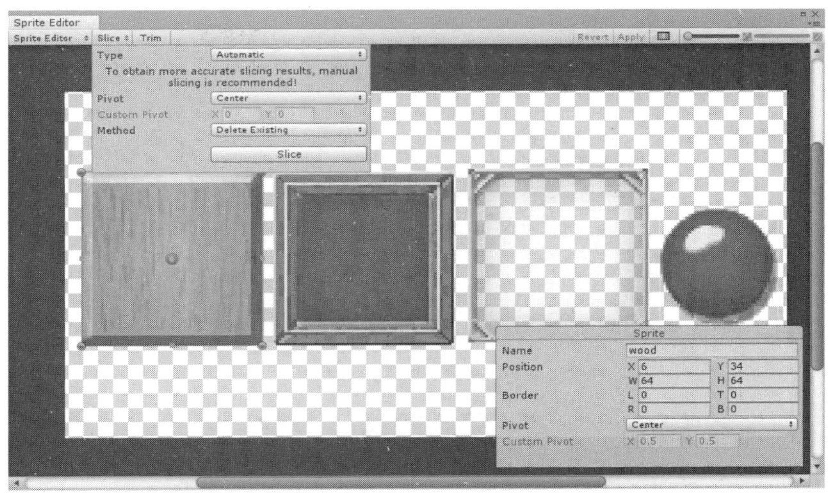

图 5-24　自动分割图片

步骤 03 制作场景的地面。创建一个 Sprite 并指定贴图，然后在菜单栏中选择【Component】→【Physics 2D】→【Rigidbody 2D】，添加一个 2D 刚体组件，将 Body Type 设为 Kinematic 使其不受物理碰撞或重力影响。在菜单栏中选择【Component】→【Physics 2D】→【Box Collider 2D】，添加一个 2D 矩形碰撞体组件，最后将 Sprite 复制多个以组成地面，如图 5-25 所示。

步骤 04 重复步骤（2）的操作，创建不同的 Sprite 作为物理碰撞的方块，唯一与步骤（2）不同的是不要将 Body Type 设为 Kinematic，如图 5-26 所示。

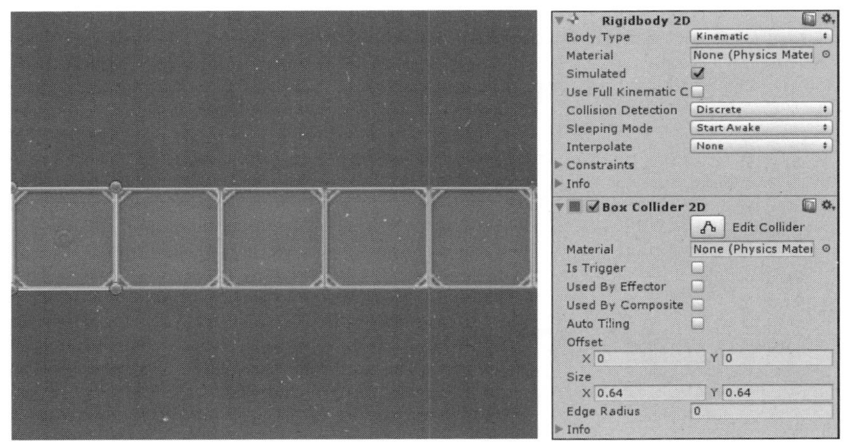

图 5-25　设置地面

步骤 05 创建一个 Sprite 作为球，添加 Rigidbody 2D 组件，将【Body Type】设为【Kinematic】，我们将在后面使用脚本打开这个选项。在菜单栏中选择【Component】→【Physics 2D】→【Circle Collider 2D】，添加一个 2D 圆形碰撞体组件，如图 5-27 所示。

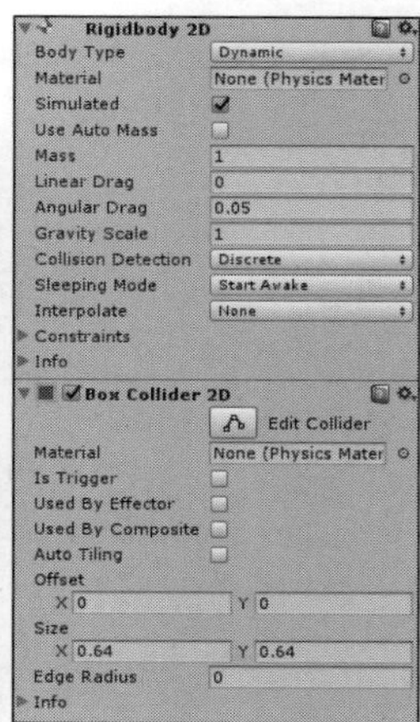

图 5-26　设置方块

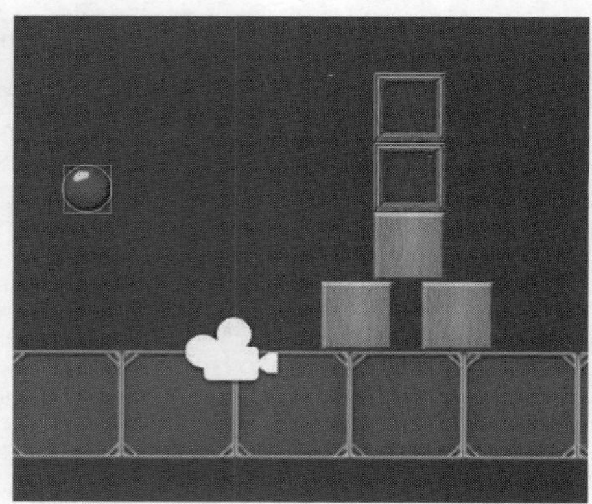

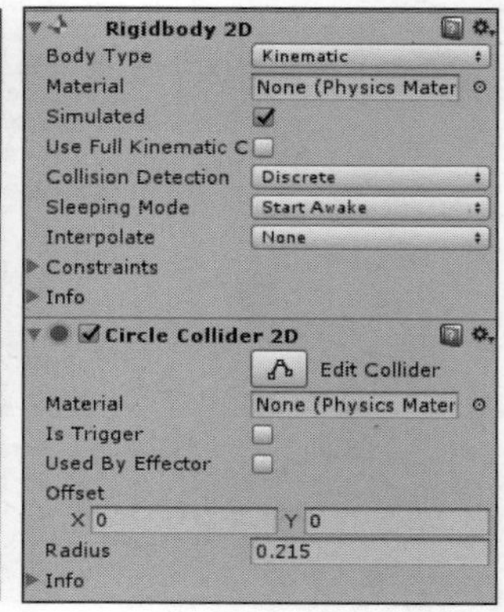

图 5-27　设置球

步骤 06 选中球的 Sprite，添加脚本 Ball.cs，添加代码如下：

```
public class Ball : MonoBehaviour {

    // 是否单击到球
    bool m_isHit = false;

    // 单击球时的位置
    Vector3 m_startPos;
    // Sprite 渲染器
    SpriteRenderer m_spriteRenderer;

    void Start () {
        m_spriteRenderer = this.GetComponent<SpriteRenderer>();
    }
}
```

步骤 07 添加 IsHit 函数，判断当前鼠标位置（在手机上就是手指的位置）是否碰到了球体的 Sprite，代码如下：

```
bool IsHit()
{
    m_isHit = false;
    // 获得鼠标位置
    Vector3 ms = Input.mousePosition;
    // 将鼠标位置由屏幕坐标转为世界坐标
    ms = Camera.main.ScreenToWorldPoint(ms);
    // 获得球的位置
    Vector3 pos = this.transform.position;
    // 获得球 Sprite 的宽和高（注意宽和高不是图片像素值的宽和高）
    float w = m_spriteRenderer.bounds.extents.x;
    float h = m_spriteRenderer.bounds.extents.y;
    // 判断鼠标的位置是否在 Sprite 的矩形范围内
    if (ms.x > pos.x - w && ms.x < pos.x + w &&
        ms.y > pos.y - h && ms.y < pos.y + h)
    {
        m_isHit = true;
        return true;
    }
    return m_isHit;
}
```

步骤 08 在 Update 函数中添加代码如下，先通过按住鼠标记录鼠标起始位置，再通过释放鼠标记录结束位置，通过两个位置算出矢量方向，给球加一个力，发射出去。

```
void Update () {
    // 如果单击鼠标左键并且碰到球
    if (Input.GetMouseButtonDown(0) && IsHit() )
    {
        // 记录位置
        m_startPos = Input.mousePosition;
    }
    // 当释放鼠标
    if (Input.GetMouseButtonUp(0) && m_isHit)
    {
        Vector3 endPos = Input.mousePosition;

        Vector3 v = (m_startPos - endPos) * 3.0f;
        // 将 body type 设为 Dynamic
        this.GetComponent<Rigidbody2D>().bodyType = RigidbodyType2D.Dynamic;
        // 向球加一个力
        this.GetComponent<Rigidbody2D>().AddForce(v);
    }
}
```

运行程序，选中球向后滑动鼠标，释放鼠标会将球射出，如果碰到方块，会将方块弹飞，如图 5-28 所示。本节的示例工程文件保存在资源文件目录 c05_2dgame 的 2d physics 场景中。

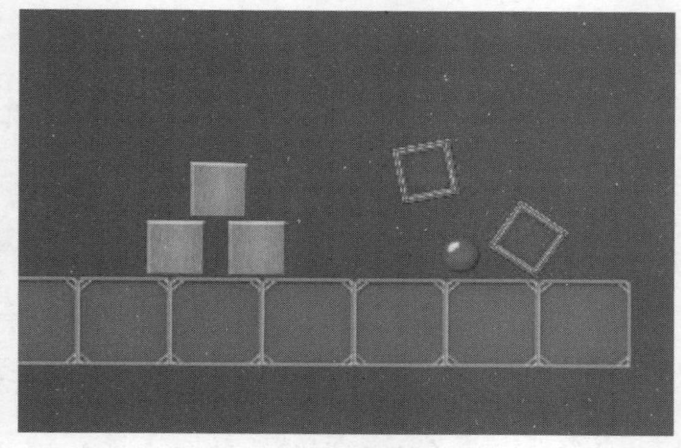

图 5-28　物理碰撞

5.5　捕鱼游戏

5.5.1　游戏玩法

接下来，我们将使用 Unity 的 2D 功能完成一个相对完整的 2D 游戏实例。游戏的玩法比较简单，在屏幕上有很多不同的鱼来回游动，我们的任务则是操作屏幕下方的一门大炮向鱼群开火，将鱼消灭（或称捕获）。

5.5.2　准备 2D 资源

步骤 01 新建一个工程，复制资源文件目录 rawdata\2d\fishgame 下的所有图片到当前工程目录中，这里包括背景、鱼、大炮、特效等图片，如图 5-29 所示。

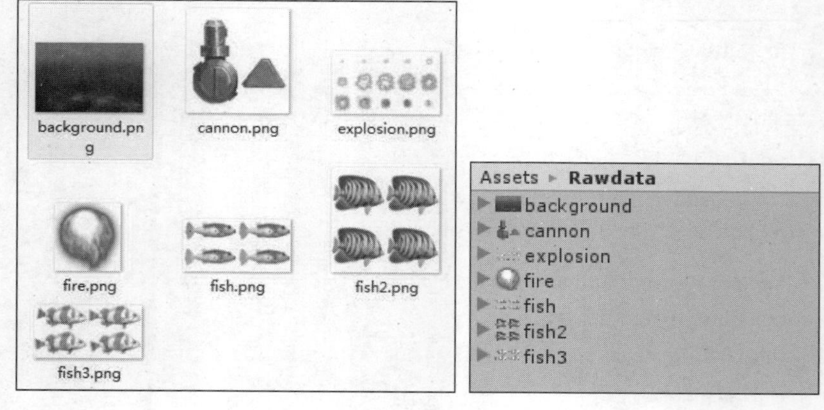

图 5-29　图片资源

步骤 02 将鱼、大炮和爆炸效果的 Sprite 设为 Multiple，使用 Sprite Editor 进行切割，注意大炮的 Sprite 需要将轴心点设置到炮的圆轴中心，如图 5-30 所示。

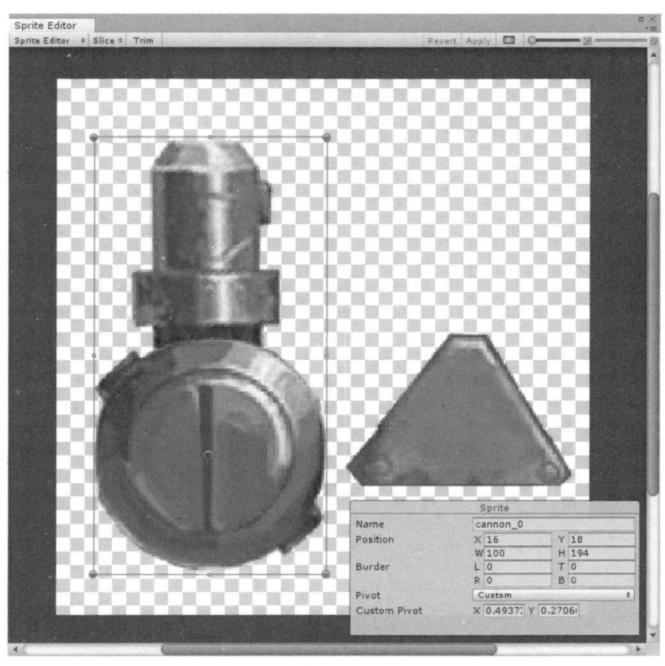

图 5-30 设置大炮的轴心点

步骤 03 将背景和大炮的 Sprite 放到场景中，在菜单栏中选择【Edit】→【Project Settings】→【Tags And Layers】，在 Sorting Layers 创建三个新层，然后选择背景和大炮的 Sprite，将背景设到 background 层，将大炮设到 weapon 层，如图 5-31 所示。

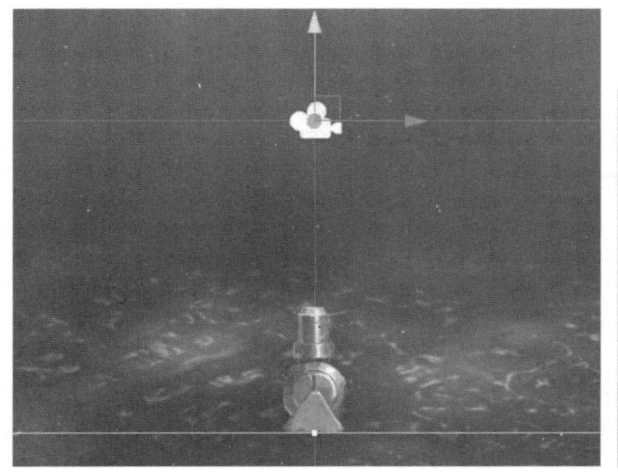
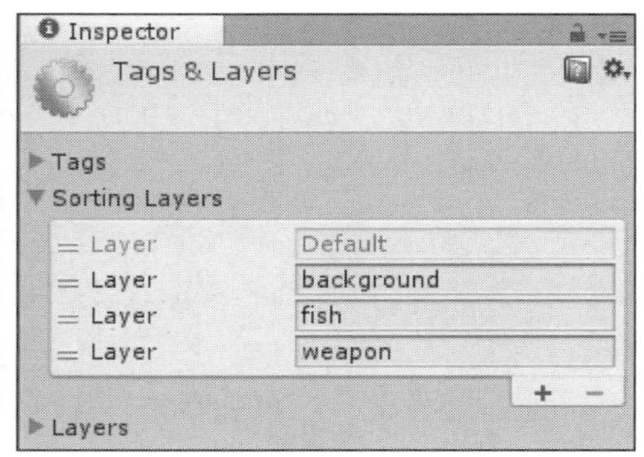

图 5-31 设置背景和层

步骤 04 同时选择鱼的 Sprite，将其拖放到场景中，这时会自动创建序列帧动画。使用相同的方式为所有的鱼和爆炸制作动画，如图 5-32 所示。

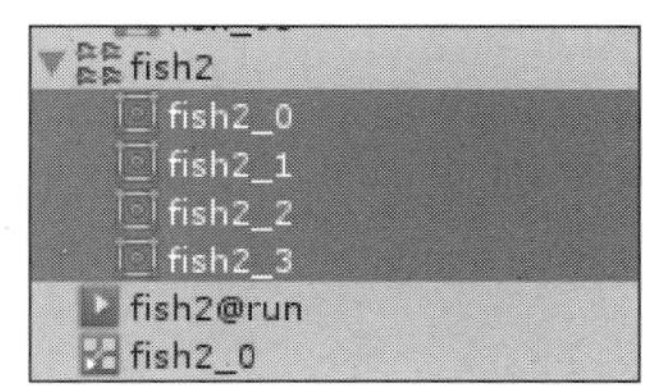

图 5-32 创建动画

步骤 05 为开火、带有动画的鱼和爆炸 Sprite 制作 Prefab，并存放到 Resources 文件夹内，如图 5-33 所示。将鱼 Sprite 的 Sorting Layer 设为 fish，将开火和爆炸设为 weapon。创建完成 Prefab 后，可以删除场景中的 Sprite。

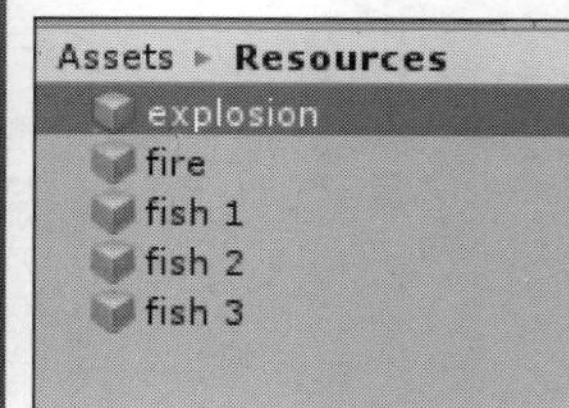

图 5-33　制作 Prefab

5.5.3　创建鱼

在准备好美术资源后，我们将使用脚本创建一条会游来游去的鱼。

步骤 01　创建脚本 Fish.cs，代码如下：

```
public class Fish : MonoBehaviour {

    protected float m_moveSpeed = 2.0f; // 鱼的移动速度
    protected int m_life = 10;   // 生命值

    public enum Target   // 移动方向
    {
        Left=0,
        Right=1
    }
    public Target m_target = Target.Right;            // 当前移动目标（方向）
    public Vector3 m_targetPosition;                  // 目标位置

    public delegate void VoidDelegate( Fish fish );
    public VoidDelegate OnDeath;                      // 鱼死亡回调

    // 静态函数，创建一个 Fish 实例
    public static Fish Create(GameObject prefab, Target target, Vector3 pos )
    {
        GameObject go = (GameObject)Instantiate(prefab, pos, Quaternion.identity);
        Fish fish = go.AddComponent<Fish>();
        fish.m_target = target;

        return fish;
    }
    // 受到伤害
    public void SetDamage( int damage )
    {
        m_life -= damage;
        if (m_life <= 0)
        {
```

```
                GameObject prefab = Resources.Load<GameObject>("explosion");
                GameObject explosion = (GameObject)Instantiate(prefab, this.transform.position,
                                        this.transform.rotation);  // 创建鱼死亡时的爆炸效果
                Destroy(explosion, 1.0f);  // 1 秒后自动删除爆炸效果
                OnDeath(this);  // 发布死亡消息
                Destroy(this.gameObject);  // 删除自身
            }
        }
        void Start () {
            SetTarget();
        }
        // 设置移动目标
        void SetTarget()
        {
            // 随机值
            float rand = Random.value;

            // 设置 Sprite 翻转方向
            Vector3 scale = this.transform.localScale;
            scale.x = Mathf.Abs(scale.x) * (m_target == Target.Right ? 1 : -1);
            this.transform.localScale = scale;

            float cameraz = Camera.main.transform.position.z;
            // 设置目标位置
            m_targetPosition = Camera.main.ViewportToWorldPoint(new Vector3((int)m_target,
                        1 * rand, -cameraz));
        }

        void Update () {
            UpdatePosition();
        }
        // 更新当前位置
        void UpdatePosition()
        {
            Vector3 pos = Vector3.MoveTowards(this.transform.position, m_targetPosition,
                                    m_moveSpeed*Time.deltaTime);
            if (Vector3.Distance(pos, m_targetPosition) < 0.1f) // 如果移动到目标位置
            {
                m_target = m_target==Target.Left ? Target.Right : Target.Left;
                SetTarget();
            }
            this.transform.position = pos;
        }
}
```

在实际项目中，不能在 Update 中使用 Resources.Load: Instantiate 和 Destroy 函数，通常要使用缓存池减少游戏运行中的内存请求和释放的开销。

步骤 02 为了观察一下脚本的效果，可以将 Resources 下鱼的 Prefab 拖入场景，指定 Fish.cs 脚本。运行游戏，则会看到鱼在场景中来回游动。

5.5.4 创建鱼群生成器

步骤 01 创建脚本 FishSpawn.cs，用来生成鱼群，代码如下：

```
public class FishSpawn : MonoBehaviour {
    // 生成计时器
    public float timer = 0;
    // 最大生成数量
    public int max_fish = 30;
    // 当前鱼的数量
    public int fish_count = 0;

    void Update () {
        timer -= Time.deltaTime;
        if (timer <= 0)
        {
            // 重新计时
            timer = 2.0f;

            // 如果鱼的数量达到最大数量则返回
            if (fish_count >= max_fish)
                return;

            // 随机 1、2、3 产生不同的鱼
            int index = 1 + (int)(Random.value * 3.0f);
            if (index > 3)
                index = 3;
            // 更新鱼的数量
            fish_count++;
            // 读取鱼的 prefab
            GameObject fishprefab = (GameObject)Resources.Load("fish " + index);

            float cameraz = Camera.main.transform.position.z;
            // 鱼的初始随机位置
            Vector3 randpos = new Vector3(Random.value, Random.value, -cameraz);
            randpos = Camera.main.ViewportToWorldPoint(randpos);

            // 鱼的随机初始方向
            Fish.Target target = Random.value > 0.5f ? Fish.Target.Right : Fish.Target.Left;
            Fish f = Fish.Create(fishprefab, target, randpos);
```

```
                // 注册鱼的死亡消息
                f.OnDeath+=OnDeath;
            }
        }

    void OnDeath( Fish fish )
    {
        // 更新鱼的数量
        fish_count--;
    }
}
```

这里的代码主要集中在 Update 函数中，每隔 2 秒创建一条鱼，在创建的过程中，使用随机数随机鱼的初始位置、方向和鱼的 Prefab。

步骤 02 在菜单栏中选择【GameObject】→【Create Empty】，创建一个空游戏体，指定 FishSpawn.cs 脚本。运行游戏，会不断地出现新的鱼游来游去，如图 5-34 所示。

图 5-34 鱼群

5.5.5 创建子弹和大炮

现在，游戏中已经有足够的鱼供我们捕猎了，接下来将创建子弹和大炮的功能。

步骤 01 在创建大炮之前，先要完成子弹的脚本。创建脚本 Fire.cs，添加代码如下：

```
public class Fire : MonoBehaviour {
    // 移动速度
    float m_moveSpeed = 10.0f;

    // 创建子弹实例，注意，在实际项目的 Update 中不建议使用 Resources.Load, Instantiate 和 Destroy
    public static Fire Create( Vector3 pos, Vector3 angle )
    {
        // 读取子弹 Sprite prefab
        GameObject prefab = Resources.Load<GameObject>("fire");
```

```
        // 创建子弹 Sprite 实例
    GameObject fireSprite = (GameObject)Instantiate(prefab, pos, Quaternion.Euler(angle));
        Fire f = fireSprite.AddComponent<Fire>();
        Destroy(fireSprite, 2.0f);
        return f;
    }

    void Update () {
        // 更新子弹位置
        this.transform.Translate(new Vector3(0, m_moveSpeed * Time.deltaTime, 0));
    }

    void OnTriggerEnter2D(Collider2D other)
    {
        Fish f =other.GetComponent<Fish>();
        if (f == null)
            return;
        else    // 如果击中鱼
            f.SetDamage(1);
        Destroy(this.gameObject);
    }
}
```

步骤 02 创建脚本 Canon.cs 实现大炮的逻辑，添加代码如下：

```
public class Cannon : MonoBehaviour {

    // 射击计时器
    float m_shootTimer = 0;

    void Update () {
        UpdateInput();
    }

    void UpdateInput()
    {
        m_shootTimer -= Time.deltaTime; // 更新射击间隔时间计时

        // 获得鼠标位置
        Vector3 ms = Input.mousePosition;
        ms = Camera.main.ScreenToWorldPoint(ms);

        // 大炮的位置
        Vector3 mypos = this.transform.position;

        // 单击鼠标左键开火
        if (Input.GetMouseButton(0))
        {
            // 计算鼠标位置与大炮位置之间的角度
```

```
            Vector2 targetDir = ms - mypos;
            float angle = Vector2.Angle(targetDir, Vector3.up);
            if (ms.x > mypos.x)
                angle = -angle;
            this.transform.eulerAngles = new Vector3(0, 0, angle);

            if (m_shootTimer <= 0)
            {
                m_shootTimer = 0.1f;  // 每隔 0.1 秒可以射击一次

                // 开火，创建子弹实例
                Fire.Create(this.transform.TransformPoint(0, 1, 0), new Vector3(0, 0, angle));
            }
        }
    }
}
```

在 UpdateInput 函数中，计算出大炮到鼠标位置的角度，旋转大炮并发射子弹。运行游戏，单击鼠标左键发射子弹，如图 5-35 所示。

图 5-35　发射子弹

5.5.6　物理碰撞

现在虽然大炮可以发射子弹，但还不能消灭鱼。接下来我们将添加碰撞功能，使子弹可以碰撞到鱼。

步骤 01　在 Resources 文件夹中选择鱼的 Prefab，为它们添加 Rigidbody 2D 和 Polygon Collider 2D 组件，将【Body Type】设为【Kinematic】，将【Is Trigger】复选框选中，单击【Edit Collider】按钮可以改变多边形碰撞体顶点位置或增加顶点，按住 Ctrl 键可以删除顶点，如图 5-36 所示。

步骤 02　重复步骤（1）的操作对子弹 Prefab 做同样的处理。

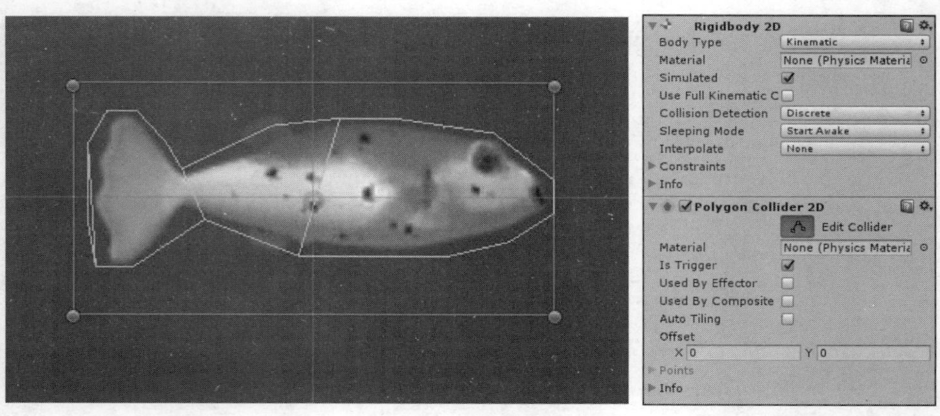

图 5-36　设置鱼的碰撞

运行游戏，子弹现在可以打到鱼了，最后的效果如图 5-37 所示。

图 5-37　2D 的爆炸效果

这个示例到这里就结束了，如果深入做下去，还可以添加不同的大炮、不同的鱼、得分系统等。本节的示例工程文件保存在资源文件目录 c05_fish2d。

5.6　2D 材质

5.6.1　修改 Sprite 颜色

尽管 Sprite 多用于 2D 游戏，但它也有自己的材质和 Shader。下面的代码获取了 SpriteRenderer 的默认 material，并修改了默认的颜色，使 Sprite 的颜色变为红色。

```
SpriteRenderer render = this.GetComponent<SpriteRenderer>();
render.material.color = new Color(1, 0, 0, 1);
```

5.6.2 自定义的黑白效果材质

2D 游戏中一种常见的效果就是将图片变为黑白色。为了实现这种效果，需要修改默认的 Sprite 材质，步骤如下：

步骤01 在 http://unity3d.com/unity/download/archive/站点下载最新的 Unity 官方 shader 源代码，在本示例工程中提供的 builtin_shaders.zip 包括 Unity5.5.2 版本的 Shader 源代码。

步骤02 解压 shader 压缩包，找到 Sprites-Default.shader 文件并导入到 Unity 工程中。

步骤03 双击 Sprites-Default.shader 修改它的代码，先修改第一行，将 Shader 的名字重命名，这里改为 Sprite/Gray，然后修改 fixed4 frag(v2f IN)函数，添加两行代码，使输出的颜色变成灰度显示，如下所示：

```
Shader "Sprites/Gray"
fixed4 frag(v2f IN) : SV_Target
{
    fixed4 c = SampleSpriteTexture (IN.texcoord) * IN.color;
    c.rgb *= c.a;
    // 添加的代码
    float gray = dot(c.xyz, float3(0.299, 0.587, 0.114));
    c.xyz = float3(gray, gray, gray);

    return c;
}
```

步骤04 创建一个新的 Material 指定给 Sprite，并使用自定义的黑白效果 Shader，即可使图片变为黑白色。也可以通过代码动态地改变 shader 实现该效果，代码如下：

```
SpriteRenderer render = this.GetComponent<SpriteRenderer>();
render.material.shader = Shader.Find("Sprites/Gray");
```

本节的示例工程文件保存在资源文件目录 c05_2dgame 的 change shader 场景中。

5.7 小　　结

本章介绍了 Unity 在 2D 游戏中的应用，包括创建 Sprite、不同的动画方式、2D 物理的应用，最后还通过一个较为完整的实例，介绍了如何创建一个 2D 捕鱼游戏。尽管我们在这里是开发 2D 游戏，但因为 Unity 也是一个 3D 游戏引擎，我们也可以在 3D 的模式下使用 2D 功能，创造出 3D、2D 混合的图形效果。

第 6 章

与Web服务器的交互

使用 Unity 开发网络游戏，仅使用 Unity 开发前端应用是不够的，本章将介绍 Web 后端开发的相关内容，包括 Web 后端服务器的软件安装、配置和数据库等，并结合 Unity 的网络功能与后端进行数据通信。

本章内容既适合开发者独立完成游戏前后端网络通讯，也适合 Unity 程序员自行搭建后端环境调试、测试前端的网络代码。

6.1　Web 服务器简介

“弱联网”游戏是时下很流行的一种游戏类型，通常采用 HTTP 协议进行网络通信。

HTTP（Hypertext Transport Protocol）协议也称为超文本协议，是目前应用最广泛的一种网络通信协议，所有 Web 服务器的通信都必须遵循这个协议。最初只是用来定义如何接收、发布 HTML 页面。

HTTP 协议的特点是每次客户端与服务端收发消息都需要重新建立连接，完成数据交换后立即断开连接，服务端程序无法主动连接客户端，也不去维持与客户端的连接状态，因此网络通信不具备实时性，功能上受到一定局限，但开发相对比较容易。

目前采用 HTTP 协议制作的网络游戏，多采用 Web（网页）服务器作为后端，Unity 主要负责客户端的表现（也称前端），游戏运行中用到的很多数据都存放在 Web 服务器上。

在 Unity 中实现基于 HTTP 协议的网络功能，必须要有一台 Web 服务器进行响应，为了能够帮助不了解服务器编程的 Unity 程序员快速上手，本章特别介绍了如何快速创建一个 Web 服务器，使 Unity 实现与 Web 服务器的交互，如注册、登录、游戏分数排行榜等常见功能。

在本章中，我们把 Unity 游戏作为前端，使用 WWW 类提供的 HTTP 通讯功能与 Web 服务器进行通信，下载服务器数据到 Unity 游戏中，也可以上传游戏数据到服务器上并保存在数据库中。

WWW 类是属于 Unity 引擎内置的功能，主要用来向 Web 服务器发起 HTTP 请求，可以轻松实现具有网络功能的游戏。

Web 服务器是指遵循 HTTP 协议的服务器端，通常会采用 IIS（仅支持 Windows）、Apache、Nginx 等服务器软件（也可能自行开发一个基于 HTTP 协议的服务端程序），这些服务器软件同时支持多种脚本语言进行编程，实现具体的逻辑功能。比较流行的 Web 服务器脚本语言包括以下 4 种。

- Asp.Net 平台：它是微软的 Web 框架，支持 C#、Basic 等语言。一般只适合运行在 Windows 的 IIS 上面。
- JSP：采用 Java 语言的 Web 开发平台。
- PHP：专门的 Web 脚本语言。
- Python：也是一种流行的脚本语言，使用 Python 开发 Web 服务器通常需要使用一些框架，如 Django 等。

其中 PHP 是使用相对广泛的一种 Web 语言，且容易学习。本章将使用 PHP 作为服务器语言与 Unity 游戏进行通讯。

除了 PHP，还需要安装服务器软件 Apache，数据库软件 MySQL，用于缓存数据的软件 Redis（作为练习，不是必要的）。这些软件都是免费的，并可以运行于 Linux 系统中。

6.2 在 Windows 上安装部署 Apache

6.2.1 安装 Apache

Apache 是著名的 Web 服务器软件，由于其跨平台和安全性被广泛使用。针对产品环境来说，它主要运行于 Linux 系统中。为了方便开发，这里将介绍在 Windows 系统中安装 Apache 的步骤（用于最终产品通常是使用 Linux 操作系统）。

步骤 01 推荐到 http://www.apachelounge.com/中下载编译好的 Windows 版本 Apache。

步骤 02 解压下载的 Apache 压缩包。为了使默认的配置可以正常工作，建议解压到 C 盘，确定将 Apache24（版本不同，名称可能不同）这个目录置于 C 盘根目录。在命令行中输入 cd 命令浏览到 Apache 的 bin 目录，输入 httpd- k install 安装 Apache 服务（需要管理员权限），然后输入 httpd- k start 命令启动 Apache 服务，如图 6-1 所示。

步骤 03 打开 web 浏览器，输入 localhost 或 127.0.0.1（本地地址），如果看到如图 6-2 所示的页面，就说明 Apache 已经开始工作了。

```
c:\Apache24\bin>httpd -k start
```

图 6-1 启动 Apache 服务

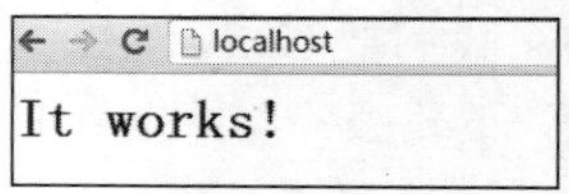

图 6-2 默认的网页页面

在启动 Apache 的过程中，经常会遇到不能启动 Apache 服务的情况，其中比较常见的原因是默认的 80 端口被占用。这种情况需要关闭占用 80 端口的软件，打开命令行窗口，输入 netstat –a –n -o，找到使用 80 端口的 PID，如图 6-3 所示，PID 为 4724 的程序占用了 80 端口。

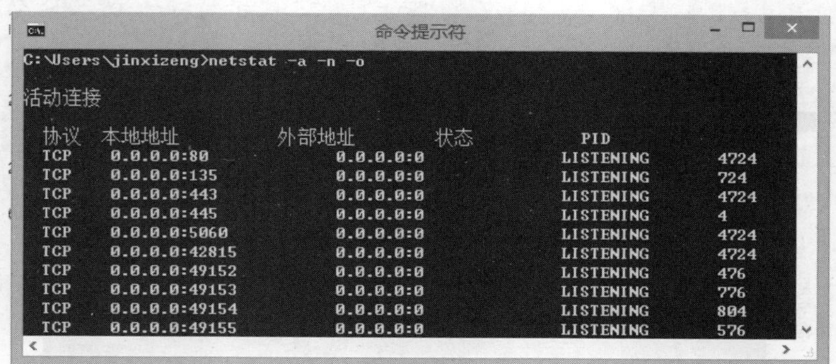

图 6-3 占用 80 端口的程序

在“任务管理器”窗口中根据 PID 找到占用 80 端口的程序并将其关闭，如图 6-4 所示，然后重新启动 Apache 服务器即可（不同的 Windows 版本，这里的界面显示可能不同）。

如果需要从外网访问 Apache，不要忘记在防火墙中加入 Apache 安装目录 bin 下面的 httpd.exe，使其通过防火墙。

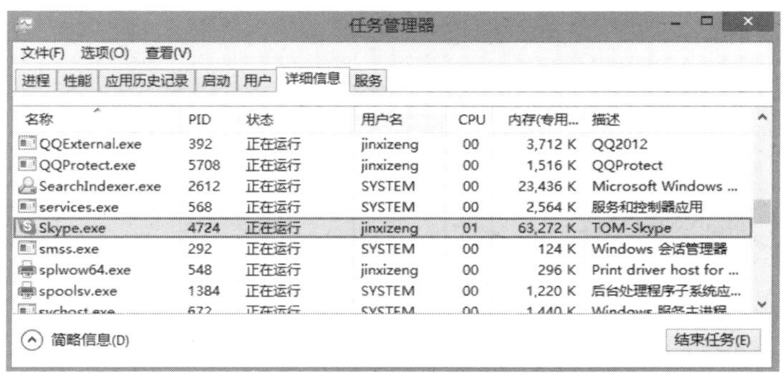

图 6-4　关闭占用 80 窗口的程序

6.2.2　Apache 常用命令

Apache 的操作没有图形界面，只能通过命令行去执行。下面列出了一些常用命令，这些命令同样适用于 Linux 系统中。

- httpd- k start：启动 Apache 服务器。
- httpd- k restart：重新启动 Apache 服务器。
- httpd- k stop：停止 Apache 服务器的运行。
- httpd -V：查看 Apache 版本信息。
- httpd -M：查看读入的模块。

6.2.3　安装 MySQL

通常 Web 服务端程序只能将数据保存在数据库或缓存中，所以必须安装一个数据库软件。MySQL 是最流行的关系型数据库软件之一，体积小，速度快，并且可以免费使用，使用 MySQL 搭配 Apache 和 PHP 开发 Web 服务器是最常见的一种选择。MySQL 的安装步骤如下：

步骤 01　到 MySQL 的官方网站 http://dev.mysql.com/downloads/中下载 Windows 版本的 MySQL 安装包，本书示例使用的是 5.7 版本。

步骤 02　根据提示安装 MySQL，要确认安装了 MySQL Workbench 组件（管理 MySQL 的图形化工具），也可以选择完整安装。

步骤 03　安装完成后，要对 MySQL 进行设置。如图 6-5 所示，Config Type（服务器类型）默认为 Development Machine（作为开发机），Port Number（通讯端口）默认为 3306。

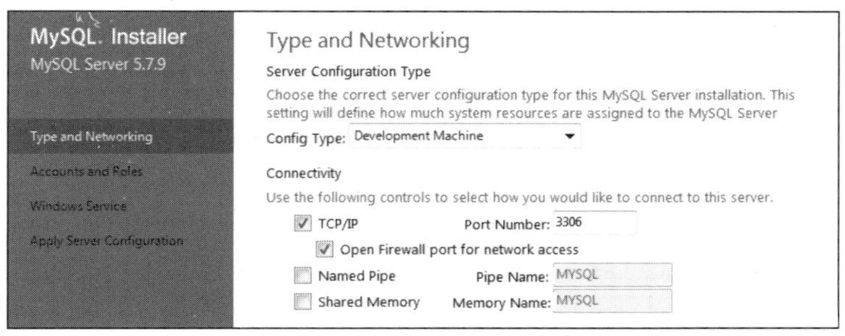

图 6-5　设置服务器类型和通讯端口

步骤 04　设置管理员密码，这个密码后面会经常用到，一定要记住，如图 6-6 所示。

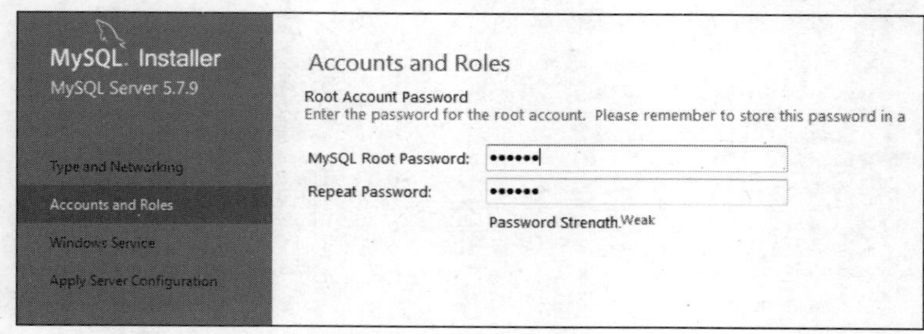

图 6-6　设置管理员密码

步骤 05　选中 Start the MySQL Server at System Startup 复选框，会在系统启动时自动启动 MySQL 服务，如图 6-7 所示。

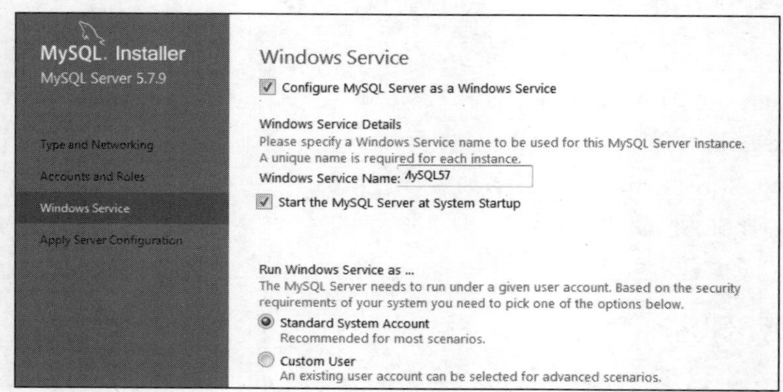

图 6-7　设置自动启动 MySQL 服务

步骤 06　最后执行 MySQL 的设置，全部通过表示成功启动 MySQL 服务，如图 6-8 所示。

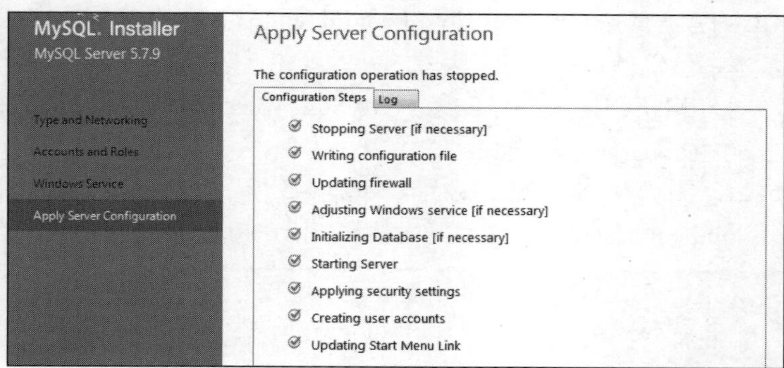

图 6-8　成功启动 MySQL 服务

步骤 07　安装完成后，可以先简单测试一下数据库功能。在“开始”菜单选择 MySQL 5.7 Command Line Client（版本不同，名称可能也不同），启动 MySQL 命令行窗口，输入管理员密码，进入 MySQL 命令行模式，输入 SQL 命令（show databases;）并按 Enter 键，显示出默认的数据库，如图 6-9 所示。

```
MySQL 5.7 Command Line Client
Enter password: ******
Welcome to the MySQL monitor.  Commands end with ; or \g.
Your MySQL connection id is 5
Server version: 5.7.9-log MySQL Community Server (GPL)

Copyright (c) 2000, 2015, Oracle and/or its affiliates. All rights reserved.

Oracle is a registered trademark of Oracle Corporation and/or its
affiliates. Other names may be trademarks of their respective
owners.

Type 'help;' or '\h' for help. Type '\c' to clear the current input statement.

mysql> show databases;
+--------------------+
| Database           |
+--------------------+
| information_schema |
| mysql              |
| performance_schema |
| sys                |
+--------------------+
4 rows in set (0.00 sec)

mysql> _
```

图 6-9　显示默认的数据库

6.2.4　安装 PHP

PHP 是英文超级文本预处理语言（Hypertext Preprocessor）的缩写，它是一种 HTML 内嵌式语言，主要运行在服务器端，基本语法与 C 语言有些像，被广泛运用。安装 Windows 版本 PHP 的步骤如下：

步骤 01　http://php.net/是 PHP 的官方网址，PHP 有多种版本，到 http://windows.php.net/中下载 Windows 版本的 PHP，注意编译 PHP 的 VC 版本和编译 Apache 的版本要一致。在 Windows 系统中，如果使用 Apache 作为服务器，只能下载线程安全版本的 PHP，目前最新版本为 PHP 7。解压下载的压缩包到 C 盘，确定将 PHP 根目录名称设为“php”。

步骤 02　在 PHP 文件夹内找到 php.ini-development 文件（应用于发布环境要使用 php.ini-production），将其备份并更名为 php.ini。使用文本编辑器打开 php.ini 文件，找到 extension_dir = "./"，在这里设置 PHP 扩展路径，如下所示：

```
extension_dir = "c:/php/ext"
```

步骤 03　在 php.ini 文件中找到;extension=php_mysql.dll（PHP 7 已经去掉了这个配置）、extension=php_mysqli.dll 和;extension=php_pdo_mysql.dll，分别将前面的;（分号）去掉启用 MySQL 扩展，然后保存文件，如下所示：

```
extension=php_mysql.dll
extension=php_mysqli.dll
extension=php_pdo_mysql.dll
```

步骤 04　在 Apache 的安装目录/Apache24 /conf 中找到 httpd.conf 文件，使用文本编辑器将其打开。在 httpd.conf 文件末端添加如下脚本，注意脚本内容需要对应当前安装的 PHP 或 Apache 版本：

```
LoadModule php7_module "c:/php/php7apache2_4.dll"
AddHandler application/x-httpd-php .php

# configure the path to php.ini
```

```
PHPIniDir "c:/php/"
<FilesMatch \.php$>
      SetHandler application/x-httpd-php
</FilesMatch>
```

步骤 05 网站根目录默认存放在 Apache 安装目录下的 htdocs 中。在 httpd.conf 文件中找到 DocumentRoot，可以自定义网站的默认位置，如下所示：

```
DocumentRoot "d:/web"
<Directory "d:/web">
```

现在，d:/web 路径即作为网站的根目录。如果在一台主机上添加多个不同域名的网站，在配置文件 httpd.conf 中找到 LoadModule vhost_alias_module modules/mod_vhost_alias.so，将前面的；（分号）去掉启用虚拟地址，然后参考文件 extra/ httpd-vhosts.conf 中的虚拟地址示例添加虚拟地址即可。

步骤 06 网站的默认启动页是 index.html，在 httpd.conf 文件中查找“<IfModule dir_module>”，添加“DirectoryIndex index.php”，使 index.php 文件也可以作为网站的启动页面，如下所示：

```
<IfModule dir_module>
    DirectoryIndex index.html
    DirectoryIndex index.php
</IfModule>
```

步骤 07 进入 Apache 安装目录，执行 bin 目录中的 httpd 重新启动 Apache 服务。

```
bin\httpd –k restart
```

6.2.5 安装 Redis

频繁访问数据库的代价很大，因此现在的 Web 开发还需要选择一种缓存技术来提高性能，比较流行的有 Redis 和 Memcache，目前 Redis 的势头更好一些。使用 Redis，可以将数据通过类似字典的形式缓存到内存中，对提高服务器的吞吐能力有很大帮助。

Redis 的官方网站只提供了 Linux 版本，为了方便在 Windows 系统中开发调试，我们需要安装一个 Windows 版本的 Redis。

到微软的官方开源技术站点 https://github.com/MSOpenTech/redis 中下载 Windows 版本的 Redis 安装包，直接运行安装即可。

使用命令行进入 Redis 的安装目录，输入如下命令即可启动 Redis。

```
redis-server.exe   redis.windows.conf
```

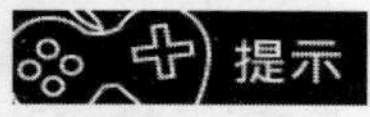

redis.windows.conf 是 Redis 的配置文件，Windows 版本还有另外一个配置文件 redis.windows-service.conf（与 redis.windows.conf 的主要区别是设置了 syslog-enabled yes），如果使用这个配置文件启动 Redis，则可以将 Redis 加入到 Windows 服务中，随开机自动启动。

启动 Redis 后，运行 Redis 的客户端软件 redis-cli.exe，就可以使用 Redis 的命令操作 Redis 了。如图 6-10 所示，set 是 Redis 命令，设置一个键为 user，值为 helloworld 的数据，使用 get 命令获得键为 user 的值。

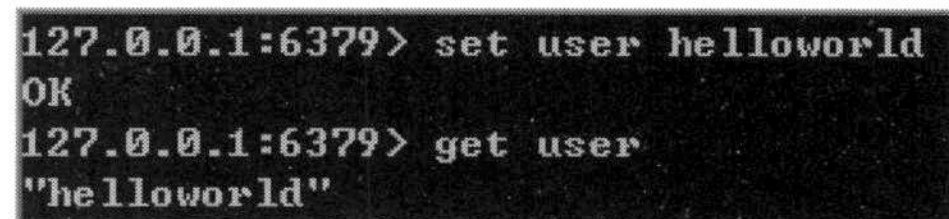

127.0.0.1:6379> set user helloworld
OK
127.0.0.1:6379> get user
"helloworld"

图 6-10　执行 Redis 命令

在 Redis 客户端中输入 shutdown，则可以关闭 Redis。如果 Redis 是作为 Windows 服务启动，也可以在控制面板中选择【管理工具】→【查看本地服务】命令，重新启动或停止运行 Redis。

安装好 Windows 版本的 Redis 后，我们还需要安装 PHP 的 Redis 扩展，以便能在 PHP 中访问 Redis。

phpredis 是由 C 语言实现的 PHP 扩展模块，自行在 Windows 上编译非常麻烦，好在有一个专门发布 PHP 扩展资源的好地方：http://pecl.php.net/。

在 http://pecl.php.net/站内搜索 Redis，可以找到 phpredis 的下载连接，选择下载安全的 DLL 版本，下载后将 php_redis.dll 复制到 C:\php\ext\内。

修改 php.ini 文件，添加 Redis 扩展的支持如下，然后重新启动 Apache 服务器。

```
extension=php_redis.dll
```

现在，可以在 PHP 代码中访问 Redis 了。

6.3　PHP 开发环境

6.3.1　第一个 PHP 程序

可以使用任何文本编辑器编写 PHP 脚本，并且各种专门的 PHP 代码编辑器也非常多。在本书中，我们将使用 NetBeans IDE 编写 PHP 脚本，可以到网上（https://netbeans.org/）免费下载，也可以查找相关资料，选择其他工具，如 PhpStorm。

接下来，我们将创建一个简单的 PHP 工程，并在网页页面上显示出当前安装的 PHP 相关信息。

步骤 01　启动 NetBeans IDE，新建 PHP 项目，目录位置要和 Apache 设置的 DocumentRoot 位置一致，比如 DocumentRoot 的目录是 D:/web/，则工程目录也设为 D:/web，如图 6-11 所示。

步骤 02　设置项目根目录对应的 URL 为 http://localhost，即本地主机地址，如图 6-12 所示。

名称和位置
项目名称(N)：web
源文件夹(S)：D:\web　浏览(R)...
PHP 版本(P)：PHP 5.6
PHP 版本仅用于提示
默认编码(D)：UTF-8

图 6-11　新建 PHP 工程

运行方式(R)：本地 Web 站点（在本地 Web 服务器上运行）
项目 URL(U)：http://localhost

图 6-12　设置根目录对应的 URL

步骤03 在项目根目录创建一个 PHP 脚本 index.php。PHP 代码的开头和结束要用<?php 和?>。然后输入代码 phpinfo()；该函数的作用是在网页页面上显示出当前安装的 PHP 设置信息。

```
<?php
phpinfo();
?>
```

步骤04 按 F6 键或手动打开浏览器，输入本地网址 http://localhost 或 127.0.0.1。

现在，在网页页面上将会显示出相应的 PHP 设置信息，如图 6-13 所示。在这个页面上还会显示出 MySQL 或 Redis 等扩展信息，如果找不到，说明 PHP 或 MySQL 的设置出现了问题，将不能正常使用 MySQL 数据库。

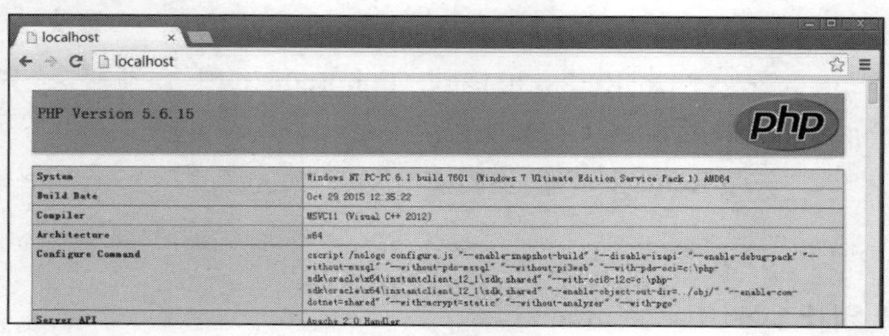

图 6-13 显示 PHP 设置信息

6.3.2 调试 PHP 代码

NetBeans 需要安装相应的插件才能对 PHP 代码进行调试，这里使用的插件是 xdebug，我们将通过它来调试 PHP 代码。

步骤01 到 http://www.xdebug.org/中下载 xdebug，它是一个.dll 文件，注意版本要与当前使用的 PHP 版本一致。下载后将其复制到 C:\php\ext 目录内。

步骤02 打开 php.ini，将 output_buffering 设为 off 取消在延迟显示脚本输出；然后在 php.ini 中添加 xdebug 的配置（注意版本不同，xdebug 的名字可能也不一样）；最后重启 Apache 服务器使 xdebug 有效。

```
output_buffering = off

zend_extension="C:/php/ext/php_xdebug-2.4.0-7.0-vc14-x86_64.dll"
xdebug.remote_enable=on
xdebug.remote_handler=dbgp
xdebug.remote_host=localhost
xdebug.remote_port=9000
```

步骤03 执行 phpinfo()，会看到 Xdebug 的信息，如图 6-14 所示。

步骤04 现在我们可以开始对代码进行调试了，通常的步骤是按 Ctrl+F8 组合键设置断点，然后调试当前文件，代码会停留到断点的位置，按 F5 键继续或者按 F8 键单步执行，如图 6-15 所示。

xdebug	
xdebug support	enabled
Version	2.3.3
IDE Key	PC-PC$

图 6-14　显示 xdebug 设置信息

PHP 是弱类型语言，变量不需要声明类型就可以使用，有时可能会因为不小心拼写错误，导致程序存在不可预料的问题。在开发调试的过程中，确认在 php.ini 中启用了如下设置，当引用未声明的变量或其他语法错误就会看到报错提示信息。

```
error_reporting = E_ALL
display_errors = On
```

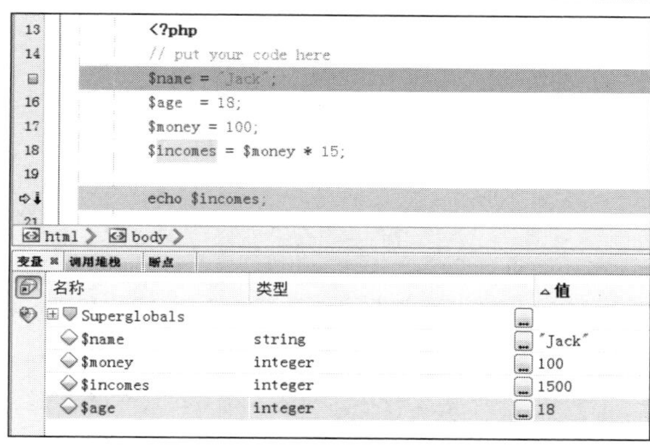

图 6-15　显示 PHP 代码调试信息

6.3.3　PHP 基本语法

下面是 PHP 的基本语法代码示例，对于不了解 PHP 的 Unity 程序员，该示例可以帮助快速上手 PHP 编程，从而完成本章后面的示例。

```
<?php    //注释使用双斜杠，与 C#一样，PHP 的代码必须由<?php 开始
$name = "Jack";  // 声明一个字符串变量，变量名开头必须用$，语句最后用;号结束
$number = 5 * 3 + (8 / 2);  // 基本的数学运算
if ($number>100){  // 判断语句
    echo "if ture"."<p>";  // echo 是最常用输出函数，注意连接字符串使用的是符号 .
}
else{
    echo "else false"."<p>";
}
for ($i=0; $i<5; $i++){  // for 循环语句
    echo "number:".$i."<p>";
}
while( $number>0 )  // while 循环
{
```

```
    echo "while:".$number."<p>";
    $number--;  // 自减
}
function functionname( $varname )  // 定义一个函数
{
    echo $varname;
}
functionname("hello,world<p>");  // 执行函数

$array = array("linux","mac","windows");  // 建立数组
//$array = ["linux","mac","windows"];  // 另一种建立数组的方式
$array[3] = "android";  // 添加更多元素
array_push($array, "iphone");  // 添加更多元素

print_r($array);  // 打印数组
echo '<p>';
foreach ($array as &$item)  // foreach 遍历数组
{
    echo  ‘<p>’ . $item .'</p>';
}

$array = array("name"=> "android", "resulotion"=>"1024", "price"=>1000);  // 创建字典数组
$array["vendor"] = "huawei";  // 添加更多字典元素
foreach( $array as $key => $value)  // foreach 遍历数组，打印出每项的键和值
{
    echo $key . ':' . $value .'<br>';
}

class People  // 定义一个类
{
    public $name = "Jack";  // 公有成员
    protected $money = 18;  // 保护成员
    private $age = 0;  // 私有成员
    function __construct($age)  // 使用关键字__construct 创建类的构造函数
    {
        $this->age = $age;  // 通过赋值初始化私有成员
        echo "<p>new People</P>";
    }
    function Say($something)  // 类的成员函数
    {
        echo $this->name.": ".$something."<p>";
    }
}
```

```
$p = new People(18);  // 创建一个对象，自动调用构造函数
$p->name = "David";  // 修改公有成员变量
$p->Say("Hello, How ar you?<p>");  // 调用成员函数
?>
```

在资源目录的 c06_PHPExample 中有该示例的 PHP 脚本供参考。

6.4　WWW 基本应用

本节将完成几个示例，在 Unity 程序中使用不同方式向 Web 服务器发送数据，Web 服务器收到数据后向 Unity 程序返回数据。

6.4.1　创建简单的 UI 界面

Unity 提供了一个叫 WWW 的类，它专门用来处理基于 HTTP 协议的客户端和服务器的网络传输。

使用 HTTP 协议传输数据有多种方式，其中最常用的是 GET 和 POST 方式。GET 方式会将请求的数据附加在 URL 后，POST 方式则是通过 FORM（表单）的形式提交。GET 方式默认规定最多只能传输 1024 个字节，POST 方式理论上则没有限制。

下面先创建一个简单的 UI 界面，提供两个按钮，分别用于使用 GET 和 POST 方式向服务器提交数据。

步骤 01　新建 Unity 工程，创建脚本 WebManager.cs，将其指定给场景中的任意游戏体。

步骤 02　为了能快速实现 UI 界面，我们将使用 Unity 的 OnGUI 功能创建界面（不建议在实际项目中使用该方式创建 UI）。在 WebManager.cs 中添加一个 m_info 属性和 OnGUI 函数显示 UI：

```
string m_info = "无数据";

void OnGUI()
{
    GUI.BeginGroup(new Rect(Screen.width * 0.5f - 100, Screen.height * 0.5f - 100, 500, 200), "");
    GUI.Label(new Rect(10, 10, 400, 30), m_info);
    // 创建 Get 按钮
    if (GUI.Button(new Rect(10, 50, 150, 30), "Get Data")){
    }
    // 创建 Post 按钮
    if (GUI.Button(new Rect(10, 100, 150, 30), "Post Data")){
    }
    GUI.EndGroup();
}
```

运行程序，在窗口中会出现两个按钮并显示“无数据”，如图 6-16 所示。我们将使用 Get

Data 和 Post Data 按钮分别通过 GET 和 POST 方式向 Web 服务器发送数据，然后服务器返回数据，传递给 m_info 属性显示在屏幕上。

图 6-16　两个按钮

6.4.2　GET 请求

下面我们使用 GET 方式向服务器提交数据，数据中包括一个用户名和一个密码，服务器收到后会返回一个字符串。

步骤 01 在 WebManager.cs 脚本中添加函数 IGetData()，注意函数的返回类型是迭代器 IEnumerator，我们将使用协程获取服务器返回数据。

```
IEnumerator IGetData()
{
    WWW www = new WWW("http://127.0.0.1/test.php?username=get&password=12345");
    yield return www;

    if (www.error != null)
    {
        m_info = www.error;
        yield return null;
    }
    m_info = www.text;
}
```

在这个函数中，首先创建一个 WWW 实例，使其向 IP 地址发送 GET 请求，跟随在 IP 地址后面的？用于附加数据。这里发送了两个 GET 数据：一个是 username；另一个是 password，它们的值分别是 get 和 12345。

yield return www 会等待 Web 服务器的反应，直到收到由服务器返回的数据。如果 WWW 实例的 error 属性不为空，Web 服务器返回的数据则会保存在 WWW 实例的 text 中。

步骤 02 在 OnGUI 函数中添加代码执行 IGetData 函数：

```
if (GUI.Button(new Rect(10, 50, 150, 30), "Get Data"))
{
    StartCoroutine(IGetData());
}
```

步骤 03 接下来，创建一个 PHP 脚本响应 WWW 的 GET 请求。新建 PHP 工程，在 Web 服务器根目录创建 test.php，并添加代码：

```
<?php

if ( isset($_GET['username'])   &&   isset($_GET['password']) )   // 处理 Get 请求
    echo 'username is '.$_GET['username'].' and password is '.$_GET['password'];
else
    echo "error!";
```

这是一段 PHP 代码，isset 函数用来判断是否收到相应的 GET 请求。如果收到了，则使用 echo 函数输出结果，并将其返回到 Unity 程序中。

> **提示** 在 PHP 中，使用“.”连接两个字符串而不是“+”。

在 Unity 中运行程序，单击 Get Data 按钮，会收到服务器返回的数据，结果如图 6-17 所示。

图 6-17　收到服务器返回的数据

6.4.3　POST 请求

使用 POST 提交数据的方式与 GET 类似，可以使用 Form 方式提交，代码如下。

步骤 01 在 WebManager.cs 脚本中添加函数 IPostData()：

```
IEnumerator IPostData()
{
    WWWForm form = new WWWForm();
    form.AddField("username", "post");
    form.AddField("password", "6789");

    WWW www = new WWW("http://127.0.0.1/test.php", form);

    yield return www;

    if (www.error != null)
    {
        m_info = www.error;
        yield return null;
    }

    m_info = www.text;
}
```

与 GET 不同的是，URL 中没有任何特殊的字符和特殊处理，数据都被保存在 Form 中提交了。

步骤 02 在 OnGUI 函数中添加代码执行 IPostData 函数：

```
if (GUI.Button(new Rect(10, 100, 150, 30), "Post Data"))
{
    StartCoroutine(IPostData());
}
```

步骤 03 修改 PHP 脚本，添加 POST 请求的响应：

```
<?php

if ( isset($_GET['username'])   &&   isset($_GET['password']) )   // 处理 Get 请求
    echo 'username is '.$_GET['username'].' and password is '.$_GET['password'];
else if ( isset($_POST['username'])   && isset($_POST['password']) )   // 处理 Post 请求
    echo 'username is '.$_POST['username'].' and password is '.$_POST['password'];
else
    echo "error!";
```

在 Unity 中运行程序，单击 Post Data 按钮，会收到服务器返回的数据，结果如图 6-18 所示。

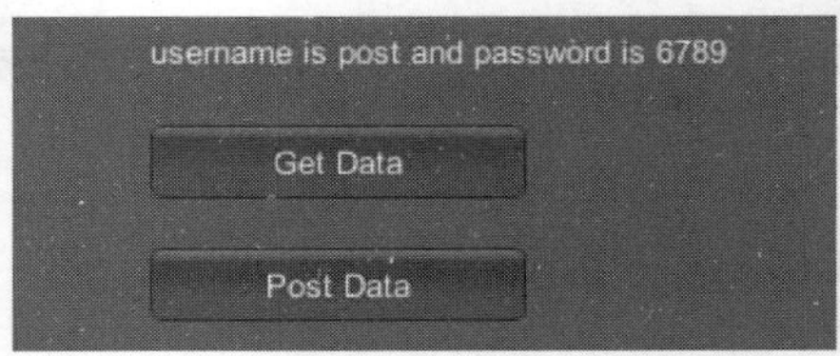

图 6-18 收到服务器返回的数据

6.4.4 上传下载图片

Unity 的 WWW 不但能上传、下载文本形式的数据，还可以上传、下载图片，在传输过程中，图片的信息需要转为二进制文本格式。

步骤 01 在 WebManager.cs 脚本中添加两个 Texture2D 属性，用于保存图片信息：

```
public Texture2D m_uploadImage;
protected Texture2D m_downloadTexture;
```

步骤 02 在当前工程中导入任意一张图片与 m_uploadImage 属性相关联，接下来将把这张图片上传到服务器，然后将其下载赋给 m_downloadTexture。

步骤 03 在 WebManager.cs 脚本中添加函数 IRequestPNG ()：

```
IEnumerator IRequestPNG()
{
    byte[] bs = m_uploadImage.EncodeToPNG();

    WWWForm form = new WWWForm();
    form.AddBinaryData("picture", bs, "screenshot", "image/png");

    WWW www = new WWW("http://127.0.0.1/test.php", form);

    yield return www;

    if (www.error != null)
    {
        m_info = www.error;
        yield return null;
    }
    m_downloadTexture = www.texture;
}
```

在这段代码中，使用 EncodeToPNG 函数将图片转为字节数组，使用 Post 方式将字节数组上传到 Web 服务器上，与之前不同的是，这一次上传的是 PNG 格式的图片。服务器端收到数据后会直接返回图片的文本信息，再将其指定给 m_downloadTexture。

步骤 04 在 OnGUI 函数中添加如下代码，用于显示下载的图片和提交图片：

```
if (m_downloadTexture != null)
{
    GUI.DrawTexture(new Rect(0, 0, m_downloadTexture.width,
        m_downloadTexture.height), m_downloadTexture);   // 显示下载的图片
}
if (GUI.Button(new Rect(10, 150, 150, 30), "Request Image"))
{
    StartCoroutine(IRequestPNG());   // 上传图片
}
```

步骤 05 继续修改 PHP 脚本：

```
<?php
if ( isset($_GET['username']) && isset($_GET['password']) ) // 处理 Get 请求
    echo 'username is '.$_GET['username'].' and password is '.$_GET['password'];
else if ( isset($_POST['username']) && isset($_POST['password']) ) // 处理 Post 请求
    echo 'username is '.$_POST['username'].' and password is '.$_POST['password'];
else if ( isset($_FILES['picture']))   // 处理文件类型请求
    echo file_get_contents($_FILES['picture']['tmp_name']);
else
    echo 'error';
?>
```

因为在 Unity 中上传的是基于二进制的流，所以这里使用$_FILES 来获得文件类型的数据，其中'picture'是在 Unity 中上传时输入的键值，'tmp_name'是保存临时文件的位置。最后使用 file_get_contents 读取文件并转为文本发回给 Unity 程序。

在 Unity 中运行程序，单击 Request Image 按钮，会收到服务器返回的图片并显示在屏幕上，结果如图 6-19 所示。

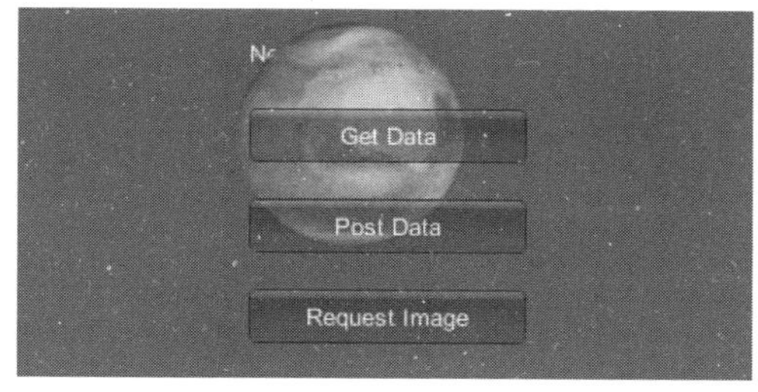

图 6-19　收到服务器返回的图片

6.4.5　下载声音文件

使用 WWW 功能，除了能够下载图片，还能下载声音，方法与下载图片类似。下面是一个简单的示例：

步骤 01 在网站的根目录下放置一个声音文件，如 music.wav。

步骤 02 在 WebManager.cs 脚本中添加一个 m_downloadClip 属性和 DownloadSound()函数：

```
protected AudioClip m_downloadClip;

    IEnumerator DownloadSound()
    {
        // 请求下载声音文件
        WWW www = new WWW("http://127.0.0.1/music.wav");
        yield return www;

        if (www.error != null)
        {
            m_info = www.error;
            yield return null;
        }
        // 获得下载的声音文件
        m_downloadClip = www.GetAudioClip(false);

        // 播放声音
        GetComponent<AudioSource>().PlayOneShot(m_downloadClip);
    }
```

步骤 03 在 Start 函数中执行 DownloadSound()函数：

```
    void Start () {
        StartCoroutine(DownloadSound());
    }
```

步骤 04 为当前游戏体添加一个 Audio Source 组件，运行程序，下载完成声音后，即会听到播放的声音。

本节的示例文件保存在资源文件目录 c06_WebTest，其中还包括一个 test.php 和用于测试的 music.wav 文件，需要被放置到网站的根目录下。

6.5 分数排行榜

本节将综合运用本章所涉及内容完成一个分数排行榜。我们可以在 Unity 中向服务器发送用户名和得分并存入数据库，也可以将数据库中的得分按分数高低下载到 Unity 中。在向服务器上传数据的时候，我们会使用到 POST 方式，服务器收到数据后，将结果按 JSON 格式返回给 Unity。

6.5.1 创建数据库

首先在 MySQL 数据库中建立一个简单的数据库，用来保存用户名和得分。使用 MySQL 提供的 MySQL Workbench 工具只需几个步骤即可完成这个工作。

步骤01 确定完整安装了 MySQL，启动 MySQL Workbench，它是一个图形化界面的数据库管理软件。在菜单栏中选择【Database】→【Connect To Database】连接到数据库。

步骤02 在 Navigator（导航）窗口右击，在弹出快捷菜单中选择【Create Schema...】(创建数据库)创建一个新的数据库。这里将数据库命名为 myscoresdb，如图 6-20 所示。

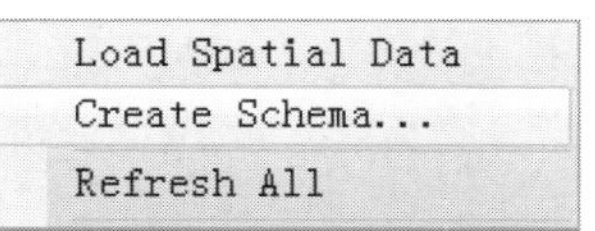

图 6-20　创建数据库

步骤03 选择【Create Table】（添加表）创建一个数据表并命名为 hiscores，添加 3 条数据，分别是 id、name 和 score，其中 id 是主键，name 和 score 表示用户名和分数，如图 6-21 所示。

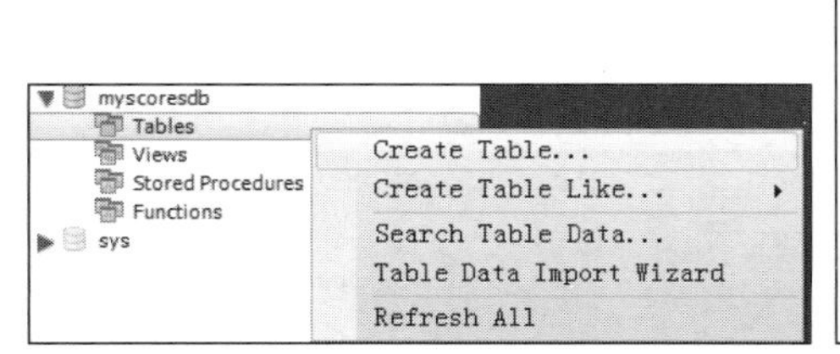

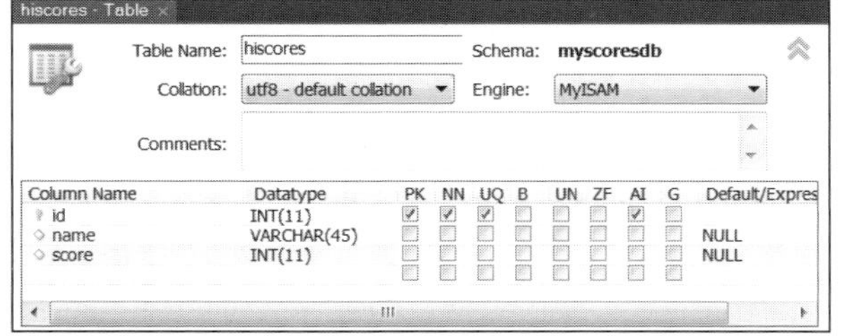

图 6-21　创建高分数据表

步骤04 创建数据表后，如果需要继续修改，首先选择数据表，然后选择【Alter Table】(修改表)，则可以继续修改表的结构。选择【Select Rows – Limit 1000】(选择行)，可以显示出数据表中的数据，当前是没有数据的。在这里不但能显示数据，也可以手动添加数据，如图 6-22 所示，最后单击【Apply】按钮提交操作。

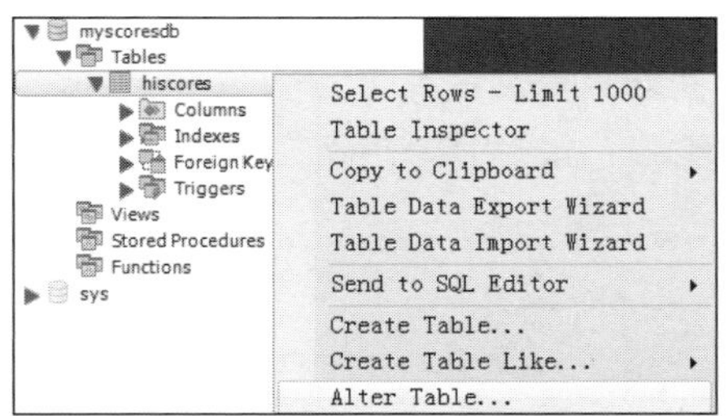

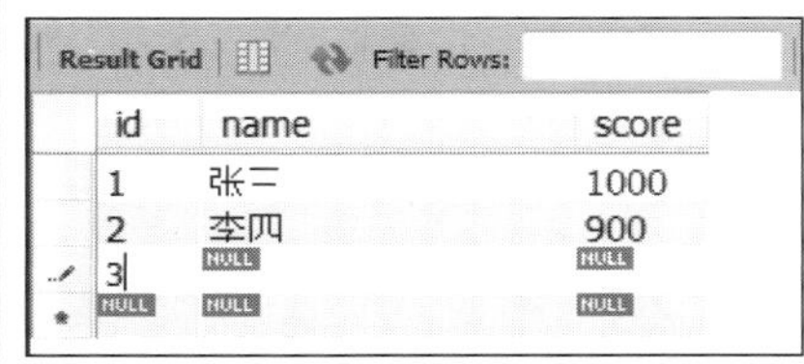

图 6-22　显示数据表内容

本节简单介绍了使用 MySQL Workbench 创建数据库的过程，MySQL Workbench 是免费的。此外，还有一款叫 NaviCat 的数据库管理软件也非常流行，它是收费软件，有兴趣的读者可以尝试一下。

6.5.2　创建 PHP 脚本

我们需要创建两个 PHP 脚本：一个用来上传用户名和分数；另一个用来下载分数并将其排序后发送给 Unity。

步骤01 创建 UploadScore.php 脚本，这里读入来自 Unity 的 username 和 score 数据，然后打开数据库，使用 SQL 语句将数据插入到数据库中，代码如下：

```
<?php
// 连接数据库，输入地址，用户名，密码和数据库名称
$myHandler=mysqli_connect( "localhost" ,"root" ,"123456", "myscoresdb" );
if ( mysqli_connect_errno()) // 如果连接数据库失败
{
    echo mysqli_connect_error();
    die();
    exit(0);
}
// 只是为了确保数据库文本使用 UTF-8 格式
mysqli_query($myHandler,"set names utf8") ;
// 读入由 Unity 传来的用户名和分数，使用 mysqli_real_escape_string 校验用户名合法性(防止 SQL 注入)
$UserID=mysqli_real_escape_string($myHandler, $_POST["name"]); // 用户名
$hiscore=$_POST["score"];  // 分数
// 向数据库插入新数据
$sql="insert into hiscores value( NULL, '$UserID','$hiscore')";
mysqli_query($myHandler,$sql) or die("SQL ERROR : ".$requestSQL);
//关闭数据库
mysqli_close($myHandler);
// 将结果发送给 Unity
echo 'upload '.$UserID.":".$hiscore;
?>
```

步骤 02 创建 DownloadScores.php 脚本，在数据库中查询分数最高的 20 个记录，然后在一个循环语句中将用户名和得分保存到数组中，最后将其序列化为 JOSN 字符串发送给 Unity，代码如下：

```
<?php
// 连接数据库, 输入地址，用户名，密码和数据库名称
$myHandler=mysqli_connect( "localhost" ,"root" ,"123456", "myscoresdb" );
if ( mysqli_connect_errno()) // 如果连接数据库失败
{
    echo mysqli_connect_error();
    die();
    exit(0);
}
mysqli_query($myHandler,"set names utf8") ;
// 查询语句
$requestSQL = "SELECT * FROM hiscores ORDER by score DESC LIMIT 20 ";
$result = mysqli_query($myHandler,$requestSQL) or die("SQL ERROR : ".$requestSQL);
```

```
$num_results = mysqli_num_rows($result);

// 创建数组，用于保存查询到的数据
$arr =array();
// 将查询结果写入到数组中
for($i = 0; $i < $num_results; $i++)
{
    $row = mysqli_fetch_array($result ,MYSQLI_ASSOC); // 获得一行数据

    $id=$row['id'];   // 获得 ID
    $arr[$id]['id']=$row['id'];   // 将 ID 存入数组
    $arr[$id]['name']=$row['name'];   // 将用户名存入数组
    $arr[$id]['score']=$row['score'];   // 将分数存入数组
}

mysqli_free_result($result);   // 释放 SQL 查询结果
mysqli_close($myHandler);   // 关闭数据库

// 向 Unity 发送 JSON 格式的数据
echo    json_encode($arr);
?>
```

6.5.3　上传下载分数

在 Unity 中，可以通过简单的 UI 实现两个功能：一个是上传用户名和得分；另一个是下载得分排名前 20 的用户名和得分。

步骤 01 创建脚本 HiScoreApp.cs，可以参考本示例工程 c06_HighScore 中的 Unity C#代码创建 UI（这里使用的 OnGUI），如图 6-23 所示，包括上传、下载的按钮和一个排行榜 UI 表单。

步骤 02 在 HiScoreApp.cs 脚本中添加 UploadScore 函数上传分数，这里使用的是 Post 方式：

```
IEnumerator UploadScore(string name, string score) {
    string url = "http://127.0.0.1/uploadscore.php";   // 请求的地址

    WWWForm form = new WWWForm();
    form.AddField("name", name);   // 用户名
    form.AddField("score", score);   // 分数

    WWW www = new WWW(url, form);   // 向服务端发起上传分数请求
    yield return www;
    if (www.error != null){
        Debug.LogError(www.error);
    }
    else
        Debug.Log(www.text);
}
```

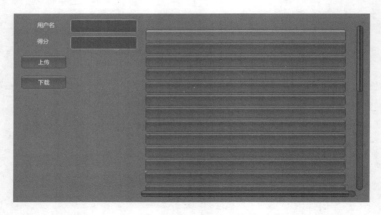

图 6-23　上传/下载按钮和一个分数排行榜的 UI 表单

步骤 03　在上传分数按钮中执行 UploadScore 函数：

```
if (GUI.Button(m_uploadBut, "上传"))
{
    StartCoroutine(UploadScore(m_name, m_score)); // 执行上传分数函数
    m_name = "";  // 清空 UI 中的文本输入
    m_score = "";  // 清空 UI 中的文本输入
}
```

步骤 04　定义一个 UserData 类，用来保存服务器返回的数据，添加 DownloadScores 函数下载服务器返回的数据，使用 JSON（使用示例工程提供的 MiniJSON.cs，Unity 的 JsonUtility 不支持字典的序列化）将数据先反序列化为字典，再一一反序列化为用户数据。

```
// 定义用户数据类，它的字段名称一定要与服务器返回的 JSON 格式数据的键名一致
public class UserData
{
    public int id;  // 用户 ID
    public string name;  // 用户名
    public int score;  // 分数
}
// 参数 name 和 score 是在 OnGUI 中获取的数值
IEnumerator DownloadScores(string name, string score){
    string url = "http://127.0.0.1/downloadscores.php";
    WWW www = new WWW(url);
    yield return www;

    if (www.error != null){  // 出现错误
        Debug.LogError(www.error);
    }
    else {
        try{
```

```
                // 将 PHP 返回的数据解析为字典格式
                var dict = MiniJSON.Json.Deserialize(www.text) as Dictionary<string, object>;
                int index = 0;   // 高分数组下标
                foreach (object v in dict.Values)
                {
                    UserData user = new UserData(); ;
                    MiniJSON.Json.ToObject(user, v);   // 将字典中的值反序列化为 UserData
                    // 更新 UI 上的文字
        m_hiscores[index] = string.Format("ID:{0:D2}    名字:{1}    分数{2}", user.id, user.name,
user.score);
                    index++;
                }
            }
            catch(System.Exception e){
                Debug.Log("无数据或返回的数据不正确");
            }
        }
    }
```

步骤 05　在下载分数按钮中执行 DownloadScores 函数：

```
        if (GUI.Button(m_downLoadBut, "下载"))
        {
            StartCoroutine(DownloadScores(m_name, m_score));   // 执行下载排行榜请求
        }
```

运行程序，输入用户和分数，单击【上传】按钮即可将用户名和分数上传到数据库中；单击【下载】按钮，即可将分数排名前 20 的记录下载下来并显示在排行榜中，如图 6-24 所示。

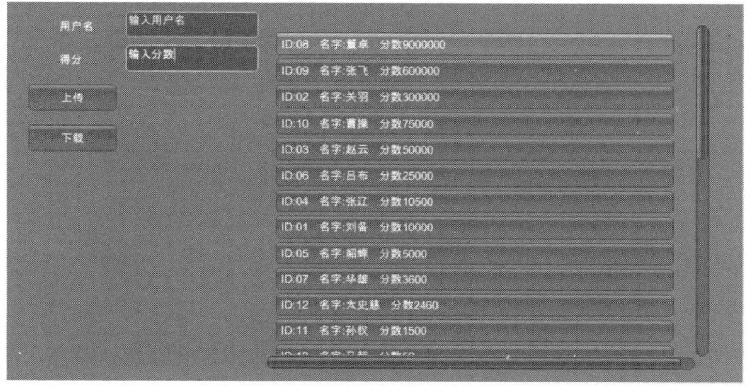

图 6-24　分数排行榜

6.5.4　使用 Redis 缓存数据

请求数据库操作非常缓慢，更不用说还要排序了，比较流行的做法是将 MySQL 数据库中的数据写入到 Redis 内存数据库中，方法如下：

步骤 01 创建 PHP 脚本 uploadscore_redis.php，其中的大部分代码与 uploadscore.php 相同，但增加了几行代码将数据在写入 MySQL 数据库的同时，还写入了 Redis 内存数据库。

```
<?php
// 连接数据库，输入地址、用户名、密码和数据库名称
$myHandler=mysqli_connect( "localhost" ,"root" ,"123456", "myscoresdb" );
if ( mysqli_connect_errno()) // 如果连接数据库失败
{
    echo mysqli_connect_error();
    die();
    exit(0);
}
mysqli_query($myHandler,"set names utf8") ;
$UserID=mysqli_real_escape_string($myHandler, $_POST["name"]);
$hiscore=$_POST["score"];

// 写入 MySQL 数据库
$sql="insert into hiscores value( NULL, '$UserID','$hiscore')";
mysqli_query($myHandler,$sql) or die("SQL ERROR : ".$requestSQL);

// 添加代码，将数据同时写入到 redis 中
$id = mysqli_insert_id($myHandler);   // 获取最后插入的用户 id
$redis = new Redis();
$redis->connect("127.0.0.1", 6379);   // 连接到 Redis
$redis->lPush("rankid", $id);
// 将用户数据写入 Redis，键名是 user.和 ID 编号的结合
$redis->hMset("user.$id", array("id"=>$id, "name"=>$UserID, "score"=>$hiscore) );
// 关闭数据库
mysqli_close($myHandler);
// 将结果发送给 Unity
echo 'upload '.$UserID.":".$hiscore;
?>
```

步骤 02 创建 PHP 脚本 downloadscores_redis.php，输入如下代码使用 Redis 进行排序。其中，参数 rankid 是键名，BY 决定了依赖什么数据进行排序，SORT 表示排序方式，Limit 表示排序数量，GET 是排序后返回的数据。因为不再访问 MySQL 数据库，性能会提高很多。

```
<?php
$redis = new Redis();
$redis->connect("127.0.0.1", 6379);
// 使用 Redis 的排序功能
$result = $redis->sort("rankid", array("BY"=>"user.*->score", "SORT"=>"DESC", "LIMIT"=>array(0,20),
"GET"=>array('#', "user.*->name", "user.*->score")));
```

```
// 将从 Redis 查询出数据读入到$arr 中
$arr = array();
for( $i=0; $i<count($result); $i+=3)
{
    $id = $result[$i];
    $name = $result[$i+1];
    $score = $result[$i+2];
    $arr[$id]["id"] = $id;
    $arr[$id]["name"] = $name;
    $arr[$id]["score"] = $score;
}

echo json_encode($arr);   // JSON 序列化发送给 Unity
```

回到 Unity，将 HiScoreApp.cs 中的请求地址 uploadscore.php、downloadscores.php 改为 uploadscore_redis.php 和 downloadscores_redis.php，运行程序，每次提交数据会将数据写入到 Redis 内存数据库中，下载时则直接通过访问 Redis 数据库下载并排序。

本节的最终示例文件保存在资源文件目录 c06_HighScore，其中包括 PHP 脚本和 MySQL 数据库模型文件。

6.6　MD5 验证

数据经过网络传输后会变得非常不安全，很容易被拦截改动，最简单有效的校验方式是使用 MD5 验证。首先要给数据加一个密钥，然后使用 MD5 算法算出校验码，远程计算机收到数据后，使用本地密钥再次进行 MD5 计算得出校验码，再与发来的校验码进行比对，如果一致，说明数据是合法的，否则可能被修改过。

PHP 生成的 MD5 校验码默认是为 32 位的字符串，而 C#默认是 16 位的字节数组，需要略加修改，转为 32 位字符串，代码如下：

```
public static string Md5Sum(string strToEncrypt)
{
    // 将需要加密的字符串转为 byte 数组
    byte[] bs = UTF8Encoding.UTF8.GetBytes(strToEncrypt);
    // 创建 MD5 对象
    System.Security.Cryptography.MD5 md5;
    md5 = System.Security.Cryptography.MD5CryptoServiceProvider.Create();
    // 生成 16 位的二进制校验码
    byte[] hashBytes = md5.ComputeHash(bs);

    // 转为 32 位字符串
```

```
            string hashString = "";
            for (int i = 0; i < hashBytes.Length; i++)
            {
                hashString += System.Convert.ToString(hashBytes[i], 16).PadLeft(2, '0');
            }

            return hashString.PadLeft(32, '0');
        }
```

使用这个 MD5 函数非常简单，在下面的代码示例中，数据是包含有 hello ,world 的一个字符串，密钥为 123，使用 MD5 算出 32 位的校验码字符串。

```
string data = "hello,world";
string key = "123";
Md5Sum ( data + key ); // 返回  a3886a8079dd5fa34995a6434b72932a
```

6.7 小　　结

本章介绍了如何运用 Unity 的 WWW 功能与 Web 服务器进行通信、下载资源等，最后综合运用完成了一个分数排行榜，并同时详细介绍了如何在 Windows 上部署 Apache 等服务端软件，对于独自完成游戏的 Unity 开发者和小型团队，这些都是非常有帮助的。

本章的服务端内容都是在 Windows 上完成的，实际的运营环境，通常选择 Linux 作为服务器比较多，在资源文件目录 c06_Linux 中有一些关于在 Linux 上安装 Apache 等软件的简要说明，供有需要的读者参考。

下面是关于本章内容的一些思考题：

问题 1 简述 HTTP 协议的主要特点是什么？

答：HTTP 协议是建立在 TCP 协议基础上的客户端、服务端通信协议，HTTP 服务端常用端口为 80（但不限于 80），服务端处理完每个连接请求后即主动断开连接，不去跟踪客户端的状态，因此也称作无状态协议。HTTP 协议不适合对实时性要求较高的需求，比如实时聊天。

问题 2 Unity 使用什么方法实现 HTTP 请求？

答：使用 WWW 类实现 HTTP 请求，该请求何时返回取决于服务器的响应时间和网络状况。HTTP 请求附加的数据通常使用 GET 和 POST 方式，两种方式都采用了类似字典的方式保存数据，GET 方式可以将数据附加在 URL 后且有长度限制，其他方面 GET 和 POST 两者并没有本质区别。

第 7 章
TCP UDP实例

本章将介绍使用.NET 提供的 Socket 功能实现基于 TCP/IP 协议的网络通信，并完成一个聊天程序实例。我们将在 Unity 内完成聊天程序的客户端部分，然后在 Visual Studio 开发环境下完成聊天程序的服务器端。

7.1　网络开发简介

在第 6 章，我们介绍了如何使用 Unity 的 WWW 与基于 HTTP 协议的 Web 服务器进行网络通信，这种通信方式容易实现，但缺点也很明显，它无法满足实时交互的网络需求。

TCP/IP 是 Transmission Control Protocol/Internet Protocol 的缩写，意思是传输控制/因特网协议，又名网络通信协议，它是国际通用的基本网络协议，有着广泛的使用基础。从分层协议来说，它由 4 个层次组成：网络接口层、网络层、传输层和应用层，其中传输层包括了 TCP 和 UDP 两个重要的传输协议。

TCP 协议是面向连接的协议，通过确认、重传机制确保数据是可靠的，不重复，不丢失，按顺序传输，TCP 提供全双工通信和拥塞控制，以流的方式传输（不保留数据边界），比如传输“abcd”，对方可能一次收到“abcd”，也可能先收到“ab”，再收到“cd”。本书第 6 章应用的 HTTP 协议即是基于 TCP 协议。

UDP 协议是无连接协议，以报文的方式传输（保留数据边界），传输的数据可能重复、丢失、不按顺序到达，也没有拥塞控制能力。

TCP 的报头有固定 20 字节，UDP 仅 8 字点，TCP 需要对传输的数据进行确认，UDP 不确认，因此 TCP 相对开销较大，但提供了更好的服务，UDP 更加轻量，但通常需要更多的二次开发才能正常使用。

本章我们将使用.NET 提供的 Socket 功能实现基于 TCP 和 UDP 协议的网络功能，并完成一个聊天程序，这是一个相对复杂的工程，需要分别创建客户端和服务器端。

客户端是指运行在本地计算机上的程序，这部分将在 Unity 内完成，其任务是向服务器端发出连接请求，当成功连接到服务器后，它可以接收服务器发来的数据，也可以向服务器发送数据。

服务器端是指运行在远程计算机上的程序，其任务是监听来自客户端的连接请求，一旦建立连接，它可以收到客户端发来的数据，也可以向任何一个客户端发送数据。在客户端/服务器端模式下，任何客户端之间的通信都需要经过服务器端。

客户端和服务器端之间传输数据与读写文件类似，将数据写入一个流中，也就是将数据存储在一个由字节组成的数组中。客户端和服务器（或读、写文件）需要使用相同的协议创建和理解这个字节数组的内容。

下面是一个简单的例子，比如我们要传输一个整数，可以将这个整数转为字节流（byte 数组），对方收到字节流后再将它转为整数：

```
public byte[] WriteInt(int number)
{
    // 将一个 32 位的 int 整型数字转为 4 个字节的 byte 数组
    byte[] bs = System.BitConverter.GetBytes(number);
    return bs;
}
public int ReadInt(byte[] bs)
```

```
    {
        // 将 byte 数组转为 32 位整型数字
        int number = System.BitConverter.ToInt32(bs, 0);
        return number;
    }
```

不同的数据，字节长度不同，比如 32 位的整型是 4 个字节，64 位的整型是 8 个字节，短整型是 2 个字节，浮点数通常也是 4 个字节。注意，如果在数据中传输字符串，因为字符串的长度是不固定的，所以通常的方法是先发送一个整型数字表示字符串的长度，之后再跟着发送字符串。解析的时候会先读入字符串的长度，再根据这个长度解析字符串。

这种按顺序序列化数据到字节数组中的方法必须保证发送方和接收方的处理方式一致，比较容易出错。实际上，C#已经提供了自动序列化对象的功能，不过如果使用这个功能，必须是客户端和服务器均使用 C#语言。下面是一段示例代码，我们先将 Player 对象序列化到一个流中，再将其反序列化到另一个 Player 对象。

```
using System;
using System.IO;
using UnityEngine;
using System.Runtime.Serialization.Formatters.Binary;

// 定义一个类用于序列化，必须添加 Serializable 属性才可以序列化
[Serializable]
public class Player
{
    public int id;
    public string name;
    public int life;
}

public class Test : MonoBehaviour {
    void Start () {
        // 初始化这个对象
        Player player = new Player();
        player.id = 1;
        player.name = "hero";
        player.life = 1000;

        using (MemoryStream stream = new MemoryStream())
        {
            // 创建序列化类
            BinaryFormatter bf = new BinaryFormatter();
            // 将 player 序列化到 stream 中
            bf.Serialize(stream, player);
```

```
                stream.Seek(0, SeekOrigin.Begin);

                // 将 stream 中的二进制数据反序列化到 player2
                Player player2 = (Player)bf.Deserialize(stream);
                // 打印 player2
                Debug.Log(String.Format("{0},{1},{2}", player.id,player2.name, player2.life));
            }
        }
    }
```

更进一步，我们可以将数据序列化为一些标准的格式，如 XML、JSON 等，以适用于各种语言开发，保证可移植性，但缺点是 XML 和 JSON 都基于文本，额外的标记字符也比较多，浪费存储空间。

Google 公司的 Protobuf 是一种采用二进制保存数据的协议，相对 XML 和 JSON 数据容量小，序列化效率高，但它的使用比 XML 和 JSON 复杂。

只要使用相同的数据交换协议，即使客户端和服务器使用不同的语言，比如 C#和 C++，它们仍然可以使用相同的序列化方式互相沟通。

7.2 简单的网络通信程序

7.2.1 简单的 TCP 程序

本节我们将完成一个最简单的 TCP 网络通信程序，包括客户端和服务端，看看它们是如何工作的。

步骤 01 启动 Visual Studio，新建一个 C#的 Console（控制台）工程作为服务器工程。

步骤 02 添加 TCP 服务器代码如下：

```
using System;
using System.Net;  // 必要的网络模块
using System.Net.Sockets;  // 必要的网络模块
namespace SimpleServer{
    class Program{
        static void Main(string[] args){
            try{
                // 指定 8000 作为服务器端口
                IPEndPoint ipe = new IPEndPoint(IPAddress.Any, 8000);
                // 创建基于 TCP 流的 Socket
        Socket listener = new Socket(AddressFamily.InterNetwork, SocketType.Stream, ProtocolType.Tcp);
                // 将 Socket 绑定到服务器端口
                listener.Bind(ipe);
                // 服务器开始监听，其中的 backlog 值指监听队列的长度
```

```
                listener.Listen(128);
                Console.WriteLine("开始监听");
                // 开始接受客户端请求 程序在这里会堵塞
                Socket mySocket=listener.Accept();
                Console.WriteLine("新的连接来自 {0}", mySocket.RemoteEndPoint);

                // 开始接收客户端的数据，程序在这里会堵塞
                byte[] bs = new byte[256];
                int lenght = mySocket.Receive(bs);

                // 将客户端发来的数据返回给客户端
                mySocket.Send(bs, length, SocketFlags.None);

                // 关闭与客户端的连接
                mySocket.Close();
            }
            catch (Exception e){
                Console.WriteLine(e.Message);  // 打印异常
            }
            Console.ReadLine();  // 这行代码仅仅为了使程序执行完不要马上退出
        }
    }
}
```

我们首先创建了一个 Socket，并将其绑定到指定的 8000 端口上，然后开始监听客户端的连接，在接受客户端的连接后，将客户端发来的数据存到一个 byte 数组中，并返回给客户端。为了简单，示例使用的是同步的网络处理方式，程序会在等待客户端连接的时候堵塞，直到客户端连接后才会继续后面的程序。在本章后面的聊天实例中，我们将会使用异步的方式，程序则不会产生堵塞。

步骤 03　接下来，创建一个 TCP 客户端工程，代码如下：

```
using System;
using System.Text;
using System.Net;  // 必要的网络模块
using System.Net.Sockets;  // 必要的网络模块
namespace SimpleClient{
    class Program{
        static void Main(string[] args){
            try{
                // 设置服务器地址和端口
                IPEndPoint ipe = new IPEndPoint(IPAddress.Parse("127.0.0.1"), 8000);
                // 创建 TCP Socket
                Socket client = new Socket(ipe.AddressFamily, SocketType.Stream, ProtocolType.Tcp);
```

```
                // 开始连接服务器，程序在这里会堵塞
                client.Connect(ipe);
                Console.WriteLine("连接到服务器");
                // 向服务器发送数据
                string data = "hello,world";
                byte[] bs=UTF8Encoding.UTF8.GetBytes(data);
                client.Send(bs);
                // 用一个数组保存服务器返回的数据
                byte[] rev = new byte[256];
                // 接收到服务器返回的数据，返回值是字节数组的长度
                int length = client.Receive(rev);
                Console.WriteLine(UTF8Encoding.UTF8.GetString(rev, 0, length));
                // 关闭连接
                client.Close();
            }
            catch (Exception e){
                Console.WriteLine(e.Message);
            }
            Console.ReadLine();  // 这行代码仅仅为了使程序执行完不要马上退出
        }
    }
}
```

客户端的很多代码与服务器类似，不同的客户端需要主动连接服务器，因为是同步处理，程序在连接服务器时也会堵塞，直到收到服务器的响应。

分别编译客户端和服务器，先运行服务器，再运行客户端，客户端会向服务器发送字符串 hello,world，服务器收到后会将这个这符串返回给客户端，客户端将它打印出来。最后的工程文件保存在资源文件目录 c07_Chat/BasicNetwork 内。

7.2.2 简单的 UDP 程序

前面我们编写了一个简单的 TCP 程序，接下来看一下如何采用 UDP 完成一个简单的网络通信程序。

步骤 01 创建新的 UDP 服务器工程，代码如下：

```
using System;
using System.Text;
using System.Net;
using System.Net.Sockets;
namespace UDPServer{
    class Program{
        static void Main(string[] args){
            // 创建 UDP Socket
        Socket server = new Socket(AddressFamily.InterNetwork, SocketType.Dgram, ProtocolType.Udp);
```

```
            // 将 Socket 绑定到 8001 端口
            server.Bind(new IPEndPoint(IPAddress.Any, 8001));

            byte[] buffer = new byte[256];
            EndPoint remoteIP = new IPEndPoint(IPAddress.Any, 0);
            // 开始接收数据，UDP 不保证可靠性，因此可能收不到或重复收到
            int length = server.ReceiveFrom(buffer, SocketFlags.None, ref remoteIP);

            IPEndPoint remote = ((IPEndPoint)remoteIP);
            Console.WriteLine("从{0}:{1}收到远方数据({2}):{3}", remote.Address, remote.Port, length,
                UTF8Encoding.UTF8.GetString(buffer, 0, length));      // 打印收到的数据
            server.SendTo(buffer, length, SocketFlags.None, remoteIP);   // 返回数据给客户端
            server.Close();      // 关闭服务器

            Console.ReadLine();
        }
    }
}
```

对比前面 TCP 服务器的程序，可以看到，区别主要是创建的 Socket 类型不同，因为 UDP 不需要连接，所以服务端的 Socket 也没有进行监听和接受远程连接。

步骤 02 添加 UDP 客户端代码如下：

```
using System;
using System.Text;
using System.Net;
using System.Net.Sockets;
namespace UDPClient{
    class Program{
        static void Main(string[] args){
        Socket client = new Socket(AddressFamily.InterNetwork, SocketType.Dgram, ProtocolType.Udp);

            byte[] buffer = UTF8Encoding.UTF8.GetBytes("hello,world");
            // UDP Socket 不需要连接服务器，直接向服务器地址发送数据
            client.SendTo(buffer, new IPEndPoint(IPAddress.Parse("127.0.0.1"), 8001));

            byte[] revbuffer = new byte[256];
            int length = client.Receive(revbuffer);

            Console.WriteLine("收到:" + UTF8Encoding.UTF8.GetString(revbuffer, 0, length));
            Console.ReadLine();
        }
    }
}
```

UDP 客户端省略了连接服务器的过程，直接向服务器地址发送数据。注意，UDP 协议不保证数据包一定能发送到目的地，也可能会将同一个数据包重复发送到目地的多次，如果发送多个数据包，数据包到达目的地的顺序和发送的顺序也不一定完全一致。

最后的工程文件保存在资源文件目录 c07_Chat/BasicNetwork 内。

7.3 异步 TCP 网络通信

本章最后将尝试完成一个更加复杂的异步聊天程序。因为在客户端和服务器端中所使用的很多功能是共享的，所以可以先完成一个通用的网络库，实现最基础的网络功能，然后将这个网络库分别使用到客户端和服务器端中。

7.3.1 创建数据包对象

在 TCP 传输网络数据的时候，接收方一次收到的数据长度可能是不确定的，比如客户端发送了 100 个字节给服务器，服务器有可能一次收到 100 个字节，也可能先收到 20 个，再收到 80 个。为了知道到底一个数据的长度是多少，我们先创建一个类，用于管理序列化的数据流，序列化、反序列化对象。

步骤 01 启动 Visual Studio，新建一个 C#的 Class Library 工程。注意，这里使用的是.NET Framework2.0，也可以使用更高版本，但要注意 Unity 支持的高版本是多少，如图 7-1 所示。

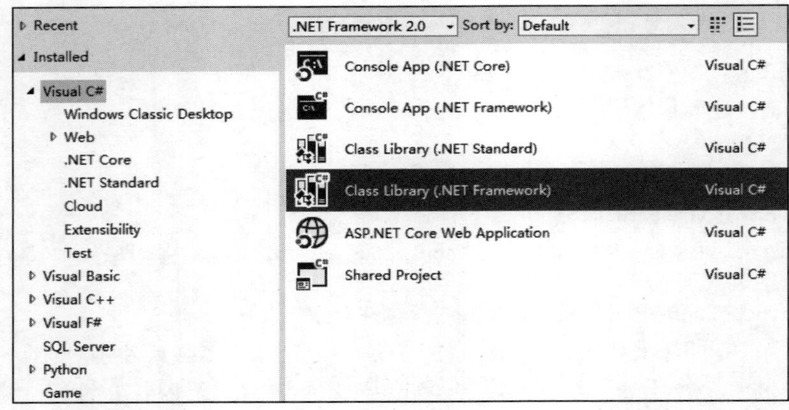

图 7-1 新建工程

步骤 02 创建 Packet.cs，代码如下所示。

```
using System;
using System.Net.Sockets;
using System.IO;
using System.Runtime.Serialization.Formatters.Binary;
namespace UnityNetwork{
```

```
public class Packet{
    // 数据包头 4 个字节作为保留字节
    // 0-1 个字节用来保存数据长度
    // 2-3 个字节用来保存消息 id
    public const int headerLength = 4;
    public short msgid = 0;                    // 消息 id，占 2 个字节
    public Socket sk = null;                   // 接收数据的 socket
    public byte[] buffer = new byte[1024];     // 用于保存数据的数组
    public int readLength = 0;                 // TCP 数据流读取的字节长度
    public short bodyLength = 0;               // 有效数据的长度，占 2 个字节
    public bool encoded = false;               // 标志是否已经处理过头 4 个字节

    public Packet(short id, Socket s=null) {
        msgid = id;
        sk = s;
        byte[] bs = BitConverter.GetBytes(id);
        bs.CopyTo(buffer, 2);
    }
    // 复制构造函数
    public Packet(Packet p) {
        msgid = p.msgid;
        sk = p.sk;
        p.buffer.CopyTo(buffer, 0);
        bodyLength = p.bodyLength;
        readLength = p.readLength;
        encoded = p.encoded;
    }
    // 重置
    public void ResetParams(){
        msgid = 0;
        readLength = 0;
        bodyLength = 0;
        encoded = false;
    }
    // 将 short 类型的数据长度转为 2 个字节保存到 byte 数组的最前面
    public void EncodeHeader(MemoryStream stream){
        if(stream!=null) bodyLength = (short)stream.Position;
        byte[] bs = BitConverter.GetBytes(bodyLength);
        bs.CopyTo(buffer, 0);
        encoded = true;             // 这个标志用来判断数据包是否可以发送
    }
    // 从 byte 数组头 4 个字节中解析出数据的长度和消息 id
    public void DecodeHeader(){
```

```
            bodyLength = System.BitConverter.ToInt16(buffer, 0);
            msgid = System.BitConverter.ToInt16(buffer, 2);
        }
        // 用于读写数据流
        public MemoryStream Stream{
            get{
                return new MemoryStream(buffer, headerLength, buffer.Length - headerLength );
            }
        }
        // 序列化对象，这里使用的是 C#自带的序列化类，也可以替换为 JSON 等序列化方式
        public static byte[] Serialize<T>(T t){
            using (MemoryStream stream = new MemoryStream()){
                try{
                    // 创建序列化类
                    BinaryFormatter bf = new BinaryFormatter();
                    //序列化到 stream 中
                    bf.Serialize(stream, t);
                    stream.Seek(0, SeekOrigin.Begin);
                    return stream.ToArray();
                }
                catch (Exception e){return null;}
            }
        }
        // 反序列化对象，这里使用的是 C#自带的序列化类，也可以替换为 JSON 等序列化方式
        public static T Deserialize<T>(byte[] bs){
            using (MemoryStream stream = new MemoryStream(bs)){
                try{
                    BinaryFormatter bf = new BinaryFormatter();
                    T t = (T)bf.Deserialize(stream);
                    return t;
                }
                catch (Exception e){return default(T);}
            }
        }
    } // class
} // namespace
```

Packet 类的主要作用是将 TCP 传输的数据流存储在一个 buffer 中，本示例中 buffer 的最大长度为 1024 个字节，其中头 2 个字节用于存储的有效数据长度，接下来 2 个字节存储消息标识符（一个 short 整数），之后的 1020 个字节用来存储实际的数据。

7.3.2 逻辑处理

创建 MyEventHandler.cs，这个类的作用是处理逻辑，主要包括两部分：一部分是注册网

络消息，使每个消息标识符与一个回调函数相关联；另一部分是将数据包入队并分发给相应的回调函数，代码如下：

```
using System.Collections.Generic;
namespace UnityNetwork{
    public class MyEventHandler{
        public delegate void OnReceive( Packet packet );   // 回调函数
        protected Dictionary<int, OnReceive> handlers;  // 每个事件对应一个 OnReceive 函数
        protected Queue<Packet> Packets = new Queue<Packet>();  // 存储数据包的队列

        public MyEventHandler(){
            handlers = new Dictionary<int, OnReceive>();
        }
        // 添加网络事件
        public virtual void AddHandler(int msgid, OnReceive handler){
            handlers.Add(msgid, handler);
        }
        // 将数据包入队，然后在 ProcessPackets 函数中处理数据包。
        // 网络和逻辑处理可能是在不同的线程中
        // 所以入队出队的时候使用了 lock 防止多线程带来的问题。
        public virtual void AddPacket( Packet packet ){
            lock (Packets){
                Packets.Enqueue(packet);
            }
        }
        // 数据包出队
        public Packet GetPacket(){
            lock (Packets){
                if (Packets.Count == 0)
                    return null;
                return Packets.Dequeue();
            }
        }
        // 处理数据包
        public void ProcessPackets(){
            Packet packet = null;
            for (packet = GetPacket(); packet != null; )
            {
                OnReceive handler = null;
                if (handlers.TryGetValue(packet.msgid, out handler)){
                    if (handler != null)
                        handler(packet); //执行相应的 OnReceive 函数
                }
```

```
                    // 继续处理其他包
                    packet = GetPacket();
                }
            }
        } // class
    } // namespace
```

7.3.3 核心 TCP 网络功能

下面将创建一个类封装 TCP/IP 协议的网络功能，因为客户端和服务器有很多网络功能类似，比如接收和发送数据，所以这里并没有将客户端和服务器写为两个不同的类，而是将它们的功能封装在同一个类中。

创建 TCPPeer.cs，它同时包括服务器监听和客户端连接的功能，无论是监听到客户端连接，还是连接到服务器，最后都会进入接收数据的步骤。因为 TCP 流不限定流的起始点和结束点，所以这里要通过变量 readLength 确认是否读满需要的数据长度。接受数据分为两部分，首先接收数据流的头，也就是前面我们在 Packet.cs 中定义的头 4 个字节（包括数据长度和消息标识符），这样就知道了数据的长度，然后根据这个长度继续接收后面的数据：

```
using System;
using System.Net;
using System.Net.Sockets;
namespace UnityNetwork{
    public class TCPPeer{
        public enum MessageID {         // 消息标识符
            OnNewConnection = 1,        // 服务器接受新的连接
            OnConnected = 2,            // 连接到服务器
            OnConnectFail = 3,          // 无法连接服务器
            OnDisconnect = 4,           // 失去远程的连接
        }
        protected MyEventHandler handler;   // 用于处理网络事件逻辑

        public TCPPeer (MyEventHandler h) { handler = h; }
        // 作为 TCP 服务器，开始监听
        public void Listen( int port, int backlog=128 )
        {
            IPEndPoint ipe = new IPEndPoint(IPAddress.Any, port);   // 监听端口
            // 创建服务端 TCP socket
            Socket socket = new Socket( AddressFamily.InterNetwork, SocketType.Stream, ProtocolType.Tcp);
            try{
                socket.Bind(ipe);   // 将 socket 绑定到端口上
                socket.Listen(backlog);   // 开始监听
            socket.BeginAccept(new System.AsyncCallback(ListenCallback), socket); // 异步接受连接
            }
```

```
        catch (Exception e){    // 发生异常!
            Console.WriteLine(e.Message);    // 这里发生的错误多数和端口被占用有关
        }
    }
    // 服务器成功异步接受一个连接，并取得远程客户端的 Socket
    void ListenCallback(System.IAsyncResult ar)
    {
        Socket listener = (Socket)ar.AsyncState;    // 取得服务器 socket
        try{
            Socket client = listener.EndAccept(ar);    // 获得客户端的 socket

            // 发布消息到逻辑队列
            handler.AddPacket(new Packet((short)MessageID.OnNewConnection, client));
            // 创建接收数据的数据包
            Packet packet = new Packet(0, client);
            // 开始接收来自客户端的数据
            client.BeginReceive(packet.buffer, 0, Packet.headerLength, SocketFlags.None,
                            new System.AsyncCallback(ReceiveHeader), packet);
        }
        catch (System.Exception e){
            Console.WriteLine(e.Message);
        }
        // 继续接受其他连接
        listener.BeginAccept(new System.AsyncCallback(ListenCallback), listener);
    }

    // 作为 TCP 客户端，开始异步连接服务器
    public Socket Connect( string ip, int port )
    {
        IPEndPoint ipe = new IPEndPoint(IPAddress.Parse(ip), port);
        try{
    Socket socket = new Socket(AddressFamily.InterNetwork, SocketType.Stream, ProtocolType.Tcp);
            // 开始连接服务器
            socket.BeginConnect(ipe, new System.AsyncCallback(ConnectionCallback), socket);
            return socket;
        }
        catch (System.Exception e){    // 发生异常，无法连接服务器
            handler.AddPacket(new Packet((short)MessageID.OnConnectFail));
            return null;
        }
    }
    // 客户端异步连接回调
    void ConnectionCallback(System.IAsyncResult ar)
```

```
    {
        Socket client = (Socket)ar.AsyncState;
        try{
            client.EndConnect(ar);  // 与服务器取得连接
            // 通知已经成功连接到服务器
            handler.AddPacket(new Packet((short)MessageID.OnConnected, client));
            // 开始异步接收服务器信息
            Packet packet = new Packet(0, client);
            client.BeginReceive(packet.buffer, 0, Packet.headerLength, SocketFlags.None,
                                new System.AsyncCallback(ReceiveHeader), packet);
        }
        catch (System.Exception e){
            handler.AddPacket(new Packet((short)MessageID.OnConnectFail, client));
        }
    }
    // 无论是创建用于监听的服务器 Socket 还是用于发起连接的客户端 Socket，
    // 最后都会进入接收数据状态。
    // 接收数据主要是通过 ReceiveHeader 和 ReceiveBody 两个函数。
    void ReceiveHeader(System.IAsyncResult ar)
    {
        Packet packet = (Packet)ar.AsyncState;
        try{
            int read = packet.sk.EndReceive(ar);  // 获取接收的数据长度
            if (read < 1) { // 长度<1 表示已断开连接
                // 通知丢失连接
                handler.AddPacket(new Packet((short)MessageID.OnDisconnect, packet.sk));
                return;
            }
            packet.readLength += read;  // 记录收到的数据流长度
            // 消息头必须读满 4 个字节，如果未读满，继续读取剩余的数据
            if (packet.readLength < Packet.headerLength)
            {
            packet.sk.BeginReceive(packet.buffer,
            packet.readLength, Packet.headerLength - packet.readLength,
                    SocketFlags.None, new System.AsyncCallback(ReceiveHeader), packet);
            }
            else{
                packet.DecodeHeader();  // 获得实际数据长度
                packet.readLength = 0;  // 重新记录读取的字节数量
                // 开始读取消息体
                packet.sk.BeginReceive(packet.buffer, Packet.headerLength, packet.bodyLength,
                    SocketFlags.None,
                    new System.AsyncCallback(ReceiveBody), packet);
```

```
            }
        }
        catch (System.Exception e){
            handler.AddPacket(new Packet((short)MessageID.OnDisconnect, packet.sk));
        }
    }
    // 接收体消息
    void ReceiveBody(System.IAsyncResult ar)
    {
        Packet packet = (Packet)ar.AsyncState;
        try{
            int read = packet.sk.EndReceive(ar);   // 获取接收的数据流长度
            if (read < 1)   // 已断开连接
            {
                // 通知丢失连接
                handler.AddPacket(new Packet((short)MessageID.OnDisconnect, packet.sk));
                return;
            }
            packet.readLength += read;   // 记录收到的数据流长度
            // 必须读满指定的长度，否则继续读
            if ( packet.readLength < packet.bodyLength)
            {
                packet.sk.BeginReceive(packet.buffer,
                    Packet.headerLength + packet.readLength,   // 注意 buffer 起始位置
                    packet.bodyLength - packet.readLength,   // 注意读取的长度
                    SocketFlags.None, new System.AsyncCallback(ReceiveBody), packet);
            }
            else{
                // 复制读入的数据包，将其传入到逻辑处理队列
                Packet newpacket = new Packet(packet);
                handler.AddPacket(newpacket);

                // 下一个读取，直到断开连接，读取的过程是一直在循环的
                packet.ResetParams();
                packet.sk.BeginReceive(packet.buffer,
                    0,
                    Packet.headerLength,
                    SocketFlags.None, new System.AsyncCallback(ReceiveHeader), packet);
            }
        }
        catch (System.Exception e){
            handler.AddPacket(new Packet((short)MessageID.OnDisconnect, packet.sk));
        }
```

```
        }
        // 向远程发送数据
        public static void Send( Socket sk, Packet packet    )
        {
            if (!packet.encoded){
                throw new Exception("无效数据包!");
            }
            NetworkStream ns;
            lock (sk)
            {
                ns = new NetworkStream(sk);
                if (ns.CanWrite){
                    try{
                    ns.BeginWrite( packet.buffer, 0, Packet.headerLength + packet.bodyLength,
                                 new System.AsyncCallback(SendCallback), ns);
                    }
                    catch (System.Exception e){}
                }
            }
        }
        // 发送数据回调，主要是一些清理工作
        private static void SendCallback(System.IAsyncResult ar)
        {
            NetworkStream ns = (NetworkStream)ar.AsyncState;
            try{
                ns.EndWrite(ar);
                ns.Flush();
                ns.Close();
            }
            catch (System.Exception e){}
        }
    }   // class
} // namespace
```

这里客户端是直接通过 IP 连接服务器，如果是通过域名访问服务器，需要先使用 Dns 类解析域名获取服务器 IP 地址，结果都保存在 IPHostEntry 对象的 AddressList 数组内，如下所示。

```
IPHostEntry entry = Dns.GetHostEntry("www.bigcatgame.com");
```

7.3.4 创建聊天协议

最后，我们将添加一个用于聊天的协议，它包括一个用户名和聊天内容。

```
[System.Serializable]
public struct ChatProto{
    public string userName;        // 用户名
    public string chatMsg;         // 聊天内容
}
```

在 Visual Studio 中编译工程，在当前工程的 bin 目录内会出现一个 UnityNetwork.dll 文件，我们将把它使用到聊天客户端和服务器端中。

7.4　Unity 聊天客户端

聊天客户端将在 Unity 中完成。在 Unity 中有两种方式使用前面完成的网络引擎：一种是直接将 UnityNetwork.dll 复制到 Unity 工程 Assets 目录中的任何地方；另一种方法是直接将源代码文件复制到 Unity 工程中。本例中将采用第一种方式。

步骤 01　新建一个 Unity 工程。

步骤 02　将网络库工程编译的 UnityNetwork.dll（名称和工程设置有关）复制到当前 Unity 工程中。

如果经常改动网络库工程，每次复制 UnityNetwork.dll 到 Unity 工程中会非常麻烦，在网络库工程的属性中选择 BuildEvents，然后在 Post Events 中输入复制文件的 Dos 命令（copy 文件名 目录路径），如图 7-2 所示，在每次编译网络库后自动将 UnityNetwork.dll 复制到 Unity 工程，省去了每次手工复制的麻烦。

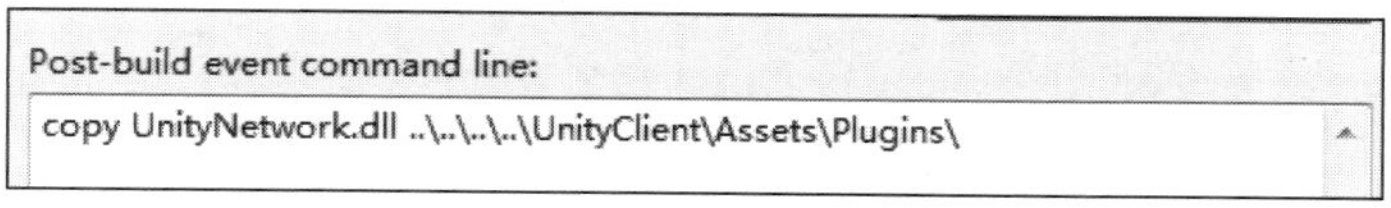

Post-build event command line:

copy UnityNetwork.dll ..\..\..\..\UnityClient\Assets\Plugins\

图 7-2 编译事件

步骤 03　创建脚本 ChatHandler.cs，ChatHandler 类继承自 MyEventHandler，它包括一个 TCPPeer 对象，我们使用它与服务器建立连接并收发数据，前面完成的网络库完成了大部分功能，这里只是简单的应用。

```
using System.Net.Sockets;
using UnityNetwork;

public class ChatHandler : MyEventHandler {
    TCPPeer peer = null;
    Socket socket = null;
    // 连接服务器
    public void ConnectToServer () {
        peer = new TCPPeer(this);
        socket = peer.Connect("127.0.0.1", 8000);
```

```
    }
    // 发送数据包
    public void SendMessage( Packet packet )
    {
        TCPPeer.Send(socket, packet);
    }
}
```

步骤 04 创建脚本 ChatClient.cs，并将其指定给场景中的游戏体，它使用一个简单的输入框 UI 用于输入/发送聊天信息。

```
using UnityEngine;
using UnityEngine.UI;
using UnityNetwork;
using System.IO;
public class ChatClient : MonoBehaviour {
    public enum MessageID{
        Chat = 100,  // 本示例中唯一的聊天消息标志符
    }
    ChatHandler eventHandler;  // 处理网络事件

    public Text revTxt;                //UI 控件，显示收到的聊天消息
    public InputField inputText;       //UI 控件，用于输入聊天消息
    public Button sendMsgButton;       //UI 控件，发送聊天消息的按钮

    void Start () {
        eventHandler = new ChatHandler();        // 创建 ChatHandler 实例
        // 添加网络事件
        eventHandler.AddHandler((short)TCPPeer.MessageID.OnConnected, OnConnected);
        eventHandler.AddHandler((short)TCPPeer.MessageID.OnConnectFail, OnConnectFailed);
        eventHandler.AddHandler((short)TCPPeer.MessageID.OnDisconnect, OnLost);
        eventHandler.AddHandler((short)MessageID.Chat, OnChat);
         // 连接服务器
        eventHandler.ConnectToServer();
         //UI 事件
        sendMsgButton.onClick.AddListener(delegate ()
        {
            SendChat();  // 单击按钮发送聊天消息
        });
    }
     void Update () {
        eventHandler.ProcessPackets();  // 处理服务器发来的数据包
     }
    // 处理客户端取得与服务器的连接
```

```
    public void OnConnected(Packet packet){
        Debug.Log("成功连接到服务器");
    }
    // 处理客户端与服务器连接失败
    public void OnConnectFailed(Packet packet){
        Debug.Log("连接服务器失败，请退出");
    }
    // 处理丢失连接
    public void OnLost(Packet packet){
        Debug.Log("丢失与服务器的连接");
    }
    // 发送聊天消息
    void SendChat(){
        // 聊天协议
        Chat.ChatProto proto = new Chat.ChatProto();
        proto.userName = "客户端";
        proto.chatMsg = inputText.text;
        // 序列化
        byte[] bs = Packet.Serialize<Chat.ChatProto>(proto);

        // 创建数据包
        Packet p = new Packet((short)MessageID.Chat);
        using (MemoryStream stream = p.Stream){
            BinaryWriter writer = new BinaryWriter(stream);
            writer.Write(bs.Length);        // 读入一个 byte 数组时，必须知道长度，所以先写入长度
            writer.Write(bs);               // 写入序列化后的 byte 数组
            p.EncodeHeader(stream);         // 对头 4 个字节进行编码
        }
        // 发送到服务器
        eventHandler.SendMessage(p);
        //清空输入框
        inputText.text = "";
    }
    // 收到服务器发送的聊天消息
    public void OnChat(Packet packet)
    {
        byte[] buffer = null;
        using (MemoryStream stream = packet.Stream){
            BinaryReader reader = new BinaryReader(stream);
            int len = reader.ReadInt32();  // 读入 byte 数组的长度
            buffer = reader.ReadBytes(len);  //读入 byte 数组
        }
        Chat.ChatProto proto = Packet.Deserialize<Chat.ChatProto>(buffer);
```

```
            revTxt.text = proto.userName + ":" + proto.chatMsg;   // 显示收到的消息
        }
    }
```

该脚本首先在 Start 函数中添加了各种网络事件，然后连接服务器，成功连接服务器后，单击 UI 按钮就可以向服务器发送输入框中的文本，服务器收到消息后，会将消息分发给所有连接的客户端，客户端在 OnChat 函数中处理服务器返回的聊天信息。

创建一个简单的聊天 UI，注意 UI 控件和脚本代码的关联，运行程序，如图 7-3 所示，因为还没有创建服务器程序，所以会收到连接服务器失败的消息。

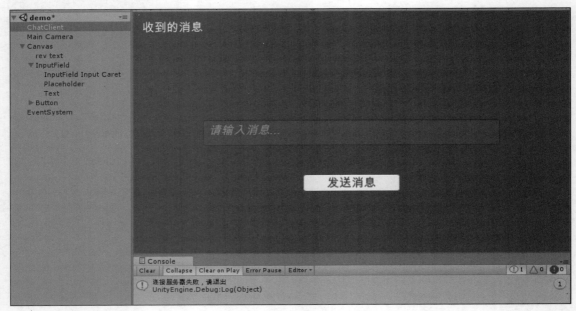

图 7-3　聊天客户端界面

7.5　聊天服务器端

用于聊天的服务器程序将在 Visual Studio 中创建，它是一个控制台程序，只需要负责收发数据、逻辑处理等，不需要显示任何图形界面。该程序不但能运行在 Windows 上，也可以运行在 Linux 系统中。

步骤 01　在前面创建的 UnityNetwork 工程中添加一个控制台工程，并命名为 ChatServer，如图 7-4 所示。

步骤 02　在 ChatServer 工程上单击鼠标右键，在弹出的快捷菜单中选择【Add】→【Reference】，然后引用前面创建的网络库工程（或直接引用 UnityNetwork.dll），如图 7-5 所示。

步骤 03　创建一个 ChatServer 类，继承自 NetworkManager，它将作为聊天服务器。

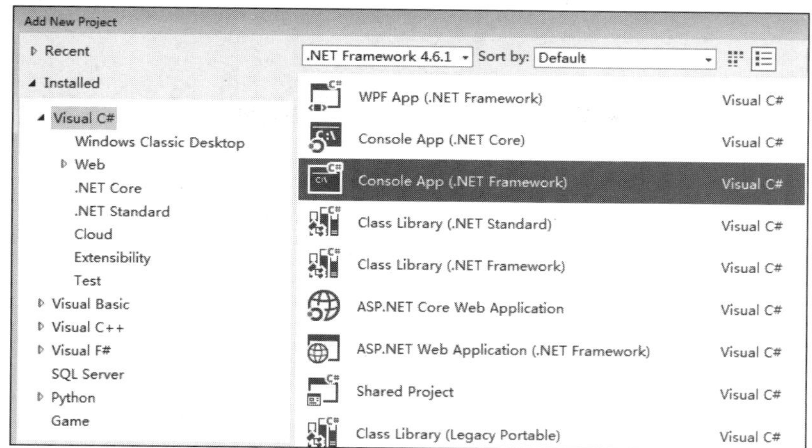

图 7-4　添加控制台工程

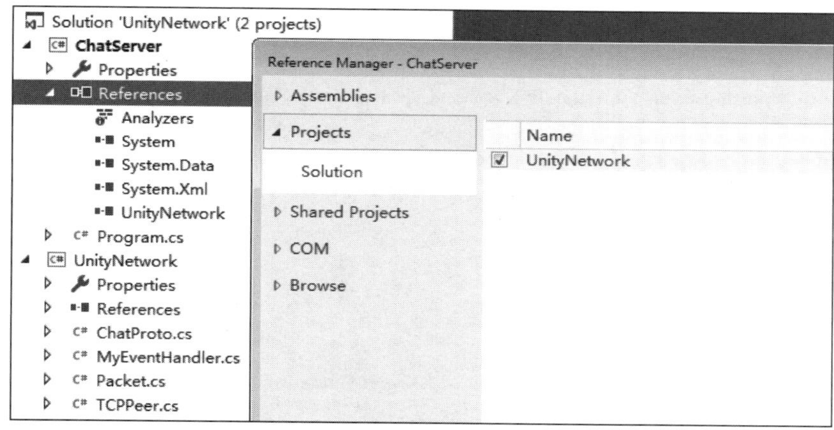

图 7-5 引用库工程

在 ChatServer 中，当收到 OnAccepted 连接成功的消息时，我们将使用一个 List 保存接受的客户端连接，以便可以在后面找到任何一个连接的客户端。

与客户端一样，我们在 StartServer 函数中注册了一个 chat 消息用于聊天，并在 OnChat 函数中处理这个消息，将收到的聊天消息转发给其他所有客户端。

在启动服务器后，我们调用了 StartThreadUpdate 函数，在一个独立的线程中处理消息队列。

完整的聊天服务器端代码如下：

```
using System;
using System.Collections.Generic;
using System.Net.Sockets;
using System.IO;
using UnityNetwork;
using System.Threading;
namespace ChatServer{
    class Program{
```

```
static void Main(string[] args)   // 程序入口
{
    ChatServer server = new ChatServer();
    server.RunServer(8000);
}

public class ChatServer : MyEventHandler
{
    public enum MessageID{
        Chat = 100,   // 聊天消息标志符
    }

    private TCPPeer peer;                  // 服务端
    private List<Socket> peerList;         // 保存所有的客户端连接
    private Thread thread;                 // 逻辑线程
    private bool isRunning = false;        // 用于关闭线程的标志
    protected EventWaitHandle waitHandle = new EventWaitHandle(false,
                                EventResetMode.AutoReset);    // 用于暂停线程
    public ChatServer(){
        peerList = new List<Socket>();
    }
    // 启动服务器
    public void RunServer(int port){
        // 添加事件
        AddHandler((short)TCPPeer.MessageID.OnNewConnection, OnAccepted);
        AddHandler((short)TCPPeer.MessageID.OnDisconnect, OnLost);
        AddHandler((short)MessageID.Chat, OnChat);

        peer = new TCPPeer(this);
        peer.Listen(port);

        isRunning = true;
        thread = new Thread(UpdateHandler);       // 创建逻辑线程
        thread.Start();
        Console.WriteLine("启动聊天服务器");
    }
    // 处理服务器接受客户端的连接
    public void OnAccepted(Packet packet){
        Console.WriteLine("接受新的连接 {0}", packet.sk.RemoteEndPoint);
        peerList.Add(packet.sk);
    }
    // 处理丢失连接
    public void OnLost(Packet packet)
```

```
{
    Console.WriteLine("丢失连接 {0}", packet.sk.RemoteEndPoint);
    peerList.Remove(packet.sk);
}
// 处理聊天消息
public void OnChat(Packet packet)
{
    string message = string.Empty;
    byte[] bs = null;
    using (MemoryStream stream = packet.Stream)
    {
        try{
            BinaryReader reader = new BinaryReader(stream);
            int byteLen = reader.ReadInt32();        // 读的规则要与客户端写一致
            bs = reader.ReadBytes(byteLen);

            // 反序列化
            Chat.ChatProto chat = Packet.Deserialize<Chat.ChatProto>(bs);
            Console.WriteLine("{0}: {1}", chat.userName, chat.chatMsg);
        }
        catch { return; }      // 网络编程中异常处理是非常必要的，这里简单省略
    }
    // 准备需要发送的数据包
    Packet response = new Packet((short)MessageID.Chat);
    using (MemoryStream stream = response.Stream)
    {
        try{
            BinaryWriter writer = new BinaryWriter(stream);
            writer.Write(bs.Length);
            writer.Write(bs);
            response.EncodeHeader(stream);
        }
        catch { return;}
    }
    // 广播给所有客户端
    foreach (Socket sk in peerList){
        TCPPeer.Send(sk, response);
    }
}
// 这个函数被重写了
public override void AddPacket(Packet packet)
{
    lock (Packets)
```

```
                {
                    Packets.Enqueue(packet);
                    waitHandle.Set();               // 新增的代码，通知逻辑线程继续运行
                }
            }
            // 逻辑线程循环
            private void UpdateHandler()
            {
                while (isRunning)
                {
                    waitHandle.WaitOne(-1);         // 等待直到新的信号可以继续运行
                    //Thread.Sleep(30);             // 也可以等待 N 毫秒更新一次
                    ProcessPackets();
                }
                thread.Join();                      // 回到主线程
                Console.WriteLine("关闭事件结程");
            }
        } // class ChatServer
    }   // class Program
} // namespace
```

在本示例中，UpdateHandler 函数将运行在一个独立的线程中处理来自网络的事件，waitHandle 可以将这个线程暂停，只有在收到客户端的数据后再继续执行。

运行服务器端，然后启动多个客户端，在客户端之间即可进行聊天。客户端每次发出的聊天消息都会被群发给其他所有客户端，如图 7-6 所示。

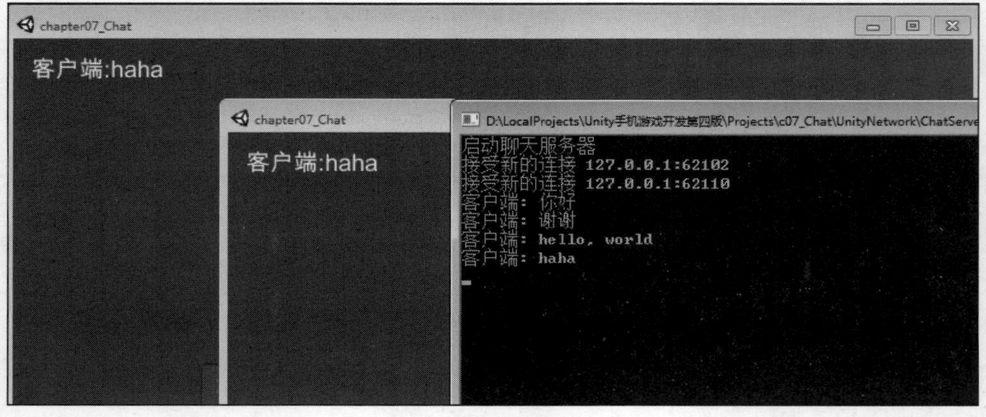

图 7-6　多个客户端收发消息

本示例最后的工程文件保存在资源文件目录 c07_Chat 中，其中 UnityClient 是 Unity 的客户端工程，UnityNetwork 是服务端工程。

7.6　JSON.NET 简介

在聊天实例中，我们使用的序列化方式只适用于客户端与服务器均使用 C#语言，在实际项目中，使用最广泛的方式是 JSON 协议。JSON 的格式类似于一个字典，在 http://json.org/ 中有非常详细的解释，它使用简单且在各种计算机语言之间通过，如 C++、Java 等。

JSON 的序列化工具很多，本节将简单介绍一个最常用的 JSON 工具——JSON.NET。

JSON.NET 的官方网址是 http://www.newtonsoft.com/json，在这里可以免费下载 JOSN.NET 的安装包，不过该安装包并不能直接在 Unity 中使用，Unity 的 Asset Store 中有专用的 JSON.NET 插件。虽然 JSON.NET 有不同的版本，但在官网上提供的版本和 Unity Asset Store 中的版本，功能和使用方式基本是一样的。

JOSN.NET 的使用方式非常简单，如下所示：

```
using Newtonsoft.Json;              // JSON.NET 命名空间
[System.Serializable]
public struct ChatProto{
    public string userName;         // 用户名
    public string chatMsg;          // 聊天内容
}
Chat.ChatProto chat = new Chat.ChatProto();        // 创建对象

string json = JsonConvert.SerializeObject(chat);   // 序列化
chat = JsonConvert.DeserializeObject<Chat.ChatProto>(json);        // 反序列化
```

因为 JSON 格式是基于文本，所以效率一般。JSON.NET 还支持一种叫 BSON 的序列化方式，它是基于二进制，效率更高一些，使用方法如下所示：

```
    using Newtonsoft.Json;
    using Newtonsoft.Json.Bson;                          // BSON 命名空间

    Chat.ChatProto chat = new Chat.ChatProto();          // 创建对象

    // 序列化
    byte[] serializedData = new byte[] {};
    using (var stream = new System.IO.MemoryStream())
    {
        using (BsonWriter writer = new BsonWriter(stream))
        {
            JsonSerializer serializer = new JsonSerializer();
            serializer.Serialize(writer, chat);
        }
        serializedData = stream.ToArray();
```

```
    }
    // 反序列化
    using (var stream = new System.IO.MemoryStream(serializedData))
    {
        using (BsonReader reader = new BsonReader(stream))
        {
            JsonSerializer serializer = new JsonSerializer();
            chat = serializer.Deserialize<Chat.ChatProto>(reader);
        }
    }
```

最新版的 Unity 已经内置 JSON 的序列化和反序列化功能，使用非常简单，但功能有限，序列化的类一定要有 [System.Serializable] 属性且不能继承自 MonoBehaviour 和 ScriptableObject，序列化和反序列化的方式如下：

```
Chat.ChatProto chat = new Chat.ChatProto();   // 创建对象

string json = JsonUtility.ToJson(proto);   // 序列化为 JSON 字符串
Chat.ChatProto copy = JsonUtility.FromJson<Chat.ChatProto>(json);   // 反序列化
```

7.7 小　　结

本章围绕基于 TCP/IP 协议的网络功能完成了一个聊天实例，在这个过程中，介绍了如何创建连接。完成网络通信，并将其应用到 Unity 中，本章最后还介绍了 JSON.NET 的基本使用。

在实际应用中，我们也可能采用 C++或 Java 等语言编写服务器端，这都不影响在 Unity 中使用 C#完成客户端的网络功能，只要客户端与服务器端采用同样的通信协议，是否使用相同语言并不重要。

本章的代码示例较多，建议读者查阅微软公司的 C#语言帮助文件，对其中用到的类和函数的作用进行更深入的了解。下面是关于本章内容的一些思考题：

问题 1　TCP 和 UDP 协议的异同点有哪些？

答：本章 7.1 有一个简要的说明，网络方面的理论知识很多，详细请参考一些专门的书籍或文章。

问题 2　列举一些常见的数据存储格式。

答：JSON、XML、Protobuf 等，JSON 和 XML 基于文本，Protobuf 基于二进制。

问题 3　请修改聊天程序，使不同的客户端名字不一样。

答：需要修改 Unity 程序，添加输入客户端名字的 UI 和逻辑。这部分继续扩展，可以修改程序，使客户端可以将聊天消息发送给指定的客户端，但这需要在服务端建立一个用户系统，有兴趣的读者可以尝试一下。

第 8 章 HTML5（WebGL）游戏移植

本章详细介绍如何将 Unity 游戏导出到 HTML5 的 WebGL 平台并运行于浏览器内，以及进一步介绍如何自定义 Unity 游戏在 HTML5 页面内的显示，编写 JavaScript 插件等。

8.1　关于 HTML5 和 WebGL

早期的 Unity 有自己的网页插件，即 Unity-Web Player，使用方式类似于 Flash，用户必须安装该插件才能在浏览器中运行 Unity 的网页游戏。为了获得更好的普及率，后来 Unity 支持将游戏导出为 Flash 格式，不过随着 HTML5 的崛起，Unity 最终停止了对 Unity-Web Player 和 Flash 的支持，在网页平台全面转向 HTML5。

HTML5 是标记语言，类似于一种配置文件，大部分功能是针对浏览器中图像、文字的排版布局，在浏览器中编程主要使用 JavaScript，JavaScript 是一种脚本语言，可以用来操作 HTML5 实现复杂的逻辑，但 JavaScript 在性能方面无法承受大量的底层图形计算，为了获得更好的性能，WebGL（Web Graphics Library）诞生了。WebGL 类似于 OpenGL，是针对浏览器平台的一种图形标准，可以利用底层的图形硬件加速，到目前为止，大部分主流浏览器都支持 WebGL，因此，使用 WebGL 的 HTML5 游戏，将不需要任何插件，就可以运行在浏览器中。

Unity 的网页游戏主要是面向支持 WebGL 的浏览器，不过 Unity 的网页游戏到目前为止并不支持手机上的浏览器。

8.2　导出 Unity 游戏到 WebGL 平台

8.2.1　导出 WebGL 游戏

将 Unity 游戏导出到 WebGL 平台的操作非常简单，步骤如下：

步骤 01　打开 Unity 游戏工程，在菜单栏中选择【File】→【Build Settings】，在 Build Settings 窗口中选择 WebGL，单击【Switch Platform】按钮，将工程转换到 WebGL 平台，如图 8-1 所示。

图 8-1　WebGL 平台

步骤 02　单击【Player Settings】按钮进入 Inspector 窗口，对 WebGL 平台进行设置。在 Resolution and Presentation 中设置游戏窗口在网页上的大小，这个大小只是默认大小，在网页文件中还可以继续修改。选中【Run In Background】复选框，可以让游戏在网页失去焦点时保持运行。WebGL Template 是网页模板，最后的游戏是嵌在网页中，除了游戏窗口，页面上可能还有其他 HTML 元素。Default（默认）是默认的模板，会提供基本的读取进度条；Minimal（最小）则只显示游戏窗口，如图 8-2 所示。

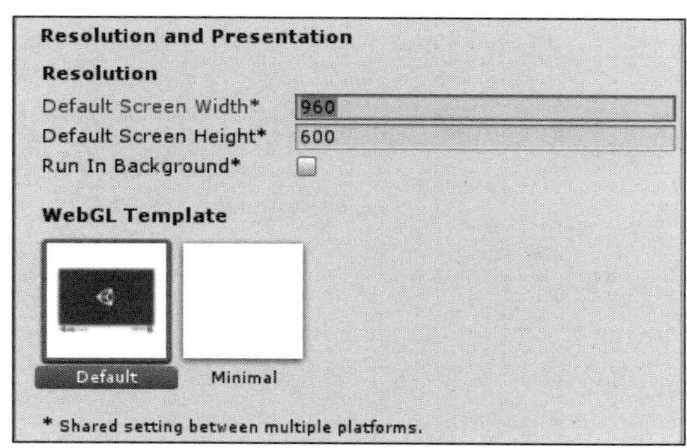

图 8-2　设置窗口大小和模板

步骤 03　Other Settings 中的选项与其他平台类似，这里不再赘述。在 Publishing Settings 中设置 WebGL Memory Size（WebGL 内存大小），默认是 256MB，如图 8-3 所示，如果这个值太小，游戏可能无法运行，如果太大则超出浏览器的限制，也将无法运行游戏。因为网页游戏的内存都是由浏览器分配，所以内存空间大小取决于不同的浏览器，通常内存会比较紧张，在 WebGL 游戏的开发过程中，要时刻关注内存的使用情况。

图 8-3　设置 WebGL Memory Size

步骤 04　最后在 Build Settings 窗口选择【Build】，即可将游戏导出为 HTML 格式，根据选择模板的不同，导出的内容也有所不同，但至少会包括 index.html 和 Release 文件夹内的文件，如图 8-4 所示。UnityLoader.js 是读取 Unity WebGL 游戏的必要 JavaScript 脚本；.datagz 是游戏的数据文件；.jsgz 是游戏本身的 JavaScript 脚本文件；.memgz 用来初始化内存堆。如果是使用 Default 模板导出 WebGL 游戏，还会有一个 TemplateData 文件夹，里面包括读取进度的脚本和图片。

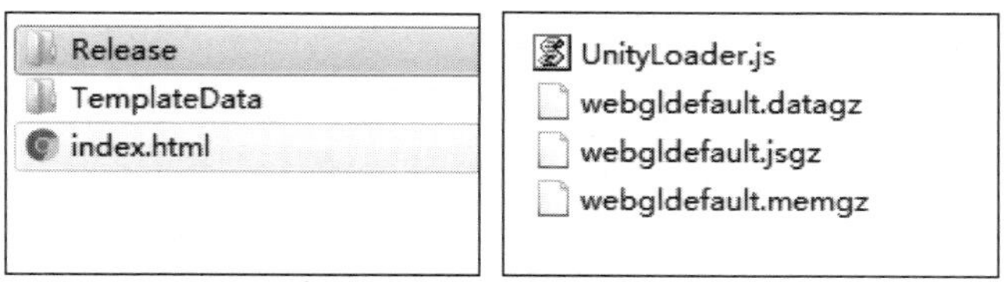

图 8-4　WebGL 资源文件

直接双击 index.html 可能无法运行 Unity 的 WebGL 游戏，这种情况是因为没有将其放到真正的 Web 服务器上，只要将所有文件复制到 Web 服务器的相应路径下，通过访问相应的 URL 地址即可运行游戏，index.html 的名称可以随意改变，但不能改变 Release 文件夹的名称。关于 Web 服务器的设置，可以参考本书第 6 章。

8.2.2 设置 WebGL 模板

默认的 index.html 页面非常简单，通常都需要进一步的修改。Unity 允许为 WegGL 游戏设置模板，模板就是一个自定义的 index.html 文件，开发者可以根据需求提前将页面制定好，导出游戏后就不用再修改 index.html 文件了。

如果是将 WebGL 游戏放到自己的 Web 服务器上，通常只需要更新 Release 目录中的数据文件即可，不需要再更新 index.html。不过有一种情况是需要将 WebGL 游戏提交到第三方网页游戏平台，直接提交 index.html 文件，这时使用模板会比较方便。

创建自定义模板，首先要在工程目录中创建一个名为 WebGLTemplates 的文件夹，再在这个文件夹内创建子文件夹，子文件夹的名称就是模板的名称，其中的 index.html 是自定义的 HTML 模板，如果放一张 128×128 的图片 thumbnail.png，这张图片会作为模板的预览图。如图 8-5 所示是创建了一个名为 Kongregate 的模板，Kongregate 是全球最大的网页游戏平台，开发者可以将自己的网页游戏上传供其他人游戏。

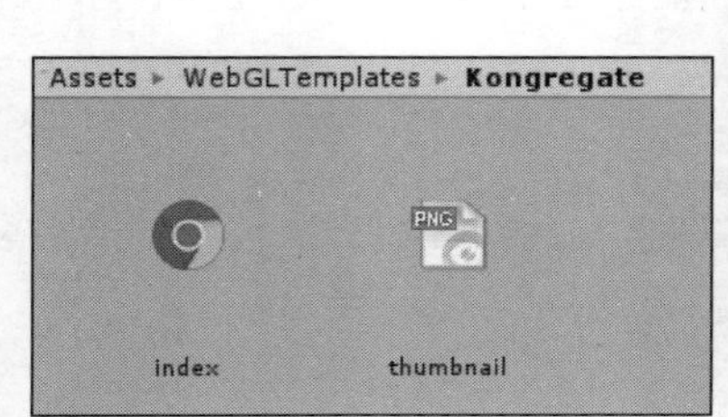

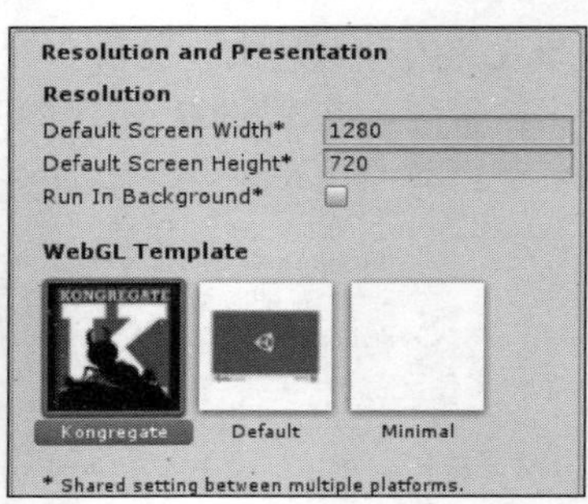

图 8-5 WebGL 模板

在模板内可以定义标签，比如%UNITY_WEB_NAME%对应的就是 Player Settings 中的 Product Name（产品名称），%UNITY_WEBGL_LOADER_GLUE%表示插入 javaScript 脚本的位置。关于更多 WebGL 模板的详细内容可以查阅 Unity 的官方文档，在本书资源目录 c08_webgltemplate 中提供了一个用于 Kongregate 的 WebGL 模板文件，仅供参考。

8.2.3 默认的 index.html

在导出的 index.html 文件中，大部分内容属于普通的 HTML 语句，可以随意修改，但有几条语句是必须的。下面是一个使用默认模板导出的示例：

游戏的名称为 Animal Memory，语句< script src= "TemplateData/UnityProgress.js" ></ script>加入了默认模板的进度条控制脚本。

<canvas></canvas>是显示游戏的窗口。

最后的 JavaScript 脚本定义了一个 JSON 格式的 Module 变量，这个变量非常重要，它包括游戏的参数和回调等，语句<script src = "Release/UnityLoader.js" ></ script >调用脚本 UnityLoader.js，它会引用到 Module 中的设置，读取游戏并运行。

```
<!doctype html>
<html lang = "en-us" >
  < head >
```

```
        < meta charset="utf-8">
        <meta http-equiv="Content-Type" content="text/html; charset=utf-8">
        <title>Unity WebGL Player | Animal Memory</title>
        <link rel = "stylesheet" href= "TemplateData/style.css" >
        < link rel= "shortcut icon" href= "TemplateData/favicon.ico" />
        < script src= "TemplateData/UnityProgress.js" ></ script >
    </ head >
    < body class="template">
        <p class="header"><span>Unity WebGL Player | </span>Animal Memory</p>
        <div class="template-wrap clear">
            <canvas class="emscripten" id="canvas" oncontextmenu="event.preventDefault()" height="720px"
width="1280px"></canvas>
            <br>
            <div class="logo"></div>
            <div class="fullscreen"><img src = "TemplateData/fullscreen.png" width="38" height="38"
alt="Fullscreen" title="Fullscreen" onclick="SetFullscreen(1);" /></div>
            <div class="title">Animal Memory</div>
        </div>
        <p class="footer">&laquo; created with<a href= "http://unity3d.com/" title= "Go to unity3d.com" >
Unity </ a > &raquo;</p>
        <script type = 'text/javascript' >
    var Module = {
        TOTAL_MEMORY: 268435456,
        errorhandler: null,           // arguments: err, url, line. This function must return 'true' if the error is
handled, otherwise 'false'
        compatibilitycheck: null,
        dataUrl: "Release/webgldefault.data",
        codeUrl: "Release/webgldefault.js",
        memUrl: "Release/webgldefault.mem",

    };
  </script>
  <script src = "Release/UnityLoader.js" ></ script >
    </ body >
  </ html >
```

8.2.4　文件访问

在 Apache 服务器上，因为文件读写的规则设置，有时可能无法正确访问.datagz、jsgz 和.memgz 这几个文件。如果遇到这种情况，可以在这几个文件所在的 Release 目录中创建一个名为.htaccess 的文件，输入如下语句，即可使游戏正常运行。

```
Options +SymLinksIfOwnerMatch
<IfModule mod_rewrite.c>
  <IfModule mod_mime.c>
```

```
        RewriteEngine on
        RewriteCond %{HTTP:Accept-encoding} gzip
        RewriteCond %{REQUEST_FILENAME}gz -f
        RewriteRule ^(.*)\.(js|data|mem|unity3d)$ $1.$2gz [L]

        AddEncoding gzip .jsgz
        AddEncoding gzip .datagz
        AddEncoding gzip .memgz
        AddEncoding gzip .unity3dgz

    </IfModule>
</IfModule>
```

在本书资源目录 c08_webglhtaccess 中提供了一个.htaccess 文件的示例。

8.3　自定义 Loading 页面

因为网页游戏资源都是由网上下载，不可避免地在进入游戏前会有较长的等待时间，为了让用户知道游戏的下载状况，在网页上放一个读取进度条是非常有必要的。

在导出 Unity WebGL 游戏时，如果选择 Default 模板，默认就会在 WebGL 游戏开始显示一个进度条，如图 8-6 所示，在进度条上方还有一个 Logo，整体来说界面略显简单。

图 8-6　Unity 默认的读取进度页面

我们来看一下这个进度条是怎么加进去的。在导出路径下找到 TemplateData 文件夹，这里主要是一些图片，默认它们会显示在 Unity WebGL 游戏网页上，其中有几张图片则用于进度条，此外还有一个 JavaScript 脚本文件 UnityProgress.js，Unity 默认的进度条即是通过这个脚本实现的。

我们再打开导出的 index.html 看一下，有一行语句如下所示，这行语句引用了 UnityProgress.js，如果去掉这行语句，读取进度条界面就会消失，不过并不会影响正常游戏。

```
< script src = "TemplateData/UnityProgress.js" ></ script >
```

使用文本编辑器打开 UnityProgress.js，其中有几条语句读取了 TemplateData 路径下的资源，如图 8-7 所示。

这些被读取的.png 图片即用于默认的进度条显示，progresslogo.png 是默认的 Unity 图标，我们只需修改读取路径即可将其替换为其他图案，如图 8-8 所示，笔者将 Unity 的图标换成了一张自己的图片。

```
var logoImage = document.createElement("img");
logoImage.src = "TemplateData/progresslogo.png";
logoImage.style.position = "absolute";
parent.appendChild(logoImage);
this.logoImage = logoImage;

var progressFrame = document.createElement("img");
progressFrame.src = "TemplateData/loadingbar.png";
progressFrame.style.position = "absolute";
parent.appendChild(progressFrame);
this.progressFrame = progressFrame;

var progressBar = document.createElement("img");
progressBar.src = "TemplateData/fullbar.png";
progressBar.style.position = "absolute";
parent.appendChild(progressBar);
this.progressBar = progressBar;
```

图 8-7　读取进度的 JavaScript 代码

图 8-8　替换 Unity 的 Logo

需要注意的是，默认的资源路径是在 TemplateData/下，如果服务器使用了路径重定向之类的设置，这个默认路径很可能会失效，最简单的解决方案是写入完整的路径，而不是相对路径，如图 8-9 所示。

```
var logoImage = document.createElement("img");
logoImage.src = "/public/games/animalcards/TemplateData/background.jpg";
logoImage.style.position = "absolute";
parent.appendChild(logoImage);
this.logoImage = logoImage;
```

图 8-9　文件路径

默认的读取进度页面的背景是深灰色的，如果想要改变，只需要修改 background.style.background 的颜色即可。如图 8-10 所示，笔者将页面默认的深灰色改为了黄色。

```
var background = document.createElement("div");
background.style.background = "yellow";
background.style.position = "absolute";
parent.appendChild(background);
this.background = background;
```

图 8-10　改变页面颜色

loadingbar.png 是进度条的背景图片，默认是绿色的，我们可以利用 photoshop 软件自由修改这张图片，改变它的颜色、纹理，甚至大小。fullbar.png 是读取进度的前景色，这张图片实际上只有一个像素，默认是红色的，如果要修改它的颜色，只需要将其填充为其他颜色即可，并且在实际使用时会自动适配与进度条背景的大小一致。如图 8-11 所示，笔者将进度条的颜色和大小都做了调整。

图 8-11　改变进度条颜色和大小

虽然我们对进度条做出了修改，但也只是简单替换等。在 UnityProgress.js 中，所有的功能主要依赖三条回调函数，如下所示，我们可以删除大部分 UnityProgress.js 中的代码，只保留这三条回调函数，然后加入自己的代码控制网页上的 UI 元素显示。

```
this.SetProgress = function(progress) {
        // 回调下载进度
        console.log(progress);
    }
    this.SetMessage = function(message) {
        // 回调下载消息
        console.log(message);
    }
    this.Clear = function() {
        // 当下载完成后，在这里清除读取进度的 UI，否则会挡住后面的游戏内容
}
```

如果熟悉 HTML 语句，还可以简单地修改 index.html，添加显示进度的文字。下面是一个简单的示例：

```
<div style = "position:relative; text-align: center;" >
    < canvas class="emscripten" id="canvas" oncontextmenu="event.preventDefault()" height="600px"
width="960px"></canvas>
    <h1 id = "gameprogress" style="top: 94%; width:100%; position:absolute;    z-index:1; float:left;
color:#FFF">读取进度 0%</h1>
</div>
```

修改 UnityProgress.js，根据读取进度改变文字内容，注意这里的代码需要引用 jquery.js 才能运行。

```
this.SetProgress = function(progress) {
  if ( this.progress<progress)
        this.progress = progress;
    $("#gameprogress").text("读取进度"+(this.progress*100)+"%");
```

```
}
this.Clear = function() {
    $("#gameprogress").hide();
}
```

最后的效果如图 8-12 所示。

8-12　显示进度的文字

8.4　编写 WebGL 游戏插件

WebGL 平台的原生语言主要是 JavaScript，很多时候需要在游戏中向页面发送消息，调用页面中的 JavaScript 代码，同其他平台一样，我们可以为这样的功能编写专门的插件。

8.4.1　访问 JavaScript 示例一

在 Unity 中调用 JavaScript 有多种方式，最简单的方式就是使用 Application.ExternalCall() 或 Application.ExternalEval()函数。下面是一个示例，首先在 Unity 中发出消息，访问 JavaScript 的 sayHello 函数，并带有一个字符串参数，字符串内容是“我是 Unity”。

```
void Start () {
    Application.ExternalCall("sayHello", "我是 Unity!");
}
void onSayHello(string message)   // 由 Javascript 发回来的回调函数
{
    Debug.Log(message);
}
```

在 index.html 中插入一行 JavaScript 代码如下，Unity 会调用到 sayHello 函数，然后 JavaScript 使用 SendMessage 向 Unity 返回消息，调用 Unity 的 onSayHello 函数，并带有一个字符串参数，Unity 收到这个消息后会将其打印出来。

```
<script>function sayHello(message) { console.log(message); SendMessage('Main Camera', 'onSayHello', '我是 javascript'); }</script>
```

使用 Chrome 运行 WebGL 程序，按 F12 键打开调试窗口，可以看到 Unity 和 JavaScript 在收到消息后打印出的信息，如图 8-13 所示。

8-13　显示回调信息

本示例存放在本书资源目录 c08_webgljs1 内，其中包括一个简单的 Unity 工程；WWW 文件夹内是 HTML 文件。

8.4.2　访问 JavaScript 示例二

另外一种在 Unity 中调用 JavaScript 代码的方式是将 JavaScript 代码直接放入到 Unity 工程中，然后通过插件的形式在 Unity 中进行调用。

首先在 Unity 工程中创建目录 Plugins\WebGL\，然后将 JavaScript 脚本放到里面。如图 8-14 所示是放入了一个名为 MyPlugin.jslib 的 JavaScript 脚本，注意后缀名。

图 8-14　WebGL 插件

MyPlugin.jslib 的代码如下，本示例中 Hello 函数的功能与之前的 sayHello 函数功能一样，注意函数的写法。

```
var MyPlugin = {
    Hello: function(str)
    {
        console.log(Pointer_stringify(str));
        SendMessage('Main Camera', 'onSayHello', '我是 javascript');
    },
Other: function()
    {
    }
};
mergeInto(LibraryManager.library, MyPlugin);
```

在 Unity 中调用 JavaScript 的 C#脚本如下，本示例中会将该脚本指定到 Main Camera 上。

```
using UnityEngine;
using System.Runtime.InteropServices;

public class TestScript : MonoBehaviour {

    [DllImport("__Internal")]
    private static extern void Hello(string str);

    // Use this for initialization
    void Start () {
        Hello("我是 Unity");
```

```
    }

    void onSayHello(string message)   // 由 Javascript 发回来的回调函数
    {
        Debug.Log(message);
    }
}
```

最后在浏览器运行 Unity 的 WebGL 程序，示例 1 与示例 2 的效果一样。本示例存放在本书资源目录 c08_webgljs2 内，其中包括一个简单的 Unity 工程；www 文件夹内是 HTML 文件。

8.5　在网页上保存游戏记录

网页游戏不支持一般的 I/O 操作，也就是说我们不能自定义一个文件保存在硬盘上存储网页游戏的记录，好在 Unity 提供了一个叫 PlayerPrefs 的类，可以针对不同网址的网页游戏，将记录保存在网页的临时文件中，其存储文件的大小必须在 1MB 以内。下面是一个简单示例：

```
PlayerPrefs.SetInt("score", 100);                          // 保存值为 100 的整数
PlayerPrefs.SetFloat("size", 2.5f);                        // 保存值为 2.5 的浮点数
PlayerPrefs.SetString("data", "somedata");                 // 保存值为 somedata 的字符串

int score = PlayerPrefs.GetInt("score", 100);              // 获得 score 的值，默认 100
float size = PlayerPrefs.GetFloat("size", 2.5f);           // 获得 size 的值，默认 2.5
    string data = PlayerPrefs.GetString("data", "somedata");   // 获得 data 的值，默认 somedata
```

使用 PlayerPrefs 不仅可以保存网页游戏的记录，同样适用于其他平台。

8.6　小　　结

本章详细介绍了如何使用 Unity3D 创建基于 WebGL 的 HTML5 网页游戏，还包括如何实现 Unity 与 JavaScript 通信等。

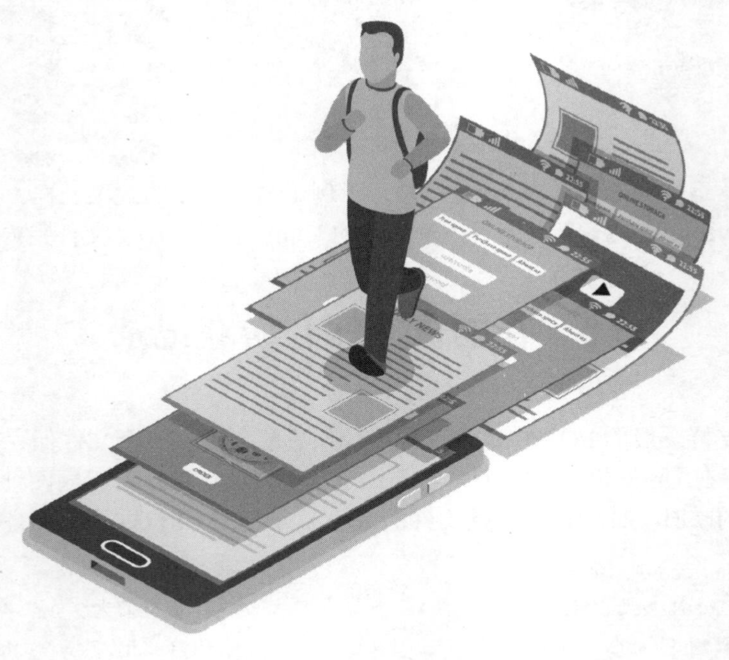

第 9 章 iOS 游戏移植

本章将详细介绍申请 iOS 游戏的开发流程，如何使用 Unity 调试、发布 iOS 游戏，如何开发 iOS 插件等内容。

9.1　iOS 简介

iOS（iPhone Operation System）是苹果公司开发的手机操作系统，主要安装在 iPhone 和 iPad 设备上面。

开发 iOS 游戏或应用，首先需要到苹果公司的官方网站申请 iOS 开发权限，理论上只能在苹果公司的 Mac 计算机上开发，最后发布到苹果公司的 App Store 中，这也是目前发布 iOS 游戏的唯一合法途径。

开发 iOS 应用或游戏主要是使用 Objective-C 语言，这是苹果公司专有的计算机语言，理论上使用 Unity 开发 iOS 游戏并不需要对 Objective-C 有非常深入地了解，但如果需要在 Unity 中调用 iOS 的原生功能，编写 Objective-C 代码还是有必要的。

Objective-C 的语法比较与众不同，有些人可能会不习惯，苹果之后又推出了一门新的语言，称为 Swift，它的语法更为简洁，但目前资料较少，没有 Objective-C 普及。

9.2　软件安装

开发 iOS 游戏，首先要准备一台 Mac 计算机，然后在 Mac 电脑上的 App Store 免费下载 Xcode 软件，将其安装到 Mac 上，这是苹果官方的开发工具。

安装好 Xcode 后，还需要安装 Mac 版的 Unity，在 Mac 上安装 Unity 的过程与 PC 版基本类似，这里不再赘述。

9.3　申请开发权限

只是安装 Xcode 和 Unity 还不能在 iOS 设备上真机测试、发布游戏到 App Store，需要到苹果公司的开发者网站申请一个开发账号，并需要每年支付一定费用。申请的大体流程如下：

步骤 01　到苹果公司 iOS 开发者网站（https://developer.apple.com/）注册一个开发者账号，然后登陆到该网站。

步骤 02　在页面中找到 Enroll 并按提示填写个人或公司信息。

步骤 03　个人注册的过程与公司会略有不同，待苹果公司确认信息正确后支付年费，然后即可成为苹果应用开发者。

9.4　设置 iOS 开发环境

有了 iOS 开发资格，还需要在苹果公司的开发者网站上完成各项配置，并与 Mac 电脑和测试机关联。设置步骤如下：

步骤 01 使用苹果账号登录到苹果公司 iOS 开发者网站（https://developer.apple.com/），选择 Certificates，Identifiers & Profiles 进入设置页面，如图 9-1 所示。

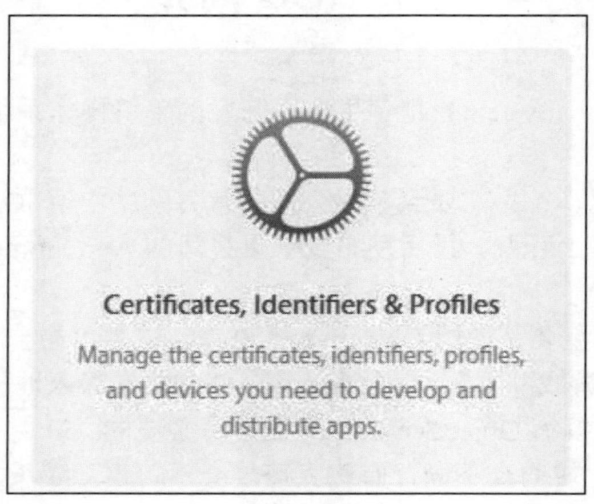

图 9-1　进入苹果开发者设置页面

步骤 02 选择【Certificate Signing Request】请求一个新的证书，并在之后出现的页面中选择【IOS App Development】申请用于开发的证书（【App Store and Ad Hoc】用于发布），如图 9-2 所示。

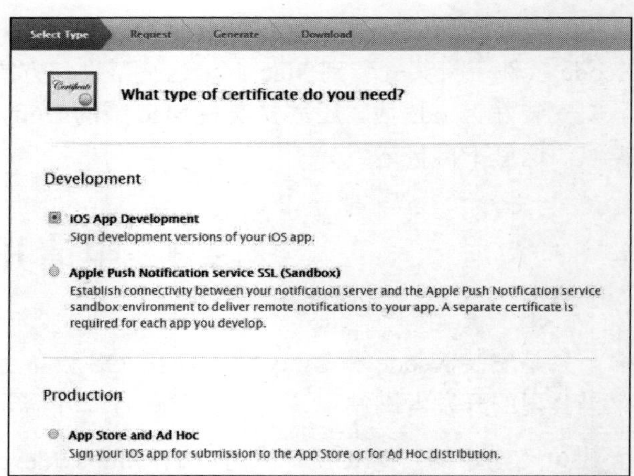

图 9-2　申请证书

步骤 03 接下来按提示安装 CSR 文件，并有英文的安装说明。

步骤 04 运行 Mac 上自带的应用 Keychain Access。在 Keychain 菜单栏中选择【Keychain Acess】（钥匙串访问）→【Certificate Assistant】（证书助理）→【Request a Certificate from a Certificate Authority】（从证书颁发机构请求证书），打开 Certificate Information 窗口，输入 Email 和名字，CA Email Address 不需要填写，选择【Saved to disk】，如图 9-3 所示。最后单击【Continue】（继续）按钮保存 Certificate Signing Request （CSR）文件到硬盘上。

步骤 05 单击【Choose File】按钮上传前面保存的 CSR 文件，如图 9-4 所示。

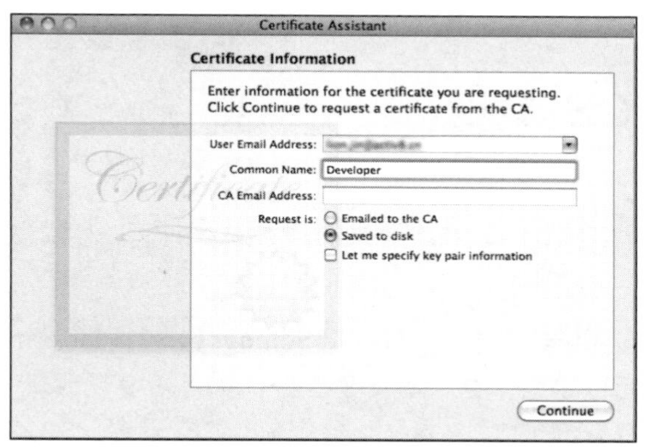

图 9-3　填写信息

图 9-4　上传 CSR 文件

步骤 06　完成申请后，在【Certificates】→【Development】中即可下载应用于开发的证书，双击下载的文件（文件后缀为.cer），将其装入 Mac 电脑中，如图 9-5 所示。

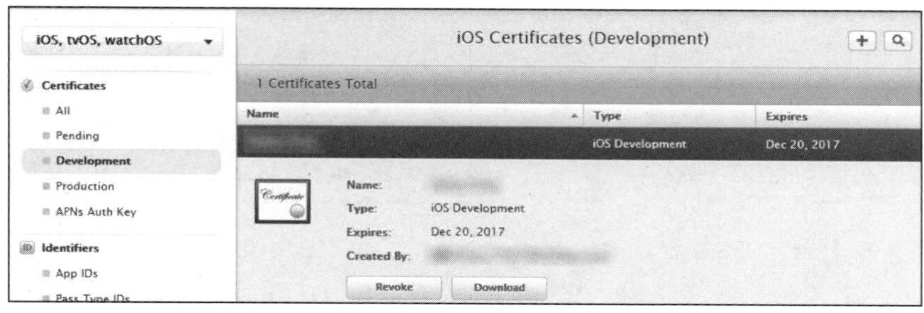

图 9-5　下载证书

步骤 07　选择【App IDs】为开发的 App 设置 ID，这个 ID 将是 App 的唯一标识符，对应在 Unity 中设置的 Bundle Identifier，如图 9-6 所示。

步骤 08　选择【Devices】添加测试设备的 Identifier，如图 9-7 所示。将 iOS 设备连接到 Mac 电脑，打开 Xcode，在菜单栏中选择【Window】→【Devices】，会看到 iOS 设备的 Identifier 字符串。

步骤 09　选择【Provisioning Profiles】创建新的 Provisioning Profile，注意需要为开发（Development）和发布（Distribution）单独创建，它会与前面创建的 Certificates、App ID 和 iOS 设备关联，最后下载这个 Provisioning Profiles 到 Mac 电脑上，双击下载的文件则将其安装到系统中，如图 9-8 所示。

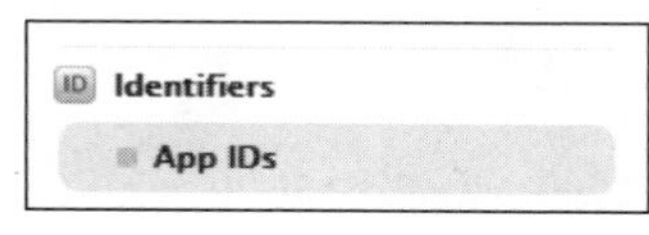

图 9-6　下载证书

图 9-7　设备

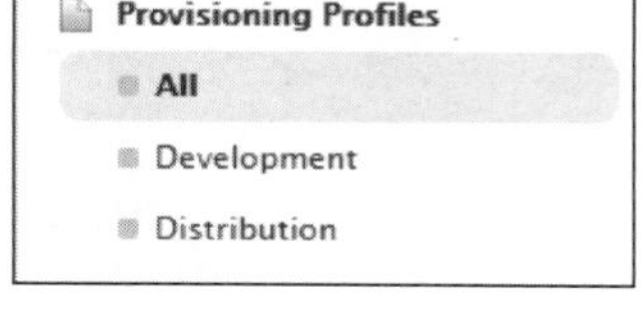

图 9-8　Provisioning Profiles

发布一个游戏或 App，除了需要在苹果的开发者网站进行设置，还需要到苹果的网站 https://itunesconnect.apple.com/对游戏或 App 的具体内容进行设置和发布。

9.5 测试 iOS 游戏

完成了以上繁复的设置后，现在终于能够做点事情了。接下来我们将尝试在 iOS 上运行 Unity 游戏。

步骤 01 在 Mac 上打开 Unity 工程，在菜单栏中选择【File】→【Build Settings】，在 Platform 中选择 iOS，单击【Switch Platform】按钮，将工程转为 iOS 工程，如图 9-9 所示。

步骤 02 单击【Player Settings】按钮，在 Inspector 窗口对 iOS 平台的游戏进行设置。注意 Bundle Identifier 一定要与在开发者页面设置的 AppID 一样，如图 9-10 所示。

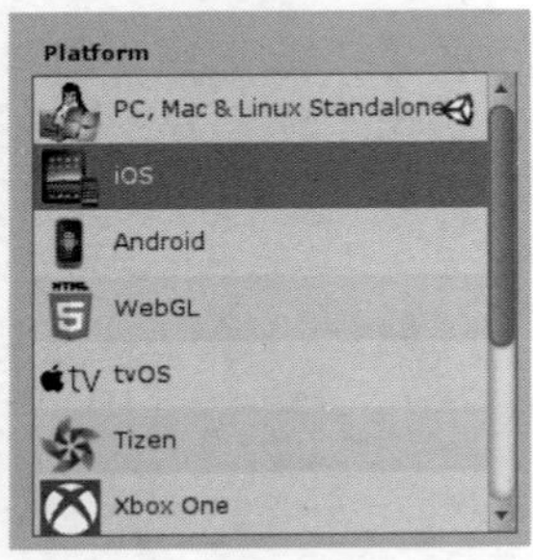

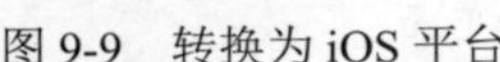
图 9-9　转换为 iOS 平台

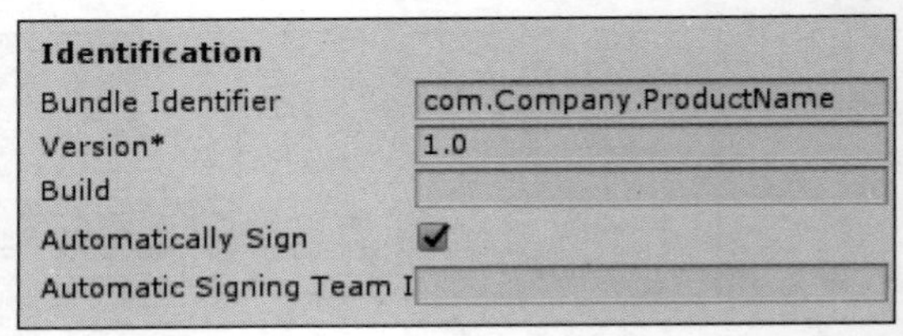

图 9-10　Bundle Identifier

步骤 03 确定 iOS 设备与 Mac 电脑处于连接状态，选择【Build And Run】，选择路径保存。片刻之后，Xcode 会自动启动，如无错误，程序将会自动运行在 iOS 设备上。这一步最常出现的错误是提示 Code Singing 不正确之类的问题，通常是因为没有在苹果开发者网站上正确设置 AppID 或没有为这个 AppID 生成 Provisioning Profile 的原因。

使用 Unity 导出 iOS 游戏后，可以直接使用 Xcode 打开导出的 Xcode 工程。在 Classes 目录内，包括有 Objective-C 源代码，其中最重要的是 UnityAppController，如图 9-11 所示。注意，Xcode 工程中的 Data/Raw 文件夹对应的就是 Unity 工程的 StreamingAssets 文件夹。

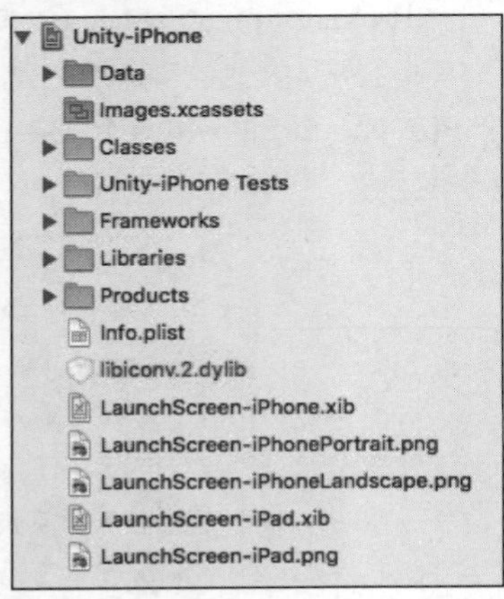

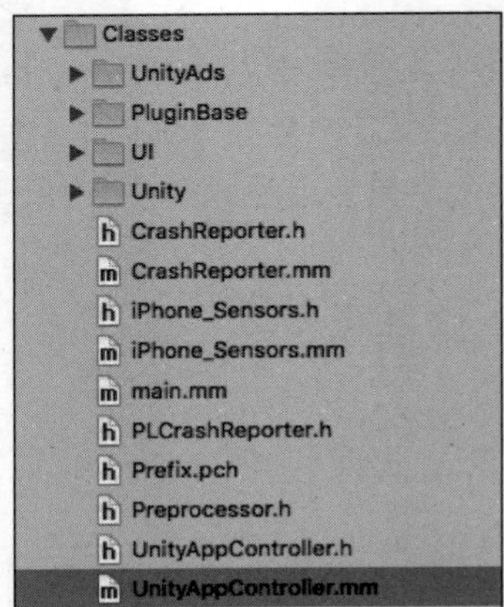

图 9-11　Objective-C 源代码

在 UnityAppController.mm 中，didFinishLaunchingWithOptions 函数是 Unity 启动的入口，有时在引用一些 iOS 原生功能时，可能需要在这个函数最后加入自己的 Objective-C 代码完成一些初始化工作，如图 9-12 所示。

```
- (BOOL)application:(UIApplication *)application didFinishLaunchingWithOptions:(NSDictionary *)launchOptions
```

图 9-12　程序初始化

在对接第三方 SDK 的时候，很多功能都需要引用当前的 UIViewController，Unity 提供了一个快捷方式可以直接获取到当前的 UIViewController，如图 9-13 所示。

```
UIViewController *vc = UnityGetGLViewController();
```

图 9-13　获取 Unity 程序的 UIViewController

9.6　发布 iOS 游戏

发布苹果游戏首先需要在苹果开发者网站申请一个用于产品的 Provisioning Profile，并在 http://itunesconnect.apple.com/中创建相应的 App，然后在 Xcode 的 Singing 中进行设置，最后在菜单栏中选择【Product】→【Archive】(存档)编译程序，单击【Upload to App Store】按钮上传最终的 App，如图 9-14 所示。在 Xcode 的菜单栏中选择【Window】→【Organizer】，可以在任何时间打开存档窗口查看已编译的程序。

图 9-14　上传最终的 App

9.7　对接 iOS 原生语言

在将游戏移植到 iOS 平台时，免不了要对接一些 iOS 平台的 SDK，比如消费或广告之类。对接 SDK 通常要使用到 iOS 原生语言 Objectiv-C 去调用 iOS 系统或第三方厂商的 API，但 Objectiv-C 的代码并不能直接在 Unity 内运行，因此 Unity 和原生代码之间的沟通需要一个“桥梁”，这个“桥梁”就是 Unity 提供的 UnitySendMessage 函数。

9.7.1　在 Xcode 中创建 Objectiv-C 代码

首先在 Xcode 中创建 Objectiv-C，这些代码将在 Unity 中被调用。

步骤 01　启动 Xcode，创建一个新的工程，这里选择 Single View Application，注意 Langange 要选择 Objectiv-C，创建好新的工程后，在菜单栏中选择【Product】→【Run】即可运行游戏。

步骤 02 在 Xcode 工程窗口中右击，选择【New File】，然后选择 Cocoa Touch Class 创建新的 Objectiv-C 类，这里命名为 Ukit，如图 9-15 所示。

```
Class: UKit
Subclass... NSObject
[ ] Also create XIB file
Language: Objective-C
```

图 9-15　创建新的 Objectiv-C 类

步骤 03 在 Ukit.h 中添加代码，如图 9-16 所示，其中“+”号表示静态（相当于 C#中的 static），“-”号相表示非静态。

```
#import <Foundation/Foundation.h>

@interface UKit : NSObject
+ (UKit*) instance;
// 显示一个IOS对话框
- (void) ShowWarningBox:(NSString*) strTitle : (NSString*) strText;
@end
```

图 9-16　添加显示对话框函数声明

步骤 04 在 Ukit.m 中添加实现代码，主要是创建一个简单的对话框，如图 9-17 所示。

```
#import <UIKit/UIKit.h>
#import "UKit.h"

@implementation UKit

static UKit *_instance=nil;

+ (UKit*) instance
{
    if (_instance==nil)
    {
        _instance=[[UKit alloc]init];
    }

    return _instance;
}

-(void) ShowWarningBox:(NSString*) strTitle : (NSString*) strText
{
    // 创建UIAlertController
    UIAlertController *alertController = [UIAlertController alertControllerWithTitle:
        strTitle message:strText preferredStyle:UIAlertControllerStyleAlert];
    // 添加行为
    UIAlertAction *okAction = [UIAlertAction actionWithTitle:@"OK" style:
        UIAlertActionStyleDefault handler:^(UIAlertAction * _Nonnull action){
        NSLog(@"点击OK按钮"); // 回调

    }];
    [alertController addAction:okAction];
    // 获取当前UIViewController
    UIViewController *viewController = [[[UIApplication sharedApplication] keyWindow]
        rootViewController];
    // 显示对话框
    [viewController presentViewController:alertController animated:YES completion:nil];
    NSLog(@"显示对话框");
}
@end
```

图 9-17　实现代码

步骤05 我们来测试一下代码，在 AppDelegate.m 的 applicationDidBecomeActive 中创建 UKit 实例，运行后显示出一个对话框，如图 9-18 所示。

```
- (void)applicationDidBecomeActive:(UIApplication *)application {

    UKit *kit = [UKit alloc];
    [kit ShowWarningBox:@"标题" : @"内容"];
}
```

图 9-18　实现代码

步骤06 接下来，我们需要将代码移植到 Unity 程序中，但是还需要对 UKit.m 略加修改，添加的代码只有在 Unity 环境中才能运行，如图 9-19 所示。

```
-(void) ShowWarningBox:(NSString*) strTitle : (NSString*) strText
{
    // 创建UIAlertController
    UIAlertController *alertController = [UIAlertController alertControllerWithTitle:strTitle message:
        strText preferredStyle:UIAlertControllerStyleAlert];
    // 添加行为
    UIAlertAction *okAction = [UIAlertAction actionWithTitle:@"OK" style:UIAlertActionStyleDefault handler:
        ^(UIAlertAction * _Nonnull action){
        NSLog(@"点击OK按钮"); // 回调
        NSString *msg = @"IOS Message";
        //向Unity发送消息，这里接收对象名字是Main Camera，接收函数名是OnButtonClick，带一个字符串参数
        UnitySendMessage("Main Camera", "OnButtonClick", [msg UTF8String] );

    }];
    [alertController addAction:okAction];
    // 获取当前UIViewController
    //UIViewController *viewController = [[[UIApplication sharedApplication] keyWindow]
        rootViewController];
    // 使用Unity提供的方法获取当前UIViewController
    UIViewController *viewController = UnityGetGLViewController();
    // 显示对话框
    [viewController presentViewController:alertController animated:YES completion:nil];
    NSLog(@"显示对话框");
}
@end

// 将的Unity中引用的C代码
extern void ShowWarningBox(char* strTitle ,char* strText)
{
    [[UKit instance] ShowWarningBox:[NSString stringWithUTF8String: strTitle]:
        [NSString stringWithUTF8String: strText]];
}
```

图 9-19　向 Unity 发送消息的代码

9.7.2 在 Unity 中引用 Objectiv-C 代码

步骤 01 新建或打开 Unity 工程，新建 Plugins/IOS 文件夹，然后将 UKit.h 和 UKit.m 复制到这个文件夹内，如图 9-20 所示。所有保存在 Assets/Plugins/iOS 工程目录内的.a，.m，.mm，.c，.cpp 文件都将被自动加载到 Xcode 工程中。

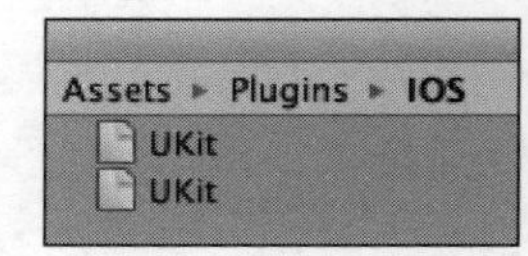

图 9-20 复制 Objective-C 代码到 Unity 工程中

步骤 02 创建 C#脚本 UnityIOSKit.cs，导入 Objective-C 代码，如下所示。

```
using UnityEngine;
using System.Runtime.InteropServices;
public static class UnityIOSKit{
    // 导入.m 文件中的 C 函数
    [DllImport ("__Internal")]
    private static extern void ShowWarningBox(string strTitle ,string strText);

    // 将在 Unity 中使用静态函数
    static public void ShowAlert(string strTitle ,string strText)
    {
        if ( Application.platform==RuntimePlatform.iPhonePlayer) // 只在 iPhone 平台调用
        {
            ShowWarningBox( strTitle , strText); // 调用.m 文件中的 C 函数
        }
    }
}
```

步骤 03 创建 C#脚本 ShowAlertDemo.cs，如下所示，然后将其指定给场景中默认的摄像机 Main Camera。

```
using UnityEngine;
public class ShowAlertDemo : MonoBehaviour {
    void Start () {
        // 调用 iOS 代码显示对话框
        UnityIOSKit.ShowAlert ("Unity 标题", "Unity 内容");
    }
    // 在 iOS 中点击 OK 按钮后返回的消息
    void OnButtonClick( string msg )
    {
        Debug.Log (msg);   // 打印 iOS 通过 UnitySendMessage 发送回来的消息
    }
}
```

步骤 04 将程序导出到 Xcode 工程，注意 UKit.h 和 UKit.m 都被自动导出到 Libraries 目录内，最后运行测试，效果如图 9-21 所示。

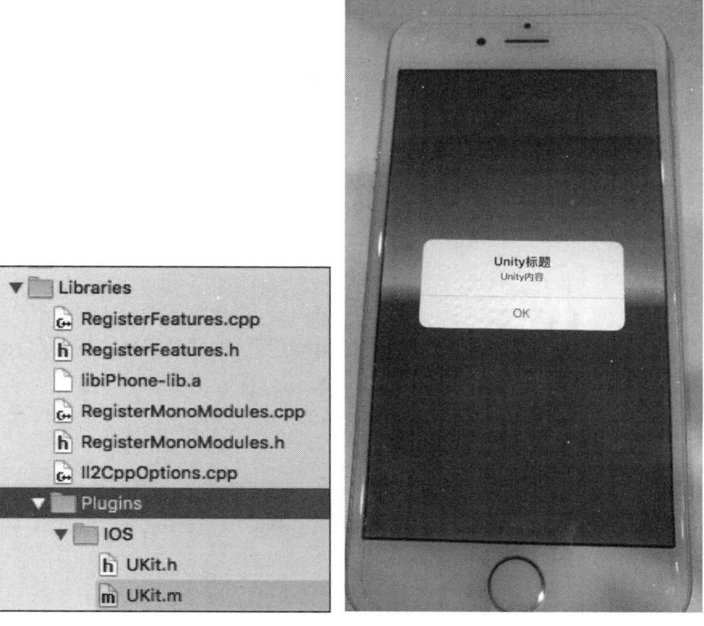

图 9-21　运行测试

本节的示例工程文件保存在资源文件目录 c09_IOS，其中 Xcode Test Project 是 Xcode 工程，UnityIOSDemo 是 Unity 工程。

9.8　内　消　费

无论是 iOS 还是 Android 平台，基本都需要编写 In-App Purchases（内消费）功能，通常不同平台都有自己的支付接口，需要开发者去逐一了解。一些常见的平台，如 iOS 的 App Store 和 Google Play 商店，Unity 已经将这些平台的支付接口内置在 Unity 开发环境中。因为这类内容更新很快，本书没有将其收录进来，有兴趣的读都可以访问 Unity 官方的教学网址 https://unity3d.com/learn/tutorials/topics/ads-analytics/integrating-unity-iap-your-game 获取教程，其中包括全部的源代码，拿过来略加修改就可以直接使用了。

9.9　本地存储位置

如果需要将游戏记录保存在 iOS 设备本地，只能将其保存在 iOS 设备上一个叫 Documents 的文件目录内，比如我们要保存一个叫 sav.dat 的文件，其位置即是：

```
string dir = Application.persistentDataPath + "/Documents/sav.dat";   // 路径
System.IO.File.WriteAllBytes(dir, bytes);     // 将 byte[]保存到指定的路径
```

9.10 使用命令行编译 Xcode 工程

在 Xcode 工程中，除了使用 IDE 去编译当前工程，也可以使用 Xcode 提供的命令行功能进行编译，非常适合结合批处理脚本编译工程，下面列出一些常用命令。

9.10.1 编译 Xcode 工程

执行命令 "xcodebuild -project {0} -archivePath {1} -scheme Unity-iPhone archive CODE_SIGN_IDENTITY='{2}' PROVISIONING_PROFILE='{3}'"

0. Xcode 工程的根目录位置
1. 编译后打包的目录位置（路径/包名）
2. 认证名称，类似'iPhone Distribution: xxx Co., Ltd.'，注意单引号。
3. 当前 provision 文件名称

9.10.2 打包.ipa 文件

执行命令授权“security unlock-keychain -p MAC 登陆密码 /MAC 用户目录/Library/Keychains/login.keychain”

执行命令打包.ipa 文件“xcrun -sdk iphoneos {0} -v {1} -o {2}”

0. PackageApplication 打包工具地址
1. 在 9.10.1 节编译后打包的目录位置（路径/包名.xcarchive/Products/Applications/包名.app）
2. 导出.ipa 文件路径（路径/文件名.ipa）

9.11 小　　结

本章详细介绍了 iOS 平台的开发流程，包括如何配置开发环境、测试、发布使用 Unity 开发的 iOS 游戏。本章最后通过实例介绍了如何为 Unity 编写 iOS 插件。

第 10 章
Android 游戏移植

本章将介绍如何使用 Unity 开发/发布 Android 游戏，对应 Google 最新的开发工具 Android Studio，介绍了 Android 开发环境的设置，Unity 和 Android 原生代码的交互，同时使用 Unity 完成一个 Android 版本的百度地图应用实例，最后详细说明了创建 Asset Bundle 数据包的流程。

10.1 Android 简介

Android 主要是运行在手机上的操作系统，由 Google 公司研发，因为其良好的开放性被很多手机厂商使用，国外如三星等，国内如华为、小米等，市场占有率很高。

对软件开发者来说，Android 是一个完全开放的平台，任何人都可以开发/发布 Android 应用或游戏，而不需要向 Google 公司支付任何费用。

Google 公司提供了一个叫 Google Play 的平台发布 Android 应用或游戏，与苹果公司的 App Store 不同，它并不是唯一的 Android 应用发布平台，开发者也可以将其产品发布到其他任何平台，国内发布 Android 应用或游戏的平台非常多，如腾讯的应用宝等，大部分手机厂商也有自己的应用商店。

原生的 Android 应用开发主要是使用 Java 语言，Unity 是个跨平台的游戏引擎，可以在几乎不需要深入了解 Java 和 Android 系统的情况下，使用 C#语言开发出高品质的 Android 游戏，不过当将游戏发布到相应的平台时，仍需要编写少量的 Java 代码，对接平台的功能。

10.2 安装 Android SDK

开发 Android 游戏，一定要先安装 Java 开发环境和 Android 的 SDK，同时也需要安装一些开发工具。这里以在 Windows 上开发为例，安装步骤如下：

步骤 01 在 http://www.oracle.com/technetwork/java/javase/downloads/index.html 中下载并安装 JDK 软件包。设置环境变量 JAVA_HOME 指向 JDK 的安装目录，如图 10-1 所示。

图 10-1　设置 Java 环境变量

步骤 02 在 Google 的官方网站 http://developer.android.com/sdk/index.html 下载 Windows 版本的 Android 集成开发环境 Android Studio（也可以尝试访问国内的 Android 社区 http://www.android-studio.org/ 下载），下载完成后正常安装即可。第一次启动 Android Studio，在启动界面选择 SDK Manager，如图 10-2 所示。选择 Android SDK Location 自定义 Android SDK 的存储位置，然后在 SDK Platforms 和 SDK Tools 中选中需要下载的 SDK 组件，最后选择 Apply 在线下载。

步骤 03 启动 Unity，在菜单栏中选择【Edit】→【Preferences】，选择【External Tools】，设置 SDK 的位置，指定 Android SDK 和 JDK 的位置，如图 10-3 所示。

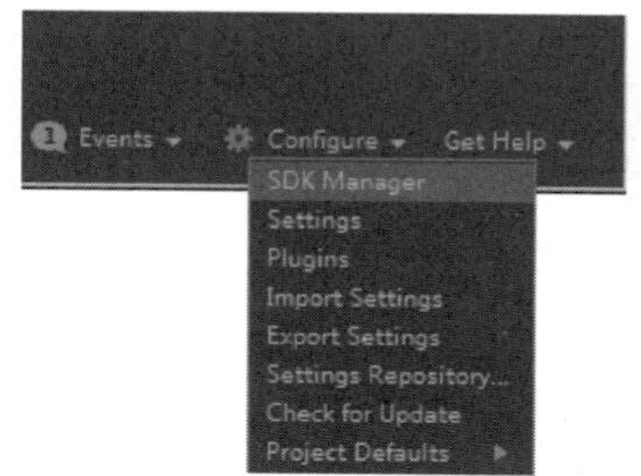

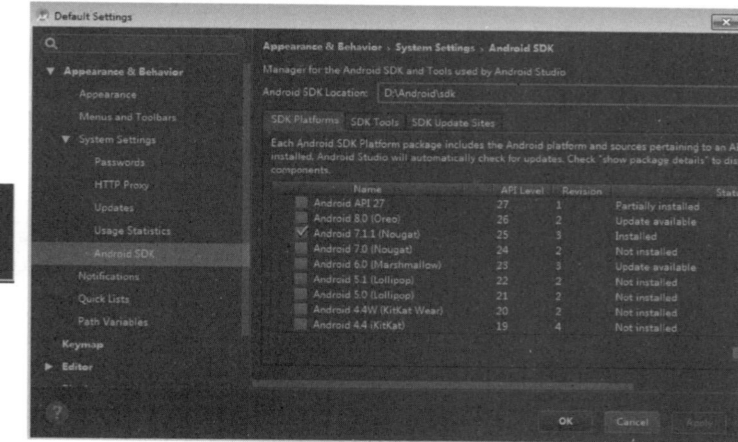

图 10-2　安装目录

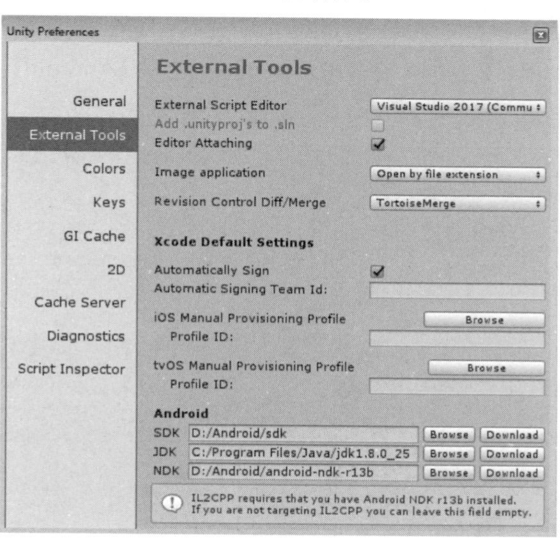

图 10-3　指定 Android SDK 的位置

在这里，除了指定 Android SDK 和 JDK，还有一个选项是 NDK，如果希望最后在 Android 平台采用 IL2CPP 技术（使用 C++原生代码），则需要 NDK 的支持。采用 IL2CPP 技术生成的代码，理论上可以获得更好的运行速度，但编译时间会更长。

10.3　运行 Android 游戏

10.3.1　准备测试环境

几乎任何品牌的 Android 手机都可以用来测试 Unity 游戏，有些类型的手机可能需要一些简单的设置，比如在手机的【设置】中启用【USB 调试】模式等，最后只需要使用 USB 线将手机与计算机连接即可。

对应 Android 平台，Unity 最后输出的游戏运行文件是.apk 格式，可以直接将.apk 文件复制到手机上安装和调试。如果在计算机中安装了相应手机的驱动，也可以将在 Unity 中创建的游戏自动运行（Build and Run）到手机上。

Android SDK 还提供了一个开发工具叫 adb，它被保存在 Android SDK 的 platform-tools 目录内，确定该路径被添加到了环境变量“Path”中，命令行进入.apk 文件所在目录，输入 adb install [apk 文件名]即可将.apk 文件程序安装到手机上，如果不是第一次安装，需要加一个参数 –r，即 adb install -r [apk 文件名]，如图 10-4 所示。

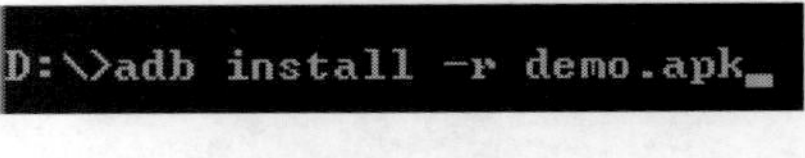

图 10-4　输入命令安装 apk

10.3.2　设置 Android 游戏工程

在 Unity 内开发 Android 游戏与开发 PC 游戏没有什么不同，但需要将游戏工程从当前平台转换到 Android 平台，并进行一些适当的设置，就可以将游戏运行在 Android 手机上了。

步骤 01　启动 Unity 并打开一个 Unity 游戏工程。在菜单栏中选择【File】→【Build Settings】打开【Build Settings】窗口，在【Platform】中选择【Android】，单击【Switch Platform】按钮将当前开发平台转为 Android，如图 10-5 所示。

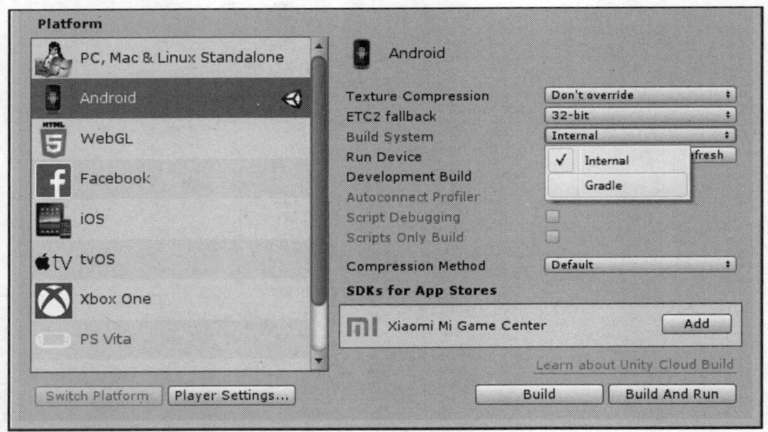

图 10-5　切换到 Android 平台

在【Build System】中有多个选项，Internal（内部）支持直接导出.apk 文件，Gradle 导出一个 Gradle 工程（当前 Android 的官方开发环境）。

步骤 02　在【Build Settings】窗口选择【PlayerSettings】，在【Company Name】和【Product Name】中分别设置公司和游戏名字，在【Default Icon】中设置游戏图标，如图 10-6 所示。

步骤 03　在【Default Orientation】中设置游戏的横竖屏显示，【Portrait】表示竖屏，【Landscape】表示横屏，选择【Auto Rotation】可以自动旋转屏幕方向，如图 10-7 所示。

步骤 04　在【Icon】中设置游戏的图标。默认 Unity 会自动适配各种大小不同的图标，但自动缩放的图片可能会有锯齿，选中【Override for Android】复选框，可以指定已经准备好的各种尺寸的图标，如图 10-8 所示。

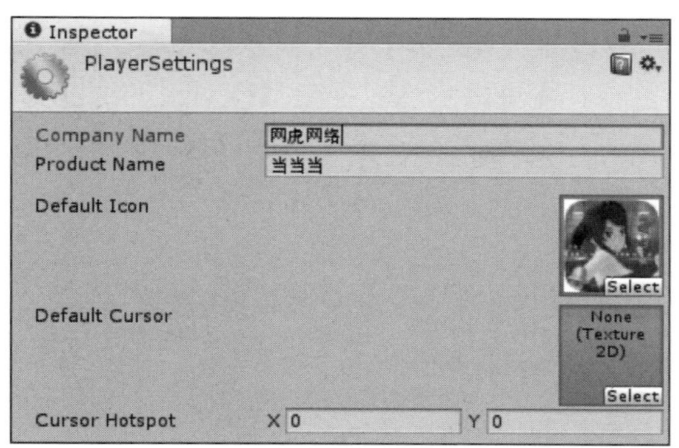

图 10-6　设置开发公司和游戏名称

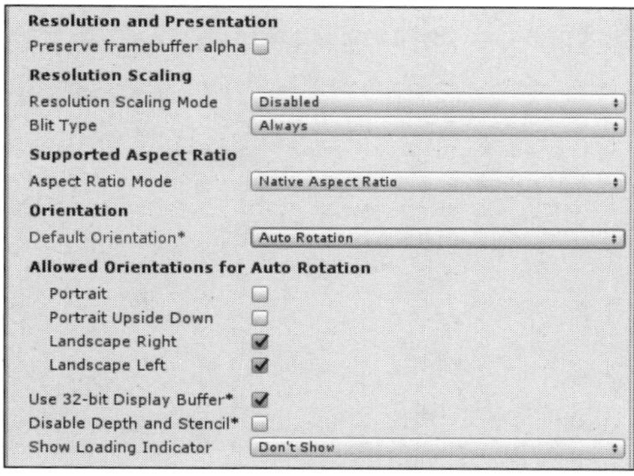

图 10-7　设备屏幕旋转方向

步骤 05　选中【Show Splash Screen】复选框，在启动 Unity 时会出现渐变的屏幕效果，默认是显示 Unity 的 Logo，如果取消选中【Show Unity Logo】复选框，在【Logos】中添加自己的图片，启动游戏时即可显示自定义的图片，选择【Preview】可以在场景中预览效果，如图 10-9 所示。

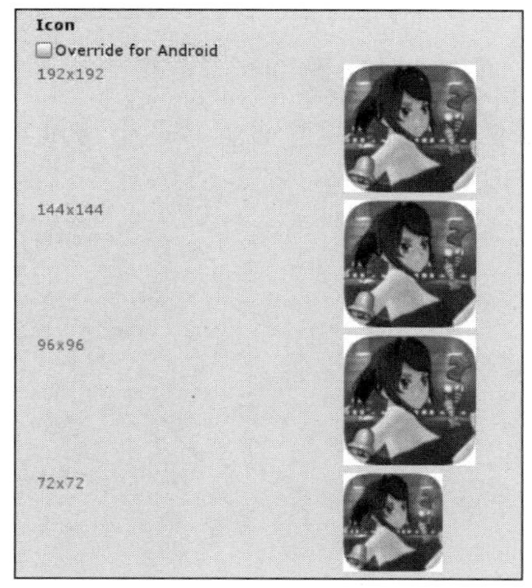

图 10-8　图标

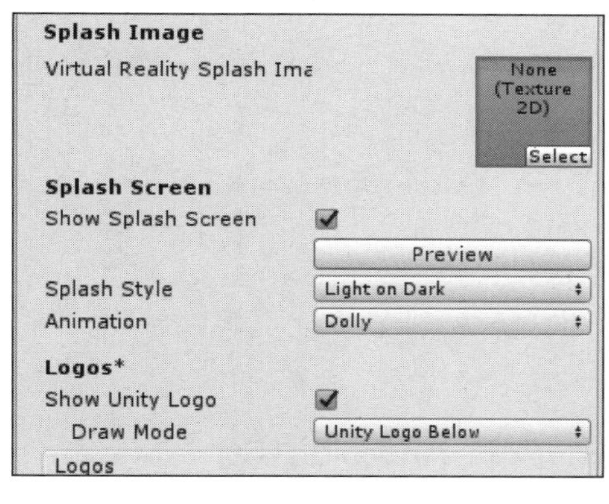

图 10-9　设置启动画面

步骤 06　在【Other Settings】中有很多选项需要设置。【Rendering】选项组主要用来设置和渲染相关的选项。注意，如果是面向 VR 设备开发，需要选中 Virtual Reality Supported（虚拟现实支持）复选框，如图 10-10 所示。

步骤 07　设置【Package Name】，它是游戏的标识，格式是 com.company.appname。在【Bundle Version Code】中输入版本号，在【Minimum API Level】中设置游戏所支持的最小 API 版本，比如设置为 Android 4.1，那么安装有 Android 4.1 或更新版本的手机都可以运行这个游戏，如图 10-11 所示。

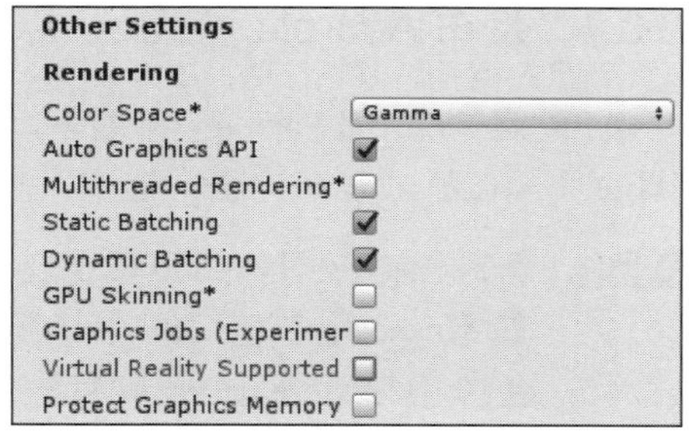

图 10-10　其他设置

步骤 08 在【Scripting Backend】中可以选择【Mono2x】或【Il2CPP】作为脚本的引擎，Il2CPP 会将代码转为 C++代码进行编译，理论上会获得更好的性能。在【Device Filter】中选择支持 CPU 架构，支持的类型越多，安装包也就越大。在【Install Location】中提供了游戏安装方式，默认的【Prefer External】选项会将游戏优先安装到外部存储卡中，如图 10-12 所示。

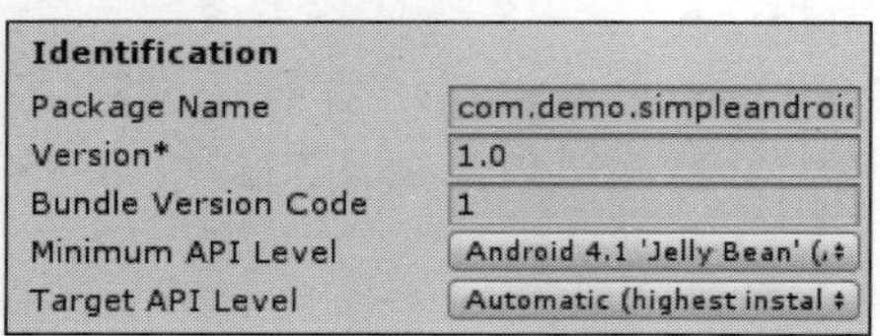

图 10-11　设置标识

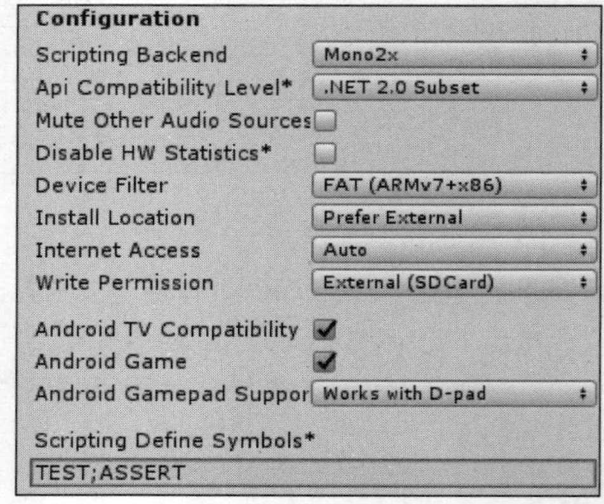

图 10-12　设置 Android 游戏

【Scripting Define Symbols】用来设置全局的预编译常量，比如这里设置了两个常量 TEST 和 ASSERT（用“；”号分隔），然后在脚本中即可使用它们，如下所示：

```
#if TEST
        Debug.Log("hello, Test");
#endif
#if ASSERT
        Debug.Log("hello, ASSERT");
#endif
```

10.3.3　测试 Android 游戏

确定已经在计算机上安装了测试手机的驱动程序，通过 USB 数据线将手机连接到计算机，然后在 Unity 的菜单栏中选择【File】→【Build & Run】，选择 APK 文件的保存路径，稍等片刻，游戏将运行在 Android 手机上。

10.3.4　发布 Android 游戏

APK 是 Android Package 的缩写，它是 Android 平台的专用文件包，我们的游戏最后将会编译成为.apk 格式发布出去。通常发布.apk 文件还需要设置签名，步骤如下：

步骤 01 确定当前工程是 Android 平台，在菜单栏中选择【Edit】→【Project Settings】→【Player】，在【Inspector】窗口的【Publishing Settings】中选中【Create New Keystore】复选框，然后在【Keystore password】和【Confirm password】中输入自定义的密码（密码一定要记下来），单击【Browse Keystore】按钮设置.keystore 文件的保存位置，如图 10-13 所示。

步骤 02　设置【Alias】，选择【Create a new key】打开创建 keystore 文件的窗口，如图 10-14 所示。

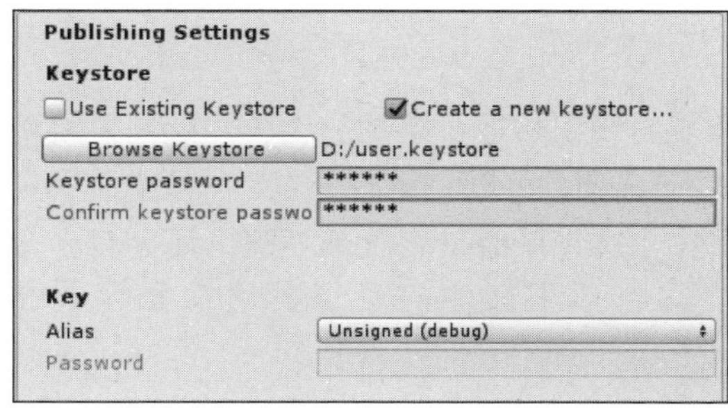

图 10-13　发布设置

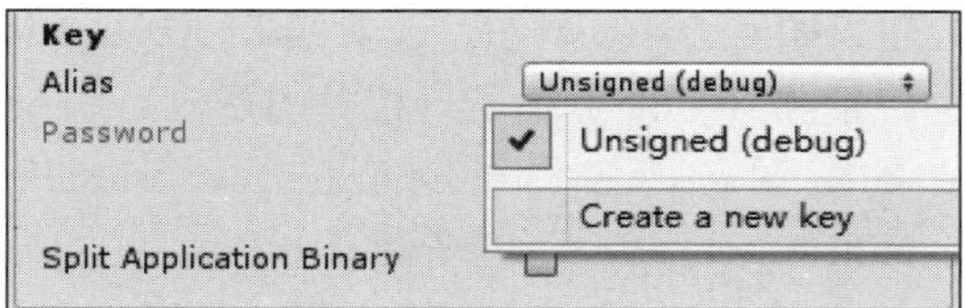

图 10-14　设置 Alias

步骤 03　在【Alias】中输入游戏的别名，在【Password 和 Confirm】中输入密码（密码一定要记下来），在【Validity(years)】中输入游戏的使用年限，在【Organization】中输入公司名称，最后单击【Create Key】按钮创建.keystore 文件，如图 10-15 所示。

步骤 04　选中【Use Existing Keystore】复选框，单击【Browse Keystore】按钮打开之前保存的.keystore 文件并在下面输入密码。在【Alias】中选择对应的游戏别名并输入密码。

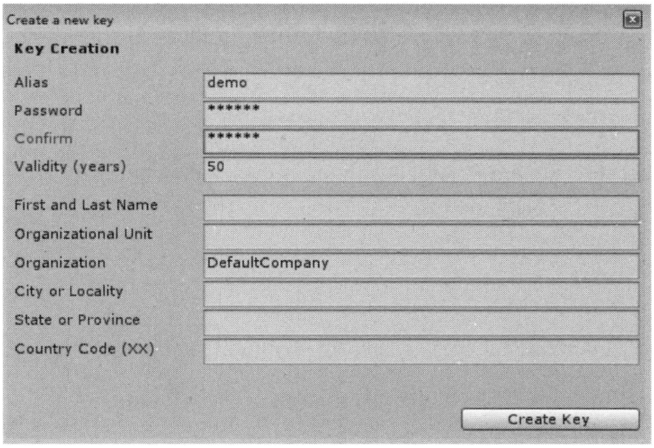

图 10-15　创建.keystore 文件

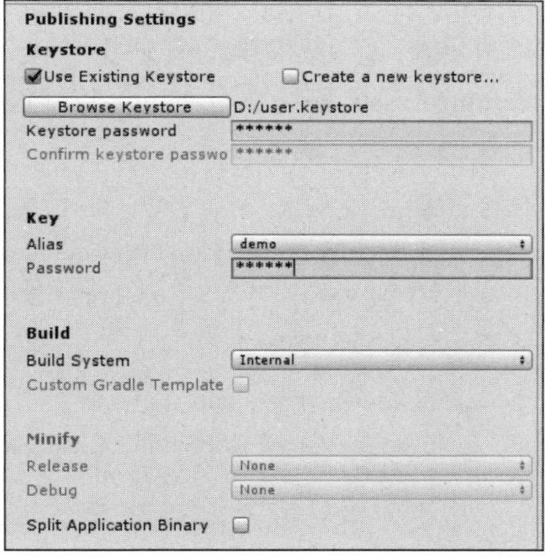

图 10-16　使用.keystore 文件

步骤 05　在菜单栏中选择【File】→【Build Settings】，然后在【Build Settings】窗口选择【Build】创建用于发布的 APK 文件（选择【Build and Run】可以直接输出到手机上运行）。如果这一步失败了，原因通常是没有正确设置 Android SDK 或 Java SDK。

输出的 APK 文件可以直接安装到任何一部 Android 手机，也可以发布到 Android 运营平台，下面列举了几个比较大的运营平台，国内的运营平台非常多，通过网络可以很容易查找到相关的信息。

- 腾讯开放平台，网址是 http://open.qq.com/。
- 百度开发者平台，网址是 http://app.baidu.com/。
- 360 移动开放平台，网址是 http://dev.360.cn/。

- Google 的官方发布平台，网址是 https://play.google.com/apps/publish/。
- 亚马逊 Kindle Fire 的发布平台，网址是 https://developer.amazon.com/。

10.3.5 Obb 数据包

Google Play 平台对安装包的大小有限制，当游戏的体积超过了限制的大小，就需要将游戏分包，如图 10-16 所示，选中 Split Application Binary 选项，可以将游戏分包，游戏主体（一般会包括与第一个游戏场景相关的资源）是.apk 文件，比如叫 spacewar.apk，那么还会有一个附加的资源包，名称可能是 spacewar.main.obb，它包括了其他的资源，通常如存放在 StreamingAssets 路径下的资源。

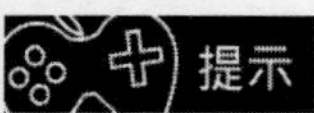

spacewar.main.obb 这样的名称并不是最终的名称，需要手动将其更改为 "main.{ versionCode }.{ 包 名 }.obb" 这 样 的 格 式 ， 如 main.1.com.app.spacewar.obb，测试游戏时，首先正常安装.apk 文件到手机上，然后将.obb 文件复制到手机内存卡内的 “Android/obb/{包名}/” 目录内才能正确运行游戏。

在 Unity 中可以使用正常的文件访问方式读取 StreamingAssets 中的数据，但如果目标平台是 Android 平台，在 Unity 中只能使用 WWW 方式读取 StreamingAssets 中的数据，而不能使用 Unity 或 C#提供的普通文件读取方式读取，下面是一段示例代码，使用 WWW 从 StreamingAssets 路径读取 Unity 数据包（本章最后会介绍如何创建 Unity 数据包），该示例也适用使用. obb 数据包的情况。

```
IEnumerator LoadModle(string unityPackageName){
    string path = System.IO.Path.Combine(Application.streamingAssetsPath, unityPackageName);
    WWW www = WWW.LoadFromCacheOrDownload(path, 0);
    yield return www;

    if ( www.error == null ){
    Instantiate(www.assetBundle.LoadAsset(modelnameInPackage), transform.position,Quaternion.identity);
    }
}
```

如果一定要使用文件读取方式读取 StreamingAssets 或.obb 中的数据，需要使用 Android 平台提供的专门接口，对于.obb 文件（obb 就是一个.zip 文件），要先使用 Java 的文件接口读入.obb 文件，再采用 Android 平台提供的文件路径映射的方式从.obb 中读取存放在 StreamingAssets 内的数据，详细内容可以查看 Google 的官方文档 https://developer.android.com/google/play/expansion-files。

10.4 使用 Android Studio

与 iOS 平台一样，理论上可以使用 Unity 完成一款 Android 游戏且不写一行 Java 代码，但是如果需要调用 Android 平台专有的 API，那么就不得不接触一些 Android 平台相关的东西。

因为 Android 是一个开放性的平台，因此各种类型的 Android 在线商店也特别多。每个平台都有自己的 SDK，如果发布游戏到该平台，则需要引用其 SDK 做一些对接工作，通常如接入相应平台的消费功能或广告等。

因为大部分 Android 在线商店提供的 SDK 都是 Java 代码，在 Unity 内是无法直接编写 Java 代码的，所以我们将使用类似在 iOS 平台的做法为 Unity 编写 Android 平台的插件，从而可以在 Unity 中调用 Java 的代码，或者在 Java 代码中向 Unity 发送消息。

为了能更好地理解 Android 平台的功能，有必要先简单了解一下如何开发一款原生的 Android 程序。

10.4.1　Android Studio 简介

在过去，开发 Android 程序主要是使用 Eclipse，直到 Google 推出了 Android Studio，这是由著名的 IDE 开发商 JetBrains（https://www.jetbrains.com/）开发的一个 Android 集成开发环境。现在，我们必须使用 Android Studio，因为 Google 已经放弃了对 Eclipse 的支持。

10.4.2　配置 Android Studio

在本章前面，我们已经了解了如何下载 Android Studio，这里不再赘述。Android Studio 的功能对网络有很大的依赖性，它主要使用 Gradle 作为编译器，开发者可以选择 Use default gradle wrapper（默认推荐的在线更新方式）或 Use local gradle distribution（本地版本），如图 10-17 所示。

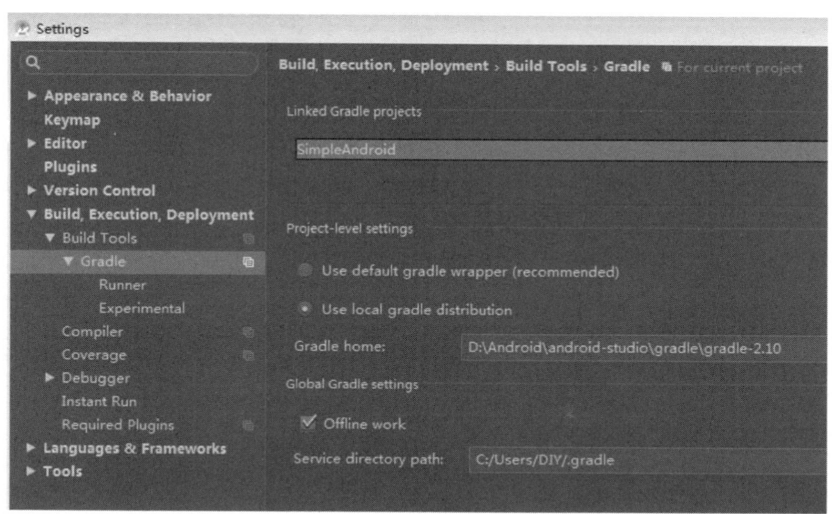

图 10-17　设置脱机模式

初次使用 Android Studio，如果 Android Studio 找不到 Android SDK 或 JDK 的安装位置，在菜单栏中选择【File】→【Project Structure】，即可手动指定 SDK 的安装路径，如图 10-18 所示，这里的路径设置与 Android Studio 工程 local.properties 文件内的配置是相互关联一致的。

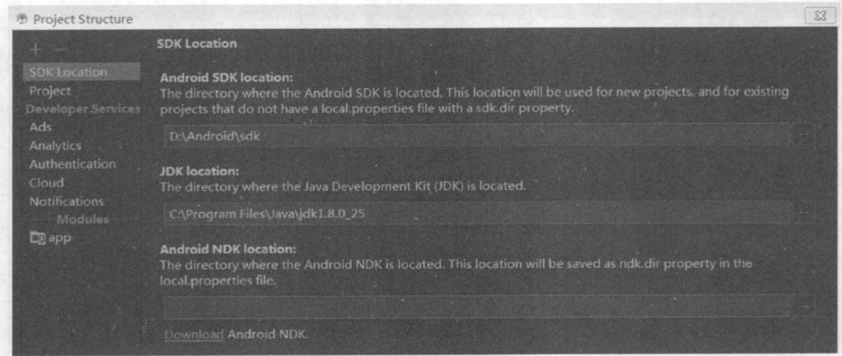

图 10-18　指定 SDK 安装路径

10.4.3　创建 Hello world 程序

接下来，我们使用 Android Studio 创建一个 Hello World 程序。

步骤 01 运行 Android Studio 安装目录中的 bin/studio64.exe 启动 Android Studio，在启动界面选择【Start a new Android Studio Project】开始新的工程，输入工程名称，创建一个空的 Android 工程，如图 10-19 所示。

步骤 02 无需编写任何代码，按快捷键 Shift+F10 运行程序。如果 Android 手机与计算机正确连接，会弹出提示框选择手机设备，确定后程序会被自动安装在手机上运行，默认会显示出 Hello World!。

图 10-19　创建新工程

我们回过头来再看看工程的结构，其中 MainActivity.java 就是程序的主入口，如图 10-20 所示。

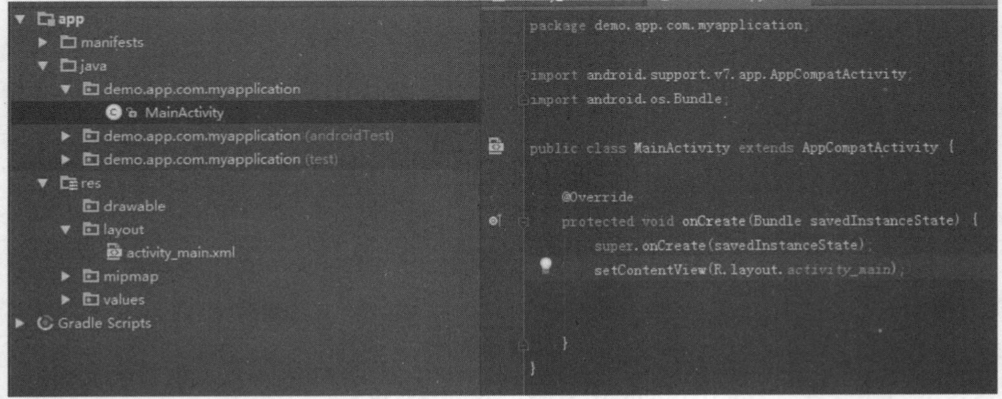

图 10-20　Android 程序主入口

选择【activity_main.xml】，这是默认的 Android UI 界面配置文件，其中包括一个文字 UI 控件，双击这个文字控件，给它一个指定 ID，这里命名为 myText，如图 10-21 所示。

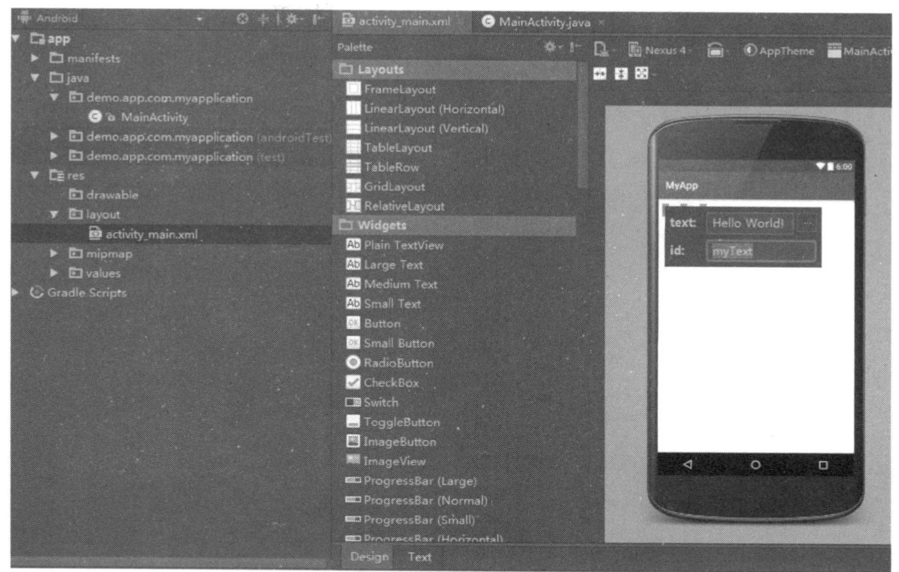

图 10-21　UI 配置文件

回到 MainActivity.java 中，添加 Java 代码如下，使用 findViewById 函数找到文字 UI 控件并更改文字，再次运行程序，会发现文字改变了。

```
public class MainActivity extends AppCompatActivity {

    @Override
    protected void onCreate(Bundle savedInstanceState) {
        super.onCreate(savedInstanceState);
        setContentView(R.layout.activity_main);

        // 添加如下代码，通过 ID 名称查找控件并设置新的文字内容
        TextView text = (TextView)findViewById(R.id.myText);
        text.setText("My Unity Game");
    }
}
```

10.5　从 Unity 到 Android Studio

Android Studio 是 Android 的官方开发工具，但我们主要是使用 Unity 开发游戏，接下来通过一个简单的例子看看如何将 Unity 的工程导入到 Android Studio 中，从而可以使 Unity 的代码与 Android 原生代码进行相互调用。

10.5.1 创建 Unity 工程

首先创建一个 Unity 工程，并创建一个简单的按钮，当单击这个按钮后，它会调用原生的 Android 代码显示一个 Android 对话框。

步骤 01 新建一个 Unity 工程，在 Hierarchy 窗口中右击，选择【UI】→【Button】创建一个简单的按钮界面，如图 10-22 所示。

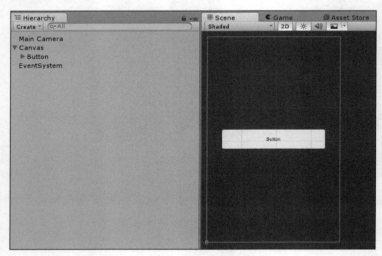

图 10-22 创建按钮

步骤 02 创建脚本 SimpleAndroid.cs，将其指定给场景中的摄像机，默认摄像机的名称为 Main Camera，在后面 Android Studio 的开发中会引用到这个名称，C#代码如下：

```
using UnityEngine;
public class SimpleAndroid : MonoBehaviour {

    // 响应按钮事件
    public void OnButtonClick()
    {
#if UNITY_ANDROID
        // 获取 Android 工程中的 Activity 对象
        AndroidJavaClass jc = new AndroidJavaClass("com.unity3d.player.UnityPlayer");
        AndroidJavaObject activity = jc.GetStatic<AndroidJavaObject>("currentActivity");

        string[] args = new string[2];
        args[0] = "Hello";
        args[1] = "World";

        // 调用将在 Android Studio 中定义的 Hello World 函数
        activity.Call("HelloWorld", args);
#endif
    }
```

```
        // 回调函数，该函数将在 Android Studio 中的 Java 代码中触发
        void AndroidCallBack()
        {
            // 简单更改画面背景颜色
            Camera.main.backgroundColor = new Color(1.0f, 0, 0);
        }
    }
```

步骤03 选择创建的按钮，在 Inspector 窗口中单击 Button 组件下方的“+”号按钮，将摄像机作为按钮响应目标，并选择按钮事件函数 OnButtonClick，如图 10-23 所示。

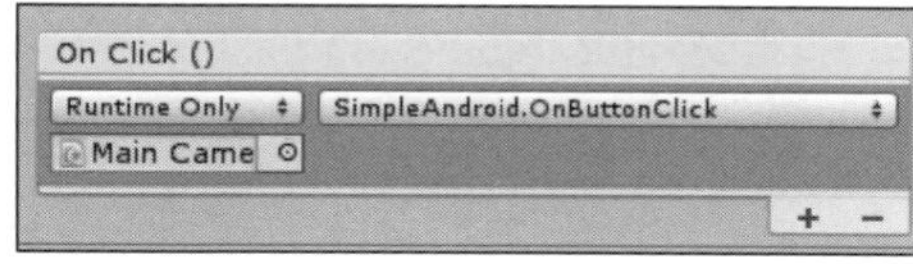

图 10-23　选择按钮事件函数

步骤04 在菜单栏中选择【File】→【Build Settings】，将当前场景添加到 Scene In Build 列表中。选择 Android 平台，选择 Player Settings 对工程进行一些基本的设置，如工程名称、Bundle Identifier 等，然后在【Build System】中选择 Gradle 且选中 Export Project，之后右下方的【Build】按钮会切换为【Export】按钮，单击【Export】按钮将当前 Unity 工程导出为 Android 工程，如图 10-24 所示。

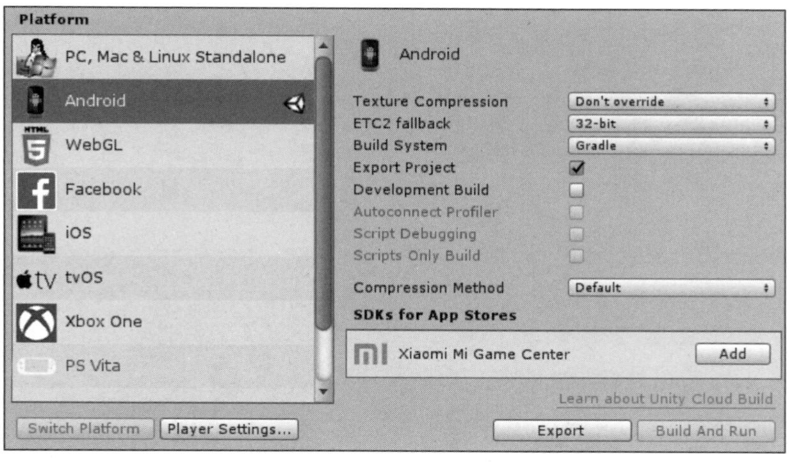

图 10-24　导出 Unity 工程

在采用 Gradle 方式导出工程后，查看文件 build.gradle 内的“classpath 'com.android.tools.build:gradle:x.x.x', ”，x.x.x 对应的是 Gradle 工具的版本号（Gradle 工具版本和 Gradle 版本必须是相兼容的版本），在 Android Studio 的安装目录 Android Studio\gradle\m2repository\com\android\tools\build\gradle-core 内可以查看当前支持的版本，可能需要将 build.gradle 内的版本号更新到当前支持的版本。

10.5.2　创建 Android Studio 工程

选择 Gradle 模式导出的工程结构，如图 10-25 所示。

步骤01 启动 Android Studio，在启动界面选择 Import project（Eclipse ADT, Gradle, etc.），如图 10-26 所示，导入之前导出的 Android 工程目录，注意，这里会要求命名新的工程名称，实际上是将其导入到另一个新建的 Android Studio 工程中。导入 Gradle 工程可能要指定 Gradle 的存放路径，一般是在 Android Studio\gradle\gradle-x.xx。

图 10-25　选择 Gradle 导出的 Android 工程

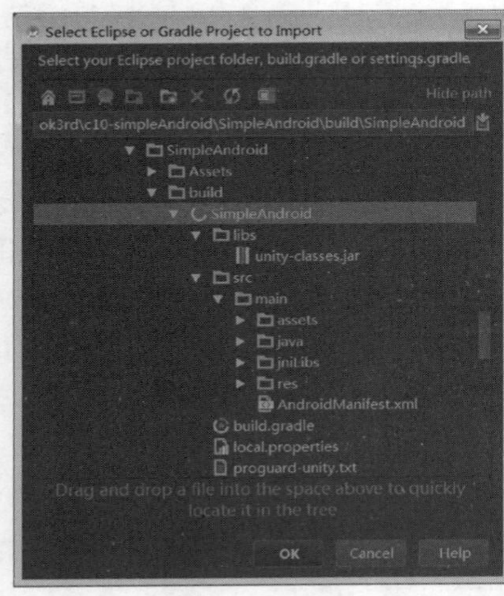

图 10-26　导入 Android 工程

步骤02 打开 UnityPlayerActivity 脚本，这是当前程序的主入口脚本，接下来需要修改这个脚本，如图 10-27 所示。

步骤03 因为我们要调用 Android 的对话框，所以需要先在 UnityPlayerActivity 脚本中导入相关的包，Java 代码如下所示：

```
import android.app.AlertDialog;
import android.content.DialogInterface;
```

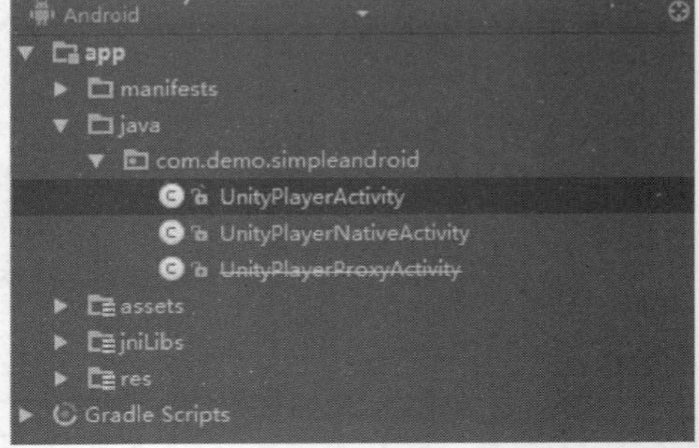

图 10-27　程序的主入口脚本

步骤04 在 UnityPlayerActivity 脚本中添加两个 Java 函数：其中 HelloWorld 函数是在 Unity 中单击按钮时触发的，显示出一个标准的 Android 对话框；在单击对话框中的 OK 按钮时，使用 UnityPlayer.UnitySendMessage 函数向 Unity 的 Main Camera 游戏体发送消息，执行在 Unity 中创建的 AndroidCallBack 函数。

```
// 在 Unity 中调用的函数
protected void HelloWorld(final String title, final String content){
    runOnUiThread(new Runnable() {
```

```
@Override
        public void run() {
            MakeDialog(title, content);
        }
    });
}

// 显示 Android 对话框
public void MakeDialog(String title, String content){
    AlertDialog.Builder builder =
            new AlertDialog.Builder(UnityPlayerActivity.this);
    builder.setTitle(title)
            .setMessage(content)
            .setCancelable(false)
            .setPositiveButton("OK", new DialogInterface.OnClickListener(){
                    public void onClick(DialogInterface dialog, int which) {
                        UnityPlayer.UnitySendMessage("Main Camera",
                                "AndroidCallBack", "");
                    }
                }
            );
    builder.show();
}
```

最后，在手机上运行游戏，单击按钮后，弹出 Android 对话框，单击 OK 按钮关闭对话框，屏幕背景会变成红色，如图 10-28 所示。

本节的示例工程保存在资源文件目录 c10-simpleAndroid 内。

图 10-28　Android 真机测试效果

10.5.3　查看 Log

当 Android 手机设备与计算机连接时，Android Studio 编辑器下方的 LogCat 可以监视当前 Android 设备上所有输出的 Log 日志内容，在 LogCat 窗口选择当前的应用或在搜索框中输入 unity，则可以过滤掉与 Unity 程序无关的日志，如图 10-29 所示。

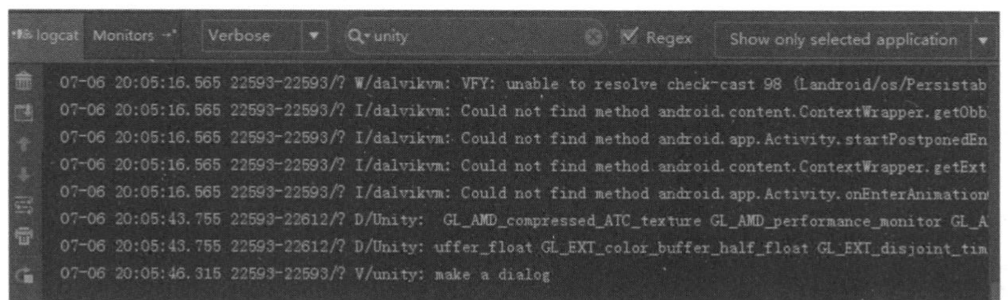

图 10-29　在 LogCat 窗口查看日志

10.5.4 发布程序

将 Unity 工程导入到 Android Studio 后，只能在 Android Studio 中发布 APK 程序，通常也要设置签名，这里的设置和在 Unity 中类似，步骤如下：

步骤 01 启动 Android Studio，打开需要编译的工程，因为我们要创建一个 release（发布）版本，需要修改一下默认的配置文件。在工程中打开 AndroidManifest.xml 文件，去掉其中的语句 android:debuggable="false"。

步骤 02 在菜单栏中选择【Build】→【Generate Signed APK】（如果选择【Build APK】可以直接编译出一个没有签名的 APK 文件到 app\build\outputs\apk 目录中），在弹出的窗口中选择 Create New 创建一个 Keystore 文件用于签名， Validity(有效期)的时间一般可以设的长一些，比如 60 年，如图 10-30 所示。

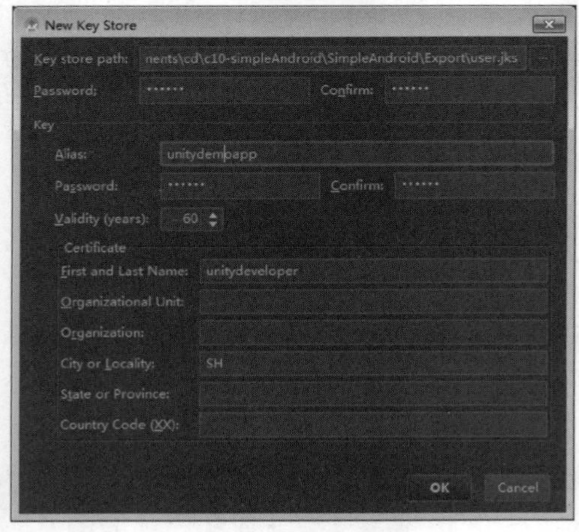

图 10-30　创建 keystore

步骤 03 创建 Keystore 文件后，单击【Choose existing】按钮选择它，输入密码，如图 10-31 所示。

步骤 04 选择路径保存编译的 APK 文件，如图 10-32 所示。最后单击【Finish】按钮编译输出 APK 文件。

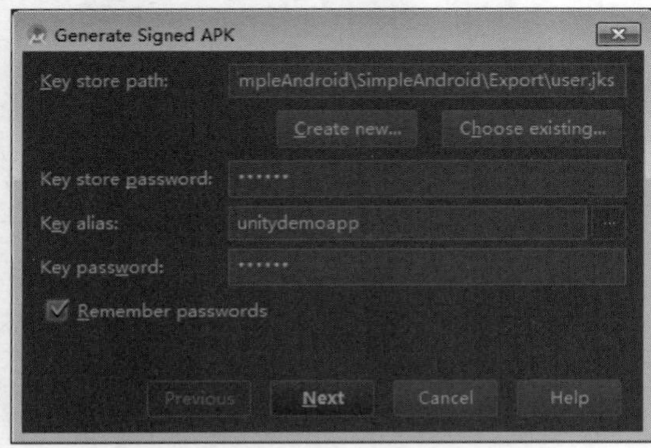

图 10-31　指定 Key

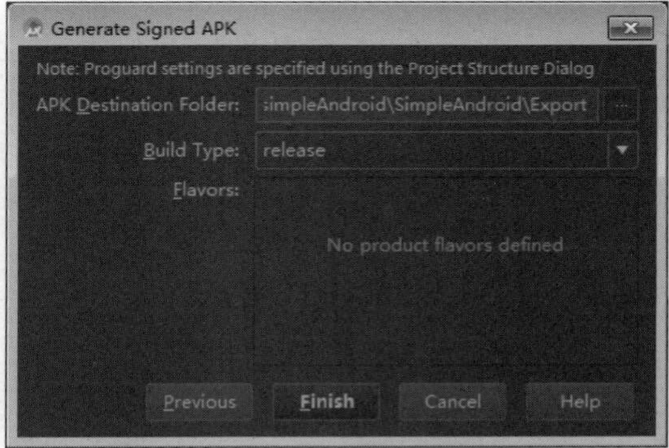

图 10-32　选择路径

注意，当使用 Gradle 编译容量比较大的游戏，可能会遇到 Gradle 内存不足的情况，这时可以手动创建一个文件 gradle.properties 置于 Android Studio 工程根目录，在文件 gradle.properties 中写入更大一些的内存大小，如下所示：

```
org.gradle.jvmargs=-Xmx4608mBuild
```

10.6　使用脚本编译游戏

Android 平台的运营商非常多，不同平台的支付系统也都不一样，当将游戏发布到这些平台的时候，几乎需要为每个平台专门做一个版本，而每次游戏更新，又需要重新为这些平台做一个版本，这些重复且烦琐的工作会占用很多宝贵的开发时间。

本节将使用 Python 脚本结合 Unity 的命令行功能输出 Android 工程，这样当需要创建很多不同版本的时候，只需要为相应平台编写相应代码，即可自动完成所有原本需要手动操作的工作。本示例中的内容并不仅仅是针对 Android 平台，当面向其他平台时，我们同样也可以使用类似的方法将一些重复的设置工作通过脚本自动完成。

10.6.1　在 Unity 中使用脚本导出 Android 工程

默认情况下，必须使用 Unity 编辑器中提供的 UI 选项才能将当前游戏工程输出为相应平台的可执行文件。接下来，我们将不使用 Unity 提供的 UI 选项，直接通过 C#脚本控制整个编译输出流程。

步骤 01 打开本章前面创建的 Unity 工程，创建 Editor 文件夹，添加脚本 GameBuilder.cs 到这个文件夹内，它的作用是通过脚本将当前工程输出为一个 Android 工程。采用类似的方式也可以通过脚本直接创建 iOS 或 PC 平台的游戏，C#代码如下：

```
using UnityEngine;
using UnityEditor;
using UnityEditor.Build.Reporting;
public class GameBuilder
{
    // 设置输出路径，默认根目录为 Assets 这一级目录
    private const string BuildPath = "/export project";

    [MenuItem("GameBuilder/Build Android")]
    public static void BuildForAndroid()
    {
        // 如果不是 Android 平台，转为 Android 平台
        if (EditorUserBuildSettings.activeBuildTarget != BuildTarget.Android)
        {
            EditorUserBuildSettings.SwitchActiveBuildTarget( BuildTargetGroup.Android,
                                                                        BuildTarget.Android);
```

```
        }
        // 检查输出路径
        if (!System.IO.Directory.Exists(BuildPath))
        {
            System.IO.Directory.CreateDirectory(BuildPath);
        }
        // 设置标识符
        PlayerSettings.applicationIdentifier = "com.demo.simpleandroid";
        // 允许读写 SD 卡
        PlayerSettings.Android.forceSDCardPermission = true;
        // 可以使用脚本自动设置签名信息
        // 如果是使用 Export Android 工程而不是.apk，这一步不是必需的
        //PlayerSettings.Android.keystoreName = "user.keystore";
        //PlayerSettings.Android.keystorePass = "123456";
        //PlayerSettings.Android.keyaliasName = "u2e demo";
        //PlayerSettings.Android.keyaliasPass = "123456";
        // 添加一个预编译常量 TEST（这里只是举例，无实际用途）
        PlayerSettings.SetScriptingDefineSymbolsForGroup(BuildTargetGroup.Android, "TEST");

        BuildPlayerOptions buildPlayerOptions = new BuildPlayerOptions();  // 输出选项
        buildPlayerOptions.scenes = new[] { "Assets/Scene/demo.unity", };    // 构建的场景
        buildPlayerOptions.locationPathName = BuildPath;          // 输出路径
        buildPlayerOptions.target = BuildTarget.Android;          // 设置输出平台
        buildPlayerOptions.options = BuildOptions.AcceptExternalModificationsToPlayer;
                                                                  // 输出 Android 工程选项
        Report report =BuildPipeline.BuildPlayer(buildPlayerOptions);  // 创建 build
    }
}
```

这里的代码在 Unity 编辑器的菜单栏中增加了一个 Build Android 菜单，在菜单栏中选择【GameBuilder】→【Build Android】，即可直接将当前工程输出为 Android 工程到指定位置。

字符串 BuildPath 指向的路径即是工程的导出路径，默认根目录为 Assets 这一级目录，最后要到这里查找输出的.apk 或 Android 工程。

PlayerSettings 是一个静态类，它的成员都是和输出游戏的设置有关，大部分功能在 PlayerSettings 中都可以找到对应的选项。

我们在 PlayerSettings.SetScriptingDefineSymbolsForGroup 中添加了一个名为 TEST 的预处理变量，针对不同平台设置不同的预处理。这里输入的字符串可以包括多个预处理的名称，不同的名称需要用“;”分号隔开。

BuildOptions 中提供了很多输出游戏选项。BuildOptions.AcceptExternalModificationsToPlayer 选项可以使 Unity 输出 Android 工程，而不是.apk 文件。

BuildPipeline.BuildPlayer 会将当前的工程输出为相应平台的游戏。

10.6.2　使用 Python 脚本访问 Unity 命令行

退出 Unity，我们将使用命令行，这样可以在不需要启动 Unity 编辑器的情况下调用 GameBuilder.BuildForAndroid 函数。这里使用 Python 作为脚本语言执行命令行，为了能执行和编写 Python 脚本，需要到 Python 的官方网站 https://www.python.org 中免费下载 Python 的安装包。

步骤 01　启动 Python 编辑器，本示例在当前 Unity 工程根目录创建 Python 脚本，代码如下：

```
import os
import shutil

# 定义一个函数，从 Unity 中导出 Android 工程文件
def export_android(unity_ed_path, project_path, log_path):

    # 如果当前工程已经存在，删除这个工程
    if os.path.exists('./export project'):
        shutil.rmtree('./export project')

    # 将 Unity 可执行文件添加到环境变量路径
    os.putenv("path", unity_ed_path)

    # unity 命令行
    command = 'Unity.exe -quit -batchmode -projectPath {0} -logFile {1}\
     -executeMethod GameBuilder.BuildForAndroid'.format(project_path, log_path)

    # 执行命行令
    os.system(command)
    print('Android 工程导出完成')

if __name__ == '__main__':
    # Unity 编辑器安装路径
    unity_editor_path = 'D:/Program Files/Unity/Editor'
    # Unity 工程的绝对路径
    unity_project_path = os.path.abspath(os.curdir) #  获得当前路径的绝对路径
    # Log 存放位置
    build_log_path = os.path.join(unity_project_path, 'buildlog.txt')

    # 执行 export_android 函数
    export_android(unity_editor_path, unity_project_path, build_log_path)
```

def 是 Python 语言的关键字，这里使用它定义了一个名为 export_android 的函数，并带有三个参数，分别是 Unity 编辑器的路径、当前 Unity 工程的路径和输出 Log 日志的路径。

export_android 实际上只有一个功能，即执行一条命令行语句（执行时必须退出 Unity），

将当前工程输出为一个 Android 工程到指定的位置。语句中的 Unity.exe 是 Unity 的可执行文件，-quit 表示运行完语句后退出 Unity，-batchmode 表示进入批处理模式，-projectPath 指明当前的 Unity 工程路径，-logFile 指明输出的日志文件路径，如果出现错误，可以查看日志找出问题所在。

步骤 02 在 Python 编辑器中按 F5 键执行脚本，稍等片刻，Unity 会将当前工程输出到指定的位置。如果出现错误，可以打开 Log 文件查看问题所在。

现在，可以将使用 Python 脚本导出的 Android 工程导入到 Android Studio 中继续编辑了。

因为每次从 Unity 中导出的 Android 工程都是一个新的工程，所以会丢失之前完成的很多设置和工作。我们可以将修改过的文件备份到硬盘中的其他位置，每次从 Unity 重新导出 Android 工程后，使用脚本将备份的文件替换回导出的工程中。

步骤 03 使用任何文本编辑器中打开 UnityPlayerActivity.java 文件，将本章前面创建的 HelloWorld 和 MakeDialog 函数复制粘贴到 UnityPlayerActivity.java 中。

步骤 04 将 UnityPlayerActivity.java 文件复制到硬盘中的其他地方，在前面创建的 Python 脚本 os.system(command) 语句后添加如下 Python 语句，它的作用是将备份的 UnityPlayerActivity.java 文件替换回导出的 Android 工程中。

```
    # 备份文件位置
source = './UnityPlayerActivity.java'
# 目标位置
target = './export project/SimpleAndroid/src/main/java/com/demo/simpleandroid/UnityPlayerActivity.java'
# 执行复制
shutil.copy(source, target)
```

现在，无论何时更新版本，只需要运行一次 Python 脚本，即可将 Unity 工程导出到指定位置，并恢复之前对 Java 代码所做的修改和设置。

10.6.3 使用命令行编译 Android Studio 工程

本章 10.5 节已经介绍了如何将 Unity 导出的 Android 工程导入到 Android Studio 中并编译，但经常执行这个步骤非常烦琐，一个简单的方法是将导入到 Android Studio 中的工程备份起来，然后使用命令行或 Python 脚本将每次导出的主要文件复制与备份的 Android 工程进行合并，最后调用 Gradle 提供的命令行编译工具进行编译：

```
gradlew clean
gradlew build
```

本节最后的工程文件保存在资源文件目录 c10-simpleAndroid 中，在使用 Python 脚本的时候要注意路径设置是否与本地计算机一致。

当我们完成一个 Android 游戏的对接工作后，只需要运行一次命令行或 Python 脚本，即可创建相应的.apk 文件，甚至不需要启动 Android Studio。如果游戏面向多个平台，那么只需要针对不同平台编写不同的脚本即可。

10.7　获得签名证书的 sha1 值

在对接平台 SDK 的时候，很多平台会需要开发者提供一个 Android 签名证书的 sha1 值，最直接的方式是在控制台运行 JDK 提供的 keytool 命令行中获得，为了能方便这个操作，下面使用 Python 完成的一个简单脚本，代码如下：

```
if __name__ == '__main__':
import os
# 为了能执行 keytool.exe 将 JDK 加入环境变量,
os.putenv('Path', 'C:/Program Files/Java/jdk1.8.0_91/bin/')
# 将路径切换到.android（debug.keystore 在这个目录下）
# 在不同的计算机上, 因为用户名不同, 该路径可能需要修改。 如果是发布版，需要更改到发布版 keystore 路径下
os.chdir('c:/Users/pc/.android')
# 执行 keytool 命令
command = 'keytool -list -v -keystore debug.keystore'
r = os.popen(command) # 执行该命令
info = r.readlines()  # 读取命令行的输出到一个 list
for line in info:  # 按行遍历 显示结果
    line = line.strip('\r\n')
    print(line)
```

语句 keytool -list -v -keystore debug.keystore 用于取得默认 debug 版本的 sha1 值，该语句也可以在 Windows 控制台中执行。对于发布版，需要将路径更改到发布版 keystore 所在的路径下，然后将 debug.keystore 替换为发布版的 keystore 文件生成 sha1 值。执行该脚本，即可获取 sha1 值，如图 10-33 所示。

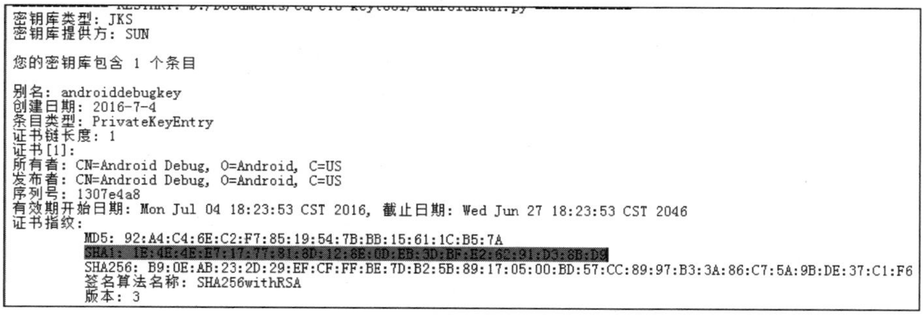

```
密钥库类型: JKS
密钥库提供方: SUN

您的密钥库包含 1 个条目

别名: androiddebugkey
创建日期: 2016-7-4
条目类型: PrivateKeyEntry
证书链长度: 1
证书[1]:
所有者: CN=Android Debug, O=Android, C=US
发布者: CN=Android Debug, O=Android, C=US
序列号: 1307e4a8
有效期开始日期: Mon Jul 04 18:23:53 CST 2016, 截止日期: Wed Jun 27 18:23:53 CST 2046
证书指纹:
         MD5: 92:A4:C4:6E:C2:F7:85:19:54:7B:BB:15:61:1C:B5:7A
         SHA1: 1E:4E:4E:E7:17:77:81:8D:12:8E:0D:EB:3D:BF:E2:62:91:D3:8B:D9
         SHA256: B9:0E:AB:23:2D:29:EF:CF:FF:BE:7D:B2:5B:89:17:05:00:BD:57:CC:89:97:B3:3A:86:C7:5A:9B:DE:37:C1:F6
         签名算法名称: SHA256withRSA
         版本: 3
```

图 10-33　获取 sha1

对接不同平台的 SDK，签名证书的需求可能是不一样的，比如新浪微博和微信都提供了专门的签名工具，取 MD5 值。

本节最后的 Python 脚本文件保存在资源文件目录 c10-keytool 中。

10.8 导入库文件

在对接平台 SDK 的时候，需要导入平台提供的 SDK 包，其中包括.jar 文件、.so 文件等。

.jar 文件需要被复制到 Android Studio 工程目录的 libs 文件中，然后右击并选择【Add As Library】将其作为库文件导入到工程中，这个步骤实际上是在 app/build.gradle 的 dependencies 中添加了一行代码。

```
dependencies {
compile files('libs/库文件名称.jar')
}
```

对于.so 文件，需要在 src/main/目录中创建一个 jniLibs 文件夹，然后将包括有.so 文件的文件夹复制到其中，这里以百度地图的 SDK 为例，导入方式如图 10-34 所示。

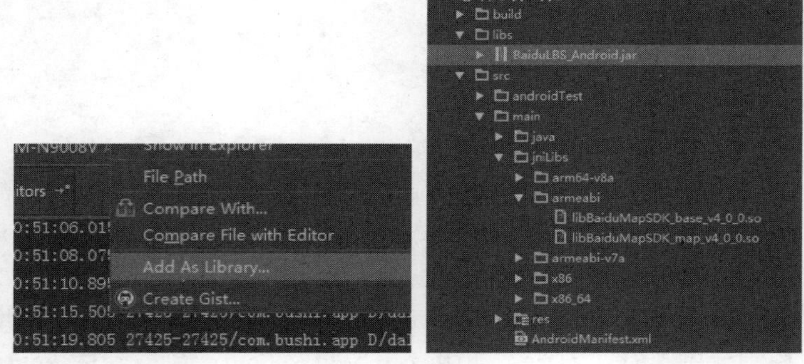

图 10-34　导入库文件到 Android Studio 工程

对于从 Unity 中导出的 Android 工程，只需要将.jar 和.so 文件直接复制到 libs 文件夹中即可，之后如果将其导入到 Android Studio 工程中，.so 文件会被自动添加到 jinLibs 目录，如图 10-35 所示。

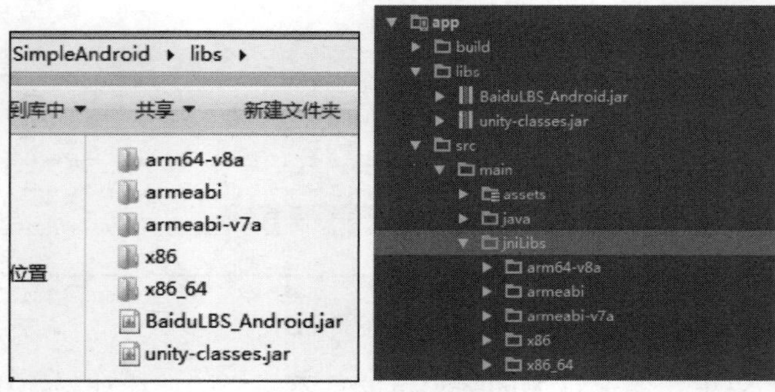

图 10-35　导入库文件到 Android 工程

除了.jar 文件，还有一种.aar 格式的库文件，这种类型的库文件除了包含.jar 信息外，还集成了很多资源数据。

导入.aar 文件有两种方式：一是在 Android Studio 菜单栏中选择【File】→【New】→【New Module】，然后选择 Import .JAR/.AAR Package；二是在 app/build.gradle 中引入.aar 库的名称。比如我们需要引入 Facebook 的库为 facebook-android-sdk-4.14.0.aar，先将其放入到 libs 文件夹中，然后在 build.gradle 中修改即可，如下所示：

```
repositories {
    flatDir {
        dirs 'libs'   // 告诉 gradle 在 libs 中引用了.aar 库
    }
}
dependencies {
    compile(name:'facebook-android-sdk-4.14.0',ext:'aar')
}
```

10.9　Plugins 目录

在 Unity 工程中创建 Plugins/Android 目录后，可以将 Android 平台所需要的一些资源放入其中，包括 Android 配置文件 AndroidManifest.xml、平台 SDK 库.jar 和.so 文件。在导出 Android 工程后，AndroidManifest.xml 和 libs 目录下的 SDK 库文件会被自动复制到导出的 Android 工程中，这个目录内也可以包含 res 目录下的文件，但在导出 Android 工程后，会将其单独存放在一个名为 unity-android-resources 的目录内，需要手动合并（或使用批处理脚本）到导出的 Android 工程中，如图 10-36 所示。

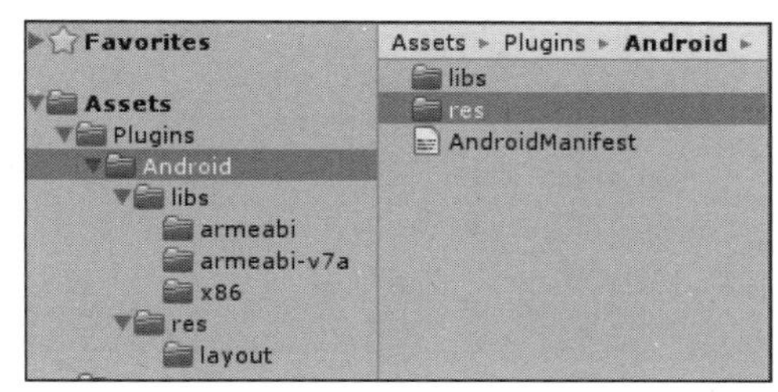

图 10-36　Plugins 目录

10.10　代码混淆

在游戏发布后，我们不希望别人看到游戏的源代码。在 Android Studio 中设置混淆代码的方式如下：

步骤 01　打开工程中的 app/build.gradle 文件，将 minifyEnabled 设为 true，即开启了混淆，如图 10-37 所示。

步骤 02　编辑文件 app/proguard-rules.pro（从 Unity 导出的工程也可能是 proguard-unity.txt），这里需要加入不能被混淆的类。因为使用混淆可能会导致程序出现问题，所以必须在混淆配置中指出哪些代码是不能混淆的，最基本的方法是使用-keep 命令保留不被混淆的类。很多 SDK 接口的代码也要求不能被混淆，比如后面的百度地图示例，如图 10-38 所示。

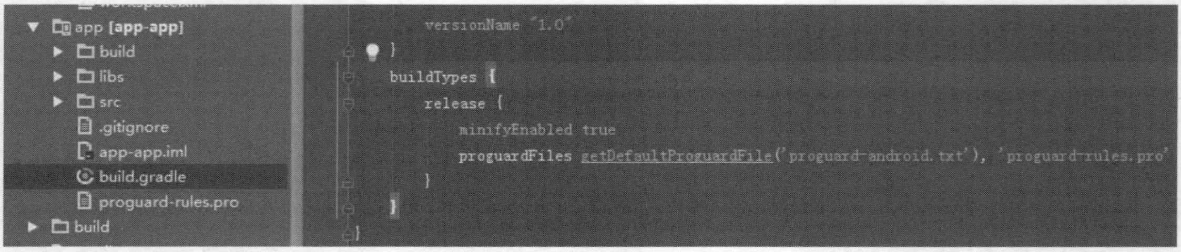

图 10-37　开启混淆

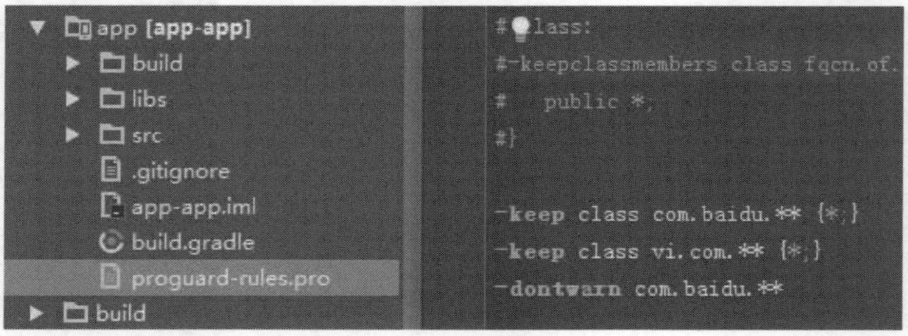

图 10-38　设置混淆

Unity 导出 Android 工程的时候，默认会创建一个 proguard-unity.txt 文件（不同 Unity 版本可能会不同），里面包括了一些基本的混淆命令，如下所示，这些类都是不能被混淆的。

```
-keep class bitter.jnibridge.* { *; }
-keep class com.unity3d.* { *; }
-keep class org.fmod.* { *; }
```

10.11　百度地图实例

最后，我们来完成一个百度地图实例，将百度地图导入到使用 Unity 开发的 Android 游戏中。

10.11.1　导入百度地图 SDK

步骤 01　网址 http://lbsyun.baidu.com/是百度地图开发的官方网址，在这里可以免费下载百度地图的 SDK。因为百度地图包括的功能比较多，SDK 也分为很多版本，所以这里针对本实例，只下载基础地图功能的 SDK 即可。

步骤 02　参考百度地图网站上的“开发指南”为 Unity 游戏申请一个密钥，这个过程需要有一个百度账号，并注册一个应用，注意应用的“包名”要与 Unity 工程的 Bundle Identifier 一致。本例中使用的“包名”为 com.unity.baidumap，读者在创建自己的应用时，需要将示例代码中使用到的 com.unity.baidumap 代码修改为自己使用的包名。此外还需要提交签名证书的 sha1 值（参考本章前面的介绍），最后会获得一个密钥，也就是应用的 AK 标识符。

步骤03　打开本章前面完成的 Unity 工程，将百度地图的.jar 和.so 文件放入 Plugins/Android 工程的 libs 文件夹中（参考本章前面的介绍），注意只需要放入 Unity 所支持的 CPU 构架文件即可，目前主要是 armeabi-v7a 和 x86。

步骤04　将其导出为 Android 工程。该工程原来的功能是当单击 Unity 游戏中的按钮时会弹出一个 Android 对话框，我们将在 Android Studio 中修改代码。最后的功能是：单击按钮后弹出百度地图，并定位到某个指定的地图位置。

步骤05　启动 Android Studio，导入从 Unity 导出的 Android 工程，所有百度地图 SDK 中的.jar 和.so 文件也会被自动导入到 Android Studio 工程中。

10.11.2　实现百度地图控件

步骤01　在 Android Studio 的菜单栏中选择【File】→【New】→【Activity】→【Empty Activity】，创建一个空的 Activity 类，这里将其命名为 MapActivity。这个操作会帮助我们自动完成其他两个操作。将 MapActivity 的定义添加到 AndroidManifest.xml 中；创建了 activity_map.xml 文件，它是 MapActivity 的 UI 配置文件，如图 10-39 所示。

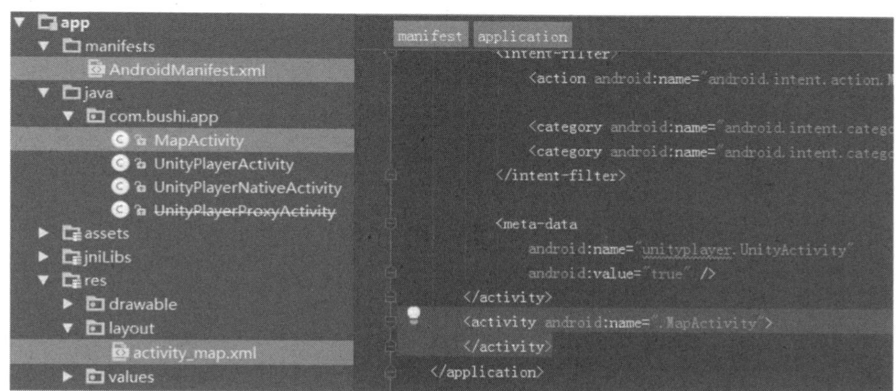

图 10-39　创建新的 Activity

步骤02　在 activity_map.xml 中添加百度地图的地图 UI 控件配置如下：

```
<com.baidu.mapapi.map.MapView
    android:id="@+id/bmapView"
    android:layout_width="fill_parent"
    android:layout_height="fill_parent"
    android:clickable="true" />
```

步骤03　在 MapActivity 中添加 Java 代码显示百度地图，参考百度官方的文档可以获得更多的技术细节，注意包的名称 com.unity.baidumap 需要修改为读者自己的应用包名，代码如下：

```
package com.unity.baidumap;
import android.app.Activity;
import android.os.Bundle;
import com.baidu.mapapi.map.*;
```

```
import com.baidu.mapapi.model.LatLng;

public class MapActivity extends Activity {

    MapView mMapView = null;
    @Override
    protected void onCreate(Bundle savedInstanceState) {
        super.onCreate(savedInstanceState);
        setContentView(R.layout.activity_map);

        // 获取地图控件引用
        mMapView = (MapView) findViewById(R.id.bmapView);
        BaiduMap baidumap = mMapView.getMap();

        // 定义文字所显示的坐标点
        // 可在百度官网 http://api.map.baidu.com/lbsapi/getpoint/index.html 拾取坐标地址
        LatLng llText = new LatLng(31.245105, 121.506377);  // 上海动物园地图坐标
        // 构建文字 Option 对象，用于在地图上添加文字
        OverlayOptions textOption = new TextOptions()
                .bgColor(0xAAFFFF00)
                .fontSize(35)
                .fontColor(0xFFFF00FF)
                .text("上海动物园")
                .rotate(0)
                .position(llText);
        // 在地图上添加该文字对象并显示
        baidumap.addOverlay(textOption);
        // 更新地图状态 使地图定位到指定的位置
        MapStatus mapStatus = new MapStatus.Builder()
                .target(llText)
                .zoom(18)
                .build();

        MapStatusUpdate mapStatusUpdate = MapStatusUpdateFactory.newMapStatus(mapStatus);
        baidumap.setMapStatus(mapStatusUpdate);
    }

    // Quit Unity
    @Override protected void onDestroy ()
    {
        super.onDestroy();
        mMapView.onDestroy();
    }
```

```
    // Pause Unity
    @Override protected void onPause()
    {
        super.onPause();
        mMapView.onPause();
    }

    // Resume Unity
    @Override protected void onResume()
    {
        super.onResume();
        mMapView.onResume();
    }
}
```

步骤04 修改 UnityPlayerActivity.java，添加 Java 代码，导入百度地图初始化包 com.baidu.mapapi.SDKInitializer，在 onCreate 函数中调用百度地图的初始化函数 SDKInitializer 初始化百度地图，如下所示：

```
import com.baidu.mapapi.SDKInitializer;

// 添加到 onCreate 函数中
SDKInitializer.initialize(getApplicationContext());
```

步骤05 修改 UnityPlayerActivity.java，在响应按钮操作的地方，修改 Java 代码如下，创建百度地图控件。

```
startActivity(new Intent(UnityPlayerActivity.this, MapActivity.class));
```

步骤06 修改 AndroidManifest.xml，在<application></application>中添加百度地图的密钥。

```
    <meta-data
    android:name="com.baidu.lbsapi.API_KEY"
    android:value="应用的 KEY" />
```

步骤07 在 AndroidManifest.xml 中添加百度地图需要的权限。

```
    <uses-permission android:name="android.permission.ACCESS_NETWORK_STATE" />
<uses-permission android:name="android.permission.INTERNET" />
<uses-permission android:name="com.android.launcher.permission.READ_SETTINGS" />
<uses-permission android:name="android.permission.WAKE_LOCK" />
<uses-permission android:name="android.permission.CHANGE_WIFI_STATE" />
<uses-permission android:name="android.permission.ACCESS_WIFI_STATE" />
<uses-permission android:name="android.permission.GET_TASKS" />
<uses-permission android:name="android.permission.WRITE_EXTERNAL_STORAGE" />
<uses-permission android:name="android.permission.WRITE_SETTINGS" />
```

步骤 08 最后，确定在 AndroidManifest.xml 中配置的包名与百度应用中使用的包名一致，包名通常是 com.xxx.xx 这样的格式，如下所示。

```
package="包的名称"
```

在手机上运行程序，单击按钮，则会看到百度地图，示例中的默认地图地点在“上海动物园”，如图 10-40 所示。

> 提示　如果看不到地图，通常可能是使用的密钥不正确，在百度应用中填写的 sha1 值不正确，或者给出的地图坐标点不正确。

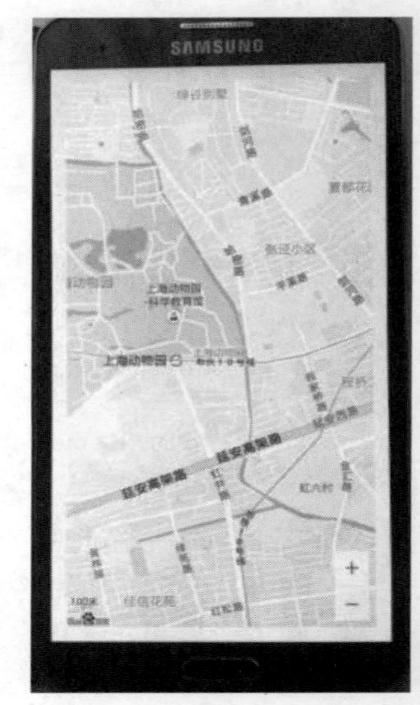

图 10-40　在 Unity 创建的 Android 程序中显示的百度地图

该工程也可以使用 ant 进行编译，需要将在 Android Studio 中修改过的 Java 代码和配置添加或替换到从 Unity 导出的 Android 工程中。注意，如果使用 ant release 进行编译，需要针对发布版本的 keystore 文件生成 sha1 值并提交到百度地图的应用信息中。

本节最后的示例工程文件保存在资源文件目录 c10-baidumap 中，其中 SimpleAndroid 是使用 ant 编译的工程，包括 Python 的批处理编译脚本；SimpleAndroidAS 是使用 Android 编译的工程。该示例并不能直接运行，读者需要到百度地图开发者网站注册一个自己的应用，提交自己的 sha1 值，取得包名和密钥，将其替换 Android Studio 工程中引用的包名和密钥即可。

10.12　触屏操作

当将 Unity 游戏运行到 iOS 或 Android 设备上时，桌面系统中的鼠标左键操作会自动适配为手机屏幕上的触屏操作，但鼠标操作无法实现一些特有的触屏操作，比如滑动手指或多点触屏等。在 Unity 的 Input 类中，除了包括桌面系统的各种输入功能，也包括专门针对手机触屏的各种功能，下面将通过一个简单的例子来说明如何实现触屏、多点触屏等。本节的示例同样适用于 iOS 平台。

步骤 01 创建一个新的 Unity 工程，在这个工程的场景中放入一个角色模型（也可以是任何模型，只是为了观察用），再创建一个摄像机对准角色模型，为了能方便围绕角色模型旋转，将摄像机置于一个空物体 target 层级下，该空物体作为摄像机的目标点，位置大概处于角色模型的中心位置，如图 10-41 所示。我们将使用触屏操作在 Android 设备上旋转摄像机观察场景中的角色，并使用多点触屏推拉摄像机视图。

步骤 02 创建脚本 AndroidTouch.cs，将其指定给 MainCamera，我们将在这个脚本中添加触屏操作的代码，控制摄像机的运动。

步骤 03 首先添加一个 m_screenpos 属性，并在 Start 函数中启动多点触屏。m_screenpos 记录手指第一次触屏的位置，然后根据手指离开屏幕时的位置判断手指的移动方向。cameraTarget 即是摄像机目标点 target，需要在场景中指定。

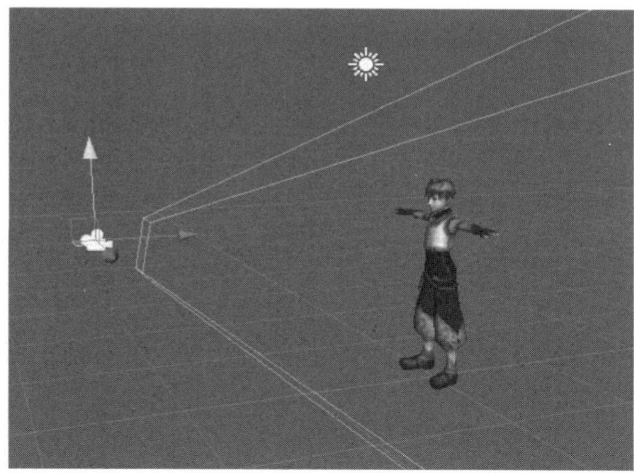

图 10-41　创建摄像机

```
public class AndroidTouch : MonoBehaviour {

    // 记录手指触屏的位置
    Vector2 m_screenpos = new Vector2();
    // 摄像机目标点
    public Transform cameraTarget;

    // Use this for initialization
    void Start () {
        // 允许多点触控
        Input.multiTouchEnabled = true;
    }
```

步骤 04 在 AndroidTouch.cs 中添加函数 MobileInput，使用 Input.touchCount 判断有几根手指触摸到屏幕。当只有一根手指触屏时，我们可以通过 Began 和 Moved 状态判断手指是否刚刚触屏或是移动中；当手指移动时，我们按其移动的方向旋转摄像机，代码如下：

```
    void MobileInput()
    {
        if (Input.touchCount <= 0)
            return;

        //1 根手指触摸屏幕
        if (Input.touchCount == 1)
        {
            if (Input.touches[0].phase == TouchPhase.Began)
```

```
            {
                // 记录手指触屏的位置
                m_screenpos = Input.touches[0].position;
            }
            // 手指移动
            else if (Input.touches[0].phase == TouchPhase.Moved)
            {
                // 旋转摄像机目标
                cameraTarget.Rotate(new Vector3(-Input.touches[0].deltaPosition.y, Input.touches[0].
deltaPosition.x, 0), Space.Self);
            }

            // 手指离开屏幕 判断移动方向
            if (Input.touches[0].phase == TouchPhase.Ended &&
                Input.touches[0].phase != TouchPhase.Canceled)
            {

                Vector2 pos = Input.touches[0].position;

                // 手指水平移动
                if (Mathf.Abs(m_screenpos.x - pos.x) > Mathf.Abs(m_screenpos.y - pos.y))
                {
                    if (m_screenpos.x > pos.x){
                        Debug.Log("向左移动");
                    }
                    else{
                        Debug.Log("向右移动");
                    }
                }
                else    // 手指垂直移动
                {
                    if (m_screenpos.y > pos.y){
                        Debug.Log("向下移动");
                    }
                    else{
                        Debug.Log("向上移动");
                    }
                }
            }
        }
```

提示 这里的代码只有在手机上才能正确执行。

步骤05 当有多根手指触屏，我们通过判断手指的移动距离推拉摄像机视图，继续前面的代码，添加代码如下：

```
else if ( Input.touchCount >1 )
        {
            // 记录两根手指的位置
            Vector2 finger1 = new Vector2();
            Vector2 finger2 = new Vector2();

            // 记录两根手指的移动
            Vector2 mov1 = new Vector2();
            Vector2 mov2 = new Vector2();

            for (int i=0; i<2; i++ )
            {
                Touch touch = Input.touches[i];

                if (touch.phase == TouchPhase.Ended )
                    break;

                if ( touch.phase == TouchPhase.Moved )
                {

                    float mov = 0;
                    if (i == 0)
                    {
                        finger1 = touch.position;
                        mov1 = touch.deltaPosition;

                    }
                    else
                    {
                        finger2 = touch.position;
                        mov2 = touch.deltaPosition;

                        if (finger1.x > finger2.x)
                        {
                            mov = mov1.x;
                        }
                        else
                        {
                            mov = mov2.x;
                        }
```

```
                        if (finger1.y > finger2.y)
                        {
                            mov+= mov1.y;
                        }
                        else
                        {
                            mov+= mov2.y;
                        }
                        Camera.main.transform.Translate(0, 0, mov * 0.1f);
                    }
                }
            }
        }
    }
}
```

步骤 06 在 Update 函数中执行 MobileInput 函数，然后在 Android 设备上测试程序，上下左右移动手指将会旋转摄像机，使用两根手指推拉移动将会推拉摄像机视图。

步骤 07 由于触屏操作的代码不能在桌面系统上使用，为了在桌面系统上预览效果，还需要添加一些针对桌面系统的代码：

```
void DesktopInput()
{
    // 记录鼠标左键的移动距离
    float mx = Input.GetAxis("Mouse X");
    float my = Input.GetAxis("Mouse Y");

    if (   mx!= 0 || my !=0 )
    {
        // 按住鼠标左键，旋转摄像机
        if (Input.GetMouseButton(0))
        {
            cameraTarget.Rotate(new Vector3(-my * 10, mx * 10, 0), Space.Self);
        }
    }
}
```

这里的代码只能使用鼠标左键简单旋转摄像机，并不能摸拟多点触屏的操作。

步骤 08 在 Update 函数中修改代码。UNITY_EDITOR、UNITY_IOS、UNITY_ANDROID 是 Unity 预设的预处理标识符，当程序运行在相应平台，相应的预处理标识符即为真。这里当程序运行在 iOS 或 Android 平台且不是运行在编辑器中，就调用函数 MobileInput 中的触屏操作，否则调用桌面系统的鼠标操作：

```
void Update () {
        // 按手机上的返回键退出当前程序
        if (Input.GetKeyUp(KeyCode.Escape))
            Application.Quit();

#if !UNITY_EDITOR && ( UNITY_IOS || UNITY_ANDROID )
        MobileInput();
#else
        DesktopInput();
#endif
    }
```

本节的示例工程文件保存在资源文件目录 c10_Android_touch 中。

10.13　AssetBundle

为了减少网页游戏的下载时间，通常将游戏资源进行拆分，玩家边玩边下载，这种解决方案不仅适用于网页游戏，很多手机端游戏为了提高下载速度也经常这样设计。

在 Unity 中可以为任何资源创建 AssetBundle，AssetBundle 包括模型、贴图，甚至脚本（有限制），我们可以将这些资源从游戏的主要版本中分离出来，减少游戏最后的包体大小，再通过网络下载这些资源读取到游戏中。

10.13.1　创建 AssetBundle 资源

创建 AssetBundle 的过程非常简单，可以不编写任何代码。下面是一个示例：

步骤 01　在本示例中，准备了两个飞机模型，它们都是由 Asset Store 免费下载的美术资源，如图 10-42 所示。

图 10-42　两个飞机模型

步骤 02　在 Project 窗口中选择飞机模型，在 AssetBundle 中输出新的 AssetBundle 名称创建 AssetBundle，这里命名为 planes（如果名称中带有“/”符号，可以使 AssetBundle

分组显示），然后将飞机模型添加到这个 AssetBundle 中（默认设置为 None，表示不会被包含到 AssetBundle），如图 10-43 所示。一个 AssetBundle 中可以包含很多资源，在最后使用的时候，通过名称调用其中的资源即可。

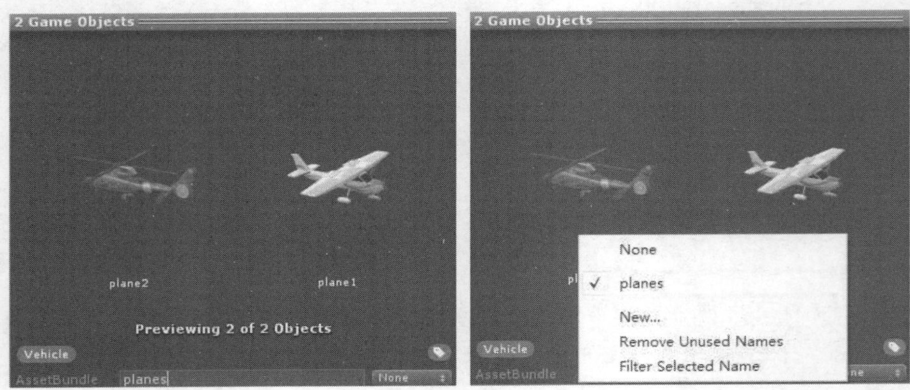

图 10-43　创建 AssetBundle

步骤 03　在 Editor 文件夹中新建一个脚本，并将其命名为 AssetBuilder.cs，如下所示：

```
using UnityEditor;
using UnityEngine;
public class AssetBuilder : MonoBehaviour {

    [MenuItem("Assets/Get AssetBundle names")]
    static void GetAssetBundleNames()  // 获取所有 AssetBundle 名称
    {
        var names = AssetDatabase.GetAllAssetBundleNames();
        foreach (var name in names)
        {
            Debug.Log("AssetBundle: " + name); // 显示全部 AssetBundle 名称
        }
    }
    [MenuItem("Assets/Build Asset Bundles")]
    static void BuildAssets()
    {
        // 在目标路径创建 AssetBundle 资源包
    BuildPipeline.BuildAssetBundles("Assets/Bundles/Win", BuildAssetBundleOptions.None,
                                    BuildTarget.StandaloneWindows);
    }
}
```

该脚本创建了两个选项：AssetDatabase.GetAllAssetBundleNames 函数可以获取所有已创建的 AssetBundle 名称；BuildPipeline.BuildAssetBundles 函数将所有的 AssetBundle 打包到 Assets/Bundles/Win 路径中，示例代码打包的 AssetBundle 是面向 Windows 平台，如图 10-44 所示。

Unity 为不同平台创建的 AssetBundle 不能互相通用。

步骤 04 选择【Build Asset Bundles】，即可创建出 AssetBundle 资源，它们被保存到我们设置的路径内。注意，使用文本编辑器打开.manifest 文件，可以查看资源的信息，如版本等。如果使用 AssetBundle，需要将它们复制到 Web 服务器上，在本示例中，AssetBundle 被保存在 Web 服务器上的路径如图 10-45 所示，其中 default 为根目录。

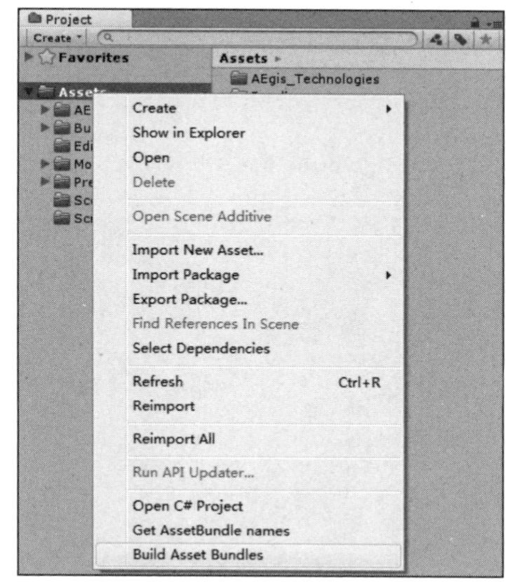

图 10-44　打包 AssetBundle

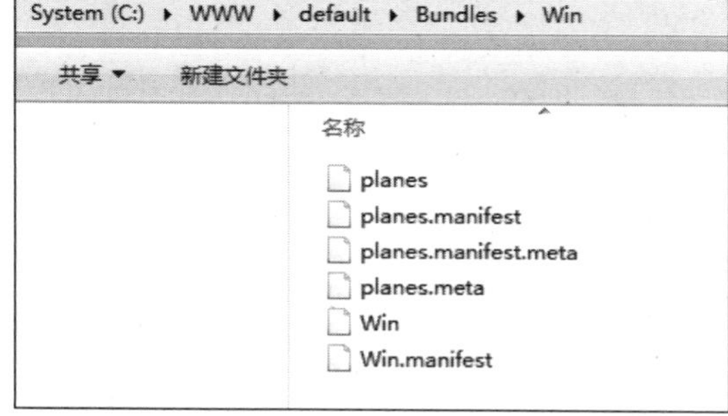

图 10-45　服务器上的资源路径

10.13.2　下载、实例化 AssetBundle 资源

现在，我们已经在服务器上准备好了 AssetBundle 资源，接下来创建一个用于读取 AssetBundle 的脚本 LoadAssetBundles.cs，并添加到场景中运行，如下所示。该脚本为本地的服务器下载之前创建的 AssetBundle 资源，并使用同步和异步两种方式将资源实例化到游戏中。

```
using System.Collections;
using UnityEngine;
public class LoadAssetBundles : MonoBehaviour {
    void Start () {
        StartCoroutine(StartLoad());
    }

    IEnumerator StartLoad()
    {
        while (!Caching.ready)   // 检查缓存
            yield return null;

        int version = 1;   // 当前资源版本
```

```
            // 如果没有缓存该资源或版本号小于资源版本号，则下载该资源
    WWW www = WWW.LoadFromCacheOrDownload("http://localhost/Bundles/Win/planes", version);
            // 等待下载完成
            yield return www;

            // 获得下载的 AssetBundle，包括 plane1 和 plane2
            AssetBundle bundle = www.assetBundle;
            // 通过名称读取并创建 AssetBundle 中的资源
        Instantiate(bundle.LoadAsset("plane1"), new Vector3( 15, 0, 0), Quaternion.identity);

            // 通过名称异步读取 AssetBundle 中的资源
           AssetBundleRequest request = bundle.LoadAssetAsync("plane2", typeof(GameObject));
            // 等待异步读取完成
            yield return request;
            // 创建实例
            Instantiate(request.asset as GameObject);

            // 卸载 AssetBundle
            bundle.Unload(false);
            // 释放网络请求的内存
            www.Dispose();
        }
```

10.13.3 批量创建 AssetBundle

在前面的示例中，我们通过手动设置的方式创建了 AssetBundle，当项目不断增加，手动设置效率就会变得比较低下。在接下来的示例中，我们直接通过资源路径找到所需要的资源，将它们批量打包到指定位置，免去手动设置的麻烦，但需要编写少量代码，下面是代码示例。

```
    using System.Linq;   // 注意要添加 Ling
    [MenuItem("Assets/Build Asset Bundles Auto")]
        static void BuildAssetsAuto()
        {
            // 如果输出路径不存在，则创建相应目录
            if (!System.IO.Directory.Exists("Assets/Bundles/Win")){
                System.IO.Directory.CreateDirectory("Assets/Bundles/Win");
            }
            // 查找路径下的所有.FBX 和.prefab 文件，路径根目录为 Assets
            var filelist = System.IO.Directory.GetFiles("Assets/Prefabs", "*.*",
System.IO.SearchOption.AllDirectories).Where(s => s.EndsWith(".prefab") || s.EndsWith(".FBX"));

            AssetBundleBuild[] buildMap = new AssetBundleBuild[1]; // 创建一个 AssetBundle
            buildMap[0].assetBundleName = "planes"; // 设置 AssetBundle 名称
            buildMap[0].assetNames = filelist.ToArray();   // 将.FBX 和.prefab 文件添加到 AssetBundle 中
```

```
        // 打包 AssetBundle
        BuildPipeline.BuildAssetBundles("Assets/Bundles/Win", buildMap,
                BuildAssetBundleOptions.None, BuildTarget.StandaloneWindows);
    }
```

该示例代码实现的 AssetBundle 导出结果与前面手动设置的完全相同。示例代码中的 assetNames 是一个 string 类型的数组，它需要包括所有 AssetBundle 资源路径，路径根目录对应 Assets 目录。在实际的项目中，可以通过配置文件将需要打包的资源路径写在一个列表中，然后将其批量导出到指定的位置。

该示例的工程文件保存在资源目标 c10_assetbundles 下。

除了将 AssetBundle 放在服务器上下载，也可以将其放置在 Unity 工程的 StreamingAssets 路径下使用读取文件的方式读取，但是在 Android 平台读取 StreamingAssets 路径下的资源有特殊要求，请参考本章 10.3.5 的内容进行尝试。

10.14 小　结

本章介绍了使用 Unity 测试、发布 Android 游戏的流程，以及手机触屏操作的实现方法，通过实例介绍了编写 Android 插件的方法，结合 Python 语言介绍了如何使用脚本自动化编译游戏，并完成了一个百度地图的应用实例。本章最后介绍了如何创建 Asset Bundle，这些在实际项目中都非常重要。

第 11 章 Unity 新 GUI 完全攻略

Unity 5 版本之后，舍弃了老的 OnGUI 编程方式，推出了全新的 GUI 系统，这套系统非常高效，且易于使用。本章将详细介绍各个 UI 模块，并结合常用插件 DOTween 和 EnhancedScroller，分别用于制作 UI 动画和复杂的卷轴视图。

11.1　Unity 的 GUI 系统

GUI 是 Graphical User Interface 的缩写，意思是图形用户界面，也称作 UI。Unity 的 GUI 系统在 Unity 4.6 版本之后发生了很大的变化，舍弃了原来的 OnGUI 系统，创建了一套全新的 UI 制作工具，为了和旧的 UI 系统进行区分，新的 UI 系统也经常称作新 GUI 或 UGUI 系统。

在 Unity 4.6 版本之前，使用 Unity 开发 UI，通常都需要使用插件，其中使用最广泛的就是 NGUI，如果读者使用过 NGUI，会发现 Unity 的新 GUI 和 NGUI 的使用方式非常相似，很容易学习。

在开始 UI 之旅之前，我们需要准备一些美术素材制作 UI 界面，本章使用的美术素材均由 Asset Store 免费下载，可以在【Textures & Materials】类别的【GUI Skins】和【Icons & UI】子分类中按 Price（价格）方式搜索免费资源，本章用到了 GUI Animator Free、Necromancer GUI、Military Icon Kit 等，如图 11-1 所示。读者也可以使用自己的美术资源。

图 11-1　免费的 GUI 资源

在涉及 Unity 新 GUI 编程的脚本中，需要引用 UnityEngine.UI 和其他一些相关的名称域，如下所示，本章后面的示例中不再赘述。

```
using UnityEngine.UI;
using UnityEngine.Events;
using UnityEngine.EventSystems;
```

11.2　Canvas（画布）

因为 Canvas 是任何 GUI 的根节点，所有 UI 控件都是 Canvas 的子物体，所以创建 UI 的第一步是创建一个 Canvas。我们可以将所有 UI 控件放入一个 Canvas，也可以将不同类别的 UI 控件放入不同的 Canvas，场景中允许有多个 Canvas。

11.2.1 创建 Canvas

在 Unity 编辑器菜单栏中选择【GameObject】→【UI】→【Canvas】，即可创建一个 Canvas。如果场景中没有 EventSystem 物体，这时会自动创建一个 EventSystem。

11.2.2 设置 Canvas

Canvas 组件有一个 Render Mode（渲染模式）选项，包括三种模式，在不同模式下设置略有不同，如图 11-2 所示。

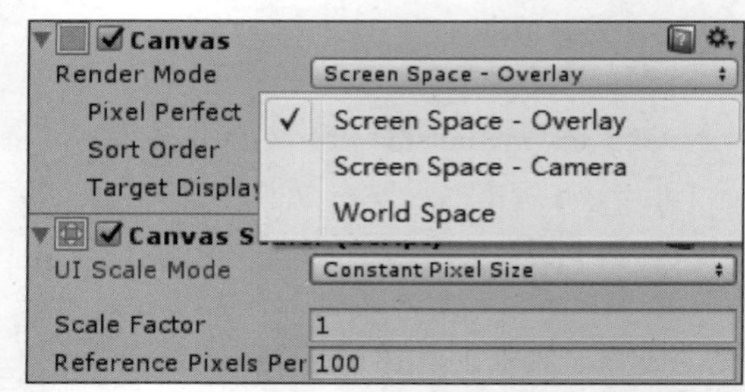

图 11-2 Canvas 显示模式

1. Overlay（叠加）渲染模式

Canvas 组件有一个 Render Mode 选项，默认为【Screen Space – Overlay】，这种模式下所有的 UI 永远显示在 3D 模型前面，如图 11-3 所示，UI 的显示与场景中的摄像机位置无关。

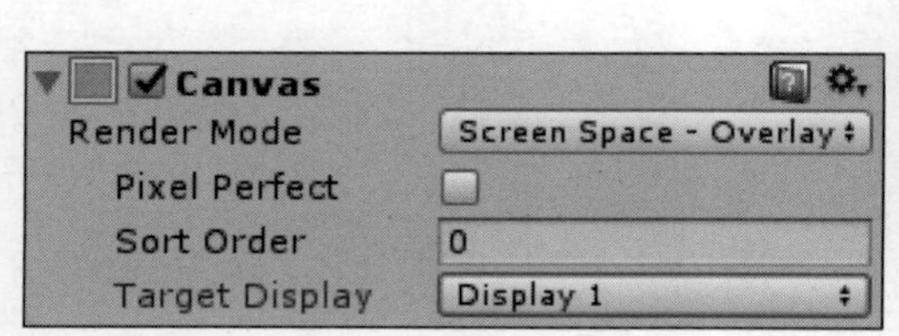

图 11-3 Overlay 渲染模式

- Pixel Perfect（完美像素）是 Overlay 模式独有的选项，选中该复选框后，会强制取消 UI 的抗锯齿，使图像更加锐利。
- Sort Order（排序）的值越大，当前 Canvas 界面就越优先显示在其他 Canvas 界面前方。无论 Sort Order 设为何值，设置为 Overlay 的 Canvas 必然会显示在设置为 Screen Space – Camera 或 World Space 模式的 Canvas 前方。

注意，设置为 Overlay 模式的 Canvas 必须放在层级最顶级，不能作为其他 GameObject 的子物体，这是目前 Unity 功能的一个限制。

2. Camera（摄像机）渲染模式

选择【Screen Space - Camera】进入摄像机渲染模式，在这种模式下，必须要在 Render Camera 中指定一个场景中的摄像机，如图 11-4 所示。

使用摄像机模式，可以将 3D 模型直接按空间位置放到 UI 前面，在 UI 前面显示出 3D 模型，如图 11-5 所示。

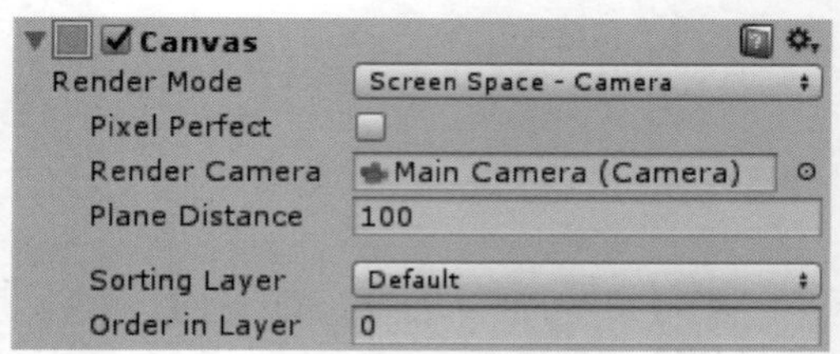

图 11-4 Camera 渲染模式

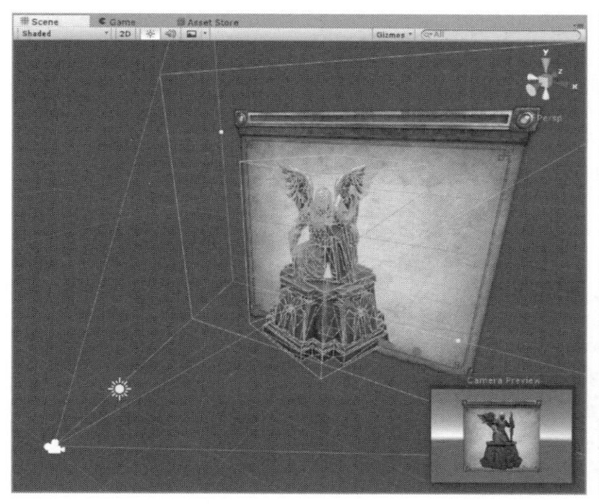

图 11-5　在 UI 前面显示 3D 模型

很多时候，我们可能需要在 UI 前面显示 3D 模型，但该模型仅是 UI 的一部分，不会与 UI 后面显示的 3D 场景混在一起。如图 11-6 所示，场景中的 3D“房子模型”刚好与 UI 的位置一致而重叠在一起。

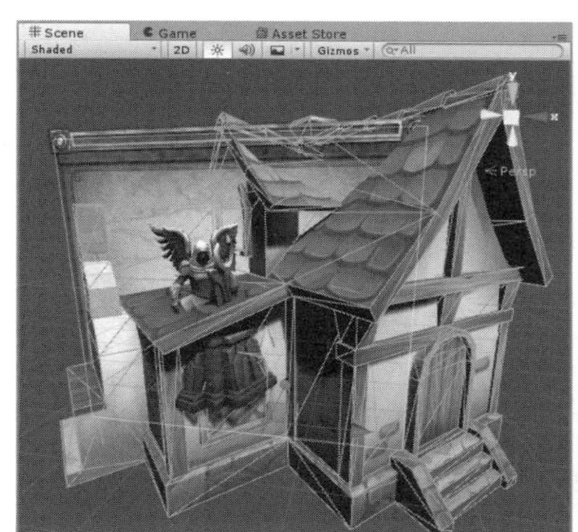
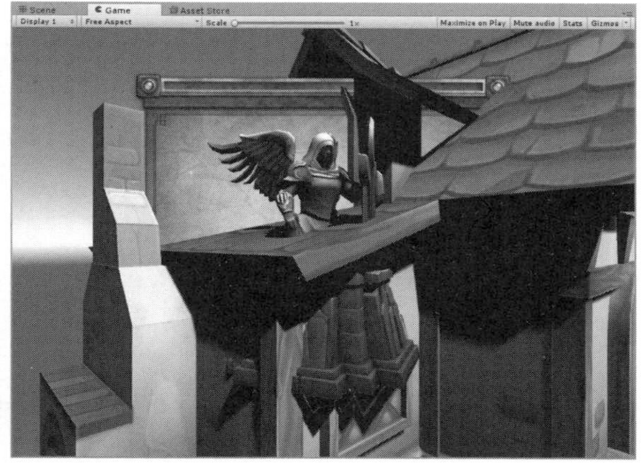

图 11-6　错误的 UI 显示效果

解决方案如图 11-7 所示，创建两个摄像机，这里的 Camera UI 用于 UI，将它的 Clear Flags 设为 Depth only 取消背景清除，将它的 Culling Mask 设为 UI，该摄像机将只渲染 UI 层；将 UI 中 3D 模型的 Layer 也设为 UI，与 UI 摄像机的设置保持一致。

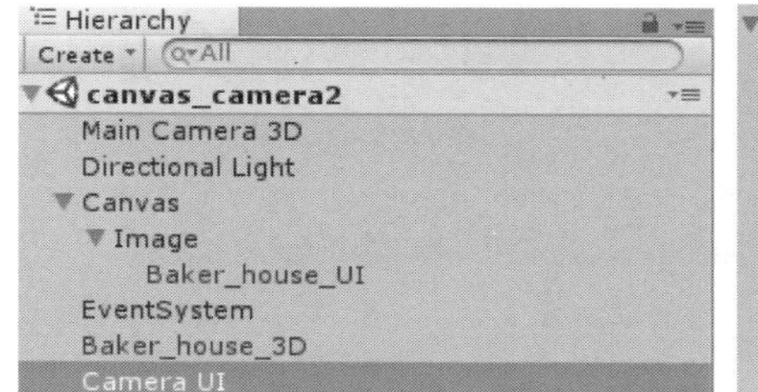

图 11-7　设置 UI 摄像机

默认场景中GameObject的层均为Default，将Main Camera 3D的Culling Mask设为Default，这样该摄像机将只会渲染放在 Default 层中的“房子模型”，不会渲染放在 UI 层中的 3D 模型。当前 Camera UI 的 Depth 为-1，将 Main Camera 3D 的 Depth 设为-2，这样 Main Camera 3D 中的“房子模型”将显示在 UI 后面，如图 11-8 所示。

图 11-8　正确的 UI 显示效果

注意，当场景中有多个摄像机时，需要移除摄像机上多余的 Audio Listener 组件，一个场景中只能有一个 Audio Listener 组件。

3. World Space 渲染模式

World Space 渲染模式的用法和 Camera 模式类似，也需要指定一个摄像机，如图 11-9 所示。不同之处在于 World Space 可以旋转摄像机角度，使 UI 看起来带有透视效果，如图 11-10 所示。

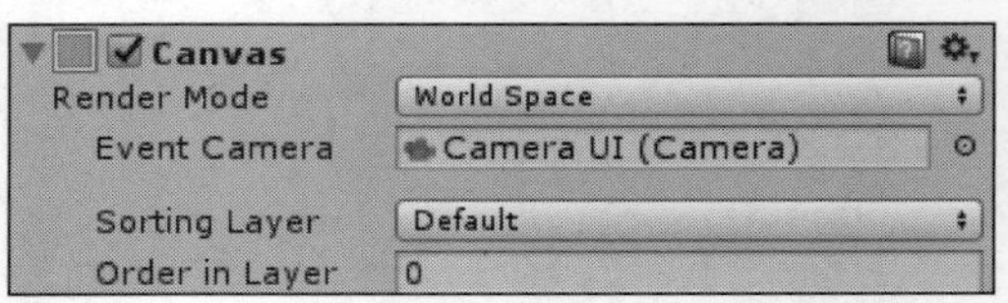

图 11-9　World Space 渲染模式

图 11-10　带有透视效果的 UI

Camera 和 World Space 渲染模式都有一个 Order In Layer 选项，当不同 Canvas 的摄像机 Depth 值相同，Order In Layer 的值越大，显示优先级更高，反之更低。

11.2.3　Canvas 的屏幕适应模式

在手机平台上，屏幕分辨率各式各样，很难有一个统一的标准，因此对于 2D 的 UI 界面，如何能做到适配各种分辨率是非常重要的。Canvas 默认的 UI Scale Mode（UI 缩放模式）是 Constant Pixel Size（固定像素大小），如图 11-11 所示，该模式无论屏幕分辨率是多少，UI 的大小始终如一。如果要适配不同分辨率，通常不能采用这种模式。

选择 UI Scale Mode 的【Scale With Screen Size】模式，将根据预设分辨率调整 UI 尺寸。在这种适应模式下，UI 最终的尺寸将根据预设值与实际分辨率的比例自动缩放，如图 11-12 所示。

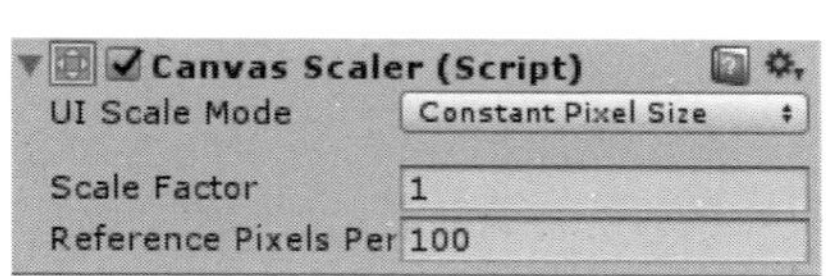

图 11-11　固定像素大小模式

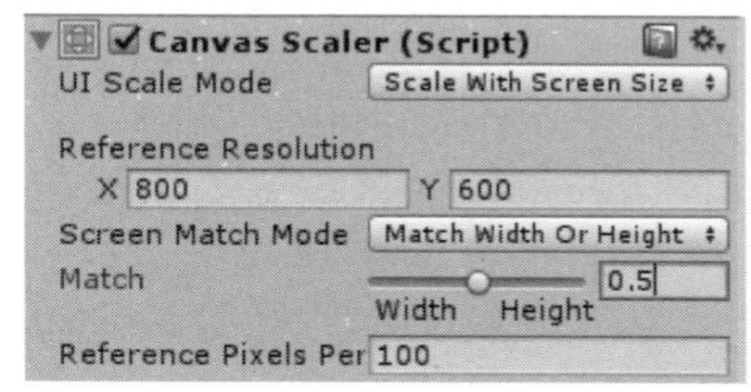

图 11-12　分辨率适应模式

11.2.4　Canvas 层级内 UI 控件的排序

如图 11-13 所示，Canvas 层级下有 4 张图片 UI 控件，Image_heart 处于第一个位置，它的显示优先级最低，被其他图片挡在最后。UI 控件的层级位置越靠下方，越优先显示出来。

图 11-13　UI 显示顺序

我们也可以通过代码改变显示优先级，示例代码如下：

```
public Transform child;  // 子 UI 控件
void Start()
{
    child.SetSiblingIndex(0);  // 移动到队首（最低显示优先级）
    //child.SetAsFirstSibling();  // 移动到队首（最低显示优先级）
    //child.SetAsLastSibling();  // 移动到队尾（最高显示优先级）
}
```

11.2.5 Canvas 的隐藏和显示

关闭 UI 显示最简单的方式是获取 UI 的 GameObject，然后调用 SetActive(false);函数关闭该 UI 物体的显示。

每个 UI 物体必然包括一个 Canvas 组件，获取该组件，设置它的属性 enabled = false;也可以关闭 UI 显示。

11.2.6 查找 UI 层级下的子控件

我们可以通过 GetComponentsInChildren 函数获取所有的 UI 子控件，然后进行遍历，如下所示。

```
public Transform uiObject;   // 控件
void Start()
{
    var all = uiObject.GetComponentsInChildren<Transform>(true);   //获取所有子 UI 控件，包括隐藏的控件
    foreach( var com in all)   // 遍历
    {
        Debug.Log(com.name);
    }
}
```

如果我们已经知道需要查找的控件所处层的位置和名称，也可以使用 Find 函数直接获取，效率会更高。下面是一个示例，UI 内层级关系如图 11-14 所示。

```
public Transform uiObject;   // 控件
void Start()
{
    Transform target =
            uiObject.Find("Image_heart/Image_background");
Image image = target.GetComponent<Image>();
}
```

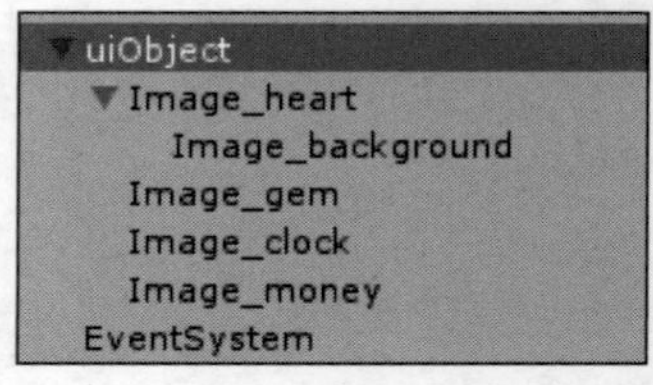

图 11-14 UI 层级

11.3 UI 坐标对齐方式

不同手机的分辨率和屏幕比例各异，那么 UI 能正确地显示在不同屏幕比例上就显得非常重要。选择 UI 控件，在 Inspector 窗口选择对齐工具，默认为 Center（中心对齐），在图 11-15 中，5 个图标分别使用了中心对齐、左上对齐、右上对齐、左下对齐、右下对齐方式，无论如何改变屏幕比例，它们都显示在正确的相对位置。

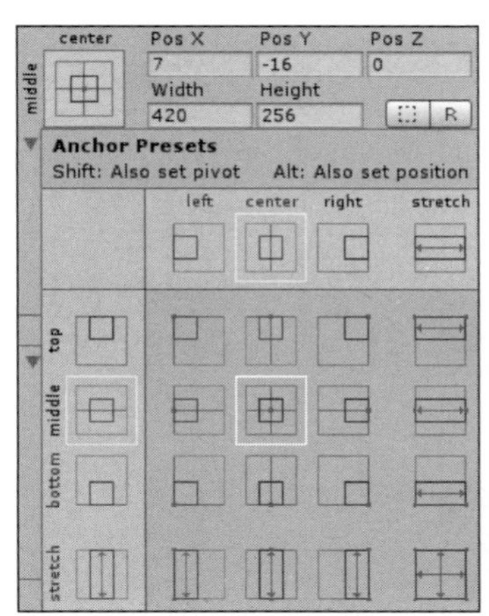

图 11-15　坐标对齐

除了上下左右对齐。Unity 还提供了（Stretch）拉伸对齐方式，UI 控件的大小会随着屏幕尺寸的改变而改变。如图 11-16 所示，屏幕中心的图标使用了拉伸对齐方式，它的父一级是 Canvas，当需要 UI 尺寸与父一级屏幕大小一致时，只需将 Left、Top、Right、Bottom 都设为 0 即可。

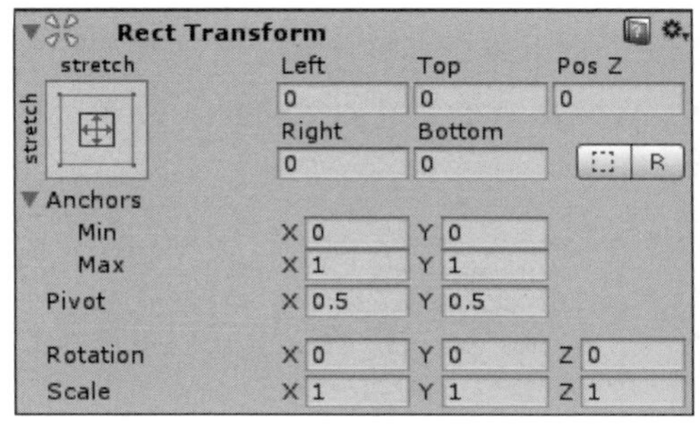

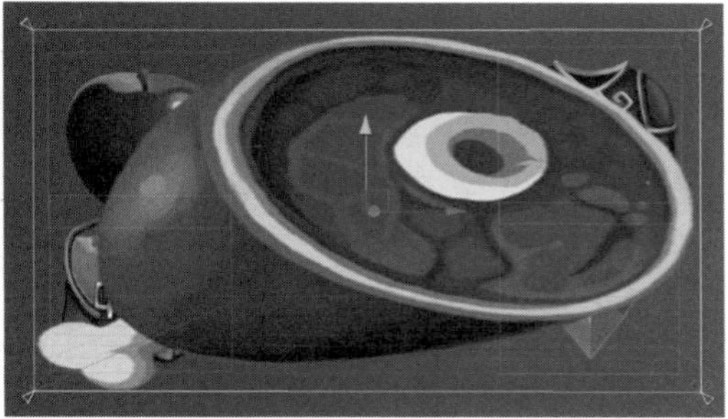

图 11-16　拉伸对齐

11.4　Text（文字）

文字是 UI 中最常见的控件，选择 Canvas 或其下面的其他 UI 控件，然后单击鼠标右键，选择【UI】→【Text】即可在当前 UI 层级下创建文字 UI 控件，可在 Text 文本框中输入需要显示的文字。此外，还提供了 Font（字体）、Font Size（文本大小）、Alignment（对齐）、颜色等常见选项，Text 控件允许使用标识符动态地改变部分文字的颜色或大小。当文字较多时，要注意设置文本框的尺寸：Width 和 Height。

我们不仅可以调节 Text 控件的文本颜色，还可以添加描边和阴影效果，但需要为 Text 控件添加其他组件。方法是选择 Text 控件，然后在菜单栏中选择【Component】→【UI】→【Effects】→【Shadow】，添加阴影效果；在菜单栏中选择【Component】→【UI】→【Effects】→【Outline】，添加描边效果，如图 11-17 所示。

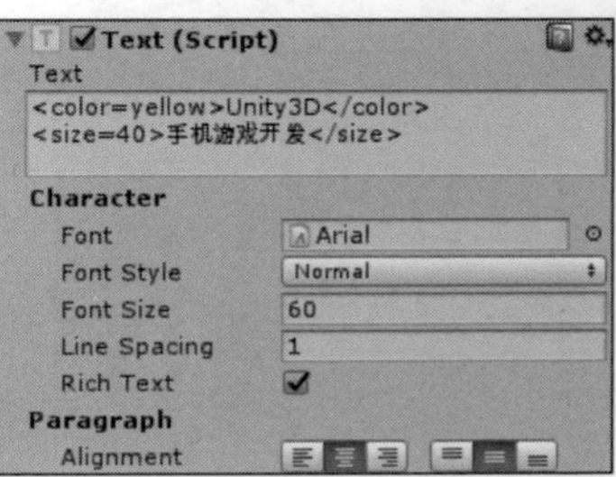

图 11-17　添加描边和阴影效果

除了在编辑器中设置文本外，也可以在脚本中修改文本显示内容，如下所示。

```
public class TestScript : MonoBehaviour {
    public Text textObject;   // 控件
    void Start(){
        textObject.text = "<color=yellow>Unity3D</color> <size=40>手机游戏开发</size>";}
```

11.5　自定义字体

Unity UI 中的文字默认使用的是.ttf 格式的字体，标准字体通常比较呆板，游戏中的一些特效字通常需要由艺术家手动绘制。在本节示例中自定义一个简单的 Shader，将手绘的文字应用到 Text 控件中。

11.5.1　创建字体贴图

如图 11-18 所示，有 0～9 个数字，并且还有一个“张”字，在游戏中我们可能需要显示“1 张”“25 张”“500 张”之类的文字。

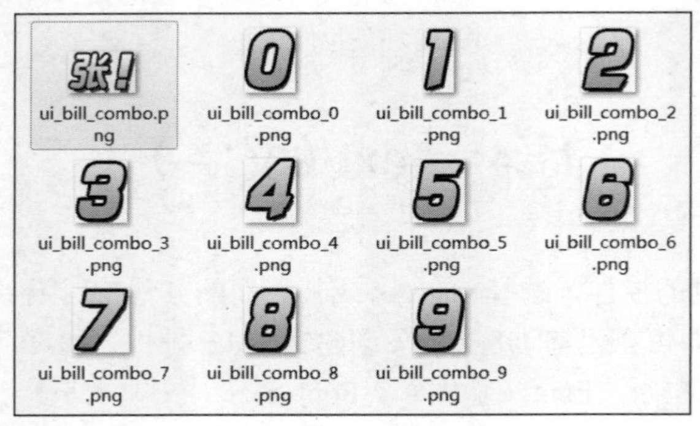

图 11-18　美术字图片

接下来，我们通过一个现有字体复制出一个可修改的副本，然后将这些数字与副本上的文字相对应。

步骤 01　导入字体到 Unity 中，这里使用的是比较最常见的 arial.ttf 字体，这个字体通常和美术字中使用的字体是一样的。

步骤 02　在 Project 窗口中选中字体并设置字体大小，建议比美术字的字体略大一些，将 Character 设为 Custom set，然后在 Custom Chars 中输入需要的文字，这里我们输入 0123456789 A，A 在这里代表“张”，如图 11-19 所示。

然后单击右上角的小按钮，选择 Create Editable Copy，创建出字体副本，如图 11-20 所示。

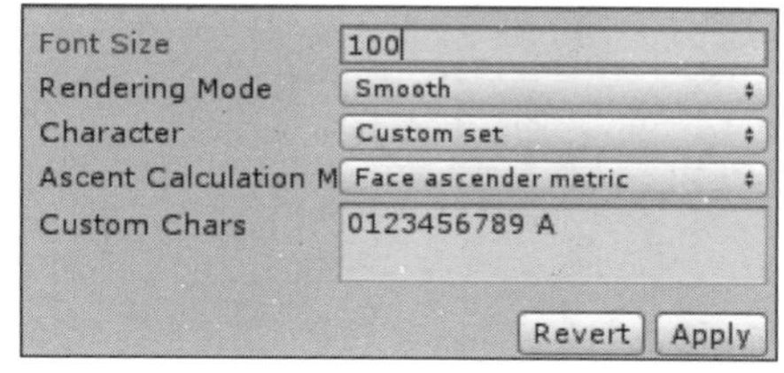

图 11-19　设置字体

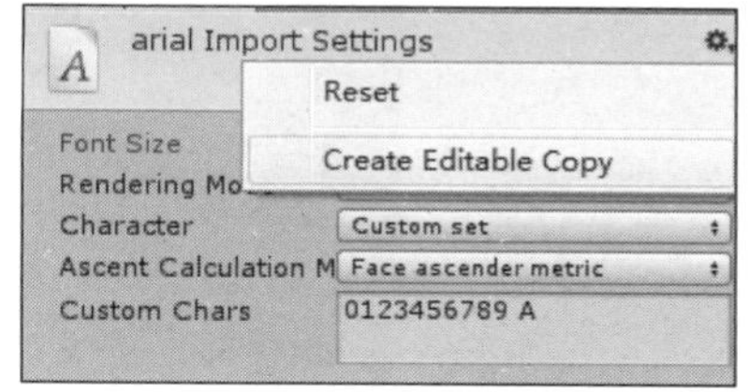

图 11-20　创建副本

这时在 Project 窗口中会看到三个新文件，它们是复制字体的文件，包括 png 格式的贴图、材质和一个保存字体格式的文件，我们主要修改贴图文件，如图 11-21 所示。

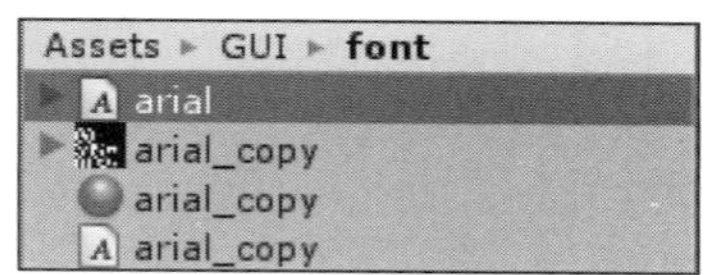

图 11-21　复制文件

在 Photoshop 中打开字体的贴图文件，如果这张图是倒转的，可以在 Photoshop 中使用 Flip Canvas Vertical 将它反转过来，如图 11-22 所示。

图 11-22　翻转贴图

我们可以在 Photoshop 中加工这个字体贴图，这里我们将前面准备好的数字放到相应的位置，最后再翻转恢复，如图 11-23 所示。

图 11-23　加工文字

保存这张贴图替换掉原来默认的贴图，创建一个 Text 控件，将 Color 设为纯白色，并指定自定义的字体作为当前字体，发现效果不正确，如图 11-24 所示。

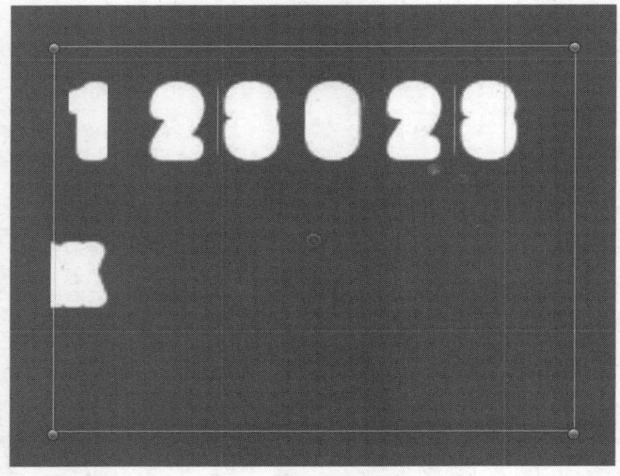

图 11-24　默认 Shader 的效果不正确

11.5.2　创建 Shader

接下来需要创建一个 Shader，它可以支持艺术字图片，并确保 3D 文字不受光照影响，且总是显示在 3D 模型前面。本示例将通过修改 Unity 的 Shader 实现需要的效果。

步骤 01 在 Project 窗口中单击鼠标右键，选择【Create】→【Shader】→【NewSurfaceShader】，创建一个新的 Shader。双击打开这个 Shader 文件，它里面包括了一些基本的 Shader 代码，如下所示。

```
Shader "Custom/NewSurfaceShader" {
    Properties {
        _Color ("Color", Color) = (1,1,1,1)
        _MainTex ("Albedo (RGB)", 2D) = "white" {}
        _Glossiness ("Smoothness", Range(0,1)) = 0.5
        _Metallic ("Metallic", Range(0,1)) = 0.0
    }
    SubShader {
        Tags { "RenderType"="Opaque" }
        LOD 200

        CGPROGRAM
        // 此处略

        ENDCG
    }
    FallBack "Diffuse"
}
```

Unity 支持三种方式创建 Shader，分别是 surface shaders（表面着色）、vertex and fragment shaders（顶点和片段着色）和 fixed function shaders（固定着色，比较老的方式），无论哪种方式，最后都会使用一种名为 ShaderLab 的语句包装起来，格式如下所示。

```
Shader "MyShader" {
    Properties {
        // 定义属性
    }
    SubShader {
        // 采用一种方式编写 Shader 代码
    }
    SubShader {
        // 防止硬件不支持而编写的备用 Shader 代码
    }
}
```

步骤 02 首先将 Shader 的名字进行重命名，这里将 Custom/NewShader 改为 Custom/My3DFont。

步骤 03 然后使用 fixed function shaders 方式编写 Shader，主要是替换了原来 CGPROGRAM 和 ENDCG 之间的代码：

```
Shader "Custom/My3DFont" {
    Properties {
        // 只需要色彩和贴图属性
        _Color ("Color", Color) = (1,1,1,1)
        _MainTex ("Albedo (RGB)", 2D) = "white" {}
    }
    SubShader {
        Tags{ "RenderType" = "Transparent"   // 有透明效果的 Shader
        "IgnoreProjector" = "True"   // 将不受 Projector（用来模拟投影效果的投射器）影响
        "Queue" = "Transparent" }   //设置渲染顺序为 Transparent，默认的渲染顺序依次为
Background，Geometry，AlphaTest，Transparent，Overlay
        LOD 200
        Pass{
            // 在材质中添加对色彩属性的支持
            Material{
                Diffuse[_Color]
            }
            Blend SrcAlpha OneMinusSrcAlpha     //alpha 融合方式
            Lighting Off                 // 不受光源影响
            Cull Off                     // 双面显示
            ZTest Always                 // 总显示在最前面
            ZWrite Off                   // 不把像素写到 Depth 通道中
            Fog{ Mode Off }              // 不受雾的影响
```

```
                SetTexture[_MainTex]{                    // 设置贴图
                    constantColor[_Color]
                    combine   texture * constant          // 使贴图和颜色属性融合
                }
            }
        }
        FallBack "Diffuse"
    }
```

这里只添加了很少的代码，但取得了非常不错的效果。将字体材质的 Shader 替换为自定义的 Shader，现在文字效果正确了。在菜单栏中选择【GameObject】→【3D Object】→【3D Text】，创建一个 3D 的文字，该自定义的字体不但能使用到 UI 的文字上，还可以使用到 3D 的文字上，如图 11-25 所示。

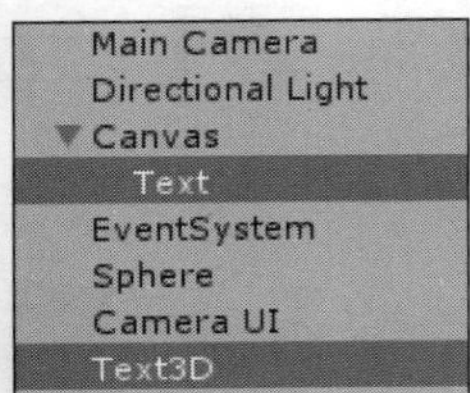

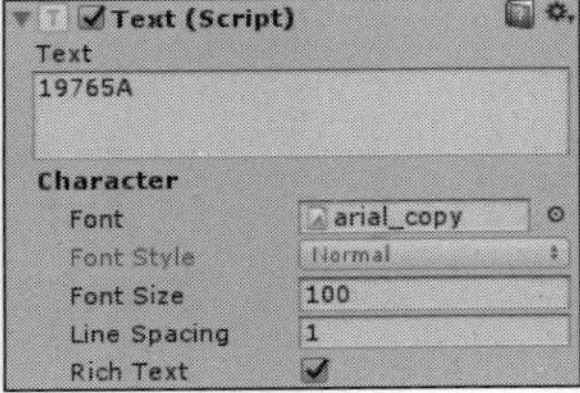

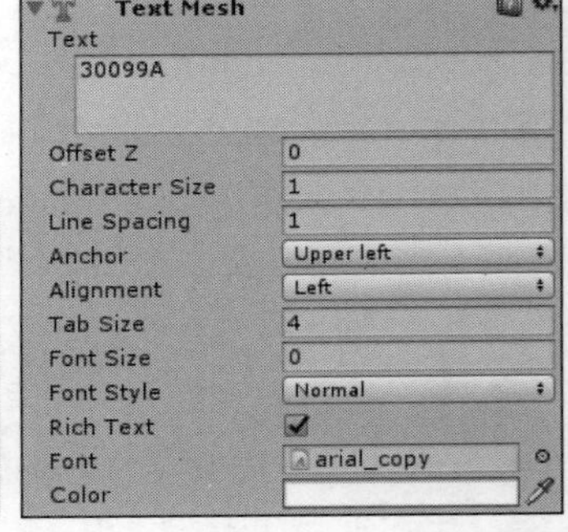

图 11-25　使用自定义的 Shader

11.6　Image（图像）

在 UI 控件元素中，除了文字，另一个最重要的元素是 2D 图像的显示。大部分 UI 图像显示需要使用到贴图素材。用于 UI 显示的贴图必须被设置为 Sprite 类型，如图 11-26 所示。

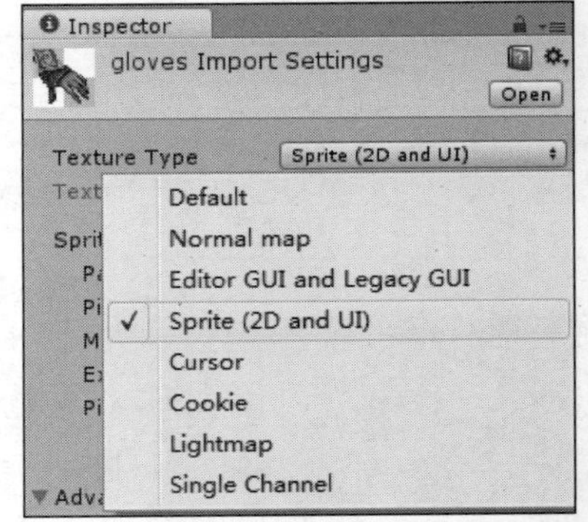

图 11-26　将贴图设置为 Sprite 模式

11.6.1　创建 Image 控件

在 Hierarchy 窗口中单击鼠击右键，选择【UI】→【Image】即可创建一个 Image 控件。在 Inspector 窗口中进行设置，在 Source Image 中指定贴图，在【Width】和【Height】中设置 UI 图像的大小，选择 Set Native Size，可以将大小自动调整为与原始贴图像素长宽一致，如图 11-27 所示。注意，如果希望改变图像大小时保持原始长宽比，可以选中【Preserve Aspect】复选框。

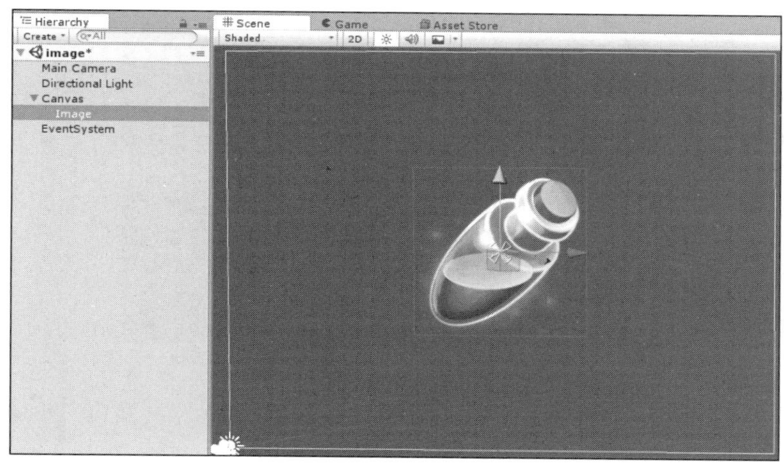

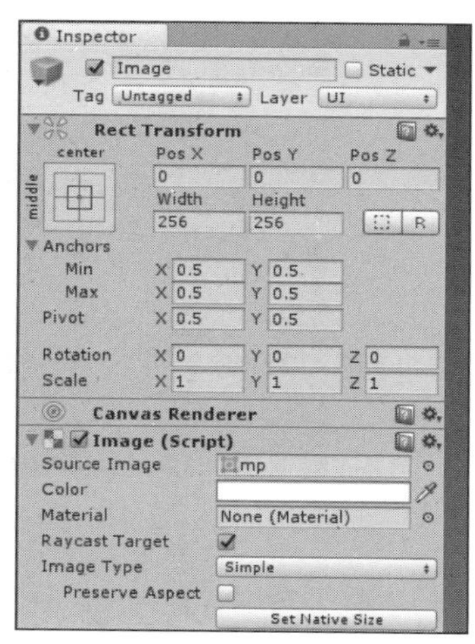

图 11-27　指定 Sprite

11.6.2　设置 Alpha

如果使用的贴图带有 Alpha 通道，图像上带有 Alpha 的地方会自动显示为透明。无论贴图是否有 Alpha 通道，选择 Color，调整 Alpha 通道的颜色，默认是纯白色，将颜色调整为灰色或纯黑色，图像会整体变为半透明或完全透明，如图 11-28 所示。

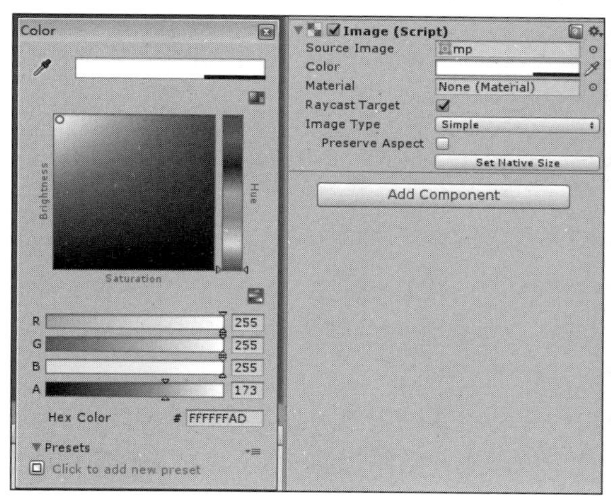

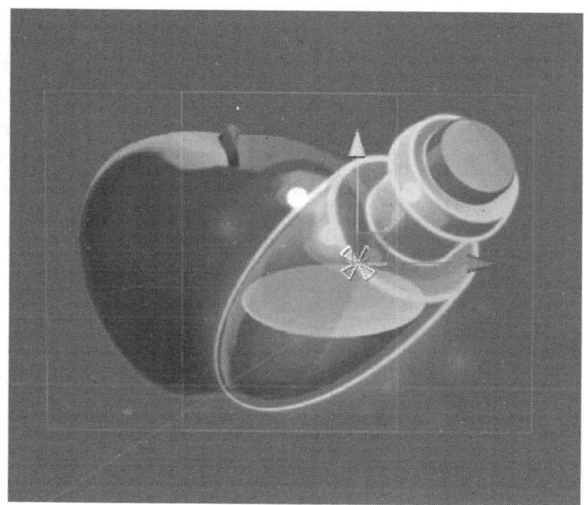

图 11-28　调整 Alpha

11.6.3　设置 Raycast Target

在 Image 选项中有一个 Raycast Target 选项，这是一个通用的选项，其他如 Text 控件也有相同的功能，默认处于选中状态，它的作用是对 UI 单击事件产生阻挡。举一个例子，当一个 UI 窗口位于一个按钮前面，如果 Raycast Target 处于选中状态，则无法单击到窗口后面的按钮，如图 11-29 所示，被窗口挡在后面的按钮将无法被单击到。

图 11-29　无法单击挡在窗口后面的按钮

11.6.4　设置 UI 图像为 Sliced 类型

Image 控件默认的类型是 Simple，这种模式下，如果控件尺寸与贴图的像素比例不一致，就会产生拉伸，如图 11-30 所示。

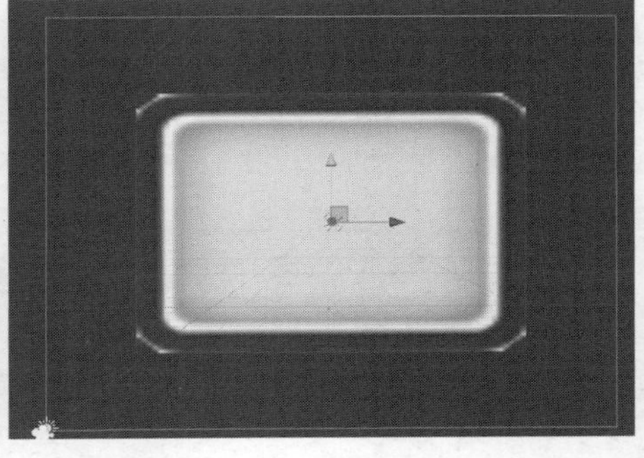

图 11-30　使用与原始贴图像素尺寸不一样的长宽比

另一种 Image 类型是 Sliced（切片，俗称九宫格），在这种模式下，改变 UI 图像长宽，图像的边界像素可以保持不变，中间的像素拉伸显示。这种模式的优点是可以使用尺寸较小的贴图制作尺寸较大的按钮和窗口，并且可以适应不同的比例。

设置为 Slice 类型，必须在 Sprite Editor 窗口中手动设置贴图的边界尺寸，同时设置 Pixels Per Unit（单位像素）的值，如图 11-31 所示，这个值越小，贴图边界在 UI 上显示的比例就会越大，可以根据需要调整。

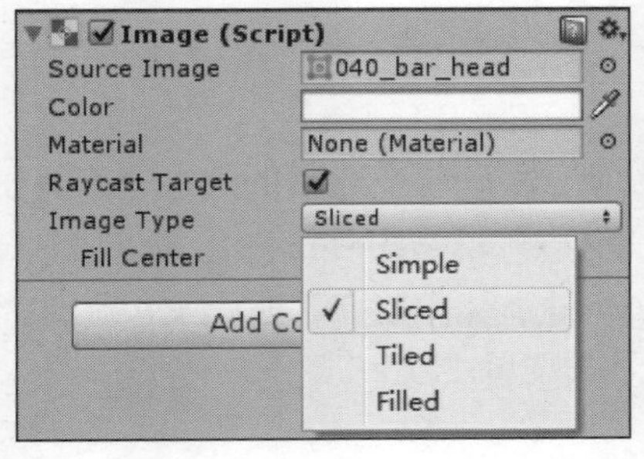

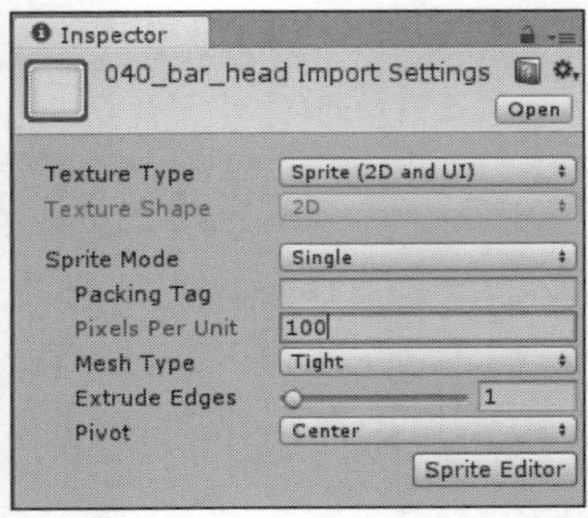

图 11-31　设置为 Sliced 类型

在 Sprite Editor 中设置好贴图边界后，会发现 Sliced 类型的 UI 边界显示不再有拉伸效果，如图 11-32 所示。

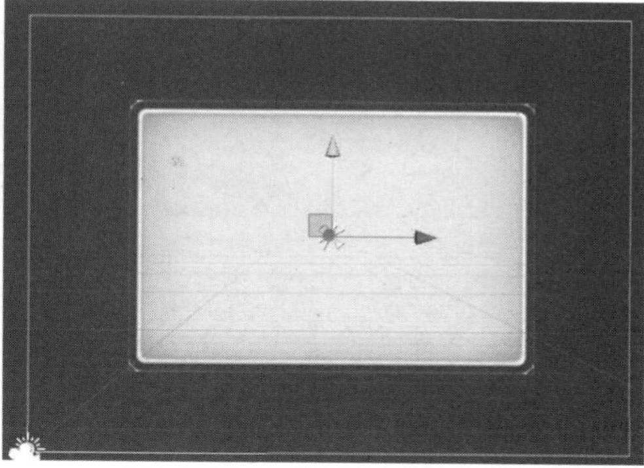

图 11-32　Sliced 类型的 UI

11.6.5　设置 UI 图像为 Tiled 类型

Image 控件还提供了一种 Tiled（重复）类型，使用这种类型，在拉伸 Image 控件尺寸后，贴图会重复显示。注意，如果所使用的贴图没有设置边界，需要在 Inspector 窗口中将贴图的 Wrap Mode 设为 Repeat，如图 11-33 所示。

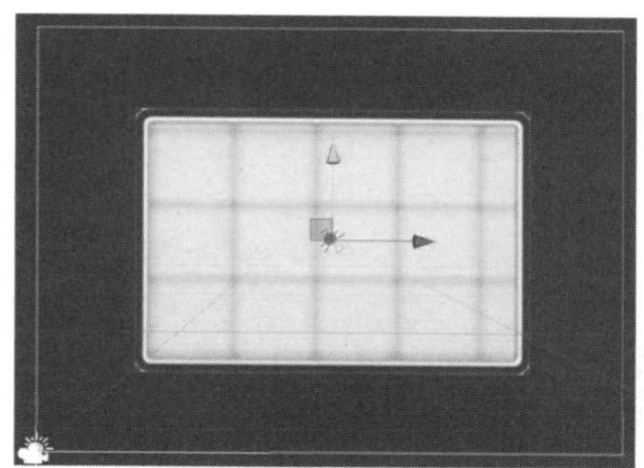
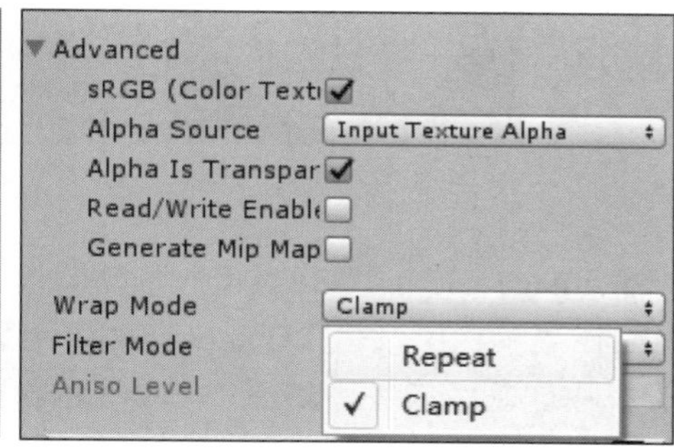

图 11-33　设置 Tiled 类型

11.6.6　设置 UI 图像为 Filled 类型

Image 控件的 Filled（填充）类型非常适合用来制作进度条或生命值显示，Fill Amount 的值域是在 0～1 之间，通过设置这个值可以只显示图像的一部分。Fill Method 中提供了多种填充方式，如横向、纵向或 360° 旋转；Fill origin 用来改变填充的方向，如从左向右或由右向左，如图 11-34 所示。

Fill Method 的值通常需要使用脚本动态改变，如下所示，设置 Filled 类型的图像只显示一半，它通常用来表示进度 50%，只剩一半生命值等。

```
public Image image;
    void Start () {
        image.fillAmount = 0.5f;
    }
```

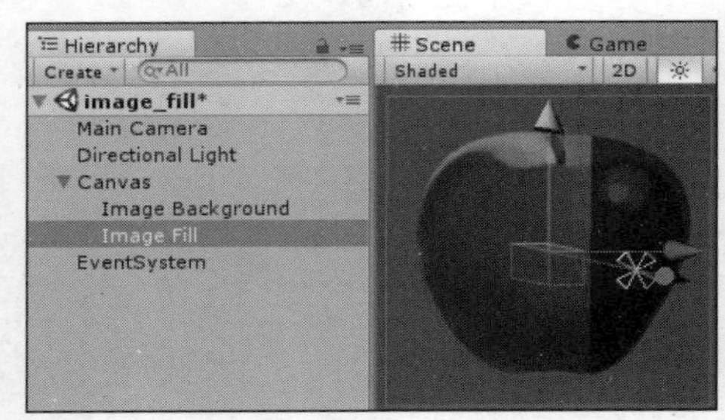

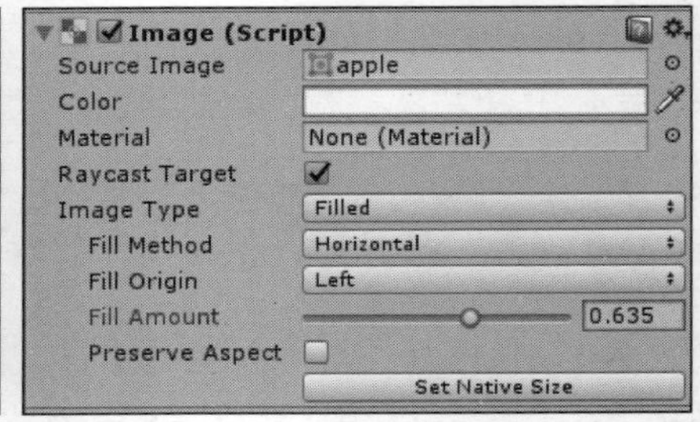

图 11-34　设置 Filled 类型

11.6.7　Mask（蒙版）

蒙版的作用是使用一张贴图的 Alpha 作为剪切区域，UI 上的目标图像与该贴图 Alpha 区域重叠的部分会被剪切掉。蒙版贴图必须含有 Alpha，或者使用一张灰度图表示 Alpha。如图 11-35 所示，贴图上白色的地方表示完全不透明，纯黑色表示完全透明，这张贴图本身无 Alpha 通道，但可以通过设置 Sprite 的 Alpha Source 为 From Gray Scale（通过灰色）使其产生 Alpha。

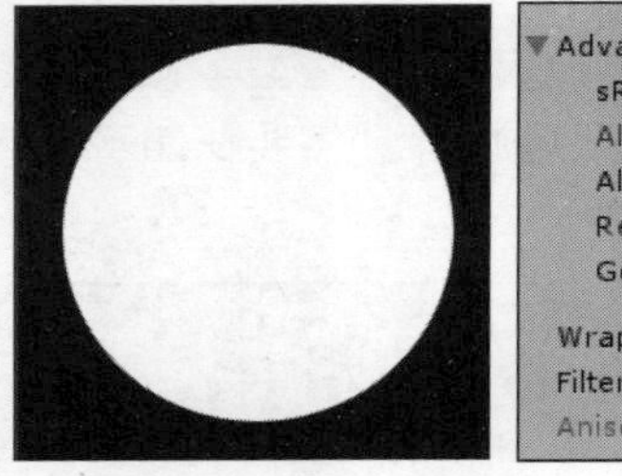
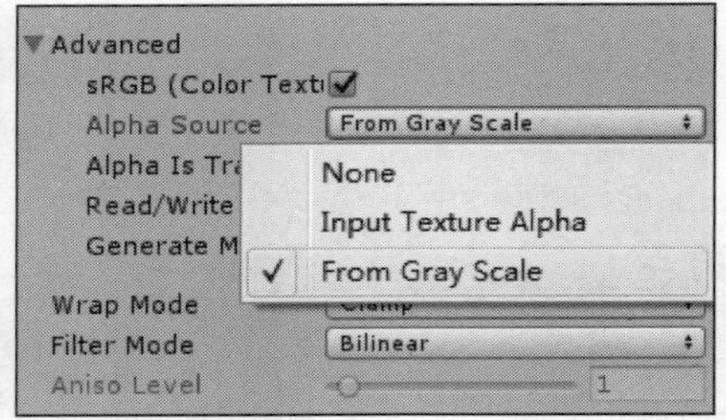

图 11-35　设置 Alpha

创建一个 Image 控件，为其指定一张贴图作为蒙版贴图，然后在菜单栏中选择【Component】→【UI】→【Mask】，添加蒙版控件，如图 11-36 所示。蒙版控件的选项较少，Show Mask Graphic（显示蒙版图像）的作用是预览蒙版图像的显示效果，通常最后要取消该复选框。

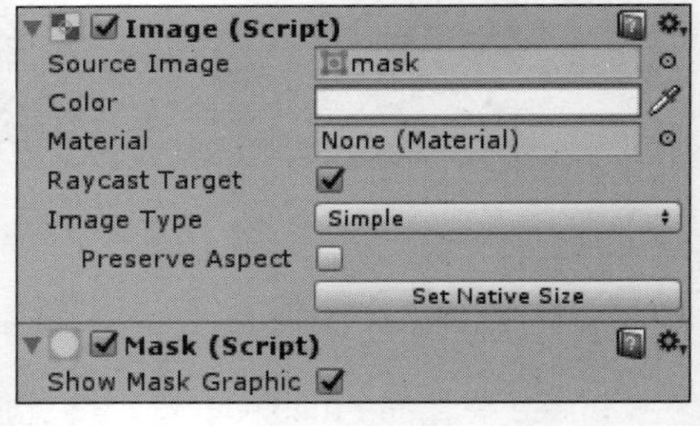

图 11-36　添加蒙版控件

创建另外一个实际需要显示的 Image 控件作为目标图像，将它作为蒙版控件的子物体，即可实现蒙版效果，如图 11-37 所示。

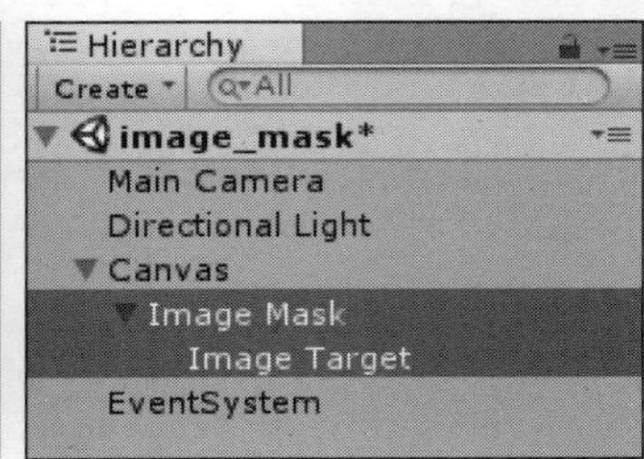

图 11-37　使用蒙版

11.7　Button（按钮）控件

11.7.1　创建按钮

在所有的 UI 控件中，按钮是交互性最强的控件，大部分 UI 事件的响应，都是通过单击按钮实现的。创建按钮的方式很简单，在 Hierarchy 窗口中单击鼠标右键，选择【UI】→【Button】即可创建一个按钮控件，默认的 Button 控件下面还包括一个文本控件，用来显示按钮上的文字，如果不需要，也可以删除它，如图 11-38 所示。

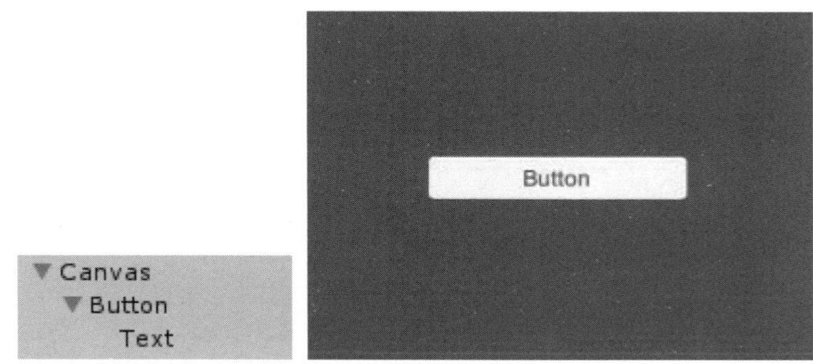

图 11-38　默认的按钮控件

11.7.2　设置按钮状态变化

在 Inspector 窗口中查看按钮控件，会发现它包括 Image 和 Button 两个组件。在 Image 组件的 Source Image 中设置贴图即可改变按钮外观；在 Button 组件中，默认的 Transition（过渡）是使用 Color Tint（色调）模式，改变 Normal Color、Highlighted Color、Pressed Color 和 Disable Color，则可以使按钮在正常状态、高亮显示状态，按压状态和不可用状态时显示出不同的颜色，如图 11-39 所示。注意，Highlighted Color 不只是高亮状态，也代表最后选中的按钮状态。

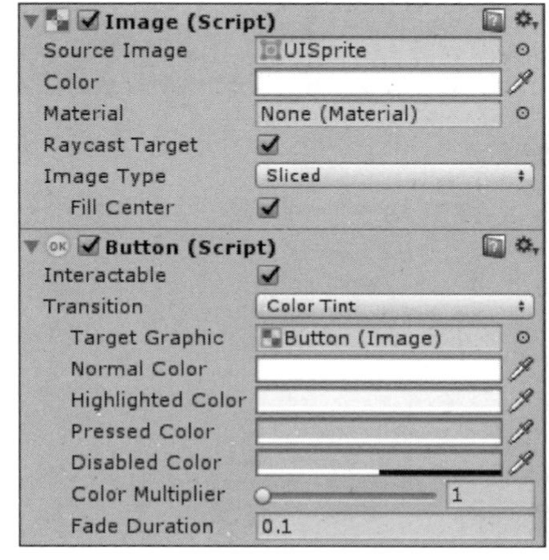

图 11-39　指定按钮贴图

按钮的另一种过渡模式是 Sprite Swap，顾名思义，就是给不同的按钮状态指定不同的贴图，如图 11-40 所示。

按钮还提供了一种比较复杂的 Animation（动画）过渡模式。在这种模式下，按钮不同状态的过渡都将通过动画实现，具体操作步骤如下：

步骤 01 将 Transition 设为 Animation，然后单击【Auto Generate Animation】按钮创建动画控制器，如图 11-41 所示。

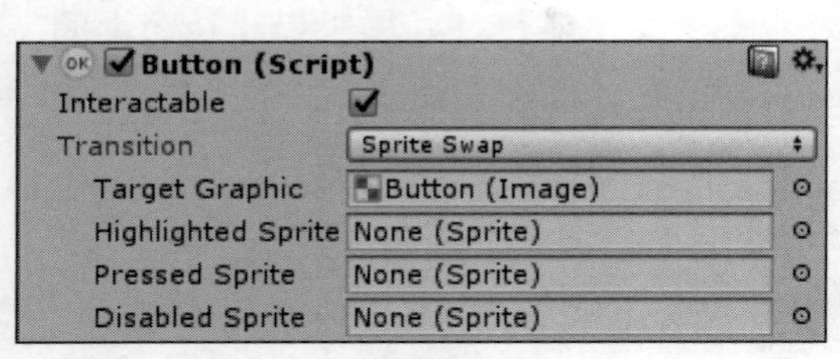

图 11-40 指定按钮贴图

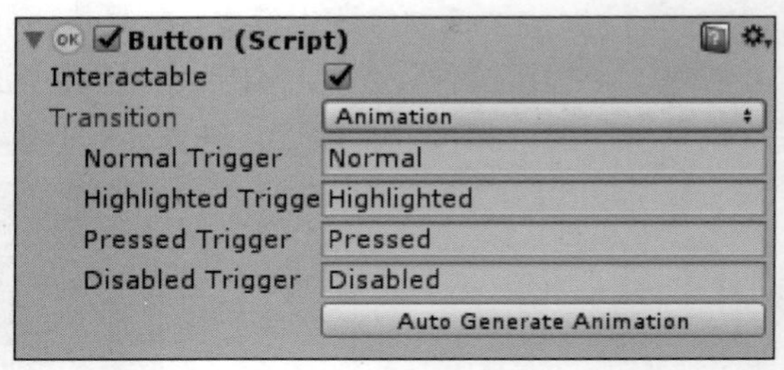

图 11-41 使用 Animation 过渡模式

创建动画控制器后，在 Inspector 窗口会为按钮控件自动添加动画组件，双击 Controller 中的控制器，打开 Animator 窗口，会发现已经自动创建了 4 个动画，它们对应按钮的 4 种不同状态，如图 11-42 所示。

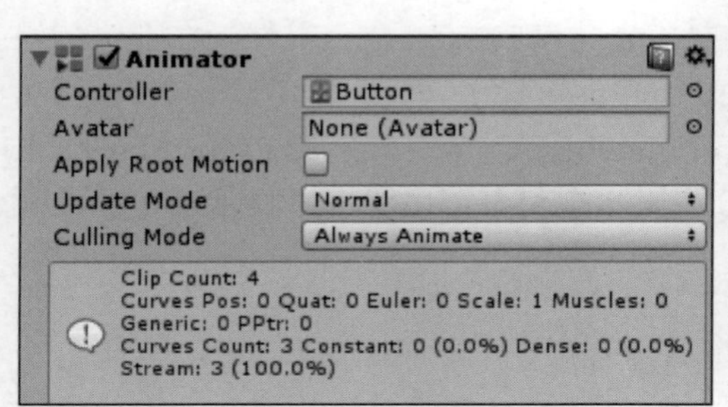

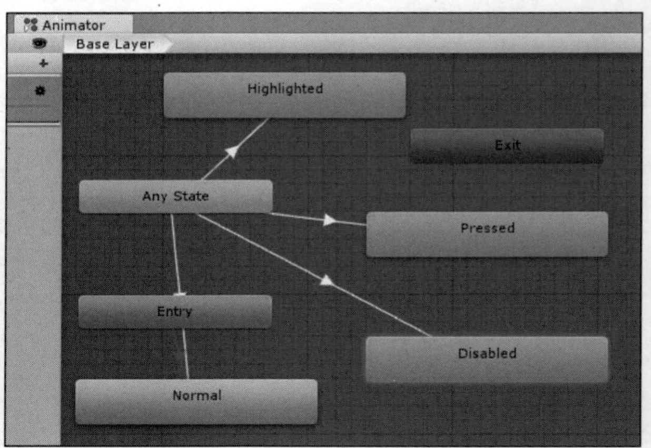

图 11-42 按钮动画

步骤 02 确定按钮处于选中状态，在菜单栏中选择【Window】→【Animation】，打开动画窗口，可以为不同的按钮状态添加具体的动画效果，比如常见的缩放、渐变效果等，如图 11-43 所示。

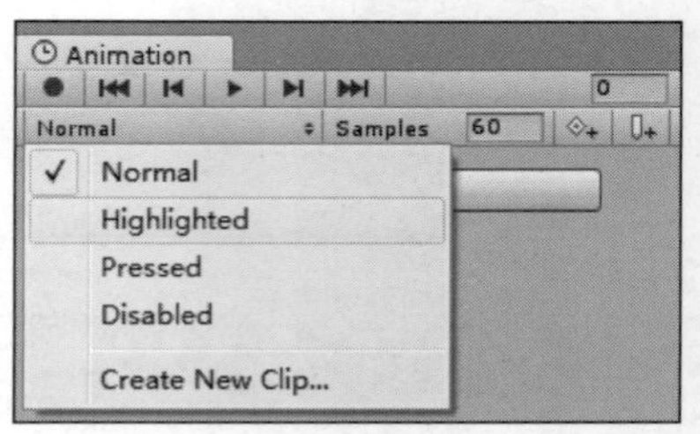

图 11-43 创建按钮动画

11.7.3 在编辑器中设置按钮触发事件

触发按钮事件的方式有很多种，最简单的方式是直接在编辑器中进行设置，操作步骤如下：

步骤01 创建一个类并指定给场景中的任意 GameObject，然后添加一个响应按钮单击事件的函数，这里名为 OnButtonEvent，如下所示：

```
public class ButtonEventTest : MonoBehaviour {
    public void OnButtonEvent()
    {
        Debug.Log("单击按钮");
    }
}
```

步骤02 单击 On Click()下面的“+”号添加一个事件，将包含响应按钮事件脚本的 GameObject 拖动到 Rumtime Only 下方，然后选择【No Function】，选择创建好的函数名，本示例是 OnButtonEvent，如图 11-44 所示。

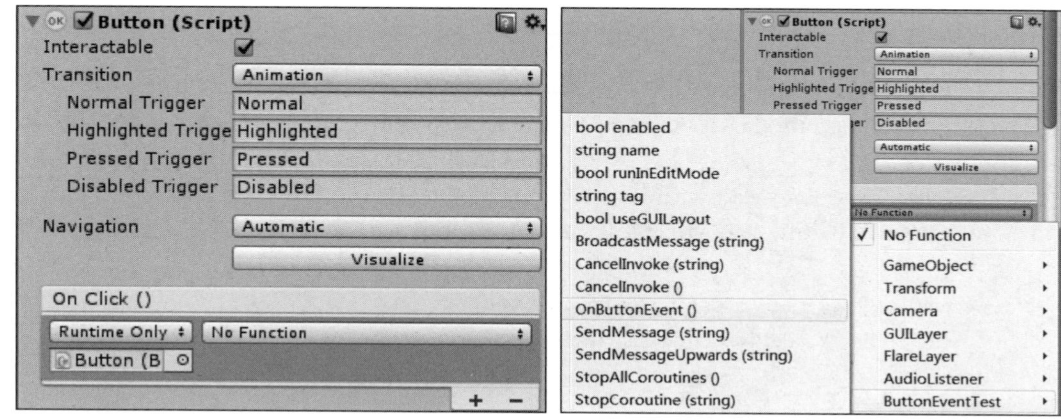

图 11-44　创建并关联按钮单击事件

运行程序，单击按钮，即会触发前面定义的 OnButtonEvent 函数。

11.7.4　在脚本中定义按钮单击事件

我们也可以完全通过使用脚本定义按钮事件，这样更加灵活，适合各种复杂的情况。示例代码如下：

```
public class ButtonEventTest : MonoBehaviour {
    public Button button;
    void Start(){
        button.onClick.AddListener(OnButtonEvent);   // 方式 1
        button.onClick.AddListener(delegate () // 方式 2，更加灵活
        {
            // var go = button.GetComponent<GameObject>(); 可以很容易获取 button 上的其他组件
              Debug.Log("单击按钮回调");
        });
        // button.onClick.RemoveAllListeners(); //清除按钮事件
    }
```

```
        public void OnButtonEvent(){
            Debug.Log("单击按钮");
        }
    }
```

11.7.5 判断按压按钮事件

默认的按钮事件都是单击事件，有一种情况是我们需要判断是否按住了按钮，而不是单击，实现该功能有很多方式。下面是一个简单的示例，类似的方法还可以完成很多其他类型的判断，比如响应抬起事件等。

首先要在按钮控件上添加一个 Event Trigger 组件（或者直接在脚本中使用 AddComponent 添加），如图 11-45 所示。

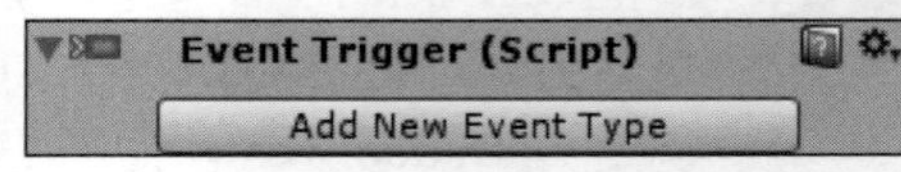

图 11-45 添加 Event Trigger 组件

示例代码如下：

```
        EventTrigger trigger = button.GetComponent<EventTrigger>(); // 获取 EventTrigger 组件
        //EventTrigger trigger = button.gameObject.AddComponent<EventTrigger>(); // 或者使用脚本添加 EventTrigger 组件
        EventTrigger.Entry entry = new EventTrigger.Entry();
        entry.eventID = EventTriggerType.PointerDown;  // 设置为按压事件，这里也可以设置很多其他事件
        entry.callback = new EventTrigger.TriggerEvent();
        entry.callback.AddListener(delegate(BaseEventData eventData) { Debug.Log("On Press"); }); //按压事件回调
        trigger.triggers.Add(entry);
```

11.8 Toggle（开关）控件

11.8.1 创建 Toggle 控件

在 Hierarchy 窗口中单击鼠标右键，选择【UI】→【Toggle】即可创建一个 Toggle 控件。Toggle 控件非常适合用来制作开关类选项，如打开、关闭音乐功能等。默认的 Toggle 控件由几部分组成，其中 Toggle 组件和按钮的功能类似，注意 Is On（开启）默认是选中状态。在 Toggle 层级下还包括 Background 和 Checkmark 两部分，它们实际上是两个 Image 控件，分别用来表示开关按钮的背景和选中效果。与按钮相同，Toggle 控件也提供了一个默认的文本控件 Label，如图 11-46 所示，如果不需要可以删除。Toggle 控件也可以在编辑器的 On Value Changed 中设置开关状态切换事件的功能回调，注意 On Value Changed 引用的函数需要一个布尔类型的参数判断当前的开关状态。

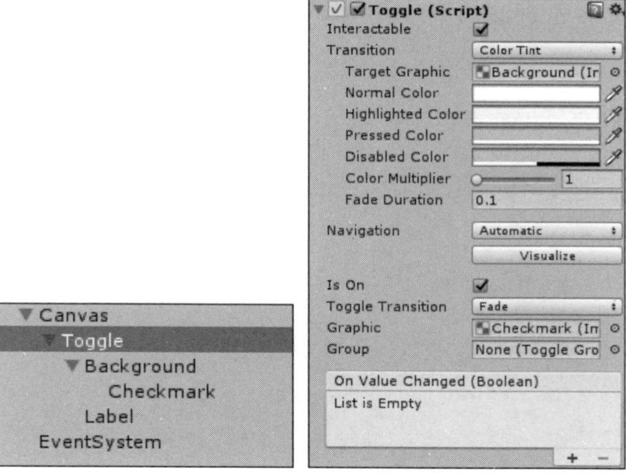

图 11-46　创建 Toggle 控件

11.8.2　Toggle 组

当有多个 Toggle 控件时，有时只能激活其中一个开关，比如有两个开关，分别表示男性和女性，只能选择其中之一。Unity 提供了一个 Toggle 组功能，可以很容易实现类似效果，步骤如下：

步骤 01　创建一个 Canvas，然后选择 Canvas 并单击鼠标右键，选择【Create Empty】创建一个空物体，然后在菜单栏中选择【Component】→【UI】→【Toggle Group】为其添加一个 Toggle 组件，【Allow Switch Off】复选框默认为取消状态，如图 11-47 所示。

图 11-47　Toggle 组

步骤 02　创建多个 Toggle 控件，注意默认只保留一个 Toggle 控件的 Is On 是处于激活状态，然后分别在 Toggle 的 Group 中指定 Toggle Group，将这些开关都加入到 Toggle 组中，如图 11-48 所示。

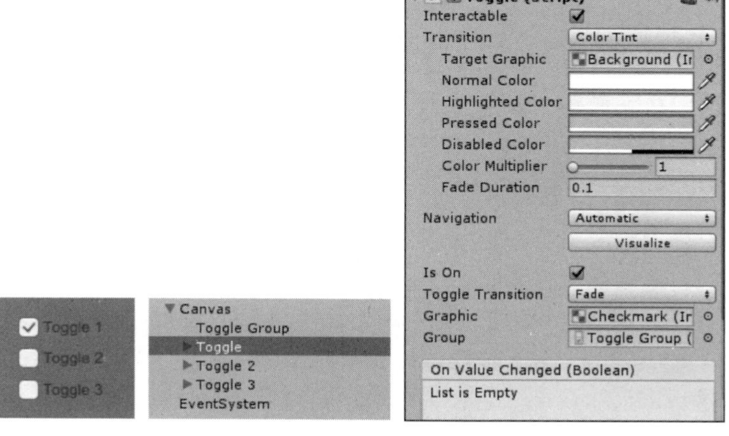

图 11-48　创建 Toggle 组

运行程序，会发现只会同时激活一个开关，当激活另一个开关后，之前激活的开关会自动取消选择。

11.8.3 Toggle 控件的脚本

使用脚本获取 Toggle 控件状态的方式与按钮类似，但需要一个布尔参数判断开关状态，示例代码如下：

```
public class SetToggle : MonoBehaviour {
    Toggle toggle;
void Start () {
        toggle.onValueChanged.AddListener(delegate (bool isOn) {
            if ( isOn ){
                Debug.Log("打开开关");
            }
            else{
                Debug.Log("关闭开关");
            }
        });
    }
}
```

11.9 Raw Image 控件

Raw Image（原始图像）和 Image 的功能类似，不同的是，它可以接受任何类型的 2D 贴图，而 Image 控件只能使用 Sprite 作为它的贴图。下面是一个示例，结合 Render Texture，使用摄像机将场景中的画面渲染到 Render Texture（渲染贴图）上，并将渲染贴图通过 Raw Image 控件在 UI 上显示出来。

步骤 01 在 Project 窗口中单击鼠标右键，选择【Create】→【Render Texture】创建一张 Render Texture，在 Inspector 窗口中可以设置渲染贴图的大小。

我们将使用摄像机实时记录场景的画面，然后记录在这张贴图中，这张贴图最终会被使用到 Raw Image 上，这样在 UI 上就会实时看到场景中的画面，结合蒙版，可以做出很多有趣的效果，如小地图等。

步骤 02 创建一个新的摄像机，对准场景中的 3D 模型或 Sprite，本示例的场景中有一个会转动的房子。将摄像机的 Clear Flags 设为 Solid Color（实体颜色），并将 Alpha 的值降为 0，这样可以使渲染背景透明。将 Culling Mask 设置到一个专门的层，只渲染这个层中的对象，最后将前面创建的 Render Texture 指定到 Target Texture（目标贴图）中，如图 11-49 所示。

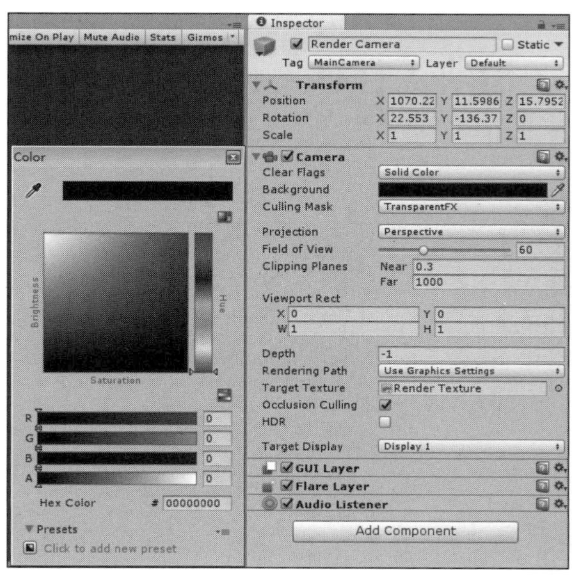

图 11-49　创建渲染贴图摄像机

步骤 03 在 Hierarchy 窗口中单击鼠标右键，选择【UI】→【Raw Image】创建一个 Raw Image 组件，它的选项和 Image 相似，但比 Image 要少，将前面创建的 Render Textrue 指定给 Raw Image，如图 11-50 所示。

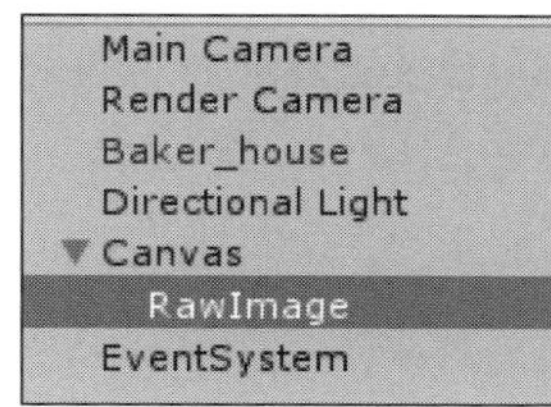

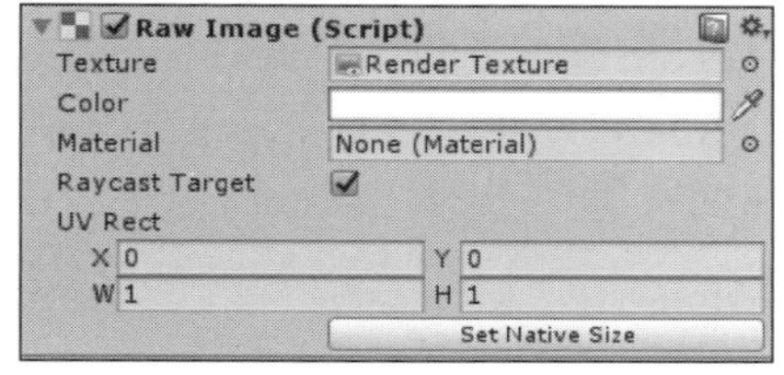

图 11-50　创建 Raw Image

运行程序，现在已经可以在 Raw Image 上看到渲染贴图效果了。

步骤 04 为 Raw Image 控件创建一个蒙版，这样图像的边界就不仅仅是矩形了，如图 11-51 所示。

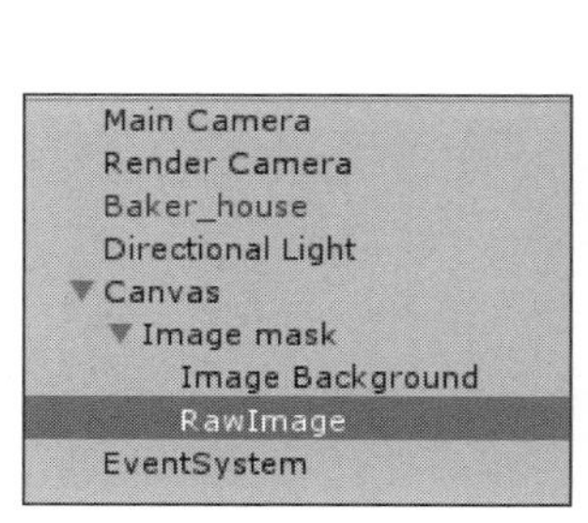

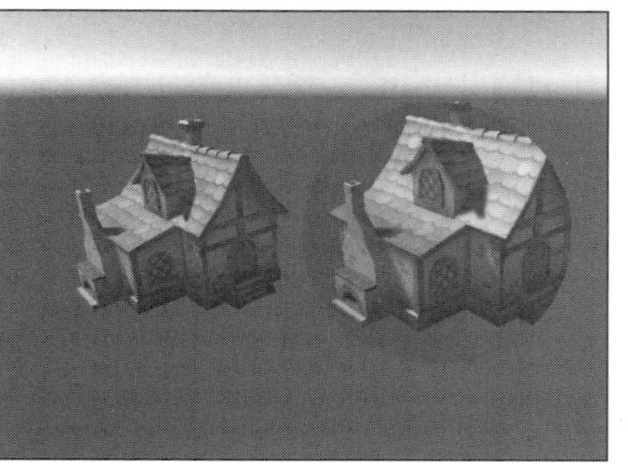

图 11-51　为 Raw Image 添加一个蒙版

11.10 Slider（滑块）控件

11.10.1 创建 Slider 控件

在 Hierarchy 窗口中单击鼠标右键，选择【UI】→【Slider】即可创建一个 Slider 控件，Slider 控件适合用来制作滑动条或进度条等。如图 11-52 所示，Slider 组件内的选项与按钮类似，其中 Direction（方向）用来设置滑块的方向，默认为横向，也可以调整为纵向的；Value 即滑块的默认值，默认范围为 0～1。

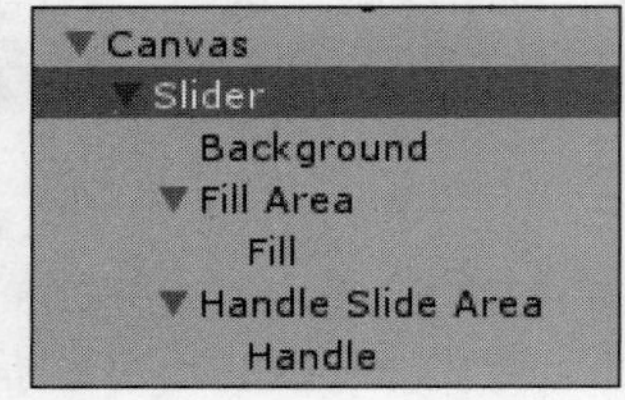

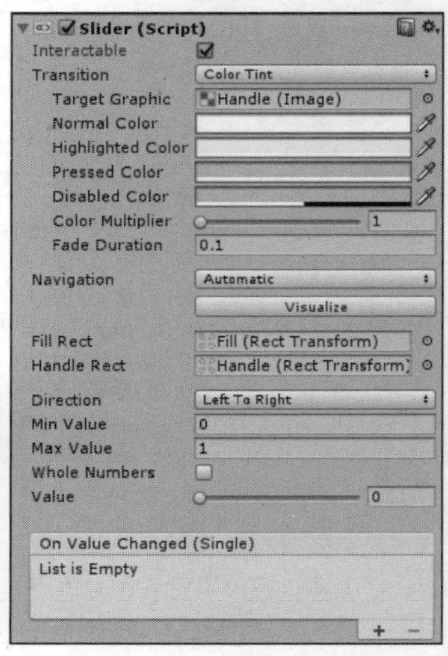

图 11-52　滑块

默认在 Slider 控件层级下还包括几个其他模块，Background 是一个 Image 控件，作为背景图；Fill 也是一个 Image 控件，它的作用是显示填充色；Handle 是另一个 Image 控件，作用是显示滑块上的“把手”。

11.10.2 改变滑块大小

通常我们会自定义滑块 UI 图片等，这时有可能需要重新调整 UI 尺寸，如果是整体调整长和宽的大小，只需要修改 Slider 控件内的 Width 和 Height 参数即可，最好不要直接调整 Slider 控件层级下的 Image 控件大小。

默认的滑块 UI 两端是半圆形的，当我们换成无任何 Alpha 边界的图片后，会发现滑块默认不是处于起始位置，如图 11-53 所示。这是因为 Fill Area 和 Handle Slider Area 默认的 Left 和 Right 都不是 0。

将 Fill Area 和 Handle Slider Area 的 Left 和 Right 都设为 0，滑块即会对齐到起始位置，如图 11-54 所示。在实际使用中，可以根据需要来调整左右或上下间距。

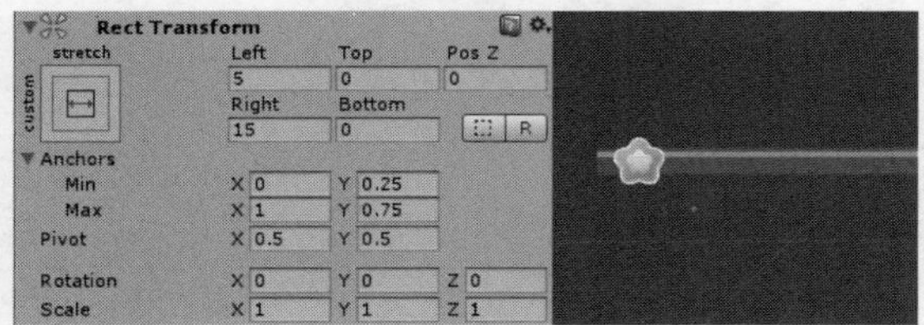

图 11-53　默认间距

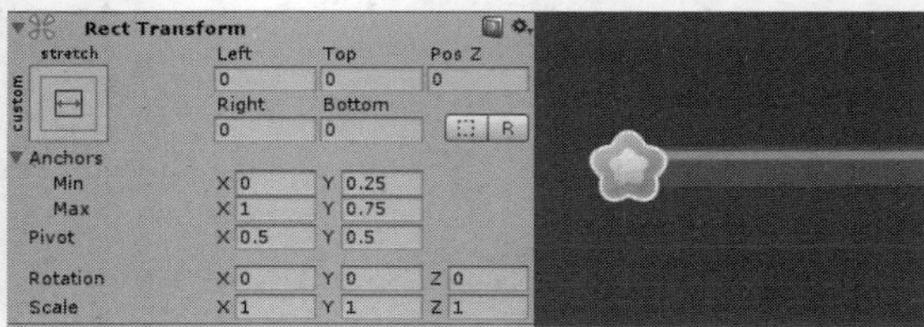

图 11-54　调整间距

11.10.3　使用脚本控制滑块

Slider 控件通常有两种使用方式，默认方式为手动拖动滑块，然后在脚本中获得返回值，如下所示。

```
public Slider slider;
void Start () {
    slider.onValueChanged.AddListener(delegate (float v)
    {
        Debug.Log(v);
    });
}
```

Slider 也可以当成进度条使用，首先要取消选中 Interactable（可交互）复选框，注意可能要调整 Disabled Color 的颜色和 Alpha，如图 11-55 所示。

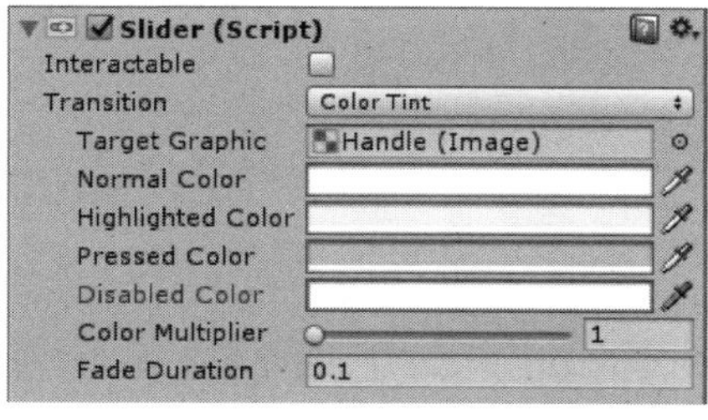

图 11-55　取消 Slider 的交互功能

然后在脚本中更新滑块的值，下面是一个简单示范。

```
public Slider slider;
void Update()
{
    slider.value += 0.1f * Time.deltaTime;
}
```

11.11　Input Field（文本输入）控件

在 Hierarchy 窗口中单击鼠标右键，选择【UI】→【Input Field】即可创建一个 Input Field 控件，Input Field 控件主要用来输入文字，如用户名、密码等。默认的文本输入控件包括 InputField、Placeholder 和 Text 三个部分，如图 11-56 所示。

InputField 同时包括 Image 和 Input Field 两个组件，在 Image 组件中可以设置一张贴图作为输入框背景。在 Input Field 中提供了和输入相关的设置：Text 框中的内容即是当前输入的文字，默认为空；Character Limit 用来限制输入字数，默认值是 0，表示无限；Content Type 表示输入类型，可以设置为邮箱、密码等，输入文字会自动匹配相应的格式；Line Type 默认值为 Single Line，表示只能输入一行文字，也可以设置为允许输入多行。

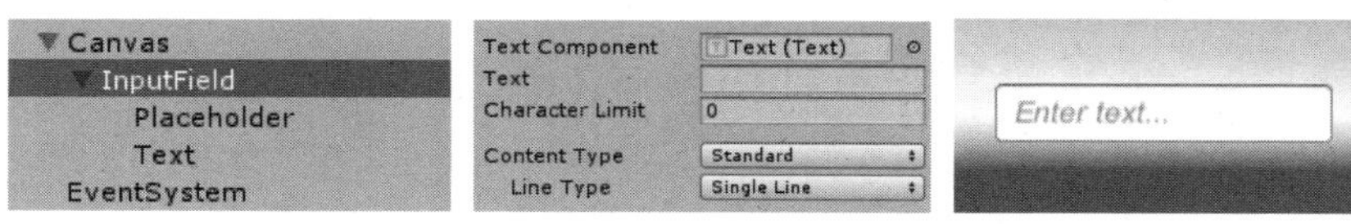

图 11-56　Input Field 控件

Placeholder 是一个文本控件，它负责显示当没有任何文字输入时显示的文本。

Text 也是一个文本控件，用来显示输入的文本，可以在这里修改输入文字的字体、大小等。

在脚本中获取输入框中的文字非常简单。Input Field 主要有两种获取输入内容的方式：一种是当输入信息改变时；另一种是当完成输入（按回车键）返回数据，如下所示。

```
public InputField inputfield;
void Start () {
    inputfield.onValueChanged.AddListener(delegate (string c)   // 输入内容变化
    {
        Debug.Log(c);
    });
    inputfield.onEndEdit.AddListener(delegate (string c)   // 输入结束
    {
        Debug.Log(c);
    });
}
```

11.12 Scroll View（卷轴视图）控件

Scroll View 主要用来显示列表形式的 UI，使用起来相对复杂一些。本节将介绍 Scroll View 的基本功能，在本章后面还会介绍结合插件使用 Scroll View。

在 Hierarchy 窗口中单击鼠标右键，选择【UI】→【Scroll View】即可创建一个 Scroll View 控件，如图 11-57 所示。

Scroll View 包括 Scroll Rect 和 Image 两个组件：Image 主要用来设置视图背景；Scroll Rect 控制视图的主要部分，如图 11-58 所示。默认 Horizontal（水平）和 Vertical（垂直）复选框都为选中状态，视图可以向左右方向或上下方向滑动，通常只保留一个方向即可。Viewport 选项即是层级下方的 Viewport 物体，它实际是一个蒙版，其层级下有一个 Content 物体，即是视图的内容，默认的 Content 物体是一个空物体。Scroll View 包括横向和纵向两个 Scrollbar（滚动条），当视图内容超出视图所见区域范围时，滚动条就会出现，也可以选择不显示滚动条。滚动条的设置和 Slider 非常相似。

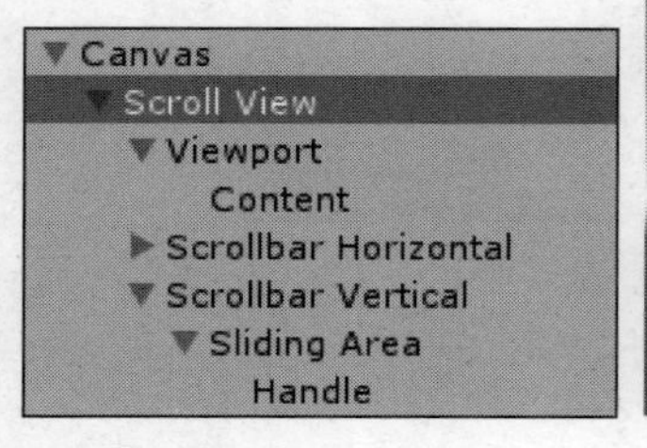

图 11-57　Scroll Rect 组件

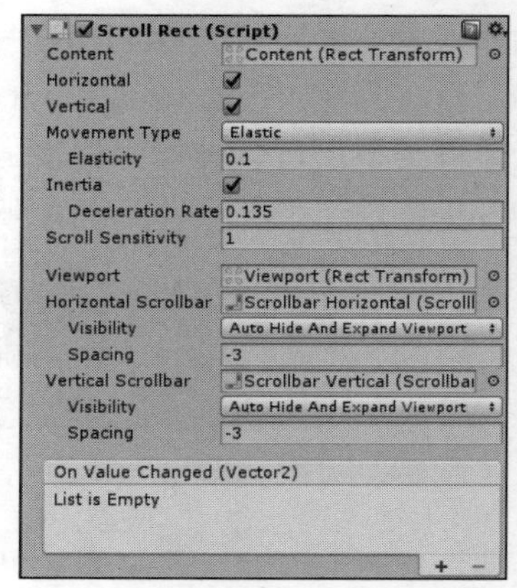

图 11-58　创建 Scroll View

接下来我们看一下如何向视图中添加内容，示例如下：

步骤 01 在 Hierarchy 窗口中选择 Content 并单击鼠标右键，选择【UI】→【Button】，创建一个按钮并调整其外观和尺寸。默认的视图区域较小，选择 Scroll View，修改 Width 和 Height 的值即可改变视图可见区域，如图 11-59 所示。

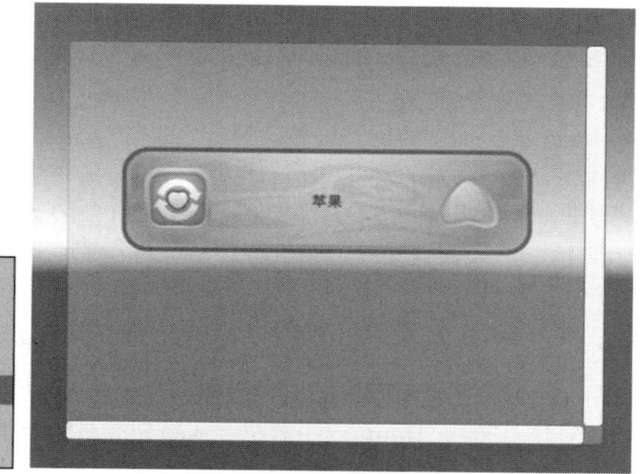

图 11-59 添加按钮

我们添加的按钮，其默认出现的位置即是 Content 的中心位置，通过设置 Content 物体的 Right 和 Height 的值决定视图内容的区域大小。注意，Scroll View 的 Width 和 Height 是可视视图区域的大小，它们表示的区域是不一样的。

步骤 02 复制多个按钮，然后选择 Content，在菜单栏中选择【Component】→【Layout】→【Grid Layout Group】添加一个自动布局组件，它的功能是可以横向或纵向自动排列视图中的元素，如图 11-60 所示。设置 Cell Size，它的大小约是每个按钮的大小，这里设置每个按钮高度为 100，因为有 6 个按钮，所以也要将 Content 的 Height 设为 600。

设置好 Grid 后，视图中的按钮会按照设置的大小缩放并自动排列，如图 11-61 所示。

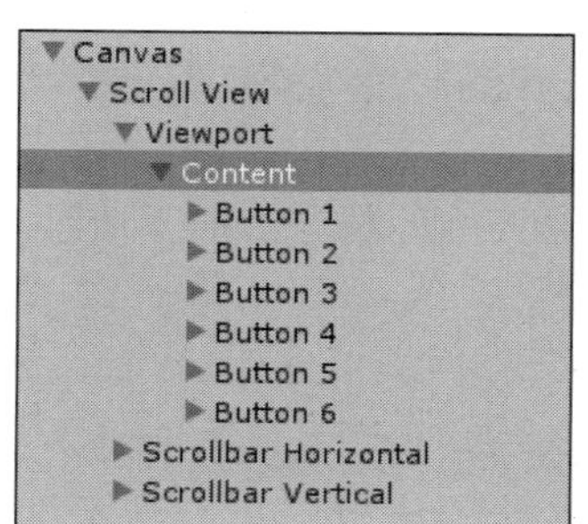

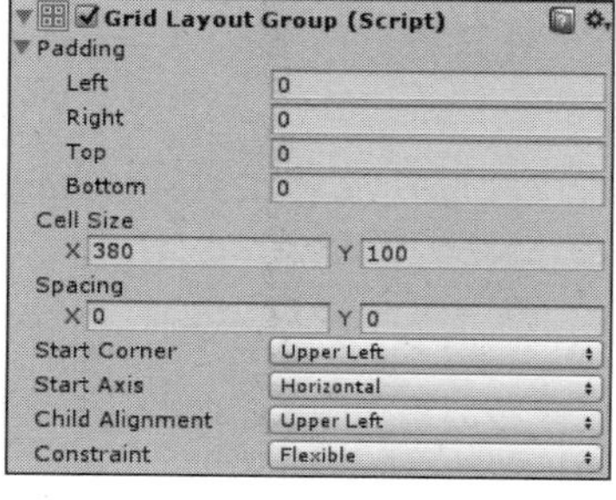

图 11-60 添加 Grid Layout Group

图 11-61 自动排列

除了 Grid Layout Group，Unity 还提供了 Horizontal Layout Group 和 Vertical Layout Group 两个自动布局工具，它们分别针对水平和纵向的自动排列。

最后，我们可以通过脚本获取当前视图的位置，也可以手动设置视图的位置，如下所示。

```
public ScrollRect scrollrect;
 void Start () {
     scrollrect.onValueChanged.AddListener(delegate (Vector2 v)
     {
          Debug.Log(v); // 0 表示拉到最下面，1 最上面
     });
     scrollrect.verticalNormalizedPosition = 0.5f; // 移动视图，0.5f 表示移到中间
 }
```

11.13 Dropdown（下拉列表）控件

Dropdown 控件用来显示下拉列表形式的 UI，在 Hierarchy 窗口中单击鼠标右键，选择【UI】→【Dropdown】即可创建一个 Dropdown 控件，如图 11-62 所示。Dropdown 控件由 Image 和 Dropdown 两个组件组成，Image 用来决定控件的背景，Dropdown 中的 Value 表示当前值，默认为 0，表示选择列表中的第 1 个元素。在 Options 中，默认有 Option A、Option B、Option C 三个元素，单击“+”号可以添加更多元素。

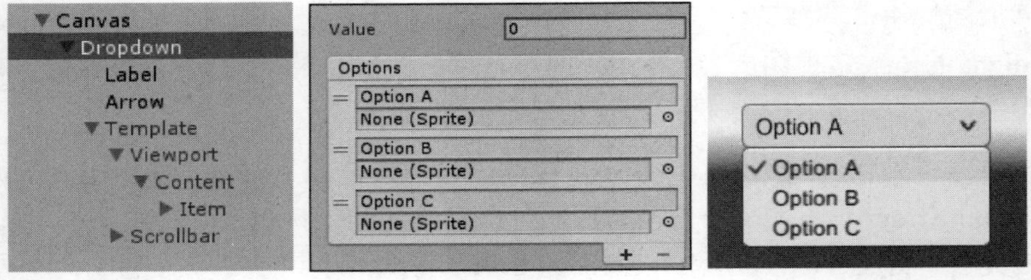

图 11-62　创建 Dropdown 控件

Dropdown 的层级下面还包括一个 Label，显示当前元素文字；Arrow 是一个 Image 控件，显示下拉列表的图标；Template 是一个卷轴视图模板，用来显示列表。如果需要改变 Dropdown 控件的背景或卷轴视图模板的尺寸，通常只需要修改 Dropdown 控件 Width（宽）和 Height（高）的值即可。

使用脚本获得选中的元素与其他控件类似，注意元素标识是由 0 开始的数字，如下所示。

```
public Dropdown dropdown;
 void Start () {
     dropdown.AddOptions(new List<string>() { "苹果", "香蕉" }); // 添加更多元素
     dropdown.onValueChanged.AddListener(delegate (int n)
     {
          Debug.Log(n); // 当前选择的元素，0 表示第 1 个
     });
 }
```

11.14　实用 UI 功能

11.14.1　判断是否单击了 UI

游戏中可能有很多单击操作，很多时候要区分普通单击与单击到 UI 的操作。下面是一个简单的示例，区分是否单击到了 UI 区域。

```
void Update () {
    if ( Input.GetMouseButton(0)){
      if (EventSystem.current.IsPointerOverGameObject() || GUIUtility.hotControl != 0 ){
              Debug.Log("单击到 UI");
         }
         else{
              Debug.Log("没有单击到 UI");
         }
    }
```

11.14.2　拖动 UI 控件方法 1

很多 UI 操作需要拖动 UI 元素，实现方式有很多种。下面是一个简单的示例，如图 11-63 所示，我们将拖动左边的星星图像（Image Drag），当拖动结束时（松开鼠标或抬起手指），如果位置刚好与右边的星星图像（Image Target）重合，左边的星星会被放置其中。

步骤 01　Drag Area 是背景图，它的大小是我们可以拖动的区域，这里我们将 Drag Area 设为 Stretch 对齐模式，并将 Left、Top、Right、Bottom 分别设为 0，这样 Drag Area 的尺寸将与屏幕大小一致，如图 11-64 所示。

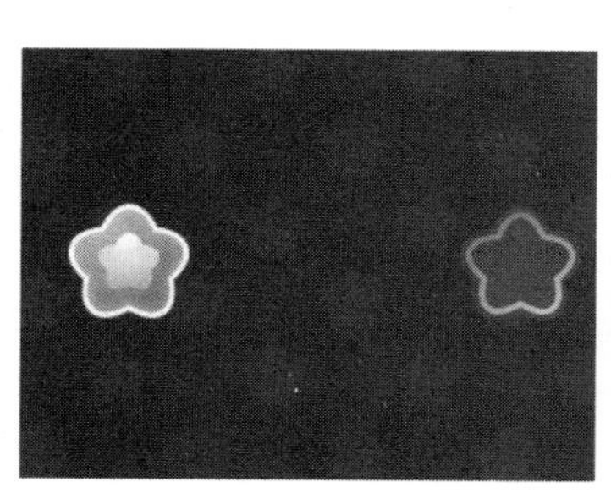

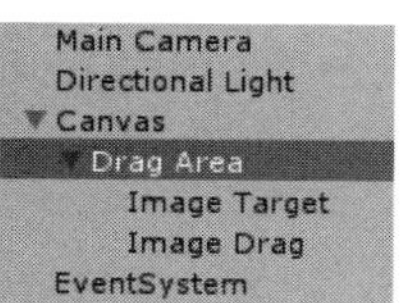

图 11-63　拖动 UI 元素

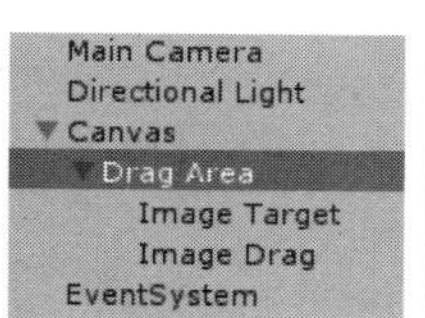

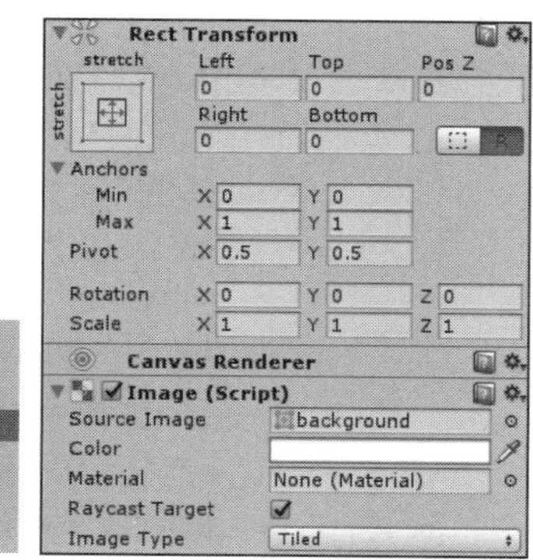

图 11-64　设置拖动区域

步骤 02　创建脚本，代码如下。将该脚本应用到场景中，并分别设置 dragArea、imageDrag 和 imageTarget 与对应的 UI 相关联。

```
using UnityEngine;
using UnityEngine.UI;
using UnityEngine.Events;
using UnityEngine.EventSystems;
public class DragTest : MonoBehaviour {
    public RectTransform dragArea; // 拖动区域
    public Image imageDrag; // 拖动的图像
    public Image imageTarget; // 目标区域
    void Start () {
        EventTrigger trigger = imageDrag.gameObject.AddComponent<EventTrigger>();  // 获取
EventTrigger 组件

        EventTrigger.Entry dragentry = new EventTrigger.Entry();
        dragentry.eventID = EventTriggerType.Drag;  // 创建一个拖动事件
        dragentry.callback = new EventTrigger.TriggerEvent();
        dragentry.callback.AddListener(delegate (BaseEventData eventData) {
            Vector2 touchpos = ((PointerEventData)eventData).position;  // 获得当前拖动的屏幕坐标
位置
            Vector2 uguiPos;
            bool isRect = RectTransformUtility.ScreenPointToLocalPointInRectangle(
                dragArea, touchpos, ((PointerEventData)eventData).enterEventCamera, out uguiPos);
                                                            // 将屏幕坐标转换为 ugui 本地坐标
            if (isRect && RectTransformUtility.RectangleContainsScreenPoint(dragArea, touchpos,
((PointerEventData)eventData).enterEventCamera) )                  // 如果拖动位置在区域内
                imageDrag.rectTransform.localPosition = uguiPos;      // 更新被拖动图像的位置
            imageDrag.raycastTarget = false;                // 拖动的时候，防止阻挡射线探测
        });

        EventTrigger.Entry enddragentry = new EventTrigger.Entry();
        enddragentry.eventID = EventTriggerType.EndDrag;       // 结束拖动事件
        enddragentry.callback = new EventTrigger.TriggerEvent();
        enddragentry.callback.AddListener(delegate (BaseEventData eventData) {
            var go = ((PointerEventData)eventData).pointerEnter;
            if (go != null && go.name.CompareTo("Image Target") == 0) {   // 如果拖动到目标位置
                imageDrag.rectTransform.position = imageTarget.rectTransform.position;
            }
            imageDrag.raycastTarget = true;
        });
        trigger.triggers.Add(dragentry);
        trigger.triggers.Add(enddragentry);
    }
}
```

这里的代码主要是触发了两个事件：在拖动事件中，获取到屏幕坐标位置，并将屏幕坐标转换为 ugui 的本地坐标，实现拖动效果；在拖动结束后判断是否拖动到目标位置并更新位置。

11.14.3　拖动 UI 控件方法 2

另一种实现拖动的方法是创建一个类继承 IDragHandle，IEndDragHandler 接口，实现它们的接口方法，即可获得拖动后的位置，这个类需要被挂在被拖动的 UI 控件上，代码如下。

```
using UnityEngine;
using UnityEngine.EventSystems;   // 事件系统

// 继承拖拽事件接口
public class DragImage : MonoBehaviour, IDragHandler, IEndDragHandler
{
    public System.Action<PointerEventData> onDragEvent;   // 委托拖拽事件回调
    public System.Action<PointerEventData> onDragEndEvent;   // 委托拖拽结束事件回调
    // 实现开始拖拽接口
    public void OnDrag(PointerEventData eventData)
    {
        if (onDragEvent != null)
            onDragEvent(eventData);   // 响应开始拖拽
    }

    // 实现结束拖拽接口
    public void OnEndDrag(PointerEventData eventData)
    {
        if (onDragEndEvent != null)
            onDragEndEvent(eventData);    // 响应结束拖拽
    }
}
```

创建脚本 DragTest2.cs，如下所示，大部分代码与 DragTest.cs 相同，但更加简练。

```
using UnityEngine;
using UnityEngine.UI;
using UnityEngine.EventSystems;
public class DragTest2 : MonoBehaviour {

    public RectTransform dragArea;
    public DragImage imageDrag;   // DragImage 继承自拖拽接口
    public Image imageTarget;
    void Start () {
        imageDrag.onDragEvent += (PointerEventData eventData) =>
        {
```

```
                    Vector2 touchpos = eventData.position; // 获得当前拖动的屏幕坐标位置
                    Vector2 uguiPos;
                    bool isRect = RectTransformUtility.ScreenPointToLocalPointInRectangle(
                            dragArea, touchpos, eventData.enterEventCamera, out uguiPos);
                    if (isRect && RectTransformUtility.RectangleContainsScreenPoint(dragArea, touchpos,
eventData.enterEventCamera))
                    imageDrag.GetComponent<RectTransform>().localPosition = uguiPos;
                    imageDrag.GetComponent<Image>().raycastTarget = false;
                };
                imageDrag.onDragEndEvent += (PointerEventData eventData) =>
                {
                    var go = ((PointerEventData)eventData).pointerEnter;
                    if (go != null && go.name.CompareTo("Image Target") == 0)
                    {
                        imageDrag.GetComponent<RectTransform>().position =
imageTarget.rectTransform.position;
                    }
                    imageDrag.GetComponent<Image>().raycastTarget = true;
                };
            }
        }
```

11.14.4 在 UI 前面显示粒子特效

在单击 UI 的时候，有可能会使用到粒子特效来强化 UI 效果。因为粒子是使用世界坐标，所以最好将 Canvas 的 Render Mode 设为 Screen Space - Camera，并指定一个摄像机，如图 11-65 所示。

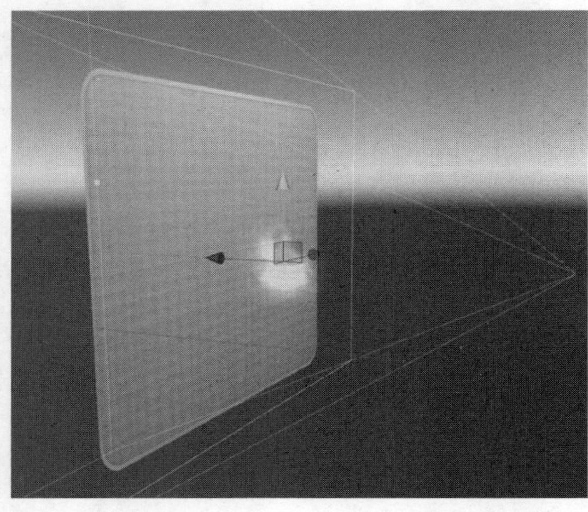

图 11-65 在 UI 中使用粒子

为了使粒子特效正确显示在 UI 前面，需要注意的是，要保证粒子的 Order In Layer（层级次序）的值大于 Canvas 的 Order in Layer，如图 11-66 所示。

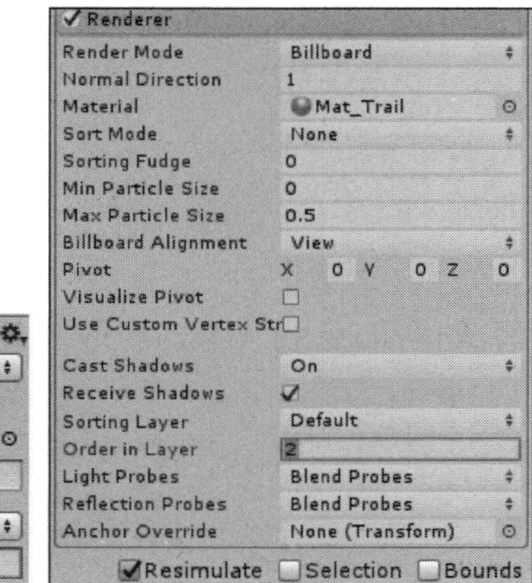

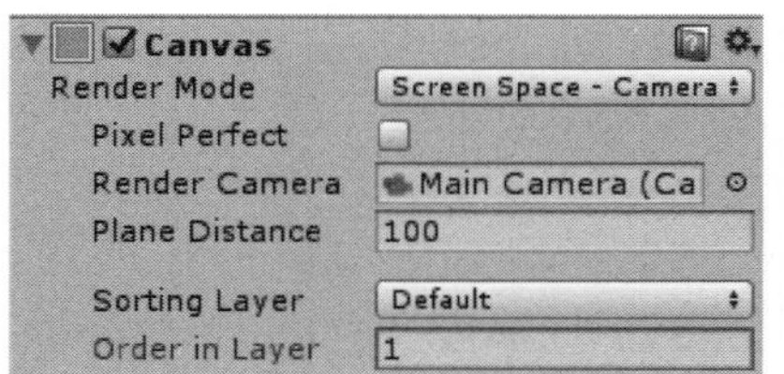

图 11-66　渲染的次序

11.15　使用插件 DOTween 制作动画

为了使 UI 的效果更加绚丽，通常会给 UI 界面加入很多动画效果，制作动画的方式有很多种，这里主要介绍一下使用插件 DOTween 制作 UI 动画的流程。

DOTween 是一个专门制作动画的软件，使用它可以很容易制作出如位移、旋转、缩放或 Alpha 变化等动画效果，所有动画的属性都支持动画曲线，功能非常丰富。DOTween 不仅可用于 UI，也可以用来动画任何 Unity 的游戏体。

DOTween 有两个版本：一个是 Pro 版；另一个是免费版。主要区别是 Pro 版支持在编辑器中设置动画，这样简单的动画效果不用编写代码就可以实现了。

11.15.1　在编辑器中设置 DOTween 动画

DOTween 可以用来动画几乎任何 UI 动画属性，下面的示例将动画一个 Image 图片的位置和 Alpha，类似的方法也可以用来动画其他 UI 控件。

步骤 01 首先，添加一个 DOTween 动画组件，如图 11-67 所示。

Main Camera
Directional Light
Canvas
Image
EventSystem

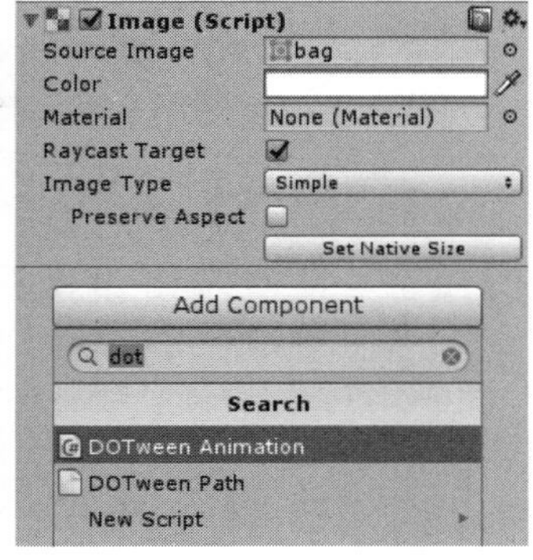

图 11-67　添加 Dotween 动画组件

步骤02 添加好 DOTween 组件后，首先选择动画类型，如 Move（移动）、Rotate（旋转）、Scale（缩放）、Fade（渐变）等，如图 11-68 所示。

步骤03 这里我们添加了一个 Move 动画，如图 11-69 所示。

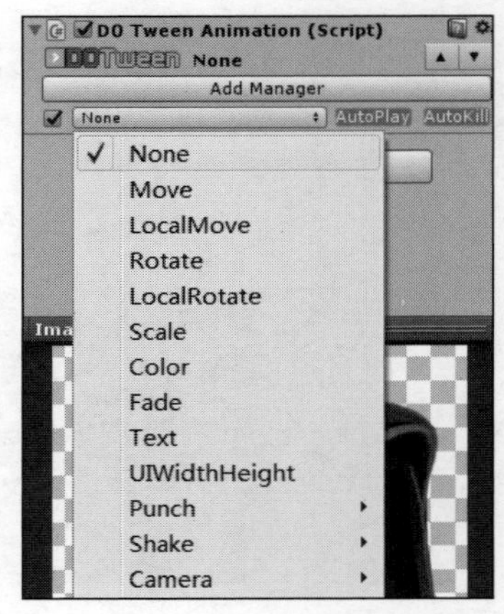

图 11-68 选择动画类型

取消选中 AutoKill（自动销毁）复选框，保持 AutoPlay（自动播放），并单击 Add Manager（添加管理器），将 On Enable 设为 Play，On Disable 设为 Rewind，这表示当游戏体被激活时（使用 gameObject.SetActive）会自动播放动画，当游戏体关闭时自动重置动画。

默认动画的 Duration（运行时间）为 1 秒，Delay（延迟）为 0 秒，Ignore.timeScale 如果设为 True，动画的播放速度将不会受 Time.timeScale 的影响。在 Ease 中可以设置动画曲线，动画曲线的作用是控制动画由快至慢或由慢至快，如果将其设为 Linear，表示动画是匀速的。Loops 的值即是循环次数，设为-1 表示一直循环。这里将 TO 设为 FROM，并选中【Relative】复选框，表示动画的坐标是相对的，动画的起始位置将由 From 的值动画到当前的位置。

最后，在编辑器的 Events 中还提供了许多动画播放事件的回调函数设置。

我们可以给同一个游戏体添加若干个 DOTween 动画，比如这里再添加一个 Fade 动画，UI 图片将由 Alpha 为 0 的状态过渡到为 1，如图 11-70 所示。

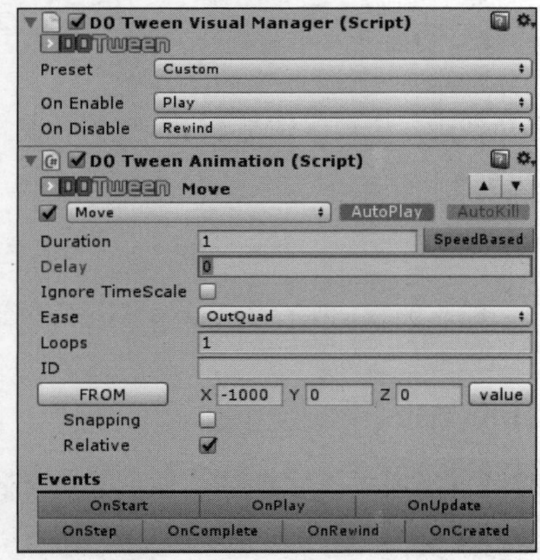

图 11-69 设置位移动画

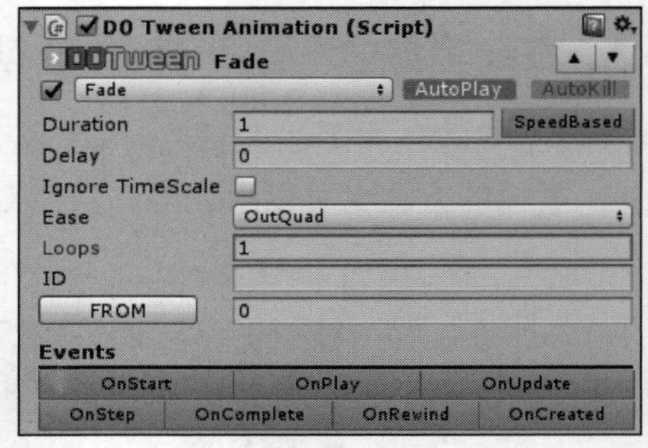

图 11-70 设置 Alpha 渐变动画

11.15.2 在脚本中设置 DOTween 动画

下面是在 DOTween 中使用脚本完成动画的示例。DOTween 提供的快捷方法名称多数为 DO 开始，注意 DOTween 不但能动画游戏组件的值，还可以使用 DOVirtual 动画纯粹的数字。

```
using UnityEngine;
using UnityEngine.UI;
```

```
using DG.Tweening;

public class DotweenTest : MonoBehaviour
{
    public Image image;
    void Start()
    {
        Time.timeScale = 0;                     // 将 TimeScale 设为 0
        image.transform.DOMove(new Vector3(-1000, 0, 0), 1.0f).From(true).
SetUpdate(true);                                // SetUpdate 设为 true 将不受 TimeScale 影响
        image.DOFade(0,1.0f).From().SetUpdate(true).OnComplete(OnAnimationFinish);

        //image.transform.DOPause();            // 暂停位移动画
        //image.DOPause();                      // 暂停渐变动画
        //image.DOKill();                       // 取消动画

        DOVirtual.Float(0, 100, 1, OnParamUpdate).SetEase(Ease.OutCubic).SetLoops(-1,
LoopType.Restart);                              // 动画由 0～100 的值，设置动画曲线，始终循环
    }

    // Update is called once per frame
    void OnAnimationFinish()
    {
        Debug.Log("动画播放结束");
    }
    void OnParamUpdate( float f )
    {
        Debug.Log(f);
    }
}
```

11.16　使用插件 EnhancedScroller 优化卷轴视图

在前面，我们了解过 Scroll View（卷轴视图）的使用，Scroll View 在游戏中的使用非常普遍，但要面临的一个问题是，当列表中有大量元素时，性能会非常低下。

本节我们将介绍一个插件 EnhancedScroller，如图 11-71 所示，它的作用是可以将列表中的元素循环使用，这样无论有多少条数据，性能都不会有太大影响。另外，该插件支持将数据、逻辑、UI 分离，非常有利于动态创建复杂的列表。

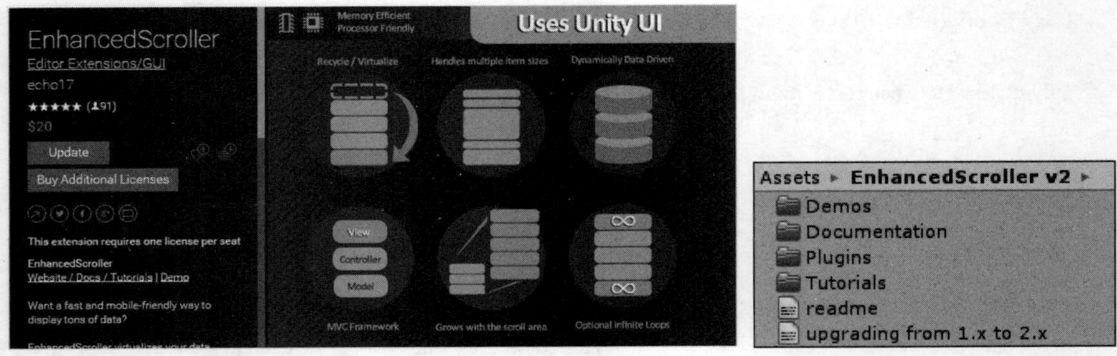

图 11-71　Unity 资源商店中的 EnhancedScroller

接下来，我们将使用插件 EnhancedScroller 完成一个示例。

11.16.1　创建数据模型

列表中的每个元素，我们都可以将其看作是一个数据模型，比如列表中的每个元素主要记录了一个角色的信息，那么数据模型可能包括角色名称、性别等，如下所示。

```
public class PlayerData {
    public string mName;
    public string mSex;
}
```

11.16.2　创建 UI 视图控制脚本

UI 视图控制脚本的作用是将数据模型中的数据与 UI 控件关联起来，如下所示。

```
using UnityEngine.UI;
using EnhancedUI.EnhancedScroller;
public class PlayerCellView : EnhancedScrollerCellView
{
    public Text nameText;
    public Text sexText;
    public void SetData(PlayerData data)
    {
        nameText.text = data.mName;
        sexText.text = data.mSex;
    }
```

11.16.3　创建控制器

我们将在一个控制器中实例化所有列表中的数据，并载入到 UI 中，如下所示。

```
using UnityEngine;
using System.Collections.Generic;
using EnhancedUI.EnhancedScroller;
```

```
public class PlayerScrollerController : MonoBehaviour, IEnhancedScrollerDelegate
{
    private List<PlayerData> _data;                    // 一个列表，存储所有的数据
    public EnhancedScroller myScroller;                // Scroller UI 控件
    public PlayerCellView playerCellViewPrefab;        // 列表 UI 的 Prefab
    void Start()
    {
        _data = new List<PlayerData>();                // 加入一些数据
        _data.Add(new PlayerData() { mName = "Lion", mSex = "男" });
        _data.Add(new PlayerData() { mName = "Bear", mSex = "女" });
        _data.Add(new PlayerData() { mName = "Eagle", mSex = "男" });
        _data.Add(new PlayerData() { mName = "Dolphin", mSex = "女" });
        _data.Add(new PlayerData() { mName = "Ant", mSex = "男" });
        myScroller.Delegate = this;                    // 设置回调目标
        myScroller.ReloadData();                       // 刷新载入的数据
    }
    public int GetNumberOfCells(EnhancedScroller scroller)
    {
        return _data.Count;                            // 返回列表 UI 元素数量
    }
    public float GetCellViewSize(EnhancedScroller scroller, int dataIndex)
    {
        return 100f;         // 返回列表 UI 元素的高度，这个值要根据实际 UI 的大小来设置
    }
    public EnhancedScrollerCellView GetCellView(EnhancedScroller scroller, int dataIndex, int cellIndex)
    {
        // 在这里加载列表中的 UI 元素，初始化，设置按钮事件回调等
        PlayerCellView cellView = scroller.GetCellView(playerCellViewPrefab) as PlayerCellView;
        cellView.SetData(_data[dataIndex]);
        return cellView;
    }
}
```

11.16.4　创建卷轴视图 UI

最后，我们将添加 UI 控件，把数据与 UI 关联起来。

步骤 01　创建 Scroll View，然后添加一个 Enhanced Scroller 组件，如图 11-72 所示。因为 Enhanced Scroller 会在程序运行时自动将 Content 移动到 Viewport（默认的蒙版）层级外，所以需要在 Scroll View 中加入一个 Mask 作为蒙版。

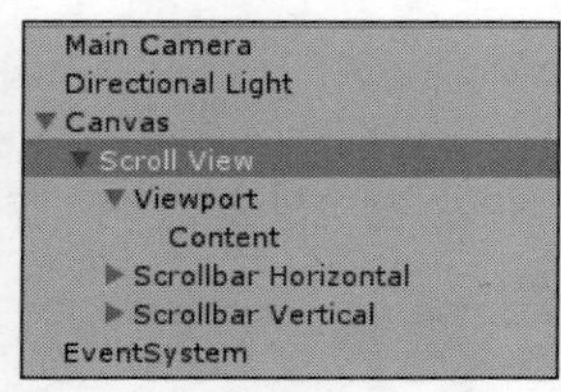

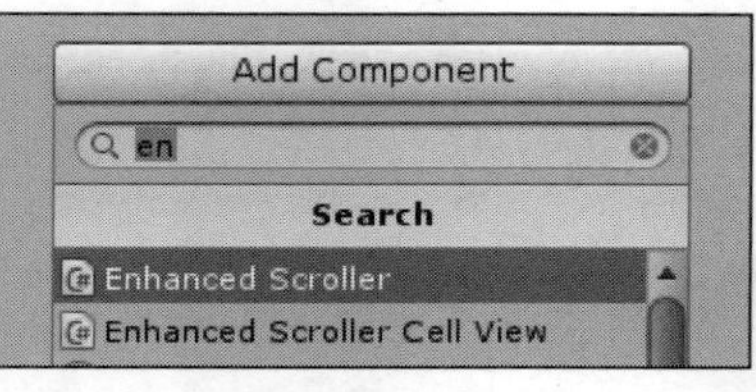

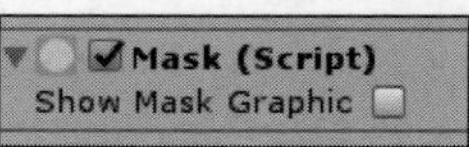

图 11-72　添加 EnhancedScroller 组件

步骤 02 在 Content 层级下创建一个空物体，这里命名为 CellView，然后在 CellView 层级下添加 UI 控件，这里添加了一个背景图和两个文字控件，在实际使用中，可以根据需求任意添加 UI 控件。添加脚本 PlayerCellView，如图 11-73 所示。最后，将 CellView 保存为 Prefab，注意，场景中的 CellView 在程序运行后会被自动删除，我们实际使用的是 Prefab。

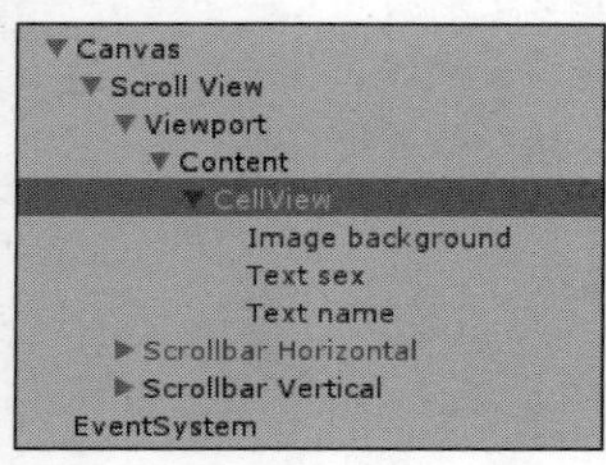

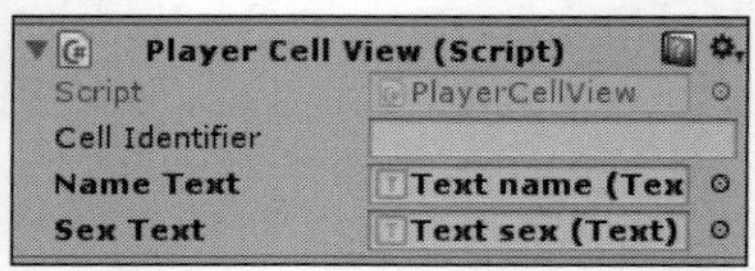

图 11-73　添加脚本

步骤 03 调整 CellView 的尺寸，这里将水平方向设置为 Stretch 模式，高度为 100（与脚本中 GetCellViewSize 函数返回的值一致），如图 11-74 所示。注意，在场景中调整 CellView 后，要将调整结果更新到 Prefab。

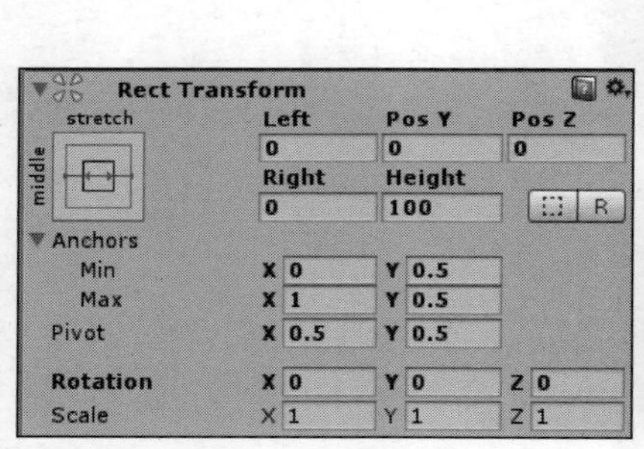

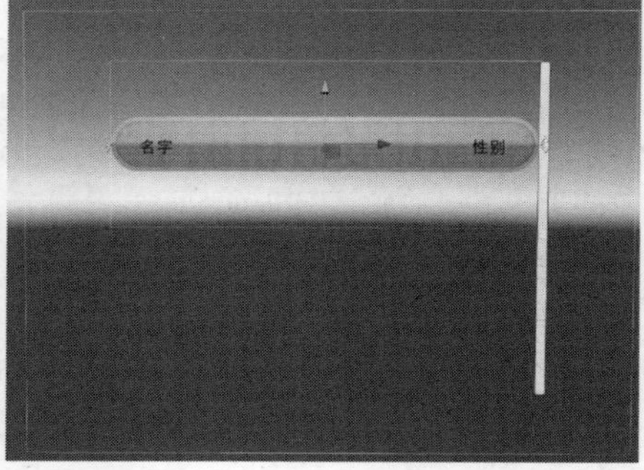

图 11-74　调整 UI 尺寸

步骤 04 在场景中添加 Player Scroller Controller 脚本，如图 11-75 所示，并分别关联场景中的 ScrollView 和 CellView 的 Prefab。

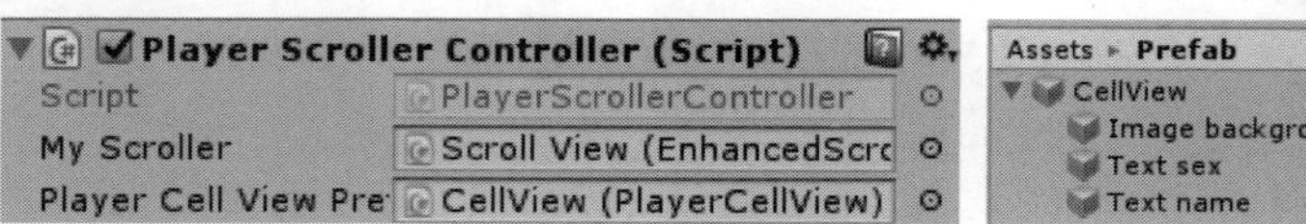

图 11-75　添加控件器脚本

运行程序，最后的 UI 效果如图 11-76 所示。因为列表 UI 元素设置为 Stretch 模式，所以在不同分辨率下都保持了较好的比例。无论在列表中添加多少内容，所有列表中的元素都在循环使用，避免了因数据过大导致的性能问题。

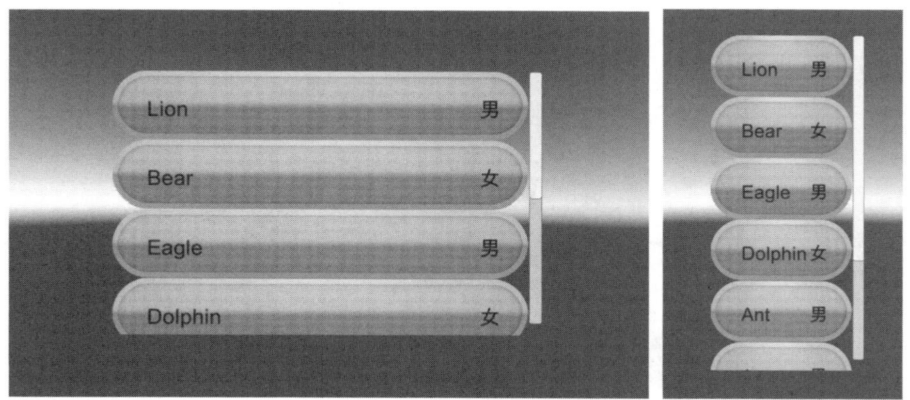

图 11-76　最后的 UI 效果

11.17　小　　结

本章对 Unity 的新 GUI 控件，包括画布、图像、文字、按钮、卷轴视图等进行了逐一讲解，并结合了很多示例，最后还介绍了常见插件 DOTween 和 EnhancedScroller，分别应用于制作动画和复杂的卷轴视图，全部示例都存放在资源目录 c11_ugui 中。

第 12 章
游戏开发中的美术工作流程

本章主要介绍 Unity 游戏开发中涉及的美术资源制作方面的内容，包括光照、渲染、模型的创建和导入、角色动画设置等。

12.1 Unity 和艺术家

开发游戏并不仅仅是程序员的工作，除了需要策划想出有趣的“点子”让游戏更有趣外，AAA 级的游戏画面也是必不可少的，大部分用户对游戏产生兴趣可能都是从游戏画面开始的。

与传统的艺术不同，游戏中的美术制作与游戏引擎提供的工具息息相关，只有熟练掌握工具的使用，才能将艺术家的才华发挥出来。此外，游戏的画面是实时渲染的，每帧都需要大量计算，如何在艺术效果和性能之间取得平衡也是非常重要的。

Unity 提供了一个非常强大的编辑器，艺术家可以在编辑器内自由编辑游戏场景，设置动画，创建材质、灯光、粒子特效等。

本章将按模块逐步讲解 Unity 提供的艺术设计工具，并介绍一些外部图形软件，如 3ds Max、Maya 等 3D 动画软件，详细说明如何将 3D 模型、动画导入到 Unity 中使用。

12.2 视图操作捕捉

Unity 提供的编辑器界面和主流 3D 图形软件的操作非常类似，快捷键的设置几乎和 3D 动画软件 Maya 完全一样，如下所示：

- 按住鼠标中键平移视图；
- 按住鼠标左键+Alt 键旋转视图；
- 按住鼠标右键+Alt 键或滑动鼠标滑轮推拉视图；
- 按 F 键可以快速锁定选中的目标。

在场景中选中一个物体后，按 W 键可移动物体，按 E 键可旋转物体，按 R 键可缩放物体。在操作的同时按住 Ctrl 键可以启用单位捕捉功能，使用单位捕捉能精确摆放位置或旋转物体的角度，默认的捕捉精度是 1 个单位（相当于 3D 动画软件中的 1m），在菜单栏中选择【Edit】→【Snap Settings】，可以对捕捉精度进行设置，如图 12-1 所示。在菜单栏【Window】→【Package Manager】选择插件 ProGrids，它提供了更多捕捉设置，使用起来更加便捷。

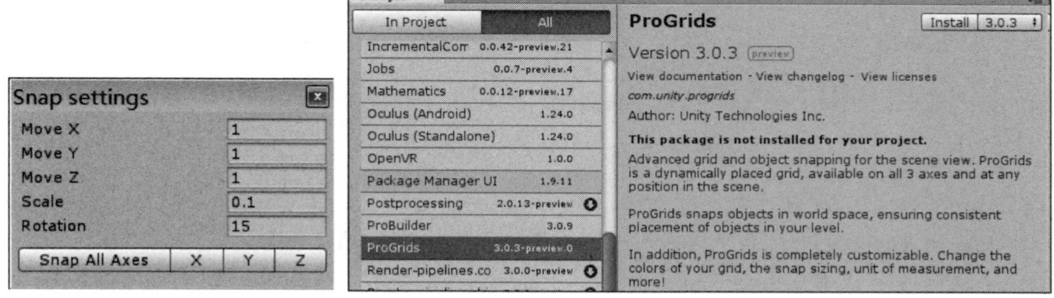

图 12-1 捕捉精度设置和插件 ProGrids

12.3 光照和渲染系统

在 3D 游戏中，光照是一项重要的组成元素，一个漂亮的 3D 场景如果没有光影效果的烘托，将暗淡无光。因此，Unity 提供了多种光影解决方案，下面将逐一介绍。

12.3.1 光源类型

Unity 提供了 4 种光源，主要区别于照明的范围。在 Unity 菜单栏中选择【GameObject】→【Light】（或在 Hierarchy 窗口中单击鼠标右键，选择【Light】），即可创建这几种光源，包括 Directional Light（方向光）、Point Light（点光源）、Spot Light（聚光灯）和 Area Light（区域光），如图 12-2 和图 12-3 所示。

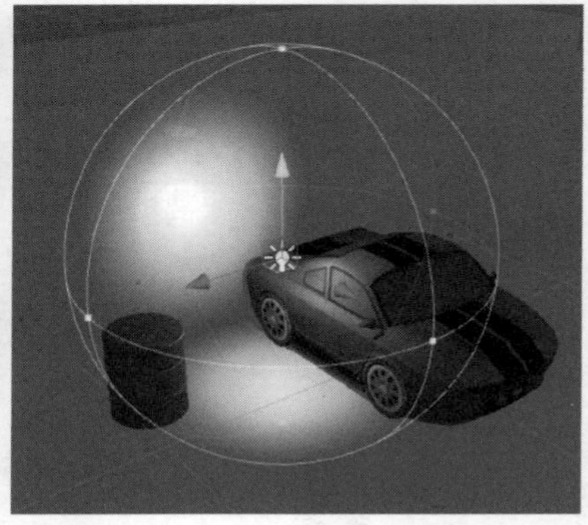

图 12-2 方向光和点光源

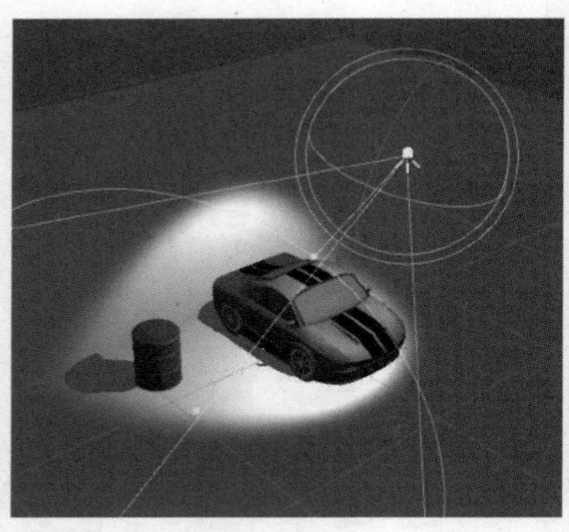

图 12-3 聚光灯和区域光

- Directional Light 就像是一个太阳，光线会从一个方向照亮整个场景。
- Point Light 像室内的灯泡，从一个点向周围发射光线，光线逐渐衰减。
- Spot Light 就像是舞台上的聚光灯，当需要光线向某个方向照射，并有一定的范围限制，那就可以考虑使用 Spot Light。

- Area Light 是矩形的区域灯光，它通过一个矩形范围向一个方向发射光线。注意，它只能被用来烘焙 Lightmap（光照贴图）。

12.3.2 渲染管道

Unity 目前主要支持三种渲染方式，分别是 Deferred Lighting、Forward 和 Vertex Lit。在菜单栏中选择【Edit】→【Project Settings】→【Graphics】，打开图形设置窗口，这里有 Tier1、Tier2 和 Tier3 三个选项，分别对应低、中、高级别的硬件设置（详细请参考 Unity 官方文档 GraphicsTier 部分），其中 Rendering Path 默认是 Forward。选择场景中的摄像机，也可以单独为其设置渲染模式，如图 12-4 所示。

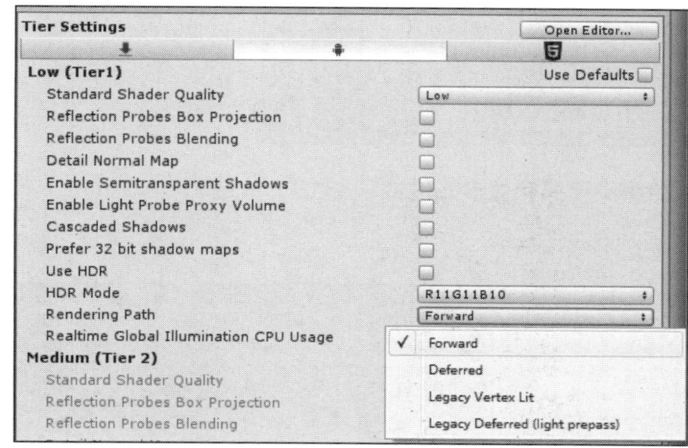

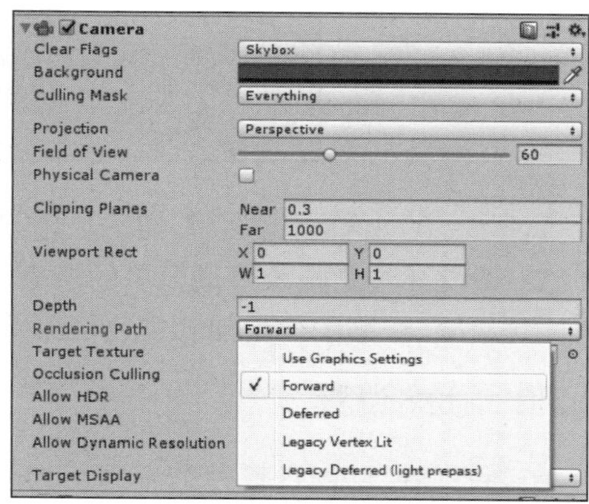

图 12-4　为摄像机设置渲染模式

Deferred Lighting 有最真实的光效，可以不受数量限制地使用灯光和实时阴影，当需要使用大量的实时光且光照的范围较小时会取得很好的性能，所有的灯光都支持 per-pixel（像素光照）用于计算法线贴图，如图 12-5 所示，左图没有使用像素光照，照明效果受模型顶点数量的影响且不能正确渲染法线贴图，也没有阴影。右图使用了像素光照，渲染出高光和法线贴图的凹凸效果，可以正确显示阴影。该模式当前不支持抗锯齿和半透明显示，需要显卡支持 Shader Model 3.0 或更高，目前不支持手机平台。

图 12-5　顶点光和像素光

Forward 是默认的渲染模式，与 Deferred 的主要区别是 Forward 渲染模式下的光源并不总是按像素光照方式计算。

在 Forward 渲染模式下，光源的表现与各种设置有关。默认所有的光源都被设置为 Auto（自动）模式，如图 12-6 所示，Unity 会根据光源强度来决定哪个光源采用像素光照。如果将光源的 Render Mode 设为 Important，该光源将总是采用像素光照；如果设为 Not Important，该光源将总是采用顶点光或 SH 模式（更不精确的一种模式）。注意，场景中最亮的方向光将总是像素光照。

图 12-6　设置光源的渲染模式和像素光的数量

Vertex Lit 是光照效果最简单的渲染模式，不支持实时阴影和法线贴图，目前官方已经不推荐使用。

12.3.3　质量设置

因为不同硬件的计算性能不同，为了能使产品保持兼容性，Unity 针对不同平台分别提供了一套质量设置方案。在菜单栏中选择【Edit】→【Project Settings】→【Quality】，打开质量设置窗口，如图 12-7 所示，Fastest 是性能最优的设置，Fantastic 是效果最好的设置，具体的设置可以根据需要更改，在 Default 中可以针对不同平台选择一个当前的质量设置。

在 Pixel Light Count 里可以设置像素光源的最大数量，这主要是针对 Forward 渲染模式；Anti Aliasing 是抗锯齿的级别，注意该项设置对性能有很大影响。

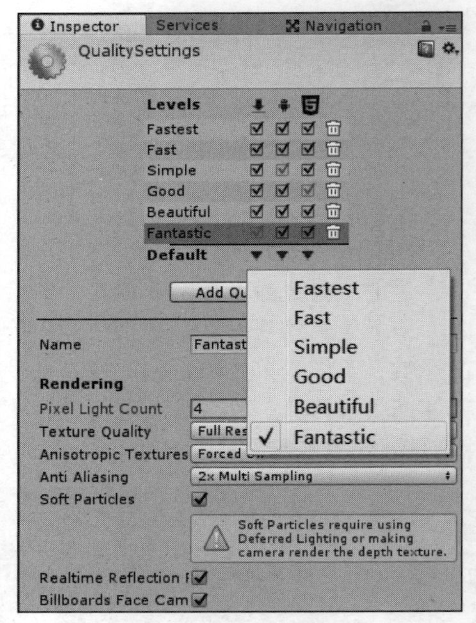

图 12-7　设置渲染质量

12.3.4　实时阴影

所有的实时光源，都能够提供实时阴影。投影的设置受不同设置的影响。

在模型的 Mesh Renderer 组件中可以设置该模型是否会投影（Cast Shadows），是否能接收阴影（Receive Shadows）。

模型所使用的 Shader 会影响到阴影投射的效果。

在光源设置的 Shadow Type 中可以选择使用 Hard Shadows（硬边阴影）、Soft Shadows（软边阴影）或 No Shadows（无阴影），如图 12-8 所示，设置 Resolution 可以影响阴影的品质，默认是采用质量设置中的设置。

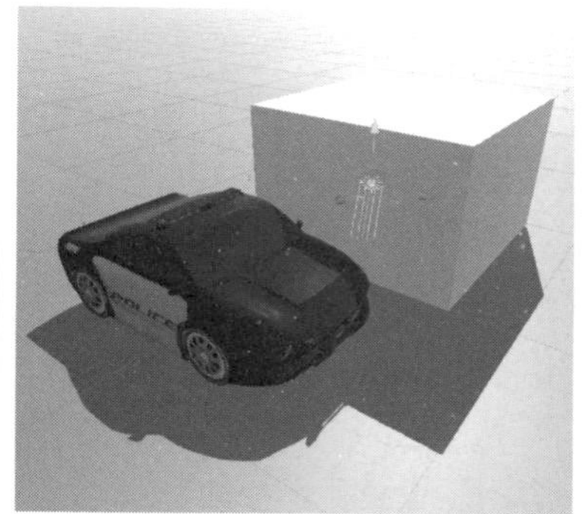

图 12-8　设置阴影

注意，Bias 这个值是阴影的偏移量，默认不是 0。如图 12-9 所示，左图 Bias 的值为默认的 0.05，脸上的阴影几乎看不到，中间图的 Bias 设为 0，可以看到脸上细节的阴影。设置阴影偏移主要是为了防止向自身投影可能会产生的锯齿，右图是 Bias 为 0 时自投影出现了锯齿。

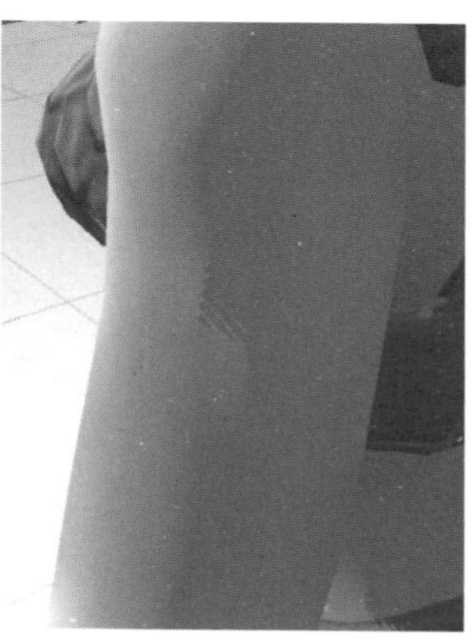

图 12-9　阴影偏移 0.05 和 0 的区别

在质量设置的 Shadows 选项组中，也提供了阴影的一些设置选项，如图 12-10 所示，它会对场景中所有的实时阴影造成整体影响。

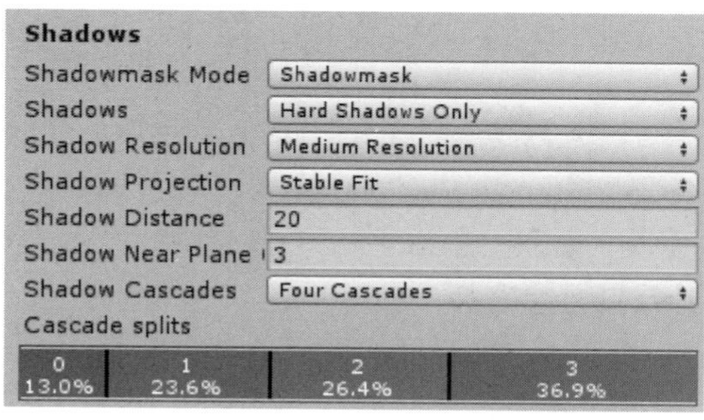

图 12-10　设置 Shadow Cascades

- Shadow Distance 决定了阴影能显示的最大范围，因为实时阴影对性能是有较大影响的，对于比较远的地方，可以忽略阴影的效果。另外，范围越大，局部的阴影质量会越低。

- Shadow Projection 主要对方向光产生影响，选择 Close Fit 会得到更高的阴影精度，但当摄像机移动时阴影投射位置可能会不准确，Stable Fit 可以得到正确的阴影投射位置，但阴影精度略低。
- Shadow Cascades（阴影区域划分）可以设为 0 或更高，它的作用是将阴影投射分为几个区域。

如果将 Shadow Cascades 设为 0，整个场景将使用一张阴影贴图，其结果可能是近处的阴影精度不够，远处精度过高。提高 Shadow Cascades 的数量会对性能有一定影响，但比将场景的总体阴影质量全部设得比较高，效率要高一些。

Unity 允许实时预览 Shadow Cascades 的区域范围，每块区域所使用的阴影贴图大小是一样的，因此阴影所影响的区域越小，投影质量越高。

12.3.5 环境光

Unity 场景默认会提供一个方向光作为默认光源，如果删除这个唯一的光源会怎么样呢？如图 12-11 所示，场景中没有任何光源，但并没有一片漆黑，仍有均匀的光线。

场景中的均匀光线是环境光提供的。环境光是 Unity 提供的一种特殊光源，它没有范围和方向，会整体改变场景亮度。环境光在场景中是一直存在的，在菜单栏中选择【Window】→【Rendering】→【Lighting Settings】，打开 Lighting 窗口，如图 12-12 所示，在这里可以设置环境光和 Lightmap 等。

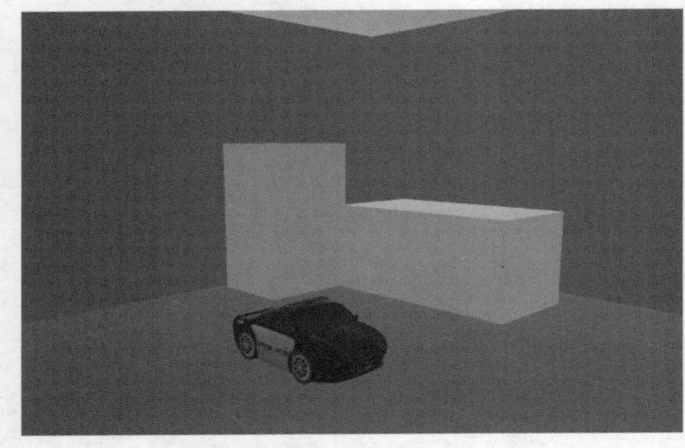

图 12-11　没有光源的场景仍有均匀的光线

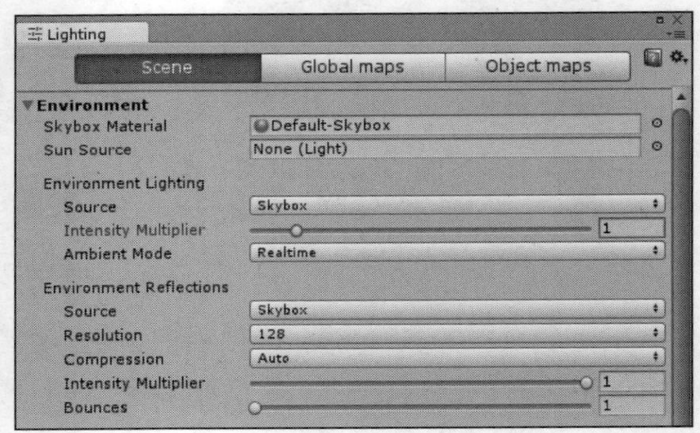

图 12-12　环境光设置

在 Skybox Material 中，Unity 提供了一个默认的 Skybox（天空盒）材质。

默认 Environment Light（环境光）和 Environment Rerflections（环境反射）的 Source（来源）都是 Skybox，光源会受到天空盒的影响。如图 12-13 所示，场景中的光源完全一样，但使用了不同的天空盒，其光照强度和反射效果看起来都不同。

环境光和环境反射都有一个 Intensity Multiplier（强度）选项，该值即是环境光和环境反射的强度。如果将这两个值都设为 0，然后删除场景内所有的光源，场景中将不会存在任何亮度。环境光可以设置为 Realtime（实时）或 Baked（烘焙）。

图 12-13　不同天空盒对环境光和反射的影响

默认 Auto Generate（自动生成）复选框是选中状态的，Unity 会自动创建环境光，环境反射和 Lightmap；如果取消选中该复选框，需要手动选择【Generate Lighting】生成光效，然后才能看到正确的环境光和环境反射效果。环境反射效果，Unity 是根据天空盒材质生成了一张环境反射贴图，和场景文件保存在一起，如图 12-14 所示。

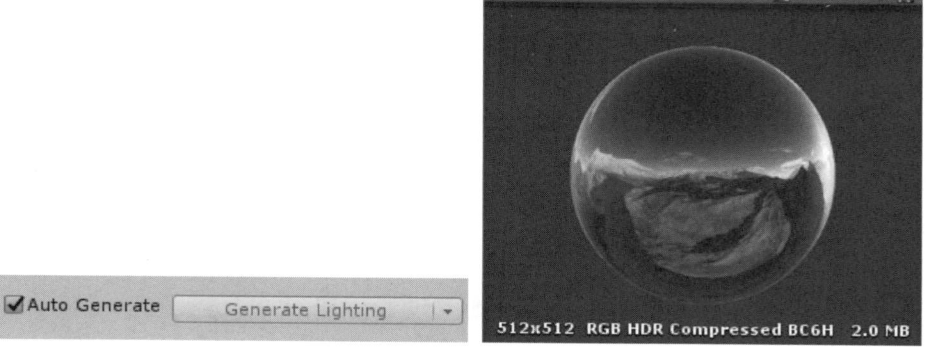

图 12-14　生成光效

注意，环境反射效果和模型使用的 Shader 功能有很大关系，Unity 提供的默认材质 Standard 材质（基于物理的材质）可以很好地反映出环境反射效果，但其他材质，如 Unlit（无光），环境反射对这类材质毫无影响。

12.3.6　Fog（雾）

在 Lighting 窗口的下方选中【Fog】复选框后可以开启雾效，如图 12-15 所示，Unity 提供了几种雾的 Mode（模式），其中 Linear 模式可以精确设置雾的起始和结束距离，其他模式通过设置【Density】的值来影响雾的浓度。

在 Unity 编辑器的 Project 窗口中单击鼠标右键，选择【Import Package】→【Effects】导入特效包，然后选择场景中的摄像机，在菜单栏中选择【Component】→【Image Effects】→【Rendering】→【Global Fog】，为摄像机添加一个全局雾效果。全局雾可以与普通的雾一起使用，它主要是在雾的深度基础上又提供了一个高度效果，如图 12-16 所示。

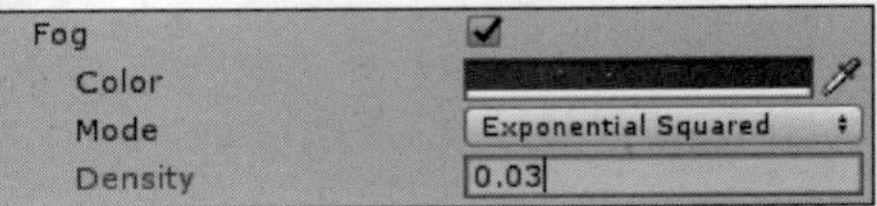

图 12-15　没有雾和开启雾的效果

图 12-16　带有高度的雾

雾效可以直接在场景中预览，但注意编辑器选项 Fog 要处于打开状态，如图 12-17 所示。

图 12-17　开启场景中的雾效

12.3.7　直接照明与间接照明

Unity 的光源提供了两种照明方式，一种称为直接照明，如图 12-18 所示，场景中只有一个方向光，为了更好地说明问题，本示例的环境光、环境反射和间接照明强度都已经设为 0，光源只能到达直接照射的表面，无法到达的位置没有任何亮度，这就是直接照明。增加【Intensity】的值可以增加直接照明的光照强度。

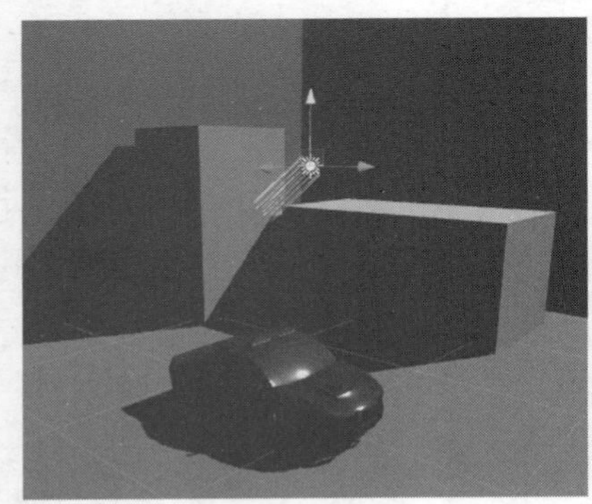
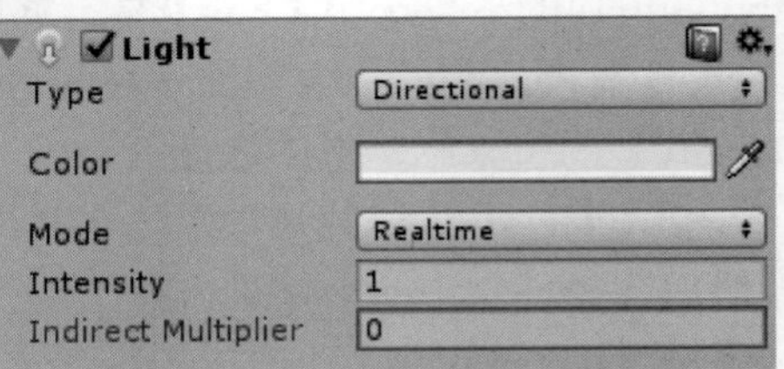

图 12-18　直接照明

Unity 提供的另一种照明方式称为间接照明，如图 12-19 所示，场景中同样只有一个方向光，环境光、环境反射都已经设为 0，但【Indirect Multiplier】（间接照明强度）的值设为 2，光源不但能到达直接照射的表面，还能照亮没有到达的位置，这就是间接照明，也称作全局光（Global Illumination）。注意，接收间接照明的模型一定要被设为 Lightmap Static。

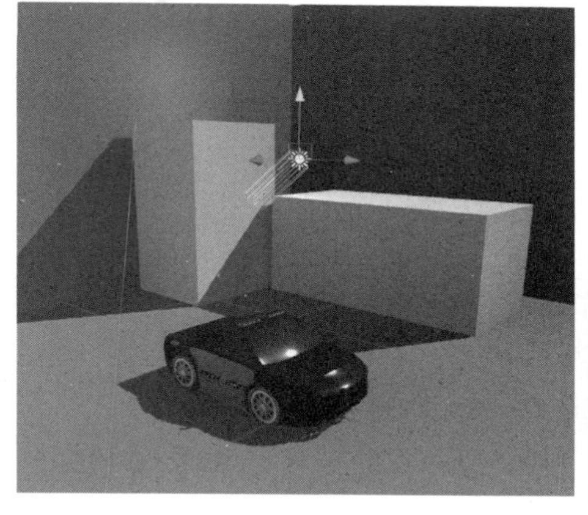

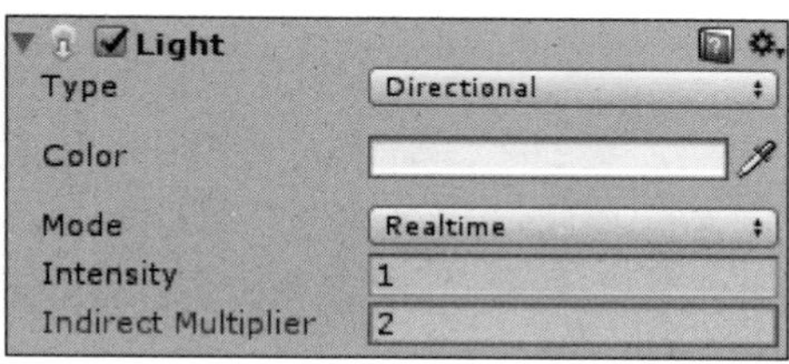

图 12-19　间接照明

Unity 的光源提供了三种 Mode（模式）：Realtime（实时）、Mixed（混合实时和烘焙）和 Baked（烘焙）。默认的光源是 Realtime 模式，光源的光照和阴影都是实时计算的，如果想取得实时的全局光效果，需要在 Lighting 窗口中选中【Realtime Global Illumination】复选框，如图 12-20 所示。

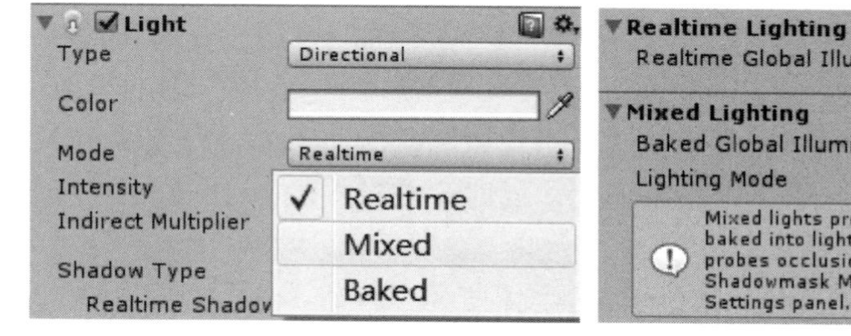

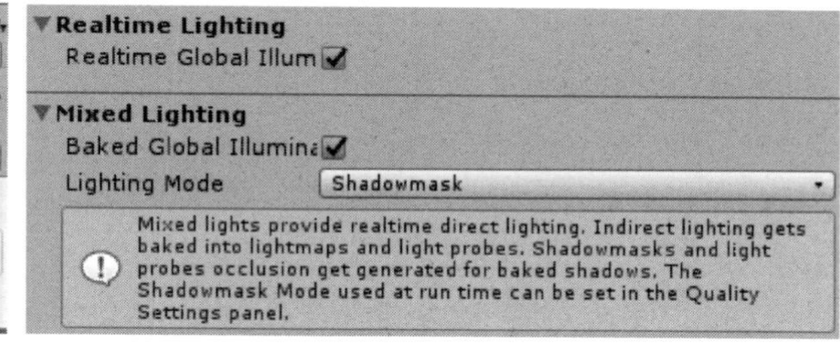

图 12-20　开启实时的全局光

实时的全局光可以动态地改变全局光源的强度和方向，但这个功能不适合在低端硬件上运行。如果将光源设为 Baked 模式，光源的直接照明、间接照明和阴影效果都将被烘焙到 Lightmap 上。

将光源模式设为 Mixed，即混合模式，光源的直接照明和阴影将采用实时模式，间接照明效果会被烘焙到 Lightmap 上。启用该功能必须保证 Lighting 窗口中 Mixed Lighting 的【Baked Global Illumination】复选框为选中状态。

除了使用光源照亮场景，Unity 提供的标准 Shader 包括一个 Emission（发光）选项，如果启用该功能，就可以将 Shader 中的 Global Illumination 设置为实时或烘焙的全局光，其作用与普通光源的间接照明类似。如图 12-21 所示，场景中没有任何光源，仅使用一个普通模型照亮场景，这个模型必须被设为 Lightmap Static，否则可能看不到效果。

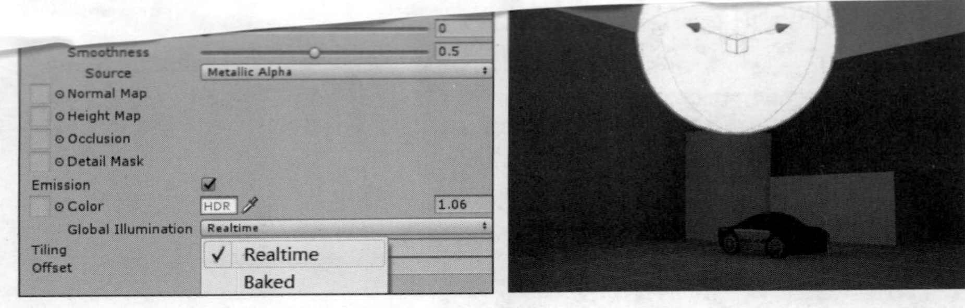

图 12-21　Shader 的间接照明

最后需要注意的是，无论采用哪种间接照明方法，当 Lighting 窗口中的【Auto Generate】复选框没有被选中时，都需要选择【Generate Lighting】才能生成间接照明效果。如图 12-22 所示，生成的数据将保存在 LightingData.asset 文件中，选择【Clear Baked Data】可以清除所有烘焙信息。

图 12-22　生成光照

12.3.8　Lightmapping（光照贴图）

在本节前面，我们多次提到了 Lightmap（光照贴图），它的作用是将场景中的光效烘焙到贴图上，然后叠加到模型的材质上，这样就不用担心光源数量和实时阴影对性能带来的开销，可以获得高质量的光影效果。缺点是光照不能动态变化，同时生成过多的 Lightmap 也会增加游戏的体积。

下面将通过一个简单的示例来说明创建 Lightmap 的过程。

步骤 01　准备好场景，将场景中所有需要烘焙 Lightmap 的模型设为 Lightmap Static，如图 12-23 所示。设为 Static（静态）的模型在游戏运行时不能改变位置、旋转角度或缩放。

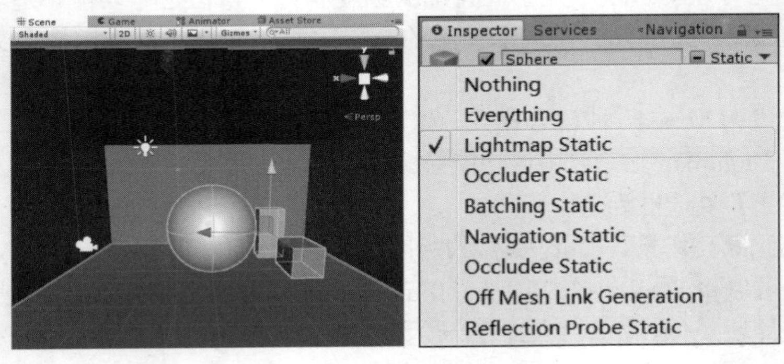

图 12-23　设置 Lightmap Static

使用 Lightmap 的模型必须有第二套 UV，这套 UV 不能有 UV 重叠的地方。

如果参与 Lightmap 计算的模型没有第二套 UV，选中模型的【Generate Lightmap UVs】复选框后，Unity 会为其自动生成一套 Lightmap UV，如图 12-24 所示。

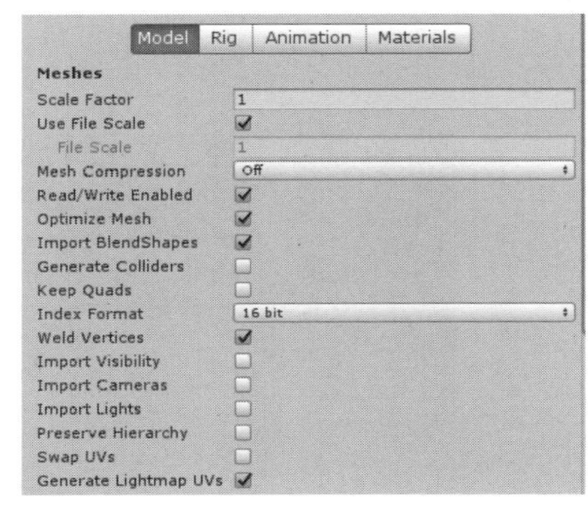

图 12-24　设置自动生成光照贴图

步骤 02　为了使 Lightmap 的效果更明显，这里将环境光和环境反射都设为 0，仅创建了一个点光源，将【Indirect Multiplier】设为 2，如图 12-25 所示。注意，要激活场景窗口的“太阳”图标，才能在场景中预览实际的光效。

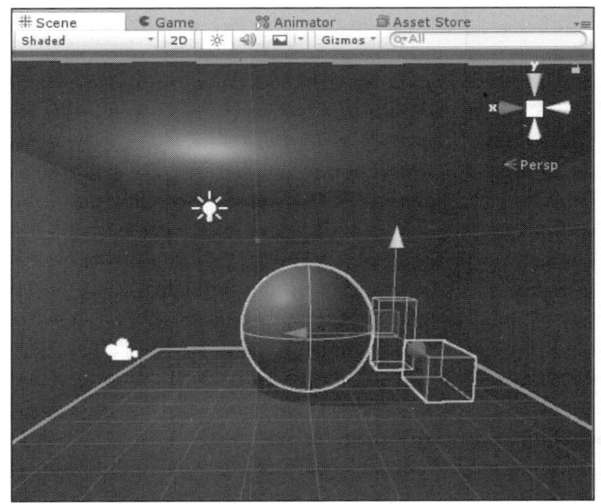

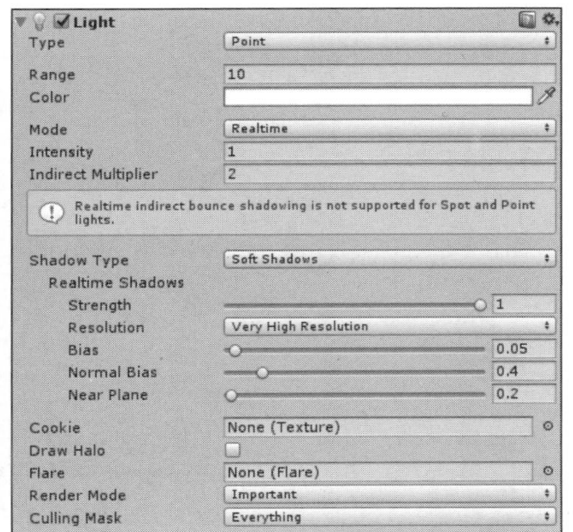

图 12-25　设置光源

步骤 03　在 Lighting 窗口中选择【Generate Lighting】生成光照，因为默认的光源是 Realtime 类型，光照将由实时的直接照明和实时的间接照明构成，效果如图 12-26 所示。

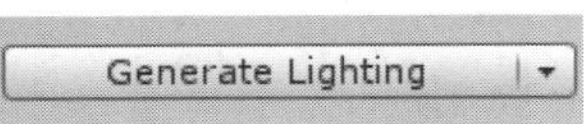

图 12-26　实时光影效果

步骤 04　将光源设为 Baked 模式，再次生成光照，这一次将生成光照贴图并保存到工程中，如图 12-27 所示。

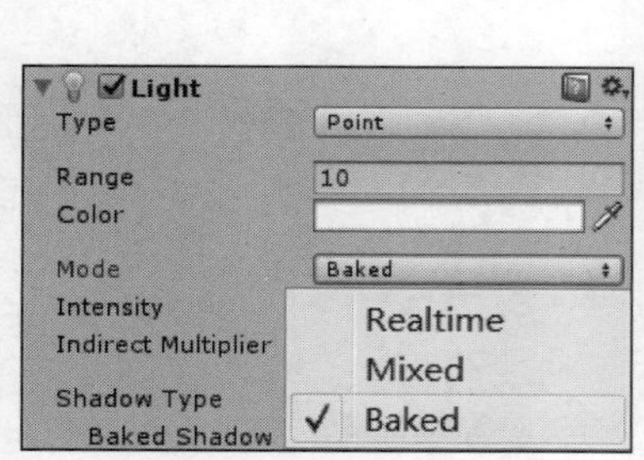

图 12-27　烘焙光照贴图

我们生成的 Lightmap 使用的是默认设置，Lighting 窗口中提供了很多选项可以对 Lightmap 进行设置，如图 12-28 所示。

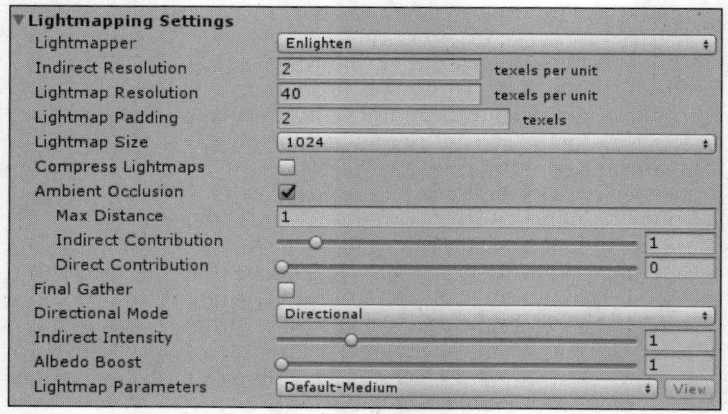

图 12-28　设置光照贴图

- Lightmapper（渲染器）: Unity 提供了多种 Lightmap 解决方案，默认的方案名称为 Enlighten。
- Indirect Resolution（间接照明计算精度）: 间接照明的精度越高，计算越慢，保存有光照烘焙数据的文件也会变得越大。如果这个值过低，间接照明的效果就几乎看不到了。
- Lightmap Resolution（光照计算精度）: Lightmap 精度越高，计算时间越长，生成的 Lightmap 数量也越多，在场景窗口中将显示模式由默认的 Shaded 设为 Baked Lightmap，可以在场景中实时预览 Lightmap 的精度，如图 12-29 所示。

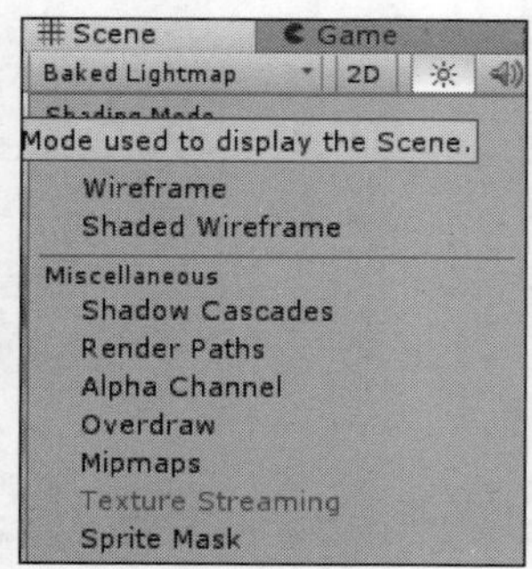

图 12-29　预览光照贴图精度

- Lightmap Padding（贴图间距）：场景中通常有多个烘焙对象，Unity 将自动排列组合这些烘焙对象的 UV 到光照贴图上，Lightmap Padding 值即是不同烘焙对象 UV 在 Lightmap 上的间距。
- Lightmap Size（贴图尺寸）：当这个尺寸不能满足当前 Lightmap 的精度，就会生成多张 Lightmap。
- Compresse Lightmaps（压缩贴图）：默认 Lightmap 都会采用压缩格式保存，这样会减小贴图容量，但 Lightmap 可能会出现接缝或锯齿。
- Ambient Occlusion（环境阴影）：使模型的相交截面之间产生自然过渡的阴影，如图 12-30 所示。这个功能会增加一定的计算时间，但对最后 Lightmap 的精度没有影响。

图 12-30　添加 Ambient Occlusion 效果

- Final Gather（最终聚集渲染）：使用最终聚集技术改善 Lightmap 渲染质量，但会明显增加计算时间。
- Directional Mode（方向模式）：选择 Directional（直接），该模式可以在烘焙 Lightmap 时生成额外一张贴图保存光源方向信息，用于表现法线贴图效果，但会花费额外的存储和内存空间，如图 12-31 所示，如果项目中的静态模型根本没有使用到法线贴图，使用 Directional 模式就比较浪费了。

图 12-31　Directional 光照贴图

- Indirect Intensity（间接照明强度）：这个值会整体改变间接照明的亮度，0 表示没有间接照明，1 表示正常。

在场景中选中参与光照计算的模型，在 Object maps 中可以通过预览 Baked Intensity 查看该模型在 Lightmap 中 UV 分布所占的比例，如图 12-32 所示。

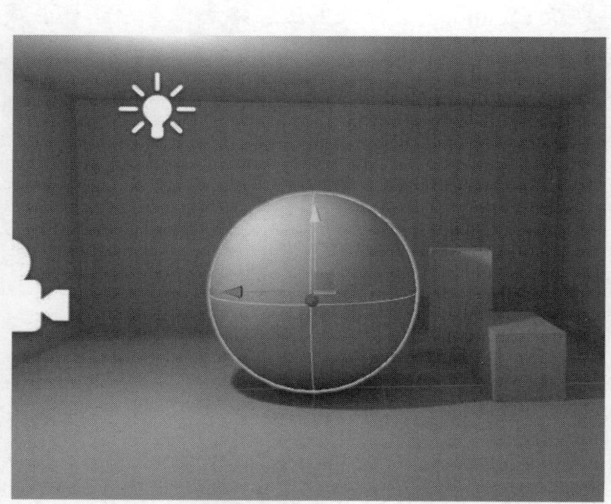

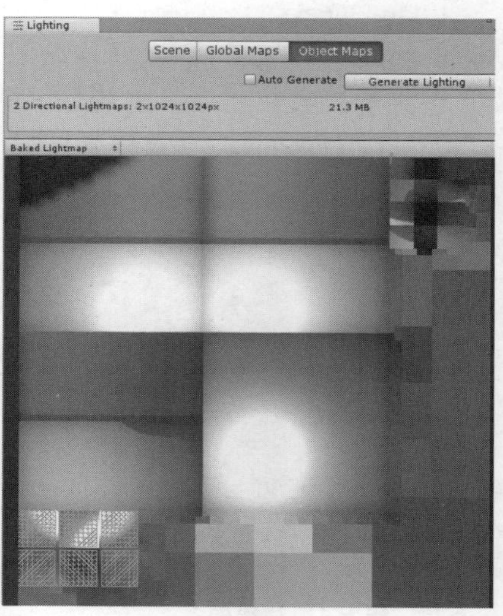

图 12-32　模型在光照贴图中的 UV 分布

很多时候，我们需要调整场景中的物件在 Lightmap 中所占的比例，比如远处的空地，可能只需要很小的精度，近处的物件虽然体积较小，但因为距离镜头较近，我们希望增加它在 Lightmap 空间中所占的比例。如图 12-33 所示，在模型的 Mesh Renderer 中将【Scale In Lightmap】的值加大，重新生成 Lightmap 后，发现当前模型在 Lightmap 中所占的比例提高了。

当将【Scale In Lightmap】设为 0 ，将不会为该模型创建光照贴图，但该模型仍然会影响场景中其他模型的光照计算。

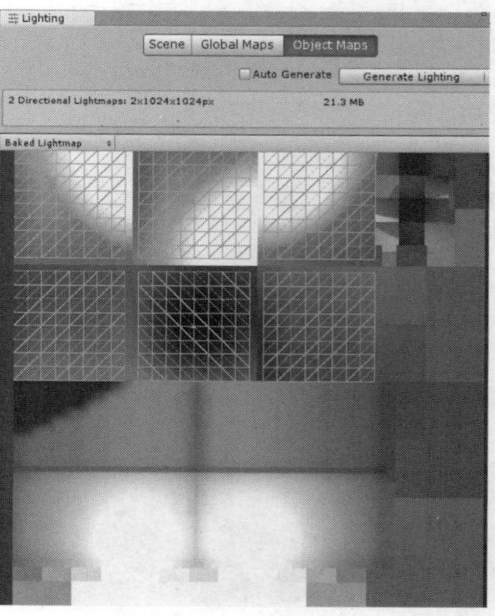

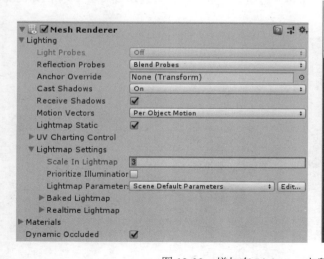

图 12-33　增加在 Lightmap 中所占的比例

12.3.9 环境反射采样

如图 12-34 所示，模型使用的是 Unity 提供的默认标准 Standard Shader，增加【Smoothness】（光滑）的值后，材质将会清楚地显示出反射效果，默认也就是天空盒的反射效果。

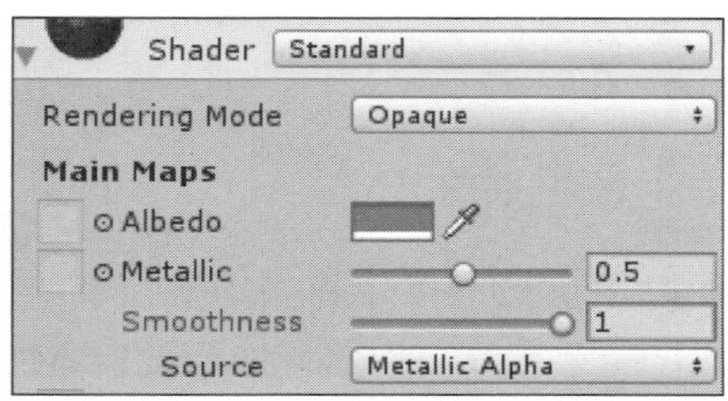

图 12-34　对天空盒的反射

因为画面是处在室内环境中，所以反射出天空盒的效果非常不真实，我们也可以反射真实的环境。在 Hierarchy 窗口中单击鼠标右键，选择【Light】→【Reflection Probe】创建一个反射采样物体，如图 12-35 所示，默认它的 Type（类型）是 Baked，需要在生成光照之后才能看到反射效果。如果将【Type】设为【Realtime】，将马上可以看到反射效果，但会增加计算负担。反射采样物体对周围环境的采样是有范围的，设置【Box Size】的值与需要采样的空间大小接近即可。

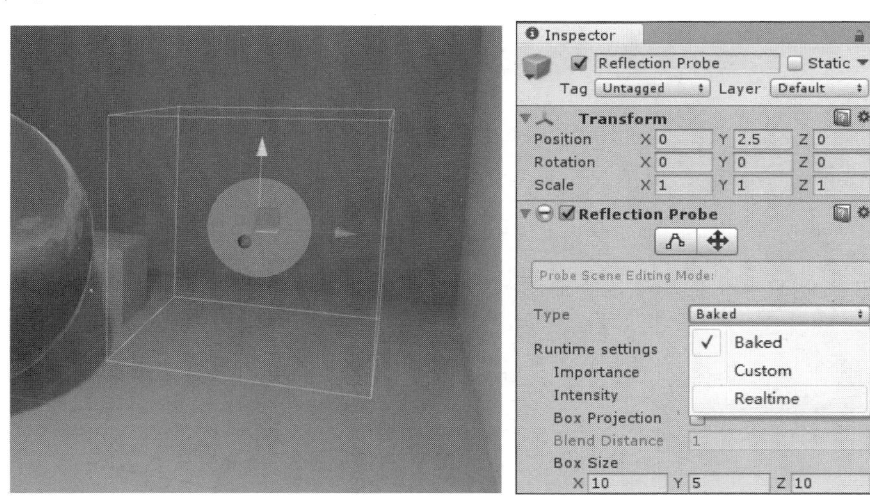

图 12-35　环境采样

设置好反射采样后，现在有了真实的反射效果，如图 12-36 所示。

图 12-36　真实的反射效果

12.3.10　光照采样

光照贴图虽然可以使静态场景拥有无以伦比的光影效果，但它无法影响到场景中动态的模型，这可能会导致出现这样的情况：场景中的静态模型看起来非常真实，但那些运动中的模型，比如角色，会显得非常不真实并与场景中的光线无法融合在一起。

Unity 提供了一个名为 Light Probe 的功能可以很好地解决上述问题。Light Probe 可以将场景中的静态光影信息采样并存储起来，我们需要手动摆放采样的位置，光影信息越是丰富的位置就越需要更多采样，场景中的动态模型将参考采样信息模拟出与静态场景类似的光影效果。

如图 12-37 所示，场景中只有一个方向光，方向光被设置为 Mix（混合）模式。注意，我们将 Lighting 窗口中的【Lighting Mode】设为【Shadowmask】，该模式使 Mix 类型的光源既能提供光照贴图阴影，也能对动态物体投射实时阴影。

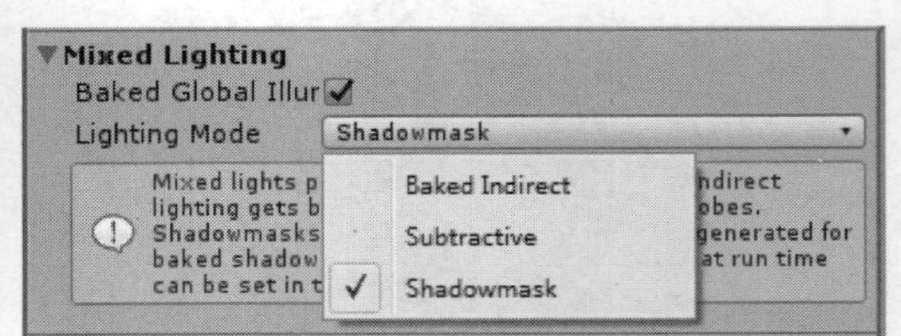

图 12-37　示例场景

我们尝试将模型放在不同的位置，如图 12-38 所示，当将动态模型放到阴影部位时，光效显得很不自然，因为阴影是通过 Lightmap 生成的，所以并不能投射到模型上。

图 12-38　错误的光影效果

接下来我们将为场景添加 Light Probe，以改善动态模型的光影环境。

步骤 01　在 Hierarchy 窗口中单击鼠标右键，选择【Light】→【Light Probe Group】创建一个采样物体，如图 12-39 所示。

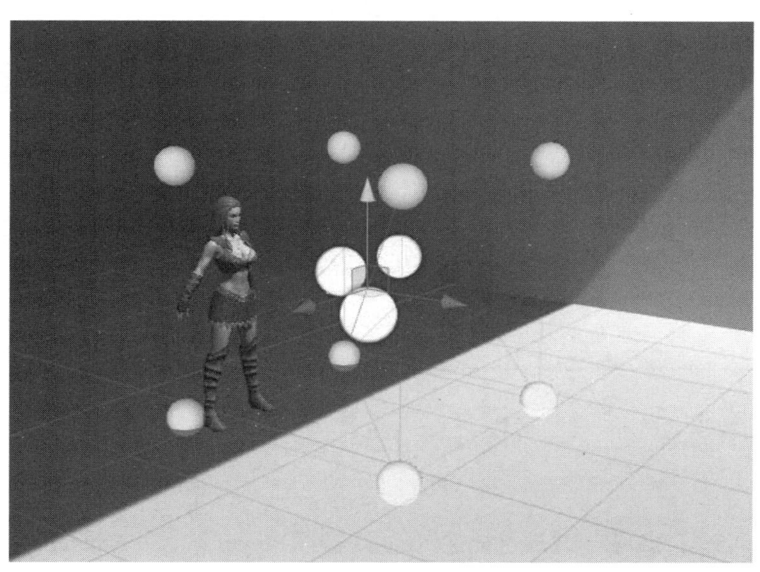

图 12-39　创建光照采样物体

步骤 02　在 Inspector 窗口选中【Edit Light Probes】，然后单击【Add Probe】按钮添加采样节点，反复操作，将节点放置到需要采样的部位，如图 12-40 所示。这里的操作技巧是，先将需要采样的区域通过 4 个节点划分出来，然后在中间添加采样节点，尽可能添加到光影变化较大的区域。操作过程中，按 Ctrl+D 组合键可以快速复制节点，

步骤 03　生成光照信息后，采样信息也会被保存到 LightingData.asset 中。现在，场景中的动态模型也会受到静态光照效果的影响，如图 12-41 所示。

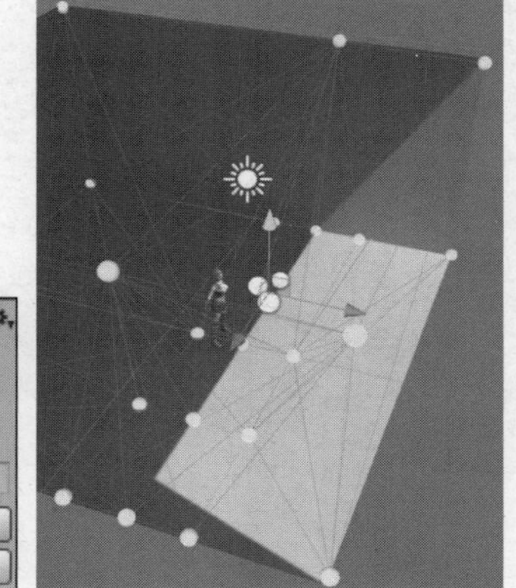

图 12-40　创建采样点

图 12-41　视觉上光影效果正确了

每个采样点都会消耗一定的内存，不需要在光影变化不大的区域创建采样点。

12.4　色彩空间

在菜单栏中选择【Edit】→【Project Settings】→【Player】，在 Rendering（渲染）选项组可以设置 Color Space（色彩空间），默认为 Gamma（传统的模式），另一个是 Linear（线性），如图 12-42 所示。颜色由深变亮是一个线性的过渡，但显示器信号按线性过渡传递到眼睛看到的却是错误的，通常亮度计算使用 Linear 方式，而最后会通过 Gamma 算法修正使肉眼看上去是正确的。Unity 中很多关于亮度的计算都是通过 Linear 方式，比如 Lightmap 计算。无论 Color Space 如何设置，计算过程都采用的是 Linear 方式，但最后的 Lightmap 结果却是基于 Gamma 的。

选择 Gamma 或 Linear，会对光照的亮度效果产生较大影响，因此在项目初期要确定使用哪种模式，针对不同的模式制作美术资源。注意，Linear 方式在很多低端硬件是不支持的。下面是一组基于 Gamma 和 Linear 的光照对比图。

图 12-42　设置 Color Space

如图 12-43 所示为一组采用 Gamma 方式的示例。

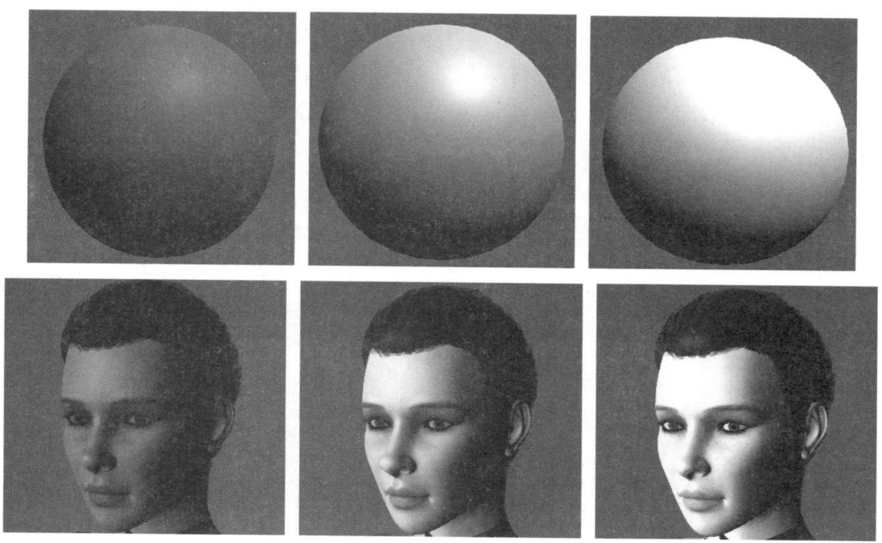

图 12-43　Gamma Space 中方向光 0.5、1.0、1.5 的区别

如图 12-44 所示为一组采用 Linear 方式的示例。

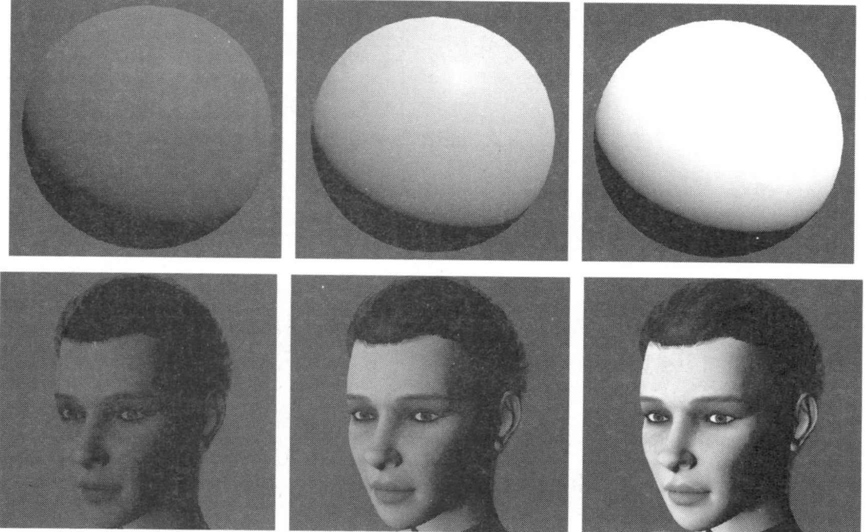

图 12-44　Linear Space 中方向光 0.5、1.0、1.5 的区别

12.5 物理材质

Unity 提供的 Standard（标准）材质是一种基于 Physically Based Shading（基于物理表现）技术的材质，简称 PBR 材质。现实世界的质感效果千变万化，可能没有一种材质是万能的，不过，使用 Unity 的标准 PBR 材质基于其物理特性已经可以模拟出大部分常见的表面质感效果。

在 Unity 的 Project 窗口中单击鼠标右键，选择【Create】→【Material】即可创建默认的标准 PBR 材质，如图 12-45 所示。这是最常用的材质（如果是考虑手机平台，也可以考虑使用 Mobile（手机）类型的材质），创建材质后，将其指定到模型的 Mesh Renderer 的 Materials 中即可。一个模型可以指定多个材质，这通常取决于在 3D 动画软件中的设置。

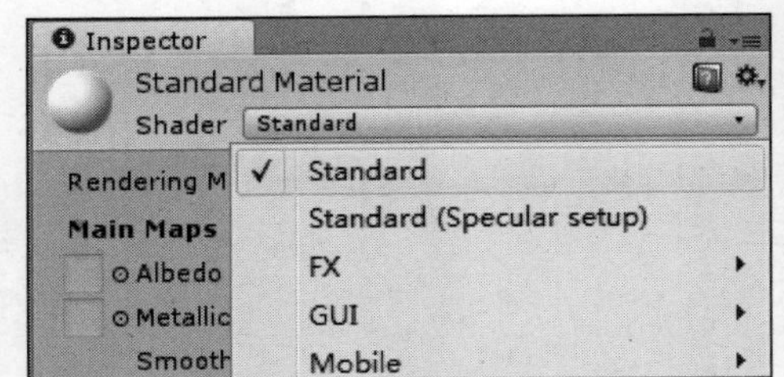

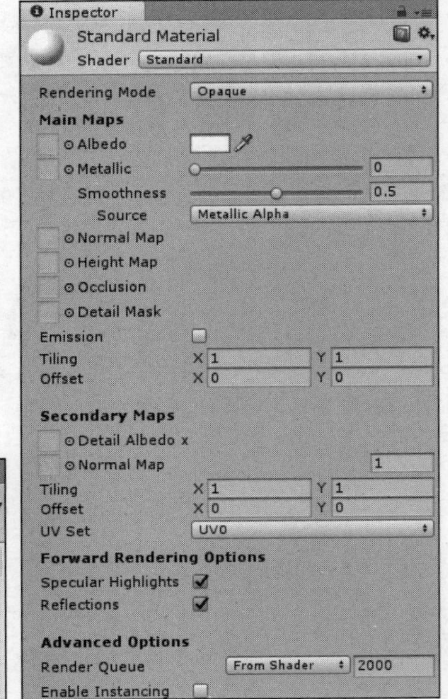

图 12-45 创建标准材质

标准材质有 4 种渲染模式，如图 12-46 所示，Opaque（不透明）是默认的模式，不会显示任何透明效果。

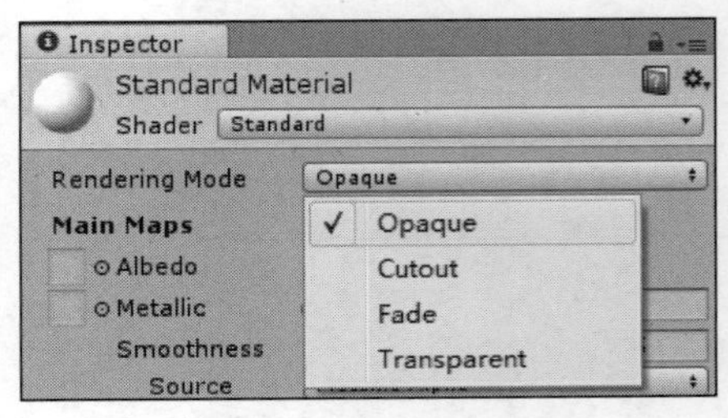

图 12-46 Shader 的渲染模式

Cutout（剪切）模式可以用来显示透明效果，但 Alpha 的值只能是 0 或 1（纯黑或纯白），以表现完全透明和不透明，不能表现半透明，如图 12-47 所示。

Fade（褪色）和 Transparent（透明）模式都可以根据表面纹理或颜色（Albedo）的 Alpha 值产生半透明效果，不同的是 Fade 会同时将高光和反射效果透明，而 Transparent 会在透明的同时保留高光和反射信息，比如表现玻璃材质，如图 12-48 所示。

图 12-47　Cutout 渲染模式

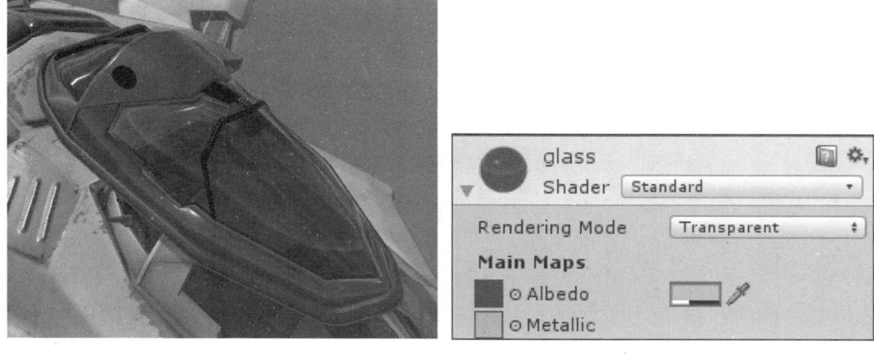

图 12-48　Fade 和 Transparent 渲染模式

Albedo 用来表现材质表面的纹理和色彩。如图 12-49 所示，使用了一张贴图作为材质表面的纹理。

图 12-49　在 Albedo 中设置表面纹理贴图

Metallic（金属的）的值越高，材质越倾向金属质感，对光的吸收能力越低（表面颜色越深），反射效果越明显。Smoothness（光滑）的值越高，则高光范围越小，反射效果越清楚（反之模糊）。有时材质某些区域需要反射和高光，某些区域则不需要，这时我们可以添加一张贴图给 Metallic，其中 Red（红色）通道表示 Metallic，Alpha 通道表示 Smoothness，颜色越亮，其对应的效果越明显。注意，绿色和蓝色通道相当于是无用的。如图 12-50 所示，飞机模型的部分区域有较强的高光和反射，有些区域则没有任何高光效果。

图 12-50　在 Red 和 Alpha 通道设置金属和光滑表现的贴图

Normal Map 即法线贴图，该贴图通常是由 3D 动画软件烘焙出来的，用来表现模型表面的丰富细节。注意，法线贴图一定要在贴图导入设置中被设为 Normal map，如图 12-51 所示。如图 12-52 所示为无法线贴图和有法线贴图的效果对比。

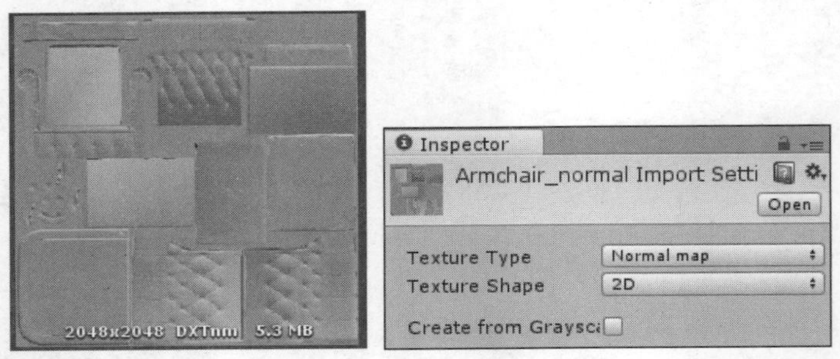

图 12-51　设置法线贴图

图 12-52　无法线贴图与有法线贴图的效果对比

Occlusion 通道主要是通过一张灰度图表现环境阴影效果，它的作用和生成光照贴图中设置的 Ambient Occlusion 是一样的，俗称 AO 贴图，它通常是由 3D 动画软件提供的 AO 烘焙功能创建出来的。如图 12-53 所示，无 AO 贴图和有 AO 贴图的效果对比，为了使对比效果更明显，示例图片去掉了表面纹理等贴图。

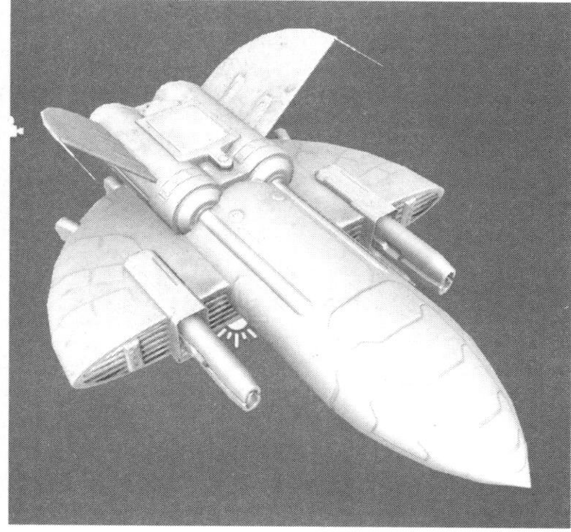

图 12-53　无 AO 贴图和有 AO 贴图的效果对比

由于 AO 贴图是灰度的，因此这里笔者尝试一种技巧是将 AO 贴图放到 Metallic 贴图的绿色通道内，将 Metallic 贴图指定给 Occlusion，最后的结果与单独合用一张 AO 贴图效果是一样的，这样可以节约一张贴图，如图 12-54 所示。

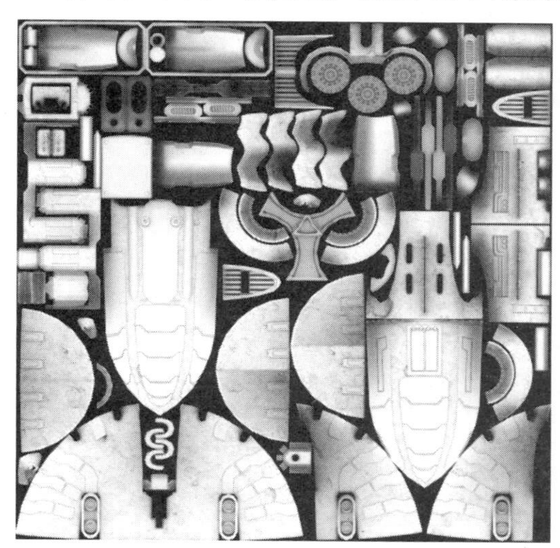
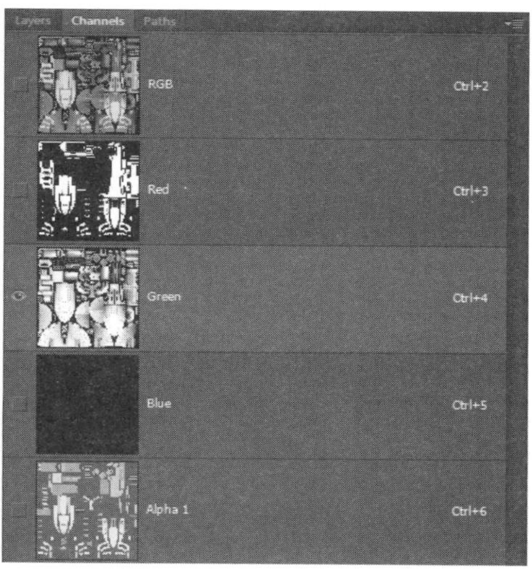

图 12-54　单独的 AO 贴图和将 AO 贴图放到绿色通道内

12.6 摄　像　机

摄像机是展示游戏画面的唯一途径，对艺术家来说，它的使用非常简单，每个默认场景都会有一个默认的摄像机，在 Hierarchy 窗口中单击鼠标右键，选择【Camera】可以创建更多摄像机。注意，每个摄像机默认都有一个 Audio Listener 组件，因为一个场景只允许有一个 Audio Listener，所以要将多余的 Audio Listener 删除，否则 Unity 会报错。

Clear Flags 决定屏幕上的哪部分将被清除掉，默认的选项是 Skybox（天空盒），如果场景中没有 Skybox，可设置为显示 Solid Color（纯色）。选择 Depth Only，通常是当一个摄像机的 Depth（深度）大于另一个摄像机的 Depth，这时设置 Culling Mask 让两个摄像机分别渲染不同层中的东西，最后合成在一起，如图 12-55 所示。

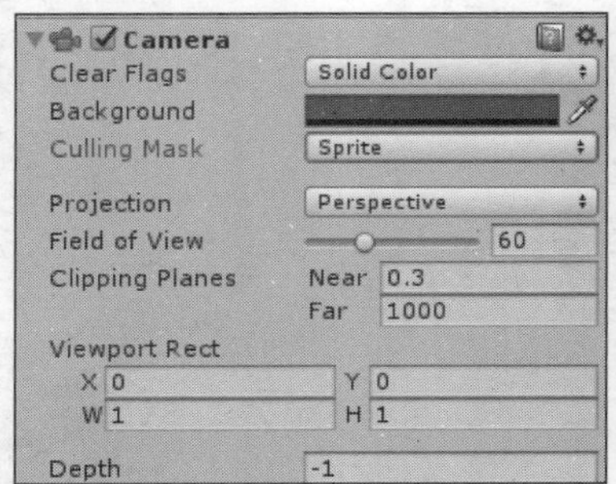

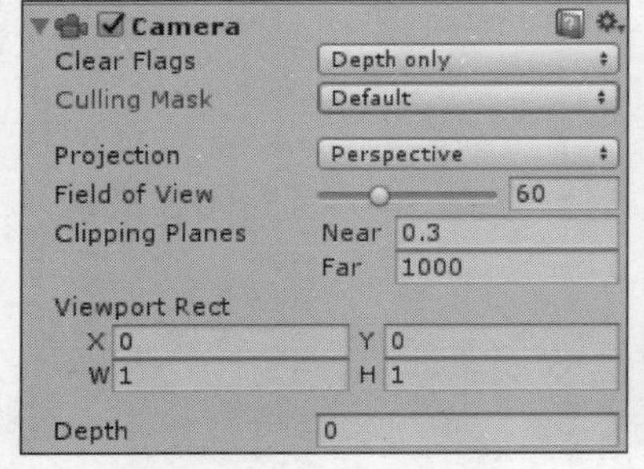

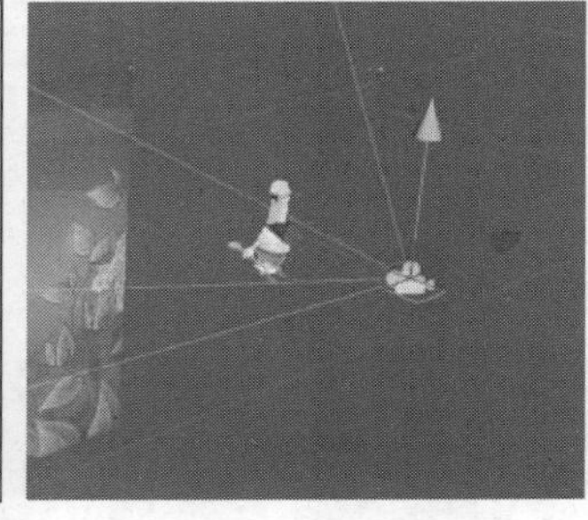

图 12-55　将两个摄像机合成在一起

摄像机的 Projection（投射）默认是采用 Perspective（透视）方式；调节 Field Of View 的值可以改变摄像机的透视，即改变近大远小的幅度；如果将【Projection】设置为【Orthographic】（正交），将没有任何透视效果。如图 12-56 所示，分别显示了透视 FOV 60，25 和无透视的效果。

图 12-56　FOV 60、25 和无透视的对比

12.7　地　　形

Terrain（地形）是 Unity 提供的一个地形系统，主要用来表现庞大的室外地形，特别适合表现自然的环境。下面将通过一个简单的示例来说明 Terrain 的基本创建流程。

步骤 01　新建一个 Unity 工程，在 Project 窗口中单击鼠标右键，选择【Import Package】→【Environment】，然后选择 Import 导入 Unity 提供的 Terrain 贴图素材，这些素材可以方便我们快速上手练习。

步骤 02　在 Hierarchy 窗口中单击鼠标右键，选择【3D Object】→【Terrain】创建一个基本的 Terrain，同时会在 Project 窗口中创建一个 New Terrain.asset 文件并保存有当前场景中 Terrain 的数据。这里将【Terrain Width】和【Terrain Length】均设为 500，将【Heightmap Resolution】设为 257，适当降低其精度，如图 12-57 所示。

图 12-57　创建 Terrain

步骤 03　在 Inspector 窗口中选择 Raise（抬起）工具，设置 Brush Size 改变笔刷大小，设置 Opacity 改变笔刷力度，然后在 Terrain 上绘制拉起表面，若同时按 Shift 键则会将表面压下。使用 Paint Height 工具可以直接绘制指定高度；使用 Smooth Height 工具可以光滑 Terrain 表面，如图 12-58 所示。

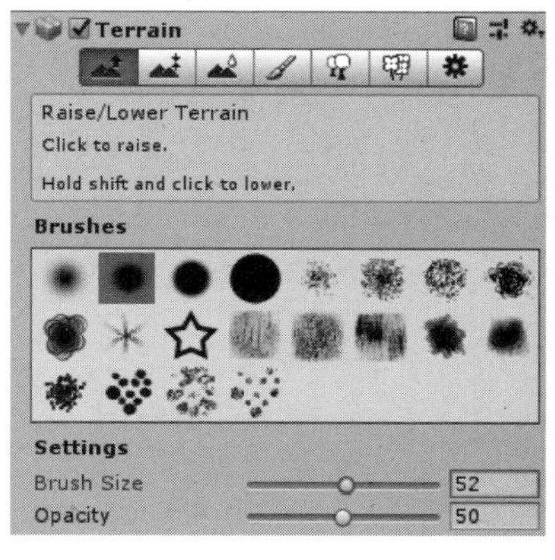

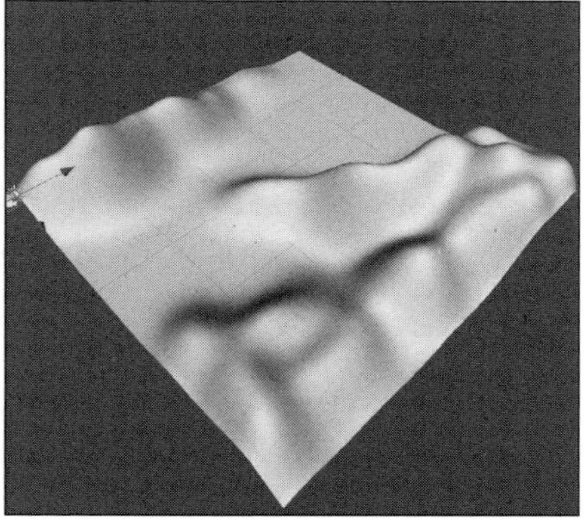

图 12-58　改变地形

步骤 04 选择 Paint Texture 工具，选择【Edit Textures】→【Add Texture】打开编辑窗口，为 Terrain 添加贴图，注意在 Size 中设置贴图的尺寸。这个操作可以反复执行多次添加多张贴图。最后在 Textures 中选择需要的贴图，将贴图绘制到 Terrain 上面，如图 12-59 所示。

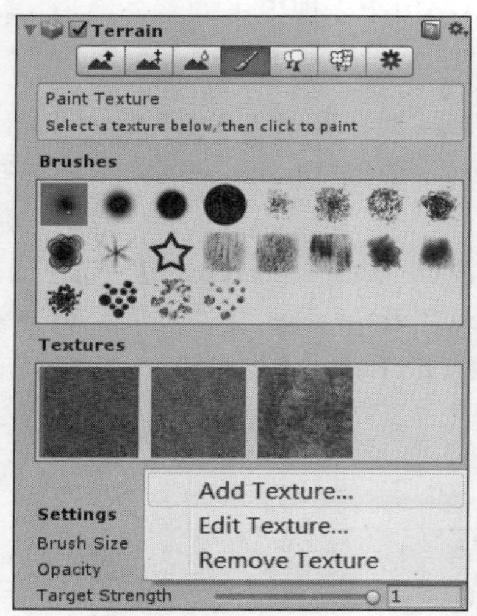

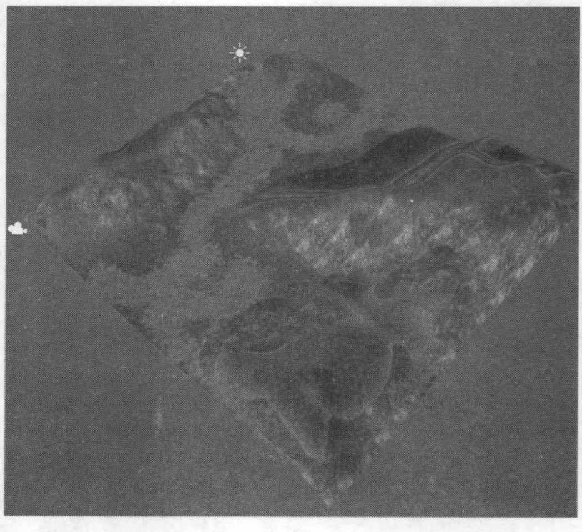

图 12-59　绘制贴图

步骤 05 选择 Place Trees（放置树）工具，选择【Edit Trees】→【Add Tree】添加树模型（可以到 Asset Store 下载一些免费的树模型），这个操作可以执行多次加入多个模型。在 Trees 中选择需要的模型，将其绘制到 Terrain 上面，如图 12-60 所示。

图 12-60　绘制树

步骤 06 选择 Paint Details 工具，选择【Edit Details】→【Add Grass Texture】添加草贴图，注意贴图一定要有 Alpha（选择【Add Detail Mesh】添加细节模型，如石头等），这个操作可以反复执行多次，将草绘制到 Terrain 上面，如图 12-61 所示。注意在 Terrain Settings 中设置树和草的 Distance（距离）。

图 12-61　绘制草

步骤 07　最后，我们可以替换掉 Unity 提供的默认天空盒。在 Unity 的 Asset Store 中有很多免费的天空盒可供使用。天空盒有几种制作方式，最常见的是使用 6 张贴图表示 Front（前）、Back（后）、Left（左）、Right（右）、Up（上）、Down（下），如图 12-62 所示。

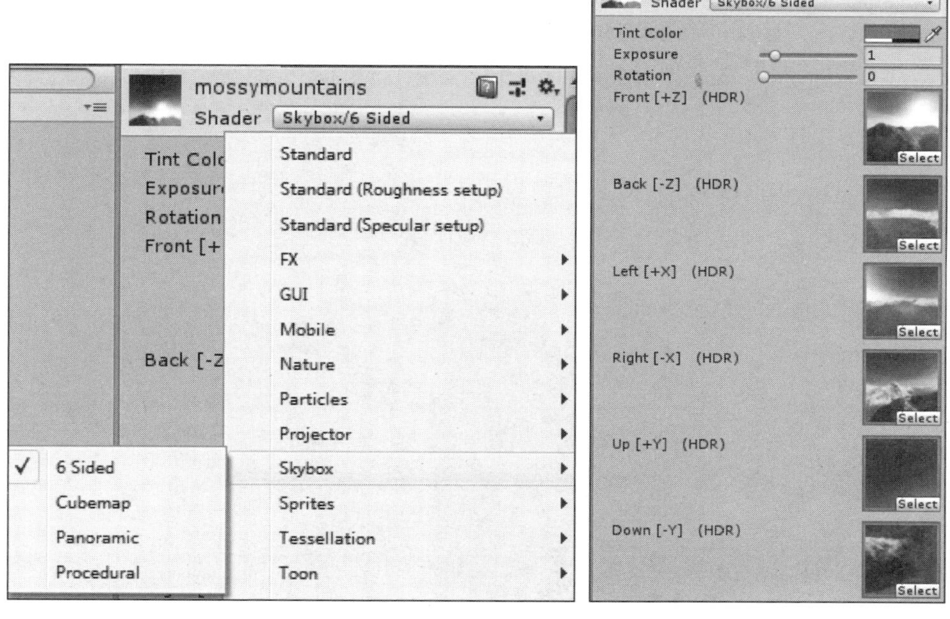

图 12-62　6 面体天空盒

步骤 08　Terrain 和普通模型一样，也可以烘焙光照贴图，本示例最终效果如图 12-63 所示。

图 12-63　最终效果

12.8　粒子特效

粒子特效是 3D 游戏中必不可少的，可以用来表现游戏中的魔法、云、烟火或其他特殊效果。Unity 提供了功能完善的粒子功能，本节将通过简单的示例进行说明，使读者熟悉粒子的基本功能和设置。

在 Hierarchy 窗口中单击鼠标右键，选择【Effects】→【Particle System】即可创建一个粒子发射器，每个粒子发射器都包括一些最基本的参数，图 12-64 所示。

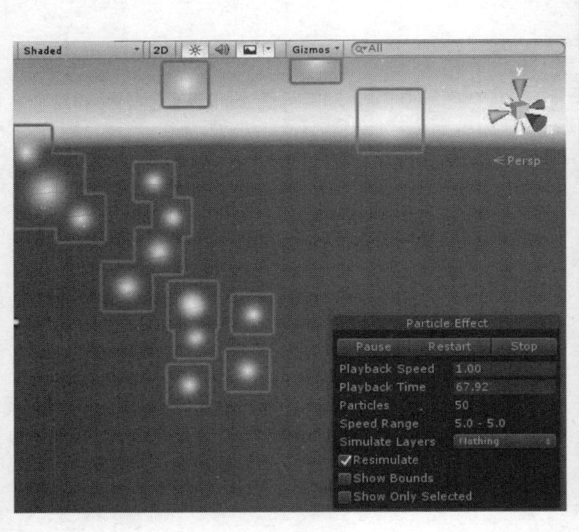

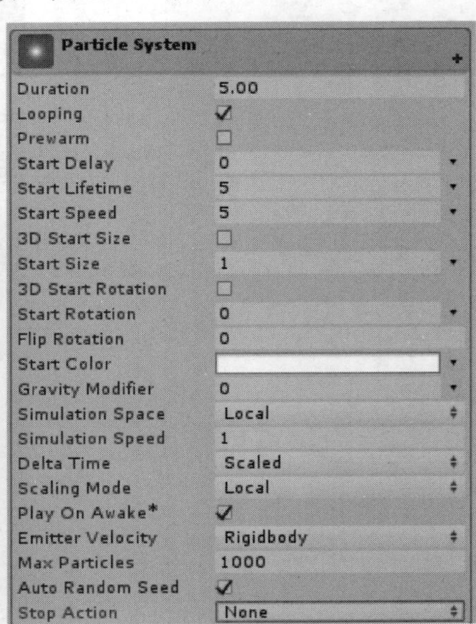

图 12-64　粒子发射器的基本参数

- Duration：粒子播放的持续时间。
- Looping：是否循环播放。
- Prewarm：预热，只有在循环模式发生作用，使粒子在开始播放时的状态处于已经循环过的状态，这样做是为了避免看到粒子从无到有的过程。
- Start Delay：在开始播放之前延迟一定时间。很多粒子特效是多个粒子组成的，通常会设置一定的播放时间顺序。
- Start Lifetime：以秒为单位，粒子的生命周期设置，默认数值类型为 Constant（固定的），也可以设置为 Random Between Two Constants，使这个值在最小和最大值之间随机产生，如图 12-65 所示。还有一种 Curve 方式，是通过设置曲线获得数值，在粒子设置中，大部分数值都提供了这类设置方式。另外，很多基本参数的名称都带有 Start 字样，表示这是初期设定的一个值，粒子特效针对基本参数都提供了进一步设置的单独模块，可以在运行时动态改变基础数值。

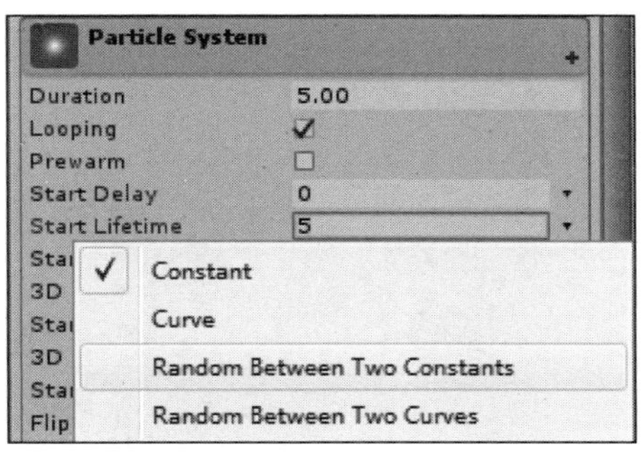

图 12-65　随机初始值

- 3D Start Size：允许按不同轴向调整粒子大小。
- Start Size：等比例调整粒子大小。
- 3D Start Rotation：该选项只有选中 3D Start Size 后才会出现，允许按不同轴向旋转翻滚粒子，默认只能按 Z 轴方向左右旋转。
- Start Rotation：按 Z 轴方向左右旋转。
- Start Color：粒子的颜色，涉及颜色的选项会提供在不同颜色或渐变色间，随机选择一种颜色。
- Gravity Modifier：设置重力，当这个值大于 0 时，粒子在向上喷射的过程中会因为重力影响而掉落。
- Simulation Space：粒子的坐标系统，可以设置为 Local（本地）或 World（世界），使用 Local 坐标，粒子的喷射效果不会因为粒子位置的改变而改变，使用 World 坐标则会因粒子的位置变化对喷射效果产生影响，比如模拟飞机的喷气拖尾效果。
- Simulation Speed：整体改变粒子的播放速度。
- Scaling Mode：粒子的缩放模式。粒子也可以缩放，选择 Local 模式使粒子按 Transform 中 Scale 的值缩放（会影响到子一级粒子，但不会影响父一级）。当粒子作为子物体时，为了可以使父物体的缩放影响到自身缩放，需要将缩放模式设为 Hierarchy（层级）。Shape 模式会缩放粒子喷射的初始位置，不会改变粒子大小。此外，除了使用 Transform 的 Scale，在 Hierarchy 窗口通过 Scaler 选项可以整体缩放粒子。
- Play On Awake：当粒子被创建后自动播放。
- Max Particles：粒子的最大数量。

粒子发射器包括很多模块，不同的模块具有不同的功能，默认只有 Emission（发射）、Shape（形状）和 Renderer（渲染）等少量模块是被激活的。一部分粒子模块是对基础粒子参数的进一步修改，比如 Color over Lifetime，是对粒子颜色（包括 Alpha）的进一步修改，基于生命周期（0 -100%）设置粒子的不同颜色，如图 12-66 所示。

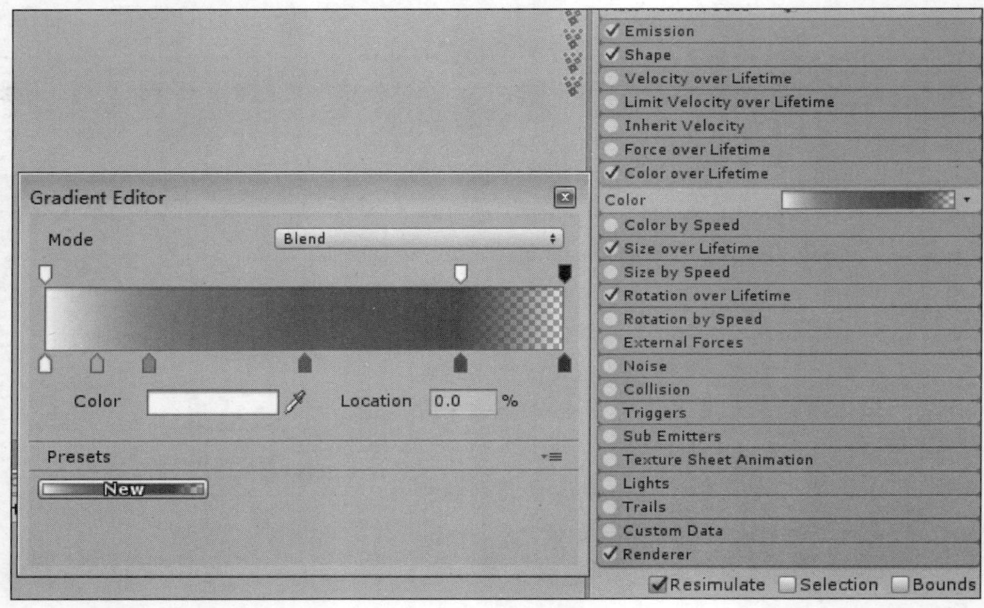

图 12-66　粒子模块

- Emission：粒子的发射速度，如图 12-67 所示，通常可以通过设置 Rate over Time 的值决定每秒发射多少个粒子。有一种情况我们需要粒子在一瞬间爆发，或者固定循环发射几次，这时可以设置 Bursts，Time 表示延迟时间，Count 是粒子发射数，Cycles 是发射循环次数，Interval 的值越大，循环间隔时间越短。

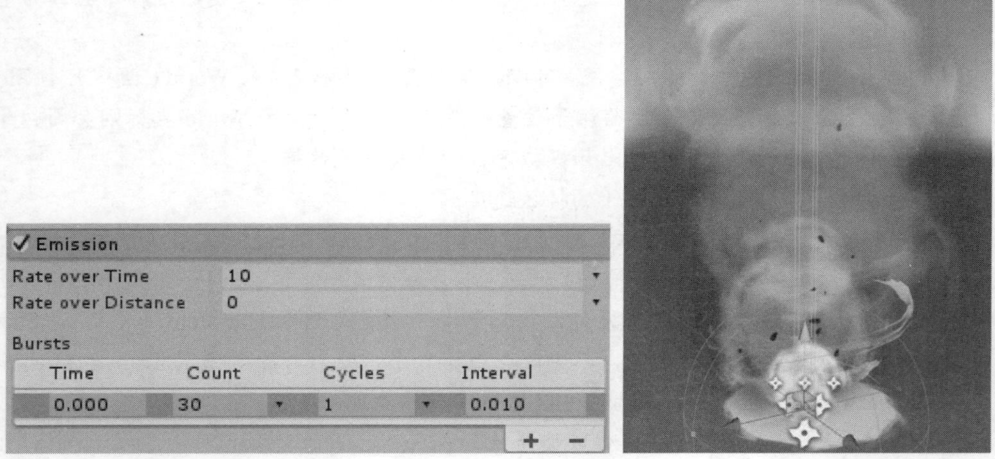

图 12-67　爆发的粒子

- Shape：粒子发射器的形状，包括圆形、锥形等，甚至可以将模型作为粒子发射器。我们可以通过旋转粒子 Transform 改变粒子喷射的方向，如图 12-68 所示。

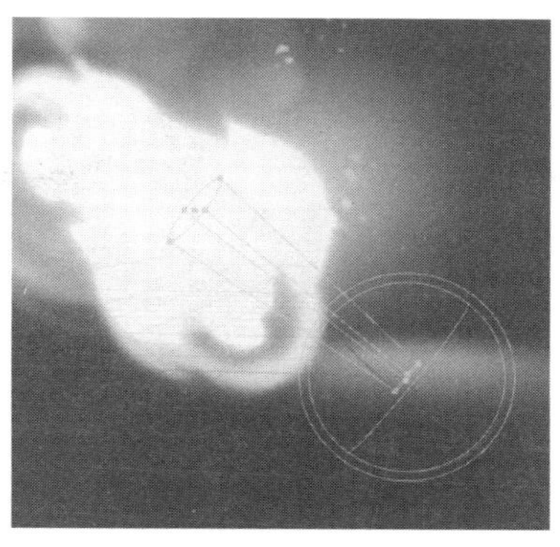

图 12-68　粒子发射器的形状和方向

- Rotation over Lifetime：粒子喷射期间的旋转，如图 12-69 所示，将粒子旋转的速度设置的非常快。

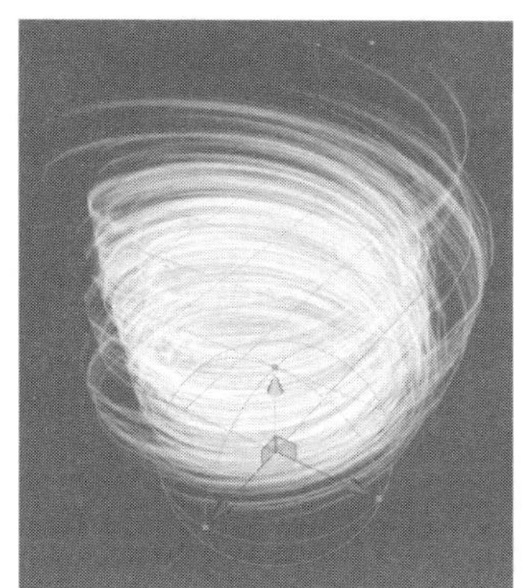

图 12-69　快速旋转的粒子

- Collision：粒子碰撞，比如下雨粒子效果，当雨点落在地面上时，与地面发生碰撞，如图 12-70 所示。

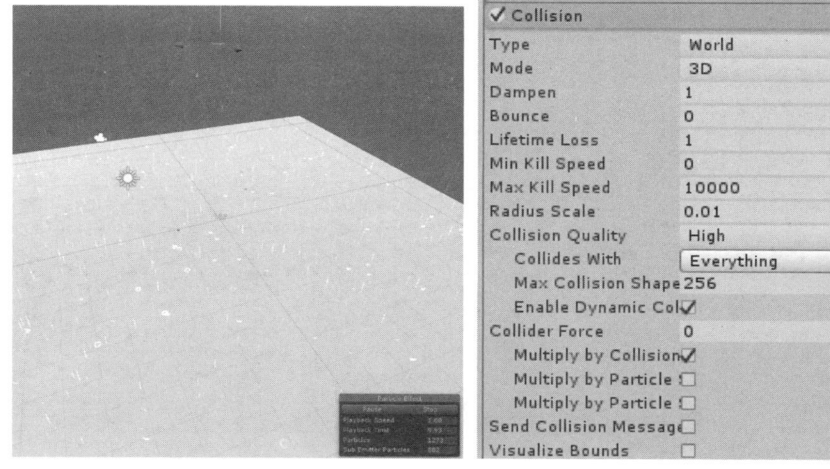

图 12-70　粒子与地面发生碰撞

- Sub Emitters：次一级粒子发射器，如图 12-71 所示，将其喷射条件设为 Death（死亡），然后选择旁边的小圆圈可以设置另一个粒子作为再生粒子（注意再生粒子不要开启自身的 Emission）。这个功能适合比如下雨粒子，与地面发生碰撞后消失，然后发射一个涟漪效果粒子。

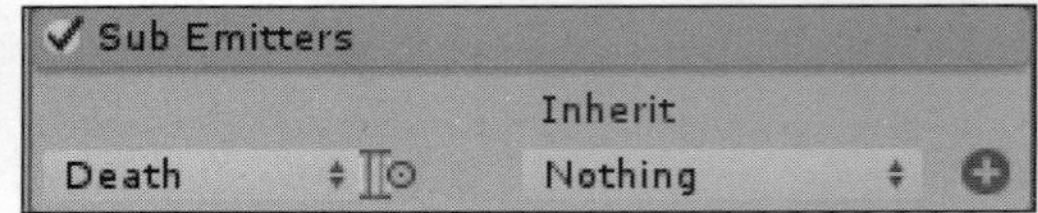

图 12-71　次一级粒子发射器

- Texture Sheet Animation：贴图动画，使用动画帧作为粒子的贴图，适合表现比较有特点的粒子效果，比如爆炸，如图 12-72 所示。

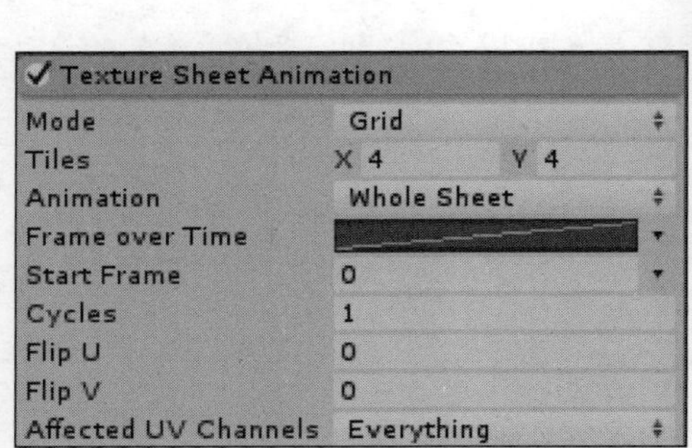

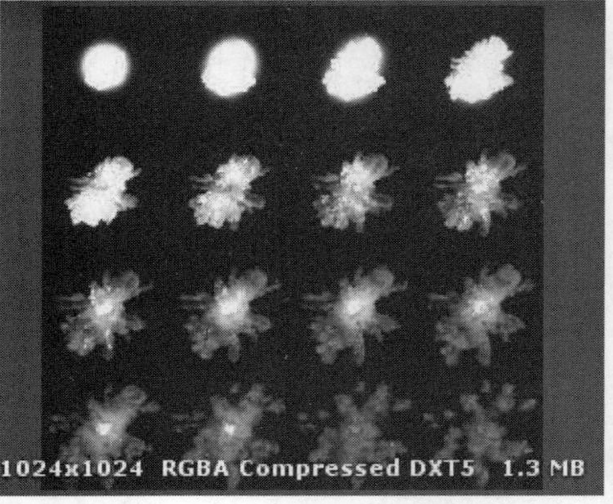

图 12-72　贴图

- Renderer：渲染设置，在 Material 中可以指定粒子的材质，粒子的材质是专用的 Particles 类型，如图 12-73 所示。粒子也可以投射阴影（Cast Shadows）和接收阴影（Receive Shadows），默认是关闭的。注意 Sorting Layer、Order in Layer 与 2D Sprite 中的层排序是相当的，值越大，显示越在前面。

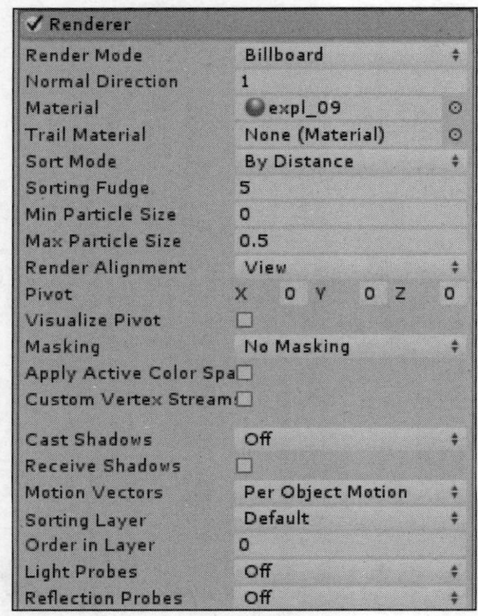

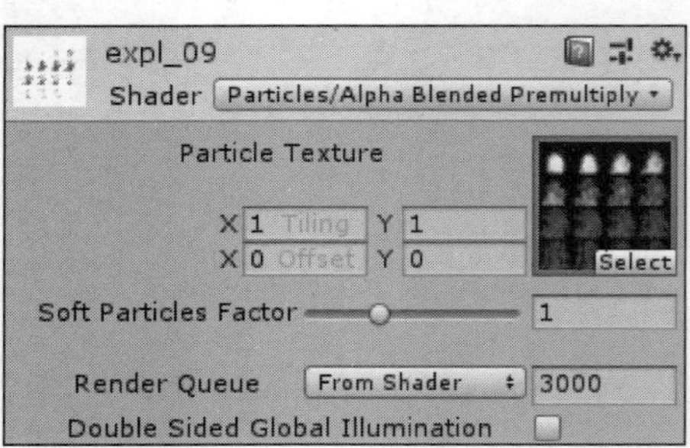

图 12-73　渲染设置

- Renderer – Render Mode：设置渲染模式，主要决定粒子的对齐方向，默认为 Billboard，粒子将总是对齐摄像机；Stretched Billboard 可以使粒子按不同轴向拉伸，如图 12-74 所示。Mesh 模式甚至允许使用一个模型作为粒子。有时候可能不希望粒子的角度与摄像机或旋转角度有关，如图 12-75 所示，选择 Horizontal Billboard 模式，粒子底部效果的方向将永远与 xz 轴平行。

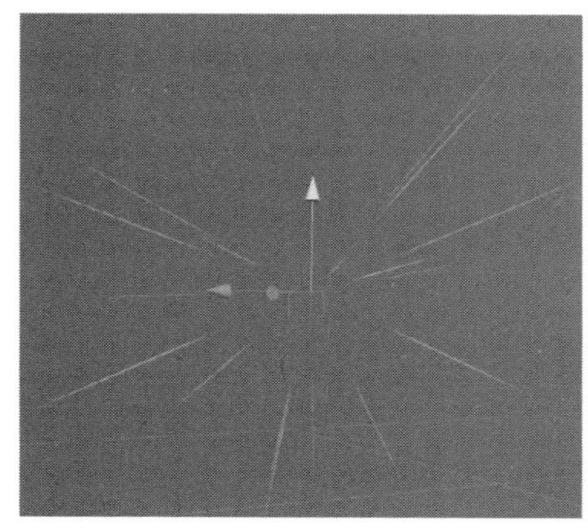

图 12-74　拉伸效果

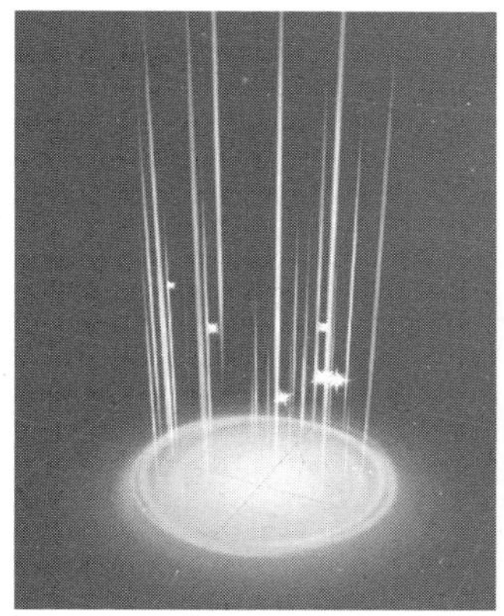

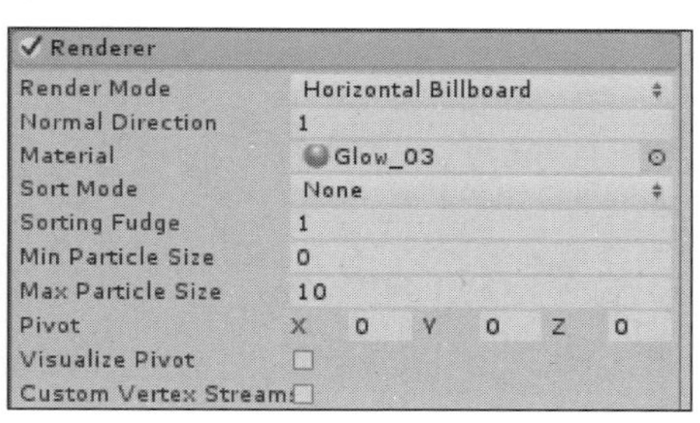

图 12-75　粒子底座效果的方向永远与 xz 轴方向平行

- Renderer - Sort Fudge：这个值越低，粒子越优先显示于其他透明物体前方。
- Renderer – Min/Max Particle Size：粒子在屏幕上显示的最小值和最大值。设最大值主要是为了防止粒子的位置距离摄像机特别近时盖住镜头。

12.9　物理设置

Unity 内部使用的物理引擎可以用来模拟刚体、布料等物理效果，物理引擎有 3D 和 2D 区分且功能近似，2D 物理引擎仅针对 xy 轴向。我们可以在游戏中模拟真实的物理效果，比如重力、碰撞等，可以使用刚体碰撞模拟角色与场景之间的碰撞，使角色不能从墙中穿过去。此外，常用的物理功能还包括射线、触发器等。本节只对物理设置做简单介绍。

如图 12-76 所示，场景中包括一个 Unity 的 Plane（平面）和 Sphere（球体）。选择球体，在菜单栏中选择【Component】→【Physics】→【Rigidbody】，即可给球体添加一个刚体组件，默认【Use Gravity】复选框为选中状态表示受重力影响。运行程序，球体会模拟刚体物理自然下落，碰到平面的阻挡后停止下落。

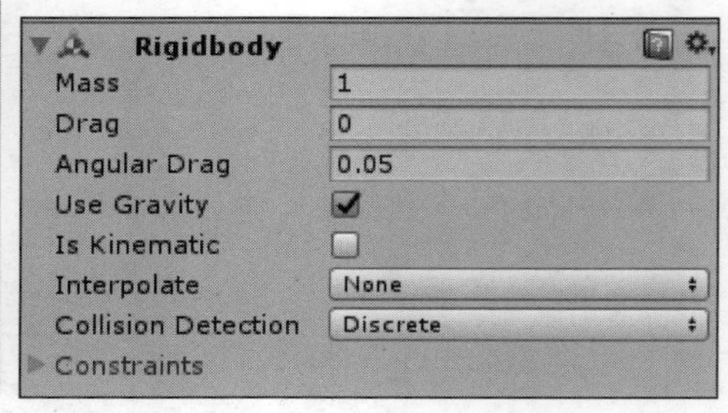

图 12-76　刚体组件

Unity 的 Plane（平面）和 Sphere（球体）都默认自带了碰撞组件，如图 12-77 所示。Mesh Collider（多边形碰撞）会提供多边形精确碰撞，一般用于比较复杂的形状。Sphere Collider（圆形碰撞）是球形的碰撞体，对近似球形的模型加一个 Sphere Collider 比 Mesh Collider 效率要高很多。Unity 还提供了 Box Collider（立方体碰撞）、Capsule Collider（胶囊碰撞）等其他碰撞体。只有碰撞体并不会发生物理碰撞，一定要对参与碰撞的模型添加 Rigidbody 组件才能模拟刚体的物理运动。

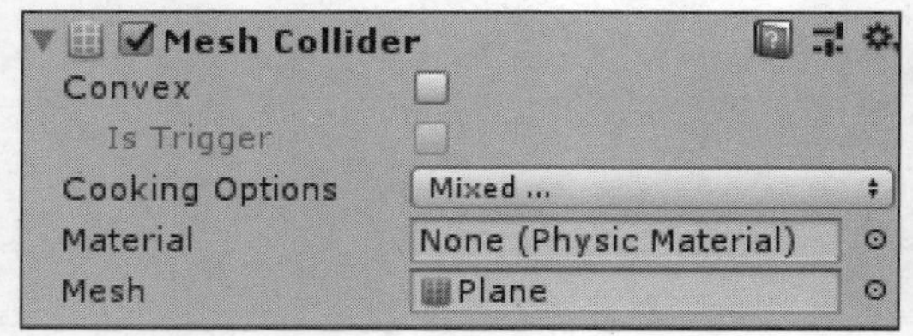

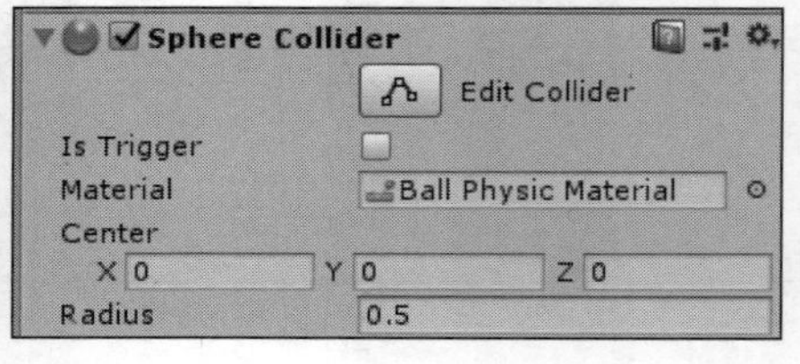

图 12-77　多边形和球形碰撞体

默认的刚体碰撞，球体落到平面上后不会有任何弹力，我们可以为它设置“物理材质”改变它的物理表现。在 Project 窗口中单击鼠标右键，选择【Create】→【Physic Material】，创建一个物理材质，将【Bounciness】设为 0.9，增加弹跳力。将这个物理材质指定给球形碰撞体的 Material，如图 12-78 所示。运行程序，球体掉落到平面上后会弹动几下再停止下来。

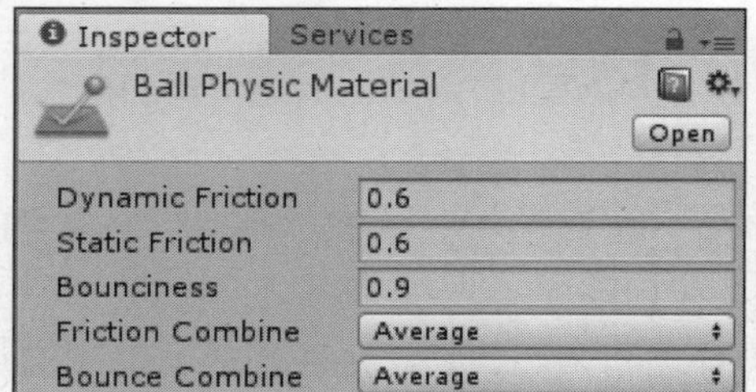

Sphere Collider
Edit Collider
Is Trigger
Material Ball Physic Material
Center
X 0 Y 0 Z 0
Radius 0.5

图 12-78　多边形和球形碰撞体

12.10　游戏资源

Unity 中的美术资源主要包括 3D 模型、动画和贴图，同时也支持如 Wave、MP3、Ogg 等音效格式，导入这些资源的方式是一样的，只要将它们复制/粘贴到 Unity 工程路径内即可，开发者可以自定义路径结构管理资源，就像在 Windows 资源管理器上操作一样。

Unity 支持多种 3D 模型文件格式，如 3ds Max、Maya 等。大部分情况下，可以将 3D 模型从 3D 软件中导出为 FBX 格式到 Unity 中使用。

并不是所有导入到 Unity 工程中的资源都会被使用到游戏中，这些资源一定要与关卡文件相关才会被加载到游戏中。除此之外，还有两种方式可以动态地加载资源到游戏中：一种是将资源制作为 AssetBundles 上传到服务器，或放到 Unity 工程内的 StreamingAssets 文件夹内，动态加载到游戏中；另一种方式是将资源复制到工程内的 Resources 文件夹内，无论是否在游戏中引用了 Resources 路径下的资源，该路径内的资源都会被打包到游戏中。

12.10.1　贴图

无论是 2D 游戏还是 3D 游戏，都需要使用大量的图片资源。Unity 支持 PSD、TIFF、JPEG、TGA、PNG、GIF、BMP 等很多常见图片格式。大部分情况下，推荐使用 PNG 格式的图片，它的容量更小且有不错的品质。

默认的 Texture Type （贴图类型）是 Default 类型，也是最常用的贴图类型，主要作为 3D 模型材质，其大小必须是 2 的 N 次方，如 16×16、32×32、128×128 等。在 Compressed 中可以设置压缩的质量，Unity 提供的预览功能可以查看压缩格式和图片压缩后的大小，如图 12-79 所示。注意，当需要在 Unity 内缩放图像，Resize Algorithm（缩放算法）会影响到缩放后的图像效果。

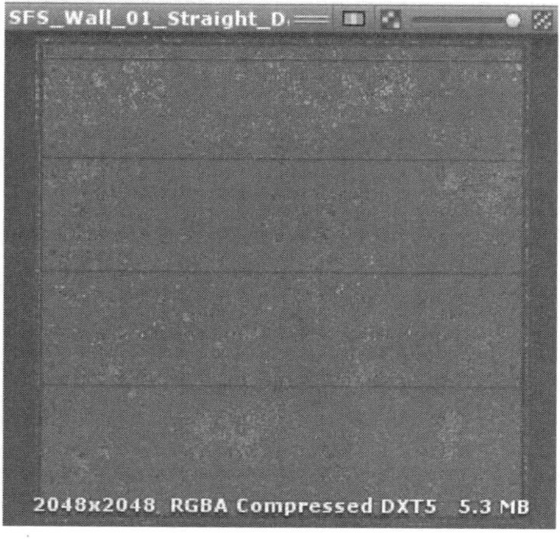

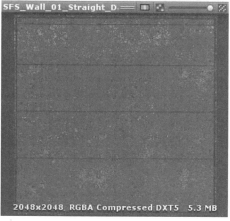

图 12-79　默认的贴图类型

如果将图片作为 UI 或 2D 游戏的精灵使用，需要将 Texture Type 设为 Sprite。将 Sprite 设置 Compressed 进行压缩后，画面质量可能会受到影响（非 2 的 N 次方大小在有些平台不能压缩）。此外，游戏画面对 2D 图像缩放后，2D Sprite 的 Filter Mode 设置对游戏中图像的缩放后效果也有较大影响。

12.10.2　在 3ds Max 中创建法线贴图

法线贴图（Normal Map）可以将高精度模型的细节展现在低精度模型上，这种技术已经在游戏中得到了非常广泛的运用。本节将演示使用 3ds Max 创建法线贴图并导入到 Unity 中使用的基本步骤。

步骤 01　首先要在 3ds Max 中创建一个低精度模型（用于游戏中）和一个高精度模型，如图 12-80 所示。低精度模型的 UV 需要全部展开。

图 12-80　用于创建法线贴图的模型

步骤 02　选择低精度模型，按 0 键打开烘焙贴图窗口，然后在 Path 中选择贴图的保存路径，如图 12-81 所示。

步骤 03　在【Output】（输出）选项组中单击【Add】按钮，然后选择 NormalMap，并选择 File Name and Type 设置贴图的保存格式、名称等，如图 12-82 所示。

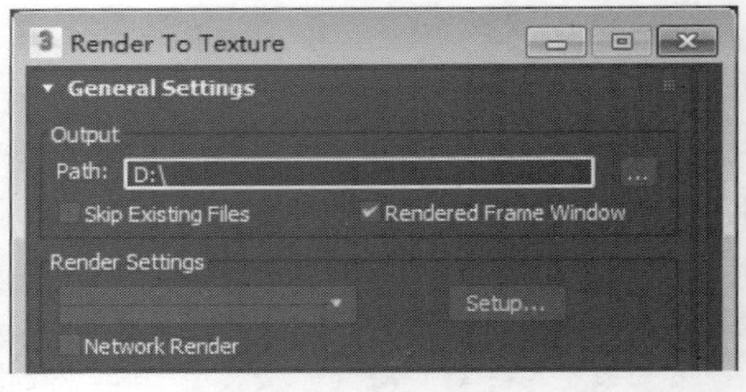

图 12-81　设置烘焙贴图保存路径

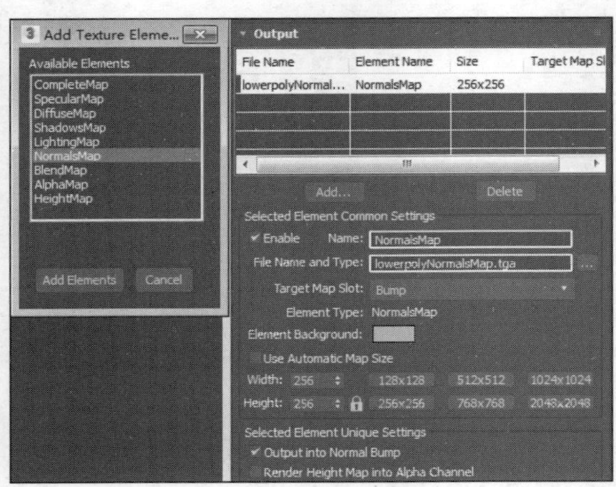

图 12-82　添加烘焙信息

步骤 04　在【Objects to Bake】选项组中单击【Pick】按钮，选择高模，在 Mapping Coordinates 中设置模型的 UV 通道（默认采用自动 UV 拆分），如图 12-83（左图）所示。选择【Options】，将 Green（绿色通道）设为 Up（上），如图 12-83（右图）所示。

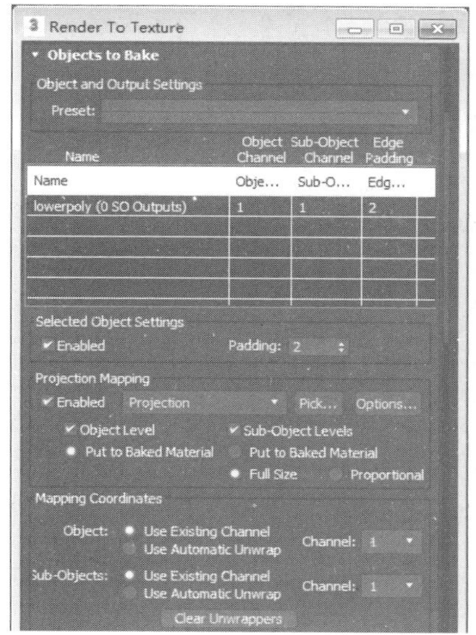

图 12-83　设置高精度模型和反转绿色通道

步骤 05　选择【Render】烘焙法线贴图，将低精度模型和法线贴图导入 Unity，注意要将法线贴图的类型设为 Normal map，最后的效果如图 12-84 所示。

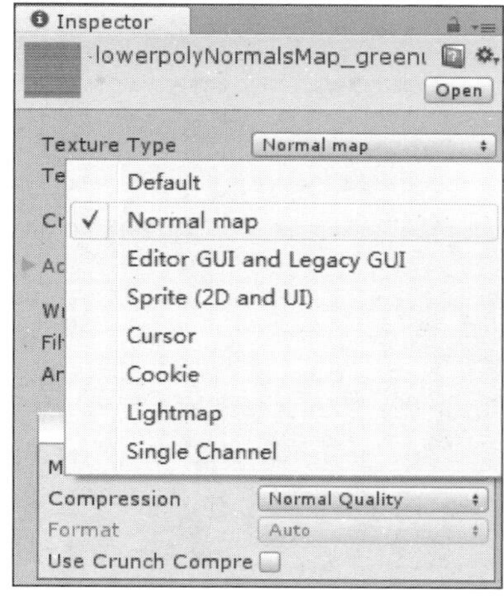

图 12-84　导入法线贴图

12.10.3　3ds Max 静态模型导出

3ds Max 是最流行的 3D 建模、动画软件，可以使用它来完成 Unity 游戏中的模型或动画，将模型或动画导出为 FBX 格式到 Unity 中使用。3ds Max 静态模型（没有动画的模型）的制作和导出流程可以遵循下列步骤和规范。

步骤 01 在 3ds Max 菜单栏中选择【Customize】→【Units Setup】，将单位设为 Meters（m），然后选择【System Unit Setup】，将 1 Unit 设为 1 Centimeters（cm），如图 12-85 所示。这时 3ds Max 中的 1m 相当于 Unity 中的 1 个单位。

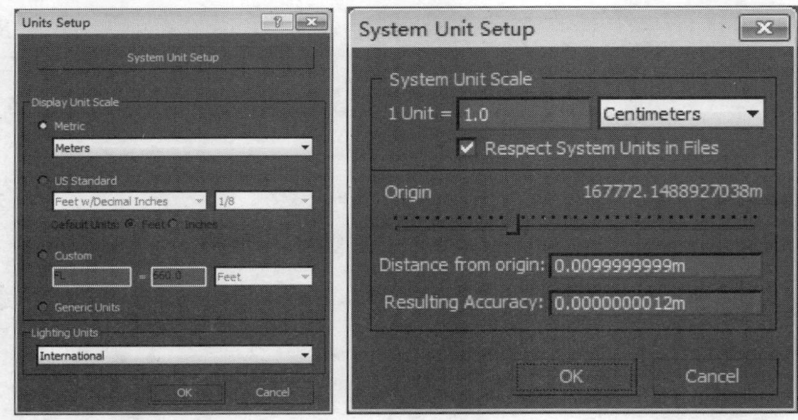

图 12-85 设置 3ds Max 单位

步骤 02 完成模型、贴图的制作，确定模型的正面面向 Front 视窗。如果需要在 Unity 中对模型使用 Lightmap，一定要给模型制作第 2 套 UV。

步骤 03 如果没有特别需要，通常将模型的底边中心对齐到世界坐标原点（0，0，0）的位置。方法是确定模型处于选择状态，在 Hierarchy 面板中选择 Affect Pivot Only，将模型轴心点对齐到世界坐标原点（0，0，0）的位置。

步骤 04 在 Utilities 面板中选择 Reset Xform，将模型坐标信息初始化。

步骤 05 在 Modify 窗口中单击鼠标右键，选择【Collapse All】将模型修改信息全部塌陷。

步骤 06 按 M 键打开材质编辑器，确定材质名与贴图名一致，否则模型导入 Unity 后默认可能找不到贴图，如图 12-86 所示。

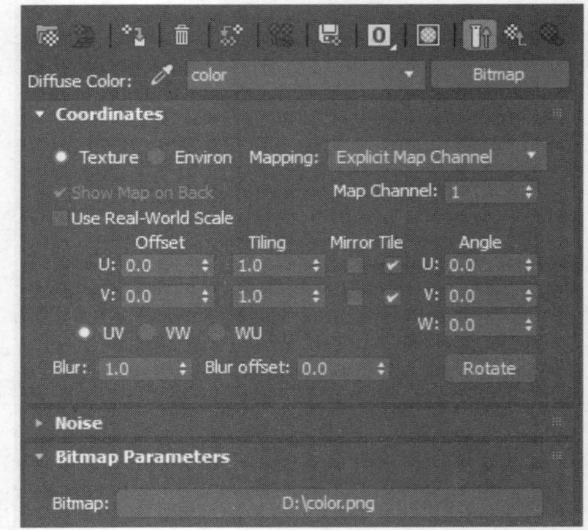

图 12-86 3ds Max 保持材质名称与贴图名称一致

步骤 07 选中要导出的模型，在菜单栏中选择【File】→【Export】→【Export Selected】，选择 FBX 格式，打开导出设置窗口，可保持大部分默认选项，取消选中【Animation】复选框，确定单位设为【Centimeters】且 y 轴向上，单击【OK】按钮导出模型，如图 12-87 所示。

步骤 08 将导出的模型和贴图复制粘贴到 Unity 工程路径 Assets 文件夹内的某个位置，即可导入到 Unity 工程中。注意，要把相关贴图文件也一起复制过去。

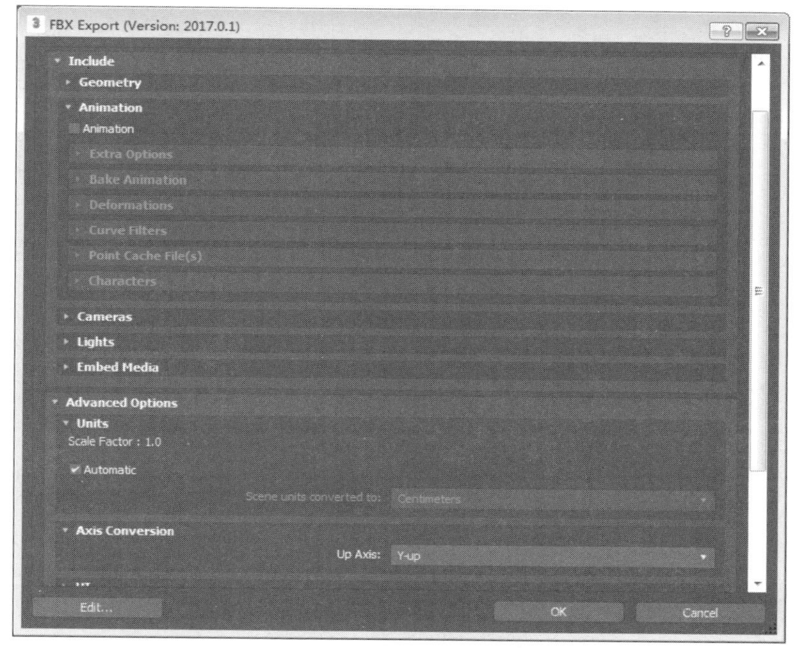

图 12-87　3ds Max 导出设置

12.10.4　3ds Max 动画导出

动画模型是指那些绑定了骨骼并可以动画的模型，模型和动画通常可以分别导出、动画模型的创建流程可以先参考前一节步骤 1~6，然后还需要执行如下步骤：

步骤 01　使用 Skin 绑定模型。

步骤 02　创建一个 Helper 物体（如 Point）并放到场景中的任意位置，这么做的目的是为了使导出的模型和动画的层级结构一致。

步骤 03　选择模型（仅导出动画时不需要选择模型）、骨骼和 Helper 物体，在菜单栏中选择【File】→【Export】→【Export Selected】打开导出设置窗口，注意要选中【Animation】复选框才能导出绑定和动画信息，其他设置与导出静态模型基本相同。

模型文件可以与动画文件分开导出，但模型文件中的骨骼与层级关系一定要与动画文件一致。仅导出动画的时候，不需要选择模型，只需要选择骨骼和 Helper 物体导出即可。

动画文件的命名建议按“模型名@动画名”的格式命名，比如模型命名为 Player，动画文件即可命名为 Player@idle、Player@walk 等。

12.10.5　Maya 模型导出

Maya 也是一款非常流行且功能强大的 3D 动画软件，它的内部坐标系统与 Unity 一样都是 y 轴向上，非常适合完成 Unity 游戏的模型工作，下面是一个基本的工作流程参考。

步骤 01　在 Maya 的菜单栏中选择【Window】→【Settings/Preference】→【Preferences】，将单位设为 meter，然后单击【Save】按钮保存退出，如图 12-88 所示。

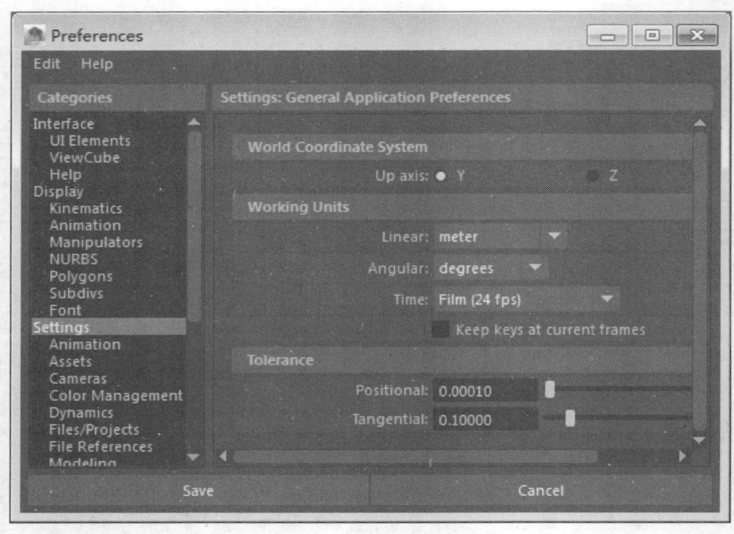

图 12-88 Maya 单位设置

步骤02 完成模型、贴图的制作，确定模型的正面面向 Front 视窗。如果需要在 Unity 中对模型使用 Lightmap，一定要给模型制作第 2 套 UV。

步骤03 如果没有特别需要，通常将模型的底边中心对齐到世界坐标原点（0，0，0）的位置。方法是选择模型，按 Insert 键，然后按住 X 键将模型轴心点对齐到世界坐标原点（0，0，0）的位置。

步骤04 在菜单栏中选择【Modify】→【Freeze Transformations】，将坐标信息归零。

步骤05 在菜单栏中选择【Edit】→【Delete All by Type】→【History】，将历史记录清空。

步骤06 选择需要导出的模型，在菜单栏中选择【File】→【Export Selection】，将导出格式设为 FBX，如果不需要导出动画，可以取消选中【Animation】复选框，然后将【Units】设为 Centimeters，最后单击【Export】按钮导出，如图 12-89 所示。

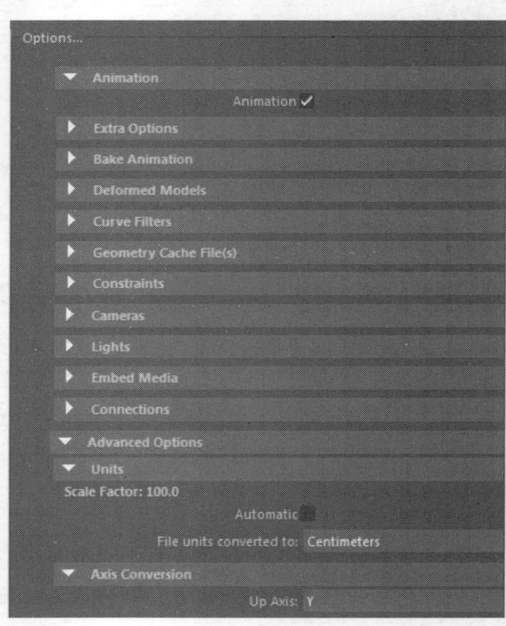

图 12-89 Maya 的 FBX 导出设置

12.11 Unity 两足动画系统

Unity 的骨骼动画系统称作 Mecanim，它使用一个叫作状态机的系统控制动画逻辑，更容易实现动画过渡、IK、动画 retargeting（将同一个动画使用到不同的模型上）等功能。

12.11.1　修改 3ds Max 两足动画骨骼

Mecanim 的两足动画系统（Humanoid）允许不同骨骼设置的角色模型重用现有的动画资源，但这套系统对骨骼的层级结构有一定的要求。在 3ds Max 中，通常是使用 Biped 两足动画系统制作角色动画，但这套系统默认的骨骼层级结构并不符合 Unity 两足动画的要求，需要略加修改。

Humanoid 角色上身最多只能使用 3 根骨骼。如图 12-90 所示，左图为 3ds Max 默认的 Biped 骨骼，上身有 4 根脊柱；右图精简了上身的脊柱（将 Biped 骨骼的 Spine Links 设为 3 或更少），脚部也只需要脚掌和脚趾两根骨骼（将 Toe Links 设为 1）。

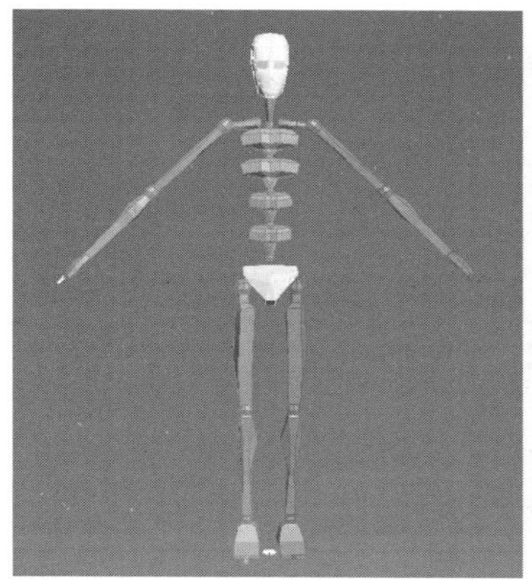
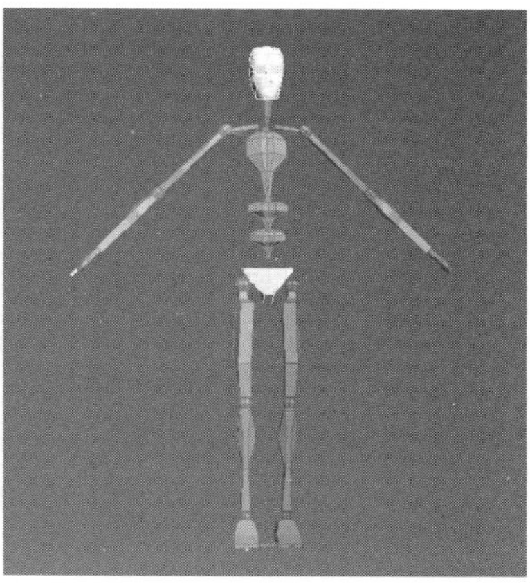

图 12-90　减少 3ds Max Biped 骨骼数量

默认 Biped 的大腿是链接到最下面的脊柱（Spine），修改方式是将大腿（Thigh）链接到骨盆（Pelvis）；默认 Biped 的锁骨（Clavicle）链接到脖子（Neck），修改方式是要将其链接到最上面的脊柱（Spine2），如图 12-91 所示。

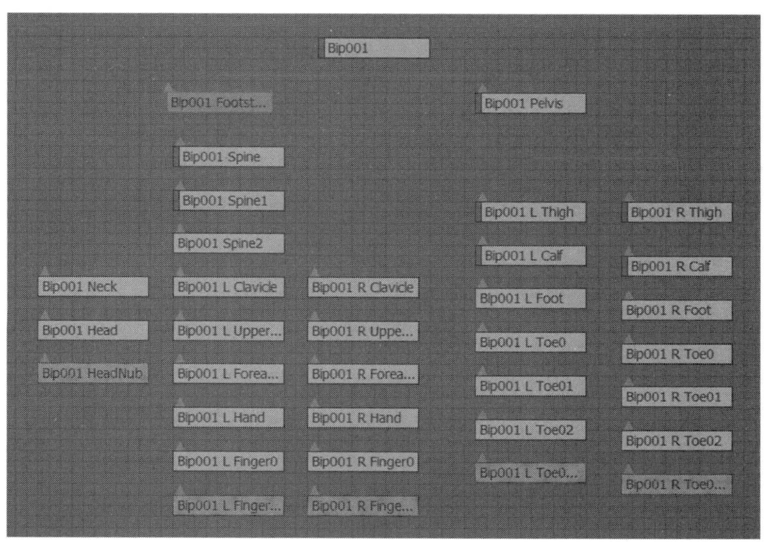

图 12-91　改变 3ds Max Biped 骨骼层级

12.11.2　导入 3ds Max 两足角色到 Unity

将使用 3D 动画软件制作的两足角色导入 Unity 后，默认其 Rig（装配）是 Generic（普通）类型，将其修改为 Humanoid 类型，即可在不同骨骼重用现有的角色动画，如图 12-92 所示。注意，设置为 Humanoid 类型的骨骼必须遵循两足角色骨骼的规范。

单击【Configure…】按钮，可以对骨骼进行设置，如果在 3D 软件中骨骼设置的比较好，这里就会自动设置好，如图 12-93 所示。

图 12-92　改变 Rig 类型

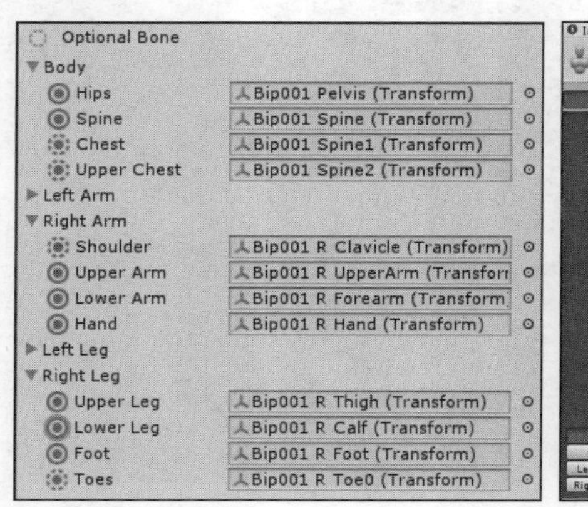

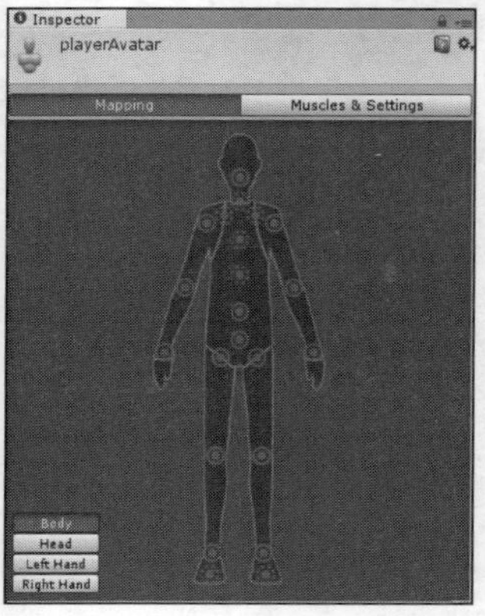

图 12-93　设置 Humanoid 骨骼

骨骼的设置信息将会保存到模型的 Avatar 中。通常除了导入角色模型，还会导入很多相关的角色动画文件，选择【Copy From Other Avatar】，可以直接使用已经设置好的角色 Avatar，如图 12-94 所示。

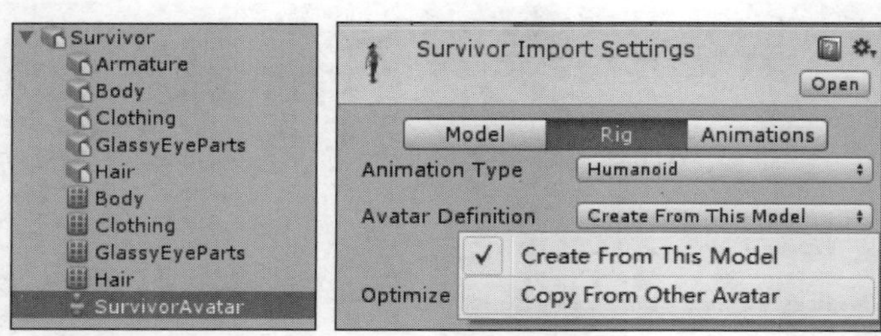

图 12-94　复制 Avatar

12.11.3　导入角色动画到 Unity

骨骼动画模型，默认会添加一个 Skinned Mesh Renderer 组件，在 Quality 中可以设置最大骨骼权重影响（在质量设置中可以统一设置）。另外，如果播放角色动画，则需要一个 Animator 组件，如图 12-95 所示。Unity 的角色动画有 Root Motion 和非 Root Motion 之分。使用 Root Motion，动画中的位移、旋转直接会改变当前游戏体 Transform 的位置和旋转；不使用 Root Motion，动画中的位移、旋转不会对当前游戏体 Transform 的位置、旋转造成任何影响。

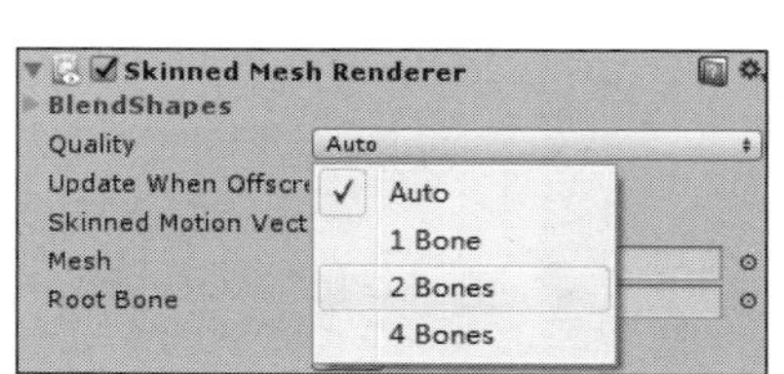

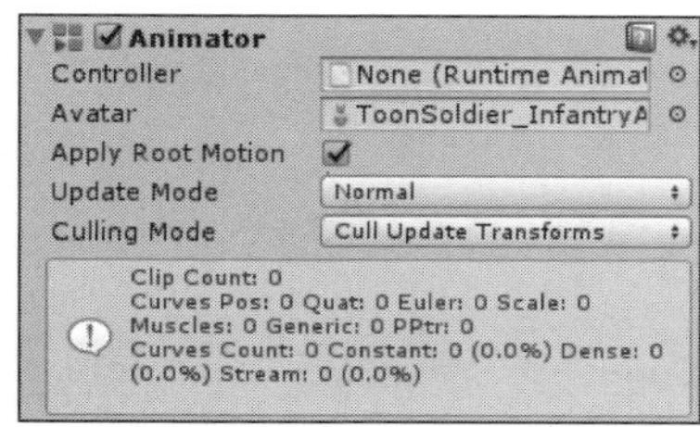

图 12-95　Root Motion 开关

当导入动画后，如果取消使用 Root Motion，有时可能会发现动画效果比较奇怪，这时可以尝试选中【Bake Into Pose】复选框解决这个问题，如图 12-96 所示。选中【Loop Time】复选框，可以循环播放动画。在导入动画窗口的最下方可以预览当前动画，因为有的动画文件是不包括模型的，选择【Unity Model】可以使用一个"临时演员"播放动画。

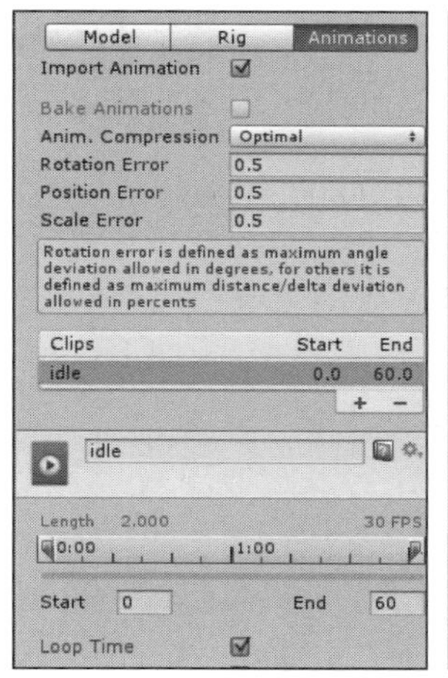

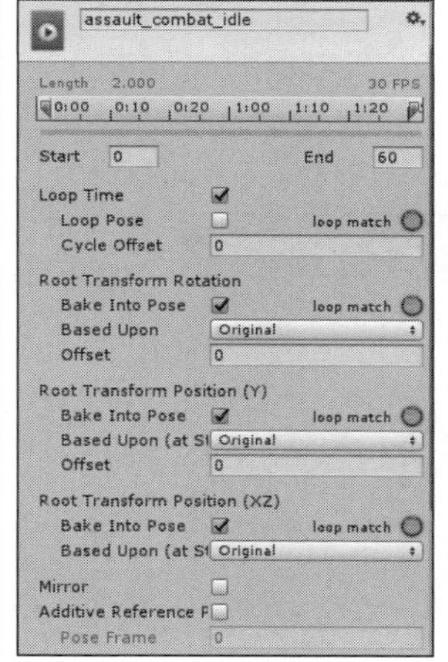

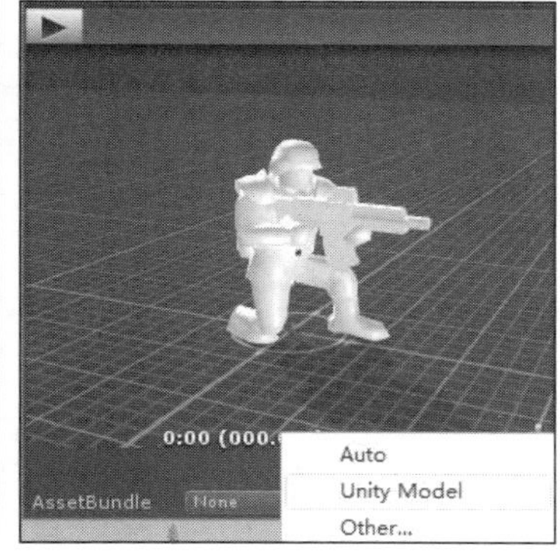

图 12-96　设置动画类型

有时候只需要动画角色的某一部分，比如脸部的动画要与身体分开播放，这时可以在 Mask 中将不需要动画的部分去掉，如图 12-97 所示。

12.11.4　表情动画

在 3D 动画软件中，使用"变形动画"技术模拟面部表情是一种很常见的技术。以 3ds Max 为例，如图 12-98 所示，场景中有两个头，左侧中立表情是我们需要导出的模型，右侧的是目标表情模型（可以有多个），注意不同头部模型的顶点数量必须是一致的。我们给左侧的头部模型加载了 Morpher 动画修改器并引用了另一个模型，最后使用 3ds Max 中的【Export Selected】命令将头的模型导出（不需要选中右侧带有表情的头部模型）为 FBX 文件。

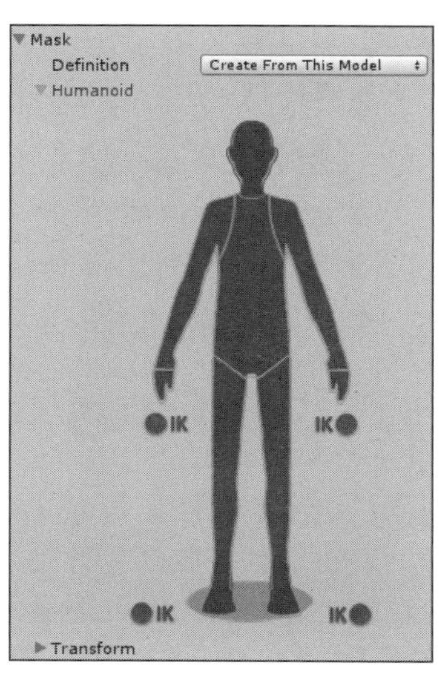

图 12-97　设置 Mask

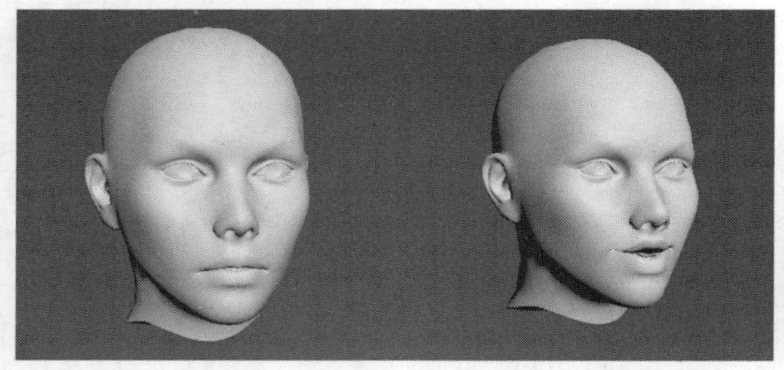

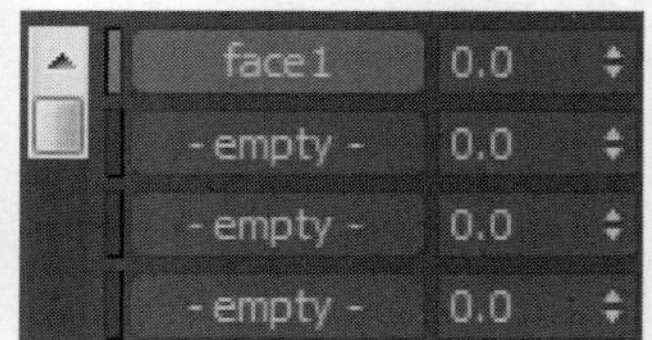

图 12-98　表情模型

将模型导入 Unity 后，【Import BlendShapes】复选框默认为选中状态，如图 12-99 所示。

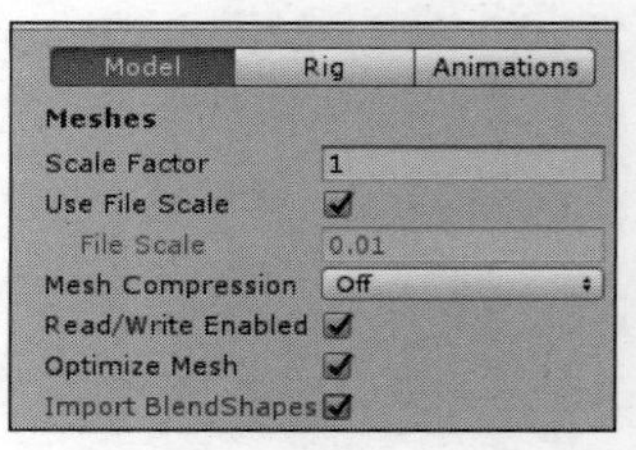

图 12-99　Import BlendShapes 选项

在头部模型的 Skinned mesh Renderer 组件内可以找到【BlendShapes】选项组，其中的名称即是在 3ds Max 软件中加载的表情，将数值调整为 100，可预览到完整的表情变化，如图 12-100 所示。

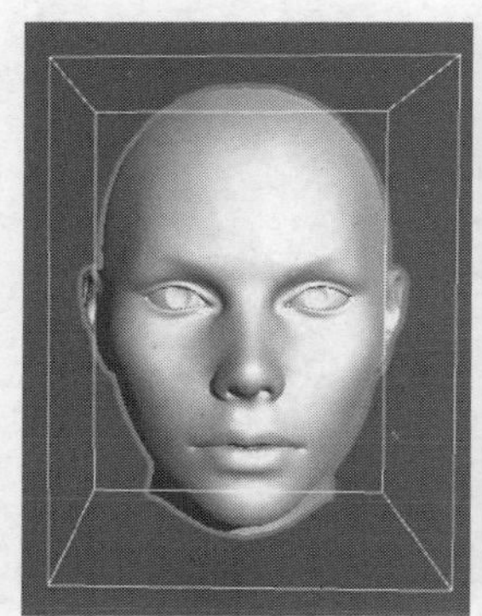

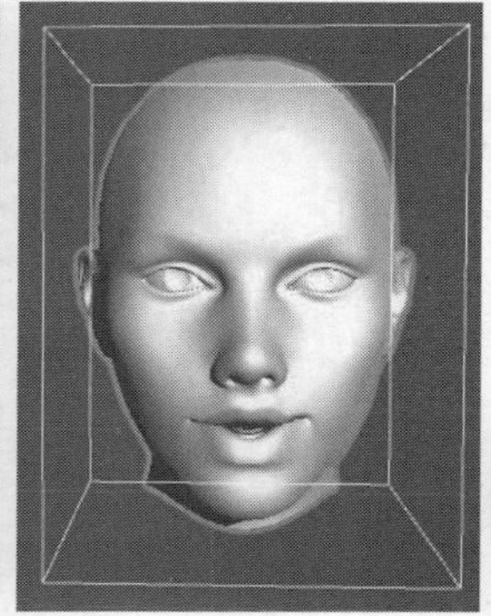

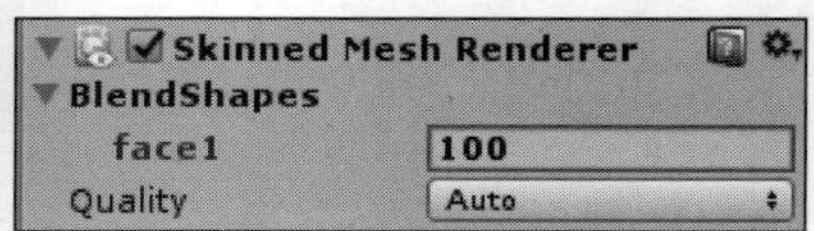

图 12-100　在编辑器中调试表情动画

使用代码调用 BlendShapes 动画也很简单，如下所示。

```
SkinnedMeshRenderer skin = this.gameObject.GetComponent<SkinnedMeshRenderer>();
Debug.Log(skin.sharedMesh.GetBlendShapeName(0));          // 显示表情名称
skin.SetBlendShapeWeight(0, 100);                         // 动画表情权重
```

12.11.5　动画控制器

每个 Animator（动画播放器）必须关联一个 Animator Controller（动画控制器）才能播放动画。在 Project 窗口中单击鼠标右键，选择【Create】→【Animator Controller】创建动画控制器。这个动画控制器可以加载给任何动画 Animator，如图 12-101 所示。

双击动画控制器打开动画控制器设置窗口，然后只将需要的动画拖入这个窗口即可为当前动画控制器加载更多动画。单击左上方 Layers 上的“+”号按钮，添加动画层和动画参数。选择【Set as Layer Default State】设置默认动画，选择【Make Transition】设置动画过渡，如图 12-102 所示。

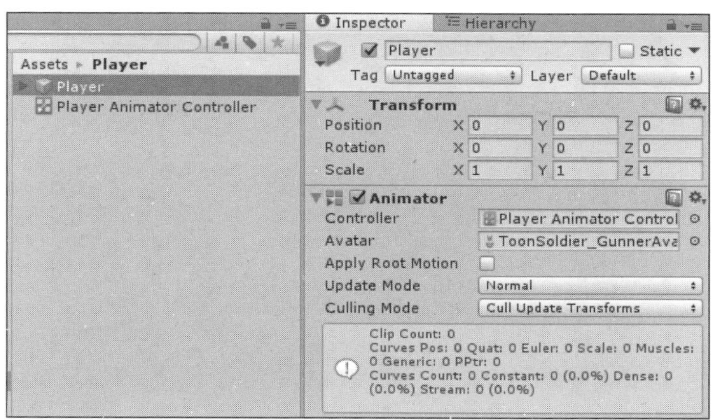

图 12-101　创建动画控制器

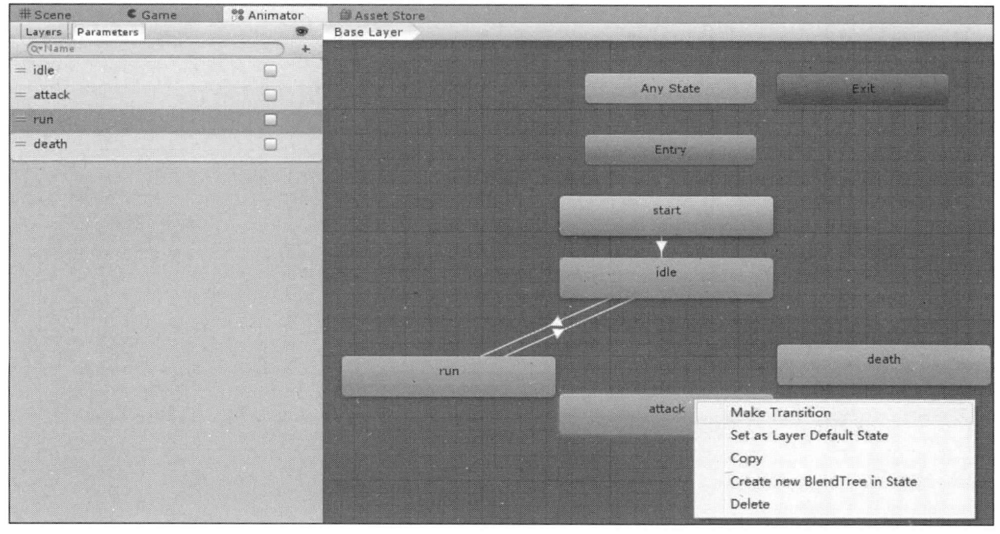

图 12-102　设置动画过渡

现在播放动画，动画会自动播放。游戏中的动画播放是由逻辑或操作控制的，比如按一下鼠标左键，播放某个动画。默认的动画过渡是使用时间控制，我们也可以按条件过渡动画，或者完全使用代码控制。

Unity 还提供了一个 Animator Override Controller，它可以继承其他 Animator Controller 的设置且使用不同的动画，这样就不用重新设置动画的逻辑关系了。

12.12　动画插件 Skele

在 Unity 的 Asset Store 中提供了大量 Humanoid 动画资源，可以重复使用到任何 Humanoid 角色模型上。如图 12-103 所示，右侧的模型是由 Asset Store 购买，它包括一些舞蹈的动画；左侧的模型也是一个标准的 Humanoid 模型，它可以直接使用右侧模型的动画。

图 12-103　重用动画

可以注意到，左侧模型裙子的显示出现了错误，插入到了身体中，这是因为原始的 Humanoid 动画只包括身体部分，裙子部分没有动画。这时，我们就需要为裙子部分添加动画，使其与身体的动画相匹配。然而 Humanoid 动画并不能直接修改，这里我们使用动画插件 Skele 对动画进一步修改，如图 12-104 所示。

图 12-104　动画插件 Skele

因为无法直接修改 Humanoid 动画，所以首先要将 Humanoid 动画转为 Generic 或 Legacy 模式。

步骤 01　复制 Humanoid 角色模型，并转换为 Legacy 模型，如图 12-105 所示。

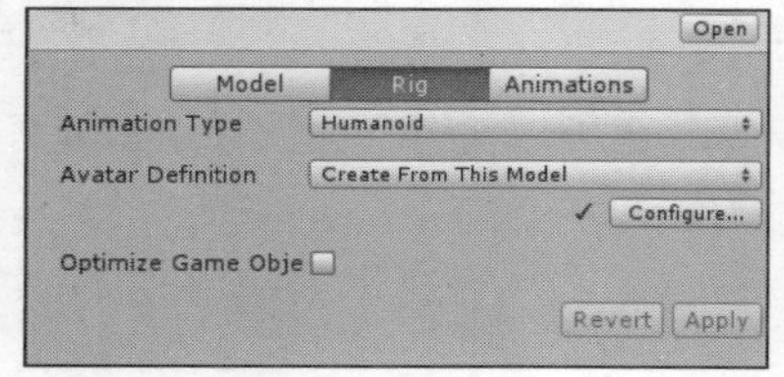

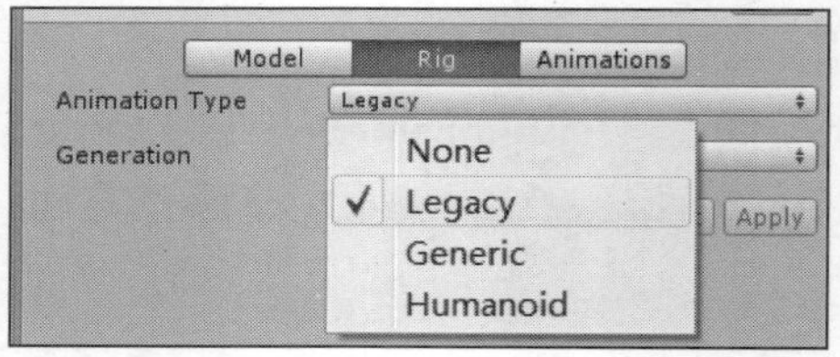

图 12-105　将模型转为 Legacy 模式

步骤 02　在菜单栏中选择【Windows】→【Skele】→【Muscle Clip Converter】，打开动画转换窗口，要确定 Humanoid 模型已经使用了需要转换的动画，将其拖入到 Animator 中，如图 12-106 所示，将 AnimType 设为 Legacy（或 Generic），选择【Convert Animation】保存转换后的动画文件。注意，在保存之后，画面上会出现一个根节点的提示，一定要记住这个节点，因为在后面如果需要将修改后的动画转换回 Humanoid 模式，需要指定一个根节点，即是这个节点，所以如果选择的根节点不正确，将会得到错误的结果。

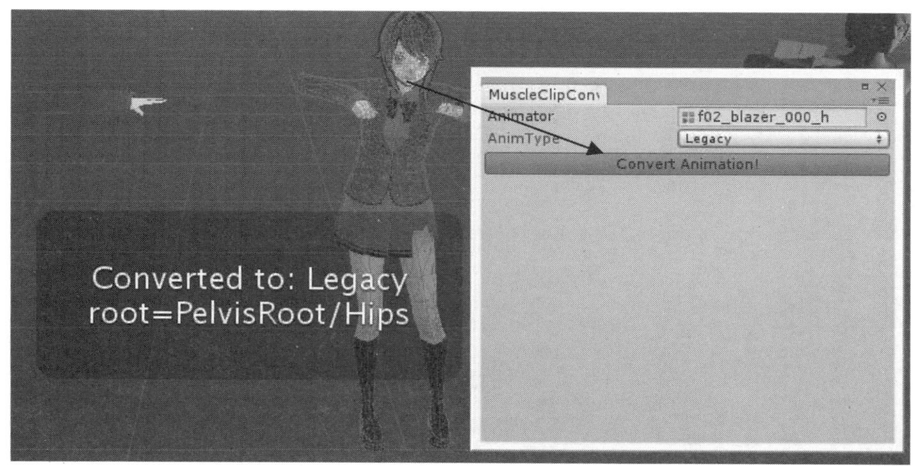

图 12-106　根节点提示

步骤 03　将转换后的.anim 动画指定给 Legacy 模型，Legacy 模型可以正常播放动画，如图 12-107 所示。

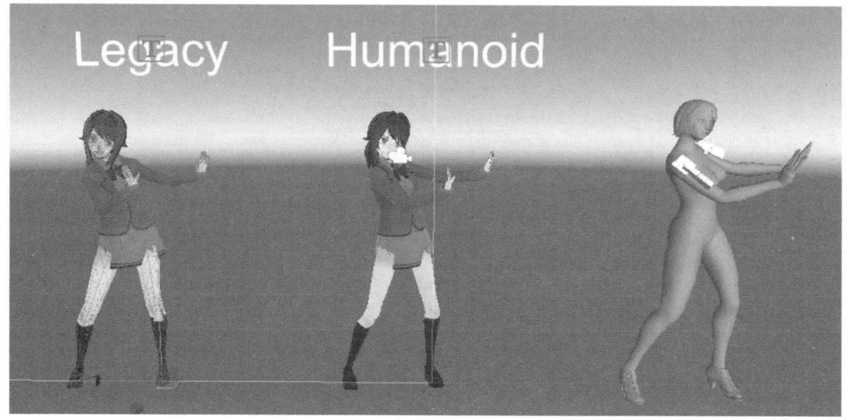

图 12-107　播放转换后的动画

步骤 04　选择 Legacy 模型的蒙皮部分（Skinned Mesh Renderer），然后单击【StartEdit】按钮，然后在 Scene 窗口中选择需要动画的骨骼进行动画，如图 12-108 所示。

Legacy 的动画在修改后，已经不再插入角色的身体，如图 12-109 所示。

经过调整后的 Legacy 动画并不能直接使用到 Humanoid 模型上，我们还需要将其转换回 Humanoid 模式。

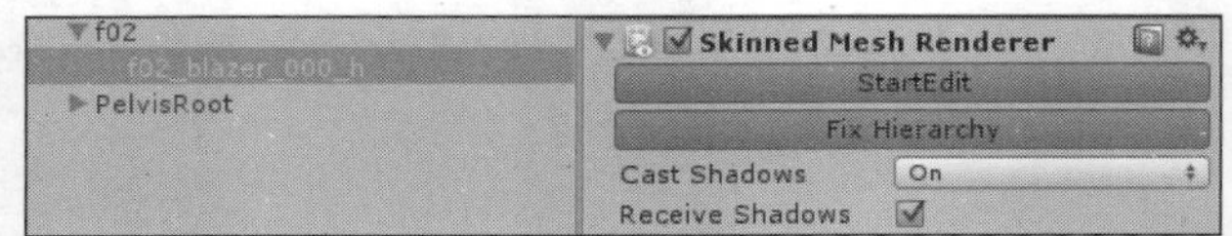

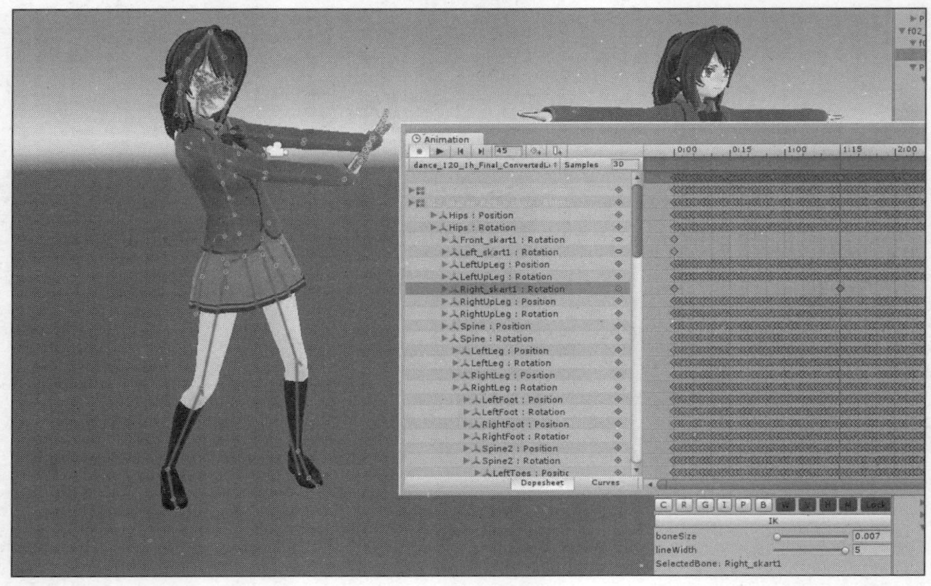

图 12-108　修改动画

图 12-109　修改后效果

步骤 05　在菜单栏中选择【Windows】→【Skele】→【DAE Exporter】打开导出窗口，将 Legacy 模型的“骨骼根节点”拖入到 RootNode 中（这里一定要注意，是骨骼的根节点，而不是角色的根节点），然后选择【AutoFind】指定蒙皮模型，并将修改后的 Legacy 动画拖入到 AnimClip 中，最后单击【Export】按钮导出.dae 动画文件（.dae 格式是一种通用的 3d 模型、动画文件格式），如图 12-110 所示。

步骤 06　将导出的.dae 文件设为 Humanoid 模式，在 Animations 中设置 Mask，要确定参与动画的骨骼（非标准 Humanoid 骨骼）都被选中了，然后就可以将该.dae 文件包含的动画使用到任何 Humanoid 模型上了，如图 12-111 所示。

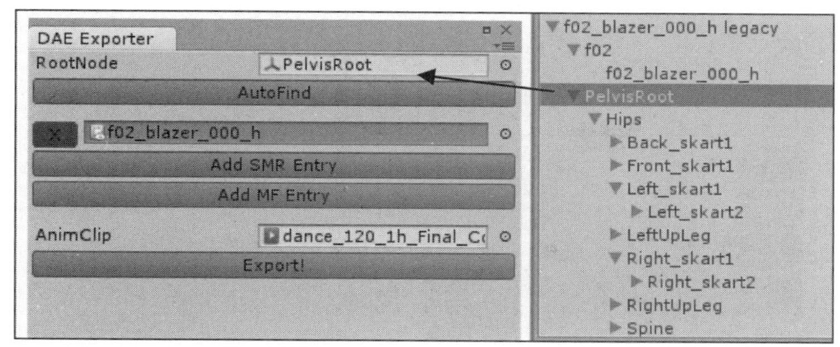

图 12-110 导出动画

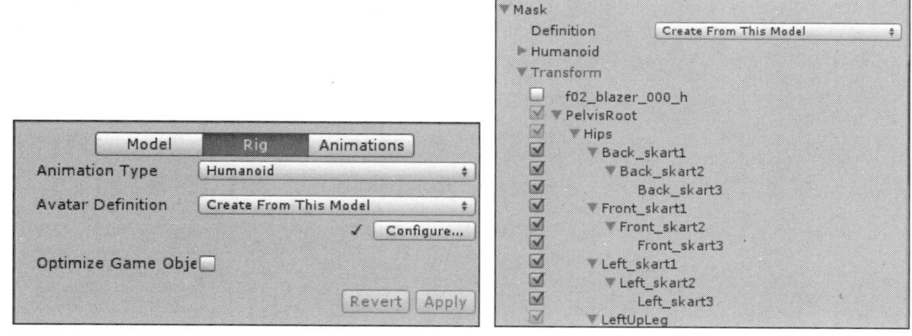

图 12-111 设置动画 Mask

将修改后的动画指定给 Humanoid 模型，播放动画，会发现它的裙子动画也变得正常了，如图 12-112 所示。

图 12-112 修改后的效果

12.13 电影片段制作

现在的很多游戏都需要使用大量的过场动画来表现故事情节。一个常见的需求是将不同的动画片段按需求组合起来连续播放。Timeline 是 Unity 提供的一个非线性动画编辑工具，它可以录制动画，最主要是可以将动画、声音片段按时间编辑起来连续播放。

下面我们将使用 Timeline 完成一个简单的例子：

步骤 01 在 Unity 商城中搜索 Unity-chan，下载免费的角色模型，如图 12-1113 所示。

图 12-113 下载免费角色模型

步骤 02 在菜单栏中选择【Windows】→【Sequencing】→【Timeline】，打开 Timeline 窗口，将角色模型的 Prefab 置入场景并确定处于选择状态，选择 Timeline 窗口中的【Create】为当前角色创建一个.playable 格式的 Timeline 文件保存起来，这步操作同时也会为当前角色模型实例添加一个 Playable Director 组件，如图 12-114 所示。

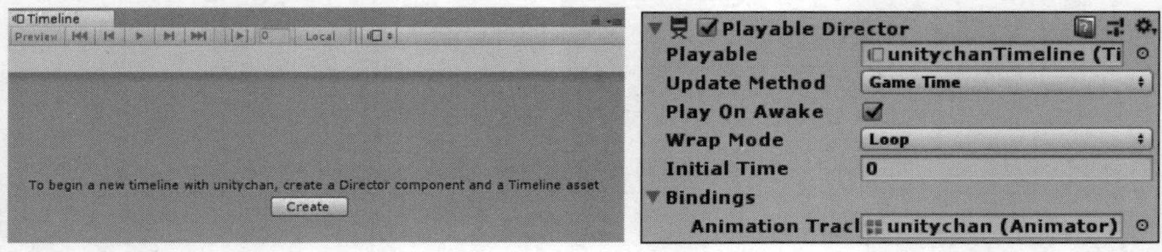

图 12-114 Playable 组件

步骤 03 在 Timeline 窗口右键选择【Add From Animation Clip】，在时间轴上为默认的 Animation Track 添加动画，这里简单添加了一个跑步和待机动画，按住 Ctrl 键拖动可以改变动画片段的时间长度，如图 12-115 所示。

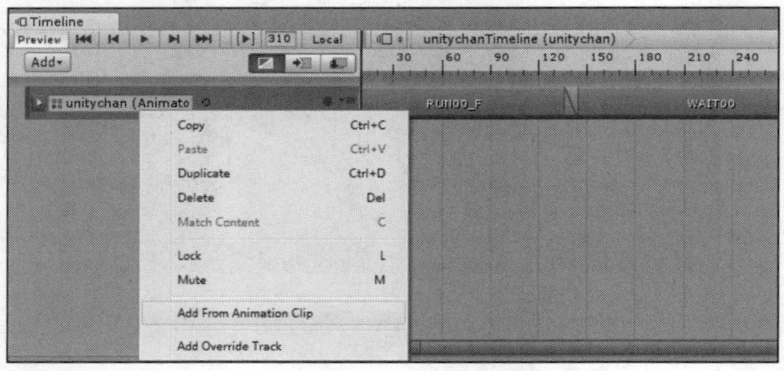

图 12-115 在时间轴上添加动画

步骤 04 在 Timeline 窗口选择“Play”或按空格键可以预览动画。在 Timeline 窗口选择【Add】或右键，然后选择【Animation Track】再添加一个 Animation Track，将当前角色实例拖入到新建的 Animation Track 中，选择红色的小按钮开始录制动画，在场景中根据跑步动画的时间拖动角色移动。最后的动画效果是，先播放跑步动画，角色向前跑步移动，进入待机动画后角色停止移动，如图 12-116 所示。

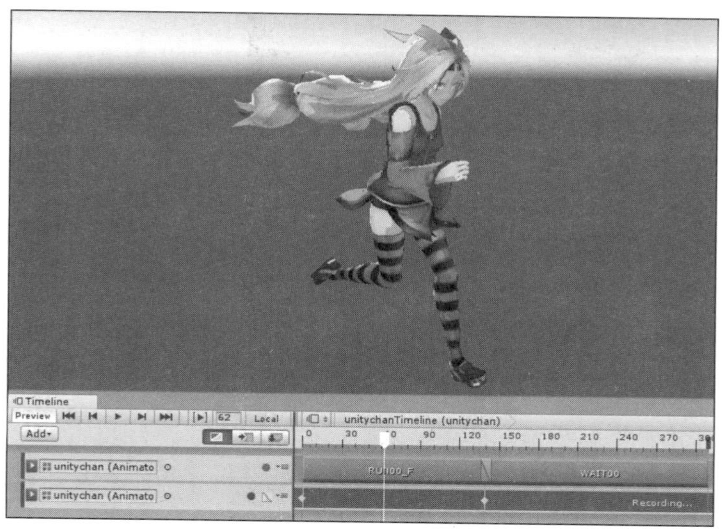

图 12-116 录制动画

在 Timeline 中编辑动画的过程中，我们编辑的就是普通的 Unity 动画，在 Timeline 窗口右键选择【Edit in Animation Window】即可打开 Animation 窗口对关键帧进一步编辑。

步骤 05 Timeline 不但能合成动画，还可以合成声音，这里我们为跑步动画加一个跑步声音。在 Timeline 窗口选择【Add】→【Audio Track】添加音轨，将带有 Audio Source 的游戏体拖入 Audio Track，然后将音效拖放到时间轴相应的位置就可以了，如图 12-117 所示。

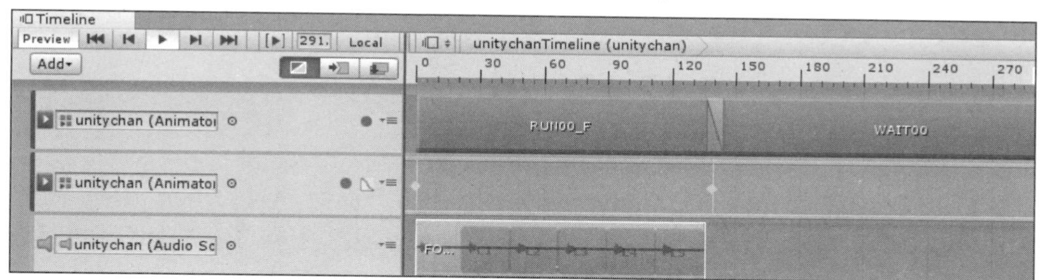

图 12-117 录制动画

因为 Playable Director 的 Play On Awake 默认是选中的，运行游戏即可观看合成好的动画和声音效果，如果取消 Play On Awake，就可以由代码控制何时播放。Playable Director 中默认的 Wrap Mode 是 Loop，动画将循环播放，将其改为 Hold 即可只播放一次。

12.14　美术资源的优化

美术资源的使用会对游戏的性能造成很大的影响，下面列出了一些需要注意的地方，以供参考。

（1）控件模型的顶点数量。

（2）减少模型 UV 接缝和硬边的数量。

（3）场景中的模型数量会增加 Draw Call（画图次数），对性能有较大影响。优化方法是将使用相同 Material 的多个模型合并到一起（如果模型之间是使用不同的 Material，合并没有任何意义），或者使用 Unity 提供的 Static Batch 或 Dynamic Batch 将标志为 Batching Static 的模型和面数较少的模型（必须是相同 Material）自动优化。

（4）减少 Material 的数量。通常一个模型至少需要一张贴图，如果可能，可以将多张贴图拼成一张贴图，这样多个模型可以共享同一个 Material。

（5）尽可能减少角色模型骨骼的数量。

（6）将角色模型动画塌陷，避免导入 IK 动画。

（7）尽可能压缩贴图，如果不能压缩，则尽可能将贴图设为 16 位而不是 32 位。

（8）尽可能为 3D 游戏模型贴图使用 Generate Mip Maps 功能，GPU 对镜头内较小（距离较远）的多边形会使用很小的贴图。

（9）首选使用 Mobile 或 Unlit 的 Shader，它们同样可以很好地工作在 PC 平台。

（10）将不需要显示的模型隐藏，可以减少 CPU 的工作。

（11）雾会对性能造成较大影响。

（12）减少像素光照，比如只在场景中保持一个方向光采用像素光照，其他光源都设为 Not Important。

（13）使用 Lightmap 而不是用实时光照亮场景。

（14）小心使用实时阴影，它会对性能造成较大的影响。

（15）在手机平台上，带有 Alpha 效果的 Shader 会对性能造成较大的影响。

12.15 小　结

本章利用较长的篇幅介绍了在 Unity 中艺术创作的方方面面，包括光照、渲染、地形制作、材质和角色动画等，其中也涉及很多第三方软件和插件，这些内容可以帮助艺术家快速使用 Unity 创作艺术资源，也可以帮助程序员深入了解艺术家的工作环节。

在资源文件目录 c12_art 的 Unity 工程中保存有和本章相关的很多示例场景，供参考。

第 13 章 Behavior Designer ——行为树 AI

本章将介绍 Unity 插件 Behavior Designer，使用它来创建行为树，完成游戏中的 AI 制作。Behavior Designer 是一个适合用户的 AI 实现工具，包括程序员、策划、艺术家及相关爱好者。

13.1 行为树和 AI

状态机和行为树都是比较成熟的 AI（人工智能）设计方式。状态机将 AI 行为定义为不同的状态，处理 AI 变化的方式主要是由一个状态切换到另一个状态，但如果两种以上的 AI 状态同时进行，就会有些不方便。使用行为树方式，整个 AI 的逻辑流程呈现为一种树结构，相对于状态机，有几个明显的优势：树结构更加灵活，可以轻松应对多个状态同时进行，可以把一颗树任意添加到另一颗树的节点上，便于调整。

Behavior Designer 是运行于 Unity 中的一个行为树插件，实际上，在 Unity 的 Asset Store 中有很多行为树插件，但 Behavior Designer 流传最广，比较可靠，如图 13-1 所示。

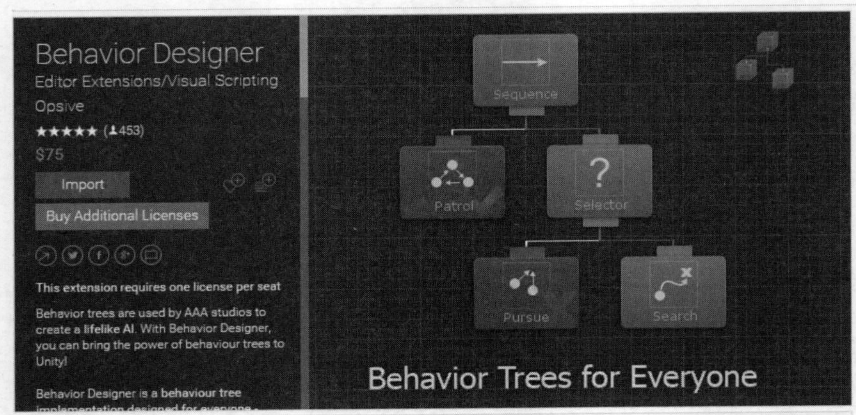

图 13-1 Asset Store 中的 Behavior Designer

13.1.1 行为树插件的安装

安装 Behavior Designer，将它的安装包导入到 Unity 工程即可，包括用于编辑器和运行时需要的脚本。默认的 Behavior Designer 安装包中包括很多 DLL 文件，在该插件开发者的网站提供运行时源代码的版本（不提供编辑器部分的源代码），但需要提供购买凭证才能下载。

Behavior Designer 插件本身还有很多插件，包括 Behavior Designer - Movement Pack、Formations Pack 和 Tactical Pack，分别用于移动控制、组队移动和战术选择，本章的教程使用了 Movement Pack。

13.1.2 简单的 AI 处理方式

不同的游戏逻辑对 AI 的要求不一样，不过大部分可以表现为从一种状态进入到另一种状态。如果不引用状态机或行为树的概念，那么 AI 的代码很可能如下所示：

```
switch (ai)                 //ai 状态
{
    case "Idle":            // 如果是待机状态
```

```
            if (enemyWithinSight())          // 如果看到敌人，则进攻
                ai = "Attack";
            else if (idleTimePassed < 0)     // 如果待机一定时间切换为行走
                ai = "Walk";
            break;
        case "Walk":                         // 如果是走路状态
            if (enemyWithinSight())          // 如果看到敌人，则进攻
                ai = "Attack";
            else if (walkTimePassed < 0)     // 如果行走一定时间切换为待机
                ai = "Idle";
            break;
        case "Attack":                       // 如果是攻击状态
            if (!enemyWithinSight())         // 如果敌人消失则回到待机状态
                ai = "Idle";
            break;
    }
```

上面的代码非常简单、清晰，如果是应对简单的 AI 逻辑，应该没有问题，但是当 AI 变化越来越多，特别是游戏中每种状态的变化都会伴随着各种表现，比如播放动画、音效、特效等，使用这种做法就会显得非常吃力，代码较难维护，也很难修改。

13.1.3　状态机 AI 处理方式

如果使用状态机实现前面的 AI，我们需要定义一个状态机基类，通常包括进入、更新和退出状态的事件，然后继承这个类，实现具体的不同状态，如待机、行走或攻击等，示例伪码如下：

```
public class StateBase   // 状态机基类
{
    public virtual void OnEnter() { }
    public virtual void OnUpdate() { }
    public virtual void OnLeave() { }
}
public class StateIdle : StateBase              // 待机状态
{
    public override void OnEnter(){}            // 每次进入待机状态初始化待机数值
    public override void OnUpdate(){            // 更新待机状态逻辑
            if (enemyWithinSight())
                    // 如果看到敌人，则切换至进攻状态
              else if (idleTimePassed < 0)
                    // 如果待机一定时间切换为行走状态
    }
    public override void OnLeave(){}            // 处理退出待机状态
}
```

```
public class StateWalk : StateBase    // 行走状态
{ }
public class StateAttack : StateBase    // 攻击状态
{ }

public class Player    // 一个游戏中的 AI 角色
{
    StateManager stateManager;    // 状态管理器
    void Start()
    {
        // 创建各种状态
        StateManager stateManager = new StateManager();
        stateManager.AddState(new StateIdle());
        stateManager.AddState(new StateWalk());
        stateManager.AddState(new StateAttack ());
        stateManager.ChangeState<StateIdle>();    //默认进入待机状态
    }
    void Update()
    {
        stateManager.Update();    //更新当前状态
    }
}
```

可以看到，现在的代码模块性更强，不同 AI 状态的代码都处于独立的类中，每种状态都会保证处理初始化和退出，更容易扩展和修改。不过使用这种方式，即只能从某一个状态切换为另一个状态，有时可能有几种 AI 状态同时运行，情况就会变得很复杂。

状态机的实现方式并不复杂，在 Unity 的 Asset Store 中也有很多状态机插件，可以用来参考或使用，著名的 Unity 插件 Play Maker 也是基于状态机实现的。

13.1.4 Behavior Designer 的行为树 AI 处理方式

Behavior Designer 采用行为树的方式实现 AI，其基本概念和遍历一棵树是一样的，行为树的默认执行顺序为深度优先的前序遍历，从上到下，从左向右，同此任务的节点位置很重要，它决定了任务的执行顺序。

如图 13-2 所示为一张行为树的概念流程图，首先检查是否遇到了敌人，“攻击”是优先级最高的任务，如果没有敌人，则进入“待机”任务，然后执行“行走”任务，如果检测到攻击范围内出现敌人，则返回到“攻击”任务。图中标注的数字即是树的遍历顺序，不过这只是遍历的顺序，Behavior Designer 有很多任务合成器和条件判断机制，实际的任务流程可能不完全与遍历的顺序一样。

行为树和状态机最大的不同之处在于，它是一棵树，任务的流程和树的遍历顺序相关，按一定顺序执行，特别适合完成自动化的任务，比如游戏中的 AI 等。而状态机则表现为一张有向图，在不同状态之间自由切换，对于复杂的 AI 任务，可能不如行为树灵活。

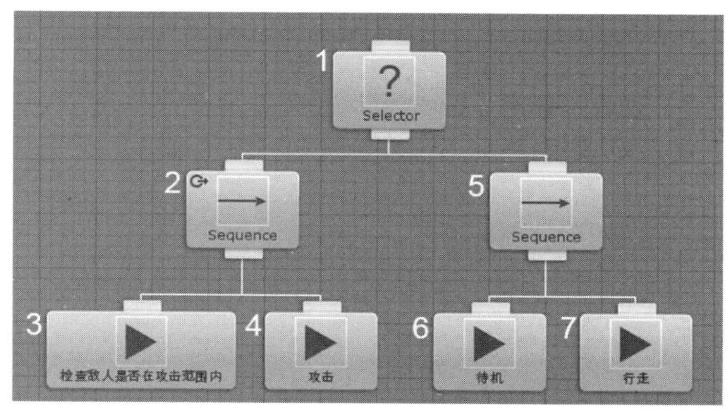

图 13-2　行为树概念图

状态机也有它的优势，它更适合面向功能，比如一个事件，根据用户操作有几种响应结果，由状态机来实现非常容易且清楚，但若使用行为树的方式则会变得很吃力。

13.2　行为树任务

在 Behavior Designer 中，行为树的每一个节点称为一个 Task（任务），共有 4 种任务类型，包括 Action（动作）、Composite（组合），Conditional（条件）和 Decorator（修饰），通过 Behavior Designer 提供的图形化界面对这些任务排列组合，即形成了行为树。本节将介绍这些任务的用途及具体的使用，可以参考后面的示例。

13.2.1　任务返回值

Behavior Designer 的每一项任务都会有一个返回值，这个返回值会影响到行为树的执行状况。返回值包括以下几种：

- Running：任务正在运行。处于该状态时，该任务会一直运行。
- Success：任务执行成功。当返回成功后，该任务即终止。
- Failure：任务执行失败。当返回失败后，该任务即失败，成功和失败都会终止当前任务，不同之处在于对父一级任务的返回结果会造成影响。
- Inactive：任务未激活。

13.2.2　Action（动作）

可以将 Action 理解为游戏中的 AI 行为，比如播放一个动画、捡起一个道具等。Behavior Designer 提供了很多默认的基本行为，如播放动画等，程序员也可以自定义各种行为。

13.2.3　Composite（组合）

Composites 的作用是将不同的 Action 任务组合在一起，使其可以依次进行，也可以同时进行。下面介绍几个常用的组合方式：

- Sequence：使子任务按顺序执行。如图 13-3 所示，先向目标旋转，当旋转返回值为 Success（成功）后，再执行一个移动任务。当所有 Sequence 任务下的子任务返回成功后，Sequence 任务即会返回成功；当任何一个子任务的返回值为 Failure（失败），Sequence 任务即会返回失败。 Sequence 任务对返回结果的操作像是一个“并”操作。
- Parallel：它与 Sequence 类似，唯一不同的是，它可以使子任务并发同时执行，而不是按顺序执行。当全部子任务返回成功，Parallel 任务即会返回成功；当任何一个子任务返回失败，Parallel 即返回失败。如图 13-4 所示为旋转和移动的任务同时进行。

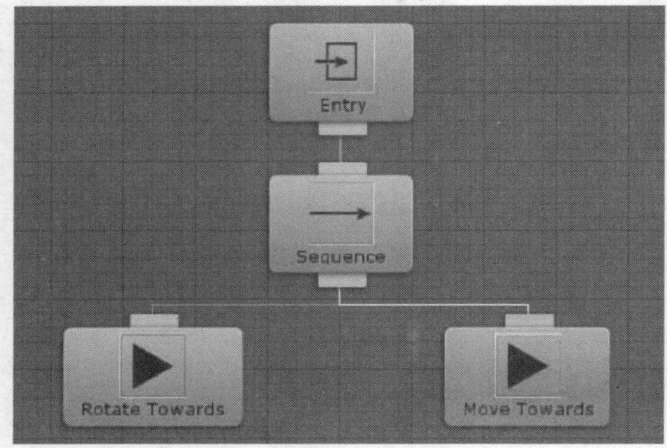

图 13-3　顺序执行的任务

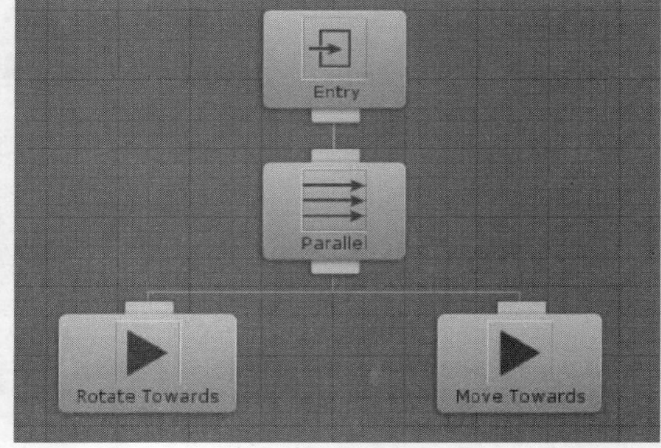

图 13-4　并发执行的任务

- Selector：Selector 任务下的子任务是按顺序执行，与 Sequence 不同的是，如果有任何一个子任务成功，Selector 任务即会返回成功（后面未执行到的子任务也不会再执行），这更像一个“或”操作。如果当前子任务失败，则会继续执行后面的子任务，直到有任何一项任务成功或全部任务失败。如图 13-5 所示，旋转任务执行成功后，即返回成功，这时移动任务还没有完成（任务完成后，右下角会出现一个✓）。

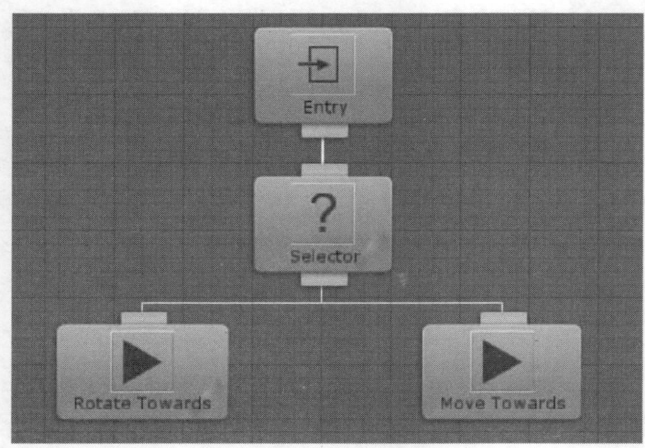

图 13-5　Selector 任务

- Parallel Selector：返回结果判定和 Selector 类似，有任何一个子任务成功，则返回成功，当全部子任务失败，返回失败。与 Selector 不同是，所有子任务是同时执行，而不是按顺序执行。

13.2.4　Conditional（条件）

Conditional 任务用于判断当前状态是否完成，比如是否发现了敌人。和 Actions 任务一样，程序员可以自定义 Conditional 任务。实际上，Conditional 和 Actions 任务有很多地方是类似的，不同之处在于，Conditional 任务还会影响到任务的中断和跳转，多用于改变游戏状态的判断（设想它是一个 IF 语句），比如是否看到敌人、是否到达某个位置等；而 Actions 任务一般仅是用于执行方面，比如让角色从某个位置走到另一个位置、播放一个动画等。

我们经常需要在行为树中面对的一种情况是，当任务 A 未满足执行条件，则会继续执行任务 B，但当 A 任务可能在某个时候突然满足了条件，这时需要打断任务 B 回到前一项任务 A。比如一个游戏角色，它的最高优先级任务是攻击敌人，条件是敌人处于攻击范围内，当条件不成立时，它会执行下一个行走任务（优先级更低的任务），当敌人处于攻击范围内，他则会返到优先级更高的攻击任务。

如图 13-6 所示，默认情况下，如果左侧树的 Conditional 任务（条件 A）失败，则会退出左侧子树进入右侧子树，看起来似乎再也不会返回。如果我们希望当左侧树条件 A 条件满足时，可以从右侧子树返回左侧子树，需要将左侧子树条件 A 父一级的 Composite 类型任务（Sequence）的 Abort Type（中断类型）设为 Lower priority（低优先级），即可在左侧树条件满足时中断右侧树低优先级的任务。

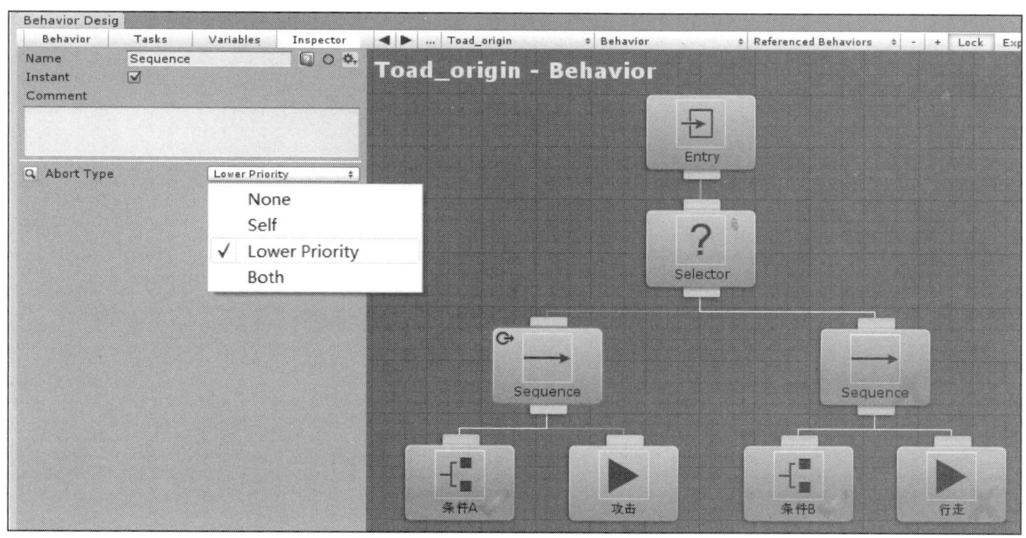

图 13-6　设置任务中断类型

Abort Type 一共包括以下 4 种。

- None：默认选项，条件任务不会被重新评估，完成后即不会再对后面的任务造成影响。
- Self：条件任务会中断同一个父 Composite 任务下的 Action 任务。
- Lower Priority：行为树按遍历顺序可分为优先级由高至低，该种模式下的条件任务会中断低优先级的任务。
- Both：会中断低优先级任务，也会中断同级任务。

13.2.5 Decorator（修饰）

Decorator 任务用于修饰子任务状态，它只能有一个子任务。比如 Inverter（反转）任务可以反转子任务状态的返回结果，当子任务返回成功时，Inverter 任务返回失败。其他的 Decorator 任务也是类似的功能，如 Repeater（反复执行）任务可以反复执行子任务一定次数，Until success（直到任务成功）任务会反复执行子任务，直到子任务返回成功。

如图 13-7 所示，先播放一个动画，然后 Is Playing 任务判断动画是否在播放，使用 Inverter 任务返回相反的值，使用 Until Success 等待动画播放结束，最后执行旋转任务。

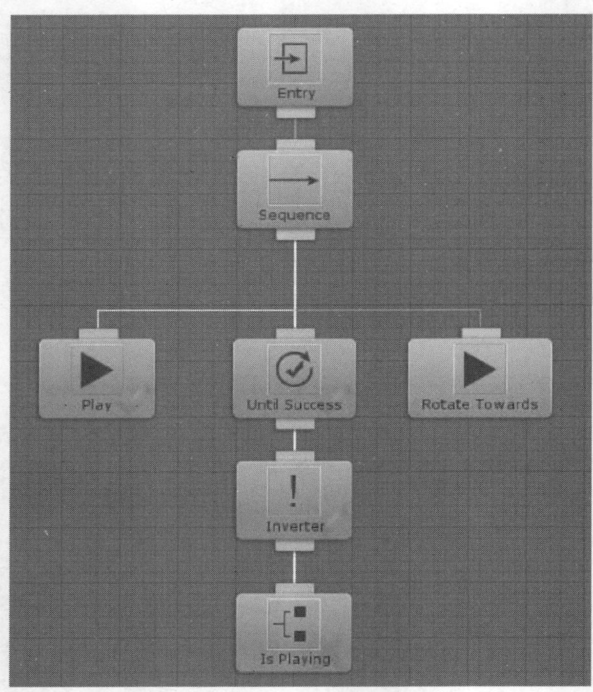

图 13-7　修饰任务

13.3　行为树实例

Behavior Designer 属于可视化编程产品，号称可以不用写一行代码即能完成 AI 逻辑的实现。虽然在比较复杂的项目中不添加任何代码是件不太容易实现的事情，但使用 Behavior Designer 确实可以减少很多重复代码的工作。

使用 Behavior Designer 可以将 AI 工作分为两个部分：一部分是程序员编写一些自定义的 AI 任务；另一部分则是通过 Behavior Designer 提供的图形化界面将 AI 逻辑组合起来，这一阶段更像是设计师的工作，甚至可以由策划或艺术家来完成。

本节将使用 Behavior Designer 提供的基本功能和 Behavior Designer - Movement Pack 模块，不编写一行代码，来完成一个简单的 AI 逻辑。

13.3.1　主角的行为树

步骤 01　我们的示例将使用到 Asset Store 中的素材作为主角和敌人，分别是 Micro Knight 和 Toad，如图 13-8 所示。读者也可以使用其他免费模型，将模型放入场景后，分别设置它们的 Tag 为 Player 和 Enemy。

图 13-8　主角 Micro Knight 和敌人 Toad

步骤 02　在菜单栏中选择【Tools】→【Behavior Designer】→【Editor】，打开行为树编辑窗口，如图 13-9 所示。

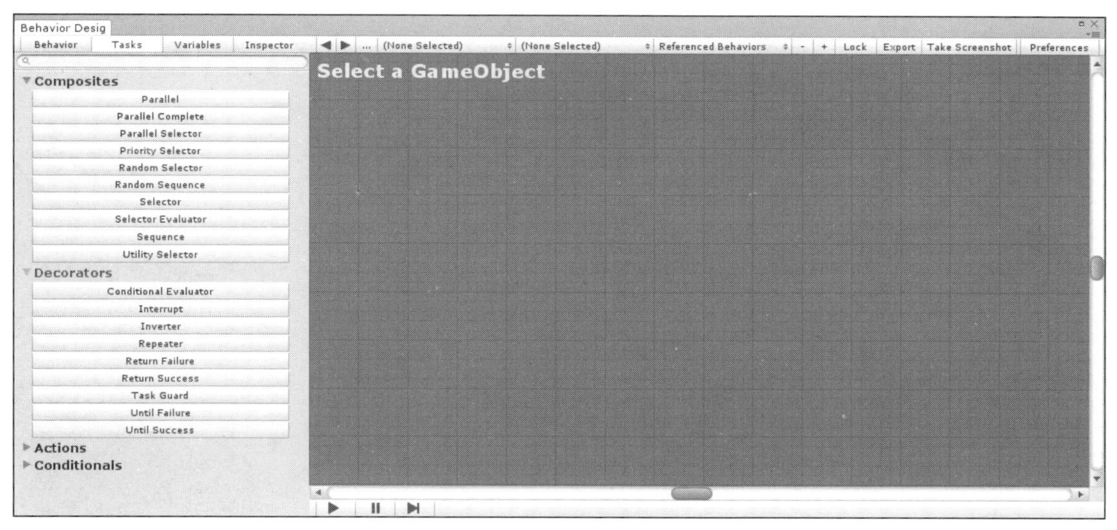

图 13-9　Behavior Designer 的编辑界面

Behavior Designer 编辑窗口上方是一排工具栏，一些常用的工具如下。

- Behavior：当前行为树的基本设置，如名称、描述等。
- Tasks：可用的任务列表。
- Variables：游戏逻辑中需要的变量，在这里定义的变量，行为树中所有的任务均可以直接访问。如果不编写代码，这也是定义数值的唯一途径。
- Inspector：任务属性。当在编辑窗口选中任务节点时，该窗口内会显示出任务的相关属性。
- Lock：锁定编辑器窗口。启用它，可以在选择场景物体时，编辑器窗口的信息保持不变。

- Export：将行为树导出为.asset 格式的文件，可以通过代码读取调用。
- +号和-号：添加、删除当前行为树。
- Preferences：自定义选项。其中一个重要的选项是 Serialization（序列化任务），如图 13-10 所示。它默认的设置是 Binary，采用二进制序列化任务，效率较高。另一个选项是纯文本的 JSON 格式，效率略低，但更容易读懂，便于版本工具管理。

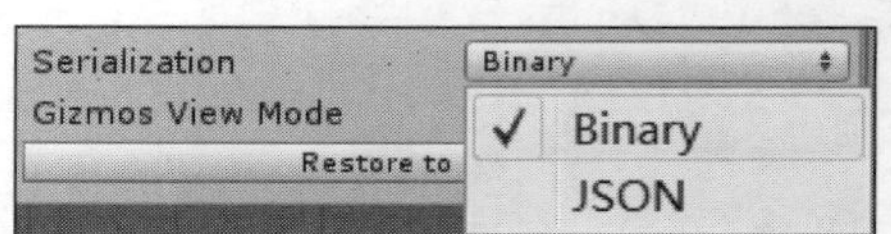

图 13-10　序列化方式

步骤 03 在场景中选择主角 Player 的模型，然后在 Behavior Designer 编辑窗口中单击鼠标右键，选择【Add Behavior Tree】为主角创建一颗行为树，如图 13-11 所示。这一步操作和手动添加一个 Behavior Tree 脚本是一样的。

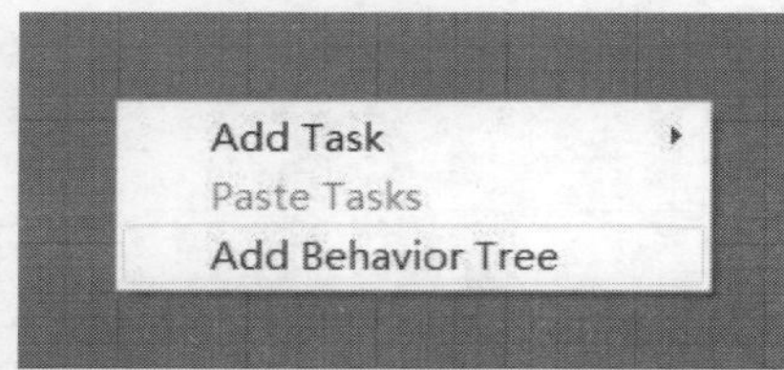

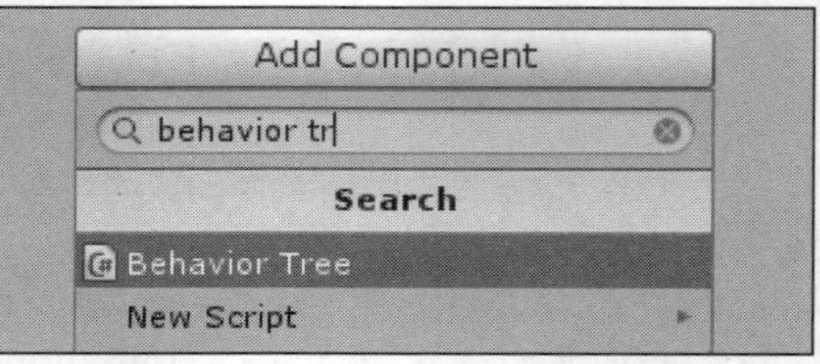

图 13-11 为主角创建行为树

> 提示　如果场景中的模型（实例）已经被保存为 Prefab，则需要选择 Prefab 编辑行为树，而不是选择场景中的实例。

步骤 04 在 Behavior Designer 编辑窗口中单击鼠标右键，选择【Add Task】→【Composites】→【Selector】和【Sequence】添加顺序执行任务，拖动任务节点调整树结构。如图 13-12 所示，我们将在 Selector 任务下添加两棵子树，左子树执行检查敌人是否位于攻击范围的任务，右子树执行跟随敌人移动的任务。

我们先给主角添加一点最简单的功能，让它播放一个待机动画。

步骤 05 在 Behavior Designer 编辑窗口中单击鼠标右键，选择【Add Task】→【Actions】→【Basic】→【Animation】→【Play】添加一个播放动画的任务（该任务直接返回成功），然后在编辑器的 Inspector 窗口将 Animation Name（动画名称）设为 Idle。

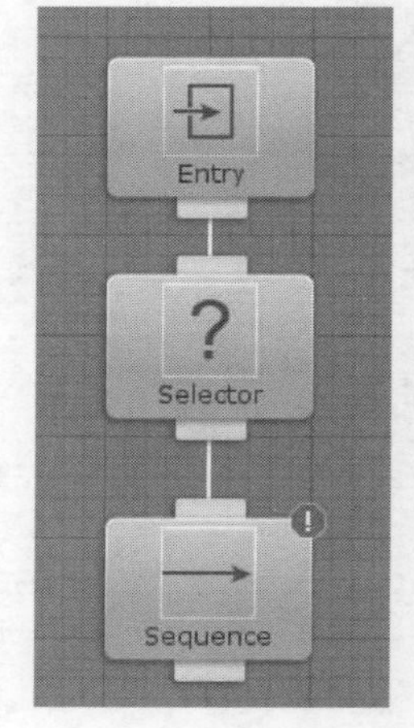

图 13-12　创建行为树任务

注意，当前设置的动画名称是模型 Micro Knight 的待机动画名称，如果使用的模型不同，这个名称可能也不一样。另外，要注意当前模型是使用 Animation 还是使用 Animator 组件播放动画。

运行游戏，会看到主角播放了一个待机动画，如图 13-13 所示。

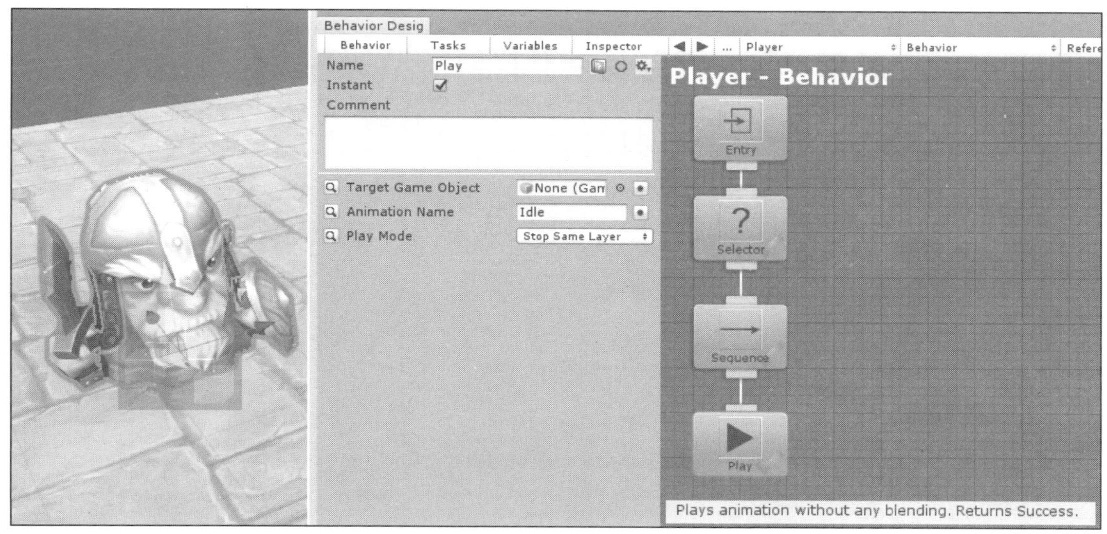

图 13-13　播放动画

我们已经体验到一点可视化编程的成果，Play 这个任务只是将代码 animation.Play();使用图形化界面表现了出来。选择 Play 任务并单击鼠标右键，选择【Edit Script】即可查看 Play 任务的源代码。

在运行游戏时，如果选中主角并同时打开 Behavior　Designer 编辑窗口，会清楚地看到行为树的运行状况，高亮显示的任务节点表示正在运行的任务。

因为主角需要了解敌人的信息，所以在添加更多任务之前，我们要先添加引用敌人的变量，在后面的逻辑中，会经常要用到这个变量。

步骤 06　选择 Variables（变量），然后在 Name 中输入变量名称，这里将敌人设为 EnemyObject，类型是 GameObject，单击【Add】按钮添加变量。为了方便选择，可以启用 Behavior Designer 编辑窗口上方的 Lock（锁）功能，在场景中选择敌人的模型，拖动至 EnemyObject 中使之关联，如图 13-14 所示。

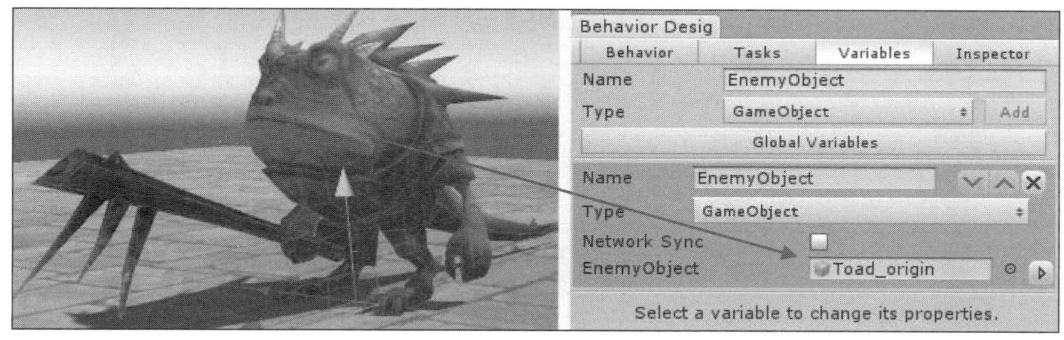

图 13-14　创建一个变量引用到敌人

接下来，我们将添加更多的任务，使主角转向敌人，然后播放行走动画，走向敌人。

步骤 07 在 Behavior Designer 编辑窗口中单击鼠标右键，选择【Add Task】→【Actions】→【Movement】→【Rotate Towards】创建一个向目标旋转的任务，然后在 Inspector 窗口选中 Target 旁边的小圆圈，在下拉列表中选择前面设置的变量 EnemyObject，如图 13-15 所示。

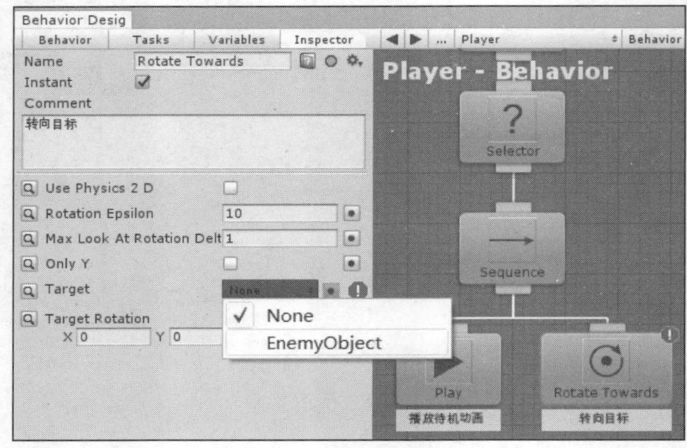

图 13-15　引用敌人

在任务的 Comment（注释）中输入备注文字（支持中文），可以更清楚每一项任务节点都在做什么。

播放游戏，主角先播放待机动画，然后旋转向敌人的方向。

步骤 08 在 Behavior Designer 编辑窗口中单击鼠标右键，选择【Add Task】→【Actions】→【Wait】创建等待任务，在 Inspector 窗口中设置等待时间，使任务等待一定时间。然后创建一个播放动画的任务，播放行走动画，最后单击鼠标右键，选择【Add Task】→【Actions】→【Movement】→【Move Towards】，创建一个向前移动的任务并设置移动的速度和目标，如图 13-16 所示。

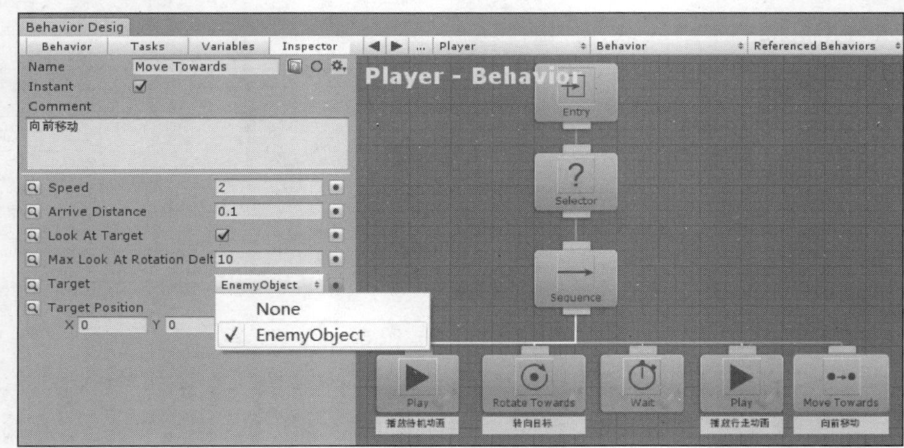

图 13-16　设置移动任务的速度和目标

运行游戏，主角先播放待机动画，然后转向目标，等待片刻，播放行走动画，走向目标。下面，我们将加入条件判断，判断是否遇到敌人，如果遇到了，则进攻敌人。

步骤 09　添加 Sequence 任务作为左子树，注意要把左子树 Sequence 任务的 Abort type 设为 Lower Priority。在 Behavior　Designer 编辑窗口单击鼠标右键，选择【Add Task】→【Actions】→【Movement】→【Within Distance】创建一个距离判断任务，设置它的 Magnitude（发现目标的距离），并设置 Object Tag（目标 Tag）为 Enemy，如图 13-17 所示。

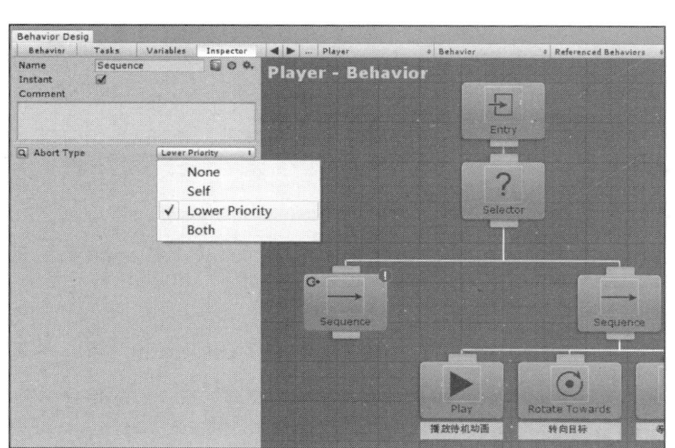

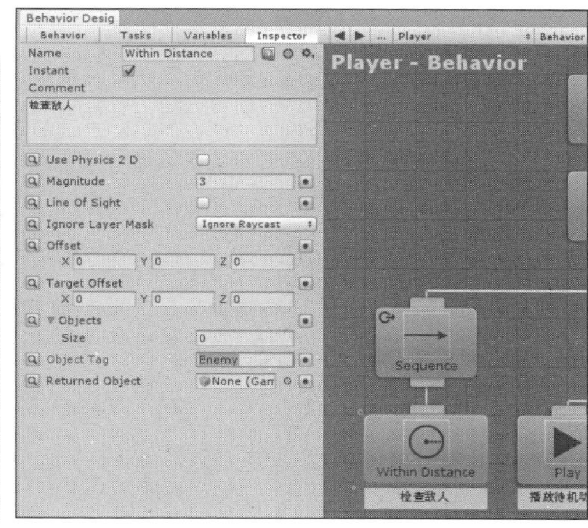

图 13-17　添加左子树

步骤 10　继续添加攻击动画的任务，最后的行为树如图 13-18 所示。

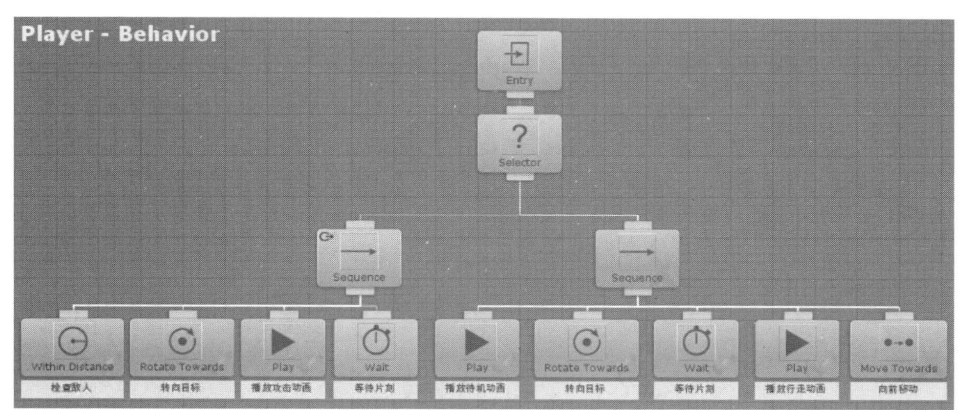

图 13-18 主角最后的行为树

> 提示　选择任务节点并单击鼠标右键，选择【Set Breakpoint】，可以设置断点。

运行游戏，主角会先走向敌人，到达攻击范围内，播放攻击动画进行攻击，如图 13-19 所示。

步骤 11　最后，将行为树的 Restart When Complete 设为真，确保行为树遍历一次后会继续重新执行，如图 13-20 所示。

图 13-19　攻击

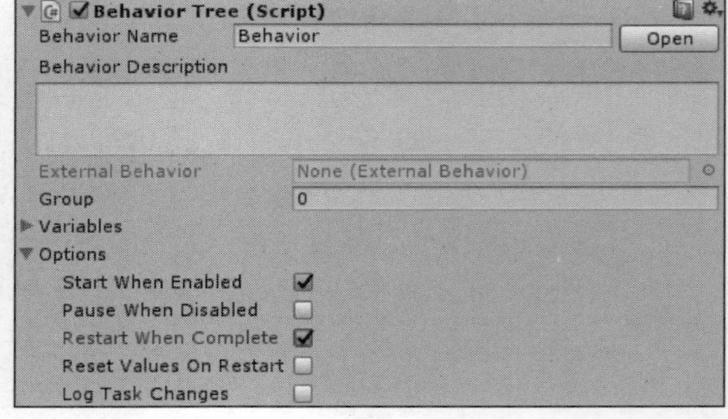

图 13-20　重复遍历行为树

13.3.2　游荡的敌人

现在，主角已经具备了一定的 AI，但敌人还是处于静止状态。接下来，我们要给敌人添加一些 AI，使它可以随意走动，主角则会一直追着敌人跑。

因为 Behavior Designer - Movement Pack 中的很多任务用到了 Unity 的寻路系统 Navigation，所以需要先将场景简单设置一下。

步骤 01　选中场景模型（本示例只使用了一个平面作为地面），在 Unity 的 Inspector 窗口将其设为 Static，然后在菜单栏中选择【Window】→【AI】→【Navigation】打开 Navigation 窗口，保持默认的参数即可，单击【Bake】按钮对场景进行烘焙，如图 13-21 所示。

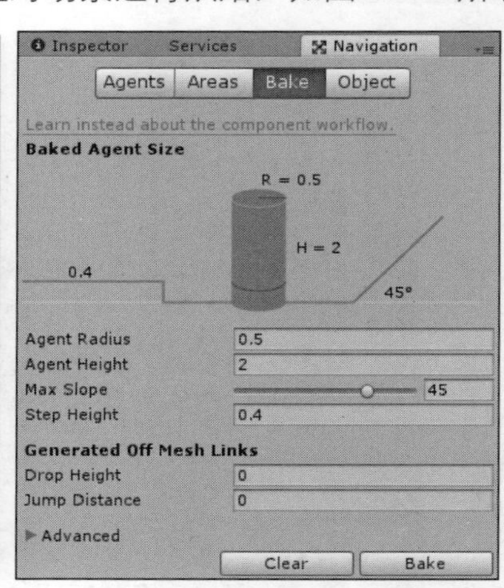

图 13-21　设置寻路地形

步骤 02　选中敌人的模型，在菜单栏中选择【Component】→【Navigation】→【Nav Mesh Agent】添加一个寻路组件，这样敌人就可以自动寻路了。

步骤 03　为敌人创建行为树，添加一个播放行走动画的任务，然后选择【Add Task】→【Actions】→【Movement】→【Wander】添加一个游荡任务。

运行游戏，敌人在场景中自由游荡，主角则在后面穷追不舍，如图 13-22 所示。

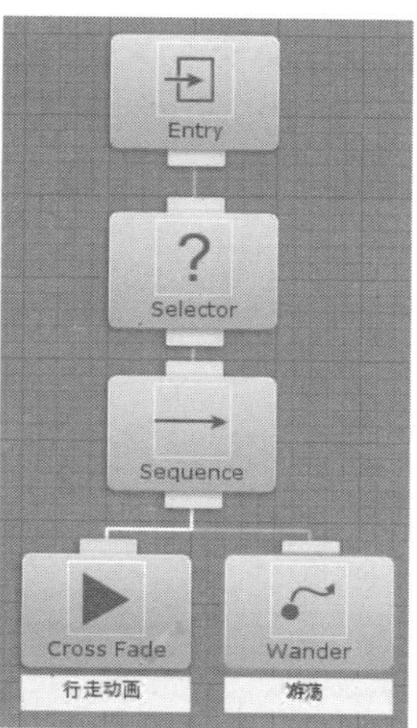

图 13-22　游荡的敌人

13.3.3　行为树的交互

到目前为止，主角和敌人的 AI 都是各干各的事，并没有什么交互。接下来，我们希望敌人被攻击时能触发一个事件，播放一个被击动画。并承受一定伤害，当生命值为 0 时播放死亡动画。

步骤 01 选中敌人模型，为其添加两个 Int（整型）变量，即 hitpoint 和 life，前者用来表示受到的伤害值，后者表示生命值，将【life】设为 100，如图 13-23 所示。

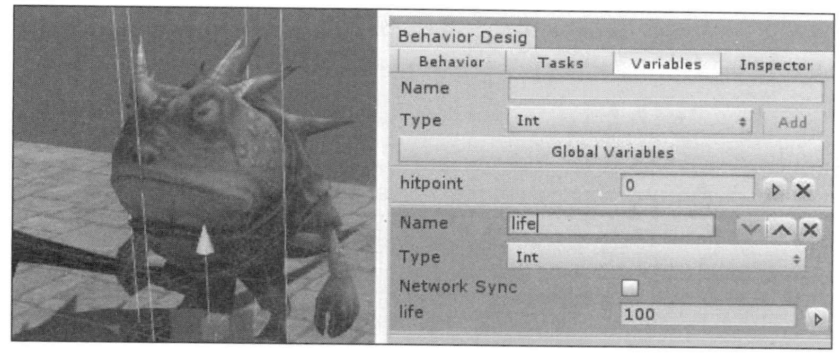

图 13-23 给敌人添加变量

我们现在正在使用 Behavior Designer 编辑器提供的变量功能为游戏中的对象创建数值，后面还会通过 Behavior Designer 提供的运算功能对数值进行一些简单计算，这些工作可以不用编写任何代码，比较适合非程序员操作。但在实际的项目中，并不建议采用这种方式处理数值，因为局限性比较大。

默认创建的变量都是本地变量，如果创建的变量是 Global Variables 类型，则表示是全局变量，所有行为树实例共享。全局变量的实例会被保存在./Behavior Designer/Resources/BehaviorDesignerGlobalVariables.asset 中，注意在升级版本时不要将其删除。对程序员，不推荐使用全局共享变量。

步骤 02 在 Behavior Designer 窗口中添加一个顺序任务作为左子树，并将 Abort type 设为 Lower Priority。单击鼠标右键，选择【Add Task】→【Conditionals】→【Has Received Event】创建一个接收事件任务，将它的【Event Name】（事件名称）设为 Hit，【Stored Value1】（存储值 1）设为 hitpoint（即刚刚创建的数值），如图 13-24 所示。

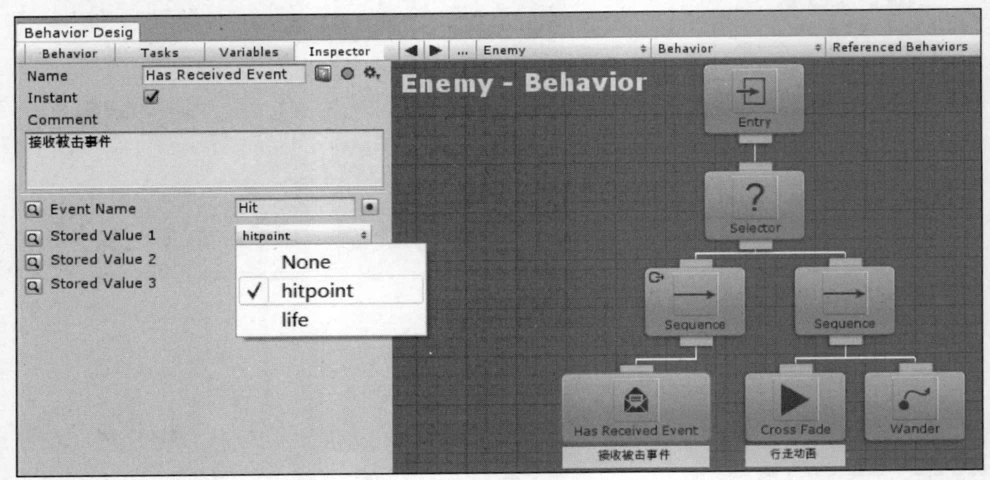

图 13-24　添加一个接收事件的任务

Has Received Event 任务可以接收到其他任务发送的事件，我们可以和用这个事件使不同的行为树进行交互。

步骤 03 在 Behavior Designer 窗口中单击鼠标右键，选择【Add Task】→【Actions】→【Basic】→【Math】→【Int Operator】创建一个整型数值计算任务，将【Operation】（计算方式）设为【Subtract】（减法），用当前生命值 life 减去伤害值 hipoint，将结果保存在生命值 life 中，如图 13-25 所示。

图 13-25　数值计算任务

接下来，我们要给主角添加一个“发送事件”功能，使主角在攻击时向敌人发送一个事件，敌人接收到该事件后即会进行相应的响应。

步骤 04　选择主角，同样为其创建一个名为 hitpoint 的 int 整型变量，将该值设为 2，即每次攻击使敌人损失 2 点生命值。在 Behavior Designer 窗口中单击鼠标右键，选择【Add Task】→【Actions】→【Send Event】创建一个 Send Event（发送事件）任务，将它插入到播放攻击动画之后。将【Event Name】（事件名称）设为【Hit】（与敌人接收事件的名称一致），设定 Target Game Object 为敌人，【Argument1】（参数 1）设为【hitpoint】，如图 13-26 所示。

图 13-26　为主角添加一个“发送事件”的任务

运行游戏，当主角攻击敌人时，敌人会播放一次攻击动画并进行数值计算，如图 13-27 所示。

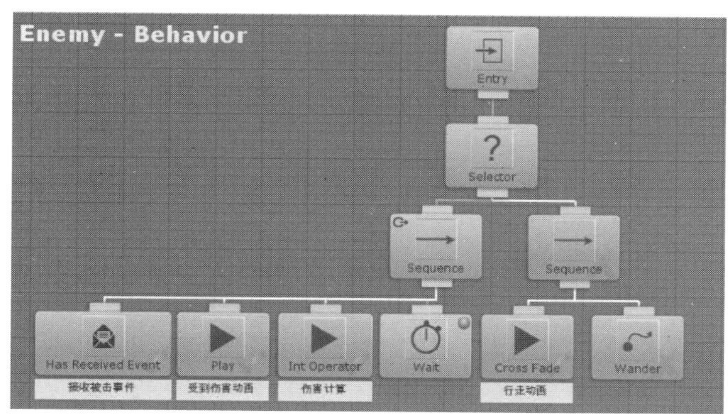

图 13-27　接收事件后中断敌人的低优先级任务并播放被击打动画

此时注意观察敌人的数值，每次会损失 2 点生命值，如图 13-28 所示。

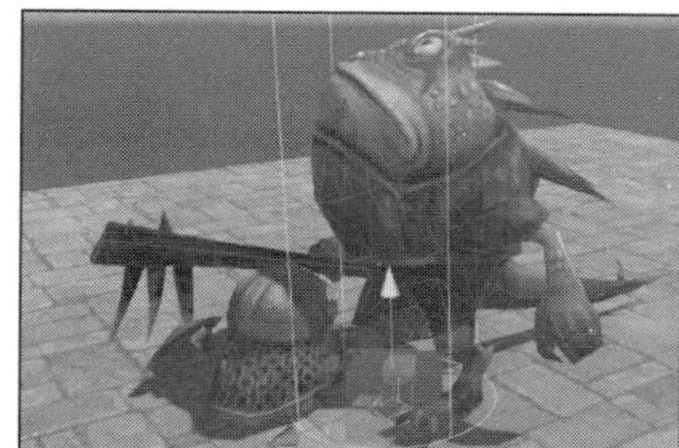

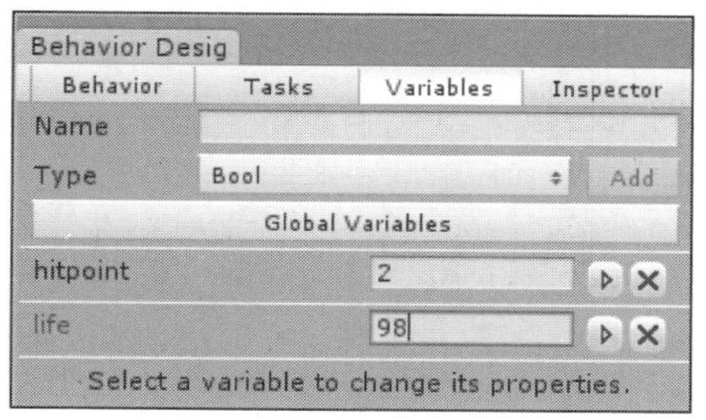

图 13-28　数值变化

步骤 05 最后，添加一个左子树，添加 Int Comparison 任务判断敌人的生命值是否为 0，如果是，则播放死亡动画，如图 13-29 所示。

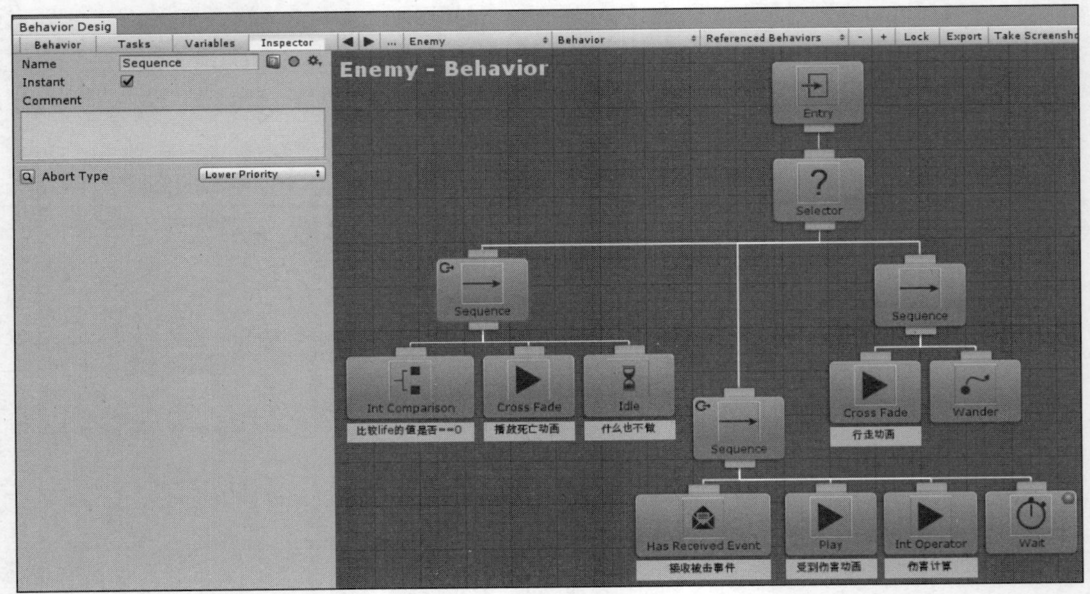

图 13-29　数值变化

到此为止，这篇行为树教程就结束了，在熟练掌握 Behavior Designer 使用方法的情况下，完成这些 AI 任务只需要 1 小时，不需要写一行代码。

本示例工程为 c13_btree，注意运行该工程需要插件 Behavior Designer 及 Behavior Designer – Movement Pack，读者自行安装。

13.4　行为树系统扩展

在前面，我们没有写一行代码，即完成了所有的 AI 逻辑，但我们也会感觉到，通过编辑器 UI 设置变量和数值计算较麻烦，这可能只适合原型开发或简单的调试。

如果行为树的任务节点较多，也会对运行效率产生影响，这就需要将一些常用的任务流程简化，比如播放动画和等待两个任务，我们可以编写自定义任务，一次完成这两步操作。

接下来，将进一步继续介绍行为树的功能，包括自定义任务、条件等。

13.4.1　外部行为树

默认添加行为树时一定要先选择一个游戏体，然后将行为树添加给选中的游戏体。也可以独立创建一个行为树文件，Behavior Designer 称其为 External Behavior 外部行为树。创建方法为：在 Project 窗口中单击鼠标右键，选择【Create】→【Behavior Designer】→【External Behavior Tree】创建一个.asset 格式的行为树文件，我们可以为其自由命名。选中该文件，在 Inspector 窗口中单击【Open】按钮即可打开行为树的编辑窗口进行编辑，如图 13-30 所示。

对于已经创建的行为树，也可以单击【Export】按钮导出.asset 格式的行为外部树文件，如图 13-31 所示。注意，如果进行编辑的已经是一个外部行为树，单击【Export】按钮导出的则是一个 Prefab 文件。

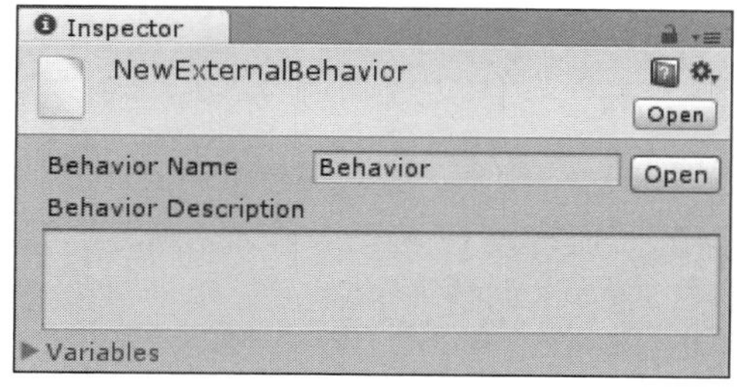

图 13-30 外部行为树

图 13-31 外部行为树

外部行为树文件与普通的行为树没有太大区别，但读取外部行为树的方式更为自由，我们可以将其放在 Resources 或 StreamingAssets 文件夹内使用脚本对其动态加载，也可以将它引用到行为树和 External Behavior 中，如图 13-32 所示。

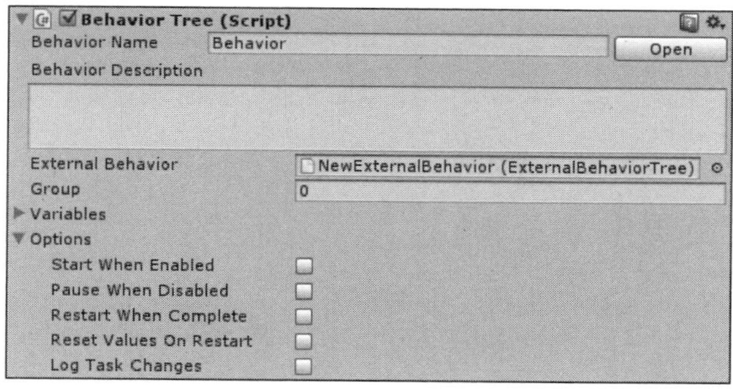

图 13-32 外部行为树

13.4.2 自定义任务

在 Project 窗口中单击鼠标右键，选择【Create】→【Behavior Designer】→【C# Action Task】，将弹出一个输入名称对话框，在【Name】中输入类的名称，如图 13-33 所示。

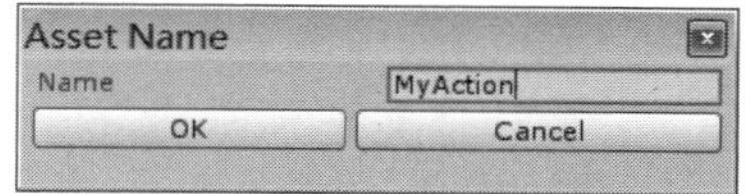

图 13-33 输入类的名称

打开自动创建的脚本，BehaviorDesigner.Runtime 和 BehaviorDesigner.Runtime.Tasks 是 Behavior 的名称域，OnStart 和 OnUpdate 是两个重载的函数，用于处理任务的开始和更新，如下所示。

```
using UnityEngine;
using BehaviorDesigner.Runtime;
using BehaviorDesigner.Runtime.Tasks;
public class MyAction : Action
{
    public override void OnStart()
```

```
        {
        }
        public override TaskStatus OnUpdate()
        {
            return TaskStatus.Success;
        }
    }
```

回到 Behavior Designer 的编辑器，现在可以看到多了一项任务，任务的名称即是新添加类的名称。我们可以为自定义的任务添加属性，代码如下所示，将任务归纳到 MyGame 中，最后的效果如图 13-34 所示。

```
        [BehaviorDesigner.Runtime.Tasks.TaskCategory("MyGame")]
```

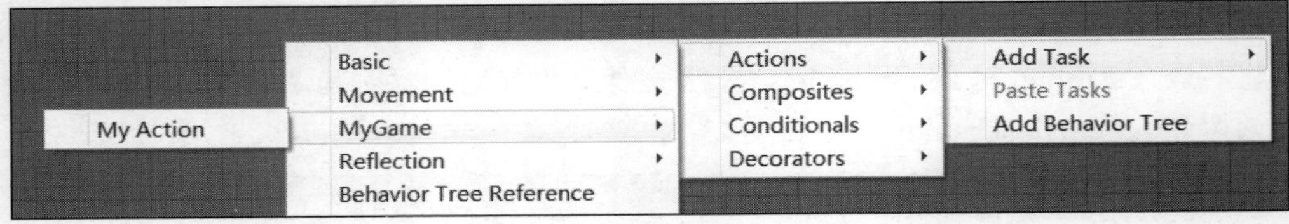

图 13-34　自定义任务

添加自定义 Conditional 任务与 Action 任务类似，这里就不再赘述。

13.4.3　自定义共享数据类型

Behavior Designer 的共享数据提供了大部分常用类型，也可以自定义一个类型，在 Project 窗口中单击鼠标右键，选择【Create】→【Behavior Designer】→【Shared Variable】，将弹出一个名称输入框，在【Name】中输入类型的名称，如图 13-35 所示，确定后会自动创建一个脚本。

图 13-35　创建自定义共享类型

打开自动创建的脚本，里面已经自动补全了一些基本的代码，可以任意修改。其中包括两个类：第一个类是具体的数值，这里命名为 MySharedValue；第二个类（继承自 SharedVariable）是一个包装类，它的值即是第一个类的实例，如下所示：

```
using UnityEngine;
using BehaviorDesigner.Runtime;

[System.Serializable]
public class MySharedValue   // 共享变量也可以是继承自 MonoBehaviour 的类
{
    // 在这里添加自定义变量
    public int id = 0;
    public string name = string.Empty;
    public GameObject go;
    // ...
```

```
    }
    [System.Serializable]
    public class MySharedVariable : SharedVariable<MySharedValue>
    {
        public override string ToString() { return mValue == null ? "null" : mValue.ToString(); }
        public static implicit operator MySharedVariable(MySharedValue value) { return new
MySharedVariable { mValue = value }; }
    }
```

回到行为树编辑器，即可添加自定义的变量，如图 13-36 所示。这些变量同默认的共享变量一样，行为树上的所有节点都可以访问。

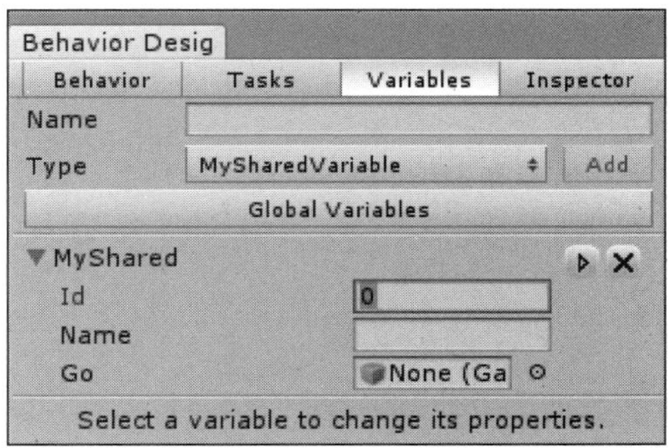

图 13-36　自定义共享变量

无论是 Behavior Designer 默认的共享变量还是自定义的共享变量，都可以在任务的脚本中进行引用，示例代码如下：

```
using UnityEngine;
using BehaviorDesigner.Runtime;
using BehaviorDesigner.Runtime.Tasks;

[BehaviorDesigner.Runtime.Tasks.TaskCategory("MyGame")]
public class MyAction : Action
{
    public override void OnAwake()
    {
        MySharedVariable shared = (MySharedVariable)Owner.GetVariable("MyShared");
        MySharedValue v = (MySharedValue)shared.Value;
        v.id = 100; // 改变数值
    }
    public override TaskStatus OnUpdate()
    {
        return TaskStatus.Success;
    }
}
```

13.4.4 在脚本中设置行为树

我们可以在代码中手动添加行为树，引用外部行为树，设置共享变量等，示例代码如下：

```
using UnityEngine;
using BehaviorDesigner.Runtime;
public class Player : MonoBehaviour {
    public ExternalBehaviorTree exbehaviorTree;  // 外部行为树
    public MySharedValue mySharedData;           // 可以在行为树以外的代码中初始化或修改共享数值
    void Start () {
        BehaviorTree tree = this.gameObject.AddComponent<BehaviorTree>();   // 添加行为树
        tree.StartWhenEnabled = false;       // 设置为默认关闭行为树
        tree.PauseWhenDisabled = true;       // 游戏体不可用时暂停行为树，如果使用缓存池，这项通常
要设为 Flase
        tree.ResetValuesOnRestart = true;           // 每次重新遍历行为树重置 Action 中的变量数值
        tree.RestartWhenComplete = true;            // 循环执行行为树
        tree.ExternalBehavior = exbehaviorTree;   // 获取外部行为树
        tree.SetVariableValue("MyShared", mySharedData);   // 设置共享变量
        //...
        tree.EnableBehavior();   // 手动启动行为树
    }
}
```

13.4.5 在脚本中发送事件

在前面的示例中，我们了解到发送事件的作用，实际上，我们并不一定要在编辑器中创建发送事件任务，只要获取了发送目标的 BehaviourTree 实例，在脚本的任何地方都可以发送事件函数进行发送，如下所示。注意，发送事件函数在进入 Update 循环之前使用不会成功。

```
behaviortree.SendEvent("Hit");            // 发送事件给 Has Received Event 任务
```

13.5 优　　化

Behavior Designer 的最大性能问题在于初始化时对行为树的序列化，如果行为树结构比较复杂，序列化会占用很长时间。解决的唯一途径是将所有对象放入缓存池（可参考本书第 2 章的示例），在进入 Update 主循环之前对所有行为树进行初始化，避免在游戏过程中动态地实例化或销毁。如下所示，调用 CheckForSerialization 函数将确保行为树进行了初始化。

```
behaviortree.CheckForSerialization();
```

另外，Behavior Designer 中的每项任务都是一个类的实例，哪怕这项任务只完成了很少的事情，因此将不必要的琐碎任务进行合并也是必要的。

使用行为树完成如网状结构的状态切换会创建大量的低优先级条件判断（状态机更适合

解决这类问题），行为树结构会变得非常笨重，解决方案是，将不同的行为树作为不同状态，根据条件使不同的行为树处于运行或停止状态。

最后，如果是人机交互之类的逻辑，还是建议不要考虑用行为树来完成，行为树更适合AI，也就是完全由计算机来控制的逻辑。

13.6　小　　结

行为树是近些年非常流行的一种 AI 实现方式，本章详细讲解了行为树的概念，通过实例演示了如何在开发中使用，最后深入介绍了如何自定义行为树任务。使用 Behavior Designer 使我们可以像一个艺术家一样去工作，它的图形化界面可以帮助我们思考，激发灵感，着眼于解决问题的关键部分。无论是程序员还是策划，甚至是艺术家，都值得尝试一下 Behavior Designer。

第 14 章
玩转 PlayMaker

PlayMaker 是一个可视化编程工具，它是 Asset Store 中最受欢迎的插件，深受广大游戏爱好者的喜爱。本章将由浅入深地介绍 PlayMaker 的使用，编写脚本创建自定义的动作，扩展 PlayMaker 的功能。

14.1　关于 PlayMaker

使用过 Unity 的人一定听说过 PlayMaker，它的标志是一个大大的“玩”字，如图 14-1 所示，开发公司的名字也很有意思，叫 Hutong（胡同）。PlayMaker 已经成为 Unity 的另一块招牌，很多第三方插件都会提供 PlayMaker 的功能集成，可见这款插件在 Unity 社区中的影响力有多大。

图 14-1　Asset Store 中的 PlayMaker

PlayMaker 是一款可视化编程插件，最大特点是使用它可以“不编写一行代码”，通过它提供的图形化编辑器就可以完成游戏逻辑，与行为树插件 Behavior Designer 不同的是，PlayMaker 是基于状态机（FSM），行为树适合专注在 AI 方面，状态机更适合处理一般的逻辑关系，应用面更为宽泛。

14.1.1　优点和缺点

使用 PlayMaker 的优点是，当游戏逻辑变化较多，各种功能的关系错综复杂，通过修改代码来维护会比较吃力，因为 PlayMaker 是完全图形化操作界面，可以很快重用已有的功能，因此维护起来会更容易。

使用 PlayMaker 的缺点是性能会有一定的损耗，原本可以用一行代码完成的任务，PlayMaker 内部的实现机制会为其创建一个类，在将其实例化时还有序列化的开销（建议通过缓存池避免）。不过性能在某些操作下并不是优先要考虑的，比如更新 UI、切换场景等，对复杂度较高的逻辑，也可以将其封装到 PlayMaker 的 Action（动作）中。

至今为止，PlayeMaker 并不提供全部的源代码，这也是使用的风险之一。

14.1.2　安装

本书以当前 PlayMaker 最新版本 1.9.0 为例，导入 PlayMaker 的安装包，如图 14-2 所示。

当前版本的 PlayMaker 默认并没有将所有 Unity 内置功能都做成 Action 置于安装包内，这么做可能是考虑减少安装包的大小，或者是为了维护一个更加稳定的核心版本。对于程序员来说，可以针对具体需求自行编写脚本扩展 PlayMaker 的功能，如果用户是一个策划或艺术家，无法编写脚本，则可以到 PlayMaker 的官方网址 https://hutonggames.fogbugz.com/中查找 Add-ons（插件），会发现很多有用的资源。

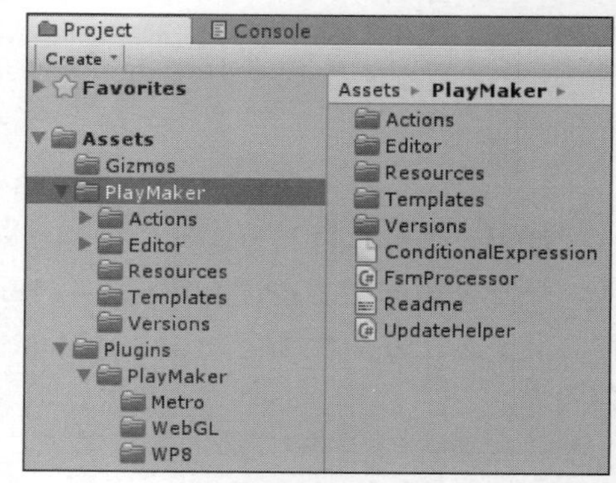

图 14-2　安装 PlayMaker

14.2　PlayMaker 的模块和工作机制

14.2.1　有限状态机

PlayMaker 的工作机制即是有限状态机，一个状态机包括若干个状态节点，组合在一起形成游戏的逻辑。每个状态节点包括若干个 Action（动作），这些 Action 对应的就是 Unity 内的具体游戏功能，比如播放动画、移动位置等。

14.2.2　创建 PlayMaker 状态机

如果不使用 PlayMaker，通常的 Unity 工作流程是由程序员编写脚本，然后将脚本指定给 GameObject，脚本即可运行，从而实现游戏逻辑。

使用 PlayMaker，我们则将程序员编写的脚本替换为 PlayMaker 的状态机，然后编辑 PlayMaker 的状态机即可。

PlayMaker 的状态机不能独立存在（它本身也是继承 MonoBehaviour 的普通脚本），首先要选择一个 GameObject，然后在菜单栏中选择【PlayMaker】→【Components】→【Add FSM to Selected Objects】，将状态机指定给选中的 GameObject。

同一个 GameObject 可以指定多个状态机（相当于多个 Unity 脚本），在 Inspector 窗口中单击【Edit】按钮，如图 14-3 所示，打开状态机的编辑窗口，每个状态机默认的名字为 FSM，可以修改这个名字。在 PlayMaker 中，很多功能都是通过名字来查找的。

我们也可以在菜单栏中选择【PlayMaker】→【PlayMaker Editor】打开状态机编辑窗口，如果同一个 GameObject 有多个状态机，可以相互切换，如图 14-4 所示。

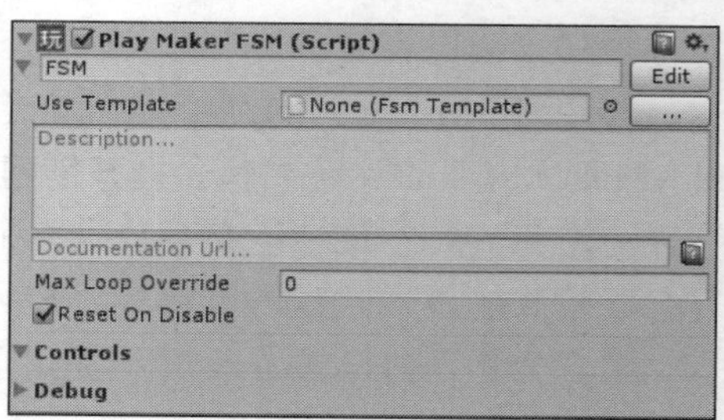

图 14-3　状态机

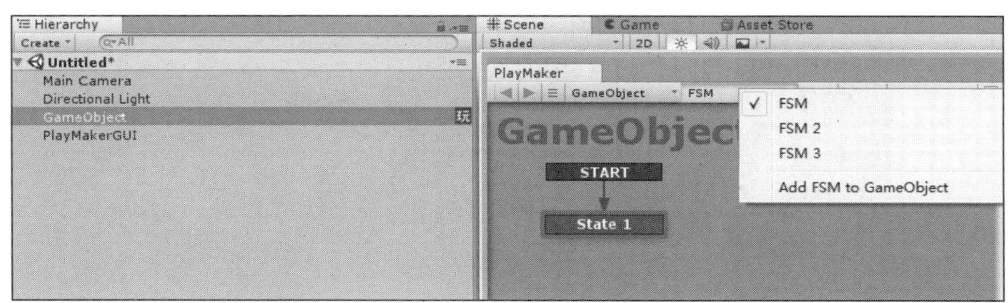

图 14-4　状态机编辑窗口

使用了 PlayMaker 状态机的 GameObject 同样也可以将其创建为 Prefab，如图 14-5 所示。不过，当创建了 Prefab 后，编辑场景中实例需要单击【Edit Instance】按钮进行确认才可以编辑，如果觉得不方便，可以到 PlayMaker 的 Preference 窗口中取消确认功能。

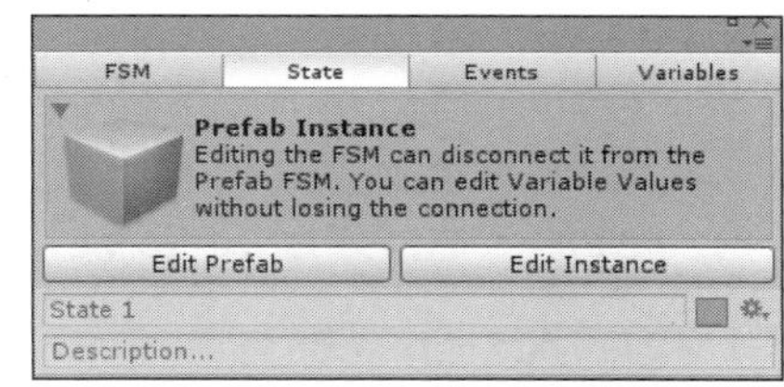

图 14-5　选择编辑对象

14.2.3　State（状态）

创建状态机之后，默认至少拥有一个状态节点，也是起始节点，名称为 State 1，可以在右侧窗口中更改状态节点的名字，如图 14-6 所示。

在窗口中单击鼠标右键，选择【Add State】即可添加新的状态节点，如图 14-7 所示。

图 14-6　更改状态节点名字

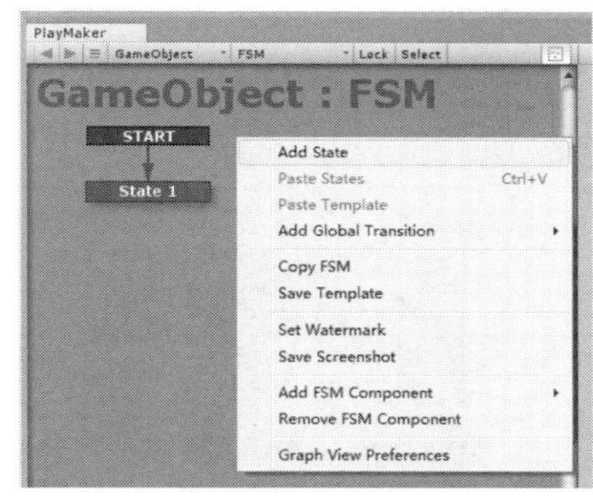

图 14-7　添加状态节点

14.2.4　Event（事件）

根据逻辑的不同，需要在不同状态节点之间切换，切换状态的条件在 PlayMaker 中称作事件。选择状态节点并单击鼠标右键，选择【Add Transition】→【FINISHED】创建一个结束事件，然后在状态节点下方会出现一个 FINISHED 选项，选中它并将其拖动到其他状态节点即可创建过渡，由当前节点转换到其他节点，如图 14-8 所示。此外，还有很多事件，如 System Events（系统事件）和 Network Events（网络事件）。

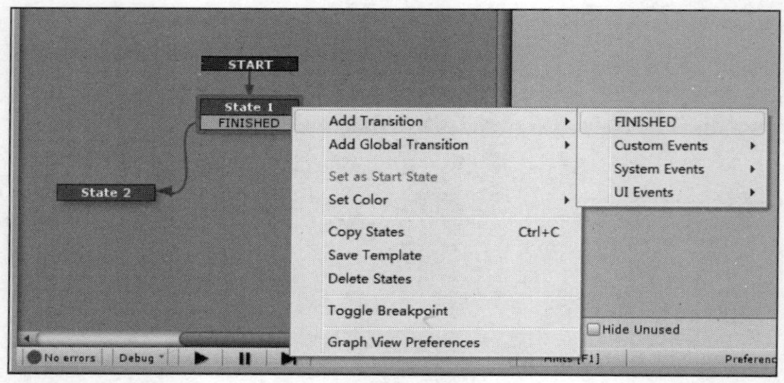

图 14-8 创建过渡

Custom Events（自定义事件）默认是空的，可以自定义事件的名称，如图 14-9 所示。

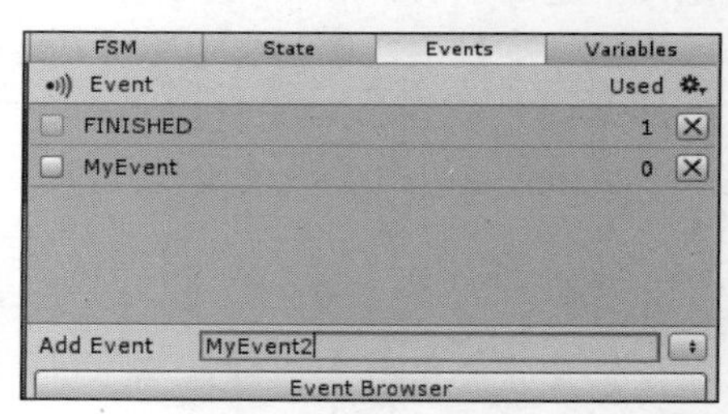

图 14-9 自定义事件

14.2.5 Action（动作）

状态节点本身没有任何功能，PlayMaker 提供了庞大的 Action 库，一个状态节点可以包括多个 Action，这些 Action 才是实际的功能。

选中一个状态节点后，在状态机编辑窗口选择【State】，然后单击下方的【Action Browser】按钮，打开 Action 列表，如图 14-10 所示，这些 Action 对应的就是 Unity 提供的功能。如果不使用 PlayMaker，通常只有通过编写脚本才能使用。因为 Action 比较多，在对 Action 类型比较熟悉后，可以在搜索框内进行搜索查找。

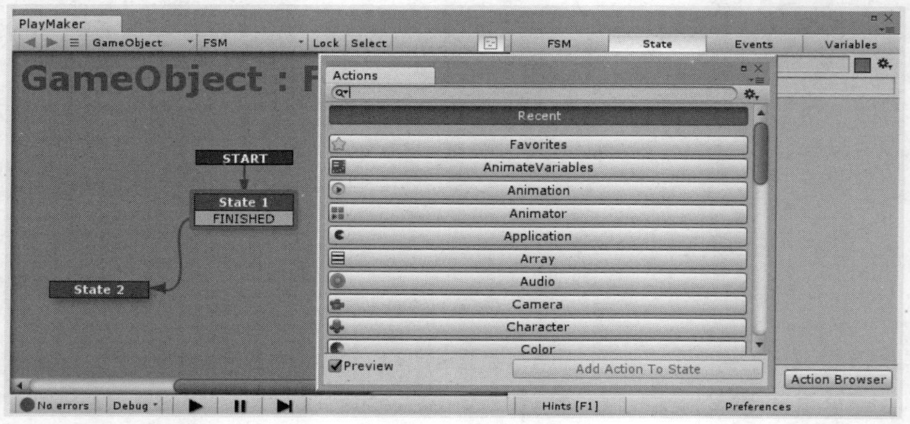

图 14-10 Action 列表

对于非程序员来说，如果希望借助 PlayMaker 创建游戏，有必要花些时间将这些 Action 熟悉起来。

我们可以试一个最简单的 Action，在 Action 列表中选择【Debug Log】（显示调试日志），然后单击【Add Action To State】按钮，即为当前状态节点添加显示 Log 的功能。在 State 中设置 Log 文本，如图 14-11 所示。运行游戏，当运行到该状态节点时，即会显示相应的日志输出。

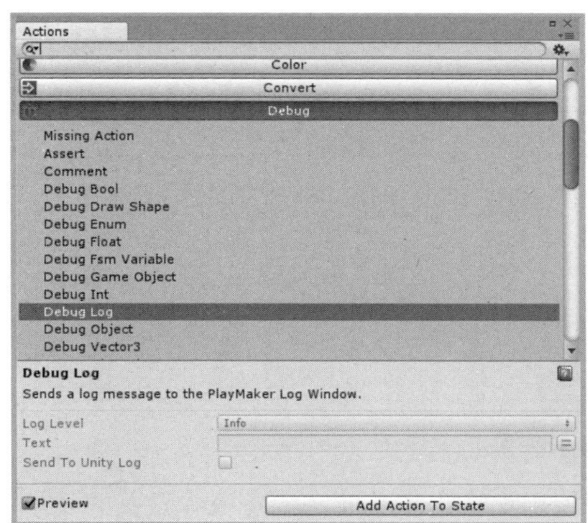

图 14-11 添加日志输出功能

使用 FINISHED 事件切换状态节点，切换是在一帧内完成的。我们再来试一下添加一个 Wait 动作，等待 2 秒再切换，注意要将 Finish Event（结束事件）设置为 FINISHED，如图 14-12 所示。

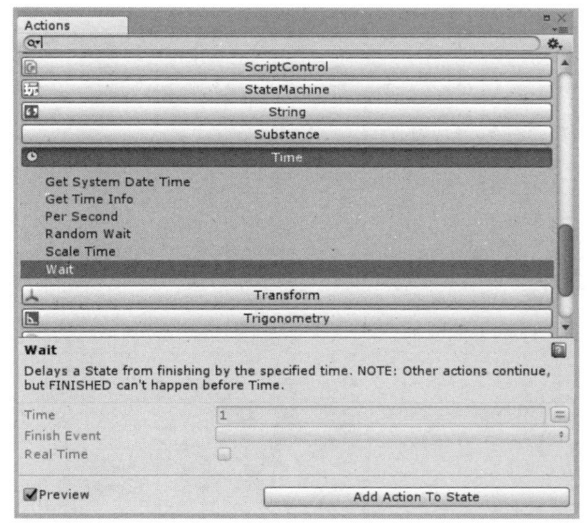

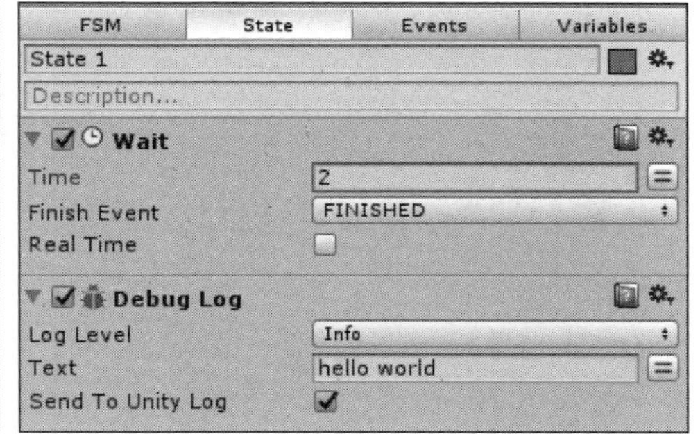

图 14-12 等待动作

14.2.6 变量

PlayMaker 可以为状态机添加多种类型的变量，常见的如整型、浮点型、字符串等，也包括大部分 Unity 内置类型。

在 Variables 窗口的【Variable Type】中选择变量类型，然后输入变量名称，单击【Add】按钮即可添加新的变量，并可以编辑变量的初始值，如图 14-13 所示。

如果希望创建全局变量，选择【Global Variables】即可创建全局变量，所有的状态机对象均可访问。注意，全局变量被保存在 Plugins/Playmaker/Resources/PlayMakerGlobals.assets 文件中，在更新 PlayMaker 版本时不要将其删除。

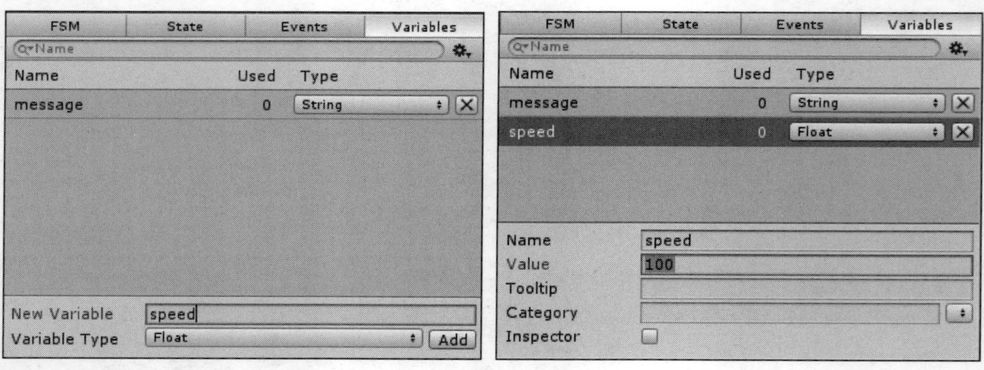

图 14-13　创建变量

如果使用自定义的 Action，编写脚本时可以使用如下语句获取在状态机中设置的变量。

```
FsmString speed = this.Fsm.GetFsmString("speed");        // 获得在编辑器中设置的变量
```

14.2.7　发送事件

游戏中的对象经常需要互相通信，使用 Action 列表中的【StateMachine】→【Send Event】或【Send Event By Name】即可以实现这个功能，在如图 14-14 所示的示例中，由 Run 节点执行 Send Event 发向自己送了 MyEvent 自定义事件，切换到 Attack 状态节点，同时向另一个游戏体使用 Send Event By Name 发送了 MyEvent（字符串类型）事件。

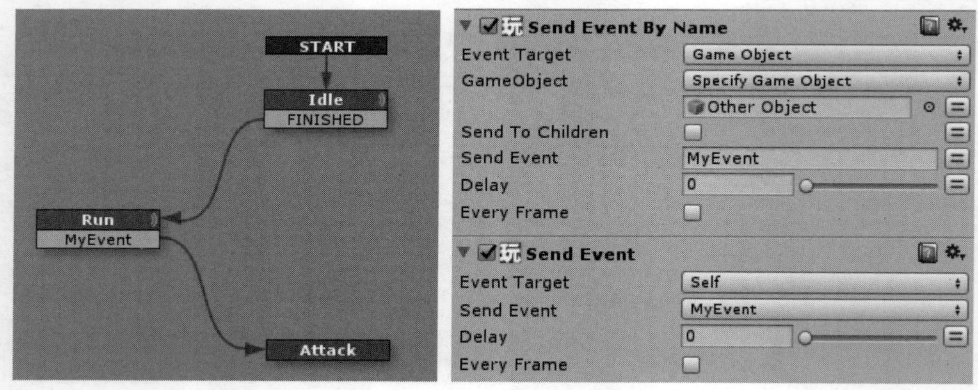

图 14-14　发送事件消息

Send Event 和 Send Event By Name 的主要区别是 Send Event By Name 通过字符串名称来发送事件，当通信对象是不同的状态机时，只能使用这种方式来发送事件。

14.3　自定义 Action

PlayMaker 的默认 Action 库提供的功能是有限的，下载 PlayMaker 插件，可以获得更多的功能。如果开发者具备编写脚本的能力，也可以自行编写脚本扩充 Action 库。

在 Unity 编辑器的菜单栏中选择【PlayMaker】→【Tools】→【Custom Action Wizard】，打开自定义 Action 向导窗口。

在最上面的【Name and Description】中输入 Action 的名字和描述，在【Category】中选择 Action 的类型或自定义类型（Custom Category）。

在【Generated Code Folder】中选择自定义 Action 脚本的存放位置。

在【Add Methods】中选择默认的重载方法，OnEnter 会在进入状态节点时触发；OnUpdate 会在每帧执行；OnExit 在退出状态节点时触发。

最后单击【Save Custom Action】按钮创建自定义 Action 脚本，这里创建了一个名为 MyAction 的自定义 Action，如图 14-15 所示。

PlayMaker
玩 Custom Action Wizard
Name and Description
MyAction
Description
Category
Select Category　AnimateVariables
Custom Category　MyGame
Generated Code Folder
Root Folder　PlayMaker/MyActions/
Action Folder　MyGame
Same as Category
Add Methods
OnEnter
OnUpdate
OnFixedUpdate
OnLateUpdate
OnExit
Custom Error Checker
Code Preview
using UnityEngine;
namespace HutongGames.PlayMaker.Actions
{
[ActionCategory("MyGame")]
public class MyAction : FsmStateAction
{
File: Assets/PlayMaker/MyActions/MyGame/MyAction.cs
Save Custom Action　Find File　Copy Code

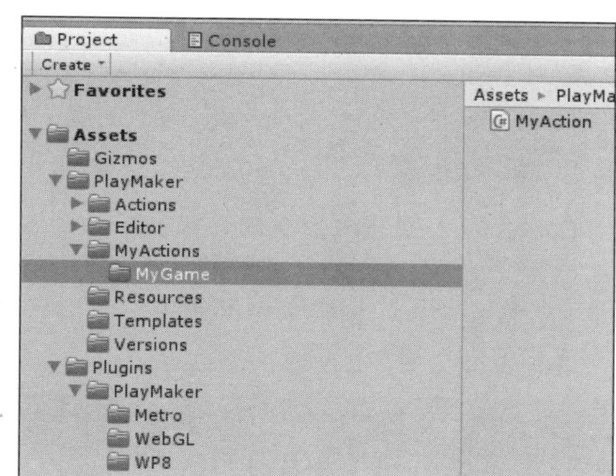

图 14-15　发送事件消息

接下来，就可以编辑自定义的 MyAction 脚本。下面的示例代码中，我们在 MyAction.cs 中创建了两个变量，用来表示两个事件的名称，按数字键 1 和 2，响应对应的事件。

```
using UnityEngine;
namespace HutongGames.PlayMaker.Actions {
    [ActionCategory("MyGame")]
    public class MyAction : FsmStateAction {
        [Tooltip("event name A")]                    // 添加提示
        public FsmString eventNameA = string.Empty;  // 下一个状态节点的名称 A
        [Tooltip("event name B")]                    // 添加提示
        public FsmString eventNameB = string.Empty;  // 名称 B，注意变量类型名称都是 Fsm 开
头
```

```
        public FsmEventTarget target;                         // 事件接收目标

        public override void OnEnter()                        // 触发该动作时执行这里
        {
            target = new FsmEventTarget();
            target.gameObject = new FsmOwnerDefault();
            target.target = FsmEventTarget.EventTarget.GameObjectFSM;  // 选择目标类型
            target.gameObject.OwnerOption = OwnerDefaultOption.SpecifyGameObject;  // 事件目标
            target.gameObject.GameObject = this.Owner;  // 这里设置事件接收对象为自己
        }
        public override void OnUpdate() {                     // 每帧都执行
            if ( Input.GetKeyUp(KeyCode.Keypad1)) {           // 如果按数字键 1，发送 eventNameA 事件
                Fsm.Event(target, eventNameA.Value);          // 发送事件
            }
            else if (Input.GetKeyUp(KeyCode.Keypad2)) {  // 如果按数字键 2，发送 eventNameB 事件
                Fsm.Event(target, eventNameB.Value);
            }
        }
        public override void OnExit() {                            // 离开该动作时执行这里
            Debug.Log("OnExit MyAction");
         }
    }
}
```

在状态机中创建两个事件，如名称分别为 key1 和 key2，然后在 State 窗口中为状态节点添加自定义的 MyAction，并设置两个事件 eventNameA 、eventNameB 的名称分别为 key1 和 key2。运行程序，根据脚本中的逻辑，使用小键盘数字键 1 和 2 控制状态选择。如图 14-16 所示，选择 1 和 2 进入不同的状态。

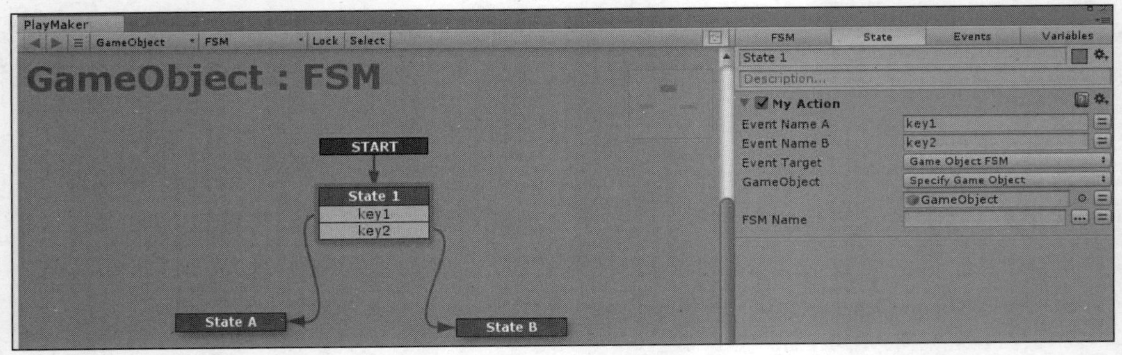

图 14-16　使用自定义 Action

使用 PlayMaker，默认只能在 PlayMaker 编辑器的 Variables 窗口中创建状态机的变量，对程序员来说，这可能并不方便。不过，如果使用自定义的 Action，我们可以将所有状态机引用的变量写入脚本，如下所示，MyData.cs 中只包括一些变量。

```
public class MyData : MonoBehaviour {
    public string title = string.Empty;
    public int money = 0;
    public bool isActiv = true;
}
```

在自定义的 Action 中引入 MyData，如下所示。

```
public class MyAction : FsmStateAction
{
    public MyData myData;
```

在状态机节点中指定 MyData 实例，如图 14-17 所示，这样在自定义的 Action 代码中就可以自由获取 MyData 中定义的变量了。

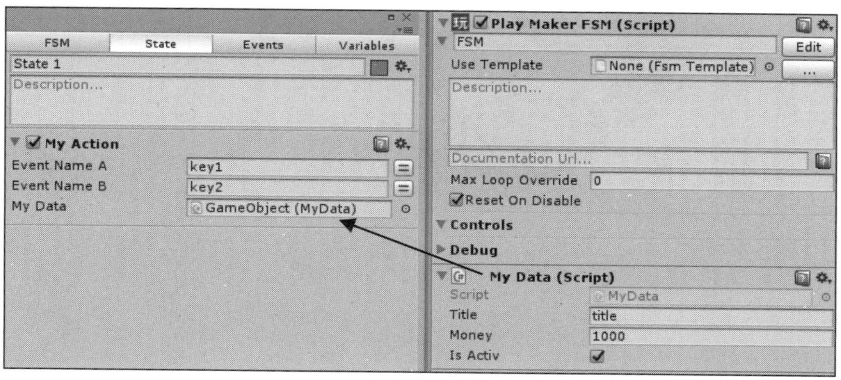

图 14-17　引用脚本中的变量

14.4 小　　结

PlayMaker 的可视化编程给非程序员带来了机会创建游戏，对程序员来说，也可以利用可视化编程工具优化开发流程，让枯燥的开发工作变得更加有趣。

第 15 章 VR 虚拟现实开发

VR，英文是 Virtual Reality，中文名称是虚拟现实，它带来了全新的视觉体验，使用户沉浸在虚拟的世界中，不但可用于游戏，也可以应用到医疗、房地产等很多领域，是近年来非常热门的新兴技术。虚拟现实技术需要 VR 眼镜设备的支持，本章主要针对最流行的 VR 设备 HTC Vive 介绍创建 VR 游戏的基本步骤。

15.1 VR 简介

VR 技术主要是建立在 VR 眼镜设备带来的沉浸式体验，主流的 VR 眼镜包括 HTC Vive、Oculus、PS VR 等，其中 PS VR 只能用于 Sony 的 Play Station 游戏机，其他的设备主要是连接 PC 台式机，我们可以想象这些眼镜就像是一个带在头上的显示器。国内最流行的 VR 设备主要是 HTC Vive，在很多商场里都可以体验到 HTC Vive 的内容，本书也以介绍 HTC Vive 开发为主，如图 15-1 所示，观看者正佩戴着 HTC Vive 眼镜体验本章实现的 VR 程序示例。

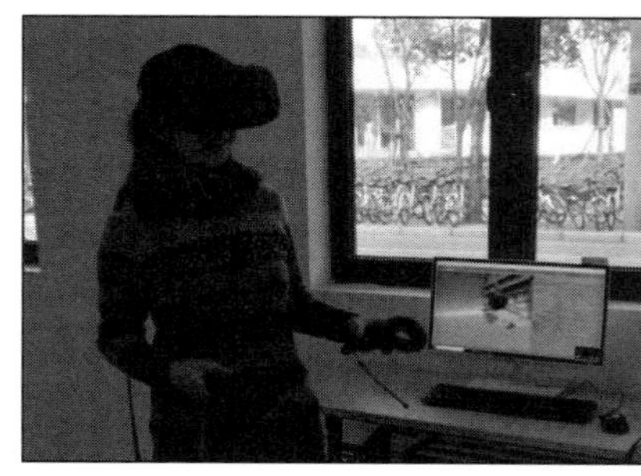

图 15-1　HTC-Vive 眼镜

戴上 VR 眼镜后的虚拟现实是一种什么感觉？答案恐怕无法通过截图或视频展现，只有亲自体验才能知道，但我们或许可以这样理解，带上眼镜后看到的景物就像是在真实世界看到的景物一样。不过虚拟现实技术还处于发展中，硬件的能力还面临着很多挑战。

因为 VR 眼镜的镜片距离眼睛较近，据说肉眼在现实世界的刷新率为每秒 120 次以上，因此当 VR 画面的刷新率较低时，VR 眼镜可能会使人感到头晕或不适，普通游戏每秒刷新 30 次即为达标，在普通显示器上观看每秒 60 帧的游戏会感觉非常流畅，但这个指标在 VR 的世界里仅是刚及格。

VR 眼镜是双眼同时输出，对于 HTC Vive 来说，相当于一个游戏要同时输出到两台 1080p 显示器上，如果还要保持每秒 90 帧（HTC Vive 最高刷新率为每秒 90 帧）的输出，即使是使用 PC 台式机，也需要非常强大的硬件支持才可能做到，也因此，目前把 VR 内容应用到一些便携设备上只是理论上可行，但实际体验效果并不理想。

接下来，我们将完成一个简单的 VR 程序，其包括了很多 VR 程序的基本功能，如实现射线、拾取、投掷等。制作一款 VR 游戏，要考虑 VR 体验的一些特殊性，VR 更注重体感操作且只能是第一人称，在行走操作上也有一些困难，其他逻辑方面和制作一款普通的游戏并无本质区别。

15.2 设置 HTC Vive 开发环境

开发或运行 HTC Vive 程序，除了需要 HTC Vive 硬件设备，还需要准备好软件开发环境。

步骤01 目前 HTC Vive 的主要发行渠道是 Steam 平台，这是一个 PC 游戏发布平台，网址是 http://store.steampowered.com，我们首先在这里下载并安装 Steam 客户端。

步骤02 运行 Steam 客户端，选择 SteamVR 用于连接 HTC Vive 设备，如图 15-2 所示。

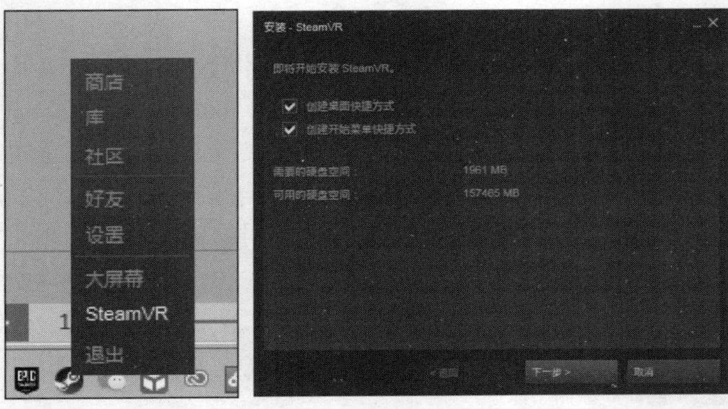

图 15-2 通过 Steam 客户端安装 SteamVR

步骤03 启动 Unity 编辑器，在 Asset Store 中搜索 SteamVR，安装 SteamVR Plugin 插件，这个插件用于 HTC Vive 对 Unity 的支持。注意，截止至本书完稿，SteamVR Plugin 的版本已经升级到 2.x，与 1.x 的功能不兼容，运行本书的示例，需要下载老版本 https://github.com/ValveSoftware/steamvr_unity_plugin/releases/tag/1.2.3

步骤04 在 Unity 编辑器菜单栏选择【Edit】→【Project Settings】→【Players】，在设置窗口选中 Virtual Reality Supported，添加对 VR 的支持，如图 15-3 所示。

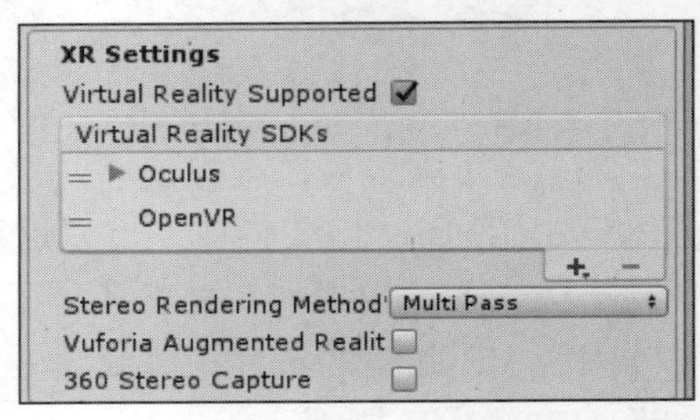

图 15-3 设置 Unity 对 VR 的支持

SteamVR Plugin 提供了很多 VR 示例，在 Unity 中运行这些 VR 示例程序，就可以在 HTC Vive 中体验了。

15.3 VR 操作示例

15.3.1 创建 VR 场景

首先，创建一个新的 Unity 场景，并删除或关闭默认的摄像机。然后将 SteamVR 提供的[CameraRig]和[SteamVR]拖入到当前 Unity 场景中，如图 15-4 所示。

运行程序，马上可以在 HTC Vive 中体验创建的 VR 场景，但现在还是一片空白，看不到什么东西。为了使 VR 画面更美观一些，示例导入了一些 Asset Store 中免费的素材 Medieval house（房子）和 Treasure box（宝箱），如图 15-5 所示。

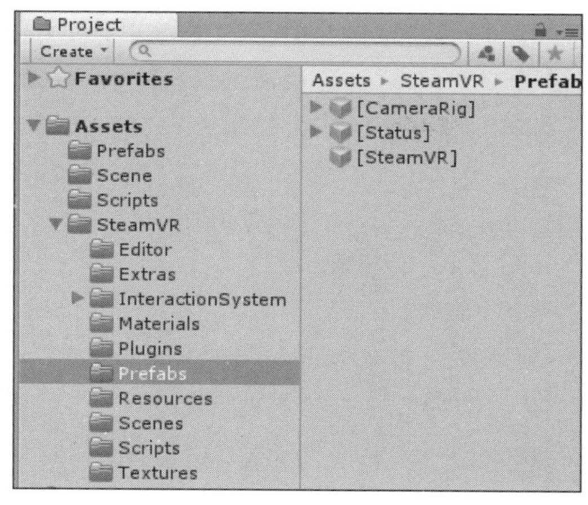

图 15-4　使用 SteamVR 提供的 Prefab

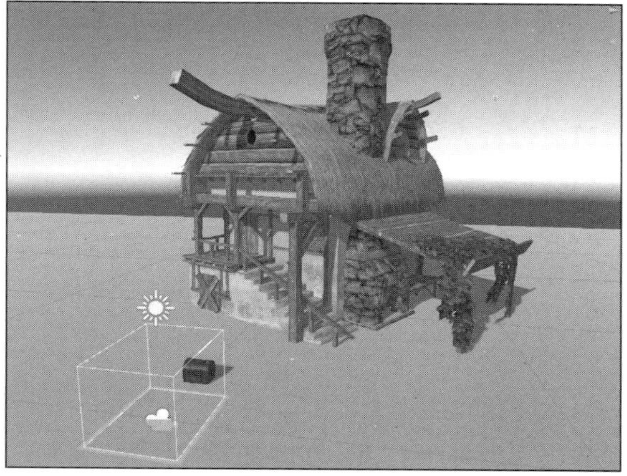

图 15-5　导入美术素材

15.3.2　手柄控制器

HTC Vive 标配有两个手柄控制器，接下来，我们将实现响应控制器的操作。注意，因为本书的示例是基于 SteamVR Plugin 1.x，当升级 SteamVR Plugin 到版本 2.x 后，对应 1.x 的手柄操作代码将不能正常工作。

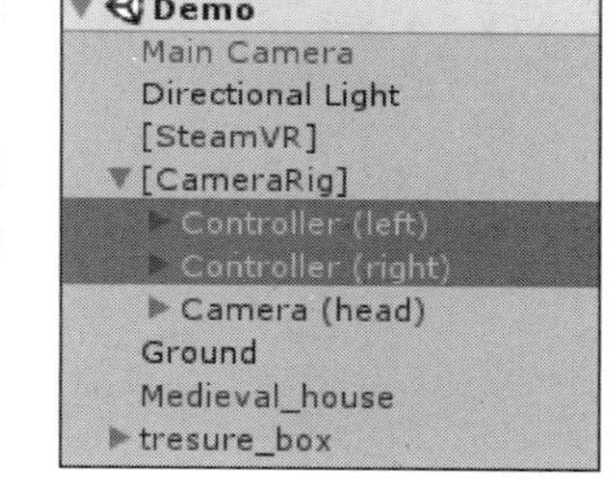

图 15-6　添加 Input 脚本

步骤 01　在 Unity 工程的 SteamVR/Extras 路径下找到脚本 SteamVR_TrackedController.cs，该脚本提供了所有的手柄操作基础功能。拖动脚本 SteamVR_TrackedController.cs 到 Controller（left）和 Controller（right）上，Controller（left）和 Controller（right）对应的就是 HTC Vive 的两个手柄，如图 15-6 所示。

步骤 02　接下来创建一条射线，用来提示手柄指向的地方。在菜单栏选择【GameObject】→【Effects】→【Line】创建一条射线，并为它创建一个 Particles 类型的材质，如图 15-7 所示，关闭射线 GameObject，使其默认在场景中隐藏起来。

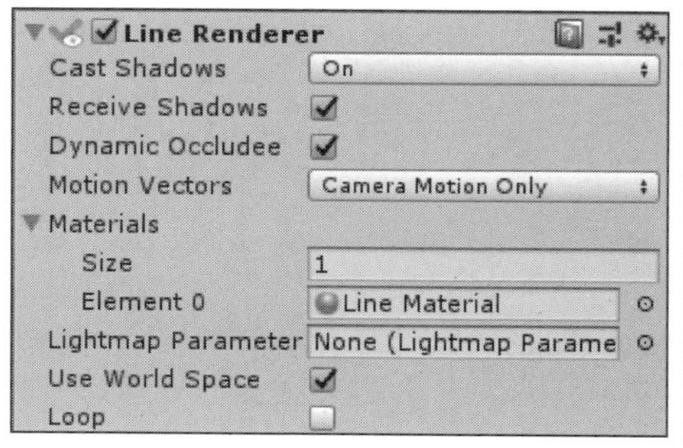

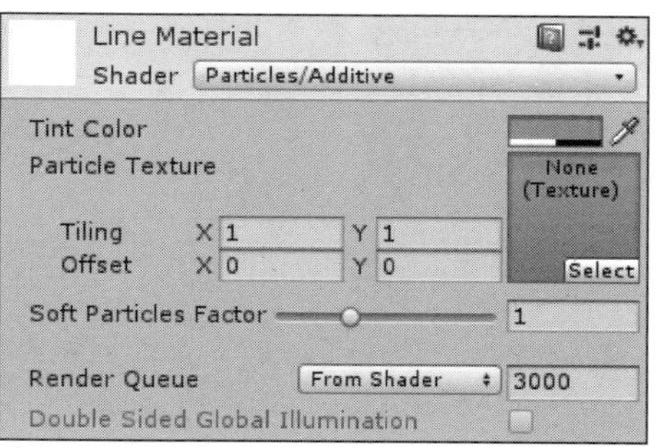

图 15-7　创建射线

步骤 03　创建待拾取的目标物体，本示例是使用一个箱子模型，要为其添加 Collider（碰撞体）和 Rigidbody（刚体）。

步骤 04 创建脚本 MyVRController.cs，将其分别拖动到 Controller（left）和 Controller（right）上，分别为其添加 Rigidbody，取消 Gravity 重力，启用 Is Kinematic。我们将在脚本 MyVRController.cs 中添加所有的代码，包括响应控制器操作、拾取东西、投掷等。

```
using UnityEngine;
public class MyVRController : MonoBehaviour {
    public SteamVR_TrackedObject tracker;              // Controller 上的脚本
    public SteamVR_TrackedController controller;       // 手柄控制器
    private Transform pickedObject = null;             // 待拾取的物体
    public LineRenderer line;                          // 射线，注意要和场景中的射线关联起来
    void Start () {
        tracker = this.GetComponent<SteamVR_TrackedObject>();
        controller = this.GetComponent<SteamVR_TrackedController>();
        controller.TriggerClicked += OnTriggerClicked;        // 手柄按键按压委托回调
        controller.TriggerUnclicked += OnTriggerUnclicked; // 手柄按键松开按钮委托回调
    }

    void Update () {
        if ( controller.triggerPressed ) // 如果按压 trigger 键
        {
            line.enabled = true;  // 显示射线
            RaycastHit hitinfo;
            line.SetPosition(0, this.transform.position);  // 设置射线的起始位置
            // 根据 Raycast 设置射线的结束位置
            bool b = Physics.Raycast(transform.position, transform.forward, out hitinfo, 100);
            if (b)
                line.SetPosition(1, hitinfo.point);
            else
                line.SetPosition(1, this.transform.position + this.transform.forward * 10);
        }
        else
            line.enabled = false;     // 关闭射线
    }

    public void OnTriggerClicked(object sender, ClickedEventArgs e)
    {
        if (pickedObject != null) // 如果已经拾取了目标物体
            return;
        RaycastHit hitinfo;
        bool b = Physics.Raycast(this.transform.position, this.transform.forward, out hitinfo, 100,
                                                                    LayerMask.GetMask("Item"));
        if (b)  // 通过 Raycast 判断是否射中目标物体
        {
```

```
                pickedObject = hitinfo.transform;   // 获取被拾取的物体
                Rigidbody rigd = hitinfo.transform.GetComponent<Rigidbody>();
                rigd.useGravity = false;   // 取消目标物体的重力
                FixedJoint fj = hitinfo.transform.gameObject.AddComponent<FixedJoint>();
                fj.connectedBody = this.GetComponent<Rigidbody>();   // 使用 FixedJoint 将目标物体和手
                                                                       柄固定在一起
            }
        }

        public void OnTriggerUnclicked(object sender, ClickedEventArgs e)
        {
            if (pickedObject == null)   // 如果没有拾取目标物体
                return;
            FixedJoint fj = pickedObject.GetComponent<FixedJoint>();
            fj.connectedBody = null;
            Destroy(fj);   // 断开目标物体与手柄的连接状态
            Rigidbody rigid = pickedObject.GetComponent<Rigidbody>();
            rigid.useGravity = true;   // 恢复目标物体的重力

            var device = SteamVR_Controller.Input((int)tracker.index);
            rigid.velocity =   device.velocity * 3;   // 获得当前设备的移动方向
            rigid.angularVelocity = device.angularVelocity;   // 为目标物体加一个力，使其被投掷出去
            pickedObject = null;   // 清空拾取的目标物体
        }
    }
```

本章的示例工程保存在资源目录 c15_SimpleVR 中，需要连接 HTC Vive 设备才能运行该示例。

15.4 小　结

本章简单介绍了在 Unity 中开发 HTC Vive 游戏的基本步骤，无论是软件还是硬件，VR 技术仍处于不断地发展变化中，目前 HTC Vive、Oculus Rift 都已经被整合到了 Steam 平台，在不久的将来，也许会有更加成熟、统一的 VR 解决方案。

第 16 章
AR 增强现实开发

本章将通过实例，学习在 Unity 中使用 Vuforia，使读者掌握开发增强现实产品的基本能力。

16.1　AR 和 Vuforia

AR（Augmented Reality），中文名为增强现实，这个词经常会和 VR 一起出现，但它和 VR 有很大的区别。VR 是虚拟现实，用户的体验完全是在一个封闭的、虚拟的环境中，而 AR 是数字图像与现实相结合的一种技术。

依赖于各种硬件，AR 的表现形式也是多种多样的，本章介绍的是一种最常见的应用——使用手机摄像头，将数字图像与手机摄像头画面无缝结合起来。

Vuforia 是比较流行的 AR 技术之一，官方开发者网址是 https://developer.vuforia.com/，在国内也有 http://vuforia.csdn.net/这样的中文社区，目前，Unity 已经将 Vuforia 内置在 Unity 的安装包中，如图 16-1 所示。

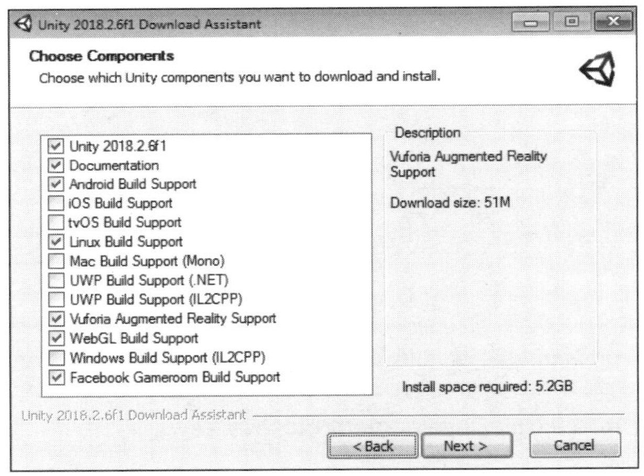

图 16-1　安装 Unity 时选中 Vuforia Augmented Reality Support

我们经常见到的一种 AR 应用就是用手机摄像头对准某个地方（有些类似扫描二维码），然后在摄像头画面中就会出现相应的数字画面（比如一只恐龙），目前这种技术在图书、艺术展厅使用的相当多。本章将通过一个完整的示例，介绍如何使用 Unity 和 Vuforia 实现类似的效果。

16.2　创建 Vuforia 工程

在开始 Vuforia 项目前，需要申请一个与当前 Unity 工程相关联的授权密钥。

步骤 01　新建 Unity 工程、场景，将其添加到 Scene In build 中，注意要选择 3D 类型的工程。

步骤 02　在菜单栏选择【Edit】→【Project Settings】→【Player】打开设置窗口，选中 Vuforia Augmented Reality Support，这时如果出现授权之类的提示，选择【Accept】，之后在 Resources 文件夹中会出现一个 VuforiaConfiguration 文件，如图 16-2 所示。

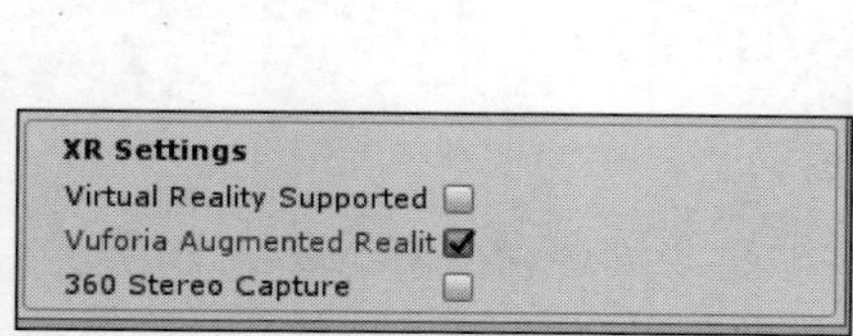

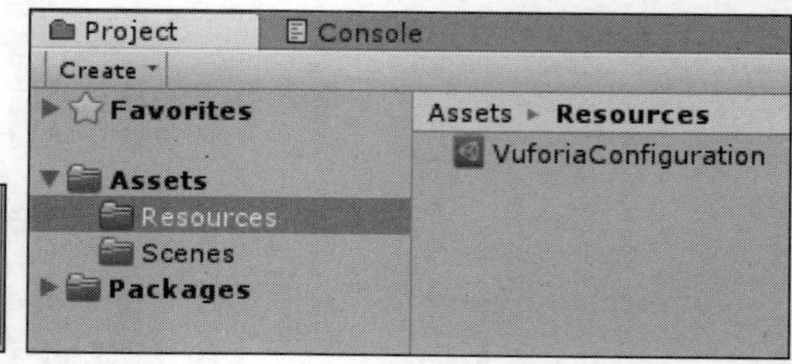

图 16-2　添加 Vuforia 支持

步骤 03　选择 VuforiaConfiguration（或在菜单栏选择【Window】→【Vuforia Configuration】），在 Inspector 窗口选择【Add License】（添加授权），然后会自动弹出网页页面，这里我们需要一个 Vuforia 账号并登陆，选择【Get Development Key】，如图 16-3 所示。

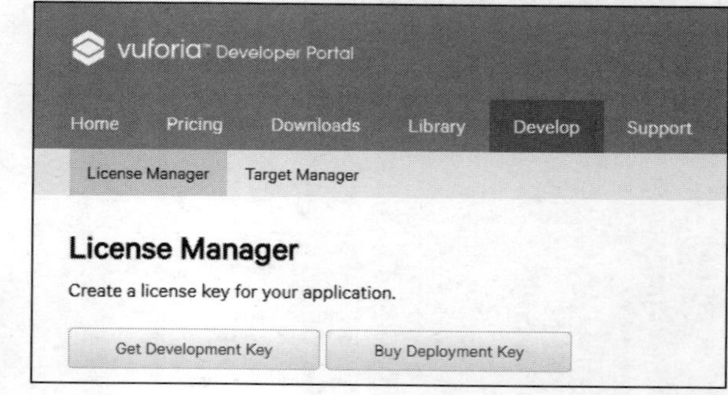

图 16-3　获得开发密钥

步骤 04　在页面上的 App Name 中输入 AR 工程的名称，如图 16-4 所示，【选择 Confirm】

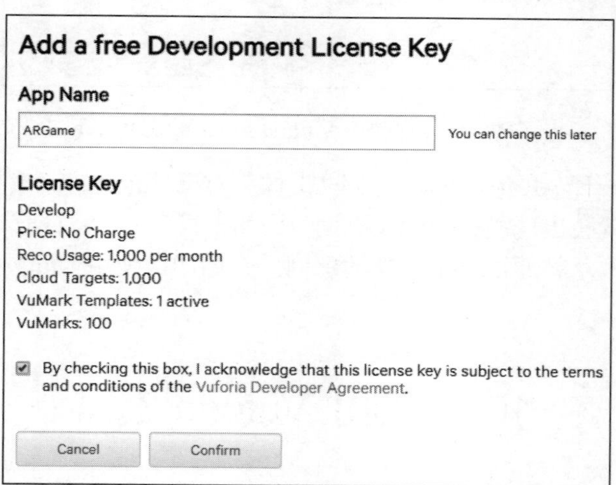

图 16-4　注册新的 AR 工程

步骤 05　选择前面创建的 AR 工程，会看到一个 License Key，如图 16-5 所示，复制密钥，将其粘贴到 Unity 中的 App License Key 中。

注意，本节所有的操作都需要良好的网络环境。

图 16-5　License Key

16.3　准备 AR 参考目标

本示例的目标是将数字图像（Unity 中的 3D 模型）显示与手机摄像头拍摄的画面结合起来，基本要求是观看 3D 模型的 Unity 摄像机视角要与现实中手机摄像头的视角保持一致，为了能做到这一点，我们需要一个参考目标，通过这个参考目标，Vuforia 会帮助我们自动计算 Unity 摄像机的位置和角度。AR 中的参考目标通常是现实中的一个物件，本示例中将使用一张扑克牌作为参考目标。

步骤 01　继续设置 Vuforia Configuration，在设置窗口选择【Add Database】，如图 16-6 所示，然后在网页页面的 Target Manager 中选择【Add Database】。

图 16-6　添加数据库

步骤 02　输入数据库的名称，这里命名为 Poker，然后选择【Create】，如图 16-7 所示。

步骤 03　选择前面创建的数据库 Poker，然后选择【Add Target】。在页面上选择【Browse】浏览到准备好的图片（本示例是使用手机拍摄的一张扑克牌，追求精确最好还是使用扫描仪），在 Width 中填入图片实物大概宽度（米制），最后选择【Add】添加目标图片，如图 16-8 所示。

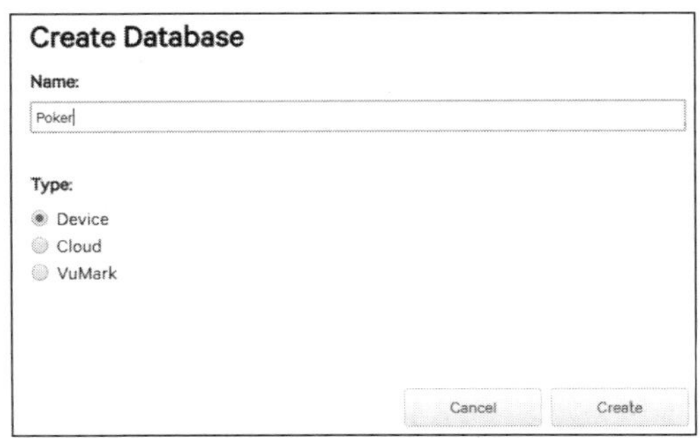

图 16-7　创建 AR 参考目标数据库

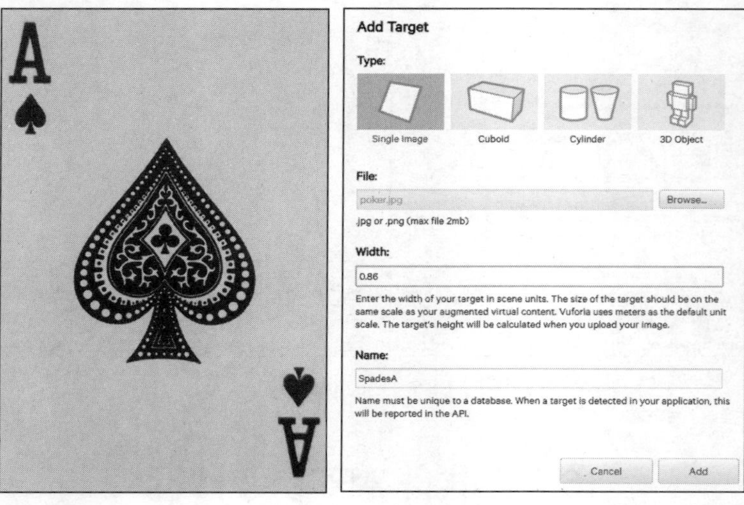

图 16-8　添加图片作为参考目标

重复本步骤，可以添加多个参考目标，本示例只添加一个。

步骤 04 选择【Download Database】，然后选择 Unity Editor，下载参考目标数据库（本示例即 Poker.unitypackage），如图 16-9 所示，双击 Poker.unitypackage，将资源导入到当前的 Unity AR 工程中。

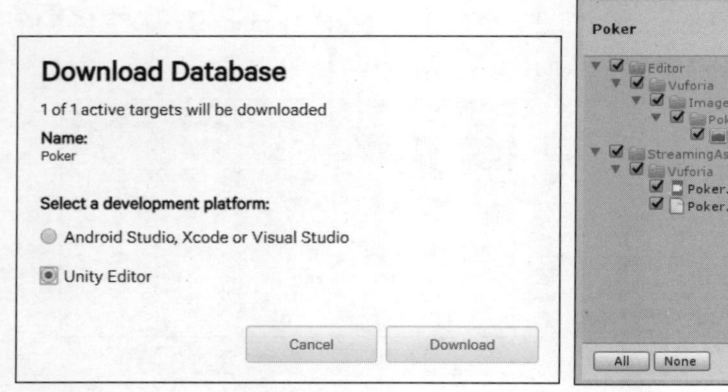

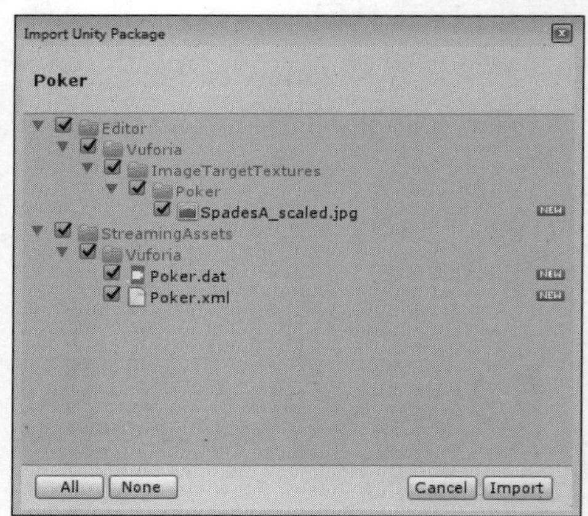

图 16-9　导入 AR 资源

16.4　设置 AR 参考目标

接下来，我们将在 Unity 工程中创建 AR 参考目标。

步骤 01 在 Unity 的 Hierarchy 窗口删除或隐藏默认的 Main Camera，右击，选择【Vuforia】→【AR Camera】创建 AR 摄像机，这时还会弹出一个窗口，提示导入必要的资源，选择【Import】导入它们，如图 16-10 所示。

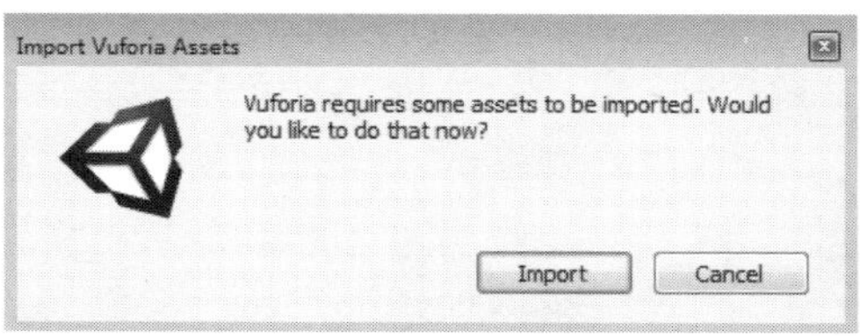

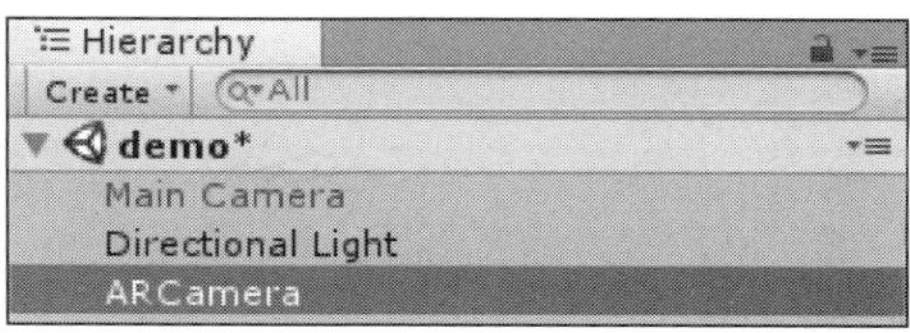

图 16-10　添加 AR Camera

步骤 02　在 Hierarchy 窗口右击，选择【Vuforia】→【Image】添加 AR 参考目标，如图 16-11 所示，注意默认 ImageTarget 的 Scale 值会根据实物大小（米制）自动调整。

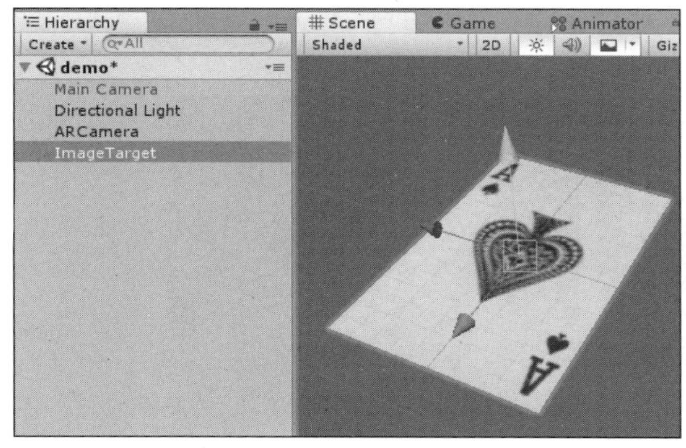

图 16-11　添加 AR 参考目标

可以看到，默认的 AR Database 使用的是前面创建并下载的 Poker，图片目标使用的是黑桃 A（我们只创建了一个图片目标）。

步骤 03　导入 3D 美术素材，本示例使用 Unity 商城中免费提供的卡通角色 Chan，如图 16-12 所示，将模型作为 ImageTarget 子物体，即将模型与 ImageTarget 联系起来。

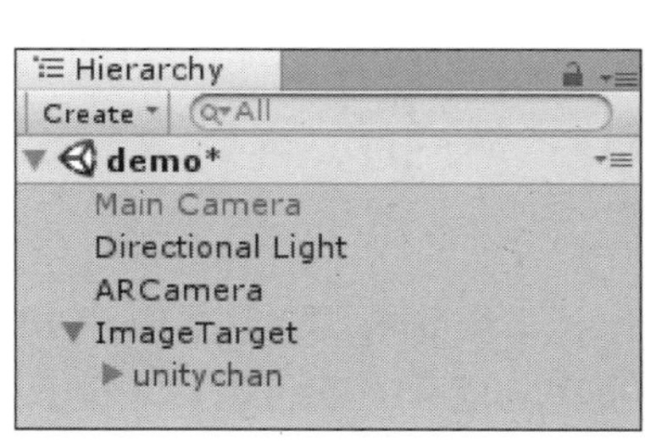

图 16-12　将 Chan 放到 AR 场景中

步骤 04　本示例只能运行在手机上，这里将工程设为 Android 工程（详细请参考 Android 游戏移植一章），为了快速创建版本，将 Build System 设为 Internal（默认是 Gradle）。在

Player Settings 中至少需要设置 Package Name 才能正常编译，如图 6-13 所示，取消对 AndroidTV 的支持（与 Vuforia 不兼容）。

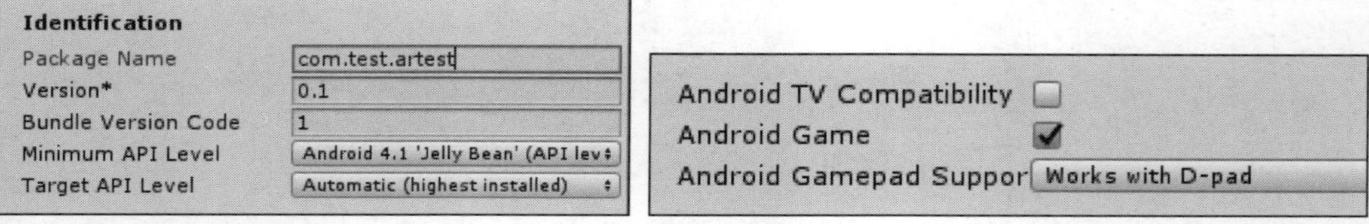

图 16-13　Android 设置

最后编译出 APK 文件并在手机上进行测试。将手机摄像头对准参考目标扑克牌，就可以在手机摄像头画面上看到 3D 图像了，如图 16-14 所示。

图 16-14　最终的 AR 效果

本章的示例工程保存在资源目录的 c16_ar。

16.5　小　　结

本章介绍了 Vuforia 的基本使用方式，操作起来很简单。除了图片，Vuforia 还支持参考实物作为参考目标，不过 Vuforia 是收费软件，很多功能只有在付费后才能正常使用。

本章示例只创建了一个 ImageTarget，读者可以尝试在一个场景内创建多个 ImageTarget，每个 ImageTarget 与不同的 3D 模型相关联，这样当手机摄像头扫描不同的参考图片时，就会显示出不同的 3D 模型。

第 17 章 Shader 编程与后期特效

本章将介绍如何在 Unity 中使用 CG 语言进行 Shader 编程，包括 CG 语言的基本概念,Vertex/Fragment Shader 和全屏 shader 的多个示例，最后简单介绍了后期特效的处理。

17.1 Shader 简介

初次接触 Shader 的开发者可能会比较困惑 Shader 是什么？Shader 是使用专门的图形语言编写的脚本，面向 GPU 发送指令，用来描述如何渲染多边形和贴图，而传统计算机语言如 C++、C#等都是面向 CPU 发送指令的，而不是 GPU。

面向不同的平台，编写 Shader 的语言很多，主要包括 HLSL、GLSL、CG、Metal 等，分别来自微软、OpenGL 组织、Nvidia 和苹果公司。这些语言本身也都有相应的官方文档，Unity 的官方文档也包括有大量的 Shader 示例，都是很好的学习材料。

HLSL 文档：https://docs.microsoft.com/en-us/windows/desktop/direct3dhlsl/dx-graphics-hlsl

GLSL 文档：https://www.khronos.org/registry/OpenGL/index_gl.php

Nvidia 出版过一本关于 CG 语言的图书《The Cg Tutorial》，如果读者有一定的英文阅读能力，在其官方网站 https://developer.download.nvidia.com/CgTutorial/cg_tutorial_chapter01.html 可以免费阅读该书的全部章节，该书的附录附有大部分 CG 语言的常用函数。

Metal 文档：https://developer.apple.com/metal/Metal-Shading-Language-Specification.pdf

Unity 提供了一个叫 Shader Lad 的 Shader 语言框架，可以在这个框架内使用 HLSL 和 CG 的语法编写 Shader 脚本（大部分情况，可以把它们看作是同一门语言），最终，在 Unity 中创建 Material 表现图像的效果，而这个 Material 的能力就是来自相应的 Shader。在 Unity 中编写 Shader，有三种不同的途径。

- Fixed function Shader：使用 Unity 的专用 Shader Lad 编程语法，底层的实现是 Vertex and Fragment Shader 方式，这种方式使用起来比较简单，但局限性较大，官方已经不推荐使用。
- Vertex and Fragment Shader：顶点和片段 Shader，使用 CG/HLSL 语言的语法。
- Surface Shader：支持光照交互的 Shader，它的底层实现方式也是 Vertex and Fragment，但封装了很多复杂的光照实现效果。

17.2 渲染管线

渲染管线指的是将计算机数据转换为屏幕像素最终呈现在显示器上的过程。在显示器上看到的绚丽图像，对计算机来说都是二进制的数据，如何将这些数据转换为屏幕上的图像有一个相对模式化的过程，就是渲染管线。

步骤 01 在 CPU 层面，程序创建出顶点（比如使用 Open GL 的 glVertex*命令），构成多边形模型，一个多边形由 3 个顶点组成（两个三角形拼在一起就是一个矩形，也可以用来表现 2D 的图片效果）。

步骤02 创建顶点采用的是参考本地模型位置的模型坐标（Model Space），我们需要将这些本地坐标位置转换为世界坐标（World Space）位置，注意，灯光通常全部是在世界坐标下定义的。

步骤03 将世界坐标转换为视点坐标（Eye Space），可以想象 Unity 中的摄像机或 OpenGL 的函数 gluLookAt。

步骤04 根据视点坐标，将场景裁切并投影到视点平面（View Plane）上。

步骤05 将裁切的多边形坐标位置再转换为屏幕坐标（Screen Space），最终 3D 的图像还是由 2D 的坐标方式呈现的，因为显示器的屏幕始终还是平的。

步骤06 对多边形内的像素进行光栅化（纹理填充和着色的过程）。

上述过程是一个比较通俗简单的描述，在编写 Shader 的时候，会见到如 UnityObjectToClipPos 这样的函数，其功能就是实现了将模型坐标转换到投影的过程，理解了渲染管线的过程，会帮助理解这类函数的意义。

17.3　ShaderLab 语言

ShaderLab 是 Unity 的 Shader 语言框架，其基本形式如下，这个 Shader 没有任何功能，但它确实是可以工作的。

```
Shader "Shader 名称"
{
    Properties
    {
        // 在这里定义材质属性，如表面颜色、纹理等
    }
    SubShader // 可以创建多个 SubShader，如果第一个硬件不支持，就用第二个...
    {
        Tags {
            // 在这里定义渲染类型、顺序和一些特性
        }

        Pass  // 可以有多个 Pass，其效果会重叠在一起，会增加额外性能开销
        {
            // 在这里编写 CG 代码
        }
    }
}
```

在 Properties 中定义的属性，就是在 Unity 材质编辑器中看到的属性，这些功能是 Unity 专有的，和 CG 语言无关，如图 17-1 所示。

```
Shader "Shader 名称"
{
    Properties
    {
        _Color("颜色", Color) = (1,1,1,0.5) // 类型为 Color，四个值分别为 rgba
        _MainTex("表面纹理", 2D) = "white" {}      // 类型为 2D，表示贴图纹理
        _SpecColor("高光", Color) = (1,1,1,1)
        _Emission("自发光", Color) = (0,0,0,0)
        _Shininess("光泽度", Range(0.01, 1)) = 0.7   // 类型为 Range，表示数值
        _BumpMap("法线贴图", 2D) = "white" {}
        _CubeMap("反射", CUBE) = "" {}       // 类型为 CUBE，表示 CUBE 贴图纹理
    }
    SubShader
    {
        Tags {"Queue" = " Geometry "   "RenderType" = "Opaque" "IgnoreProjector" = "true"}

        Pass
        {
            //在这里编写 CG 代码
        }
    }
}
```

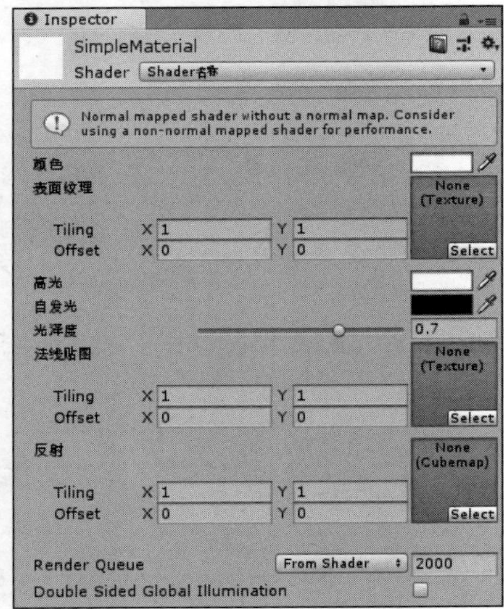

图 17-1　定义材质属性

在 Tags 中，可以填入很多选项，常见的包括 Queue，用来决定渲染顺序（Background，Geometry，AlphaTest，Transparent，Overlay），RenderType 决定渲染类型（Opaque，Transparent，TransparentCutout...），IgnoreProjector 决定是否接受 Unity 的 Project 投射器等，在 Unity 的官方手册 ShaderLab: SubShader Tags 部分可以查阅更多细节。

17.4　CG 语言简介

CG 语言的语法有些像被简化了的 C 语言，也是由变量和函数构成。CG 语言提供的变量类型主要包括：int（整型）、float（32 位浮点型）、half（16 位浮点型）、fixed（11 位浮点型）、sampler2D（纹理贴图）、samplerCUBE（CUBE 纹理贴图）、float2、float3、float4（向量）、float4x4（矩阵）。

在 ShaderLab 中定义的材质属性是不能直接引用到 CG 语言中的，需要定义一个 CG 语言的变量，其名称和类型要与材质属性中的名称和类型一致，如下所示：

```
sampler2D _MainTex;  // 使用 CG 语言函数 tex2D(_MainTex, UV 坐标) 可以将纹理转为 float4 颜色
float4 _Color;  // 可以_Color[0]这样调用，也可以_Color.x，_Color.r，_Color.xyzw，_Color.rgba...这样调用
```

CG 语言变量_MainTex 引用了 2D 类型的材质属性_MainTex，CG 语言变量_Color 引用了 Color 类型的材质属性_Color， 注意在 CG 语言中表现色彩的 RGBA 主要是使用向量结构 float4。

普通的计算机语言，每个变量具体在逻辑中有什么用途，完全取决逻辑的需要。在 CG 语言中，每定义一个变量，不但要有类型，还需要一个语义，告诉 GPU，这个变量是一个纹理，或是 UV，还是顶点位置，例如：

```
float4 vertex : POSITION;   // POSITION 的语义是顶点的位置
float2 uv : TEXCOORD0;   // TEXCOORD0 TEXCOORD1...的语义是 float2 类型的第 N 套 UV 坐标
float4 vertex : SV_POSITION;   // SV_POSITION 的语义是顶点的投影坐标位置
float4 normal: NORMAL;   // NORMAL 的语义是 float3 或 float4 类型的顶点法线方向
```

关于语义，在 Unity 的官方手册 Shader semantics 部分可以查阅更多细节。

17.5　Vertex and Fragment Shader 示例

Vertex and Fragment Shader，由名称 Vertex（顶点）和 Fragment（片段）可知，CG 语言主要是通过处理顶点和着色实现 Shader 的效果。在 Vertex and Fragment Shader 中，处理顶点和着色分别对应两个相应的函数，接下来，我们将通过一些具体的示例了解这个过程。

17.5.1　显示纹理和色彩

本节将创建一个最普通的 Shader，它只有纹理和颜色。

步骤 01　在 Project 窗口右击，选择【Create】→【Shader】→【Unlit Shader】创建一个最基本的 Vertex and Fragment Shader，这里命名为“SimpleShader”，这个文件名称就是默认的 Shader 名称（可修改）。

步骤 02 双击“SimpleShader”对 Shader 进行编辑，默认的 Shader 已经包含了基本的代码，请注意查看下面代码的注释说明。

```
Shader "Unlit/SimpleShader"    // Shader 名称
{
    Properties   // 材质属性
    {
        _MainTex ("Texture", 2D) = "white" {}    // 默认包括一个纹理贴图属性
    }
    SubShader
    {
        Tags { "RenderType"="Opaque" }    // 默认为不透明的材质
        LOD 100

        Pass
        {
            CGPROGRAM   // 从这里开始表示使用 CG 语言进行编程
            #pragma vertex vert   // 定义 vert 函数处理顶点
            #pragma fragment frag   // 定义 frag 函数处理着色
            // make fog work
            #pragma multi_compile_fog

            #include "UnityCG.cginc" // 引用 Unity 路径 Editor\Data\CGIncludes 下的 CG 语言函数库

            struct appdata // 定义结构用于 vert 函数的输入
            {
                float4 vertex : POSITION;   // 顶点位置变量
                float2 uv : TEXCOORD0;   // 顶点 UV 坐标变量
            };

            struct v2f   // 定义结构用于 vert 函数的输出，frag 函数的输入
            {
                float2 uv : TEXCOORD0;   // 顶点 UV 坐标变量
                UNITY_FOG_COORDS(1)
                float4 vertex : SV_POSITION;   // 顶点投影坐标变量
            };

            sampler2D _MainTex;   // 引用材质属性_MainTex
            float4 _MainTex_ST;

            v2f vert (appdata v)   // 处理顶点函数，其参数是输入的顶点信息
            {
                v2f o;   // 用于输出的结构
```

```
                // 将输入的本地顶点坐标位置转换为投影坐标位置赋予输出变量 o.vertex
                o.vertex = UnityObjectToClipPos(v.vertex);
                o.uv = TRANSFORM_TEX(v.uv, _MainTex);   // 变换 2D UV 坐标
                UNITY_TRANSFER_FOG(o,o.vertex);
                return o;   // 返回输出信息
            }

            fixed4 frag (v2f i) : SV_Target   // vert 的输出结构作为这里的输入结构 i
            {
                // 对 2D 纹理采样得到颜色 rgba
                fixed4 col = tex2D(_MainTex, i.uv);
                // apply fog
                UNITY_APPLY_FOG(i.fogCoord, col);
                return col; // 返回纹理颜色
            }
            ENDCG   // 表示 CG 语言结束
        }
    }
}
```

步骤03 当前的 Shader 只有一个纹理，接下来我们将添加一个材质颜色属性，并与纹理相叠加。在 Shader 文件的 Properties 中添加颜色属性“_Color("Color(RGBA)", Color) = (1,1,1,1)”，在 Pass 中添加变量“float4 _Color;”，最后的 frag 函数修改如下：

```
fixed4 frag (v2f i) : SV_Target
{
    fixed4 col = tex2D(_MainTex, i.uv);
    // apply fog
    UNITY_APPLY_FOG(i.fogCoord, col);
    return col * _Color;   // 纹理乘材质颜色返回叠加后的色彩
}
```

最后的效果如图 17-2 所示，纹理会与添加的材质颜色进行叠加，有兴趣的读者可以尝试其他数学运算方法，比如加法或减法，注意输出色彩的变化。

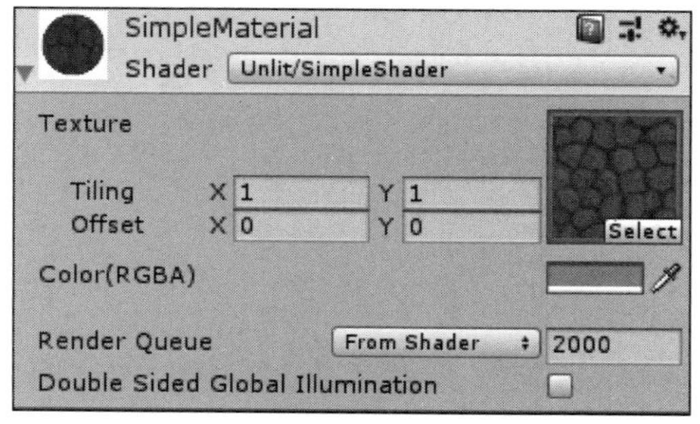

图 17-2　简单的纹理和颜色叠加

17.5.2 使用通道表现多个纹理

默认的 Shader 只支持一张纹理贴图，在接下来的例子中，我们将创建一个 Shader 同时支持多张贴图，使用通道在不同的位置显示不同的贴图。

步骤 01 准备 3 张贴图，其中两张是纹理贴图，一张是通道贴图（这张贴图可以使用 Photoshop 之类的软件创建），通道贴图的红色通道，其中白色部分用于显示第一张纹理贴图，黑色部分用于显示第二张纹理贴图，如图 17-3 所示。

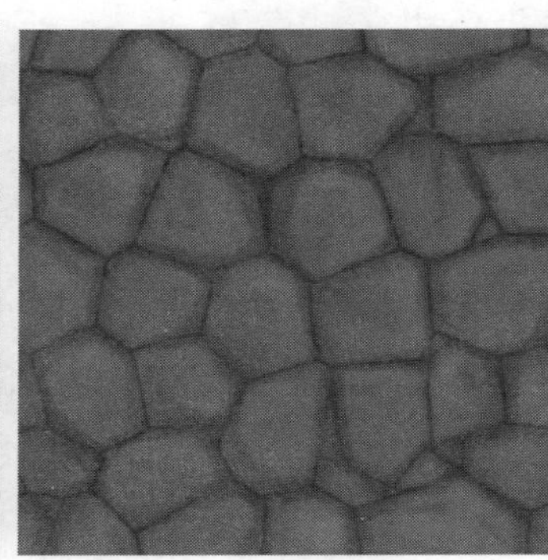
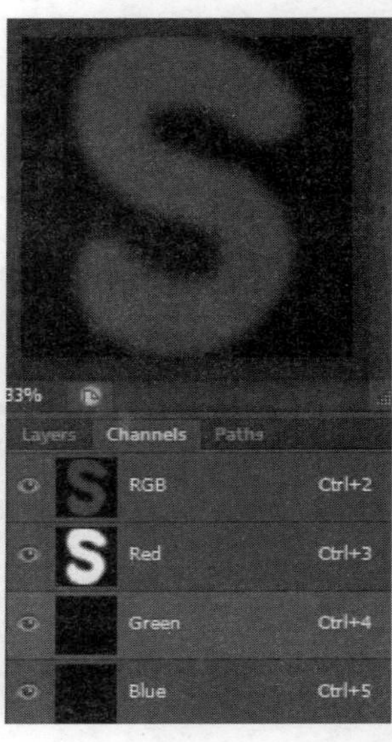

图 17-3 准备 3 张贴图

步骤 02 新建 Unlit Shader 命名为“BlendShader”，添加叠加贴图和通道贴图，修改 frag 函数，其他保持默认的代码即可，如下所示，有修改的地方都添加了注释。

```
Shader "Unlit/BlendShader"
{
    Properties
    {
        _MainTex ("Texture", 2D) = "white" {}
        _OverlayTex("叠加贴图", 2D) = "white" {}        // 添加叠加贴图
        _MaskTex("通道贴图", 2D) = "white" {}           // 添加通道贴图
    }
    SubShader
    {
        Tags { "RenderType"="Opaque" }
        LOD 100
        Pass
        {
            CGPROGRAM
```

```
            #pragma vertex vert
            #pragma fragment frag
            #pragma multi_compile_fog
            #include "UnityCG.cginc"
            struct appdata{
                float4 vertex : POSITION;
                float2 uv : TEXCOORD0;
            };
            struct v2f{
                float2 uv : TEXCOORD0;
                UNITY_FOG_COORDS(1)
                float4 vertex : SV_POSITION;
            };
            sampler2D _MainTex;
            float4 _MainTex_ST;
            sampler2D _OverlayTex;  // 引用叠加贴图
            sampler2D _MaskTex;     // 引用通道贴图
            v2f vert (appdata v)
            {
                v2f o;
                o.vertex = UnityObjectToClipPos(v.vertex);
                o.uv = TRANSFORM_TEX(v.uv, _MainTex);
                UNITY_TRANSFER_FOG(o,o.vertex);
                return o;
            }
            fixed4 frag (v2f i) : SV_Target
            {
                // 分别获取每张贴图的颜色采样
                fixed4 col = tex2D(_MainTex, i.uv);
                fixed4 overlay = tex2D(_OverlayTex, i.uv);
                fixed4 mask = tex2D(_MaskTex, i.uv);
                fixed4 final_color = 1;
                // 将 2 张贴图分别与 mask 贴图的红色通道相乘，再相加，得到最终的混合色彩
                final_color.rgb = col.rgb * mask.r + overlay.rgb * (1-mask.r);
                UNITY_APPLY_FOG(i.fogCoord, final_color);
                return final_color;
            }
            ENDCG
        }
    }
}
```

步骤 03 为 BlendShader 创建材质，并指定贴图，最终效果如图 17-4 所示。

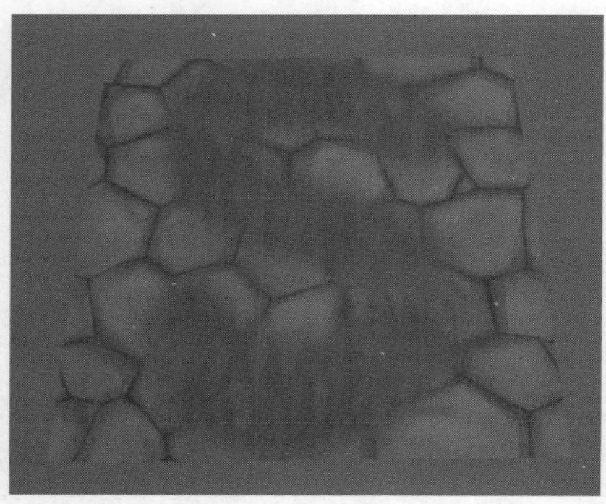
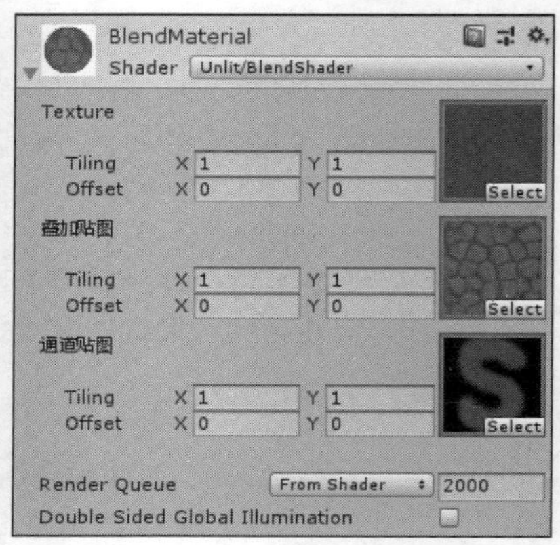

图 17-4 混合两张贴图的效果

17.5.3 添加基本光照

默认的 Vertex and Fragment Shader 是不接受任何光照的，接下来，稍改动一下默认的 Shader 代码，添加最基本的光照，有修改的地方都添加了注释。

```
Shader "Unlit/SimpleLightShader"{
    Properties{ _MainTex ("Texture", 2D) = "white" {}}
    SubShader{
    Tags { "RenderType"="Opaque" "LightMode" = "ForwardBase" }   // 声明光照类型为 ForwardBase
    LOD 100
        Pass
        {
            CGPROGRAM
            #pragma vertex vert
            #pragma fragment frag
            #pragma multi_compile_fog
            #include "UnityCG.cginc"
            #include "UnityLightingCommon.cginc"   // 注意要引用灯光相关的库
            struct appdata{
                float4 vertex : POSITION;
                float2 uv : TEXCOORD0;
                float3 normal : NORMAL;          // 添加本地顶点法线方向信息
            };
            struct v2f{
                float2 uv : TEXCOORD0;
                UNITY_FOG_COORDS(1)
                float4 vertex : SV_POSITION;
                float3 worldNormal: NORMAL;   // 添加世界坐标顶点法线方向信息
                float4 diff: COLOR;            // 用于保存与灯光计算后的色彩
            };
            sampler2D _MainTex;
```

```
            float4 _MainTex_ST;
            v2f vert (appdata v){
                v2f o;
                o.vertex = UnityObjectToClipPos(v.vertex);
                o.uv = TRANSFORM_TEX(v.uv, _MainTex);
                UNITY_TRANSFER_FOG(o,o.vertex);
                // 将本地法线方向转为世界坐标法线方向
                o.worldNormal = UnityObjectToWorldNormal(v.normal);
                // 标准 Lambert 灯光计算，_WorldSpaceLightPos0 是默认方向光的方向
                half nl = max(0, dot(o.worldNormal, _WorldSpaceLightPos0.xyz)) ;
                o.diff = nl * _LightColor0;   // 与默认方向光的颜色相乘
                return o;
            }
            fixed4 frag (v2f i) : SV_Target{
                fixed4 col = tex2D(_MainTex, i.uv);
                col *= i.diff;   // 纹理的采样颜色与光照计算结果相乘
                UNITY_APPLY_FOG(i.fogCoord, col);
                return col;
            }
            ENDCG
        }
    }
}
```

现在，Shader 支持最基本的灯光效果，如图 17-5 所示。

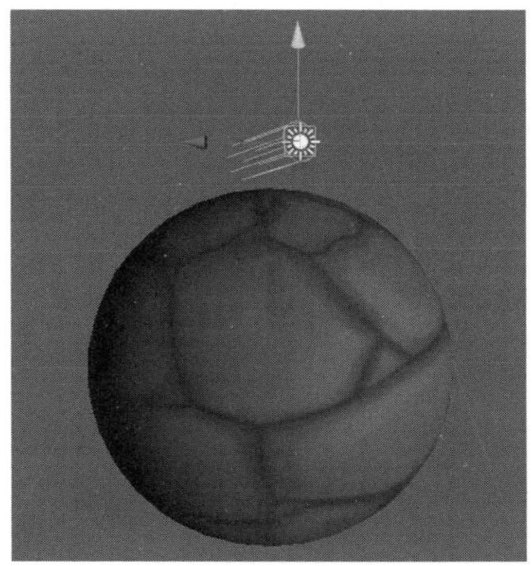

图 17-5　接受基本光照

17.5.4　UV 动画效果

材质纹理与模型之间的关系主要是通过 UV 坐标来定位，如果能动态地改动 UV 的位置就能改变材质与模型之间的关系，形成动画效果。

步骤 01 新建 Unlit Shader 命名为"UVAnimShader"，添加一个 Float 动画速度属性。

```
Properties
{
    _MainTex ("Texture", 2D) = "white" {}
    _Speed("动画速度", Float) = 1.0    // 添加浮点数类型的属性
}
```

步骤 02 修改 vert 函数，重新设置 UV 的位置，因为乘上了时间，所以 UV 的位置会不断偏移。_Time 是 Unity 提供的时间变量，更多详细内容请查看 Unity 官方文档 Built-in shader variables 部分。

```
float _Speed;  // 引用速度
v2f vert (appdata v)
{
    v2f o;
    o.vertex = UnityObjectToClipPos(v.vertex);
    o.uv = TRANSFORM_TEX(v.uv, _MainTex);
    o.uv += fixed2(_Speed * _Time.y, 0);  // 在 x 方向偏移 UV 坐标
    UNITY_TRANSFER_FOG(o,o.vertex);
    return o;
}
```

最终的效果如图 17-6 所示，贴图会不断地移动。

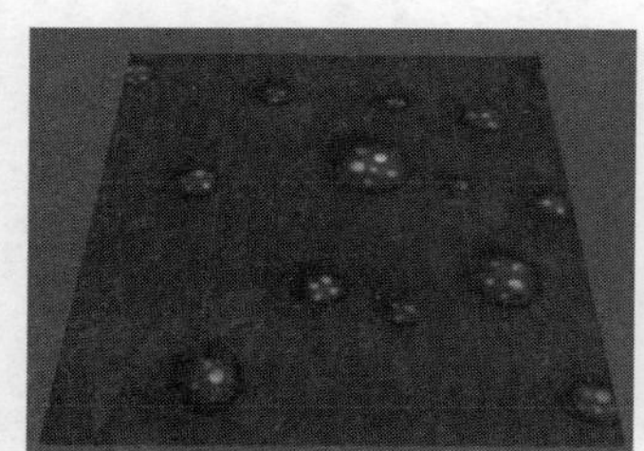

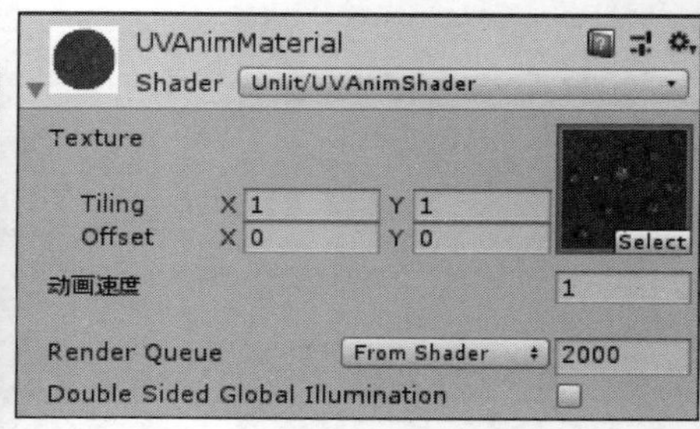

图 17-6　UV 动画

17.5.5　黑白效果

黑白效果也是一种常见的需求，Unity 提供了一个 Luminance 函数可以快速实现这种效果，下面是对默认 Shader 的简单修改。

步骤 01 新建 Unlit Shader 命名为"GrayShader"，添加一个_Gray 属性用于控制灰度范围。

```
Properties
{
    _MainTex ("Texture", 2D) = "white" {}
    _Gray("灰度", Range(0,1)) = 1   // 灰度，0 为彩色，1 为黑白效果
}
```

步骤02 修改 frag 函数。在下面的代码示例中，使用了 lerp 函数线性插值，_Gray 的值为 0 时，返回 col.rgb 的值（彩色），_Gray 的值为 1 时，返回 Luminance(col.rgb)的值（黑白）。

```
float _Gray;
fixed4 frag (v2f i) : SV_Target
{
        fixed4 col = tex2D(_MainTex, i.uv);
        col.rgb = lerp(col.rgb, Luminance(col.rgb), _Gray);   // Luminance 的源代码保存在"UnityCG.cginc"中
        UNITY_APPLY_FOG(i.fogCoord, col);
        return col;
}
```

17.5.6 简单描边效果

接下来，我们将创建 Shader 在 3D 模型上的外轮廓，实现一个简单的描边效果，很多卡通渲染都使用了类似的技术。

实现描边效果需要创建两个 Pass，本示例中默认的 Pass 保持不变，用于显示模型和材质本身的效果，新添加一个 Pass（可以复制默认的 Pass 修改），将它的顶点按法线方向放大（放大距离就是线的宽度），将它的输出纹理改为纯色（线的颜色），这时它就是一个纯色显示且放大了的模型，它会包裹原有第一个 Pass 渲染出来的模型，我们再添加一个 Cull Front 命令消除它的正面，看上去就像描边了。

下面是该示例的完整代码，只需要关注有注释的地方。

```
Shader "Unlit/OutlineShader"{
        Properties
        {
                _MainTex ("Texture", 2D) = "white" {}
                _Color("线的颜色", Color) = (0,0,0,1)   // 添加线的颜色
                _LineWidth("线宽", Range(0, 10)) = 1   // 添加线的宽度
        }
        SubShader
        {
                Tags { "RenderType"="Opaque" }
                LOD 100

                Pass   // 对默认的 Pass 本示例不进行任何修改
                {
                        // 代码略...
                }
                Pass   // 添加描边的 Pass（复制默认的 Pass 进行少量修改）
                {
                        Cull Front   // 重要，清除正面
                        CGPROGRAM
```

```
            #pragma vertex vert
            #pragma fragment frag
            #pragma multi_compile_fog
            #include "UnityCG.cginc"
            struct appdata
            {
                float4 vertex : POSITION;
                float2 uv : TEXCOORD0;
                float3 normal : NORMAL;   // 添加本地顶点法线方向信息
            };
            struct v2f
            {
                float2 uv : TEXCOORD0;
                UNITY_FOG_COORDS(1)
                float4 vertex : SV_POSITION;
            };
            sampler2D _MainTex;
            float4 _MainTex_ST;
            float4 _Color;          // 引用线的颜色
            fixed _LineWidth;       // 引用线宽

            v2f vert(appdata v)
            {
                v2f o;
                v.vertex.xyz += v.normal * _LineWidth;   // 重要，将顶点按法线方向偏移
                o.vertex = UnityObjectToClipPos(v.vertex);
                o.uv = TRANSFORM_TEX(v.uv, _MainTex);
                UNITY_TRANSFER_FOG(o,o.vertex);
                return o;
            }

            fixed4 frag(v2f i) : SV_Target
            {
                fixed4 col = _Color;    // 不使用纹理，只显示纯色
                UNITY_APPLY_FOG(i.fogCoord, col);
                return col;
            }
            ENDCG
        }
    }
}
```

最终效果如图 17-7 所示。

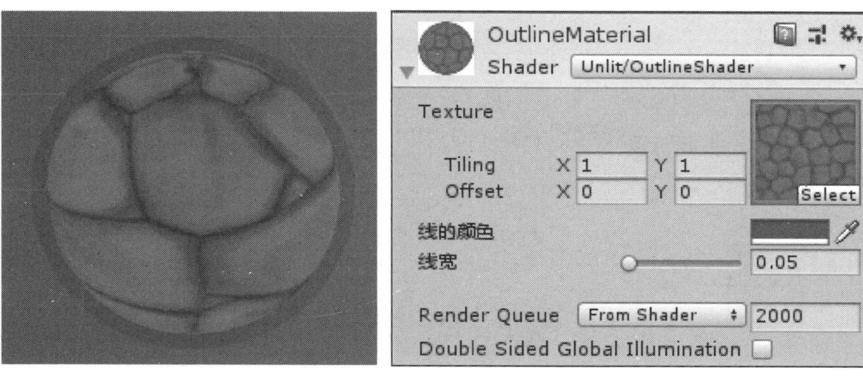

图 17-7　描边效果

17.5.7　Alpha 透明效果

迄今为止，创建的 Shader 都是不透明的，最后创建一个带有透明效果的 Shader，这个过程主要是添加一些专门的设置。下面是完整的代码示例，请留意注释。

```
Shader "Unlit/AlphaShader"
{
    Properties
    {
        _MainTex ("Texture", 2D) = "white" {}
        _Color("Color", Color) = (1,1,1,1)  // 添加颜色属性，其 Alpha 值用来控制透明度
    }
    SubShader
    {
        // 将渲染类型和顺序都设为 Transparent（透明）
        Tags{ "RenderType" = "Transparent"   "Queue" = "Transparent" }
        LOD 100
        Pass
        {
            ZWrite On   // 打开深度写入
            Blend SrcAlpha OneMinusSrcAlpha   // 设置 Alpha 混合模式
            CGPROGRAM
            #pragma vertex vert
            #pragma fragment frag
            #pragma multi_compile_fog
            #include "UnityCG.cginc"
            struct appdata
            {
                float4 vertex : POSITION;
                float2 uv : TEXCOORD0;
            };
            struct v2f
```

```
            {
                float2 uv : TEXCOORD0;
                UNITY_FOG_COORDS(1)
                float4 vertex : SV_POSITION;
            };

            sampler2D _MainTex;
            float4 _MainTex_ST;
            float4 _Color;   // 引用带有 Alpha 的颜色属性

            v2f vert (appdata v)
            {
                v2f o;
                o.vertex = UnityObjectToClipPos(v.vertex);
                o.uv = TRANSFORM_TEX(v.uv, _MainTex);
                UNITY_TRANSFER_FOG(o,o.vertex);
                return o;
            }

            fixed4 frag (v2f i) : SV_Target
            {
                // sample the texture
                fixed4 col = tex2D(_MainTex, i.uv);
                col *= _Color;   // 正确设置后，Alpha 的值会影响透明度
                UNITY_APPLY_FOG(i.fogCoord, col);
                return col;
            }
            ENDCG
        }
    }
}
```

最后的效果如图 17-8 所示。

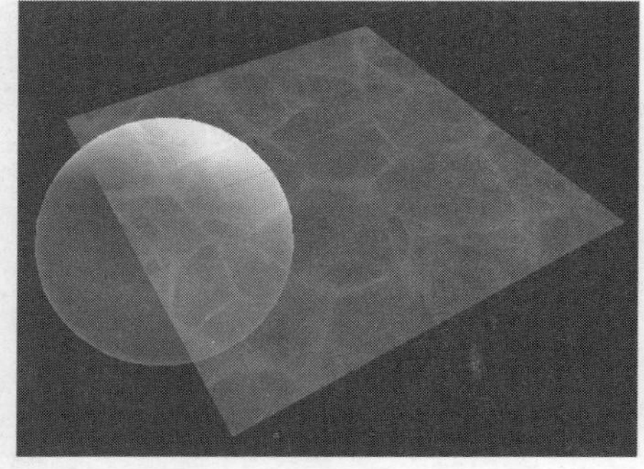

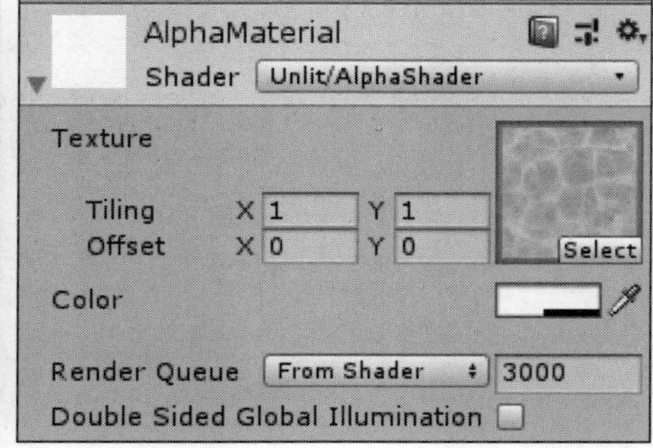

图 17-8　透明效果

17.6　屏幕特效示例

在前面的示例中，我们创建了一个黑白效果的 Shader，但是该 Shader 只能作用于某个模型，如果希望整个屏幕的画面都变为黑白色该怎么办？Unity 提供了一个叫 Image Effect 类型的 Shader 模版专门用来实现全屏效果。下面是一个示例，演示了创建和使用 Image Effect Shader 的过程。

步骤 01 在 Project 窗口右击，选择【Create】→【Shader】→【Image Effect Shader】新建 Shader，命名为"MyImageEffectShader"，查看代码，发现其大体结构与普通的 Shader 并无较大区别，但注意默认的颜色输出是反相输出，如果想输出为黑白的，只需要修改这里就行了。

```
Shader "Hidden/MyImageEffectShader"{
    Properties{
        _MainTex ("Texture", 2D) = "white" {}
    }
    SubShader
    {
        Cull Off ZWrite Off ZTest Always
        Pass
        {
            CGPROGRAM
            #pragma vertex vert
            #pragma fragment frag
            #include "UnityCG.cginc"
            struct appdata
            {
                float4 vertex : POSITION;
                float2 uv : TEXCOORD0;
            };
            struct v2f
            {
                float2 uv : TEXCOORD0;
                float4 vertex : SV_POSITION;
            };
            v2f vert (appdata v)
            {
                v2f o;
                o.vertex = UnityObjectToClipPos(v.vertex);
                o.uv = v.uv;
                return o;
```

```
            }
            sampler2D _MainTex;
            fixed4 frag (v2f i) : SV_Target
            {
                fixed4 col = tex2D(_MainTex, i.uv);
                col.rgb = 1 - col.rgb;   // 将该行替换为 col.rgb = Luminance(col.rgb);就是黑白输出
                return col;
            }
            ENDCG
        }
    }
}
```

步骤 02 创建 C#脚本 MyImageEffect.cs，这个脚本将挂在摄像机上，在 OnRenderImage 函数中使用前面创建的 MyImageEffectShader。

```
using UnityEngine;
public class MyImageEffect : MonoBehaviour {
    public Shader screenShader;              // 引用 MyImageEffectShader
    private Material screenMaterial;         // 全屏 Shader 的材质
    void Start(){
        screenShader = Shader.Find("Hidden/MyImageEffectShader");   // 查找 Shader
        if (!SystemInfo.supportsImageEffects)   // 判断系统是否支持屏幕特效效
        {
            enabled = false;
        }
        if (!screenShader.isSupported)   // 判断是否支持当前 Shader
        {
            enabled = false;
        }
        screenMaterial = new Material(screenShader);   // 为 MyImageEffectShader 创建一个材质
    }
    // 屏幕特效事件函数
    private void OnRenderImage(RenderTexture source, RenderTexture destination)
    {
        Graphics.Blit(source, destination, screenMaterial);   // 注意第 3 个参数
    }
}
```

步骤 03 将脚本 MyImageEffect.cs 挂在 Unity 场景中的摄像机上，运行程序就能看到屏幕特效了，如图 17-9 所示，左图无屏幕特效，右图使用了默认的反相效果。

图 17-9　屏幕特效

17.7　后期特效

在前面，我们创建了一个简单的屏幕特效，这方面 Unity 提供了丰富的后期效果，如运动模糊、景深等，使用起来也非常简单，下面是使用后期效果的步骤。

步骤 01　在 Asset Store 中搜索 Post Processing Stack，免费下载并导入 Post Processing Stack 资源包，如图 17-10 所示。

步骤 02　在 Unity 场景中导入一些美术素材（便于观察效果），然后选择摄像机，添加脚本 PostProcessingBehavior，如图 17-10 所示。

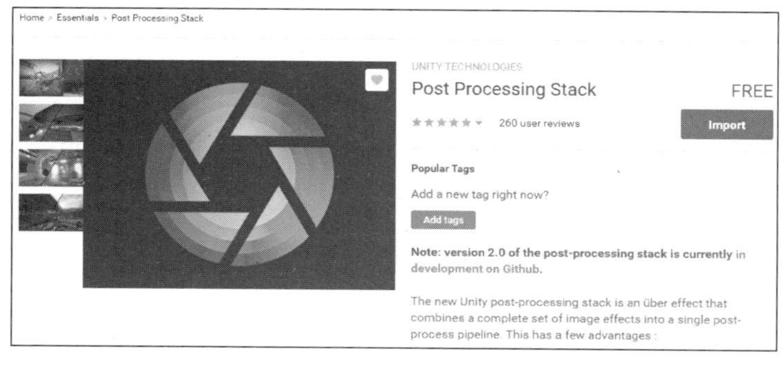

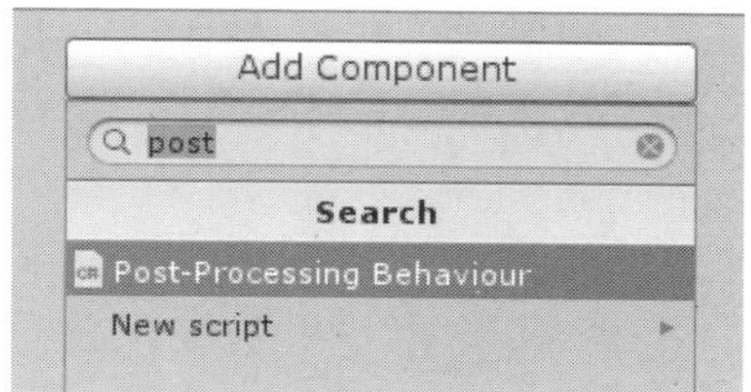

图 17-10　Post Processing Stack

步骤 03　在 Project 窗口右击，选择【Create】→【Post-Processing Profile】创建 Post-Processing 配置文件，这里命名为“My Post-Processing Profile”，然后选中摄像机，将这个配置文件指定给 PostProcessingBehavior 的 Profile，如图 17-11 所示。

步骤 04　在配置文件“My Post-Processing Profile”中设置后期效果，这里的选项非常丰富，详细可以查看 Unity 的官方文档，如图 17-12 所示，使用了景深、Bloom 等效果。

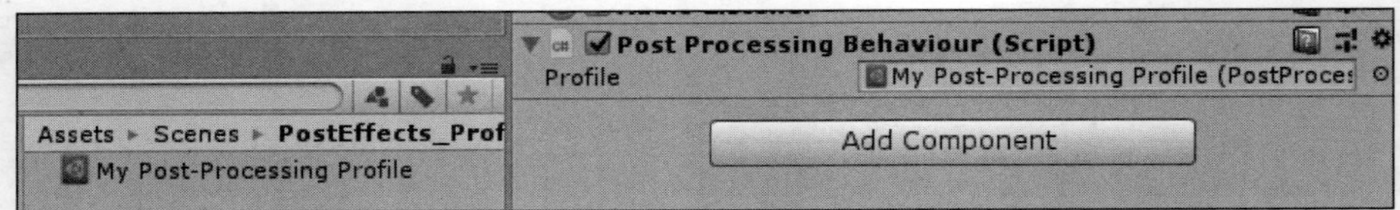

图 17-11　创建后期效果配置文件

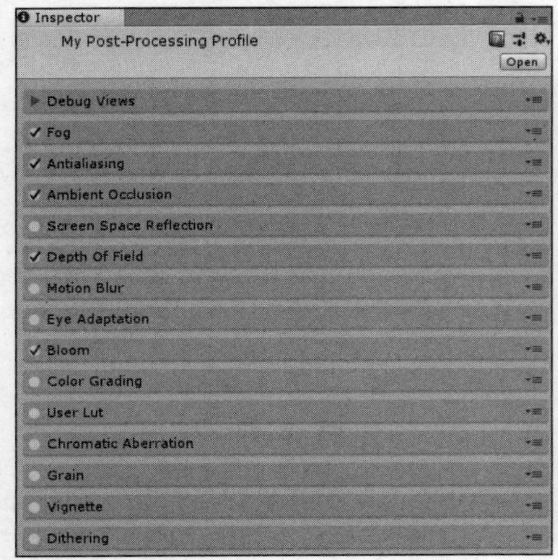

图 17-12　后期效果

17.8　小　　结

本章介绍了编写 Shader 的基本概念和步骤，并附有很多示例，全部示例都保存在资源目录 c17_shader 下。编写 Shader 的关键是对顶点位置和输出颜色的控制，更多是对数学能力的挑战，如果读者想深入研究，还需要大量的学习和实践。另外，在 Unity 的商城中，已经提供了很多效果很棒的 Shader，能满足大部分的需求。

第 18 章

动态编程和 Lua

本章将介绍如何在 Unity 中使用 Lua 语言编写游戏，包括 Lua 语言的基础语法，与 Unity 的交互，如何完成 Lua 脚本的热更新。

18.1 动态语言简介

计算机语言有静态语言和动态语言之分，静态语言主要是指像 C 或 C++这样的语言，需要预先编译为目标机器代码，CPU 才能正确执行其指令。动态语言通常称脚本，运行在其他语言（如 C/C++，C#，Java）实现的程序中，不需要预先编译，而是在程序运行的过程中实时编译，因此具有很强的灵活性。

C#和 Java 是比较特殊的语言，它们需要编译，但却不是编译为机器代码，而是一种中间语言，在程序运行时，再由运行时程序将其编译为目标代码，所以 C#和 Java 相对静态语言在性能上略有一定损失，但更加安全、高效，相比动态语言性能卓越，语法健壮，但无法真正的实时编译。

使用动态语言的最大优势是不需要重新编译即可实现对程序的修改。Unity 的底层是使用的 C++语言，应用层面主要是使用的 C#，使用 C#的反射功能一定程度上可以实现对发布后的程序进行修改，但其使用并不容易，而且受到很多限制，比如苹果 App 就对反射功能有诸多限制，因此如果对游戏内容进行了改动，使用 C#还是要重新编译整个程序。

可以想象这些情况，游戏公司希望对游戏热更新，也就是不重新编译程序，只更新某一部分内容实现对内容的更新。游戏公司对游戏留了一些接口，希望玩家可以对发布后的游戏内容自行修改。实现这类功能，目前使用的比较多的技术是 Lua 语言，一门真正的动态语言，可以运行在其他语言之中，因此 Lua 也称作嵌入式语言。

Lua 是一门很小巧的语言，官方网站是 https://www.lua.org/，官方的 Lua 使用 C 语言编写，专门运行在 C 或 C++语言开发的程序中，但很多热心的开发者对 Lua 进行了移植，可以使其运行在其他语言的环境中。

使用 Lua 主要包括两部分，一部分是在 Lua 的宿主语言中创建接口读取、执行 Lua 脚本；另一部分是在宿主语言中编写接口供 Lua 脚本调用。

18.2 动态读取程序集实现热更新

在 Unity 或 C#程序中，可以动态调用编译好的程序集（也就是.dll 文件），这样在程序发布后，只需要更新.dll 文件，即可实现对程序内容的更新，而不用重新编译整个程序，下面是一个示例。

18.2.1 创建.dll 文件

步骤 01 启动 Visual Studio，创建一个 C#语言的库工程并命名为 UnityDllTest，注意版本选择的是.Net Framework3.5，如图 18-1 所示，这是目前 Unity 支持的默认版本，然后在工程中选择【Dependencies】→【Add Reference】，引用 Unity 安装目录下的 UnityEngine.dll。

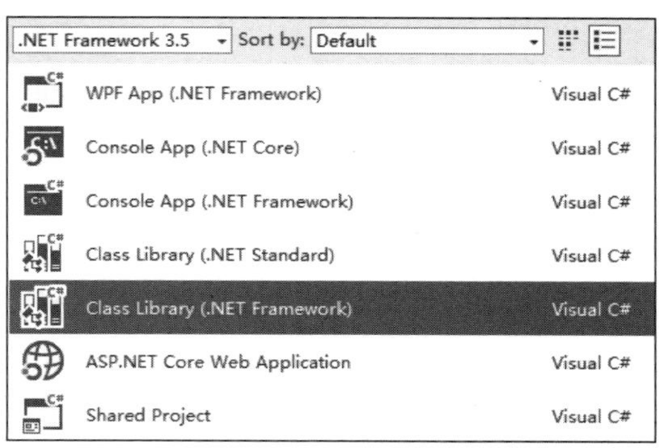

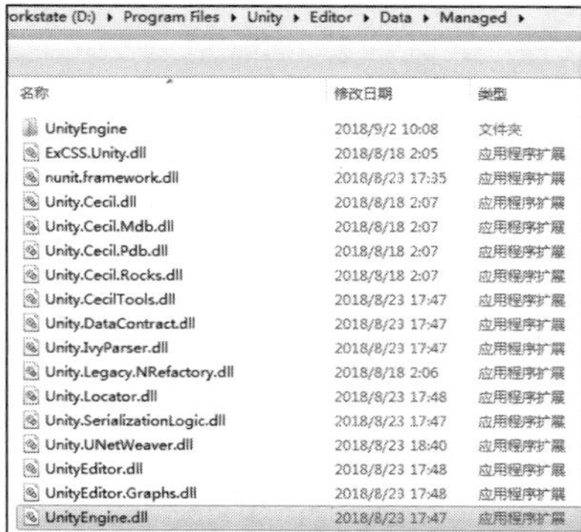

图 18-1　创建一个 DLL 库工程

步骤 02　编写代码，因为引用了 UnityEngine.dll，所以可以在代码中引用 Unity 引擎的功能。

```
using UnityEngine;
namespace UnityDLLTest{
    public class MyPlugin : MonoBehaviour
    {
        public void Start()   // Unity 的 Start 事件函数会在脚本被加载后自动调用
        {
            Debug.Log("Hello, world");
        }
    }
}
```

步骤 03　在 Visual Studio 中编译工程，生成 UnityDLLTest.dll 文件。

18.2.2　测试热更新.dll 文件

步骤 01　新建 Unity 工程，将 UnityDLLTest.dll 复制到 Unity 工程的 Plugins 目录内。

步骤 02　创建 Unity 脚本 GameScript.cs，将其挂在场景中的摄像机上，运行游戏，如图 18-2 所示，MyPlugin 脚本也被执行了，这时在控制台会输出“Hello, world”。

图 18-2　加载 MyPlugin 脚本

```
using UnityEngine;
public class GameScript : MonoBehaviour {
    void Start () {
        this.gameObject.AddComponent<UnityDLLTest.MyPlugin>();
    }
}
```

步骤 03　编译 PC 版的 Unity 工程，并运行编译后的程序，这时会输出 Hello,world 到日志中。这个日志根据不同平台保存在不同的位置，在 PC 平台保存的路径如下所示，详细可以查看 Unity 手册的 Log Files 部分。

```
C:\Users\用户名\AppData\LocalLow\公司中\产品名\output_log.txt
```

查看日志，可以看到“Hello,world”，如 18-3 左图所示。这时回到 Visual Studio 的 UnityDllTest 工程，将输出日志改为“Hello,世界”，重新编译.dll 文件并复制到前面编译的 Unity 游戏目录内（游戏路径\xxxxxxx Project_Data\Managed\），替换原来的 UnityDLLTest.dll，再次运行游戏，会发现“Hello,world”变成了“Hello, 世界”，如 18-3 右图所示。

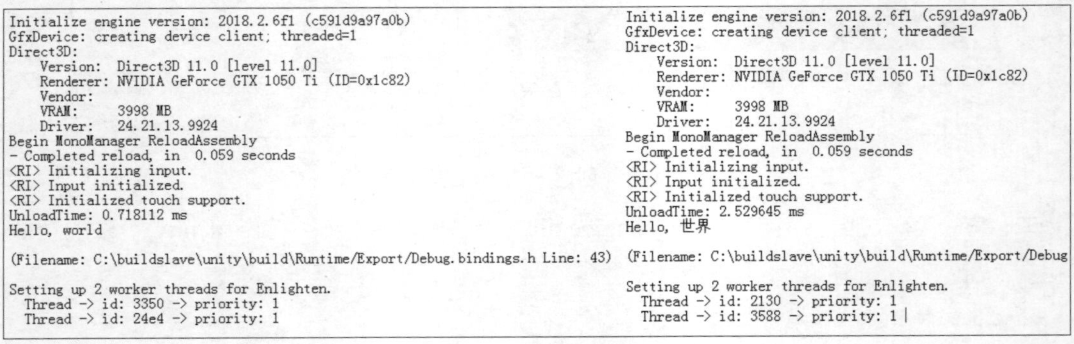

```
Initialize engine version: 2018.2.6f1 (c591d9a97a0b)
GfxDevice: creating device client; threaded=1
Direct3D:
    Version:  Direct3D 11.0 [level 11.0]
    Renderer: NVIDIA GeForce GTX 1050 Ti (ID=0x1c82)
    Vendor:
    VRAM:     3998 MB
    Driver:   24.21.13.9924
Begin MonoManager ReloadAssembly
- Completed reload, in  0.059 seconds
<RI> Initializing input.
<RI> Input initialized.
<RI> Initialized touch support.
UnloadTime: 0.718112 ms
Hello, world

(Filename: C:\buildslave\unity\build\Runtime/Export/Debug.bindings.h Line: 43)

Setting up 2 worker threads for Enlighten.
  Thread -> id: 3350 -> priority: 1
  Thread -> id: 24e4 -> priority: 1
```

```
Initialize engine version: 2018.2.6f1 (c591d9a97a0b)
GfxDevice: creating device client; threaded=1
Direct3D:
    Version:  Direct3D 11.0 [level 11.0]
    Renderer: NVIDIA GeForce GTX 1050 Ti (ID=0x1c82)
    Vendor:
    VRAM:     3998 MB
    Driver:   24.21.13.9924
Begin MonoManager ReloadAssembly
- Completed reload, in  0.059 seconds
<RI> Initializing input.
<RI> Input initialized.
<RI> Initialized touch support.
UnloadTime: 2.529645 ms
Hello, 世界

(Filename: C:\buildslave\unity\build\Runtime/Export/Debug

Setting up 2 worker threads for Enlighten.
  Thread -> id: 2130 -> priority: 1
  Thread -> id: 3588 -> priority: 1
```

图 18-3 日志内容

18.2.3 通过反射访问.dll 文件

在 Unity 中做热更新，通常会将需要更新的内容放到 Unity 的 StreamingAssets 路径下，如果将 UnityDLLTest.dll 文件放到 StreamingAssets 路径下，则必须使用文件读取的方式读取.dll 文件，然后通过反射执行.dll 文件提供的功能。

```
using UnityEngine;
using System.Reflection;
public class GameScript : MonoBehaviour {
    void Start () {
        //this.gameObject.AddComponent<UnityDLLTest.MyPlugin>();  //该行代码无法通过 Unity 编译
        byte[] bs = System.IO.File.ReadAllBytes(Application.streamingAssetsPath + "/UnityDLLTest.dll");
        Assembly ass = Assembly.Load(bs);  // 读取程序集
        System.Type t = ass.GetType("UnityDLLTest.MyPlugin");  // 通过反射获取 MyPlugin 类
        Component myplugin = this.gameObject.AddComponent(t);  // t 就是 UnityDLLTest.MyPlugin
    }
}
```

编译游戏后，在 PC 平台，UnityDLLTest.dll 的存放路径变为：“游戏路径\xxxxxxx Project_Data\StreamingAssets\”，StreamingAssets 的路径在不同平台上是不一样的，在手机平台这个路径是只读的。

在 Unity 中实现热更新主要是通过网络下载需要更新的文件，并保存到 Unity API 中 Aplication.dataPath 指向的路径（一个可写的路径），程序首先访问 Application.dataPath 指向的路径，如果目标文件不存在，再到 StreamingAssets 读取默认的文件。

本节的示例工程保存在本书资源目录 c18_lua 内，其中 UnityDLLTest 是一个 Visual Studio 库工程，UnityDLLTestProject 是读取.dll 文件的 Unity 工程。

18.3　Lua 语言快速教程

目前，使用 Lua 脚本进行热更新相当普遍，这也源于游戏行业对 Lua 的使用有相当长的历史。官方的 Lua 语言，并不支持 C#，更不支持 Unity，但有很多开发者使用 C#语言对 Lua 进行了移植，使它支持 C#语言和 Unity。

支持 Unity 的 Lua 产品很多，但并不存在一个标准，使用哪个 Lua 产品是最合适的。本书将使用 Unity 商城中的 MoonSharp（官网是 http://www.moonsharp.org/）进行练习，如图 18-4 所示，这是一款非常不错的 Lua 脚本插件，使用简单，缺点是很久没有更新。实际上，很多国内团队都开发了自己的 Lua 插件，功能可能更多一些。

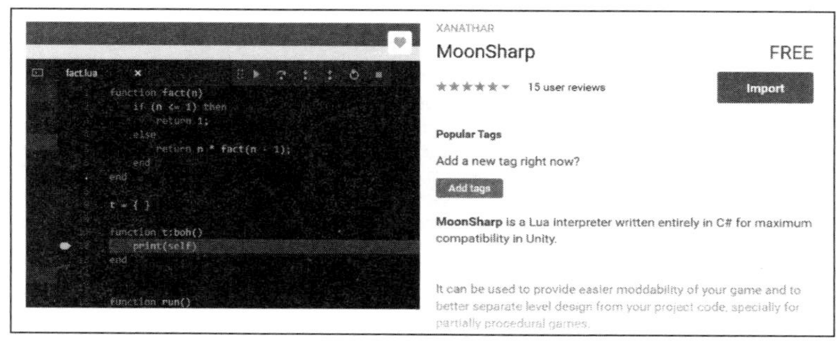

图 18-4　Unity 商城中的 MoonSharp

18.3.1　MoonSharp 和 Lua 开发环境的安装

在 Unity 工程中导入 MoonSharp 插件就可以使用 MoonSharp 提供的 API 访问并执行 Lua 脚本了，但 Visual Studio 并不支持 Lua 语言，本书将使用 https://studio.zerobrane.com/提供的免费 Lua 编辑器编写 Lua 脚本，该编辑器内置了 Lua 编译器，可以直接用来编写、测试 Lua 脚本编写的程序。

18.3.2　Lua 提供的类型

Lua 是一门小巧的语言，没有 Main 函数，主要运行在其他语言中，它支持的类型有限，主要包括下列几种：

- nil：未指定类型，类似于 C#中的 null。
- boolean：布尔类型。
- number：数字，可以是整数或浮点数，标准 Lua 的整数和浮点数是 64 位的。
- string：字符串（不可修改）。
- function：函数，和 C#不同，可以同时有多个返回值。
- userdata：用户自定义数据，指向 C 的内存块或者 C 中的指针，在 Lua 中不能修改。
- coroutines：协程，类似 Unity 的协程。
- table：关联数组，在 Lua 中没有类，但可以使用 table 实现代替类的作用。

下面是声明 lua 变量的代码示例，在大部分脚本语言中，声明变量不需要显式的声明类型，程序会通过赋值自动推判变量类型。

```
n = nil   -- Lua 中的注释是两个减号
b = false  -- 语句结尾可以使用分号，也可以省略
a = 100
f = 0.1
s = "hello,world"
arr = {1,2,3}   -- lua 的数组写法
dic = {id=1, name="Jack"}  -- 这也是 lua 的数组，但变成了关联数组，类似 C#的字典
print(type(n), type(b), type(a), type(f))    -- 输出 nil   boolean   number   number
print(type(s), type(arr), type(dic))     -- 输出 string table table
```

注意，Lua 的数字转字符串，字符串转数字都需要专门的函数。

```
n = 100
n = tostring(n)     -- 数字转换为字符串
print(type(n))     -- 输出 string

n=tonumber(n,10)     -- 将字符串转为 10 进制数字
print(type(n))     -- 输出 number
```

18.3.3 Lua 的判断和循环语句

Lua 的关键字和运算符很多源自 C 语言，但判断语句和循环语句的写法比较特殊，如下所示，判断语句和循环语句结尾都要加个 end，数组的下标是从 1 开始，而不是 0。

```
math.randomseed(os.time());      -- 必须初始化随机种子，否则随机数一定是固定的
score = math.random(0,100);      -- 随机 0 到 100 之间(<100)的数

if score == 100 then      -- if 语句一定要和 then 一起使用
  print(score, "不可能<100");
elseif score>=60 then      -- 注意，不等于是 ~=
  print(score, "及格");
else
  print(score, "不及格");
end     -- if 语句结尾要加上 end

arr={1,2,3,4,5}
for i= 1, 5 do     -- 循环，相当于 for(i=0;i<5;i++)
  print(arr[i]);     -- 注意数组下标是从 1 开始
end     -- 注意 end 结尾

index = 5
while index>0 do     -- while 语句的写法
  print(index)
  index = index - 1
end
```

18.3.4　Lua 的函数

Lua 的函数可以有多个返回值，使用起来非常灵活，下面是一个交换函数的实现示例。

```
function Swap(a, b)        -- 使用 function 声明函数，不需要声明返回值类型
  t = a;
  a = b;
  b = t;
  return a, b;        -- 可以返回多个值
end

a = 1;
b = 2;
a, b =Swap(a,b);       -- 调用函数
print(a,b);        -- 输出  2    1
```

Lua 函数不需要任何关键字就可以实现类似 C#委托或 C 语言函数指针的功能，下面是一个简单示例。

```
function Hello(s)        -- 定义一个函数，输出字符串 s
  print(s)
end

function Func(f, s)        -- f 的类型是函数，s 是字符串
  f(s)  -- 调用 f
end

Func(Hello, "hello")        -- 用法类似于委托或函数指针，输出 hello
```

在一个 Lua 脚本中引用另一个 Lua 脚本，主要是通过函数 dofile。在下面的示例中，有一个叫作 foo.lua 的脚本定义了一个名为 foo 的函数，在另一个脚本中，使用 dofile 调用了 foo.lua 并调用了 foo 函数。

```
-- foo.lua
function foo()
  print("foo")
end

-- test.lua
dofile("foo.lua")
foo()       -- 输出 foo
```

18.3.5　Lua 的 IO 操作

在 Lua 中读写文件非常简单，只需要几行代码就可以完成读写操作，注意打开文件时的字符 r 表示读，w 表示写入，a 表示追加。

```
f = io.open("test.txt", "w");        -- 写文件操作
f.write(f, "hello\n");
```

```
f.write(f, "world");
io.close(f);          -- 不要忘记关闭文件

f = io.open("test.txt", "r");          -- 读取文件
txt = "";
while true do
   str = f.read(f);          -- 读取一行
   if str == nil then          -- 读取到末尾
      break;
   end
   txt = txt .. str;          -- 注意字符串相加是使用 ..
   print(str);
end
io.close(f);

print(txt);          -- 输出文件内容
```

18.3.6 Lua 的数组操作

在 Lua 中遍历数组是由数组元素下标 1 开始的，下面是一个遍历数组的示例，使用 sort 函数可以对数组快速排序，使用 unpack 函数可以直接输出每个数组元素的值。

```
arr = {1,2,3,4,5};
table.insert(arr, 6);       -- 将 6 追加到数组的最后面
table.remove(arr, 1);       -- 移除第一个元素，注意下标 1 才是第 1 个，而不是 0
for i =1,rawlen(arr) do       -- 使用 rawlen 函数获取数组长度（或在数组变量前加#号获取长度，如 #arr）
  print(arr[i]);       -- 显示 2 3 4 5 6
end

arr[1]= 9;     -- 将第一个元素 2 置换为 9    此时是 9 2 3 4 5 6
table.sort(arr);       -- 排序

print(table.unpack(arr));       -- 使用 upack 直接输出所有数组元素，结果是 3 4 5 6 9
```

sort 函数可以接受自定义的比较函数，下面是一个例子，将排序倒序。

```
table.sort(arr,function(x,y)          -- 一个倒序的例子
    if x>y then
       return true;
    else
       return false;
    end
  end);
```

Lua 中没有类，当将数组声明为关联数组，其用法就像是在使用一个类。

```
player = {}          -- 声明一个空的数组
player.name = "Jack"          -- 类似成员变量的写法
player.age = 18
for index, value in pairs(player) do          -- 遍历关联数组
  print(index, value)          -- 输出键和值
end
```

18.3.7 Lua 的字符串操作

字符串操作在大部分开发中都是必不可少的，下面是一些常见使用示例，包括截取、替换字符串、格式化输出等。

```
str = "hello,world";
n = string.find(str, ",");          -- 查找逗号下标
str = string.sub(str, n+1, -1);          -- 取逗号后面的词，-1 表示最后一个
print(n, str);          -- 输出 6      world

str2 = "hello,world!";
print(string.reverse(str2));          -- 倒序 输出 !dlrow,olleh
str2 = string.gsub(str2, ",", "*" );          -- 替换逗号为*
print(str2);          -- 输出 hello*world!

str = string.format("%s ! %s", "hello", "world");          -- 格式化输出
print(str);  -- 输出 hello ! world
```

注意，在 Lua 中连接字符串不是使用加号，而是“..”：

```
s1 = "hello"
s2 = "world"
print(s1 .. s2)      -- 输出 helloworld
```

18.3.8 Lua 的协程

Lua 中的协程是最有特色的一个功能，但语法相对比较复杂，下面是一个最基本的示例，使用 coroutine.create 创建协程，每执行一次 coroutine.resume，协程函数会前进至下一个 coroutine.yield。

```
co = coroutine.create(function(a)          -- 定义协程函数，有一个参数 a
    a = coroutine.yield(a);          -- 返回 a 的值
    a = coroutine.yield(a);          -- 再次返回 a 的值
    return "End" .. a;          -- 最后返回一个字符串
end);

status, r = coroutine.resume(co,1)          --返回 status 和 r， status 表示协程是否结束， r 为返回值
print(status, r);          -- 输出 true 1
print(coroutine.status(co))          -- 查询协程状态  coroutine 的状态分为 suspend, running, dead 三种
```

```
status, r = coroutine.resume(co,2)
print(status, r);          -- 输出  true       2
status, r = coroutine.resume(co,3)
print(status, r);          -- 输出  true       End3
status, r = coroutine.resume(co,4)
print(status, r);          -- 输出  false      cannot resume dead coroutine
```

下面是一个协程的应用，实现了每隔 N 秒执行一步的协程功能，与 Unity 的协程应用极为相似。

```
function wait_for_ses(n)          -- 定义函数等待
  t1 = os.clock();          -- 记录当前时间
  while true do          -- 进入循环语句
    t2 = os.clock();        -- 获取当前时间
    diff = t2 - t1;
    if diff > n then          -- 如果时间到了返回
      break;
    end
    coroutine.yield(0);          -- 如果时间未到 yield 挂起
  end
end

function start_coro(f)        -- 定义函数创建协程
  co = coroutine.create(f);         -- 创建协程
  while true do           -- 在循环语句中不断查询协程状态
    status, r = coroutine.resume(co);
    if not status then           -- 协程结束则退出循环
      break;
    end;
  end
end

function y()        -- 定义协程的应用函数
  wait_for_ses(1);        -- 等待 1 秒
  print("hello");
  wait_for_ses(1);        -- 再等待 1 秒
  print("world");
  return;
end

start_coro(y);        -- 调用协程
```

18.4　Lua 与 Unity 的交互

在前面，我们了解到了 Lua 的基本语法，现在，我们将看一下如何在 Unity 中与 Lua 进行交互。

18.4.1　在 Unity 中读取 Lua 代码

步骤 01 新建 Unity 工程，确定导入了 MoonSharp 插件。

步骤 02 打开 ZeroBrane Studio 编辑器，在菜单栏选择【Project】→【Project Directory】→【Choose】浏览到当前的 Unity 工程路径，我们将在这里保存所有的 Lua 脚本。如果我们需要为 Lua 脚本做热更新处理，需要将 Lua 脚本保存到当前 Unity 工程的 StreamingAssets 路径下。

步骤 03 创建 Lua 脚本 test.lua 保存在 StreamingAssets 路径下，代码如下：

```
function fun()
    print("hello, lua");
    return "hello, lua";
end
```

步骤 04 在 Unity 工程中创建脚本 LuaManager.cs，添加代码如下，调用 test.lua 中的 fun 函数，并获取 fun 函数的返回值“hello, lua”，注意，lua 的 print 函数在 Unity 中是无法输出的。

```
using UnityEngine;
using MoonSharp.Interpreter;

public class LuaManager : MonoBehaviour {
    void Start () {
        Script luaScript = new Script();  // 创建 Lua 脚本解释器
    string luaPath = System.IO.Path.Combine(Application.streamingAssetsPath, "test.lua");      // Lua 脚本
路径
        string luatxt = System.IO.File.ReadAllText(luaPath);     // 读取 Lua 脚本

        DynValue dyn = luaScript.DoString(luatxt);     // 运行 Lua 脚本
        if (dyn == null){
            Debug.LogError("test.lua 不存在!");
        }
        DynValue lua_function = luaScript.Globals.Get("fun");     // 查找一个叫 fun 的函数
        if (lua_function == null){
            Debug.LogError("不能获取 fun 函数");
        }
        DynValue result = luaScript.Call(lua_function);     // 调用 Lua 的 fun 函数
```

```
        Debug.Log(result.ToObject<string>());      // 输出 fun 函数的字符串类型返回值
    }
}
```

18.4.2 将 Unity 功能导入到 Lua 中

前面我们在 Unity 中正确调用了 Lua 脚本，接下来我们看一下如何在 Lua 中调用 Unity 提供的功能。

步骤 01 我们要将 Unity 的 Debug 函数注册到 Lua 环境中。首先，在 LuaManager.cs 中使用语句 "UserData.RegisterType<类型名称>(); "注册需要的类型，Debug 是一个静态类，还需要添加到 Lua 解释器的全局设置中，方式如下所示。

```
UserData.RegisterType<Debug>();                   // 注册静态类 Debug
Script luaScript = new Script();                  // 创建 Lua 脚本解释器
luaScript.Globals["Debug"] = typeof(Debug);   // 添加 Debug 到 Lua 解释器的 Globals 中
```

步骤 02 回到 Lua 脚本 test.lua 中，就可以调用 Debug.Log 函数了。

```
function fun()
    Debug.Log("hello, unity lua");
    return "hello, lua";
end
```

在 Unity 中运行程序，在 test.lua 中调用的 Debug.Log 已经可以正常输出了。

步骤 03 接下来我们在 LuaManager.cs 注册些更常用的类如 GameObject 等，然后在 Globals 中添加静态函数用于在 Lua 中创建 Unity 实例。

```
UserData.RegisterType<Debug>();
UserData.RegisterType<GameObject>();  // 注册 GameObject
UserData.RegisterType<Transform>();  // 注册 Transform
UserData.RegisterType<Vector3>();  // 注册 Vector3

Script luaScript = new Script();
luaScript.Globals["Debug"] = typeof(Debug);
luaScript.Globals["GameObject"] = (System.Func<string, GameObject>)CreateGameObject;
luaScript.Globals["Vector3"] = (System.Func<float,float,float,Vector3>)CreateVector3;

static GameObject CreateGameObject(string name)
{
    return new GameObject(name);
}
static Vector3 CreateVector3(float x, float y, float z)
{
    return new Vector3(x, y ,z);
}
```

步骤04 回到 test.lua，已经可以在 Lua 中创建 GameObject，并控制它的位置。

```
function fun()
    go = GameObject("Lua Object");
    go.transform.position = Vector3(1,1,1);
    Debug.Log("hello, unity lua");
    return "hello, lua";
end
```

本节的示例工程保存在本书资源目录 c18_lua/ UnityLuaProject 内。

18.5 Lua 脚本的热更新

Lua 脚本热更新的基本思路是将 Lua 脚本存放在服务器端，使用 HTTP 协议将它下载到客户端本地，这样当服务器存放的脚本发生了改变，本地的脚本内容也将改变。热更新 Lua 脚本的执行步骤入如下，供参考。

步骤01 将 Lua 脚本或 AssetBundle 数据包（将 Lua 脚本打包到 Unity 资源包内）存放在 HTTP 服务器上，关于 HTTP 服务器的内容可以查看本书第 6 章。

步骤02 在 Unity 客户端，将 Lua 脚本存放到 StreamingAssets 路径下，注意，在 Android 平台读取该路径下的资源有很多要求，本书第 10 章有具体说明。

步骤03 Unity 客户端运行后，首先比对本地和服务器的版本是否一致（需要定义一个版本比较机制），如果相同，首先到 Application.dataPath 指向的路径下查找 Lua 脚本，如果不存在，则使用 StreamingAssets 路径下默认的 Lua 脚本。

步骤04 如果本地和服务器的版本不一致，则下载服务器端最新的 Lua 脚本，并存储到 Application.dataPath 指向的路径下，读取最新的 Lua 脚本。

下面的代码将前一节的示例进行了修改，由服务端读取 test.lua 并执行。

```
using System.Collections;
using UnityEngine;
using MoonSharp.Interpreter;
public class LuaManager : MonoBehaviour {
    void Start () {
        StartCoroutine(ReadLua());  // 下载 test.lua
    }
    static GameObject CreateGameObject(string name){
        return new GameObject(name);
    }
    static Vector3 CreateVector3(float x, float y, float z){
        return new Vector3(x, y ,z);
    }
    IEnumerator ReadLua()
```

```
    {
        WWW www = new WWW("http://localhost/test.lua");    // 使用 HTTP 协议下载 test.lua
        yield return www;
        if (!string.IsNullOrEmpty(www.error)){
            Debug.Log(www.error);
            yield break;
        }
        UserData.RegisterType<Debug>();
        UserData.RegisterType<GameObject>();
        UserData.RegisterType<Transform>();
        UserData.RegisterType<Vector3>();

        Script luaScript = new Script();  // 创建 Lua 脚本解释器
        luaScript.Globals["Debug"] = typeof(Debug);  // 注册静态类
        luaScript.Globals["GameObject"] = (System.Func<string, GameObject>)CreateGameObject;
        luaScript.Globals["Vector3"] = (System.Func<float, float, float, Vector3>)CreateVector3;

        string luatxt = www.text;  // 获取 Lua 脚本的字符串
        DynValue dyn = luaScript.DoString(luatxt); // 运行 Lua 脚本
        if (dyn == null){
            Debug.LogError("test.lua 不存在!");
        }
        DynValue lua_function = luaScript.Globals.Get("fun");  // 查找一个叫 fun 的函数
        if (lua_function == null){
            Debug.LogError("不能获取 fun 函数");
        }
        DynValue result = luaScript.Call(lua_function);  // 调用 Lua 的 fun 函数
        Debug.Log(result.ToObject<string>());
    }
}
```

18.6 小　结

本章介绍了编写 Lua 脚本的基本要点及 Unity 与 Lua 交互的过程，包括如何在 Unity 中实现对 Lua 的热更新。使用 Lua 脚本，无论如何优化，都会带来性能上的损失，同时会带来开发上的复杂性，因此在什么情况使用它是需要斟酌的。

附录 A C#语言

Unity 支持的脚本主要是 C#，如果读者对 C#还不够了解，可以通过本附录的内容对 C#进行一个快速的认识。

A.1 C#基础

A.1.1 C#简介

在 Unity 内编程，主要使用 C#脚本，它是一门面向对象语言，所有的事物都可以看作是对象。在 C#中，万物皆是类，绝不允许有一个独立于类的函数或变量。同时，它有着和 C/C++类似的语法，和 Java 类似的垃圾回收机制，简单、易用。

Unity 使用的 C#和微软.NET 平台下的 C#很像但又不完全一样。Unity 内的 C#运行于 Mono 虚拟机，它是一个开源软件平台，以微软的.NET 开发框架为基础（.NET 是微软为 Windows 操作系统提供的应用程序编程接口），能够实现跨平台开发。或者可以这么理解，因为 Mono 提供了与.NET 差不多的功能，所以在 Unity 内使用 C#不但能调用 Unity 引擎本身的功能，还能调用.NET 平台中提供的大部分功能。

A.1.2 运行控制台程序

接下来，我们将集中精力在 C#语言本身。为了能够快速调试 C#代码，先将 Unity 放到一边，使用 Visual Studio 直接创建控制台程序调试代码。创建控制台程序的步骤如下：

步骤 01 启动 Visual Studio，在菜单栏中选择【File】→【New】→【Project】，打开 New Project 窗口。选择 Console App(.Net Framework)创建一个控制台程序，如图 A-1 所示。

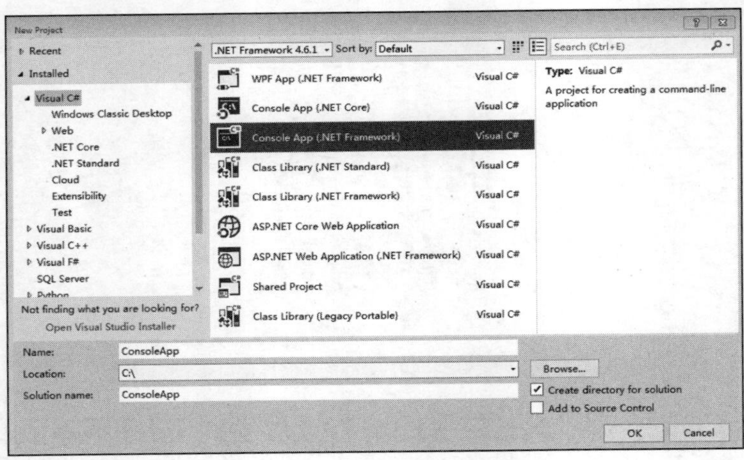

图 A-1 创建控制台程序

步骤 02 创建一个控制台程序后默认会自动创建一个 Program.cs 文件，里面包括了一些基本的代码。在控制台程序中，Main 函数是程序的入口，我们将使用 Console.WriteLine 在控制台窗口输出 Hello，World 几个字。完整的代码如下：

```
using System;   // using 语句用于引用类库
namespace ConsoleApplication1   // 名称空间，用于防止重名，默认的名称和工程的名称有关
```

```
{
    class Program   // 作为主程序的类
    {
        static void Main(string[] args)   // Main 函数，程序入口
        {
            // 输出 Hello，World
            Console.WriteLine("Hello,world");
            // 按任意键退出
            Console.ReadKey();
        }
    }
}
```

步骤 03 在菜单栏中择【Debug】→【Start Debugging】（或按 F5 键）运行程序，如图 A-2 所示。

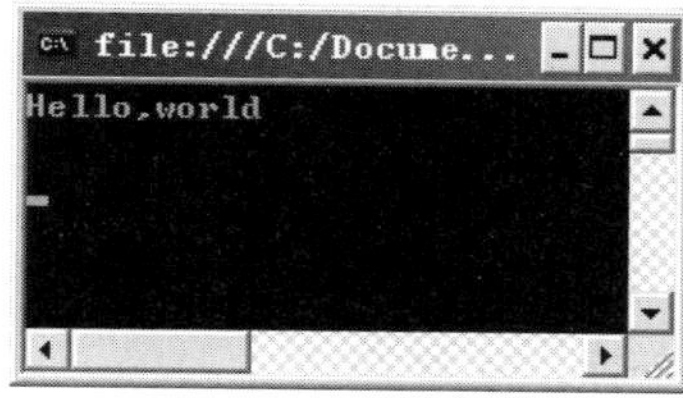

图 A-2　运行控制台程序

可以看到，创建控制台程序非常简单，本附录中所有的 C# 代码，都可以放到一个控制台程序中进行调试。

本节的示例文件保存在资源文件目录\appendixA_C#\hello World 中。

A.1.3　类型

C#是一种强类型语言，在使用任意一个对象前，必须声明这个对象的类型，如整型、浮点型、字符串类型等。对象的类型对编译器而言是所占内存的大小，如整型 int 占 4 个字节等。

C#的类型分为两大类：值类型和引用类型。两者的主要区别是值在内存中的存储方式不同。值类型的实例通常是在栈上静态分配的，引用类型的对象则总是在堆中动态分配。

值类型包括内置类型（用关键字 int、char、float、bool 等声明），结构（用关键字 struct 声明）和枚举（用关键字 enum 声明）。

引用类型包括类（用关键字 class 声明）和委托（用关键字 delegate 声明）。

A.1.4　内置类型

所有的值类型隐性派生于 System.ValueType，其中内置类型是最基本的类型。表 A-1 详细说明了这些类型的大小和取值范围。

表 A-1　内置类型

类型	大小/字节	.NET 类型	说明
byte	1	Byte	无符号，值 0～255
char	2	Char	Unicode 字符
bool	1	Boolean	true 或者 flase
sbyte	1	SByte	有符号，值 -128～127
short	2	Int16	有符号，值 -32 768～32 767

（续表）

类型	大小/字节	.NET 类型	说明
ushort	2	UInt16	无符号，值 0～65535
int	4	Int32	有符号整数，值 -2 147 483 648～2 147 483 647
uint	4	UInt32	无符号整数，值 0～4 294 967 295
float	4	Single	浮点数，7 位有效数字
double	8	Double	双精度浮点数，15～16 位有效数字
decimal	12	Decimal	固定精度，值为最大 28 位加小数点
long	8	Int64	有符号整数，值-9 223 372 036 854 775 808～9 223 372 036 854 775 807
ulong	8	UInt64	无符号整数，值 0 ～ 0xffffffffffffffff

通常，选用什么样的整数类型取决于值的大小需求，现在的计算机内存都比较大，大多数情况可以选择 int 类型。对于浮点型，C#默认的浮点型为 double 类型，但在游戏中大部分情况用 float 就可以了，float 类型的赋值，后面要跟一个小写字母 f，如下所示：

```
float somevar = 0.1f;
```

内置类型，可以隐式或显式地转换为另一种类型。隐式转换是自动进行的，如从 short（2 字节）转为 int（4 字节），这个转换不会丢失任何信息。而反方向转换，需要显式地转换，因为 int 的值可能会高于 short 的最大值，这时信息则有可能会丢失，如下所示：

```
short x = 10;
int y = x;          // 隐式转换
x = y;              // 错误,不能编译
x = (short)y;       // 显式转换
```

A.1.5 标识符

标识符可以用来表示类型、方法、变量、常量、对象的名称。标识符必须以字母或下画线开头，并区分大小写，如下所示：

```
int abc;            // int 表示整数类型，abc 是标识符
float ABc;
bool _abc;
float 2Abc;         //错误!不能编译
```

A.1.6 语句和表达式

一条完整的程序指令称为语句，一个完整的程序就是由若干条语句组成的，每条语句必须以分号为结尾。

能够计算出值的语句称为表达式，这是一种最基本的语句，通常使用等于号“= ”进行赋值。对于普通的语句，程序会按顺序执行它们，如下所示：

```
int first;                  // 语句 1，声明一个整数类型
first = 100;                // 语句 2，first 的值为 100
int second = first;         // 语句 3，声明一个整数类型 second，值为 100
```

A.1.7　变量和常量

创建一个变量就是声明一个类型，可以在任何时候改变其赋值。注意，在使用局部变量之前，一定要为其赋值，否则将出错，如下所示：

```
int a;                 // 声明 a
int b = a;             // 错语,不能编译,因为 a 在使用前没有被赋值
float c = 0.0f;        // c 的值为 0
c = 50.1f;             // c 的值为 50.1
```

常量是一种值固定的变量。在实际编程中，有些值是不需要变动的，如π，它的值永远是 3.1415926，为了防止不小心改变它的值，可将其设为常量。

声明一个常量只需要在类型前面增加关键字 const，并在声明时为其赋值，之后再也不能改变它的值，如下所示：

```
const float PI = 3.141f;
PI = 500;  //  改变常量的值，不能通过编译
```

A.1.8　枚举

枚举是一种独特的值类型，可以把它看作是一个常量列表。在下面的代码中，有 3 种不同的水果，每种水果有一个常量值：

```
enum FRUIT
{
        Apple = 0,
        Banana,         // 值为 1
        Cherry,         // 值为 2
 }
 FRUIT fruit = FRUIT.Apple;            // 当前的水果类型为苹果
```

也可以使用常量代替枚举完成前面的工作，但代码之间会缺少联系，如下所示：

```
const int Apple = 0;
const int Banana = 1;
const int Cherry = 2;

int fruit = Apple;
```

A.1.9　数学操作符

C#中常用的数学操作符有 5 个，分别为+（加）、-（减）、*（乘）、/（除）和%（模），其中加、减、乘、除与数学中的用法一样，模操作符用于获取余数，具体用法如下所示：

```
int a = 2, b = 3, c = 0;
float d = 0;
```

```
c = a + b;                //c 的值为 5
c++;                      //c 的值为 6
c = c - a;                //c 的值为 4
c = a * b;                //c 的值为 6
c--;                      //c 的值为 5
c *= 2;                   //c 的值为 10

d = b / a;           //d 的值为 1,注意,因为 a 和 b 为整数,所以返回值也是整数,去掉了小数点后面的值
d = (float)b / (float)a;  //d 的值为 1.5,注意浮点数计算，小数部分有时可能会出现误差

d = a % b;                //d 的值为 2，当被除数大于除数，返回除数的值
d = b % a;                //d 的值为 1，3/2 的余数为 1
```

任何数与 10 进行模计算得到的余数，即是这个数字的最后一位数，用这个方法，可以通过模计算获得一个数字的任意一位数，如下所示：

```
int number = 4321;
int v = 0;
v = number % 10;                //  返回 1
v = number / 10 % 10;           //  返回 2
v = number / 100 % 10;          //  返回 3
v = number / 1000 % 10;         //  返回 4
```

A.1.10 关系操作符

关系操作符包括==、!=、>、>=、<、<=，作用是比较两个值的大小关系，经常和条件语句 if 一同使用，然后返回布尔值（true 或 false），如下所示：

```
int a = 50, b = 100;
if (a == b)       //  判断 a 和 b 是否相等,此例返回 false
if (a != b)       //  判断 a 和 b 是否不相等, 此例返回 true
if (a > b)        //  判断 a 是否大于 b, 此例返回 false
if (a >= b)       //  判断 a 是否大于或等于 b, 此例返回 false
if (a < b)        //  判断 a 是否小于 b, 此例返回 true
```

A.1.11 逻辑操作符

逻辑操作符包括&&（与）、||（或）和!（非），主要用于拥有多个表达式的复合条件语句，只有返回值为 true 时，才会执行条件语句后面{}中的代码，具体用法如下所示：

```
int a = 50, b = 100;
if (a == 50 && b == 50) { }     //  值为 false, 只有两个表达式的值都为真才能返回 true 值
if (a == 50 || b == 50) { }     //  值为 true, 只要其中任意一个表达式的值为真即返回 true 值
if (!(b == 50)) { }             //  值为 false, 如果表达式的值为 true, 加上!后返回值即为 false
```

A.1.12　操作符优先级

计算多个操作符的值时，顺序是从左到右，先乘除后加减，但可以使用括号改变顺序，如下所示：

```
int a = 5, b = 1, c = 10;
int d = (a + b) * 10;           // d 的值为 60
int e = a + b * 10;             // e 的值为 15
```

A.1.13　方法

对于普通的语句，C#是按顺序执行，从开始执行到最后，但大部分情况，在程序中都需要执行分支语句和循环语句。

分支语句分为无条件分支和有条件分支。无条件分支通过调用方法（也称作函数）来实现，一个方法内包括若干条语句，当程序遇到方法时，会先处理方法中的语句，然后按顺序调用其他语句，如下所示：

```
// 定义一个方法，返回值类型为浮点型，标识符是 Add，带两个浮点型参数
  float Sum(float a, float b)
  {
        return a + b;
  }
//…
  float number1 = 5;                    // 执行语句 1
  float number2 = 10;                   // 执行语句 2

   // 语句 3,先执行方法 Sum 内的语句,再将返回值赋给 number3
   float number3 = Sum (number1, number2);
   Console.WriteLine(number3);          // 输出 number3,值为 15
```

如果方法的参数是内置类型，则在方法内部引用的是参数的副本，方法内的运算不会影响到参数本身。如果希望在方法内部改变内置类型参数的值，则需要添加 ref 或 out 标识符，如下所示：

```
// 定义一个方法，参数前面添加 ref 标识符，表示引用变量本身，而不是创建一个副本
  void Change(ref int a)
  {
        a += 10;
  }

   int a = 0;
   Change(ref a);
   Console.Write(a);          // 因为变量的参数采用了引用，a 的值现在是 10
```

我们也可以将 ref 替换为 out，区别是必须在方法内部先初始化变量再使用它。

A.1.14 递归

在方法中调用当前方法，这种调用方式称为递归，很显然，如果没有中止条件，递归调用将会无限循环下去，因此递归一定要有结束条件。实际上递归就是一个循环的过程，尾递归就是一个普通的 for 循环。下面是一个简单示例，如输入的参数 n 为 10，每次递归 n-1，退出条件是 n==0。如果输出在后，输出结果就是 0,1,2…10，如果输出在前，结果就是 10,9,8…0。

```
static void Print(int n)
{
        if (n == 0)   // 一定要有退出条件
        {
            Console.Write("{0},", n);
            return;
        }
        //Console.Write("{0},",n);          // 输出在前
        Print(n - 1);          // 尾递归相当于 for 循环
        //Console.Write("{0},",n);          // 输出在后
}
```

注意，递归与普通循环相比效率是很低的，不适合在项目中盲目使用，但递归对某些问题求解的步骤更加简练，因此递归问题常出现在一些试题中。

A.1.15 条件分支语句

条件分支语句通过条件语句创建，会使用到 if、else、switch 等关键字，其中 if 语句是最常用的条件语句，当表达式的值为 true 时，会执行 if 后面 { } 内的语句，如下所示：

```
int a = 1, b = 2, c = 0;

// 如果 a 大于 b, c 的值等于 a, 否则等于 b
if (a > b)
    c = a;
else
    c = b;
```

switch 语句的作用和 if 类似，但可读性更佳，下面是一个完整示例：

```
using System;
namespace ConsoleApplication1
{
    class Program
    {
        // 定义枚举
        enum FRUID
        {
```

```
            Apple = 0,
            Banana,
            Cherry,
        }
        static FRUID fruid = FRUID.Apple;

        static void Main(string[] args)
        {
            switch (fruid)
            {
                case FRUID.Apple:         // 如果 fruid 的值等于 FRUID.Apple
                    Console.WriteLine("apple");
                    break;                // 使用 break 退出

                case FRUID.Banana:
                    Console.WriteLine("Banana");
                    break;

                case FRUID.Cherry:
                    Console.WriteLine("Cherry");
                    break;
            }

            // 以上 switch 语句等同于
            if (fruid == FRUID.Apple)
                 Console.WriteLine("apple");
            else if (fruid == FRUID.Banana)
                Console.WriteLine("Banana");
            else if (fruid == FRUID.Cherry)
                Console.WriteLine("Cherry");
            Console.ReadKey();            // 按任意键退出
        }
    }
}
```

A.1.16　循环语句

while 语句是一个条件循环语句，每次循环都会返回一个逻辑表达式的值，只有表达式的值为 false 时才会退出 while 循环，因此在实际使用中要避免程序陷入死循环，如下所示：

```
int n = 0;
while (n < 10)    //如果 n 的值小于 10，则会一直循环{}中的语句
{
    n++;          //当 n 的值为 10 时退出 while 循环
}
```

for 语句与 while 类似，都是条件循环语句，不同的是，for 语句可以更方便地控制循环次数，如下所示：

```
for (int i = 0; i < 10; i++)      //i 的初始值为 0，当 i 小于 10 时会继续循环，每次循环 i 自加 1
{
        //循环 10 次
}
```

很多时候，需要在循环中直接退出或不再执行剩下的语句继续下一个循环，可以使用 break 或 continue 改变循环状态，如下所示：

```
int n = 10;
while (true)
{
        if (n == 5)                // 当 n 等于 5 时，使用 break 直接退出循环
                break;
        n--;
}

for (int i = 0; i < 10; i++)
{
        if (i == 5)                // 当 i 等于 5 时，将跳过后面的代码直接到下一个循环
                continue;
        // 其他代码…
}
```

A.1.17 三元操作符

三元操作符的作用和 if 语句类似，如果条件表达式返回值为 ture，则执行表达式 1，否则执行表达式 2，如下所示：

```
//条件表达式 ？表达式 1：表达式 2
int a = 50, b = 100;
int max = a > b ? a : b;        //max 的值为 100
```

A.1.18 预处理

使用预处理，可以使程序编译或不编译某些代码，与 C++的预处理相比，C#的预处理不支持宏，功能比较少。

使用预处理首先要使用关键字#define 定义一个预处理标识符，名称任意，但只影响当前的 C#代码，它必须被定义到 using 语句之前，然后使用#if、#else、#endif 等关键字处理判断预处理是否存在。

```
#define CLIENT   // 注意不需要分号结束，定义在 using 语句之前
using System;
namespace ConsoleApplication{
```

```
        class Program
        {
            static void Main(string[] args)
            {
#if SERVER
                Console.WriteLine("Server");   // 如果定义 SERVER，编译这里
#elif CLIENT
                Console.WriteLine("Client");   // 如果定义 CLIENT，编译这里
#else
                Console.WriteLine("?");        // 否则编译这里
#endif
            }
        }
}
```

定义全局的预处理，可以在 C#控制台工程属性的 Build –> Conditional Compilcation symbols 中添加预处理名称（Unity 定义全局预处理的方式是不一样的）。

A.2　面向对象编程

A.2.1　类

类是面向对象编程的基本元素，它是对现实世界的抽象，即可以将每一个事物看作是一种类型。下面是一个简单示例，定义一个最简单的类：

```
public class Player   // public 是作用域， class 表示类， Player 是类的名称
{
    public int id { get; set; }              // 类的成员属性
    private string name = string.Empty;   // 类的成员变量

    public Player ()   // 构造函数，名称与类名一致，无返回值，实例化时该函数会被自动调用
    {
    }

    public void Init() { } // 类的成员函数
}
```

C#使用关键字 new 实例化类的对象，并保证类的对象一定是引用类型。引用类型和内置类型的主要区别是，引用类型在没有使用 new 分配内存之前的值为 null，使用 new 为其分配内存后，引用类型的值是指保存对象数据的内存地址，而不是对象的数据本身。

```
static void Main(string[] args)
{
```

```
        Player player = new Player();      // 实例化 Player 对象, player 的值指向一块内存地址
        player.Init();                      // 调用公有成员函数
        Player playerCopy = player;         // 现在 playerCopy 与 player 的值都指向同一块内存地址
        playerCopy.id = 2;                  // 这时 player.id 的值也为 2
        playerCopy = null;                  //playerCopy 的值为 null，但对 player 的值没有任何影响
        player = null;  //player 的值为 null，当没有变量引用到实例化对象，Player 对象被自动删除了
    }
```

C#提供了垃圾回收器，当程序执行到对象的作用域以外或没有任何变量引用到实例化的对象时，对象会自动被系统垃圾回收，因此不需要显示 delete 销毁，但是垃圾回收有一定性能代价，因此在程序的设计上要避免产生频繁的垃圾回收。

在 Unity 中，继承自 MonoBehaviour 的类不能使用 new 创建，构造函数的作用也是受限制的。

A.2.2 this 关键字

在每个类的方法中都可以使用 this 关键字指向当前对象，使用它有时可以避免一些名字歧义，默认它可以被省略，但当需要返回值是自身当前对象时 this 就派上用场了：

```
public class Animation
{
    private bool m_isLoop = false;
    public Animation Play ()   // 返回值是当前对象
    {
        return this;
    }
    public Animation Loop(bool isLoop)   // 返回值是当前对象
    {
        this.m_isLoop = isLoop;     //this 在这里是可以省略的
        return this;
    }
}

class Program
{
    static void Main(string[] args)
    {
        Animation anim = new Animation();
        anim.Play().Loop(true);   // 因为返回的是自身对象，就可以这样调用
    }
}
```

A.2.3　封装

面向对象编程的核心是封装、继承和多态。

C#使用访问修饰符 public、protected、internal、protected internal、private 决定类或类成员的可见性，尽可能封装内部实现。5 种修饰符意义如表 A-2 所示。

表 A-2　访问修饰符

访问修饰符	意义
pubic	完全公开，可以在类内部或外部任何地方访问
protected	同一名字空间内的派生类可以访问
internal	同一名字空间内的任何地方可以访问
protected internal	满足 protected 或 internal 的条件可以访问
private	仅在类内部可以访问

在定义类的时候，在它的成员属性、方法前面加上修饰符 public，即表示它的成员属性、方法是公有的，完全可见的，否则只能在类内部访问，如果不加任何修饰符，则默认为 private，如下所示：

```
// 在 class 前加上 public，表示这是一个公有类
public class SomeClass
{
    public int a = 0;          // 可以在任何地方访问
    int b = 0;                 // 没有修饰符，默认为 private，只能在类内部访问

    // 公有方法,可以在任何地方访问
    public void Test()
    {}

    // 私有方法，只能在类内部访问
    private void Forbidden ()
    {}
}

  SomeClass sc = new SomeClass();          // 实例化一个对象
  sc.a = 10;                               // OK
  sc.Test();                               // OK
  sc.b = 10;                               // 错误，私有属性，不能在类外部调用
  sc. Forbidden ();                        // 错误，私有方法，不能在类外部调用
```

在 C#中，成员属性可以对成员变量进行封装，通过 set 和 get 方式将属性设为“可写”或“只读”。set 方式有一个隐藏参数 value，它指向属性的参数。只使用 get 方式的属性，即意味着“只读”，如下所示：

```
using System;
namespace ConsoleApplication1
```

```
{
    public class Player
    {
        private string m_name = "";           //私有，不能直接访问
        public string Name
        {
            set { m_name = value; }           // 通过访问 Name 属性改变 m_name 的值
            get { return m_name; }            // 通过访问 Name 属性获得 m_name 的值
        }
        private int m_life = 100;             // 私有，不能直接访问
        public int Life
        {
            get { return m_life; }            // 通过访问 Life 属性获得 m_life 的值
        }
    }
    class Program
    {
        static void Main(string[] args)
        {
            Player player = new Player();
            player.Name = "player1";                    // OK
            player.Life = 10;                           // 错误，Life 是只读属性
            Console.WriteLine(player.Name);             // OK
            Console.WriteLine(player.Life);             // 仅读取 Life 的值是可以的
            Console.ReadKey();  // 按任意键退出
        }
    }
}
```

A.2.4 继承与多态

继承是指一个类可以继承另一个类（称为父类）的全部成员变量和方法，并进行扩展，重写父类的方法，或添加新的成员变量和方法。多态是指将子类转为父类不需要显示的类型转换，被转为父类的对象仍然可以执行真正子类的重载方法。

注意，所有 C#类都是从 System.Object 派生出来的。

下面是一个继承与多态的示例，请注意代码注释：

```
using System;
namespace ConsoleApplication
{
    // 定义一个叫 Enemy 的基类
    public class Enemy
```

```
    {
        public Enemy()   // 构造函数
        {
            Console.WriteLine("enemy contructor");
        }
        // virtual 关键字表示该方法为虚方法，可以被子类重写
        public virtual void UpdateAI()
        {
            Console.WriteLine("update enemy ai");
        }
    }
    // 派生类 Boss 继承自基类 Enemy,
    public class Boss : Enemy
    {
        public Boss()   // 构造函数
        {
            Console.WriteLine("boss contructor");
        }
        // 使用 override 关键字，重写虚方法
         // 当子类被转为父类后，被子类重写的虚方法仍然能正确执行
        public override void UpdateAI()
        {
            Console.WriteLine("update boss ai");
        }
    }

    class Program
    {
        static void Main(string[] args)
        {
            Enemy[] enemies = new Enemy[2];   // 创建一个数组，包括两个 Enemy 基类
            enemies[0] = new Enemy();          // 创建一个 Enemy，执行 Enemy 的构造函数
            enemies[1] = new Boss();   // 创建一个 Boss，先执行 Enemy 的构造函数，再执行 Boss 的
构造函数

            for (int i = 0; i < enemies.Length; i++)
            {
                // enemies[0]的类型是 Enemy，会调用 Enemy 类的 UpdateAI
                // enemies[1]的当前类型是 Enemy，但它实际上是 Boss
                // 多态的原因，enemies[1 仍然会调用 Boss 类的 UpdateAI
                 enemies[i].UpdateAI();
            }
```

```
                Console.ReadKey();   // 按任意键退出
            }
        }
    }
```

编译程序，输出结果如图 A-3 所示。

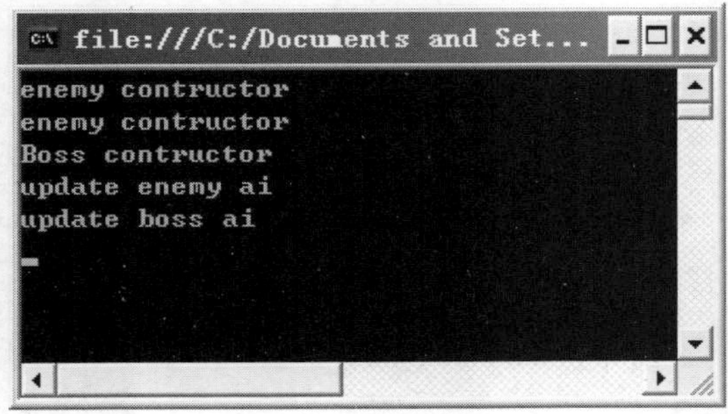

图 A-3 程序输出结果

A.2.5 静态成员

在定义类的成员属性或方法时加上 static，即表示它是一个静态成员，静态成员不能被类的对象引用，它的值会被所有对象共享，一个比较典型的应用是对象的单例模式，即只允许对象实例化一次，如下所示：

```
    public class Singleton   // 普通的类
    {
        private Singleton() { }    // 将构造函数私有化，将不能在类的外面使用 new 实例化 Singleton
        private static Singleton m_instance = null;    //静态成员，用于跟踪唯一的 Singleton 实例
        public static Singleton Instance
        {
            get
            {
                if (m_instance == null)   // 该步骤确保只有一个实例
                    m_instance = new Singleton();
                return m_instance;
            }
        }

        public void Init() { }   // 普通的函数
    }

    class Program
    {
        static void Main(string[] args)
        {
```

```
        Singleton s = new Singleton();  // 因为私有化了构造函数，这里无法通过编译
        Singleton.Instance.Init();         // 调用 Init 前确保了 Singleton 的实例化

        Console.ReadKey();  // 按任意键退出
    }
}
```

> **提示** 不能在静态方法中调用非静态的属性或方法。

A.2.6 异常处理

在下面的示例中，我们尝试用 a 除以 b，如果判断 b 是否为 0，程序会发生严重错误：

```
static void Main(string[] args)
{
    float a = 10;
    float b = 0;
    float c = 0;
    if ( b!=0 )  // 确保不能除以 0
        c = a / b;
}
```

对于 b==0 的情况，如下所示，我们也可以使用 C#提供的异常处理来捕获并抛出异常。throw 关键字用来抛出异常，使用关键字 try 语句块会捕获 throw 的异常状态，然后在 catch 语句块获取异常信息，finally 语句块是可选的，无论是否发生异常程序都会进行到这，适合做一些资源清理。

```
static float SafeDivision(float x, float y)  // 一个简单的除法函数
{
    if (y == 0)  // 如果 y 为 0，抛出异常
        throw new System.DivideByZeroException();  // 所有异常的基类是 System.Exception
    return x / y;
}
static void Main(string[] args)
{
    float a = 10;
    float b = 0;
    try // 如果没有 try，b==0，程序经过未经捕获的异常会导致崩溃
    {
        float c = SafeDivision(a, b);  // 如果 b 为 0，则会抛出异常
    }
    catch(System.DivideByZeroException e)  // 发现异常
    {
        Console.WriteLine(e.Message);  // 输出异常信息
    }
```

```
        finally
        {
            // 无论是否抛出异常代码最终都会执行到这里
        }
    }
```

A.3 字 符 串

C#字符串是使用 string 关键字声明的一个字符数组，它也是一个对象，封装了所有字符串操作，如比较、插入、删除、查找等。C#字符串是不可修改的，所有对字符串的改变结果都只能存在另一个字符串中。下面是一个程序示例，示范了常用的 string 用法：

```
using System;
namespace ConsoleApplication1{
    class Program{
        static void Main(string[] args){
            // 创建一个字符串
            string str1 = "apple orange banana";
            Console.WriteLine("str1:" + str1);

            // 创建另一个字符串
            string str2 = str1 + " peach";
            Console.WriteLine("str2:" + str2);

            // 比较两个字符串是否一致
            if (String.Compare(str1, str2) == 0) { // 或者直接 if ( str1 == str2 )
                Console.WriteLine("str1 和 str2 两个字符串一致");
            }
            else{
                Console.WriteLine("str1 和 str2 两个字符串不一致");
            }

            // 从"apple orange banana"第 0 个字节开始查找空格的位置
            int n = str1.IndexOf(' ', 0);
            Console.WriteLine("str1 第一个空格在第{0}个字节", n);

            // 删除"apple orange banana"第 1 个空格之后的所有字符
            str2 = str1.Remove(n);
            Console.WriteLine("删除 str1 第一个空格后的所有字符:" + str2);

            // 将"apple orange banana"所有空格替换为-
            str2 = str1.Replace(' ', '-');
```

```
                Console.WriteLine("将 str1 所有空格替换为-:" + str2);

                // 在"apple orange banana"第一个空格之后插入@@@
                str2 = str1.Insert(n, " peach");
                Console.WriteLine("在 str1 第一个空格后插入  peach:" + str2);

                // 取"apple orange banana"第一个空格后的 6 个字符
                str2 = str1.Substring(n + 1, 6);
                Console.WriteLine("取 str1 第一个空格后的 6 个字符:" + str2);

                // 以空格为标识符,将"apple orange banana"字符串分解为若干个新的字符串
                char[] chars = { ' ' };
                string[] strs = str1.Split(chars);

                Console.WriteLine("以空格为标识符,将 str1 分解:");
                for (int i = 0; i < strs.Length; i++)
                    Console.WriteLine(i + ":" + strs[i]);

                Console.ReadKey();   // 按任意键退出
            }
        }
    }
```

运行程序，输出结果如图 A-4 所示。

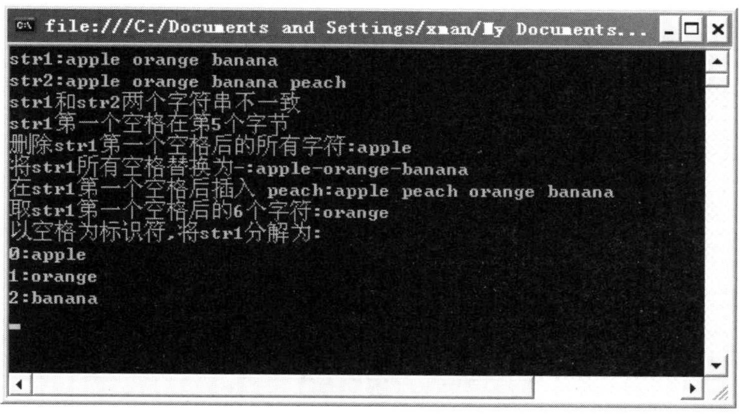

图 A-4　程序输出

虽然 String 是引用类型，但 String 的比较和赋值却是按值传递的（string 的实际使用和内置类型几乎一样）。注意初始化空字符串有一些专门的方式：

```
string str1 = string.Empty;   // 推荐的初始化方式
string str2 = "";                    // 这样初始化空串也可以，但不如前一种方式好
if (string.IsNullOrEmpty(str1)) { }   // 推荐的判断字符串是否为空的方式
```

A.4 数 组

A.4.1 创建数组

数组就像是一个容器，将一连串相同类型的数据按顺序保存起来。数组可以是一维、多维或交错的。数组中的数值类型默认值为零，而引用类型的默认值为 null。数组的索引从零开始，具有 n 个元素的数组的索引为从 0～n-1，如下所示：

```
// 声明一个用于存储 int 类型的一维数组并赋值
int[] array1 = new int[2];
array1[0] = 1;
array1[1] = 9;

// 声明一个数组的同时并给出了 5 个数值
int[] array2 = new int[] { 1, 9, 5, 7, 3 };

// 另一种声明方式
int[] array3 = { 1, 2, 3, 4, 5, 6 };

// 声明二维数组，注意[]括号内的逗号
int[,] multiArray = new int[2, 3];
multiArray[0, 0] = 19;
multiArray[0, 1] = 5;
//…

// 声明二维数组的同时给出数值
int[,] multiArray2 = { { 1, 2, 3 }, { 2, 3, 4 } };
```

A.4.2 遍历数组和迭代器

数组是从抽象基类 array 派生的引用类型。由于此类型实现了 IEnumerable 接口的 IEnumerator，因此可以对 C#中的所有数组使用 foreach 迭代，如下所示：

```
int[] array = new int[] { 1, 2, 3, 4, 5 };

// 使用 for 遍历数组
for (int i = 0; i < 5; i++){
        Console.WriteLine(array[i]);
}

// 使用 foreach 遍历,等同于使用 for
foreach (int n in array){
        Console.WriteLine(n);
}
```

除了普通的数组，很多操作数组的泛型类都支持 foreach，比如 List、Dictionary 等。此外，

我们也可以对任何自定义的类型使用 foreach，前提是继承了 IEnumerable 接口（这个接口有泛型和非泛型两个版本）。在下面的示例中，IntList 类实现了非泛型接口的 GetEnumerator。

```
class IntList : System.Collections.IEnumerable
{
    int[] numbers = null;              // foreach 遍历的是这个数组
    public int this[int index]         // 索引器
    {
        get { return numbers[index]; }
        set { numbers[index] = value; }
    }
    public int Length { get { return numbers.Length; } }

    public IntList(int length)
    {
        numbers = new int[length];
    }

    public System.Collections.IEnumerator GetEnumerator()      // 一定要重写该接口方法
    {
        return numbers.GetEnumerator();        // 返回数组中的 IEnumerator
    }
}
```

现在，我们就可以对 IntList 实例使用 foreach 了，示例代码如下：

```
IntList list = new IntList(10);          // 实例化，数组长度为 10
for (int i = 0; i < 10; i++)
     list[i] = i;          // 为数组中的值初始化为 0, 1, 2 … 9
foreach( var n in list){         // foreach 循环，n 即是 list[索引]
    Console.WriteLine(n);        // 输出 0, 1, 2…9
}
```

在 Unity 中，我们可以使用协程方便地实现类似异步的效果，实现上协程即是对迭代器的一种应用，下面是一个简单的例子：

```
class MyJob // 普通的类
{
    public System.Collections.IEnumerator StartDelay(float sec)      // 返回类型是枚举器
    {
        DateTime timer = DateTime.Now;       // 记录当前时间
        while ((DateTime.Now - timer).TotalSeconds < sec)
        {
            // 输出剩余时间
            Console.WriteLine("{0}", (DateTime.Now - timer).TotalSeconds);
            yield return 0;      // 如果时间未到，返回 0
```

```
                }

                Console.WriteLine("完成任务");        // 时间到，完成任务，退出当前函数
            }
        }
        static void Main(string[] args)       // 主程序
        {
            MyJob core = new MyJob();
            System.Collections.IEnumerator it = core.StartDelay(2);       // 启动剩余时间 2 秒
            while (true)       // 游戏主循环
            {
                if (it.MoveNext())     // 使 StartDelay 函数内的 while 语句继续执行直到下一次 yeild return
                {
                    // Console.WriteLine(it.Current);     // it.Current 即返回值，在当前例子中一直是返回 0
                }
            }
        }
```

A.5 基本 I/O 操作

I/O 操作主要针对计算机文件的创建和修改。在游戏中，最常见的功能是将游戏记录写入到一个文件中，并可以随时读取，这个过程主要包括创建文件、读写文件和删除文件。

A.5.1 写文件

写文件即是将数据存入到一个文件的过程。在下面的代码示例中，首先用 string 字符串定义文件的存储路径和文件的名称，然后创建一个 string 数组保存两条数据，最后使用 IO.File.WriteAllLines 方法将数据保存到文件中。

```
using System;
namespace ConsoleApplication1{
    class Program{
        static void Main(string[] args)
        {
            // 存储文件的路径和文件名
            string file = "d:\\test.dat";

            string[] data = new string[2];
            data[0] = "第一条信息";
            data[1] = "第二条信息";

            // 将两条数据写入 C 盘的 test.dat 文件中
            System.IO.File.WriteAllLines(file, data);
```

```
                // 按任意键退出
                Console.ReadKey();
            }
        }
    }
```

运行程序，然后在D盘下找到test.dat文件，利用文本编辑器打开，会看到写入的字符。

A.5.2 读文件

读取文件的过程通常要参考写文件的过程，也就是要按照写文件时的文本格式将数据读出来。在下面的示例中，首先要使用Exists方法判断文件是否存在，然后将数据读入到string数组中，最后在控制台显示出来，如图A-5所示。

```
using System;
namespace ConsoleApplication1{
    class Program{
        static void Main(string[] args)
        {
            string file = "d:\\test.dat";     // 存储文件的路径和文件名
            if (System.IO.File.Exists(file))  // 判断test.dat文件是否存在
            {
                string[] data = new string[2];   // 用于存储读入的数据
                data = System.IO.File.ReadAllLines(file);   // 将C盘的test.dat文件中的数据读出

                // 打印数据
                Console.WriteLine(data[0]);
                Console.WriteLine(data[1]);
            }
            Console.ReadKey();   // 按任意键退出
        }
    }
}
```

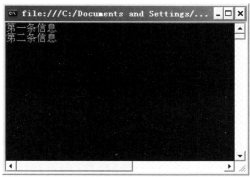

图A-5　显示读入的数据

A.5.3 删除文件

删除文件只需要使用 IO.File.Delete 方法即可，如下所示：

```
// 存储文件的路径和文件名
string file = "d:\\test.dat";

if (System.IO.File.Exists(file))   // 判断 test.dat 文件是否存在
{
        System.IO.File.Delete(file);   // 删除文件
}
```

A.5.4 二进制读写

无论是 int、float 或是其他数据类型，都可以将其转换为 byte（字节）存入到数组中，然后写入到文件中，读取回来时再转为正确的数据类型使用，如下所示：

```
using System;
using System.IO;   // IO 类库
namespace ConsoleApplication1{
    class Program{
        static void Main(string[] args)
        {
            string file = "d:\\test.dat";   // 存储文件的路径和文件名

            // 需要存储的数据
            int data1 = 100;
            float data2 = 0.1f;

            FileStream fs = new FileStream(file, FileMode.Create); // 创建新文件
            BinaryWriter bw = new BinaryWriter(fs);   // 二进制写入器
            bw.Write(data1);   // 写数据到文件中
            bw.Write(data2);
            bw.Close();
            fs.Close();   // 不要忘记关闭文件

            fs = new FileStream(file, FileMode.Open); // 读取文件
            BinaryReader br = new BinaryReader(fs);   // 二进制读取器
            int readInt = br.ReadInt32();   // 注意读的顺序要和写一致
            float readFloat = br.ReadSingle();
            br.Close();
            fs.Close();

            // 打印数据
            Console.WriteLine("{0}, {1}", readInt, readFloat);

            // 按任意键退出
```

```
            Console.ReadKey();
        }
    }
}
```

IO 操作在程序开发中非常重要，但使用的类并不多，建议查看微软官方文档熟练掌握，其中最常用的几个类包括 FileStream（文件流）、FileInfo、File（功能近似 FileInfo，但全部静态实现）、DirectoryInfo, Directory（功能和 DirectoryInfo 类似，但全部静态实现）、Path（处理路径名称）等。

A.6 泛　　型

A.6.1 实现泛型的基本语法

C#的泛型和 C++的模板有很多相似之处，其作用是最大限度地重用代码、保护类型安全性以及提高性能。

下面是一个简单示例，Swap 函数实现了两个变量的值交换，如果不使用泛型，我们需要对不同类型的变量交换创建相应的 Swap 函数，有了泛型，只需要将泛型参数定义为 T（T 只是一个代号，也可以是 X、Y 等其他名称），T 可以是任何类型，只有在调用 Swap 函数时才能确定 T 的类型。

```
static void Swap<T>(ref T lhs, ref T rhs)   // 交换两个变量的值，类型是泛型参数 T
{
    T temp;
    temp = lhs;
    lhs = rhs;
    rhs = temp;
}

static void Main(string[] args)
{
    int a = 1;
    int b = 2;
    Swap<int>(ref a, ref b);   //T 的类型是 int（<int>可省略），交换了 a 和 b 的值

    string s1 = "abc";
    string s2 = "xyz";
    Swap(ref s1, ref s2);    //T 的类型是 string，交换了 s1 和 s2 的值

    Console.ReadKey();   // 按任意键退出
}
```

当泛型参数的类型为对象时，则必须使用泛型约束，告诉编译器该泛型参数属于哪个类型以便调用该对象的成员（这是和 C++模版不同的地方）。下面是一个示例，演示了如何使用泛型约束实现简单的对象工厂。

```
class BaseClass {  // 定义一个基类
    public virtual void Init() { }
}
class ChildClassA : BaseClass { }   // 派生类 A
class ChildClassB : BaseClass { }   // 派生类 B

class Program
{
    static T Create<T>() where T:BaseClass, new()   // 约束泛型参数继承 BaseClass
    {
        T t = new T(); // 必须在约束最后加上 new()才能实例化泛型对象
        t.Init();        // 必须使用约束才能调用 Init 这个函数
        return t;        // 如果返回空值，可以使用 default(T)
    }

    static void Main(string[] args)
    {
        ChildClassA a = Create<ChildClassA>();   // 创建对象 A
        ChildClassB b = Create<ChildClassB>();   // 创建对象 B

        Console.ReadKey();   // 按任意键退出
    }
}
```

A.6.2 List 的常见操作

C#的 System.Collections.Generic 库提供了大量的泛型库，主要是对集合操作算法的各种实现，比较常用主要是 List 和 Dictionary 等，List 实现的是对线性数组的管理，Dictionary 实现的是键值对应的字典结构数据集合。注意，在初始化泛型集合的时候，建议根据需要预先分配好一定的内存空间（或者设置 Capacity），否则在连续插入新元素的过程中，泛型集合内部会不断重新申请内存，对性能有一定影响。

```
List<int> list = new List<int>(100);   // 预先分配 100 个 int 内存空间
```

List 的插入和删除都非常简单，程序员不需要关心数组的长度问题，如下所示：

```
static void Main(string[] args)
{
    // 创建随机数，注意随机数都是有规律的，这里使用当前毫秒随机初始化随机数
    Random rand = new Random(DateTime.Now.Millisecond);
    List<int> list = new List<int>(10);
```

```
        for (int i = 0; i < 10; i++)
        {
            int n = rand.Next(100);   // 生成 100 以内的随机数添加到 List 中
            list.Add(n);              // 新元素添加到数组的最后，插入请使用 Insert
            // list.Remove(n);   // 删除操作
        }
        // 使用 foreach 遍历 List 元素
        foreach (int i in list)
        {
            Console.WriteLine(i);
        }
        // 清除所有元素（并不会改变 Capacity 的值）
        list.Clear();
    }
```

在数组中查找也是常见的操作，在 List 中提供了一个 Find 函数，可以实现最基本的查找需求，代码如下：

```
class Player
{
    public int id { set; get; }
}

 List<Player> list = new List<Player>();
// 此处省略… 在 list 中插入很多 Player 对象
// 在 List 中使用 Lambda 表达式查找 id 等于 1 的 Player 对象，此处 x 指 List 中的 Player 对象
list.Find((x) => x.id == 1);
```

A.6.3　List 的排序

排序是最常用的算法，使用 List 对元素排序非常简单，如果元素是内置类型，只需要调用一个 sort 函数，默认会从小到大进行排序。

```
list.Sort();   // 调用 list.Reverse()可以将当前数组倒序
```

很多时候，元素不是内置类型，可能是一个对象，通过比较对象的某个成员进行排序，这时需要通过继承 ICompare 接口（或使用 Lambda 表达式）创建自定义比较函数完成排序操作，示例代码如下：

```
// 定义一个 Player 类
class Player
{
    public int id;
    public int life;
    public Player(int iId, int iLife)
    {
```

```
            this.id = iId;
            this.life = iLife;
        }
    }
    // 实现比较接口
    public class PlayerCompare : IComparer<Player>
    {
        // 比较 Player 的 id 大小
        int IComparer<Player>.Compare(Player a, Player b)
        {
            return a.id.CompareTo(b.id);
        }
    }
```

对象排序仍然是调用 sort 方法，但需要加入用于比较的函数，示例代码如下：

```
            Random rand = new Random(DateTime.Now.Millisecond);
            List<Player> player_list = new List<Player>();
            for (int i = 0; i < 10; i++)
            {
                int id = rand.Next(100);          // 生成随机数
                int life = rand.Next(100);        // 生成随机数
                Player p = new Player(id, life);
                player_list.Add(p);  // 在 List 中添加创建的 Player 实例
            }
            // 对 List 进行排序
            player_list.Sort(new PlayerCompare());

            foreach (Player p in player_list)
            {
                Console.WriteLine("player id:" + p.id);       // 打印出排序的 Player id
            }
```

在前面的示例中，我们通过 Player 的 id 值进行比较排序，如果还希望按 life 值的大小进行排序，下面的示例定义一个枚举，根据不同的枚举类型进行不同的比较，代码如下：

```
    public class PlayerCompare : IComparer<Player>
    {
        // 定义比较类型
        public enum CompareType
        {
            id,
            life
        }
        CompareType compareType;
        public PlayerCompare(CompareType ct)
```

```
        {
            compareType = ct;
        }
        int IComparer<Player>.Compare(Player a, Player b)
        {
            if (compareType == CompareType.id)
                return a.id.CompareTo(b.id);
            else if (compareType == CompareType.life)
                return a.life.CompareTo(b.life);

            return 0;
        }
    }
```

这一次，在排序的时候需要指定比较的类型，比如按 life 值大小排序：

```
    player_list.Sort(new PlayerCompare(PlayerCompare.CompareType.life));
```

虽然现在可以按对象中特定的值排序，但还有一种略复杂的情况，比如希望按 id 优先排序，但如果 id 的值相同，则再按 life 的值排序决定先后顺序，这种情况可以在一个循环中依次按类型比较，如果 id 的值不相同，比较结束，否则进入下一轮按 life 的值比较，代码如下：

```
    public class PlayerCompare : IComparer<Player>
    {
        // 将所有排序类型按先后顺序加入一个 List 中
        private List<CompareType> compareList = new List<CompareType>();
        // 定义比较类型
        public enum CompareType
        {
            id,
            life
        }
        public PlayerCompare()
        {
            compareList.Add(CompareType.id);
            compareList.Add(CompareType.life);
        }
        int IComparer<Player>.Compare(Player a, Player b)
        {
            int result = 0;
            foreach (CompareType ct in compareList)
            {
                if (ct == CompareType.id)
                    result = a.id.CompareTo(b.id);
                else if (ct == CompareType.life)
```

```
                result = a.life.CompareTo(b.life);

            // 如果比较不相等则停止后面的比较
            if (result != 0)
                break;
        }
        return result;
    }
}
```

A.7 委　　托

A.7.1 委托

在 C#中，委托就像 C 语言中的函数指针，可以将函数作为参数传递，比较典型的应用实例如创建回调函数。

委托的使用，首先要使用 delegate 关键字声明一个委托函数，并定义它的返回值和参数列表。下面是一个示例，创建一个计时器（本例是倒计时），当时间到了，执行委托函数。使用委托的特点是，在定义调用委托的地方，并不确定将来委托函数会做什么，通常这样的程序设计会更加模块化，减少代码耦合性，重用性更强。

```
delegate void OnTimePassed(String msg); // 声明委托的类型
class MyTimer
{
    private DateTime timer;   // 计时器
    private OnTimePassed onTimeCallback;   // 委托实例
    public MyTimer(int sec, OnTimePassed ontime)   // 参数是倒计时时间和委托函数
    {
        timer = DateTime.Now.AddSeconds(sec);   // 初始化当前时间
        onTimeCallback = ontime;
    }

    public bool Update()   // 在主循环中更新程序
    {
        TimeSpan ts = System.DateTime.Now - timer;   // 计算时间差
        if (ts.Seconds > 0)   // 如果时间到了
        {
            onTimeCallback("时间到!");   // 调用委托函数
            return true;
        }
        return false;
    }
}
```

```
class Program
{
    static void OnTime(String msg)   // 一个普通的函数，参数、返回值和 OnTimePassed 一致
    {
        Console.WriteLine(msg);   // 只是简单的输出
    }
    static void Main(string[] args)
    {
        MyTimer timer = new MyTimer(2, OnTime);   // 创建计时器
        while (true)   // 程序主循环
        {
            if (timer.Update())   // 更新计时器，如果时间到了，就会执行 OnTime 函数
                break;
        }
        Console.ReadLine();   // 输入任意键退出
    }
}
```

A.7.2 Lambda 表达式

当使用委托作为函数参数，为每个委托创建相应的函数是比较繁琐的。C#支持匿名函数，也称作 Lambda 表达式，允许直接将函数定义写在函数参数中。下面是一个 Lambda 表达式的简单示例，不必再为委托创建专门的函数。

```
public static int F (System.Func<int, int, int> x, int a, int b) // Func 委托，两个 int 参数，返回值也是 int
{
    return x(a,b);   // 执行委托函数，委托函数 x 的具体定义在定义函数 F 时并不确定
}

static void Main(string[] args)
{
    int a = 5;
    int b = 6;
    int c = F((x,y) => { return x + y; }, a, b);   // Lambda 表达式，实现 a+b，返回 11
    int d = F((x, y) => { return x - y; }, a, b);     // Lambda 表达式，   实现 a-b，返回-1
    Console.ReadLine();
}
```

本附录 A.6.3 的排序部分，只需要将 player_list.Sort(new PlayerCompare());改写为如下 Lambda 表达式写法，即可以省略创建排序比较函数的烦琐过程。不过 Lambda 表达式中的函数定义没有重用性，如果需要反复在不同位置使用相同的委托调用，一般还是创建专门的函数比较好。

```
player_list.Sort((x,y)=>
{
```

```
        if (x.id > y.id)
            return 1;
        else if (x.id < y.id)
            return -1;
        else
            return 0;
    });
```

A.7.3 泛型委托

C#的委托支持泛型参数，也就是说委托可以对应任何类型的参数列表，修改前面的例子，委托的参数不但可以支持 int，也可以是其他类型，如下所示：

```
public static T F<T>(System.Func<T, T, T> x, T a, T b)  //  类型为 T
{
    return x(a, b);
}
static void Main(string[] args)
{
        int a = 6;
        int b = 5;
        int c = F((x, y) => { return x + y; }, a, b);  // 自动判断类型为 int
        float w = 6;
        float v = 5;
        float z = F((x, y) => { return x + y; }, w, v);  // 自动判断类型为 float
}
```

A.7.4 Action 和 Func

C#提供了 Action 和 Func 两个关键字，它们是预先定制的泛型委托，区别是 Action 无返回值，Func 有返回值（返回值类型是最后一个泛型参数）。使用 Action 和 Func 主要是为了避免重复声明不同的委托类型，使用起来更加方便。下面是一些声明示例：

```
Action action;                    //  Action 相当于 delegate void F();
Action<int> action2;              //  Action<int> 相当于 delegate void F(int);
Action<int, string> action3;      //  Action<int, string> 相当于 delegate void F(int, string);

Func<int> func;                   //  Func<int> 相当于 delegate int F();
Func<int, int> func2;             //  Func<int, int> 相当于 delegate int F(int);
Func<int, int, string> func3;     //  Func<int, int, string> 相当于 delegate string F(int, int);
```

A.8　反射和特性

A.8.1　反射

反射指程序在运行过程中获取运行时的相关信息，包括 Assembly（程序集）、Modules（模块）、Type（类）、Methods（方法）、Fields（成员变量）、Properties（属性）等。

下面是一个简单的示例，通过反射实例化相应的类型，并修改成员变量、调用函数等。

```
using System.Reflection;      // 反射的库
class Test   // 一个用于测试的类
{
    public string name = string.Empty;   // 默认情况，反射只能获取 public 类型的变量
    public void Say(String msg)            // 一个普通的函数，将使用反射进行调用
    {
        Console.WriteLine("{0}: {1}", name, msg);
    }
}
static void Main(string[] args)
{
    var ass = Assembly.GetEntryAssembly();  // 获得当前程序集
    object test = ass.CreateInstance("ConsoleApp.Test");  // 通过字符串名称创建 Test 类的实例
    Type type = test.GetType();  // 获取 Test 类实例的类型

    FieldInfo field = type.GetField("name");  // 获得 Test 类型的字段 name
    field.SetValue(test, "Test");  // 将 Test 类实例 test 的 name 设为"Test"
    MethodInfo m = type.GetMethod("Say");  // 获得 Test 类型的函数 Say
    m.Invoke(test, new object[] { "hello" });  // 执行 Test 类实例的 Say 函数，参数是 hello

    Console.ReadLine();
}
```

调用 Assembly.GetEntryAssembly()可以获取当前的程序集，通过程序集的 GetTypes()函数即可获取当前程序中的所有类型（比如将一个程序中所有类的名称打印出来）。在这个例子中，反射操作主要是通过字符串名称获取相应的变量和函数。在实际使用中，只需要读入字符串，就可以实现类的实例化和函数的执行等，给程序的设计带来很大的灵活性。

A.8.2　特性

在 Unity 中，在类、函数或变量的前面添加[…]可以实现很多特殊的用途，这项功能在 C#中称为 Attribute（特性），它实际上是对类、函数或变量等添加的一个附加信息。下面是一个简单示例，为成员变量添加特性，限制该变量的最大值范围。

```
class MaxValueAttribute : System.Attribute   // 自定义特性，继承自 System.Attribute
{
    public int max { get; set; }
}

class Test
{
    [MaxValue(max = 100)]   // 添加自定义的特性，最大值设为 100
    private int m_value = 0;
    public int Value   // 属性
    {
        get{
            return m_value;
        }
        set{
            // 注意，m_value 是私有类型，因此我们使用了专门的 Flag 获取私有类型的变量
            BindingFlags bf = BindingFlags.Instance | BindingFlags.NonPublic;
            // 获取设置的特性，第一个参数的类型要根据特性添加到了何处
            MaxValueAttribute ma = Attribute.GetCustomAttribute(this.GetType().GetField("m_value", bf),
                    typeof(MaxValueAttribute)) as MaxValueAttribute;
            if (value > ma.max)   // 根据特性的描述限制最大值
                value = ma.max;
            m_value = value;
        }
    }
}
static void Main(string[] args)
{
        Test test = new Test();
        test.Value = 101;
        Console.WriteLine(test.Value);   // 输出 100，而不是 101
}
```

A.9 小　结

本附录主要介绍了 C#语言，它是编写 Unity 脚本的基础。C#的语法与 C/C++很像，但更简单易于上手，不过要注意 Unity 对 C#版本的支持。

本附录无法覆盖 C#语言的所有内容，有兴趣的读者可以查阅一些专门的 C#书籍或微软官方文档（推荐）深入学习。

附录 B
特殊文件夹

在 Unity 工程的 Assets 目录内，有一些文件夹的名称具有特殊意义，有专门的用途，本附录将其收集列举如下。

Editor

存放编辑器脚本，这里的脚本不会被打包到最终的游戏中。

Editor Default Resources

存放使用 EditorGUIUtility.Load 函数读取的资源，主要供编辑器脚本使用。

Gizmos

存放图片，在 OnDrawGizmos 函数内调用 Gizmos.DrawIcon 函数可以读取这里的图片将其作为图标在场景中显示。

Plugins/Android

存放 Android 工程相关文件，包括.so、.java 或配置文件等。

Plugins/iOS

存放 iOS 工程相关文件，包括.a 或.m、.mm 文件等。

Resources

存放使用 Resources.Load()动态读取的资源，它们可以是图片、模型等不同类型的资源。存放在 Resources 中的资源，无论是否被游戏所引用，都会被打包到最终的游戏中。注意，Resources 中的资源过多，可能会导致游戏启动时间较长。

Standard Assets

标准 Unity 资源包存放路径。

StreamingAssets

保存原始文件格式的文件夹，可以通过普通的 IO 操作读取存放在这里的文件。当游戏发布后，在不同平台，该路径对应的文件存储位置也不一样（如下所示），可以通过 Unity 提供的 Application.streamingAssetsPath 访问它对应的路径。当将 Unity 工程导出为 Android Studio 工程后，StreamingAssets 文件夹对应的就是 Android Studio 工程中的的 assets 文件夹，在 Android 开发中，这是一个特殊的文件夹路径，如果在 Unity 程序中访问它，必须使用 WWW，而不是普通的 IO 操作。

PC 平台：path = Application.dataPath + "/StreamingAssets";

IOS 平台：path = Application.dataPath + "/Raw";

Android 平台：path = "jar:file://" + Application.dataPath + "!/assets/";

WebGLTemplates

存放网页游戏模板，模板是一个文件夹，文件夹的名称就是模版的名称，其中至少包括一个 index.html 网页模板文件，放入名称为 thumbnail.png 的图片可以作为模版图标。

附录 C
Unity 编辑器菜单中英文对照

本附录的菜单命令以 Unity 2018.2 为参考，随着 Unity 版本的更新，菜单可能会产生变化。为了方便理解，本附录的中英文对照并非直接按字面意思直译，而是根据菜单实际功能按比较容易理解的方式翻译，仅供参考。

File：文件

- New Scene：新场景
- Open Scene：打开场景
- Save Scene：保存当前场景
- Save Scene as：另存当前场景
- New Project：新建工程
- Open Project：打开工程
- Save Project：保存工程

如果是非正常退出 Unity，又没有使用该选项保存设置，很可能会丢失编辑器内的设置和修改。

- Build Settings：输出设置
- Build & Run：创建游戏并运行
- Exit：退出编辑器

Edit：编辑

- Undo：返回前一个操作
- Redo：取消返回操作
- Cut：剪切
- Copy：复制
- Paste：粘贴
- Play：在编辑器内运行游戏
- Pause：暂停当前运行的游戏
- Step：单步执行当前运行的游戏
- Sign in：登入 Unity 账户
- Sign out：登出当前 Unity 账户
- Duplicate：复制为另一个
- Selection：快速选择预先设置的物体
- Delete：删除
- Frame Selected：将选中物体在视图中最大化显示
- Lock View to Selected：锁定视图到选中物体
- Find：查找
- Select All：选择全部
- Preference：首选项
- Module：更新、下载模块
- Project Settings:工程设置
  - Input：键盘和鼠标等设备的输入配置

- Tags and Layers：标记和层
- Audio：音效
- Time：时间

修改 Time Scale 的值会改变游戏的运行速度，降低这个值，则会使游戏看起来像慢动作一样。

- Player：输出游戏设置
- Physics：物理
- Physics 2D：2D 物理
- Quality：输出质量

这里的设置主要是影响游戏的表现品质和性能，在发布最后的游戏之前，请务必到这里设置，如阴影、灯光、骨骼影响等。

- Graphics：图像
- Editor：编辑器

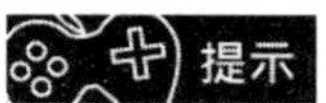

在多人合作的 Unity 项目中，如果使用了 SVN 之类的版本管理软件，最好将 Version Control 设为 Visible Meta Files，这时会在工程目录内看到与每个资源对应的 Meta 数据文件。将 Asset Serialization 设为 Force Text，这样版本管理软件才能有效地对比文件变化。

- Script Execution Order：脚本执行顺序
- Preset Manager：预设管理
- TextMeshPro Settings：Text Mesh Pro 设置

- Graphics Emulation：图形卡模拟
- Snap Settings：捕捉设置

Assets：资源

- Create：创建（这里的选择与在 Project 窗口右键弹出的选项基本是一致的）
  - Folder：文件夹
  - C# Script：C#脚本
  - Shader：Shader
  - Testing：测试
  - Playables：创建 Playable 脚本
  - Assembly Definition：程序集定义
  - TextMeshPro：Text Mesh Pro 相关资源
  - Scene：场景
  - Prefab：预置文件

  - Audio Mixer：音效混合器
  - Material：材质
  - Lens Flare：镜头光晕
  - Render Texture：使用摄像机实时渲染、更新的贴图
  - Lightmap Parameters：Lightmap 参数设置文件
  - Custom Render Texture：自定义渲染贴图
  - Sprite Atlas：Sprite 图集工具
  - Sprites：预设的几何图形 Sprite
  - Tile：2D 瓦块
  - Animator Controller：动画控制器（针对 Mecanim 动画）
  - Animation：动画控制器（针对老式的动画）
  - Animator Override Controller：动画控制器重载（继承某个动画控制器的配置）
  - Avatar Mask：角色动画遮罩，用来打开或关闭角色身体上的某些动画细节
  - Timeline：时间线动画编辑工具
  - Physic Material：物理配置材质
  - Physics Material 2D：2D 物理配置材质
  - GUI Skin：GUI 配置文件
  - Custom Font：自定义字体
  - Legacy：过时的功能
  - UIElements View：UI 控件视图
- Show in Explorer：打开资源管理器
- Open：打开
- Delete：删除
- Rename：重命名
- Copy Path：复制工程 Assets 文件夹内选择的路径位置
- Open Scene Additive：将所选择场景添加到当前场景中
- Import New Asset：导入原始资源
- Import Package：导入.unity 格式的资源包
- Export Package：导出选中的资源为.unity 格式的资源包
- Find References In Scene：选中场景中所有与当前选择 Prefab 相关联的物体
- Select Dependencies：选中当前场景中所选物体的 Prefab
- Refresh：刷新
- Reimport：重新导入所选资源
- Reimport All：重新导入全部资源
- Extract From Prefab：从 Prefab 中提取
- Run API Updater：更新因为 Unity 升级导致过时的代码
- Update UIElements Schema：更新 UI 控件模式
- Open C# Project：打开 C#工程

GameObject：游戏体

- Create Empty：创建空物体
- Create Empty Child：创建当前物体的子空物体
- 3D Object：创建 3D 物体
  - Cube：立方体
  - Sphere：球体
  - Capsule：胶囊体
  - Cylinder：圆柱体
  - Plane：平面
  - Quad：四方面（与平面形状一样，但只有 4 个顶点）
  - TextMeshPro – Text：Text Mesh Pro 文字
  - Ragdoll：角色碰撞物理
  - Terrain：地形
  - Tree：树
  - Wind Zone：风力影响区域
  - 3D Text：3D 的文字
- 2D Object：创建 2D 物体
  - Sprite：2D 精灵图片
  - Sprite Mask：2D 精灵蒙板
  - TileMap：2D 地图
  - Hexagonal Point Top Tilemap：六角形地图 XYZ
  - Hexagonal Flat Top Tilemap：六角形地图 YXZ
- Effects：效果
  - Particle System：粒子系统
  - Trail：轨迹效果
  - Line：画线效果
- Light：光照
  - Directional Light：方向光
  - Point Light：点光
  - Spotlight：聚光灯
  - Area Light：区域光
  - Reflection Probe：反射采样
  - Light Probe Group：光照采样
- Audio：音效
  - Audio Source：声音播放器
  - Audio Reverb Zone：混响音效区域（模拟不同场景中的音效效果）
- Video：视频
  - Video Player：视频播放器

- UI：界面控件
  - Text：文字
  - TextMeshPro – Text：Text Mesh Pro 文字
  - Image：图像（仅支持 Sprite 类型）
  - Raw Image：原始图像（支持 Texture 类型）
  - Button：按钮
  - Toggle：切换按钮
  - Slider：滑块
  - Scrollbar：区域滑动条
  - Dropdown：下拉菜单
  - TextMeshPro – Dropdown：使用 Text Mesh Pro 文字的下拉菜单
  - Input Field：输入框
  - TextMeshPro – Input Field：使用 Text Mesh Pro 文字的输入框
  - Canvas：画布（UI 的根物体）
  - Panel：面板（和 Image 类似）
  - Scroll View：滚动视图
  - Event System：事件系统
- Vuforia：Unity 集成的第三方 AR 系统
- Camera：摄像机
- Center On Children：使父物体与子物体对齐，同时子物体坐标归零
- Make Parent：使先选中的一个物体成为另一个物体的父物体
- Clear Parent：使选中的子物体脱离父物体
- Apply Changes to Prefab：更新当前物体的 Prefab
- Break Prefab Instance：断开当前物体与 Prefab 的关联
- Move to View：移动选中物体到视图中心
- Set as first sibling：使物体移至层级最上面
- Set as last sibling：使物体移至层级最下面
- Move to View：移动选中物体到视图中心
- Align with View：使物体与视图方向对齐，通常用来对齐摄像机到当前视图角度
- Align View to Selected：使当前视图与所选物体位置、角度一致
- Toggle Active State：激活或使当前物体无效

Component：组件

- Add：添加组件
- Mesh：多边形
  - Mesh Filter：将多边形数据传输到渲染器
  - Text Mesh：文字多边形
  - Mesh Renderer：多边形渲染器

- Skinned Mesh Renderer：多边形渲染器
- TextMeshPro - Text：Text Mesh Pro 文字

● Effects：特效

- Particle System：粒子系统
- Trail Renderer：轨迹效果
- Line Renderer：线段效果
- Lens Flare：镜头光晕效果
- Halo：光环效果
- Projector：投射器（将 2D 图片投射到 3D 表面，比如假阴影）
- Legacy Particles：老式粒子

● Physics：物理

- Rigidbody：刚体
- Character Controller：角色控制器
- Box Collider：立方体碰撞
- Sphere Collider：球形碰撞
- Capsule Collider：胶囊形碰撞
- Mesh Collider：多边形碰撞
- Wheel Collider：轮子碰撞
- Terrain Collider：地面碰撞
- Cloth：布料模拟
- Hinge Joint：铰链关节
- Fixed Joint：固定关节
- Spring Joint：弹簧关节
- Character Joint：角色关节
- Configurable Joint：可配置关节
- Constant Force：持续的力

● Physics 2D：2D 物理

- Rigidbody 2D：2D 刚体
- Box Collider 2D：2D 方形碰撞
- Circle Collider 2D：2D 圆形碰撞
- Edge Collider 2D：2D 边碰撞
- Polygon Collider 2D：2D 多边形碰撞
- Capsule Collider 2D：胶囊形状碰撞
- Composite Collider 2D：混合碰撞
- Distance Joint 2D：2D 距离关节
- Hinge Joint 2D：2D 铰链关节
- Slider Joint 2D：2D 滑动关节
- Spring Joint 2D：2D 弹簧关节

- Navigation：人工智能寻路
  - Nav Mesh Agent：寻路对象
  - Off Mesh Link：寻路地形连接（用于不连续的地形）
  - Nav Mesh Obstacle：寻路地形中的阻挡物
- Audio：音效
  - Audio Listener：收听器（一个场景只能有一个）
  - Audio Source：音源播放器
  - Audio Reverb Zone：混响音效区域（模拟不同场景中的音效效果）
  - Audio Low Pass Filter：音效低通滤波器
  - Audio High Pass Filter：音效高通滤波器
  - Audio Echo Filter：音效回声滤波器
  - Audio Distortion Filter：音效扭曲滤波器
  - Audio Reverb Filter：音效混响滤波器
  - Audio Chorus Filter：音效合声滤波器
- Video：视频
- Rendering：渲染
  - Camera：摄像机
  - Skybox：天空盒
  - Flare Layer：光晕层
  - GUILayer：UI 层
  - Light：光照
  - Light Probe Group：光照采样
  - Light Probe Proxy Volume：光照采样范围框
  - Reflection Probe：反射采样
  - Occlusion Area：遮挡区域
  - Occlusion Portal：遮挡入口
  - LODGroup：LOD 组
  - Sprite Renderer：精灵渲染器
  - Sorting Group：渲染排序
  - Canvas Renderer：Canvas 渲染器
  - GUITexture：UI 贴图
  - GUIText：UI 文字
- Layout：布局
- Playables：Playable 脚本
- AR：增强现实
- Miscellaneous：杂项
  - Animator：动画（针对 Mecanim 动画）
  - Animation：动画（针对老式 Unity 动画）
  - Terrain：地形

    - Wind Zone：风力影响区域
    - Billboard Renderer：Billboard 渲染器
    - World Anchor：世界轴心点
- UI：UI 控件
- Analytics：分析
- Scripts：开发者创建的脚本
- Event：事件
- Network：Unity 内置的网络系统
- XR：VR、AR 的混合应用

Window：窗口

- Next Window：关于 Unity
- Previous Window：管理授权
- Layouts：布局
- Vuforia Configuration：Vuforia AR 设置
- Package Manager：资源包管理器
- TextMeshPro：TextMeshPro 相关功能
- General：常用
    - Scene：场景
    - Game：游戏窗口
    - Inspector：查看（详细信息）
    - Hierarchy：层级
    - Project：工程
    - Console：显示 Log 内容的控制台
    - Test Runner：运行测试工具
    - Asset Store：Unity 插件、资源在线商店
    - Services：服务
- Rendering：渲染
- Animation：动画编辑器
    - Animation：动画编辑器（针对老式 Unity 动画）
    - Animator：动画编辑器（针对 Mecanim 动画）
    - Animator Parameter：动画编辑器参数
- Audio：音效
    - Audio Mixer：音效混合器窗口
- Sequencing：编辑功能
    - Timeline：时间线动画工具
- Analysis：性能分析，程序调试
- Asset Management：资源管理
- 2D：精灵（2D 图片）编辑器

- AI：人工智能
  - Navigation：人工智能寻路
- XR：VR 和 AR 混合

Help：帮助

- About Unity：关于 Unity
- Unity Manual：Unity 基本使用说明文档
- Scripting Reference：脚本参考文档
- Vuforia：Vuforia AR 文档
- Unity Services：Unity 服务
- Unity Forum：Unity 技术论坛
- Unity Answers：Unity 疑难解答
- Unity Feedback：Unity 反馈
- Check for Updates：检查更新
- Download Beta：下载测试版本
- Manage License：管理授权
- Release Notes：版本说明
- Software Licenses：软件授权
- Report a Bug：提交 Bug
- Reset Packages to Default：恢复默认资源包
- Troubleshoot Issue：提交 Bug